江苏省“道德发展智库”成果
江苏省“公民道德与社会风尚协同创新中心”成果

国家社科基金重大招标项目
“现代伦理学诸理论形态研究”（10&ZD072) 成果

2018 年国家社会科学基金重大项目
“改革开放 40 年中国伦理道德数据库建设研究”
（18ZDA022）成果

中国伦理道德发展数据库

第五卷（上）

樊 浩 王 珏 等著

中国社会科学出版社

图书在版编目(CIP)数据

中国伦理道德发展数据库：全七卷／樊浩等著．—北京：中国社会科学出版社，2018.12

ISBN 978－7－5203－3603－1

Ⅰ.①中…　Ⅱ.①樊…　Ⅲ.①社会公德—调查研究—中国
Ⅳ.①B822

中国版本图书馆 CIP 数据核字（2018）第 260004 号

出 版 人　赵剑英
责任编辑　高　歌
责任校对　石春梅
责任印制　戴　宽

出　　版　中国社会科学出版社
社　　址　北京鼓楼西大街甲 158 号
邮　　编　100720
网　　址　http://www.csspw.cn
发 行 部　010－84083685
门 市 部　010－84029450
经　　销　新华书店及其他书店

印刷装订　北京君升印刷有限公司
版　　次　2018 年 12 月第 1 版
印　　次　2018 年 12 月第 1 次印刷

开　　本　787×1092　1/16
印　　张　482.5
字　　数　8918 千字
定　　价　2788.00 元（全七卷）

中国伦理道德发展数据库
建设委员会

中国伦理道德发展数据库
编辑委员会

总　　序

东南大学的伦理学科起步于20世纪80年代前期，由著名哲学家、伦理学家萧焜焘教授、王育殊教授创立，90年代初开始组建一支由青年博士构成的年轻的学科梯队，至90年代中期，这个团队基本实现了博士化。在学界前辈和各界朋友的关爱与支持下，东南大学的伦理学科得到了较大的发展。自20世纪末以来，我本人和我们团队的同仁一直在思考和探索一个问题：我们这个团队应当和可能为中国伦理学事业的发展做出怎样的贡献？换言之，东南大学的伦理学科应当形成和建立什么样的特色？我们很明白，没有特色的学术，其贡献总是有限的。2005年，我们的伦理学科被批准为“985工程”国家哲学社会科学创新基地，这个历史性的跃进推动了我们对这个问题的思考。经过认真讨论并向学界前辈和同仁求教，我们将自己的学科特色和学术贡献点定位于三个方面：道德哲学；科技伦理；重大应用。

以道德哲学为第一建设方向的定位基于这样的认识：伦理学在一级学科上属于哲学，其研究及其成果必须具有充分的哲学基础和足够的哲学含量；当今中国伦理学和道德哲学的诸多理论和现实课题必须在道德哲学的层面探讨和解决。道德哲学研究立志并致力于道德哲学的一些重大乃至尖端性的理论课题的探讨。在这个被称为“后哲学”的时代，伦理学研究中这种对哲学的执着、眷念和回归，着实是一种“明知不可为而为之”之举，但我们坚信，它是我们这个时代稀缺的学术资源和学术努力。科技伦理的定位是依据我们这个团队的历史传统、东南大学的学科生态以及对伦理道德发展的新前沿而做出的判断和谋划。东南大学最早的研究生培养方向就是“科学伦理学”，当年我本人就在这个方向下学习和研究，而东南大学以科学技术为主体、文管艺医综合发展的学科生态，也使我们这些90年代初成长起来的“新生代”再次认识到，选择科技伦理为学科生长点是明智之举。如果说道德哲学与科技伦理的定位与我们的学科传统有关，那么，重大应用的定位就是基于对伦理学的现实本性以及为中国伦理道德建设做贡献的愿望和抱负的选择。定位“重大应用”而不是一般的“应用伦理学”，昭明我们在这方面有所为也有所不为，只是试图在伦理学应用的某些重大方面和重大领域凝聚我们的努力。

基于以上定位，在“985 工程”建设中，我们决定进行系列研究并在长期积累的基础上严肃而审慎地推出以“东大伦理”为标识的学术成果。“东大伦理”取名于两种考虑：这些系列成果的作者主要是东南大学伦理学团队的成员，有的系列也包括东南大学培养的伦理学博士生的优秀博士论文；更深刻的原因是，我们希望并努力使这些成果具有某种特色，以为中国伦理学事业的发展做出自己的贡献。“东大伦理”由六个系列构成：道德哲学研究系列；科技伦理研究系列；重大应用研究系列；与以上三个结构相关的译著系列；以丛刊形式出现并在 20 世纪 90 年代已经创刊的《伦理研究》专辑系列，该丛刊同样围绕三大定位组稿和出版；还有优秀博士论文系列。

“道德哲学系列”的基本结构是“两史一论”，即道德哲学基本理论；中国道德哲学；外国道德哲学。道德哲学理论的研究基础，不仅在概念上将“伦理”与“道德”相区分，而且在一定意义将伦理学、道德哲学、道德形而上学相区分。这些区分某种意义上回归到德国古典哲学的传统，但它更深刻地与中国道德哲学传统相契合。在这个被宣布“哲学终结”的时代，深入而细致、精致而宏大的哲学研究反倒是必需而稀缺的，虽然那个“致广大、尽精微、综罗百代”的“朱熹气象”在中国几乎已经一去不返，但这并不代表我们今天的学术已经不再需要深刻、精致和宏大气魄。中国道德哲学史、西方道德哲学史研究的理念基础，是将道德哲学史当作“哲学的历史”，而不只是道德哲学“原始的历史”和“反省的历史”，它致力探索和发现中西方道德哲学传统中那些具有“永远的现实性”的精神内涵，并在哲学层面进行中西方道德传统的对话与互释。专门史与通史，将是道德哲学史研究的两个基本维度，马克思主义的历史辩证法是其灵魂与方法。

“科技伦理系列”的学术风格与“道德哲学系列”相接并一致，它同样包括两个研究结构。第一个研究结构是科技道德哲学研究，它不是一般的科技伦理学，而是从哲学的层面、用哲学的方法进行科技伦理的理论建构和学术研究，故名之“科技道德哲学”而不是“科技伦理学”；第二个研究结构是当代科技前沿的伦理问题研究，如基因伦理研究、网络伦理研究、生命伦理研究等。第一个结构的学术任务是理论建构，第二个结构的学术任务是问题探讨，由此形成理论研究与现实研究之间的互补与互动。

“重大应用系列”以目前我作为首席专家的国家哲学社会科学重大招标课题和江苏省哲学社会科学重大委托课题为起步，以调查研究和对策研究为重点。目前我们正组织四个方面的大调查，即当今中国社会的伦理关系大调查；道德生活大调查；伦理—道德素质大调查；伦理—道德发展的经验教训及其影响因子的大调查。我们的目标和任务，是努力了解和把握当今中国伦理道德的真实状况，在此基础上进行理论推进和理论创新，为中国伦理道德建设提出具有战略意义和创新意义的对策思路。这就是我们对“重大应用”的诠释和理解，今后我们将沿着这个方向走下去，并贡献出团队和个人的研究成果。

“译著系列”、《伦理研究》丛刊，将围绕以上三个结构展开。我们试图进行的努力是：这两个系列将以学术交流，包括团队成员对国外著名大学、著名学术机构、著名学者的访问，以及高层次的国际国内学术会议为基础，以“我们正在做的事情”为主题和主线，由此凝聚自己的资源和努力。“优秀博士论文系列”将审慎地推出一些东南大学伦理学科的优秀博士论文，以检阅我们的文脉传承。

马克思曾经说过，历史只能提出自己能够完成的任务，因为任务的提出已经表明完成任务的条件已经具备或正在具备。也许，我们提出的是一个自己难以完成或不能完成的任务，因为我们完成任务的条件尤其是我本人和我们这支团队的学术资质方面的条件还远没有具备。我们期待通过漫漫兮求索乃至几代人的努力，建立起以道德哲学、科技伦理、重大应用为三原色的“东大伦理”的学术标识。这个计划所展示的，与其说是某些学术成果，不如说是我们这个团队的成员为中国伦理学事业贡献自己努力的抱负和愿望。我们无法预测结果，因为哲人罗素早就告诫，没有发生的事情是无法预料的，我们甚至没有足够的信心展望未来，我们唯一可以昭告和承诺的是：

我们正在努力！

我们将永远努力！

樊 浩

谨识于东南大学“舌在谷”

2007 年 2 月 11 日

前　言
国家需求—学术成长—学科发展的协奏

东南大学伦理学团队是中国第三个伦理学博士点，在学科建设的初期就将道德哲学、科技伦理、重大应用定位于“东大伦理”的三原色，但重大应用的“重大”如何确认？重大应用研究如何与道德哲学研究良性互动？这个学术研究和学科发展的战略问题一开始并不是很清晰，只是有一点很明确：之所以瞄准“重大”，就是要有所为有所不为，着力于理论创新和文化传承。在中国学术界，应用研究的缺陷很明显，很多是理论研究的功力不够而转向“应用”，就像高考，不少人是因为理科成绩不理想而选考文科，于是对文科学习的激情和好奇心不够，直接影响了人文社会科学教学与研究的质量。还有一个问题是，我们发现不少学者长期从事应用研究，理论研究的高度和深度明显下滑，学界所谓“上行”与“下行”之说便由此而来。在国家“985”创新基地建设的初期，在我们的学术与学科发展理念中只是知道必须“重大”，但到底何谓“重大”、如何“重大”却并不聚焦。

这一问题的自觉始于 2007 年。那一年，全国哲学社会科学规划办第一次启动全国范围的重大招标项目，东南大学以樊和平教授为首席专家申报的“构建社会主义和谐社会进程中的思想道德与和谐伦理的理论与实践研究”在激烈竞争中获得成功。一段时间后，江苏省哲学社会科学规划办公室委托樊和平教授作为首席专家之一，承担重大委托项目“当前我国思想道德文化多元、多样、多变的特点和规律研究”。当时，整个团队都很兴奋，同时压力也很大，更重要的是，面对这两个以前从未邂逅的“重大”项目，不知从何处下手。樊和平教授做了多种方案，一年中团队多次研讨，但总觉得难以聚焦，也难以找到突破口，最后樊和平教授决定两个课题都从国情省情的调查研究突破。然而，到底如何调查，这支从未受过调查研究系统训练的团队只是凭着青春期的那股朝气和勇气前行。樊和平教授制定了一个“‘四大结构’—‘六大群体’—‘两类地区’”的逻辑框架。“四大结构”即“四大调查”：伦理关系大调查、道德生活大调查、伦理道德素质大调查、伦理道德的影响因子大调查；“六大群体”即政府公务员群体、企业家与企业员工群体、青少年群体、青年知识分子群体、新兴群体、弱势群体；“两类地区”即在全国和江苏都分别从发达地区和发展中地区采样，在全国以江苏、广东（广东以专题调查和补充调查为主）和广西、新疆，在江苏以苏州和盐城分别代表发达地区和发展中地区。两大课题分别设总课题调查组和六大群体的子课题调查组，投放问卷一万多份，故称“万人大调查”。子课题组根据六大群体的不同情况分别设计问卷，分别召开座谈会，总课题组设计综合问卷不分群体进行综合调查和座谈。无疑，问卷设计是基础也是第一道难关，因为它不仅考验和锻炼学者将学术问题转化为现实问题的那种“入化”的学术能力和学术境界，而且必须在这个过程中打造和建立团队。据此，问题设计的基本方法是：樊和平教授设计总体框架和学术内容，然后由各子课题负责人设计四大调查和六大群体的相关内容，在此基础上集体研讨，最后由樊和平教授逐一修改定稿，最后形成了由五十多个问题构成的两大问卷，并开始了在全国和江苏的浩浩荡荡的调查研究。国家课题组分别在江苏、广西、新疆三地，以多阶层抽样的方式共投放问卷1200份，获得有效样本984份，有效回收率为82%，其中江苏地区417份，新疆、广西两地区共567份。江苏委托项目的总课题组的调查在三地同样投放1200份问卷，获得有效样本971份，有效回收率为81%，其中江苏427份，广西、新疆544份。六大群体中的每个课题组都投放了相当数量的调查问卷。当时，不少学者包括规划办的领导都提醒我们可能将课题展开得太大了，但团队处于高昂的热情之中，深夜从数百里之外的盐城回来，还从车厢里飘出一路歌声。调查研究最终形成了200多万字的研究报告和数据库《中国伦理道德报告》《中国大众意识形态报告》（中国社会科学出版社，2010年12月版），首发式和成果发布会后，包括《人民日报》和《光明日报》在内的各主流媒体都以不同方式对成果做了报道和介绍，受到时任中共中央政治局常委李长春同志的关注，并作了重要批示。

首轮道德国情调查焕发了东大伦理学团队的激情，它不仅主要是由东南大学伦理学团队组织和完成，而且主要是用伦理学的方法进行调查研究。首轮道德国情调查的重要尝试和进展是在问卷设计上做出了原创性的理论探索，但是在此过程中也暴露了这支团队在学术体制和能力结构上社会学素养方面的短板。为此，我们一方面进行知识学习，请社会调查的著名社会学家做学术辅导；另一方面着手组建一支新型的国际化的社会学团队。于是，在道德国情调查研究的过程中，一支来自世界各社会学重镇的知识结构和学术视野全新的优秀青年社会学团队暨东南大学社会学系诞生了，它从一开始便与伦理学团队交会，这一交会赋予两个团队、两个学科以特殊的活力与魅力。伦理学团队找到“道德哲学”与“重大应用”的结合点，形成了“道德国情与道德哲学前沿”江苏省创新团队，这个团队的目标和气派是“顶天立地”，方法和境界是在道德国情的调查研究中发现道德哲学前沿，而不再是从理论到理论，从热点到热点，更不是跟风西方学术，而是摆脱西方学术的路径信赖，将“前沿”与“热点”相区分，将“重大应用”聚力于道德国情的调查研究，在调查研究的基础上发现前沿，进行尖端性的道德哲学理论创新。

2013 年，“东大伦理”团队依托“公民道德与社会风尚”协同创新研究中心“2011 项目”和江苏省决策咨询基地“道德国情调查研究中心”，开展了第二轮江苏道德省情和中国道德国情调查。江苏调查由社会学系第一任系主任李林艳博士领衔，在 2007 年调查问卷的基础上补充一些新内容，并将整个问卷“社会学化”，使之更专业。江苏省省委常委、宣传部部长王燕文决定，全国调查搭载中国人民大学中国调查与数据中心的 CGSS 项目进行，CGSS（China General Social Survey）是中国人民大学社会学系和香港科技大学社会科学部发起的一项全国范围的大型抽样调查项目。2013 年为中国综合社会调查（CGSS）第二期（2010—2019）的第 4 次年度调查，也是 CGSS 自 2003 年开始以来的第 10 年。本次调查在全国一共抽取了 100 个县（区），加上北京、上海、天津、广州和深圳 5 个大城市，作为初级抽样单元。其中在每个抽中的县（区），随机抽取 4 个居委会或村委会；在每个居委会或村委会又计划调查 25 个家庭；在每个抽取的家庭，随机抽取一人进行访问。而在北京、上海、天津、广州和深圳这 5 个大城市，一共抽取 80 个居委会；在每个居委会计划调查 25 个家庭；在每个抽取的家庭，随机抽取一人进行访问。这样，在全国一共调查 480 个村/居委会，每个村/居委会调查 25 个家庭，每个家庭随机调查 1 人，最终完成有效调查样本 5666 个。江苏省道德省情调查项目由东南大学道德国情调查中心和社会学系具体实施，调查采用多阶段抽样方法，按照经济发展水平和地理位置进行分类。先把所有地级市分为三类，南京单独成一类，把其他地级市按照人均 GDP 高低分成两类，即人均 GDP 较高和较低两类。然后用概率比例规模抽样（PPS）在经济发展水平较高和较低这两大类中分别抽取了无锡市和连云港市，由此产生了南京、无锡和连云港三个地级市抽样样本。在每个地级市中，把城乡分开、按照 PPS 方法抽取两个区县，在每个区县中采用 PPS 方法抽取两个街道/乡镇，最后在每个街道/乡镇中采用 PPS 方法抽取两个社区（居委会/村委会）。随后利用社区常住人口名单进行系统抽样，每个社区抽取 50—60 户进行调查。因此，最终抽中了 3 个地级市中的 6 个区县、12 个街道/乡镇、24 个社区。入户问卷调查于 2013 年 9 月 5—15 日、11

月 9 日进行，访谈员主要是东南大学人文学院社会学系师生。入户之后，调查员利用 KISH 表抽取户内 18—69 岁的 1 名被访者进行面访。最终完成 1281 份调查问卷，其中南京完成问卷 446 份，无锡完成 443 份，连云港完成 392 份。第二次道德国情与道德省情调查，借助专业的社会学调查机构和调查团队进行，为中国道德国情与江苏道德省情调查提供更为专业的调研平台。但是在此过程中也经历了十分艰难的磨合，在与中国人民大学合作意向确定之后，樊和平教授就问卷中每个问题的主题及试图获得的相关信息，逐一与南京大学社会学家吴愈晓教授进行研讨，从而共同讨论出双方可以接受的问卷方式。在此过程中，伦理学与社会学两个学科的专家有学术交锋，乃至有不见面的学术争吵，社会学似乎认为伦理学主观并难以操作，而伦理学认为这是以社会学的偶然性代替伦理学的主观性，深度不够。然而，正是经过磨合甚至争吵，我们的国情调查才真正既有伦理学的主题和立场，又有社会学的味道。

2015 年 10 月，东南大学伦理学团队成为江苏省首批重点高端智库“道德发展智库”，它以“道德发展研究院”为依托，以东南大学伦理学科为牵头单位，与“公民道德与社会风尚协同创新中心”合而为一，与江苏省委宣传部、北京大学世界伦理中心、吉林大学马克思主义基本理论教育部重点研究基地、华东师范大学中国传统思想文化研究所教育部重点研究基地、中山大学马克思主义与中国现代化教育部重点研究基地、中国人民大学伦理学与道德建设教育部重点研究基地合作，进行协同创新。道德发展智库成立后，江苏省委宣传部、江苏省文明办与东南大学伦理学团队在全国首创《江苏省道德发展测评体系》，该测评体系由李林艳博士为课题负责人，先后经过十一轮的艰难探索和修改。测评体系主要包括“主流价值引领”“崇德向善风尚”“人文精神培育”“道德突出问题治理”和“政策法规保障”5 大类 23 项测评内容。2016 年 8 月，以江苏省道德发展测评体系为指南，道德发展智库与江苏省委宣传部、江苏省文明办协同，组织 320 多位师生，由人文学院院长王珏教授为行政总负责，社会学系龙书芹博士在一线指挥，对江苏全省 13 个设区市、41 个县（市），共抽中了 70 个区县、139 个街道、248 个社区，进行覆盖全省万户家庭的首轮江苏道德发展测评与第三轮道德省情大调查。第三次江苏道德省情调查总样本量 7000 份，其中有效样本量为 6355 份（成人问卷），同时完成青少年问卷 704 份。2017 年 9 月 19 日，在第 15 个公民道德宣传日来临之际，江苏省文明办和东南大学道德发展智库联合发布 2016 年江苏省道德发展状况测评指数报告。此次调查主要由东南大学伦理学团队与社会学团队合作完成，同时也是学术研究与社会服务相结合的智库合作尝试。

2017 年，江苏省委宣传部、江苏省文明办与道德发展智库深入合作，开展“2017 年全国和江苏省道德发展状况调查”。调查以“道德发展”理念为核心，先由樊和平教授进行理念和理论研究，形成并发表《伦理道德，如何才是发展?》的长篇学术论文，论证“以发展看待道德”的理念，提出“七力”的调查研究的理论体系和问卷框架，即：公民道德的自主力、家庭伦理的承载力、集团伦理的建构力、社会伦理的凝聚力、政府伦理的公信力、生态伦理的亲和力、世界伦理的兼容力。由此，测评当代中国伦理道德发展的“七大指数”，即公民的道德自觉自持指数、家庭的伦理承载力指数、集团的伦理可靠性指数、社会的伦理凝聚力指数、政府的伦理公信力指数、生态的伦理亲和力指数、文化的伦理魅力指数。在“伦理道德，如何才是发展”的理论框架的基础上，伦理学与社会学团队相整合，分部分进行问卷设计，以此推进团队建设和个体学术发展，锻炼和提升学者和团队“顶天立地”的学术能力，最后由樊和平教授逐一修改，定稿问卷。虽然过程漫长并十分艰苦，足够让那些耐心和耐力不够的学者望而却步，但在此过程中大家明显感到，学者和团队又一次进步了。江苏省省委常委、宣传部部长王燕文再次决定，此次调查过程由北京大学政府管理学院中国国情研究中心通过招标完成，东南大学伦理团队进行全程合作和全程监督。为解决流动人口的覆盖偏差问题，调查采用“GPS/GIS 辅助的地址抽样”（GPS Assistant Area Sampling）方法，以单元格内人口数为规模度量（Measure of Size），按照分层、多阶段的概率与规模成比例的方法（Probabilities Proportional to Size，PPS）进行选取。调查团队于 2017 年 8—11 月在全国 29 个省（自治区、直辖市）、89 个市、143 个县（市）进行抽样调查，派出督导员 30 人，访员 185 人。中国道德国情调查实际共抽取了 13358 个符合调查资格的住宅单位，完成了 8755 个有效样本，有效回答率为 65.5%；江苏道德省情调查实际共抽取了 6523 个符合调查资格的住宅单位，完成了 4362 个有效样本，有效回答率为 66.9%，同时完成青少年样本 576 个。调查由人文学院院长王珏为行政总负责，道德发展研究院庞俊来副院长负责执行。第三次道德国情与第四次道德省情调查进一步完善了道德国情与道德省情调查的问卷体系，积极探索了适合当代中国的道德发展状况的伦理道德调查理论与社会调查实践方法。

目前，东南大学伦理学团队已经完成三轮中国道德国情调查（2007 年、2013 年、2017 年），四轮江苏道德省情调查（2007 年、2013 年、2016 年、2017 年）。东南大学道德发展研究院对所有调查数据全部进行复核，并以大众可以接受的方式呈现，以直接服务于政府决策、大众需求和理论研究。2018 年，为纪念改革开放 40 周年，东南大学道德发展智库决定出版“中国伦理道德国情数据库”系列，记录这个伟大时代、伟大民族的道德发展历程。数据库的建设由庞俊来、龙书芹、李林艳具体负责，樊和平、王珏总负责。我们的目标和抱负是：将中国伦理道德国情数据库做成服务政府决策和学术研究的最全面、最专业、最权威的数据库。显然，我们和最终目标的实现还有相当距离，但我们的承诺一如既往——

我们正在努力！

我们将永远努力！

樊　浩

2018 年 9 月 10 日

总 目 录

中国伦理道德发展数据库·第一卷
伦理道德国情调查的问卷设计与初始数据库（2007 年）

本卷编著责任专家：徐　嘉

上篇　伦理道德国情调查问卷设计与行动方案

下篇　伦理道德发展初始数据库（2007 年·中国与江苏）

中国伦理道德发展数据库·第二卷
伦理道德发展的大众共识与群体差异数据库（2013 年）

本卷编著责任专家：李林艳

上篇　2013 年中国伦理道德发展数据库

下篇　2013 年江苏省伦理道德发展数据库

中国伦理道德发展数据库·第三卷
伦理道德发展的大众共识与群体差异数据库（中国·2017 年）

本卷编著责任专家：庞俊来

中国伦理道德发展数据库·第四卷
伦理道德发展的大众共识与群体差异数据库（江苏省·2016 年）

本卷编著责任专家：龙书芹

中国伦理道德发展数据库 · 第五卷
伦理道德发展的大众共识与群体差异数据库（江苏省 · 2017 年）

本卷编著责任专家：蒋艳艳

中国伦理道德发展数据库 · 第六卷
中国伦理道德发展的时序差异比较数据库（2007—2017）

本卷编著责任专家：许　敏

中国伦理道德发展数据库·第七卷
伦理道德发展的大众共识与地域差异比较数据库

本卷编著责任专家：洪岩璧

第五卷目录

（上）

（中）

（下）

第一章　2017 年江苏省伦理道德发展状况频数分析表

性别

	频数	百分比	有效百分比	累积百分比
女性	2278	52.2%	52.2%	52.2%
男性	2084	47.8%	47.8%	100.0%
总计	4362	100.0%	100.0%	

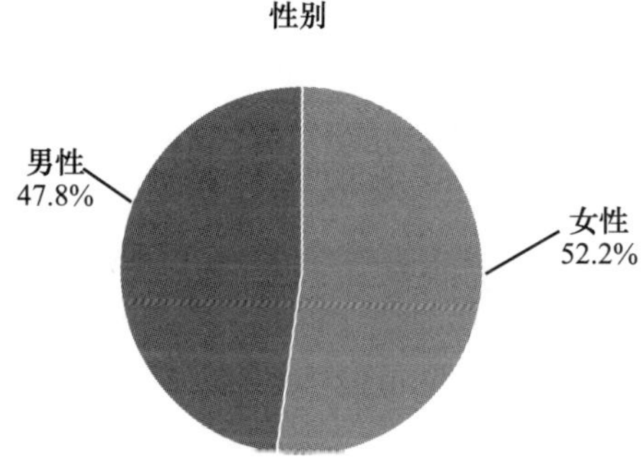

A1 年龄

	频数	百分比	有效百分比	累积百分比
18—29 岁	876	20.1%	20.1%	20.1%
30—39 岁	836	19.2%	19.2%	39.2%
40—49 岁	936	21.5%	21.5%	60.7%
50—59 岁	978	22.4%	22.4%	83.1%
60—65 岁	736	16.9%	16.9%	100.0%
总计	4362	100.0%	100.0%	

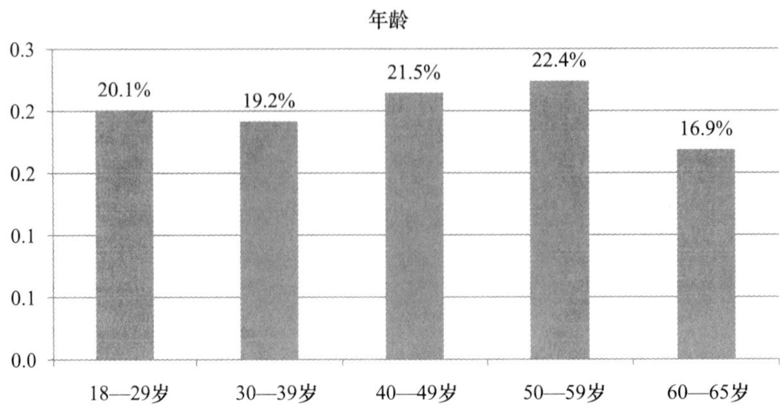

A2a 您在现在这个住址上住了多少年

		频数	百分比	有效百分比	累计百分比
有效	10 年及以下	2589	29.6%	29.6%	29.6%
	10—20 年	1020	11.7%	11.7%	41.2%
	20—30 年	1119	12.8%	12.8%	54.0%
	30—40 年	894	10.2%	10.2%	64.2%
	40—50 年	1084	12.4%	12.4%	76.6%
	50—60 年	1226	14.0%	14.0%	90.6%
	60 年以上	823	9.4%	9.4%	100.0%
	总计	8755	100.0%	100.0%	

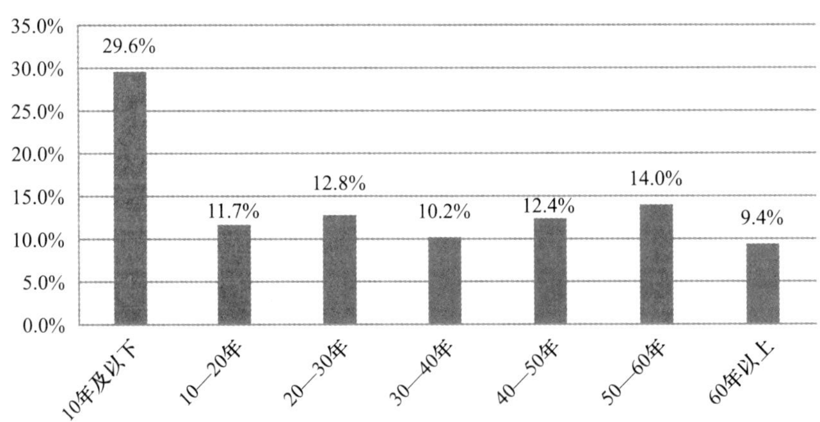

A3 您是在农村、小城镇，还是城市长大的

		频数	百分比	有效百分比	累积百分比
有效	农村	3080	70.6%	71.1%	71.1%
	小城镇	408	9.4%	9.4%	80.5%
	城市	843	19.3%	19.5%	100.0%
	总计	4331	99.3%	100.0%	
缺失	不知道	2			
	拒绝回答	29	0.7%		
	总计	31	0.7%		
总计		4362	100.0%		

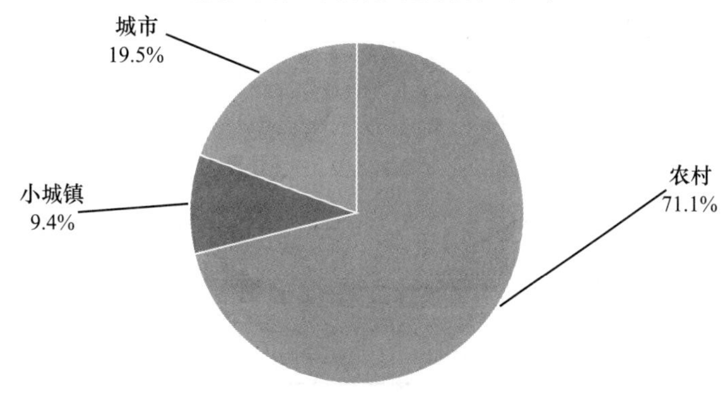

A4a 您上过几年学

		频数	百分比	有效百分比	累积百分比
有效	0	149	3.4%	3.4%	3.4%
	1	20	0.5%	0.5%	3.9%
	2	64	1.5%	1.5%	5.4%
	3	98	2.2%	2.3%	7.7%
	4	115	2.6%	2.7%	10.3%
	5	353	8.1%	8.2%	18.5%
	6	179	4.1%	4.1%	22.6%
	7	121	2.8%	2.8%	25.4%
	8	575	13.2%	13.3%	38.7%
	9	748	17.1%	17.3%	56.0%
	10	64	1.5%	1.5%	57.5%

续表

		频数	百分比	有效百分比	累积百分比
有效	11	211	4.8%	4.9%	62.3%
	12	696	16.0%	16.1%	78.4%
	13	74	1.7%	1.7%	80.1%
	14	122	2.8%	2.8%	83.0%
	15	327	7.5%	7.6%	90.5%
	16	315	7.2%	7.3%	97.8%
	17	37	0.8%	0.9%	98.7%
	18	26	0.6%	0.6%	99.3%
	19	28	0.6%	0.6%	99.9%
	20	2			100.0%
	22	2			100.0%
	总计	4326	99.2%	100.0%	
缺失	不知道	1			
	拒绝回答	35	0.8%		
	总计	36	0.8%		
总计		4362	100.0%		

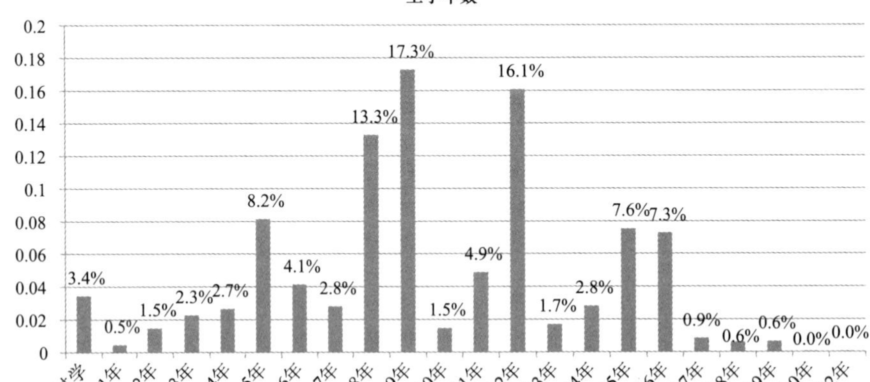

A4b 您的最高学历是什么

		频数	百分比	有效百分比	累积百分比
有效	小学以下	255	5.8%	5.8%	5.8%
	小学	732	16.8%	16.8%	22.6%
	初中	1415	32.4%	32.5%	55.1%
	高中	791	18.1%	18.1%	73.2%
	职高/中专	294	6.7%	6.7%	80.0%
	大专	378	8.7%	8.7%	88.6%
	大学	470	10.8%	10.8%	99.4%
	硕士	22	0.5%	0.5%	99.9%
	博士	3	0.1%	0.1%	100.0%
	总计	4360	100.0%	100.0%	
缺失	拒绝回答	2			
总计		4362	100.0%		

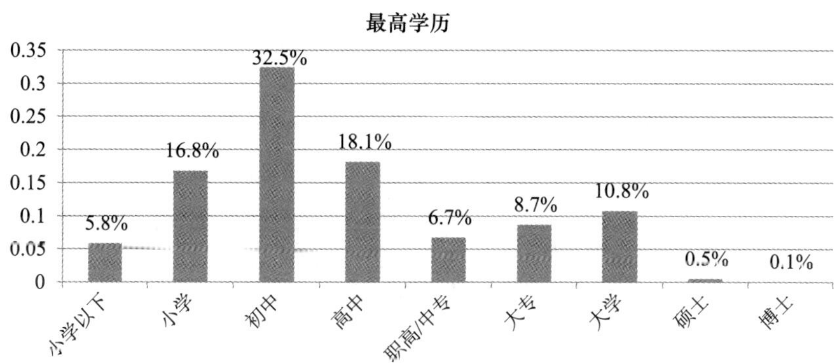

A5 您现在的户口属于下列哪一种

		频数	百分比	有效百分比	累积百分比
有效	本市农业户口	2255	51.7%	51.8%	51.8%
	本市非农户口	1697	38.9%	39.0%	90.7%
	外地农业户口	321	7.4%	7.4%	98.1%
	外地非农户口	83	1.9%	1.9%	100.0%
	总计	4356	99.9%	100.0%	
缺失	拒绝回答	6	0.1%		
总计		4362	100.0%		

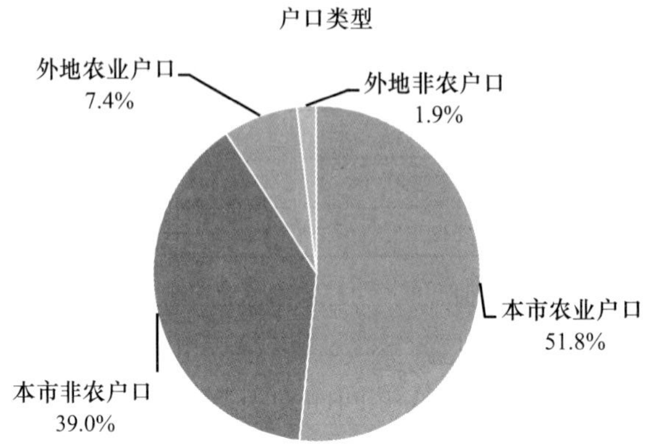

A6 您的户口本上是现在住的地址吗

		频数	百分比	有效百分比	累积百分比
有效	是	3527	80.9%	90.3%	90.3%
	否	380	8.7%	9.7%	100.0%
	总计	3907	89.6%	100.0%	
缺失	不适用	404	9.3%		
	拒绝回答	51	1.2%		
	总计	455	10.4%		
总计		4362	100.0%		

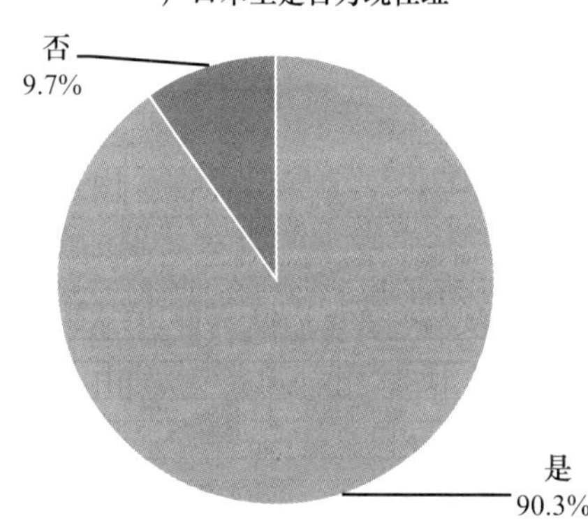

A7 您的户口所在地和现在的住址相比较，符合下列哪一种情况

		频数	百分比	有效百分比	累积百分比
有效	与现住址不同省/自治区/直辖市	271	6.2%	34.2%	34.2%
	与现住址同省/自治区/直辖市，不同地级市	97	2.2%	12.2%	46.5%

续表

		频数	百分比	有效百分比	累积百分比
有效	与现住址同省/自治区/直辖市，同地级市，不同市辖区/县	69	1.6%	8.7%	55.2%
	与现住址同省/自治区/直辖市，同地级市，同市辖区/县，不同乡镇/街道	241	5.5%	30.4%	85.6%
	与现住址同街道/乡镇	114	2.6%	14.4%	100.0%
	总计	792	18.2%	100.0%	
缺失	不适用	3527	80.9%		
	不知道	7	0.2%		
	拒绝回答	36	0.8%		
	总计	3570	81.8%		
总计		4362	100.0%		

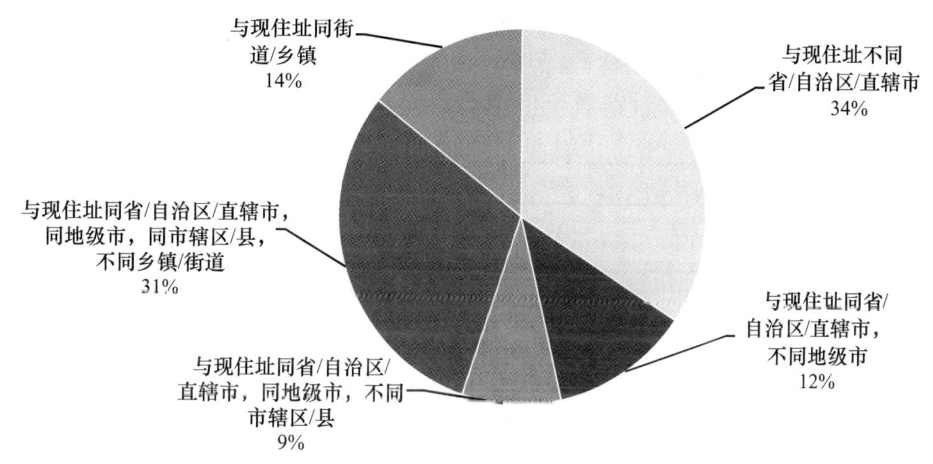

A8 您的民族是

		频数	百分比	有效百分比	累积百分比
有效	汉族	4325	99.2%	99.2%	99.2%
	蒙古族	16	0.4%	0.4%	99.6%
	满族	3	0.1%	0.1%	99.7%
	回族	5	0.1%	0.1%	99.8%
	藏族	5	0.1%	0.1%	99.9%
	彝族	1			99.9%
	侗族	1			99.9%
	布依族	2			100.0%

续表

		频数	百分比	有效百分比	累积百分比
有效	其他	1			100.0%
	总计	4359	99.9%	100.0%	
缺失	拒绝回答	3	0.1%		
总计		4362	100.0%		

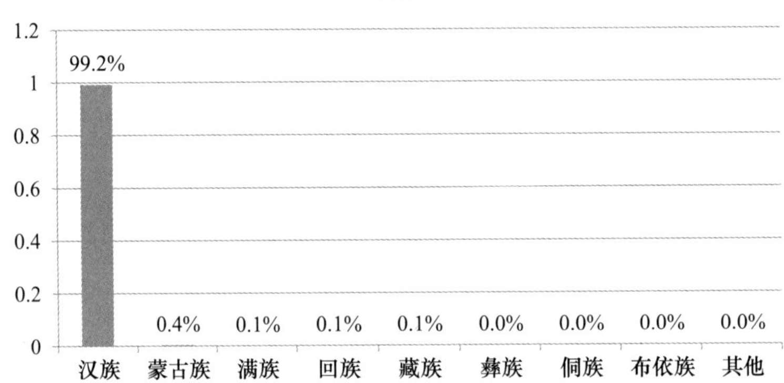

A9 您有宗教信仰吗

		频数	百分比	有效百分比	累积百分比
有效	有	369	8.5%	8.5%	8.5%
	没有	3980	91.2%	91.5%	100.0%
	总计	4349	99.7%	100.0%	
缺失	拒绝回答	13	0.3%		
总计		4362	100.0%		

是否有宗教信仰

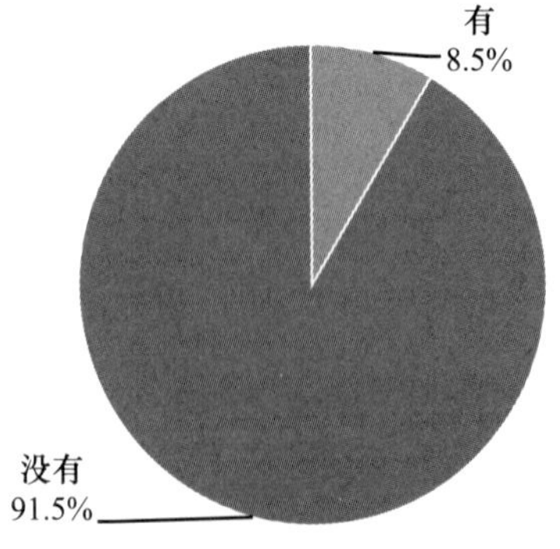

A9a 您信仰什么宗教

		频数	百分比	有效百分比	累积百分比
有效	佛教	175	4.0%	49.0%	49.0%
	道教	11	0.3%	3.1%	52.1%
	伊斯兰教/回教	1		0.3%	52.4%
	民间信仰	10	0.2%	2.8%	55.2%
	天主教	42	1.0%	11.8%	66.9%
	基督教	118	2.7%	33.1%	100.0%
	总计	357	8.2%	100.0%	
缺失	不适用	3980	91.2%		
	拒绝回答	25	0.6%		
	总计	4005	91.8%		
总计		4362	100.0%		

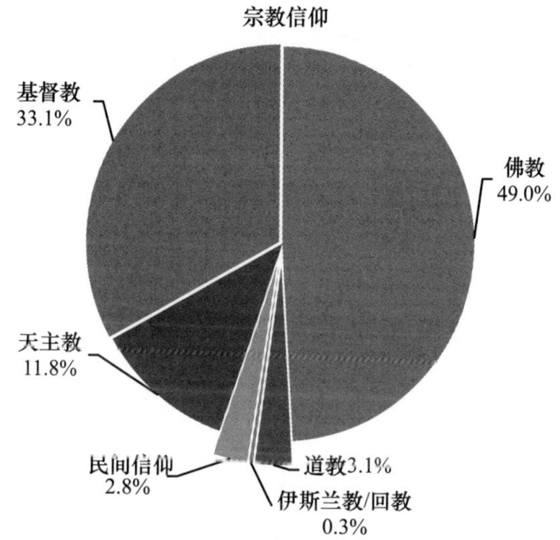

A10 您目前的具体职业是

		频数	百分比	有效百分比	累积百分比
有效	办事人员（如办公室普通职员、业务人员）	512	11.7%	11.8%	11.8%
	服务人员（如营业员、保安、收银员等）	431	9.9%	9.9%	21.7%
	做小生意（如卖菜、开小餐馆等）	459	10.5%	10.6%	32.2%
	流动小贩	39	0.9%	0.9%	33.1%
	体力工人（勤杂工、搬运工等）	357	8.2%	8.2%	41.3%

续表

		频数	百分比	有效百分比	累积百分比
有效	技术工人/维修人员/手工艺人	671	15.4%	15.4%	56.8%
	企业领导/公司老板	34	0.8%	0.8%	57.6%
	企业中层管理人员	102	2.3%	2.3%	59.9%
	教师、医生、科研/技术/工程人员	196	4.5%	4.5%	64.4%
	事业单位领导	14	0.3%	0.3%	64.7%
	文化、艺术、体育从业人员	33	0.8%	0.8%	65.5%
	普通公务员	33	0.8%	0.8%	66.2%
	机关干部（科级及以上）	15	0.3%	0.3%	66.6%
	军人/警察	6	0.1%	0.1%	66.7%
	农民/牧民	791	18.1%	18.2%	84.9%
	无业/失业/下岗	484	11.1%	11.1%	96.0%
	从未工作过	172	3.9%	4.0%	100.0%
	总计	4349	99.7%	100.0%	
缺失	不知道	3	0.1%		
	拒绝回答	10	0.2%		
	总计	13	0.3%		
总计		4362	100.0%		

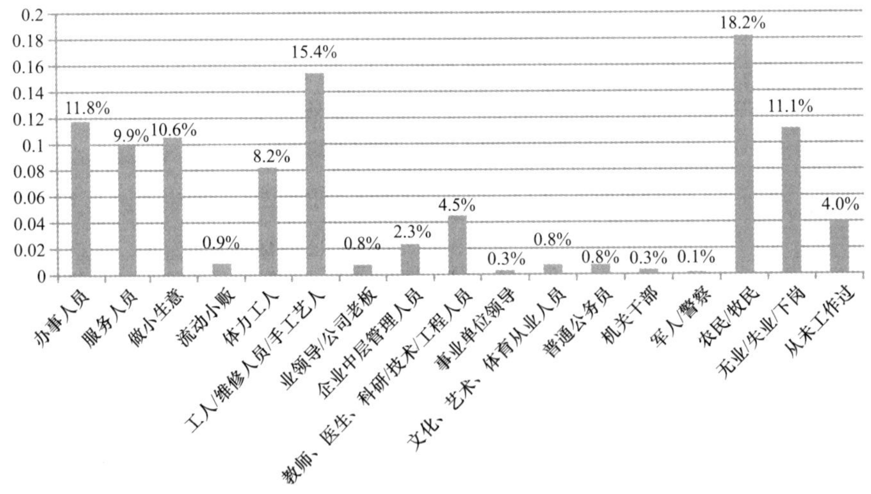

B1 过去一年您对以下媒体的使用情况是

	从不	很少	有时	经常	非常频繁	平均值
纸质报纸	2409	1248	430	204	59	1.68
纸质杂志	2671	1087	419	137	30	1.57
广播	2707	953	419	204	49	1.60
电视	65	311	986	2105	880	3.79
政府网站	2789	883	379	233	40	1.58
社交媒体（微博、微信、博客、播客等）	1250	253	609	1246	983	3.11
新媒体（如数字报纸、移动电视等）	2099	606	594	649	389	2.22

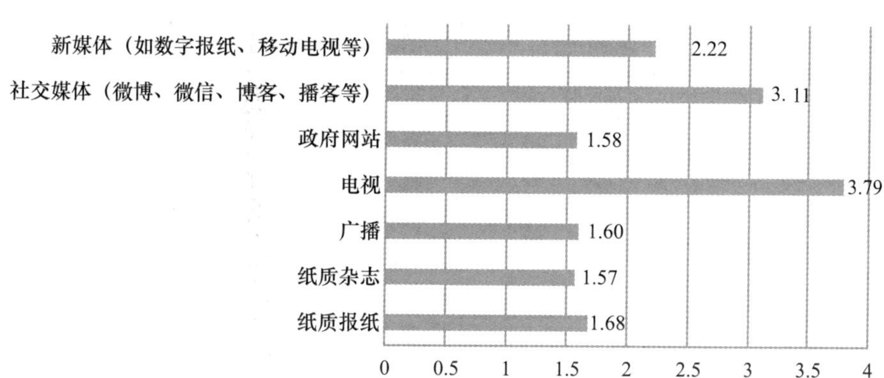

B1a 过去一年，您对纸质报纸的使用情况是

		频数	百分比	有效百分比	累积百分比
有效	从不	2409	55.2%	55.4%	55.4%
	很少	1248	28.6%	28.7%	84.1%
	有时	430	9.9%	9.9%	94.0%
	经常	204	4.7%	4.7%	98.6%
	非常频繁	59	1.4%	1.4%	100.0%
	总计	4350	99.7%	100.0%	
缺失	不知道	3	0.1%		
	拒绝回答	9	0.2%		
	总计	12	0.3%		
总计		4362	100.0%		

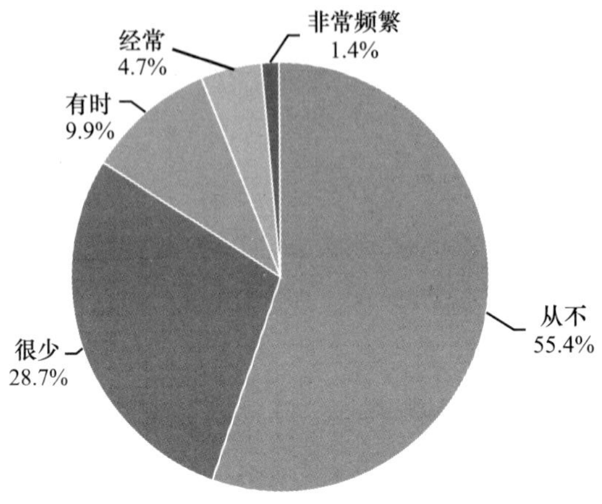

B1b 过去一年，您对纸质杂志的使用情况是

		频数	百分比	有效百分比	累积百分比
有效	从不	2671	61.2%	61.5%	61.5%
	很少	1087	24.9%	25.0%	86.5%
	有时	419	9.6%	9.6%	96.2%
	经常	137	3.1%	3.2%	99.3%
	非常频繁	30	0.7%	0.7%	100.0%
	总计	4344	99.6%	100.0%	
缺失	不知道	4	0.1%		
	拒绝回答	14	0.3%		
	总计	18	0.4%		
总计		4362	100.0%		

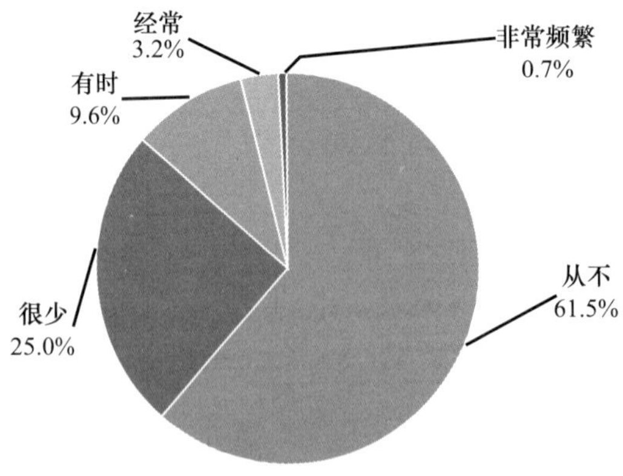

B1c 过去一年，您对广播的使用情况是

		频数	百分比	有效百分比	累积百分比
有效	从不	2707	62.1%	62.5%	62.5%
	很少	953	21.8%	22.0%	84.5%
	有时	419	9.6%	9.7%	94.2%
	经常	204	4.7%	4.7%	98.9%
	非常频繁	49	1.1%	1.1%	100.0%
	总计	4332	99.3%	100.0%	
缺失	不知道	5	0.1%		
	拒绝回答	25	0.6%		
	总计	30	0.7%		
总计		4362	100.0%		

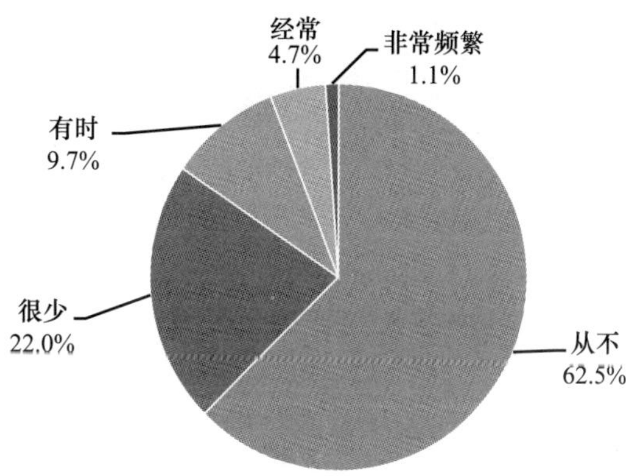

B1d 过去一年，您对电视的使用情况是

		频数	百分比	有效百分比	累积百分比
有效	从不	65	1.5%	1.5%	1.5%
	很少	311	7.1%	7.2%	8.6%
	有时	986	22.6%	22.7%	31.3%
	经常	2105	48.3%	48.4%	79.8%
	非常频繁	880	20.2%	20.2%	100.0%
	总计	4347	99.7%	100.0%	

续表

		频数	百分比	有效百分比	累积百分比
缺失	不知道	4	0.1%		
	拒绝回答	11	0.3%		
	总计	15	0.3%		
总计		4362	100.0%		

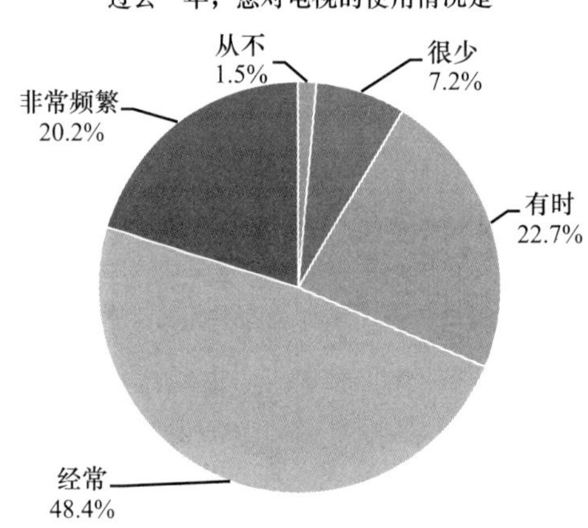

B1e 过去一年，您对各种政府网站的使用情况是

		频数	百分比	有效百分比	累积百分比
有效	从不	2789	63.9%	64.5%	64.5%
	很少	883	20.2%	20.4%	84.9%
	有时	379	8.7%	8.8%	93.7%
	经常	233	5.3%	5.4%	99.1%
	非常频繁	40	0.9%	0.9%	100.0%
	总计	4324	99.1%	100.0%	
缺失	不知道	13	0.3%		
	拒绝回答	25	0.6%		
	总计	38	0.9%		
总计		4362	100.0%		

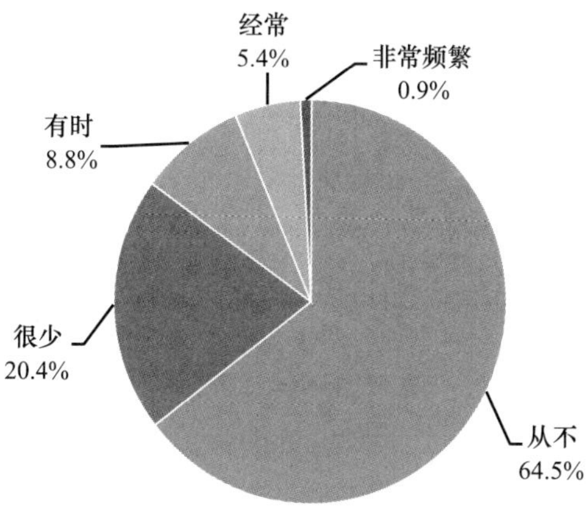

B1f 过去一年，您对社交媒体（微博、微信、博客、播客等）的使用情况是

		频数	百分比	有效百分比	累积百分比
有效	从不	1250	28.7%	28.8%	28.8%
	很少	253	5.8%	5.8%	34.6%
	有时	609	14.0%	14.0%	48.7%
	经常	1246	28.6%	28.7%	77.4%
	非常频繁	983	22.5%	22.6%	100.0%
	总计	4341	99.5%	100.0%	
缺失	不知道	10	0.2%		
	拒绝回答	11	0.3%		
	总计	21	0.5%		
总计		4362	100.0%		

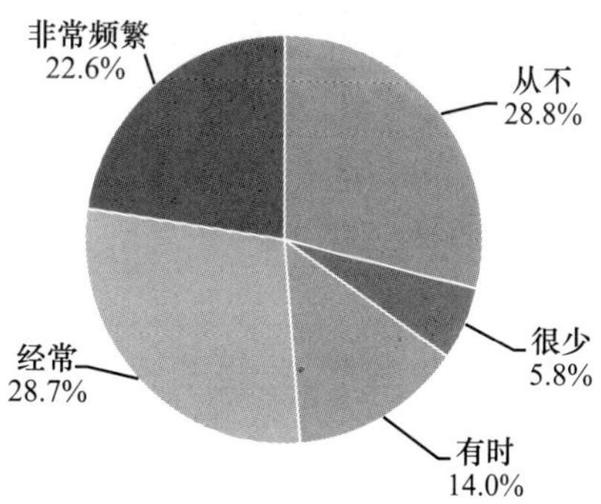

B1g 过去一年，您对新媒体（如数字报纸、移动电视等）的使用情况是

		频数	百分比	有效百分比	累积百分比
有效	从不	2099	48.1%	48.4%	48.4%
	很少	606	13.9%	14.0%	62.4%
	有时	594	13.6%	13.7%	76.1%
	经常	649	14.9%	15.0%	91.0%
	非常频繁	389	8.9%	9.0%	100.0%
	总计	4337	99.4%	100.0%	
缺失	不知道	16	0.4%		
	拒绝回答	9	0.2%		
	总计	25	0.6%		
总计		4362	100.0%		

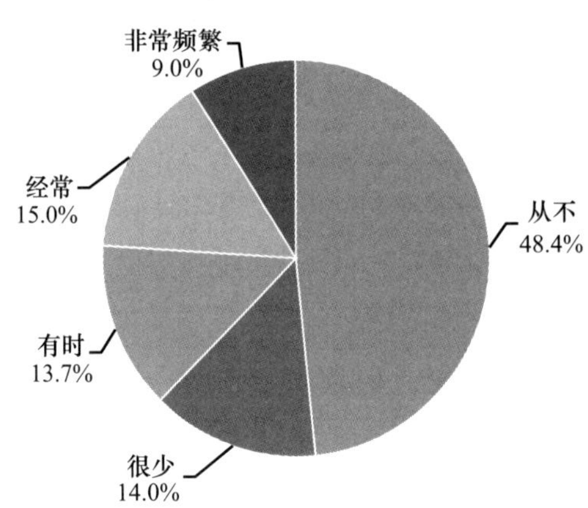

B2 跟五年前相比，您觉得自己的社会经济地位有什么变化

		频数	百分比	有效百分比	累积百分比
有效	上升了	2369	54.3%	57.7%	57.7%
	差不多	1532	35.1%	37.3%	95.1%
	下降了	203	4.7%	4.9%	100.0%
	总计	4104	94.1%	100.0%	
缺失	不知道	257	5.9%		
	拒绝回答	1			
	总计	258	5.9%		
总计		4362	100.0%		

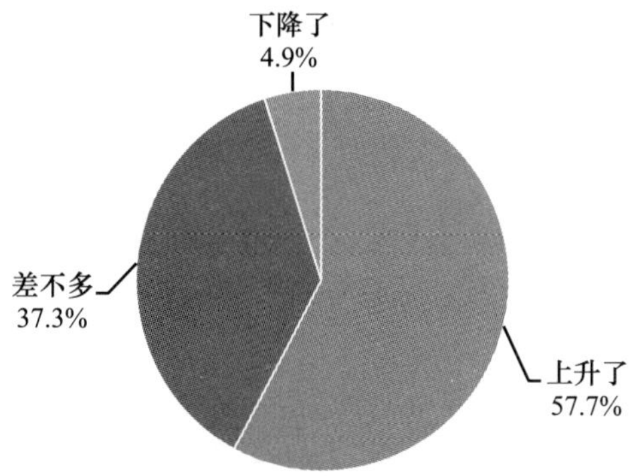

B3 您感觉在未来的五年中，您的生活水平将会有什么变化

		频数	百分比	有效百分比	累积百分比
有效	上升很多	865	19.8%	22.1%	22.1%
	略有上升	2262	51.9%	57.9%	80.0%
	没有变化	663	15.2%	17.0%	97.0%
	略有下降	94	2.2%	2.4%	99.4%
	下降很多	24	0.6%	0.6%	100.0%
	总计	3908	89.6%	100.0%	
缺失	不知道	448	10.3%		
	拒绝回答	6	0.1%		
	总计	454	10.4%		
总计		4362	100.0%		

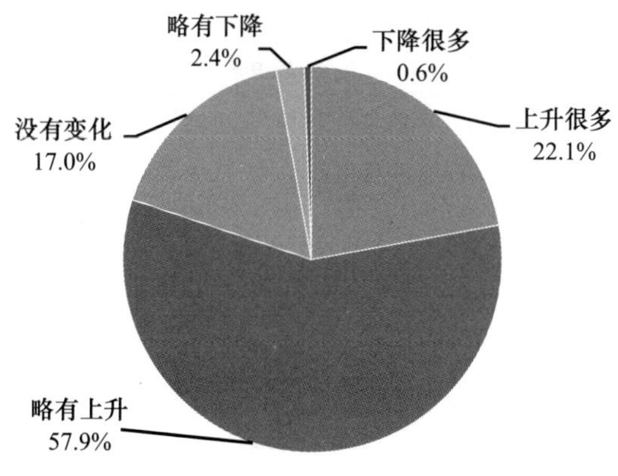

B4 总的来说，您觉得目前的生活幸福吗

		频数	百分比	有效百分比	累积百分比
有效	非常不幸福	27	0.6%	0.6%	0.6%
	不太幸福	154	3.5%	3.5%	4.2%
	谈不上幸福不幸福	818	18.8%	18.8%	22.9%
	比较幸福	2788	63.9%	64.0%	86.9%
	非常幸福	570	13.1%	13.1%	100.0%
	总计	4357	99.9%	100.0%	
缺失	拒绝回答	5	0.1%		
总计		4362	100.0%		

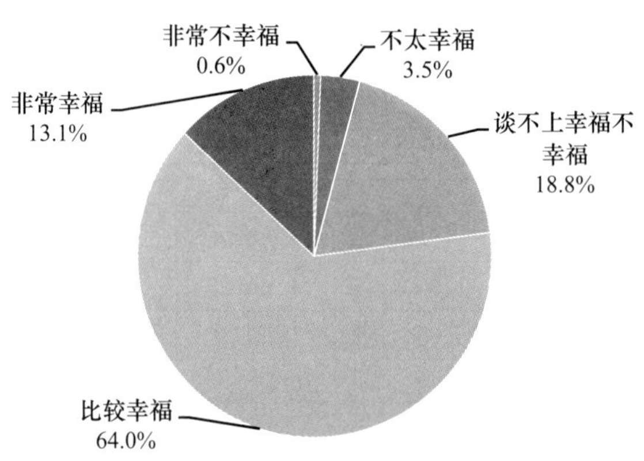

B5 您对自己目前的生活状态满意吗

		频数	百分比	有效百分比	累积百分比
有效	非常满意	488	11.2%	11.3%	11.3%
	比较满意	3310	75.9%	76.4%	87.6%
	不太满意	523	12.0%	12.1%	99.7%
	非常不满意	14	0.3%	0.3%	100.0%
	总计	4335	99.4%	100.0%	
缺失	不知道	23	0.5%		
	拒绝回答	4	0.1%		
	总计	27	0.6%		
总计		4362	100.0%		

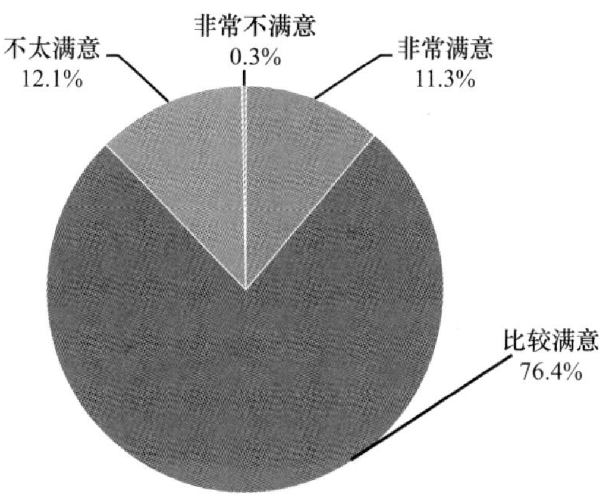

B6 社会上发生的一些事情，您一般是从什么渠道最先知道

	频数	有效百分比
电视	2733	62. 7%
报纸	189	4. 3%
电台广播	96	2. 2%
微博、微信等网络社交媒介	1799	41. 3%
网络	1321	30. 3%
和朋友、亲友、同事交谈	1507	34. 6%
单位传达	55	1. 3%

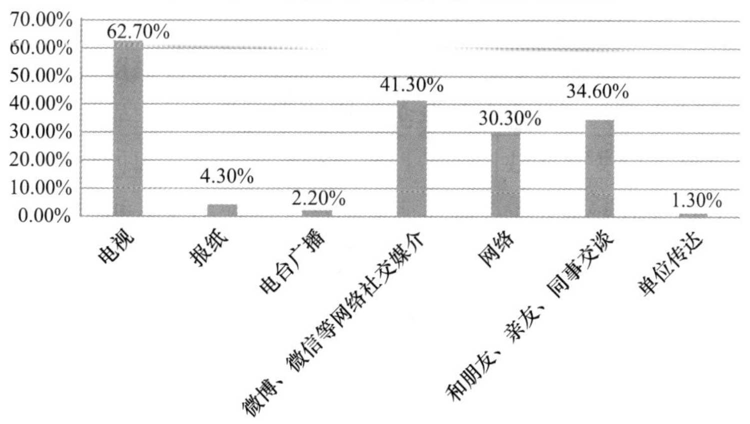

B7 从网络中获得的信息对您的思想行为有多大程度的影响

		频数	百分比	有效百分比	累积百分比
有效	影响很大	690	15.8%	21.7%	21.7%
	有一些影响	1772	40.6%	55.7%	77.4%
	影响很小	579	13.3%	18.2%	95.6%
	完全没有影响	141	3.2%	4.4%	100.0%
	总计	3182	72.9%	100.0%	
缺失	不适用，因为不上网	1024	23.5%		
	不知道	152	3.5%		
	拒绝回答	4	0.1%		
	总计	1180	27.1%		
总计		4362	100.0%		

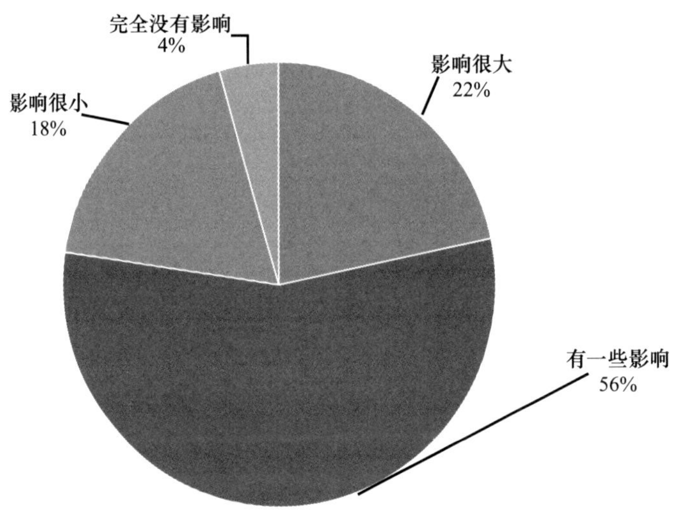

B8 您认为中国梦和您个人、家庭追求美好生活有多大程度的关系

		频数	百分比	有效百分比	累积百分比
有效	关系很大	1555	35.6%	35.7%	35.7%
	关系不大	1682	38.6%	38.6%	74.4%
	根本没有关系	368	8.4%	8.5%	82.8%
	不清楚什么是中国梦	748	17.1%	17.2%	100.0%
	总计	4353	99.8%	100.0%	

续表

		频数	百分比	有效百分比	累积百分比
缺失	不理解题意	1			
	不知道	2			
	拒绝回答	6	0.1%		
	总计	9	0.2%		
总计		4362	100.0%		

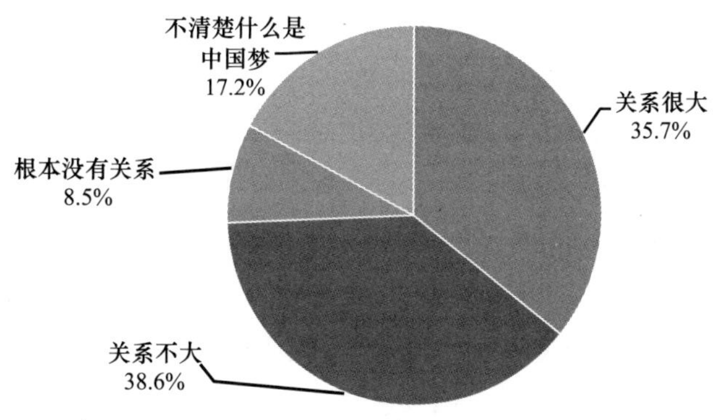

B9 您对当前我国社会道德状况的总体满意度是

		频数	百分比	有效百分比	累积百分比
有效	非常满意	203	4.7%	4.8%	4.8%
	比较满意	2924	67.0%	68.7%	73.5%
	不太满意	1044	23.9%	24.5%	98.0%
	非常不满意	85	1.9%	2.0%	100.0%
	总计	4256	97.6%	100.0%	
缺失	不知道	100	2.3%		
	拒绝回答	6	0.1%		
	总计	106	2.4%		
总计		4362	100.0%		

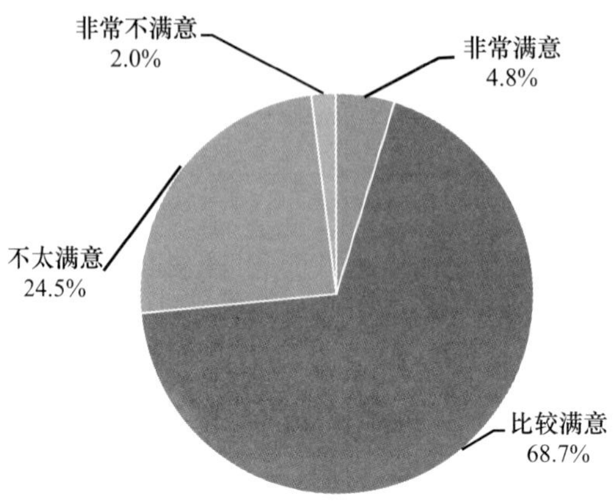

B10 您对当前我国社会人与人之间的关系的总体满意度是

		频数	百分比	有效百分比	累积百分比
有效	非常满意	208	4.8%	4.9%	4.9%
	比较满意	2963	67.9%	69.3%	74.2%
	不太满意	1029	23.6%	24.1%	98.3%
	非常不满意	74	1.7%	1.7%	100.0%
	总计	4274	98.0%	100.0%	
缺失	不知道	87	2.0%		
	拒绝回答	1			
	总计	88	2.0%		
总计		4362	100.0%		

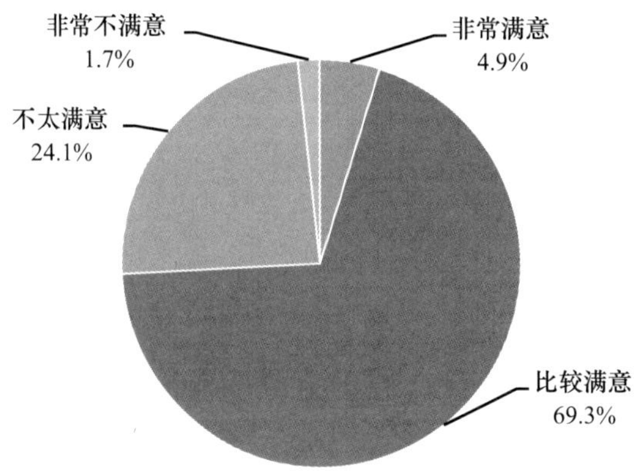

B11 您对自己的道德状况的满意度是

		频数	百分比	有效百分比	累积百分比
有效	非常满意	696	16.0%	16.2%	16.2%
	比较满意	3353	76.9%	78.0%	94.2%
	不太满意	230	5.3%	5.4%	99.6%
	非常不满意	18	0.4%	0.4%	100.0%
	总计	4297	98.5%	100.0%	
缺失	不知道	63	1.4%		
	拒绝回答	2			
	总计	65	1.5%		
总计		4362	100.0%		

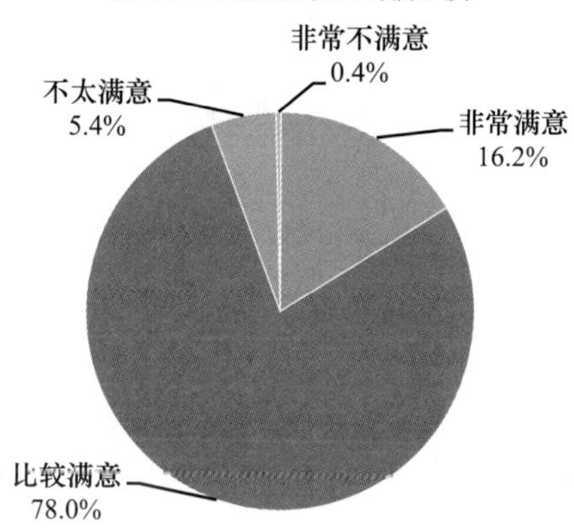

B12 您觉得今后中国社会的道德状况会变成什么样

		频数	百分比	有效百分比	累积百分比
有效	越来越差	243	5.6%	5.6%	5.6%
	不变	423	9.7%	9.7%	15.3%
	越来越好	3263	74.8%	75.0%	90.3%
	不知道	423	9.7%	9.7%	100.0%
	总计	4352	99.8%	100.0%	
缺失	拒绝回答	10	0.2%		
总计		4362	100.0%		

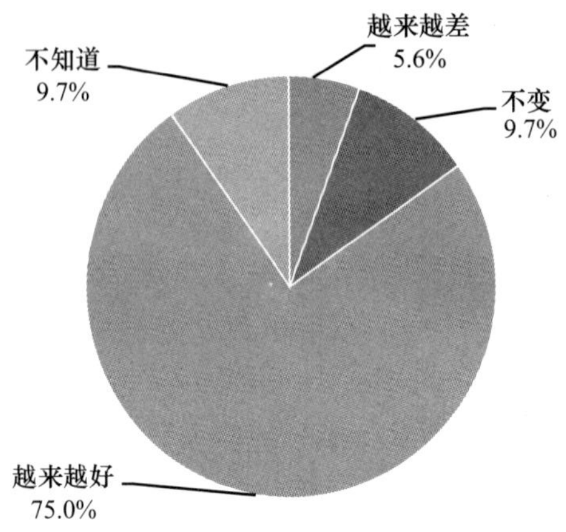

B13 您认为我国目前人与人之间的关系受什么影响

	频数	有效百分比
利益	2761	66.0%
情感	1992	47.6%
国家倡导的主流价值观	1113	26.6%
中国传统价值观	1153	27.6%
西方价值观	149	3.6%

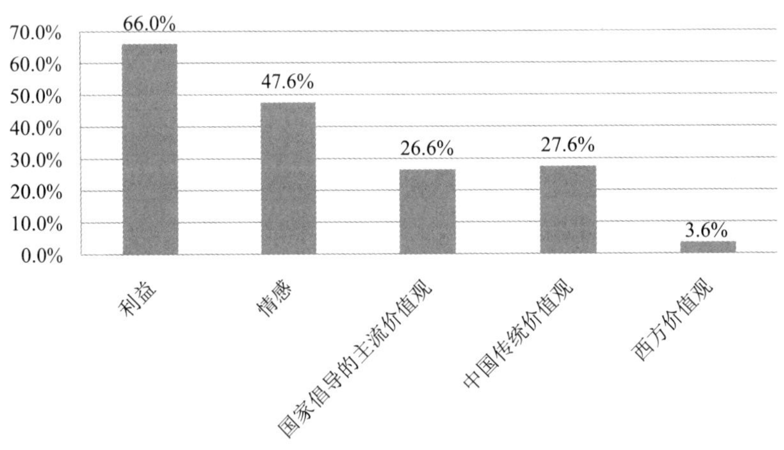

B14 对中国社会，您最担忧的问题是

	频数	有效百分比
腐败不能根治	1769	41.8%

续表

	频数	有效百分比
生态环境恶化	1673	39.5%
分配不公、两极分化	1326	31.3%
老无所养、未来没有把握	1060	25.0%
生活水平下降	637	15.1%
道德滑坡，社会风气恶化	849	20.1%
人际关系紧张	458	10.8%

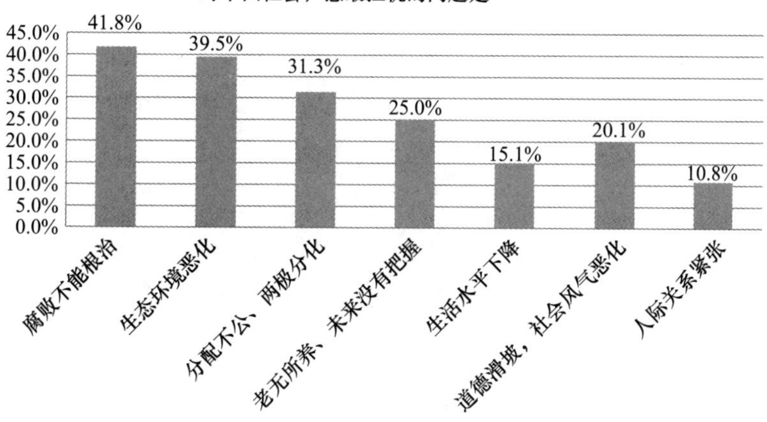

B15 对伦理关系和道德生活，您最向往的是

		频数	百分比	有效百分比	累积百分比
有效	传统社会的伦理和道德（如仁、义、礼、智、信）	2477	56.8%	57.4%	57.4%
	战争年代为理想而献身的革命精神（如革命烈士无私献身精神）	853	19.6%	19.8%	77.1%
	新中国成立后到“文化大革命”前的大公无私的集体主义精神	379	8.7%	8.8%	85.9%
	追求个人利益的市场经济下的道德	377	8.6%	8.7%	94.6%
	西方道德（如个人主义、实用主义、功利主义）	158	3.6%	3.7%	98.3%
	其他	73	1.7%	1.7%	100.0%
	总计	4317	99.0%	100.0%	

续表

		频数	百分比	有效百分比	累积百分比
缺失	不知道	24	0.6%		
	不理解题意	19	0.4%		
	拒绝回答	2			
	总计	45	1.0%		
总计		4362	100.0%		

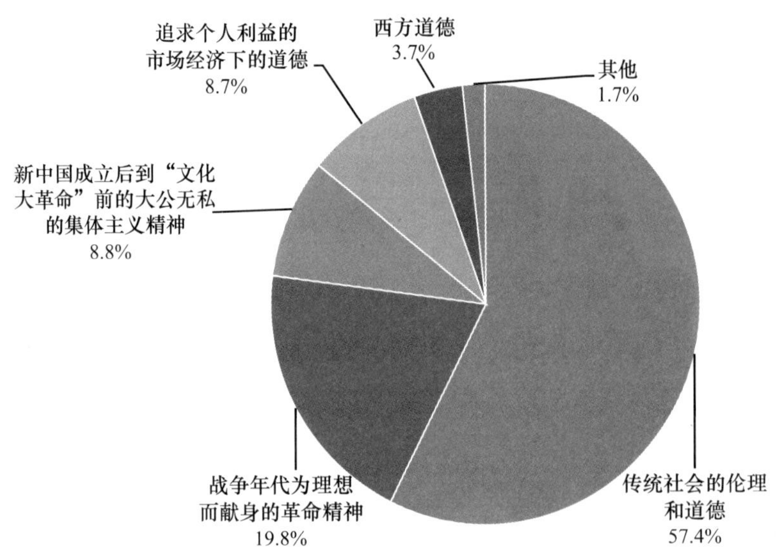

B16 您认为当前我国社会道德生活中最重要的内容是什么

	最重要		第二重要		第三重要		
	频数	加权得分	频数	加权得分	频数	加权得分	总分
意识形态中所提倡的社会主义道德	1402	4206	1742	3484	902	902	8592
中国传统道德	2188	6564	1210	2420	577	577	9561
西方文化影响而形成的道德	235	705	426	852	710	710	2267
市场经济中形成的道德	500	1500	870	1740	1968	1968	5208

您认为当前我国社会道德生活中最重要的内容是什么

40.0%
35.0%
30.0%
25.0%
20.0%
15.0%
10.0%
5.0%
0.0%

33.5%
37.3%
8.8%
20.3%

意识形态中所提倡的社会主义道德
中国传统道德
西方文化影响而形成的道德
市场经济中形成的道德

B17 您认为目前我国社会中伦理道德对人际关系的调节能力如何

		频数	百分比	有效百分比	累积百分比
有效	良好	781	17.9%	18.8%	18.8%
	一般	2683	61.5%	64.4%	83.2%
	很差	360	8.3%	8.6%	91.8%
	几乎没有，一切都听从利益支配	341	7.8%	8.2%	100.0%
	总计	4165	95.5%	100.0%	
缺失	不理解题意	2			
	不知道	190	4.4%		
	拒绝回答	5	0.1%		
	总计	197	4.5%		
总计		4362	100.0%		

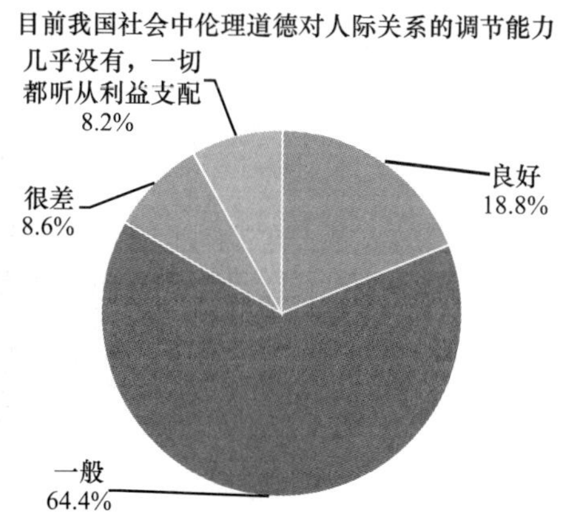

B18 您认为目前我国社会中伦理道德对个人行为的约束能力如何

		频数	百分比	有效百分比	累积百分比
有效	良好	778	17.8%	18.7%	18.7%
	一般	2643	60.6%	63.4%	82.0%
	很差	428	9.8%	10.3%	92.3%
	几乎没有，一切都听从利益支配	322	7.4%	7.7%	100.0%
	总计	4171	95.6%	100.0%	
缺失	不理解题意	2			
	不知道	182	4.2%		
	拒绝回答	7	0.2%		
	总计	191	4.4%		
总计		4362	100.0%		

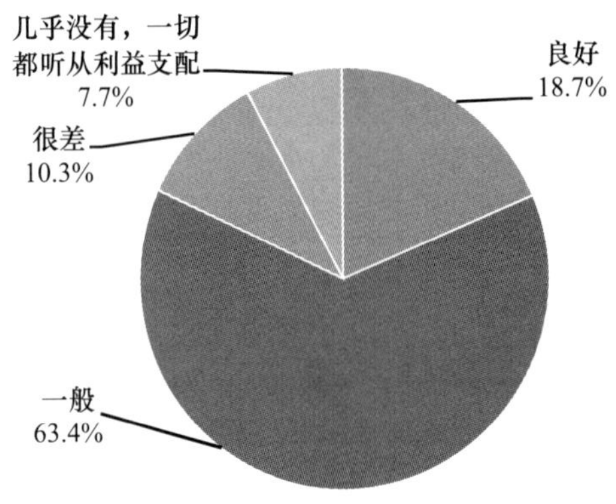

B19 您认为当今中国社会最基本的伦理冲突是

	频数	有效百分比
人与自然的冲突	723	17.1%
人与自身的冲突	1019	24.1%
人与人之间的冲突	2647	62.5%
个人与社会的冲突	1931	45.6%
个人与政府的冲突	479	11.3%

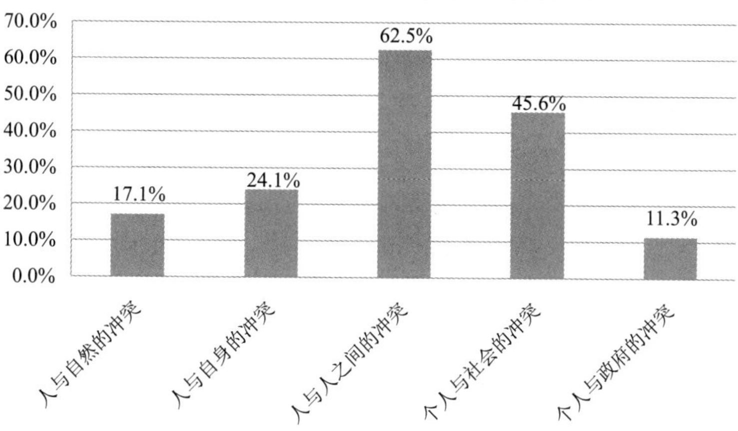

B20 在下列关系中，您认为哪些关系对您来说最重要

	第一重要		第二重要		第三重要		第四重要		第五重要		总分
	频数	加权得分	频数	加权得分	频数	加权得分	频数	加权得分	频数	加权得分	
父母与子女	2903	14515	1000	4000	185	555	94	188	37	37	19295
夫妇	858	4290	2229	8916	547	1641	158	316	85	85	15248
兄弟姐妹	20	100	519	2076	2272	6816	582	1164	216	216	10372
个人与国家	332	1660	113	452	269	807	420	840	618	618	4377
朋友	23	115	71	284	256	768	911	1822	821	821	3810
同事或同学	25	125	99	396	285	855	887	1774	609	609	3759
个人与社会	98	490	131	524	170	510	470	940	675	675	3139
个人与工作单位	26	130	50	200	94	282	249	498	308	308	1418
上级或下级	15	75	57	228	84	252	162	324	295	295	1174
与自然的关系	20	100	50	200	90	270	141	282	163	163	1015
个人与自身的关系（身心和谐）	33	165	26	104	41	123	73	146	174	174	712
师生	1	5	8	32	40	120	131	262	191	191	610
通过网络建立的各种“群”的关系	7	35	3	12	8	24	28	56	67	67	194
其他	0	0	0	0	5	15	9	18	12	12	45

（加权规则：第一重要的频数＊5，第二重要的频数＊4，第三重要的频数＊3，第四重要的频数＊2，第五重要的频数＊1）

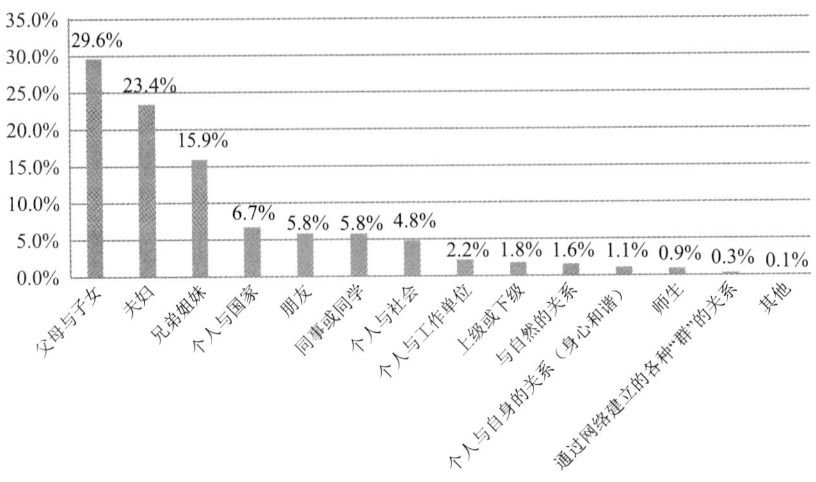

B21 您认为哪一种关系对社会秩序最具根本性意义

		频数	百分比	有效百分比	累积百分比
有效	家庭关系或血缘关系	1186	27.2%	27.6%	27.6%
	个人与社会的关系	1801	41.3%	41.8%	69.4%
	职业关系	145	3.3%	3.4%	72.8%
	个人与国家民族的关系	927	21.3%	21.5%	94.3%
	人与自然的关系	72	1.7%	1.7%	96.0%
	个人与自身的关系	173	4.0%	4.0%	100.0%
	总计	4304	98.7%	100.0%	
缺失	不知道	12	0.3%		
	不理解题意	40	0.9%		
	拒绝回答	6	0.1%		
	总计	58	1.3%		
总计		4362	100.0%		

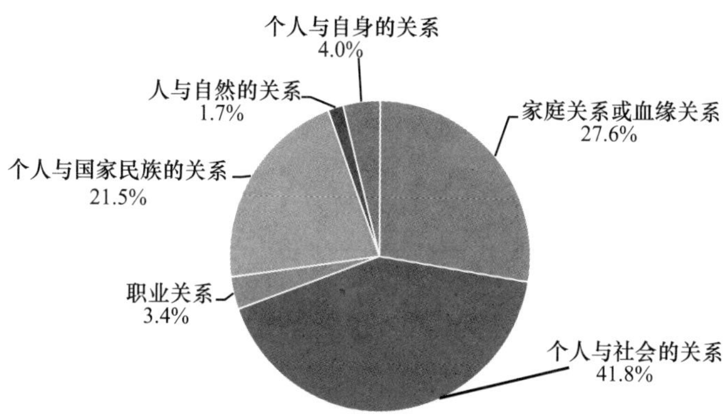

B22 您认为哪一种关系对个人生活最具根本性意义

		频数	百分比	有效百分比	累积百分比
有效	家庭关系或血缘关系	2597	59.5%	60.0%	60.0%
	个人与社会的关系	695	15.9%	16.1%	76.1%
	职业关系	205	4.7%	4.7%	80.8%
	个人与国家民族的关系	485	11.1%	11.2%	92.0%
	人与自然的关系	68	1.6%	1.6%	93.6%
	个人与自身的关系	278	6.4%	6.4%	100.0%
	总计	4328	99.2%	100.0%	
缺失	不知道	7	0.2%		
	不理解题意	15	0.3%		
	拒绝回答	12	0.3%		
	总计	34	0.8%		
总计		4362	100.0%		

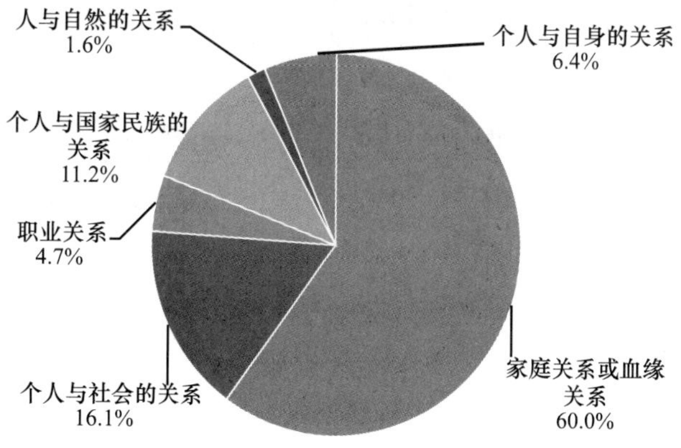

B23 对于个人而言，您认为家庭、社会和国家三者的重要性程度如何？

	第一位		第二位		
	频数	加权得分	频数	加权得分	总分
国家	2279	4558	1544	1544	6102
社会	133	266	919	919	1185
家庭	1941	3882	1864	1864	5746

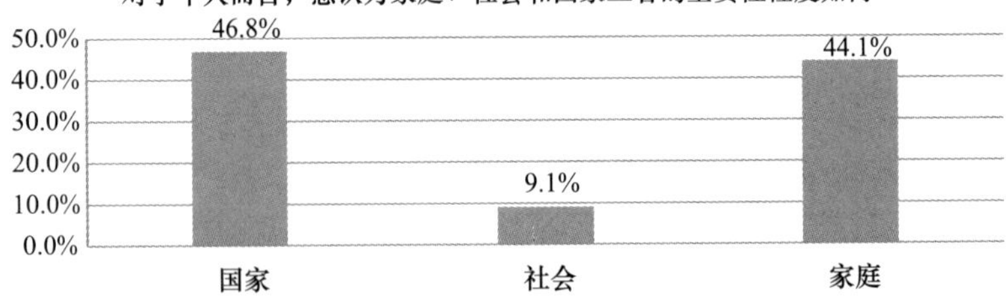

B24 请根据您的理解选择对下列陈述的评价

	消极影响	没有影响	积极影响	平均值
信息技术、网络技术的发展对伦理道德的影响	463	704	1967	2. 48
市场经济对我国伦理道德的影响	535	687	1961	2. 45
西方文化对我国伦理道德的影响	594	805	1399	2. 29

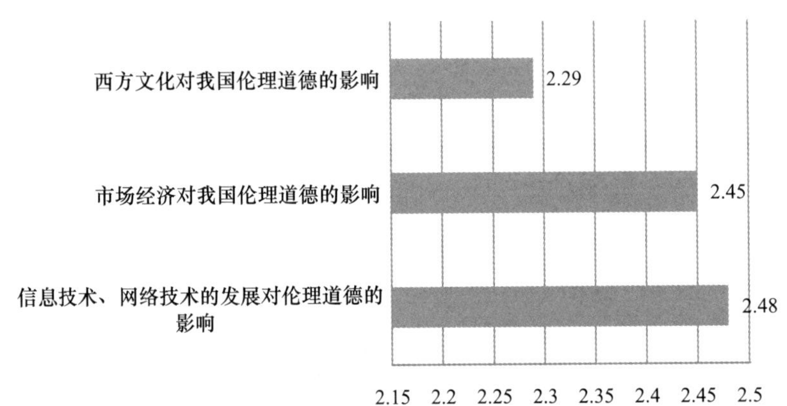

B24a 信息技术、网络技术的发展对伦理道德的影响

		频数	百分比	有效百分比	累积百分比
有效	消极影响	463	10.6%	14.8%	14.8%
	没有影响	704	16.1%	22.5%	37.2%
	积极影响	1967	45.1%	62.8%	100.0%
	总计	3134	71.8%	100.0%	
缺失	不理解题意	3	0.1%		
	说不清	1214	27.8%		
	拒绝回答	11	0.3%		
	总计	1228	28.2%		
总计		4362	100.0%		

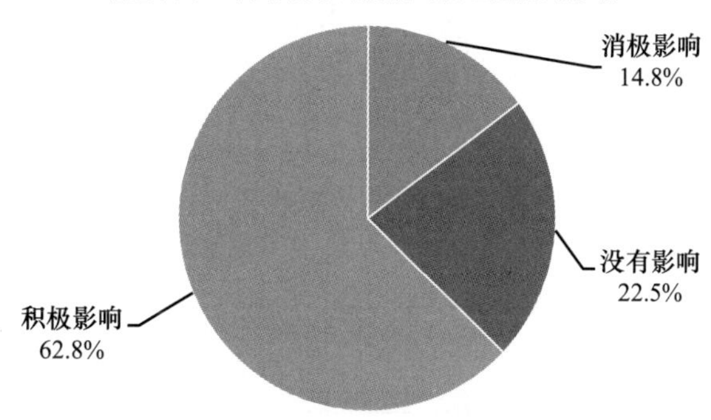

B24b 市场经济对我国伦理道德的影响

		频数	百分比	有效百分比	累积百分比
有效	消极影响	535	12.3%	16.8%	16.8%
	没有影响	687	15.7%	21.6%	38.4%
	积极影响	1961	45.0%	61.6%	100.0%
	总计	3183	73.0%	100.0%	
缺失	不理解题意	2			
	说不清	1167	26.8%		
	拒绝回答	10	0.2%		
	总计	1179	27.0%		
总计		4362	100.0%		

市场经济对我国伦理道德的影响

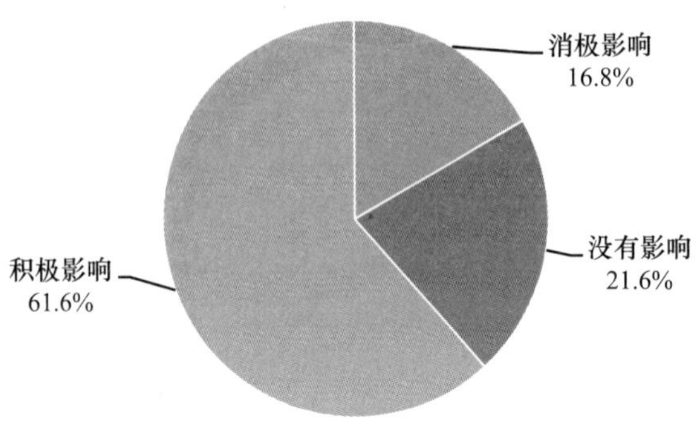

B24c 西方文化对我国伦理道德的影响

		频数	百分比	有效百分比	累积百分比
有效	消极影响	594	13.6%	21.2%	21.2%
	没有影响	805	18.5%	28.8%	50.0%
	积极影响	1399	32.1%	50.0%	100.0%
	总计	2798	64.1%	100.0%	
缺失	不理解题意	2			
	说不清	1548	35.5%		
	拒绝回答	14	0.3%		
	总计	1564	35.9%		
总计		4362	100.0%		

西方文化对我国伦理道德的影响

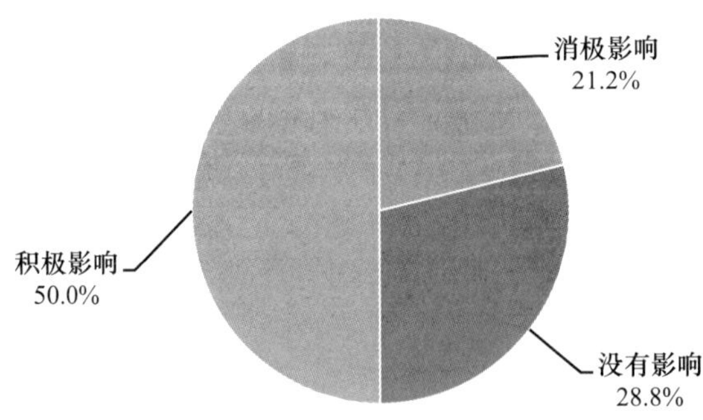

B25 如果国外报道与国家主流媒体的宣传内容不一致，您倾向于相信

		频数	百分比	有效百分比	累积百分比
有效	主流媒体	2843	65.2%	70.2%	70.2%
	国外报道	114	2.6%	2.8%	73.0%
	谁都不相信，自己判断	1093	25.1%	27.0%	100.0%
	总计	4050	92.8%	100.0%	
缺失	说不清	310	7.1%		
	拒绝回答	2			
	总计	312	7.2%		
总计		4362	100.0%		

如果国外报道与国家主流媒体的宣传内容不一致，您倾向于相信

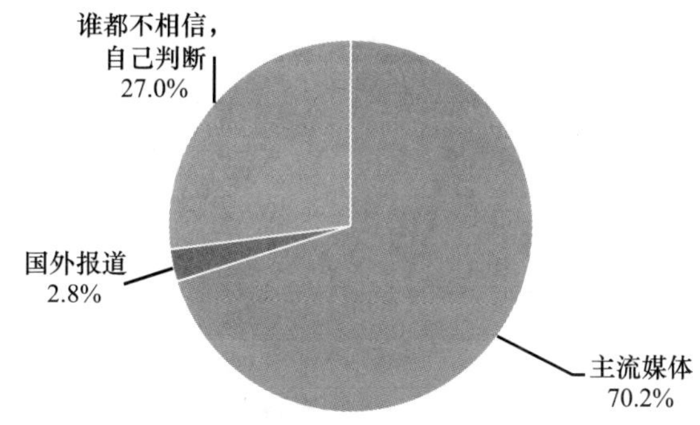

B26 如果朋友圈的消息与国家主流媒体的报道不一致，您会相信哪一个

		频数	百分比	有效百分比	累积百分比
有效	主流媒体	2704	62.0%	62.3%	62.3%
	朋友圈/亲朋圈子	472	10.8%	10.9%	73.1%
	都不相信，自己比较判断	1145	26.2%	26.4%	99.5%
	其他	21	0.5%	0.5%	100.0%
	总计	4342	99.5%	100.0%	
缺失	不知道	14	0.3%		
	不理解题意	2			
	拒绝回答	4	0.1%		
	总计	20	0.5%		
总计		4362	100.0%		

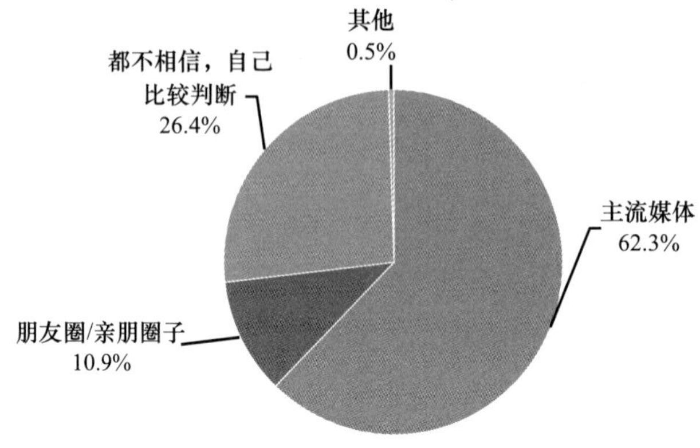

C1 您认为当前中国社会个人道德素质的主要问题是

		频数	百分比	有效百分比	累积百分比
有效	道德上无知	415	9.5%	9.6%	9.6%
	有道德知识，但不见诸行动	3453	79.2%	79.7%	89.3%
	既道德上无知，也不见道德行动	454	10.4%	10.5%	99.7%
	其他	11	0.3%	0.3%	100.0%
	总计	4333	99.3%	100.0%	
缺失	不知道	26	0.6%		
	拒绝回答	3	0.1%		
	总计	29	0.7%		
总计		4362	100.0%		

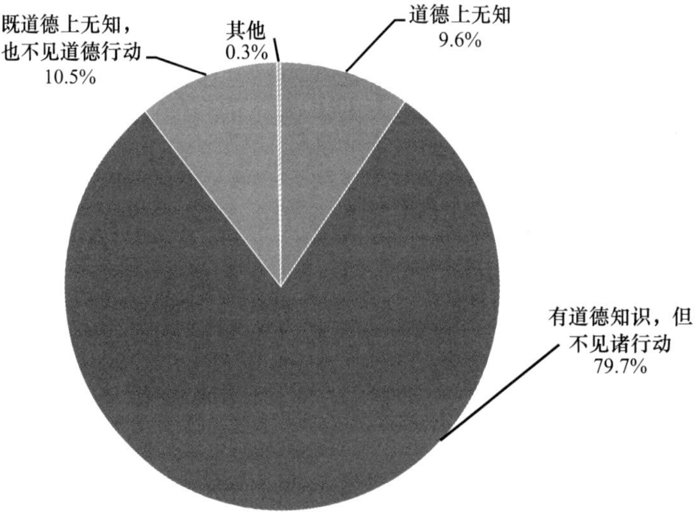

C2 您根据什么来判断某种行为是否符合伦理或道德

	频数	有效百分比
传统道德观念	2546	59.1%
风俗习惯	1452	33.7%
大多数人认同的道德规范	2023	46.9%
当事人共同利益和意志	805	18.7%
自己的良心	2713	62.9%
意识形态的要求	528	12.2%

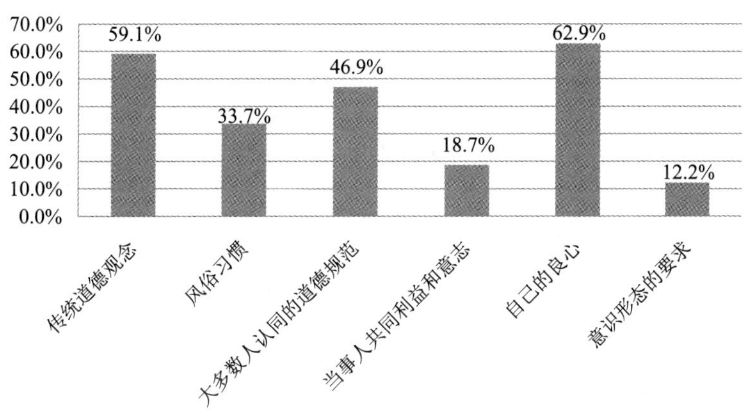

C3 请结合自己的情况进行选择

	完全不符合	有点符合	一般	比较符合	完全符合	平均值
我会经常关心比我不幸的人	143	913	1474	1422	400	3.24
我时常会同情他人的难处	93	889	1404	1602	361	3.29
在做决定前，我会试着从每个人的立场去考虑问题	144	855	1577	1394	374	3.23
当我看到有人被利用时，时常想要保护他们	191	947	1624	1309	264	3.12
我有时会试图站在他人的角度，以更好地理解我的朋友	117	842	1400	1561	422	3.31
他人的不幸通常不会给我带来很大的不安	530	922	1548	1097	237	2.91
在观看电视剧或电影之后，我会感觉到自己仿佛成了其中的一个角色	815	888	1361	983	278	2.77
当我对某人很不耐烦的时候，我通常会暂时站在他/她的位置上	366	1028	1564	1120	253	2.97
读故事会想象如果这些事情发生在自己身上，我会是怎样的感受	597	861	1427	1115	296	2.92

续表

	完全不符合	有点符合	一般	比较符合	完全符合	平均值
在批评他人之前，我会尝试想象一下如果我处于那个位置会是什么感受	159	827	1582	1438	318	3.21

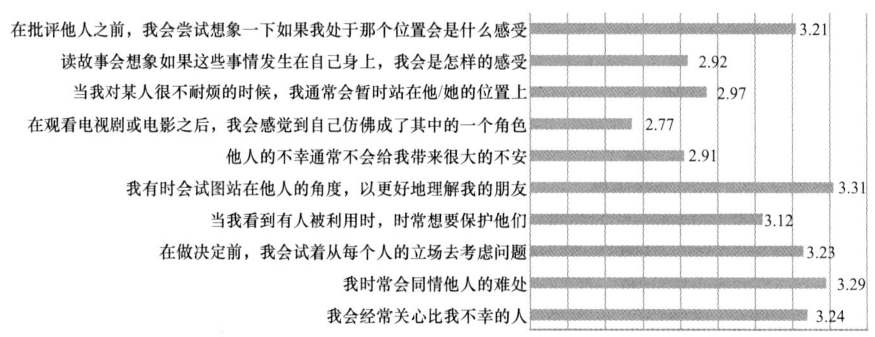

C3a 我会经常关心比我不幸的人

		频数	百分比	有效百分比	累积百分比
有效	完全不符合	143	3.3%	3.3%	3.3%
	有点符合	913	20.9%	21.0%	24.3%
	一般	1474	33.8%	33.9%	58.1%
	比较符合	1422	32.6%	32.7%	90.8%
	完全符合	400	9.2%	9.2%	100.0%
	总计	4352	99.8%	100.0%	
缺失	不知道	8	0.2%		
	拒绝回答	2			
	总计	10	0.2%		
总计		4362	100.0%		

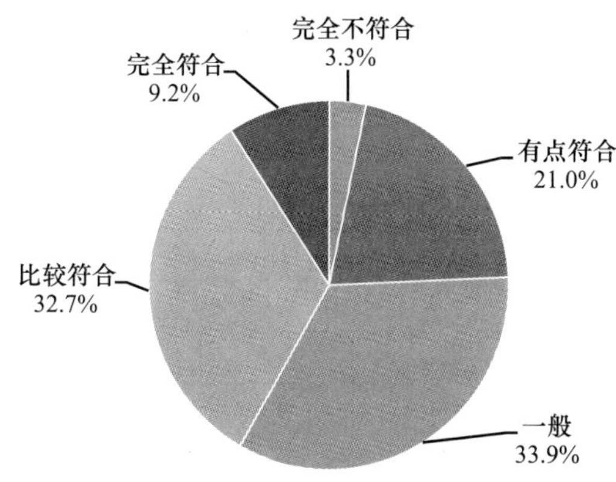

C3b 我时常会同情他人的难处

		频数	百分比	有效百分比	累积百分比
有效	完全不符合	93	2.1%	2.1%	2.1%
	有点符合	889	20.4%	20.4%	22.6%
	一般	1404	32.2%	32.3%	54.9%
	比较符合	1602	36.7%	36.8%	91.7%
	完全符合	361	8.3%	8.3%	100.0%
	总计	4349	99.7%	100.0%	
缺失	不知道	4	0.1%		
	拒绝回答	9	0.2%		
	总计	13	0.3%		
总计		4362	100.0%		

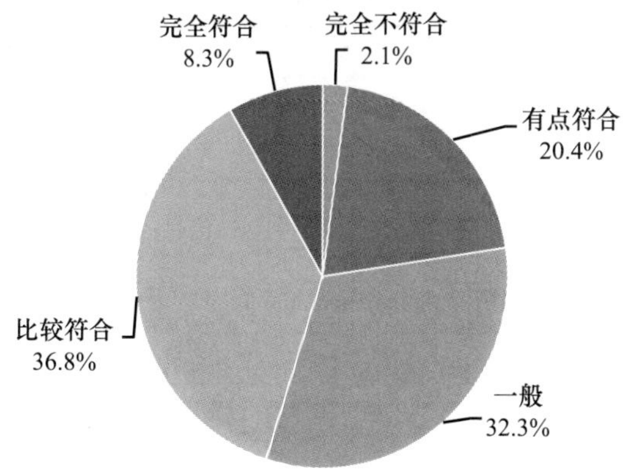

C3c 在做决定前，我会试着从每个人的立场去考虑问题

		频数	百分比	有效百分比	累积百分比
有效	完全不符合	144	3.3%	3.3%	3.3%
	有点符合	855	19.6%	19.7%	23.0%
	一般	1577	36.2%	36.3%	59.3%
	比较符合	1394	32.0%	32.1%	91.4%
	完全符合	374	8.6%	8.6%	100.0%
	总计	4344	99.6%	100.0%	
缺失	不知道	14	0.3%		
	拒绝回答	4	0.1%		
	总计	18	0.4%		
总计		4362	100.0%		

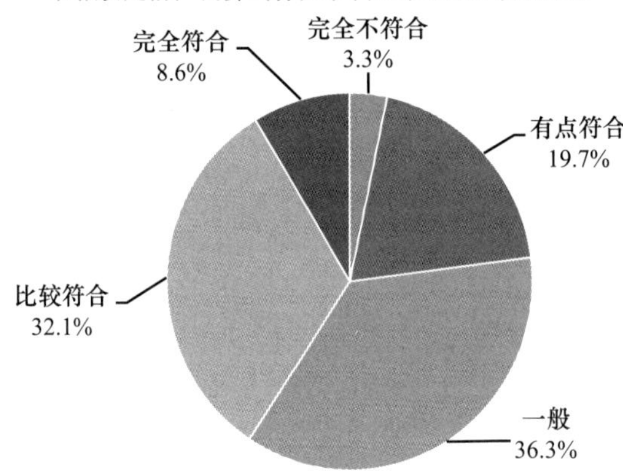

C3d 当我看到有人被利用时，时常想要保护他们

		频数	百分比	有效百分比	累积百分比
有效	完全不符合	191	4.4%	4.4%	4.4%
	有点符合	947	21.7%	21.8%	26.3%
	一般	1624	37.2%	37.5%	63.7%
	比较符合	1309	30.0%	30.2%	93.9%
	完全符合	264	6.1%	6.1%	100.0%
	总计	4335	99.4%	100.0%	

续表

		频数	百分比	有效百分比	累积百分比
缺失	不知道	23	0.5%		
	拒绝回答	4	0.1%		
	总计	27	0.6%		
总计		4362	100.0%		

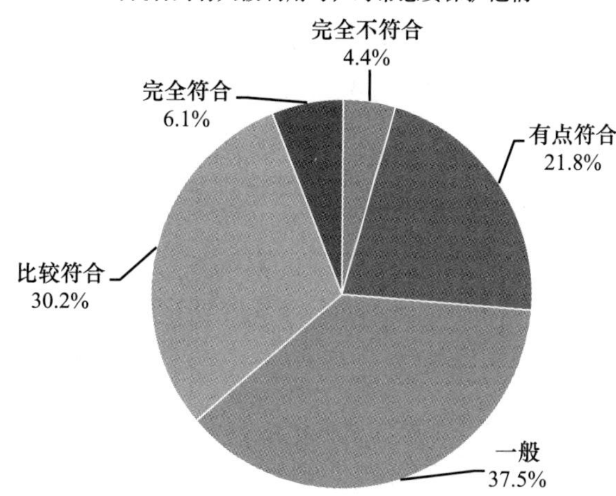

C3e 我有时会试图站在他人的角度，以更好地理解我的朋友

		频数	百分比	有效百分比	累积百分比
有效	完全不符合	117	2.7%	2.7%	2.7%
	有点符合	842	19.3%	19.4%	22.1%
	一般	1400	32.1%	32.2%	54.3%
	比较符合	1561	35.8%	36.0%	90.3%
	完全符合	422	9.7%	9.7%	100.0%
	总计	4342	99.5%	100.0%	
缺失	不知道	18	0.4%		
	拒绝回答	2			
	总计	20	0.5%		
总计		4362	100.0%		

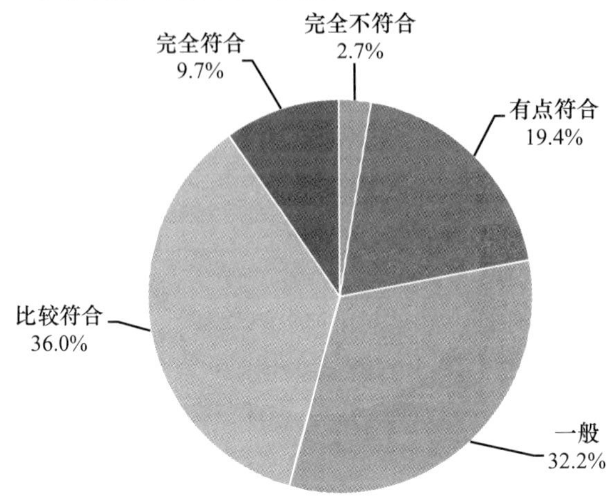

C3f 他人的不幸通常不会给我带来很大的不安

		频数	百分比	有效百分比	累积百分比
有效	完全不符合	530	12.2%	12.2%	12.2%
	有点符合	922	21.1%	21.3%	33.5%
	一般	1548	35.5%	35.7%	69.2%
	比较符合	1097	25.1%	25.3%	94.5%
	完全符合	237	5.4%	5.5%	100.0%
	总计	4334	99.4%	100.0%	
缺失	不知道	24	0.6%		
	拒绝回答	4	0.1%		
	总计	28	0.6%		
总计		4362	100.0%		

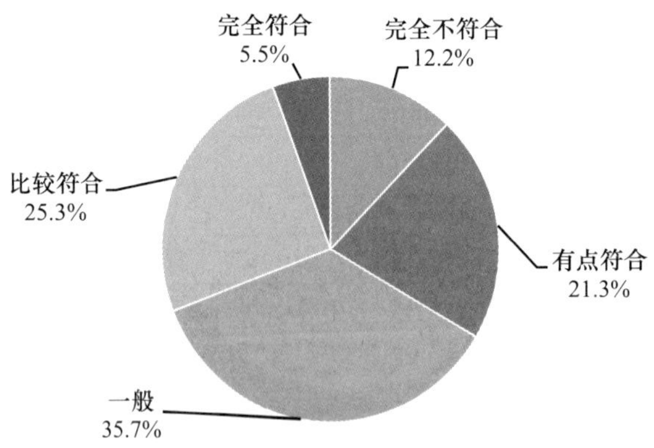

C3g 在观看电视剧或电影之后，我会感觉到自己仿佛成了其中的一个角色

		频数	百分比	有效百分比	累积百分比
有效	完全不符合	815	18.7%	18.8%	18.8%
	有点符合	888	20.4%	20.5%	39.4%
	一般	1361	31.2%	31.5%	70.8%
	比较符合	983	22.5%	22.7%	93.6%
	完全符合	278	6.4%	6.4%	100.0%
	总计	4325	99.2%	100.0%	
缺失	不知道	32	0.7%		
	拒绝回答	5	0.1%		
	总计	37	0.8%		
总计		4362	100.0%		

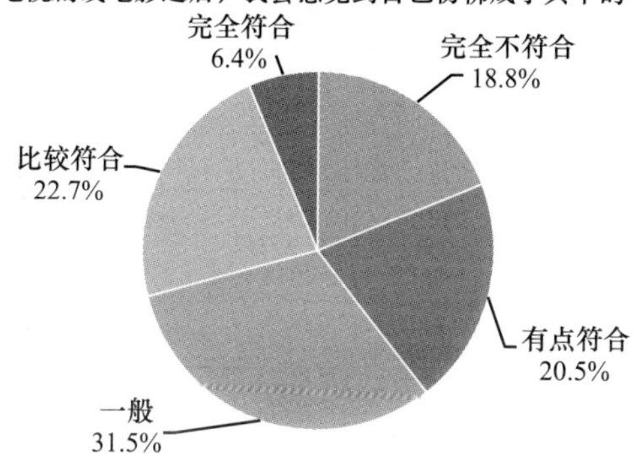

C3h 当我对某人很不耐烦的时候，我通常会暂时站在他/她的位置上

		频数	百分比	有效百分比	累积百分比
有效	完全不符合	366	8.4%	8.5%	8.5%
	有点符合	1028	23.6%	23.7%	32.2%
	一般	1564	35.9%	36.1%	68.3%
	比较符合	1120	25.7%	25.9%	94.2%
	完全符合	253	5.8%	5.8%	100.0%
	总计	4331	99.3%	100.0%	
缺失	不知道	25	0.6%		
	拒绝回答	6	0.1%		
	总计	31	0.7%		
总计		4362	100.0%		

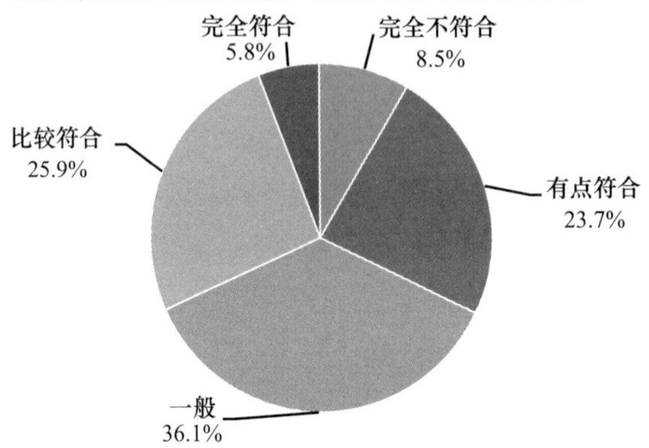

C3i 读故事会想象如果这些事情发生在自己身上，我会是怎样的感受

		频数	百分比	有效百分比	累积百分比
有效	完全不符合	597	13.7%	13.9%	13.9%
	有点符合	861	19.7%	20.0%	33.9%
	一般	1427	32.7%	33.2%	67.2%
	比较符合	1115	25.6%	26.0%	93.1%
	完全符合	296	6.8%	6.9%	100.0%
	总计	4296	98.5%	100.0%	
缺失	不知道	65	1.5%		
	拒绝回答	1			
	总计	66	1.5%		
总计		4362	100.0%		

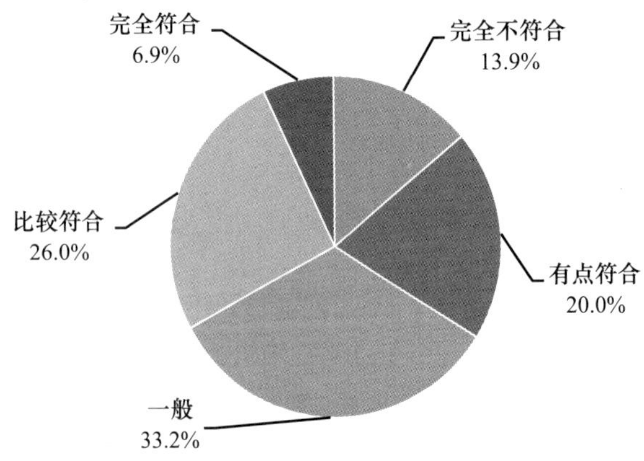

C3j 在批评他人之前，我会尝试想象一下如果我处于那个位置会是什么感受

		频数	百分比	有效百分比	累积百分比
有效	完全不符合	159	3.6%	3.7%	3.7%
	有点符合	827	19.0%	19.1%	22.8%
	一般	1582	36.3%	36.6%	59.4%
	比较符合	1438	33.0%	33.3%	92.6%
	完全符合	318	7.3%	7.4%	100.0%
	总计	4324	99.1%	100.0%	
缺失	不知道	37	0.8%		
	拒绝回答	1			
	总计	38	0.9%		
总计		4362	100.0%		

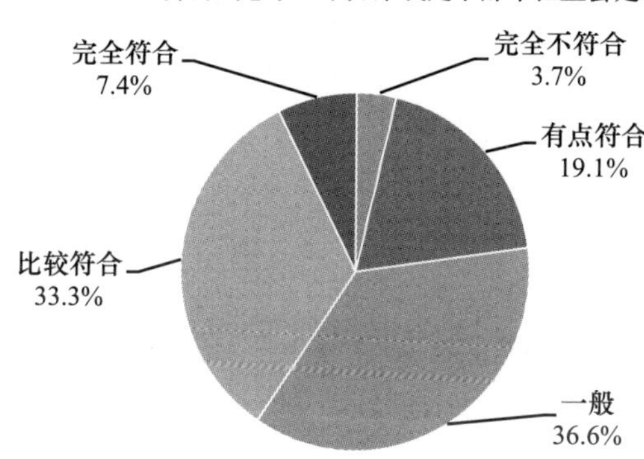

C4 您认为当今中国社会最重要和最需要的德性是

	第一重要		第二重要		第三重要		第四重要		第五重要		总分
	频数	加权得分	频数	加权得分	频数	加权得分	频数	加权得分	频数	加权得分	
诚信	745	3725	725	2900	480	1440	447	894	392	392	9351
爱（仁爱、博爱、友爱）	1086	5430	477	1908	319	957	246	492	327	327	9114
公正	639	3195	563	2252	335	1005	367	734	431	431	7617
责任	239	1195	355	1420	588	1764	833	1666	331	331	6376
孝敬	542	2710	363	1452	289	867	378	756	468	468	6253
善良	288	1440	367	1468	305	915	544	1088	594	594	5505
宽容	167	835	276	1104	772	2316	359	718	182	182	5155

续表

	第一重要		第二重要		第三重要		第四重要		第五重要		总分
	频数	加权得分	频数	加权得分	频数	加权得分	频数	加权得分	频数	加权得分	
义（道义、义务）	159	795	555	2220	293	879	229	458	331	331	4683
正直	134	670	121	484	248	744	207	414	263	263	2575
谦让	126	630	128	512	99	297	191	382	221	221	2042
忠恕（将心比心）	77	385	106	424	141	423	102	204	174	174	1610
勇敢	64	320	89	356	131	393	86	172	150	150	1391
节制	40	200	117	468	84	252	118	236	106	106	1262
理智	20	100	55	220	163	489	133	266	150	150	1225
敬业	20	100	49	196	89	267	82	164	188	188	915
其他	3	15	1	4	0	0	0	0	0	0	19

（加权规则：第一重要的频数＊5，第二重要的频数＊4，第三重要的频数＊3，第四重要的频数＊2，第五重要的频数＊1）

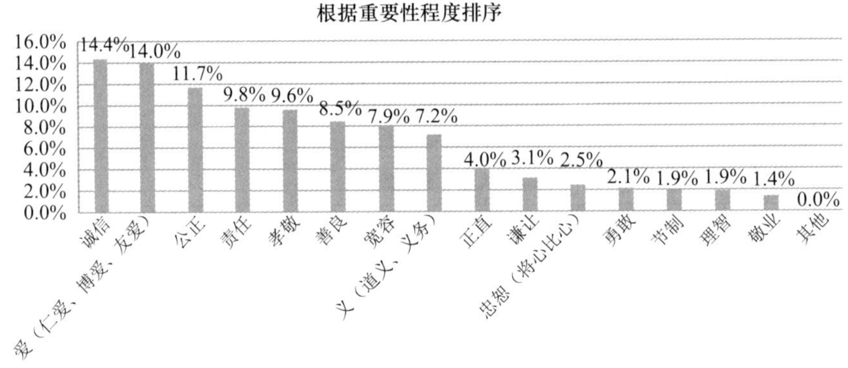

C5 一个制药厂做药品销售时，出资50万元请您向公众介绍自己服药后的良好效果，您过去服用这药时并没有效果，但也没有发现很大的副作用，您将如何决定

		频数	百分比	有效百分比	累积百分比
有效	接受邀请，心安理得	525	12.0%	12.1%	12.1%
	接受邀请，心里不安，但这笔巨款很有吸引力	610	14.0%	14.0%	26.1%
	拒绝，这是虚假广告欺骗大众	3203	73.4%	73.6%	99.7%
	其他	13	0.3%	0.3%	100.0%
	总计	4351	99.7%	100.0%	

续表

		频数	百分比	有效百分比	累积百分比
缺失	不知道	4	0.1%		
	不理解题意	4	0.1%		
	拒绝回答	3	0.1%		
	总计	11	0.3%		
总计		4362	100.0%		

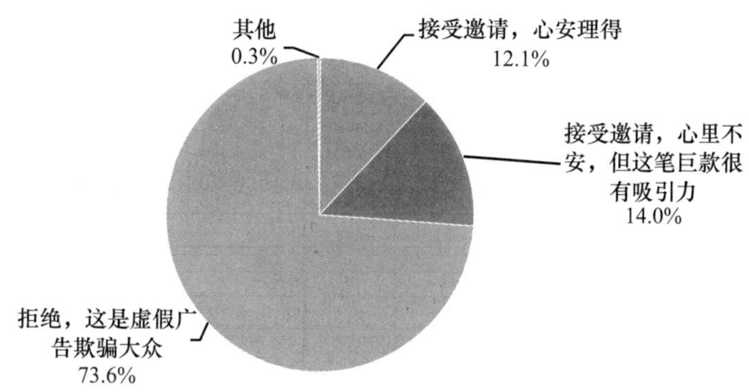

C6 您正在申请一个重要的职位，如果具有两次以上在敬老院做义工的经历（不需要出具证据），将可能优先获得这个职位，您将如何决定

		频数	百分比	有效百分比	累积百分比
有效	如实填报，没做过义工，今后多参加这类活动	3305	75.8%	76.2%	76.2%
	填报参加过两次义工，这机会太重要了，反正不需要出具证据	631	14.5%	14.6%	90.8%
	先填报，交表之后去做两次义工	388	8.9%	8.9%	99.7%
	其他	12	0.3%	0.3%	100.0%
	总计	4336	99.4%	100.0%	
缺失	不知道	10	0.2%		
	不理解题意	13	0.3%		
	拒绝回答	3	0.1%		
	总计	26	0.6%		
总计		4362	100.0%		

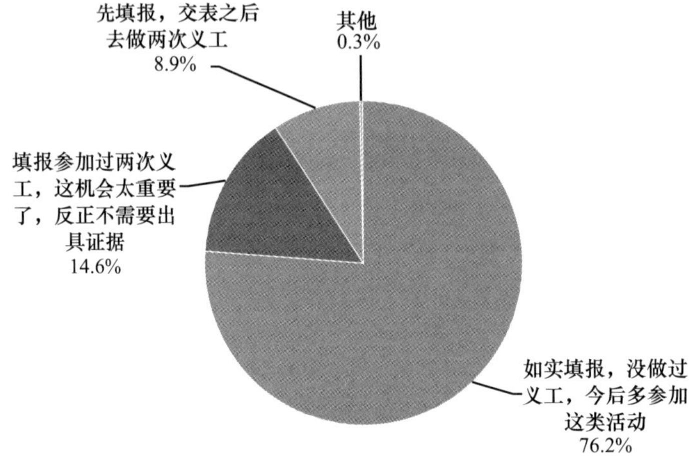

C7 如果您全权代表本单位与另一单位进行项目谈判，对方要求您给予一千万元的优惠，事成之后将您正在寻找工作的女儿安排到这一单位并且获得较好职位，您将如何决定

		频数	百分比	有效百分比	累积百分比
有效	拒绝，不能以公谋私	3316	76.0%	76.8%	76.8%
	接受，女儿前途重要，并且我有权决定	976	22.4%	22.6%	99.4%
	其他	27	0.6%	0.6%	100.0%
	总计	4319	99.0%	100.0%	
缺失	不知道	24	0.6%		
	不理解题意	13	0.3%		
	拒绝回答	6	0.1%		
	总计	43	1.0%		
总计		4362	100.0%		

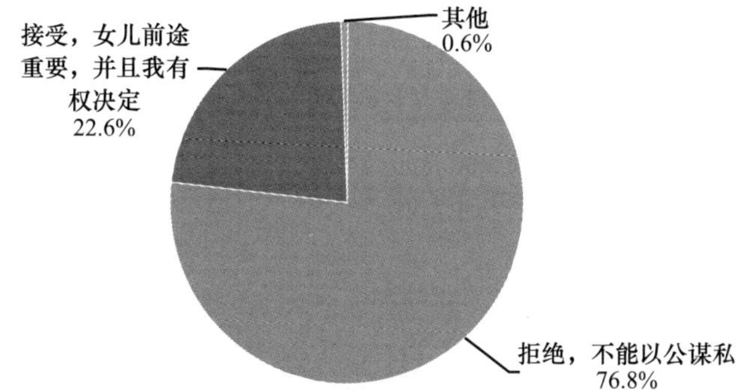

C8 现在社会上有些人不守道德反而讨了便宜，您会不会仿效

		频数	百分比	有效百分比	累积百分比
有效	从来不这么做	2340	53.6%	53.7%	53.7%
	通常不这么做，关键时刻会这么做	1167	26.8%	26.8%	80.5%
	经常这么做	39	0.9%	0.9%	81.4%
	相信善有善报，恶有恶报，终将会善恶报应	804	18.4%	18.5%	99.9%
	其他	6	0.1%	0.1%	100.0%
	总计	4356	99.9%	100.0%	
缺失	不知道	1			
	不理解题意	1			
	拒绝回答	4	0.1%		
	总计	6	0.1%		
总计		4362	100.0%		

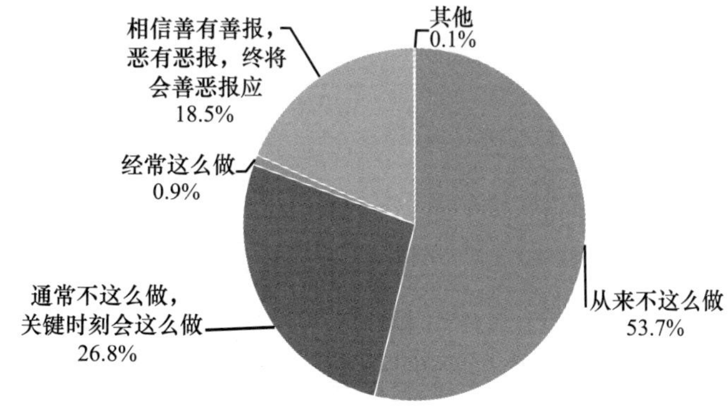

C9 下列说法您是否认同

	完全不同意	不太同意	比较同意	完全同意	平均值
目前大多数人将职业当作谋生的手段，缺乏责任感和奉献精神	144	1287	2326	482	2.74
企业老板剥削员工，利益关系不公正	218	1370	2134	430	2.67
老板和员工、上级和下级相互勾结，共同对社会不负责任	278	1672	1703	391	2.55
是否离婚主要考虑自己的感受和利益	1044	2210	842	129	2.01
是否离婚应该从家庭整体（包括子女）考虑	43	248	2426	1558	3.29
婚姻是社会的事，应当兼顾社会评价和社会后果	213	904	2228	880	2.89
婚姻应当是自由的，如果有更满意或更合适的人就与现在的配偶离婚	1967	1954	316	55	1.64
婚姻意味着责任，要考虑给对方造成什么后果，不能轻率地选择离婚	48	140	2156	1970	3.4
遇到困难的时候，兄弟姊妹通常都会给予力所能及的帮助	27	204	2320	1765	3.35
无论父母对自己如何，都应当尽赡养义务	28	153	1807	2349	3.49
为了家庭利益可以一定程度上牺牲国家利益	713	2075	1064	261	2.21
为了国家利益可以一定程度上牺牲家庭利益	217	1042	2073	766	2.83

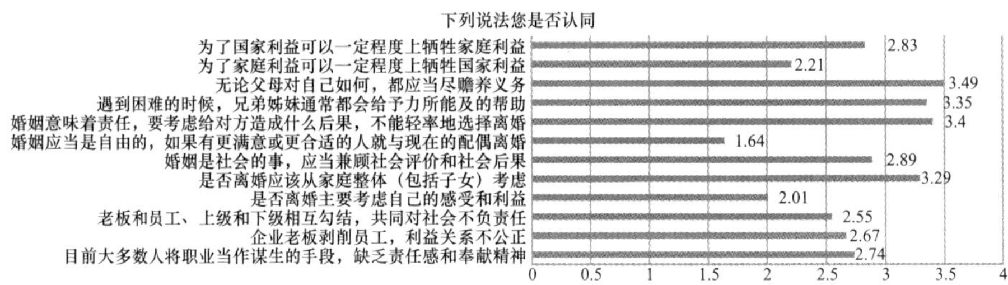

C9a 目前大多数人将职业当作谋生的手段，缺乏责任感和奉献精神

		频数	百分比	有效百分比	累积百分比
有效	完全不同意	144	3.3%	3.4%	3.4%
	不太同意	1287	29.5%	30.4%	33.8%
	比较同意	2326	53.3%	54.9%	88.6%
	完全同意	482	11.0%	11.4%	100.0%
	总计	4239	97.2%	100.0%	
缺失	不知道	120	2.8%		
	拒绝回答	3	0.1%		
	总计	123	2.8%		
总计		4362	100.0%		

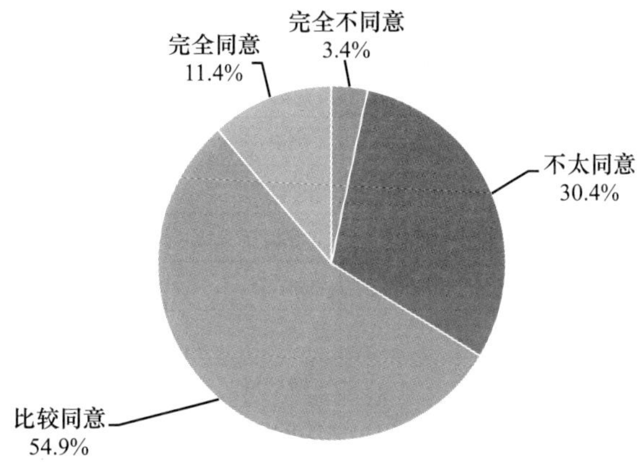

C9b 企业老板剥削员工，利益关系不公正

		频数	百分比	有效百分比	累积百分比
有效	完全不同意	218	5.0%	5.3%	5.3%
	不太同意	1370	31.4%	33.0%	38.2%
	比较同意	2134	48.9%	51.4%	89.6%
	完全同意	430	9.9%	10.4%	100.0%
	总计	4152	95.2%	100.0%	
缺失	不知道	203	4.7%		
	拒绝回答	7	0.2%		
	总计	210	4.8%		
总计		4362	100.0%		

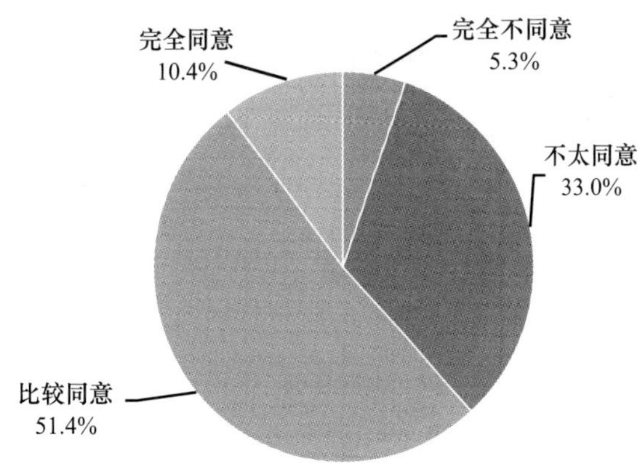

C9c 老板和员工、上级和下级相互勾结，共同对社会不负责任

		频数	百分比	有效百分比	累积百分比
有效	完全不同意	278	6.4%	6.9%	6.9%
	不太同意	1672	38.3%	41.3%	48.2%
	比较同意	1703	39.0%	42.1%	90.3%
	完全同意	391	9.0%	9.7%	100.0%
	总计	4044	92.7%	100.0%	
缺失	不知道	301	6.9%		
	拒绝回答	17	0.4%		
	总计	318	7.3%		
总计		4362	100.0%		

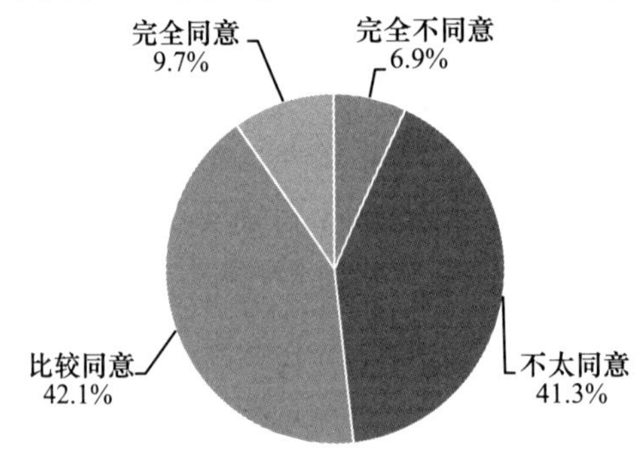

C9d 是否离婚主要考虑自己的感受和利益

		频数	百分比	有效百分比	累积百分比
有效	完全不同意	1044	23.9%	24.7%	24.7%
	不太同意	2210	50.7%	52.3%	77.0%
	比较同意	842	19.3%	19.9%	96.9%
	完全同意	129	3.0%	3.1%	100.0%
	总计	4225	96.9%	100.0%	
缺失	不知道	133	3.0%		
	拒绝回答	4	0.1%		
	总计	137	3.1%		
总计		4362	100.0%		

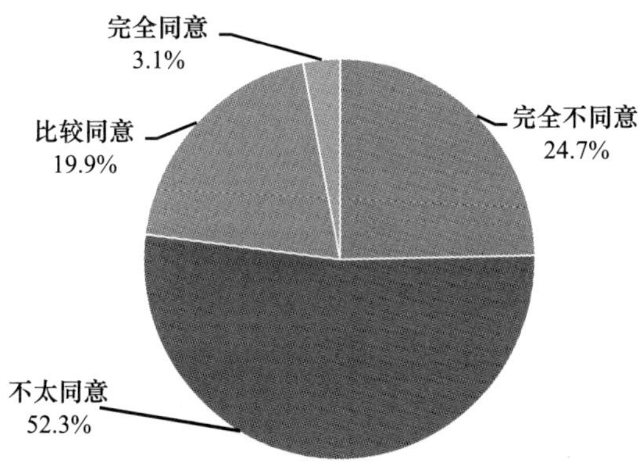

C9e 是否离婚应该从家庭整体（包括子女）考虑

		频数	百分比	有效百分比	累积百分比
有效	完全不同意	43	1.0%	1.0%	1.0%
	不太同意	248	5.7%	5.8%	6.8%
	比较同意	2426	55.6%	56.7%	63.6%
	完全同意	1558	35.7%	36.4%	100.0%
	总计	4275	98.0%	100.0%	
缺失	不知道	80	1.8%		
	拒绝回答	7	0.2%		
	总计	87	2.0%		
总计		4362	100.0%		

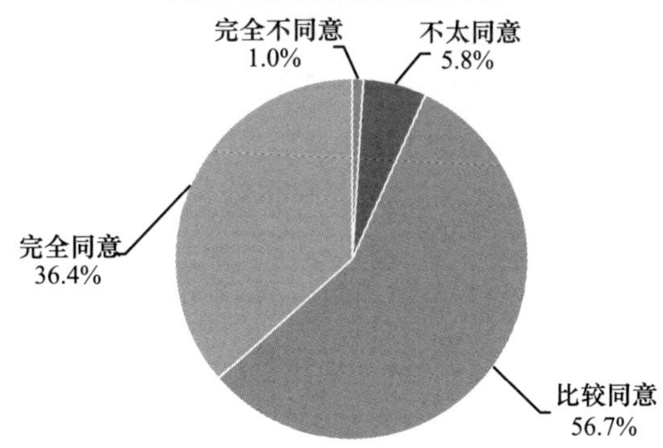

C9f 婚姻是社会的事，应当兼顾社会评价和社会后果

		频数	百分比	有效百分比	累积百分比
有效	完全不同意	213	4.9%	5.0%	5.0%
	不太同意	904	20.7%	21.4%	26.4%
	比较同意	2228	51.1%	52.7%	79.2%
	完全同意	880	20.2%	20.8%	100.0%
	总计	4225	96.9%	100.0%	
缺失	不知道	132	3.0%		
	拒绝回答	5	0.1%		
	总计	137	3.1%		
总计		4362	100.0%		

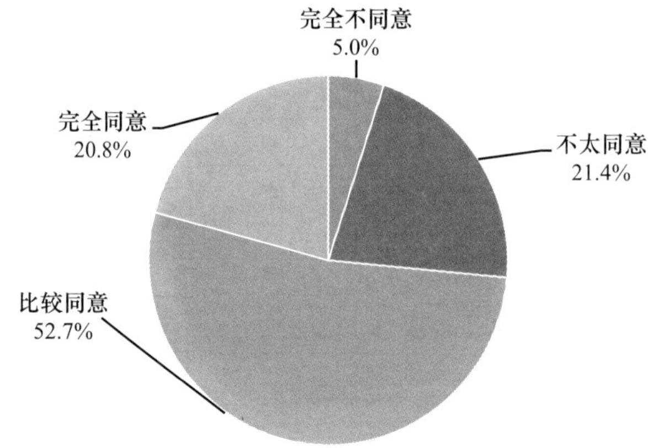

C9g 婚姻应当是自由的，如果有更满意或更合适的人就与现在的配偶离婚

		频数	百分比	有效百分比	累积百分比
有效	完全不同意	1967	45.1%	45.8%	45.8%
	不太同意	1954	44.8%	45.5%	91.4%
	比较同意	316	7.2%	7.4%	98.7%
	完全同意	55	1.3%	1.3%	100.0%
	总计	4292	98.4%	100.0%	
缺失	不知道	66	1.5%		
	拒绝回答	4	0.1%		
	总计	70	1.6%		
总计		4362	100.0%		

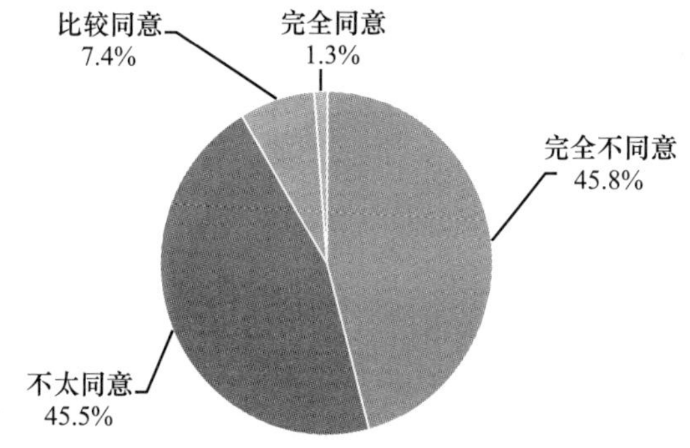

C9h 婚姻意味着责任，要考虑给对方造成什么后果，不能轻率地选择离婚

		频数	百分比	有效百分比	累积百分比
有效	完全不同意	48	1.1%	1.1%	1.1%
	不太同意	140	3.2%	3.2%	4.4%
	比较同意	2156	49.4%	50.0%	54.3%
	完全同意	1970	45.2%	45.7%	100.0%
	总计	4314	98.9%	100.0%	
缺失	不知道	44	1.0%		
	拒绝回答	4	0.1%		
	总计	48	1.1%		
总计		4362	100.0%		

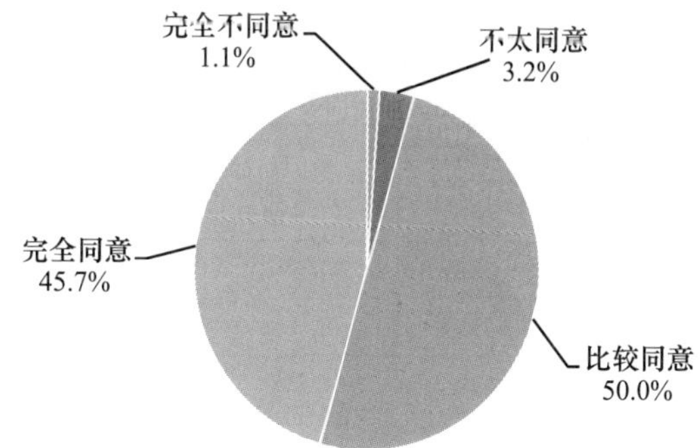

C9i 遇到困难的时候，兄弟姊妹通常都会给予力所能及的帮助

		频数	百分比	有效百分比	累积百分比
有效	完全不同意	27	0.6%	0.6%	0.6%
	不太同意	204	4.7%	4.7%	5.4%
	比较同意	2320	53.2%	53.8%	59.1%
	完全同意	1765	40.5%	40.9%	100.0%
	总计	4316	98.9%	100.0%	
缺失	不知道	39	0.9%		
	拒绝回答	7	0.2%		
	总计	46	1.1%		
总计		4362	100.0%		

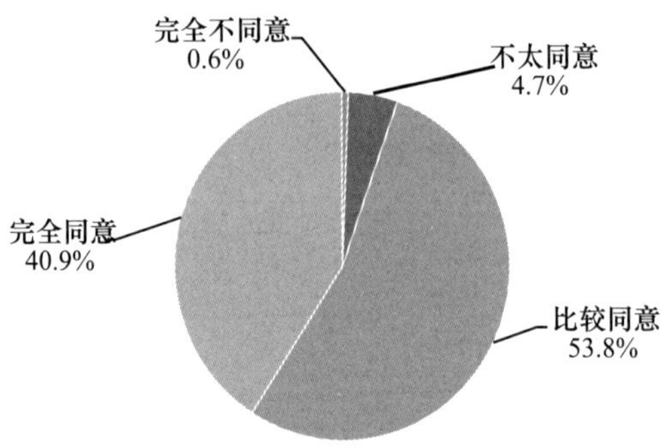

C9j 无论父母对自己如何，都应当尽赡养义务

		频数	百分比	有效百分比	累积百分比
有效	完全不同意	28	0.6%	0.6%	0.6%
	不太同意	153	3.5%	3.5%	4.2%
	比较同意	1807	41.4%	41.7%	45.8%
	完全同意	2349	53.9%	54.2%	100.0%
	总计	4337	99.4%	100.0%	
缺失	不知道	12	0.3%		
	拒绝回答	13	0.3%		
	总计	25	0.6%		
总计		4362	100.0%		

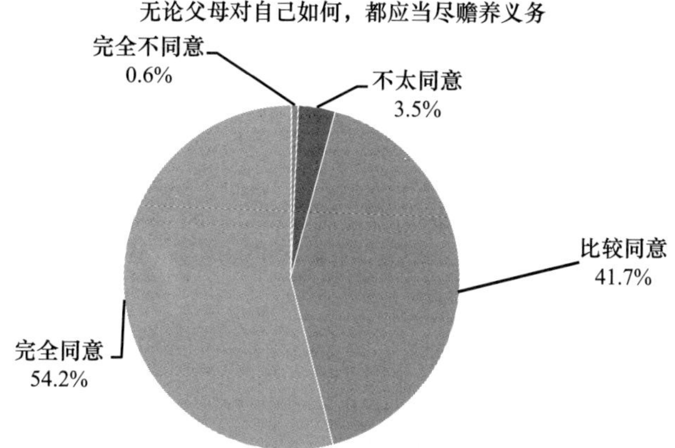

C9k 为了家庭利益可以一定程度上牺牲国家利益

		频数	百分比	有效百分比	累积百分比
有效	完全不同意	713	16.3%	17.3%	17.3%
	不太同意	2075	47.6%	50.4%	67.8%
	比较同意	1064	24.4%	25.9%	93.7%
	完全同意	261	6.0%	6.3%	100.0%
	总计	4113	94.3%	100.0%	
缺失	不知道	239	5.5%		
	拒绝回答	10	0.2%		
	总计	249	5.7%		
总计		4362	100.0%		

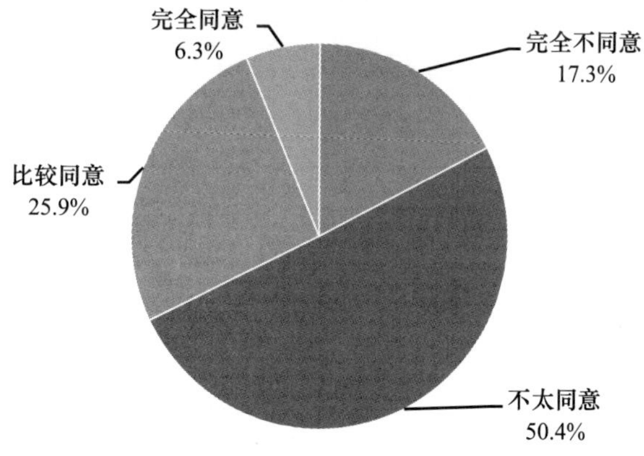

C91 为了国家利益可以一定程度上牺牲家庭利益

		频数	百分比	有效百分比	累积百分比
有效	完全不同意	217	5.0%	5.3%	5.3%
	不太同意	1042	23.9%	25.4%	30.7%
	比较同意	2073	47.5%	50.6%	81.3%
	完全同意	766	17.6%	18.7%	100.0%
	总计	4098	93.9%	100.0%	
缺失	不知道	257	5.9%		
	拒绝回答	7	0.2%		
	总计	264	6.1%		
总计		4362	100.0%		

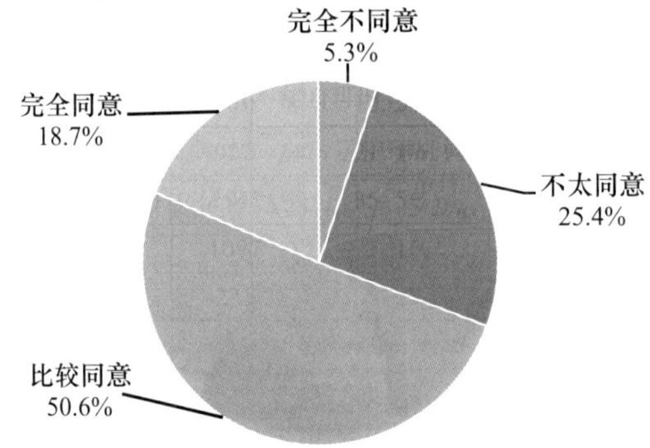

C10 假设您的上司或老板是外国人，他侮辱了中国，您会选择

		频数	百分比	有效百分比	累积百分比
有效	当面抗议	2872	65.8%	66.3%	66.3%
	保持沉默	808	18.5%	18.7%	85.0%
	暗地里报复	109	2.5%	2.5%	87.5%
	以屈求伸，背后骂几句就行了	382	8.8%	8.8%	96.3%
	无所谓	159	3.6%	3.7%	100.0%
	总计	4330	99.3%	100.0%	
缺失	不理解题意	3	0.1%		
	不知道	27	0.6%		
	拒绝回答	2			
	总计	32	0.7%		
总计		4362	100.0%		

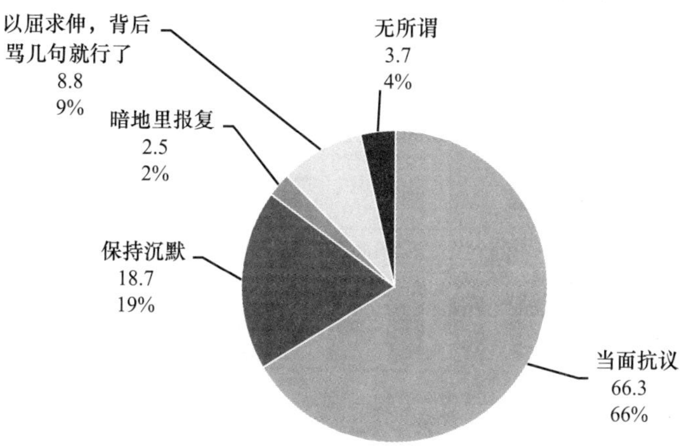

C11 如果条件允许的话，您希望您的孩子生活在国内，还是到国外定居

		频数	百分比	有效百分比	累积百分比
有效	还是在国内生活好	2562	58.7%	58.8%	58.8%
	到国外定居	416	9.5%	9.5%	68.3%
	走一步看一步	490	11.2%	11.2%	79.6%
	没考虑过	891	20.4%	20.4%	100.0%
	总计	4359	99.9%	100.0%	
缺失	不理解题意	1			
	拒绝回答	2			
	总计	3	0.1%		
总计		4362	100.0%		

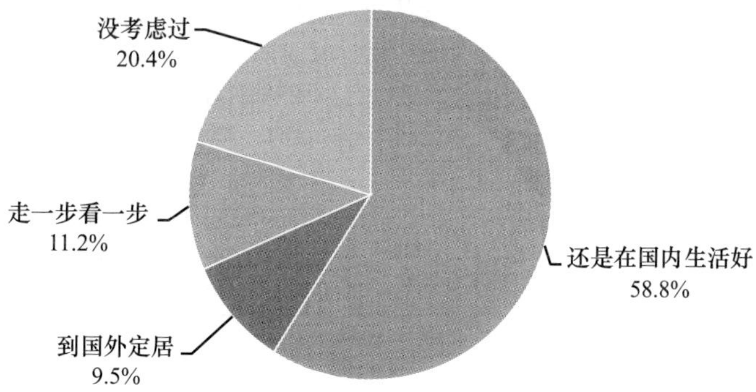

C12 您常常体验到自己身上一种“伦理感”的存在吗？如把家庭、单位、国家当作归宿，经常与别人将心比心、为家庭和爱人无条件奉献、把自己的命运与所在单位和地区的命运紧紧联系在一起等

	没有，只感受到自己实实在在的生活	偶尔有，但主要是因为那种情况下我的利益与它高度一致	偶尔有，是在受某种作品或生活情境的影响之后	时常有，它是一种内在的信念	平均值
人与人之间	871	1348	919	1206	2.57
家庭	758	723	700	2164	2.98
单位	922	1402	1203	801	2.44
社区、城市	971	1232	1243	891	2.47

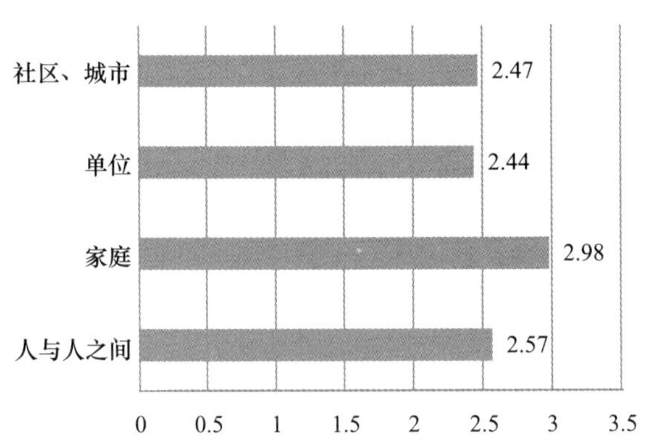

C12a 您常常体验到自己身上一种“伦理感”的存在吗？人与人之间

		频数	百分比	有效百分比	累积百分比
有效	没有，只感受到自己实实在在的生活	871	20.0%	20.1%	20.1%
	偶尔有，但主要是因为那种情况下我的利益与它高度一致	1348	30.9%	31.0%	51.1%
	偶尔有，是在受某种作品或生活情境的影响之后	919	21.1%	21.2%	72.2%
	时常有，它是一种内在的信念	1206	27.6%	27.8%	100.0%
	总计	4344	99.6%	100.0%	

续表

		频数	百分比	有效百分比	累积百分比
缺失	不理解题意	2			
	不知道	10	0.2%		
	拒绝回答	6	0.1%		
	总计	18	0.4%		
总计		4362	100.0%		

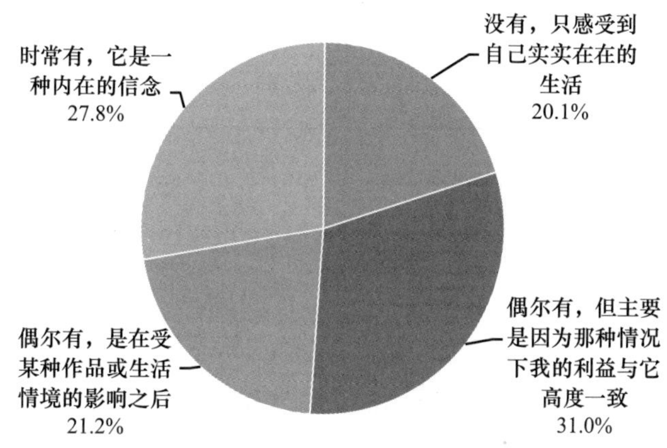

C12b 您常常体验到自己身上一种“伦理感”的存在吗？家庭

		频数	百分比	有效百分比	累积百分比
有效	没有，只感受到自己实实在在的生活	758	17.4%	17.4%	17.4%
	偶尔有，但主要是因为那种情况下我的利益与它高度一致	723	16.6%	16.6%	34.1%
	偶尔有，是在受某种作品或生活情境的影响之后	700	16.0%	16.1%	50.2%
	时常有，它是一种内在的信念	2164	49.6%	49.8%	100.0%
	总计	4345	99.6%	100.0%	
缺失	不理解题意	1			
	不知道	9	0.2%		
	拒绝回答	7	0.2%		
	总计	17	0.4%		
总计		4362	100.0%		

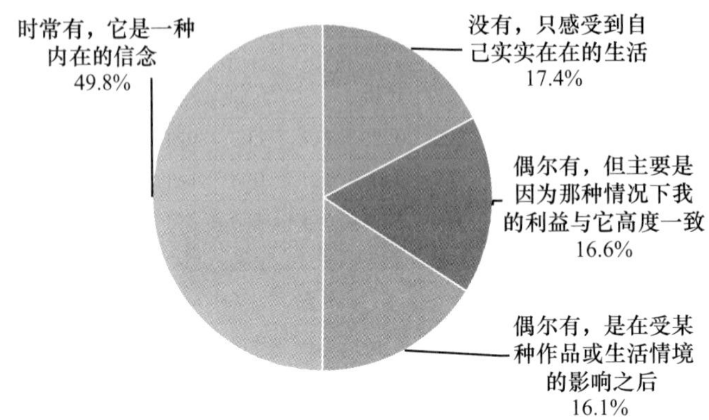

C12c 您常常体验到自己身上一种“伦理感”的存在吗？单位

		频数	百分比	有效百分比	累积百分比
有效	没有，只感受到自己实实在在的生活	922	21.1%	21.3%	21.3%
	偶尔有，但主要是因为那种情况下我的利益与它高度一致	1402	32.1%	32.4%	53.7%
	偶尔有，是在受某种作品或生活情境的影响之后	1203	27.6%	27.8%	81.5%
	时常有，它是一种内在的信念	801	18.4%	18.5%	100.0%
	总计	4328	99.2%	100.0%	
缺失	不理解题意	3	0.1%		
	不知道	20	0.5%		
	拒绝回答	11	0.3%		
	总计	34	0.8%		
总计		4362	100.0%		

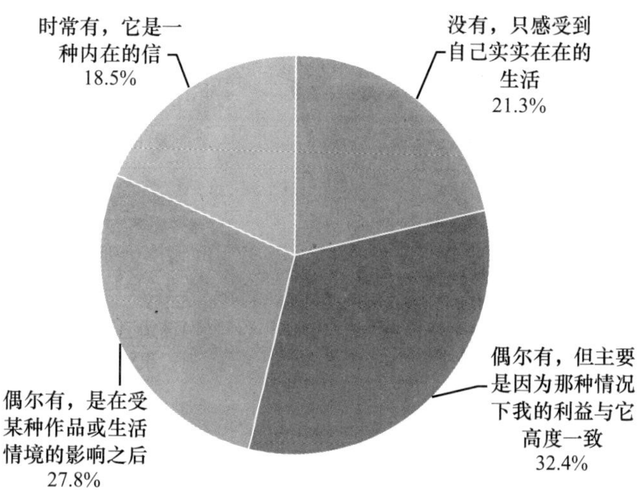

C12d 您常常体验到自己身上一种“伦理感”的存在吗？社区、城市

		频数	百分比	有效百分比	累积百分比
有效	没有，只感受到自己实实在在的生活	971	22.3%	22.4%	22.4%
	偶尔有，但主要是因为那种情况下我的利益与它高度一致	1232	28.2%	28.4%	50.8%
	偶尔有，是在受某种作品或生活情境的影响之后	1243	28.5%	28.7%	79.5%
	时常有，它是一种内在的信念	891	20.4%	20.5%	100.0%
	总计	4337	99.4%	100.0%	
缺失	不理解题意	2			
	不知道	12	0.3%		
	拒绝回答	11	0.3%		
	总计	25	0.6%		
总计		4362	100.0%		

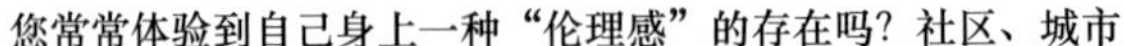
您常常体验到自己身上一种“伦理感”的存在吗？社区、城市

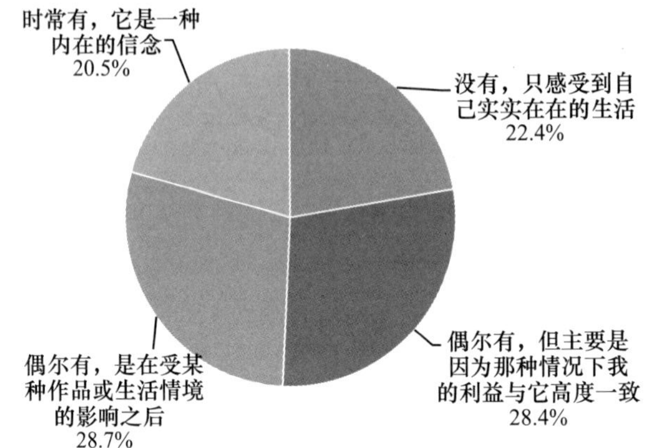

C13 您常常体验到自己身上有一种“道德感”的存在和满足吗？如与人相处或追求重大利益时总要首先考虑是否“应该”，做了不好的事常受到良心谴责，帮助和成全别人虽然自己利益受损仍常有一种快感或心安？

		频数	百分比	有效百分比	累积百分比
有效	没有，只是凭自己的感觉和利益办事	608	13.9%	14.0%	14.0%
	在有监督的环境中或有别人在场时有，其他环境中没有	582	13.3%	13.4%	27.3%
	经常有，问心无愧、不做亏心事最重要	2225	51.0%	51.1%	78.5%
	没有特别的感觉，但从来不做不道德的事	933	21.4%	21.4%	99.9%
	其他	4	0.1%	0.1%	100.0%
	总计	4352	99.8%	100.0%	
缺失	不知道	5	0.1%		
	不理解题意	4	0.1%		
	拒绝回答	1			
	总计	10	0.2%		
总计		4362	100.0%		

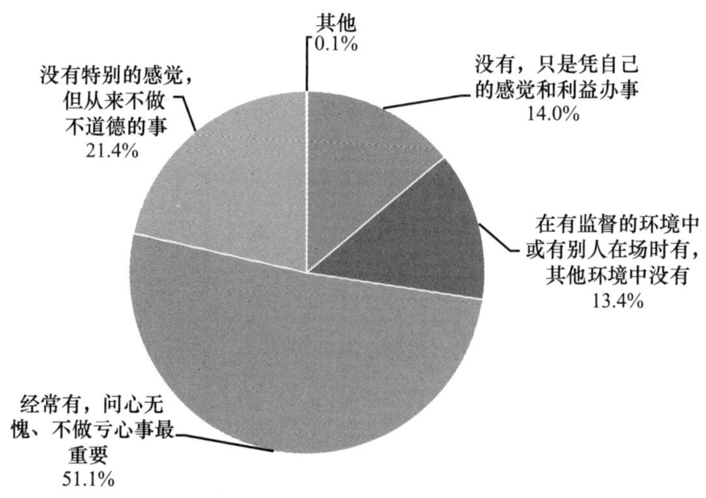

C14 您认为国家对于个人存在的意义是

		频数	百分比	有效百分比	累积百分比
有效	国家离我们很遥远，个人最重要	900	20.6%	20.7%	20.7%
	国家最重要，是我们的安身之地，国家富强个人才能过得好	3442	78.9%	79.1%	99.7%
	其他	12	0.3%	0.3%	100.0%
	总计	4354	99.8%	100.0%	
缺失	不理解题意	6	0.1%		
	拒绝回答	2			
	总计	8	0.2%		
总计		4362	100.0%		

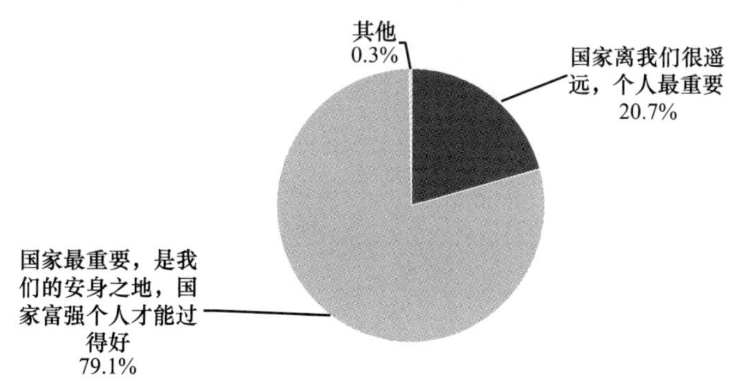

C15 您认为对社会生活而言，个体德性和社会公正哪个更重要

		频数	百分比	有效百分比	累积百分比
有效	个体德性最重要	645	14.8%	14.8%	14.8%
	社会公正最重要	1402	32.1%	32.2%	47.0%
	二者应当统一，但二者矛盾时应先追求个体德性	1142	26.2%	26.2%	73.2%
	二者应当统一，但二者矛盾时应先追求社会公正	1168	26.8%	26.8%	100.0%
	总计	4357	99.9%	100.0%	
缺失	不理解题意	3	0.1%		
	拒绝回答	2			
	总计	5	0.1%		
总计		4362	100.0%		

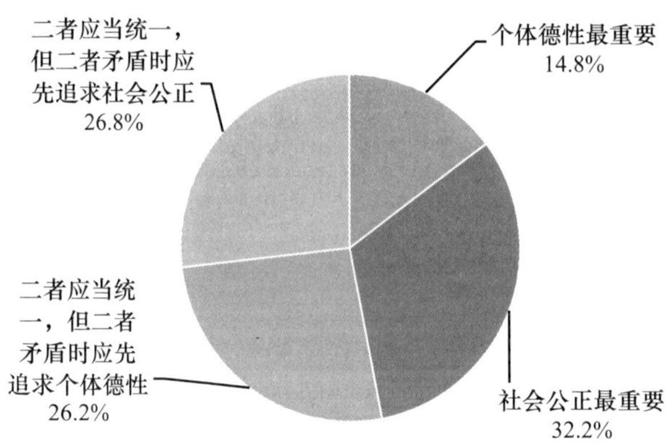

C16 在公共生活中，个人之所以要遵守道德，是因为

		频数	百分比	有效百分比	累积百分比
有效	遵守道德有利于自身利益的实现	902	20.7%	20.7%	20.7%
	个人是社会的一分子，应当遵守道德	1704	39.1%	39.2%	59.9%
	遵守道德社会才能有序和美好	1547	35.5%	35.6%	95.4%
	不遵守道德会被别人议论或谴责	192	4.4%	4.4%	99.9%
	其他	6	0.1%	0.1%	100.0%
	总计	4351	99.7%	100.0%	

续表

		频数	百分比	有效百分比	累积百分比
缺失	不知道	3	0.1%		
	拒绝回答	8	0.2%		
	总计	11	0.3%		
总计		4362	100.0%		

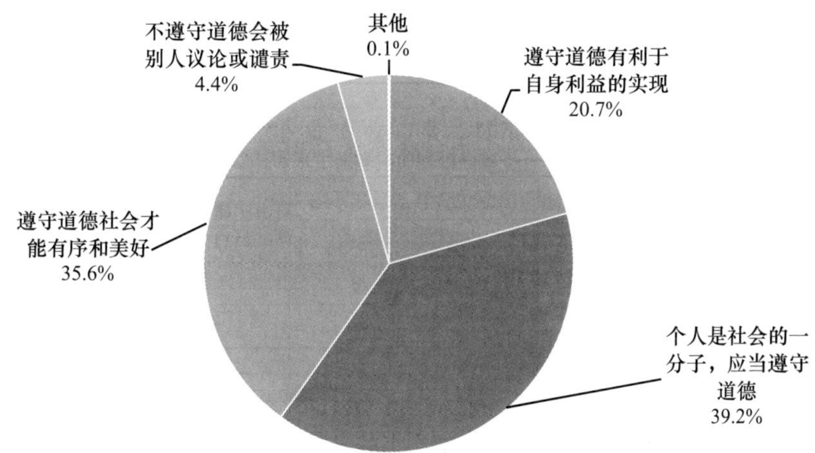

C17 关于职业劳动的说法，您最认同的是

		频数	百分比	有效百分比	累积百分比
有效	职业劳动是个人和家庭谋生的手段	2337	53.6%	54.0%	54.0%
	职业劳动是为社会创造财富	1061	24.3%	24.5%	78.5%
	职业劳动是个人兴趣和价值实现的方式	919	21.1%	21.2%	99.7%
	其他	11	0.3%	0.3%	100.0%
	总计	4328	99.2%	100.0%	
缺失	不知道	12	0.3%		
	不理解题意	10	0.2%		
	拒绝回答	12	0.3%		
	总计	34	0.8%		
总计		4362	100.0%		

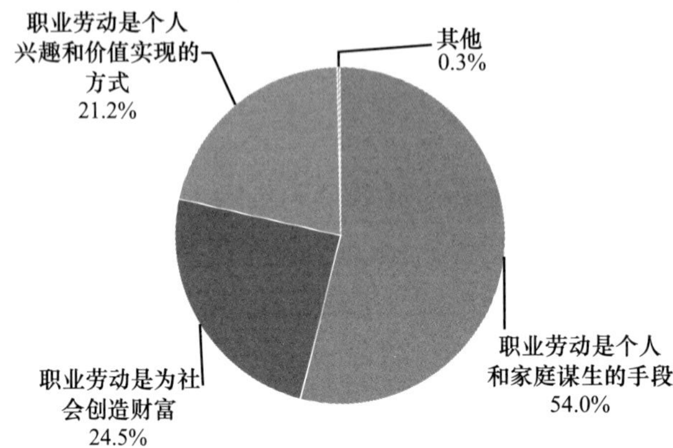

C18 当前有些人常有忧郁、自杀等状况，您认为造成这种情况的主要原因是什么

	频数	有效百分比
欲望过多过大，不能知足常乐	1337	30.9%
对自己和未来没有把握	1263	29.2%
竞争激烈，工作压力过大，身心疲惫	2182	50.5%
人与人之间缺乏信任感，人际关系紧张	1640	37.9%
有烦恼很难找到人倾诉和排解	1054	24.4%
缺乏自我理解和自我调节能力	1040	24.1%
现代人缺乏安顿自己、化解内心矛盾的能力	1117	25.8%
缺乏道德公正，没有道德的人总是讨便宜	1015	23.5%
缺乏理想和信念支持，精神没有寄托和归宿	972	22.5%
生活压力大	2419	56.0%
生活孤独无聊	422	9.8%
其他	26	0.6%

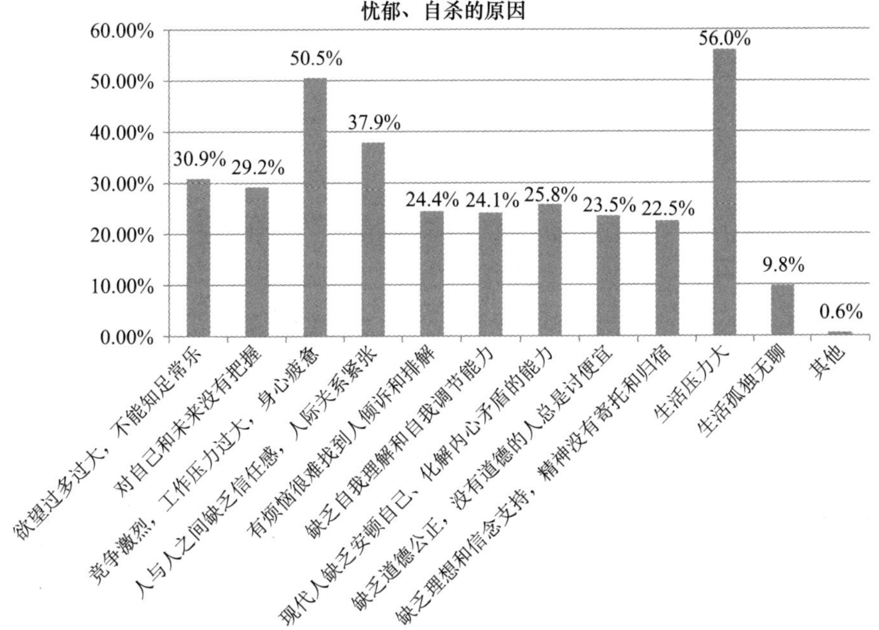

C19 如果您与下列人员发生重大利益冲突，您首先会用哪种途径解决

	诉诸法律，打官司	直接找对方沟通但得理让人，适可而止	通过第三方（如社会机构，朋友等）从中调解，尽量不伤和气	能忍则忍	平均值
如果您与家庭成员之间发生重大利益冲突，您会	41	2297	426	1526	2.8
如果您与朋友之间发生重大利益冲突，您会	98	2308	943	943	2.64
如果您与同事之间发生重大利益冲突，您会	166	2178	1191	532	2.51
如果您与商业伙伴之间发生重大利益冲突，您会	1483	978	1004	194	1.98

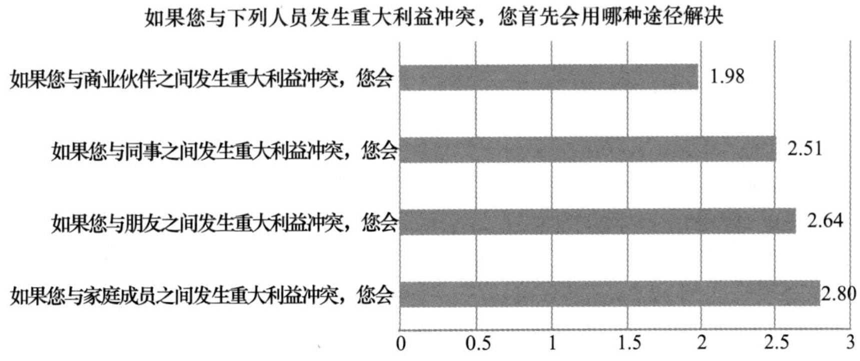

C19a 如果您与家庭成员之间发生重大利益冲突，您首先会用哪种途径解决

		频数	百分比	有效百分比	累积百分比
有效	诉诸法律，打官司	41	0.9%	1.0%	1.0%
	直接找对方沟通但得理让人，适可而止	2297	52.7%	53.5%	54.5%
	通过第三方（如社会机构，朋友等）从中调解，尽量不伤和气	426	9.8%	9.9%	64.4%
	能忍则忍	1526	35.0%	35.6%	100.0%
	总计	4290	98.3%	100.0%	
缺失	不适用	69	1.6%		
	拒绝回答	3	0.1%		
	总计	72	1.7%		
总计		4362	100.0%		

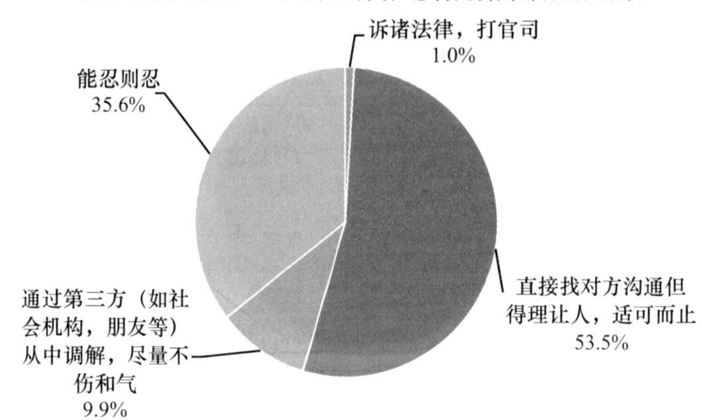

C19b 如果您与朋友之间发生重大利益冲突，您首先会用哪种途径解决

		频数	百分比	有效百分比	累积百分比
有效	诉诸法律，打官司	98	2.2%	2.3%	2.3%
	直接找对方沟通但得理让人，适可而止	2308	52.9%	53.8%	56.1%
	通过第三方（如社会机构，朋友等）从中调解，尽量不伤和气	943	21.6%	22.0%	78.0%
	能忍则忍	943	21.6%	22.0%	100.0%
	总计	4292	98.4%	100.0%	

续表

		频数	百分比	有效百分比	累积百分比
缺失	不适用	66	1.5%		
	拒绝回答	4	0.1%		
	总计	70	1.6%		
总计		4362	100.0%		

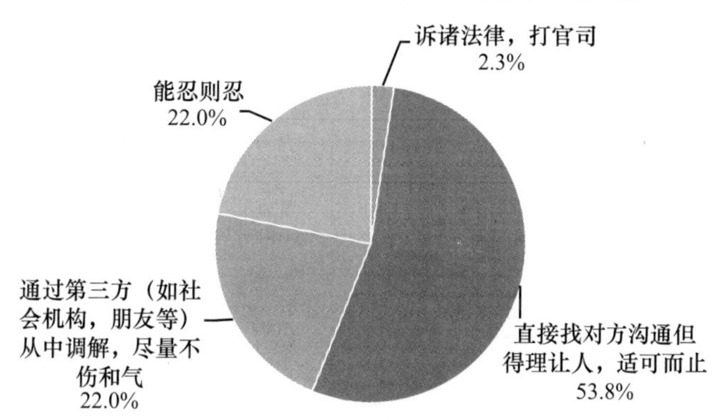

C19c 如果您与同事之间发生重大利益冲突，您首先会用哪种途径解决

		频数	百分比	有效百分比	累积百分比
有效	诉诸法律，打官司	166	3.8%	4.1%	4.1%
	直接找对方沟通但得理让人，适可而止	2178	49.9%	53.6%	57.6%
	通过第三方（如社会机构，朋友等）从中调解，尽量不伤和气	1191	27.3%	29.3%	86.9%
	能忍则忍	532	12.2%	13.1%	100.0%
	总计	4067	93.2%	100.0%	
缺失	不适用	291	6.7%		
	拒绝回答	4	0.1%		
	总计	295	6.8%		
总计		4362	100.0%		

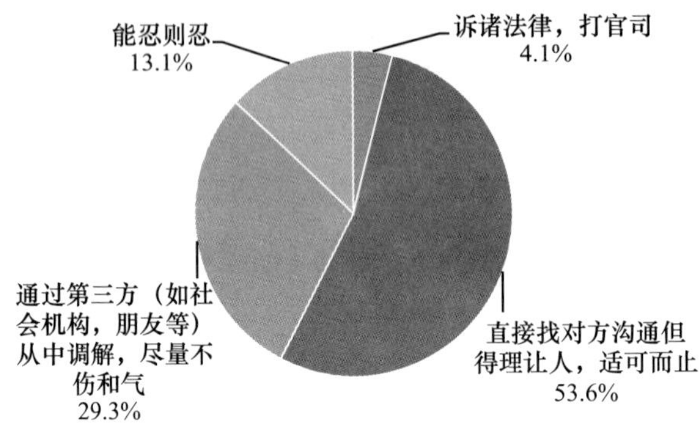

C19d 如果您与商业伙伴之间发生重大利益冲突，您首先会用哪种途径解决

		频数	百分比	有效百分比	累积百分比
有效	诉诸法律，打官司	1483	34.0%	40.5%	40.5%
	直接找对方沟通但得理让人，适可而止	978	22.4%	26.7%	67.3%
	通过第三方（如社会机构，朋友等）从中调解，尽量不伤和气	1004	23.0%	27.4%	94.7%
	能忍则忍	194	4.4%	5.3%	100.0%
	总计	3659	83.9%	100.0%	
缺失	不适用	699	16.0%		
	拒绝回答	4	0.1%		
	总计	703	16.1%		
总计		4362	100.0%		

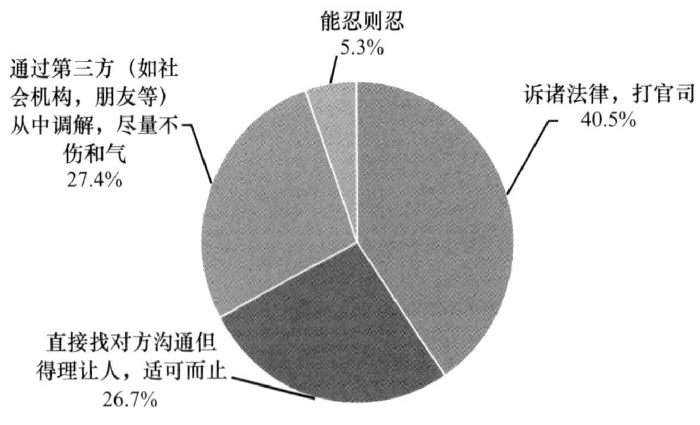

C20 您认为在自己的成长中得到道德训练的最重要场所或机构是

		频数	百分比	有效百分比	累积百分比
有效	家庭	1487	34.1%	34.2%	34.2%
	学校	1023	23.5%	23.5%	57.8%
	社会（如工作单位、社区等）	1350	30.9%	31.1%	88.9%
	国家或政府	293	6.7%	6.7%	95.6%
	媒体	72	1.7%	1.7%	97.3%
	其他	119	2.7%	2.7%	100.0%
	总计	4344	99.6%	100.0%	
缺失	不知道	12	0.3%		
	不理解题意	3	0.1%		
	拒绝回答	3	0.1%		
	总计	18	0.4%		
总计		4362	100.0%		

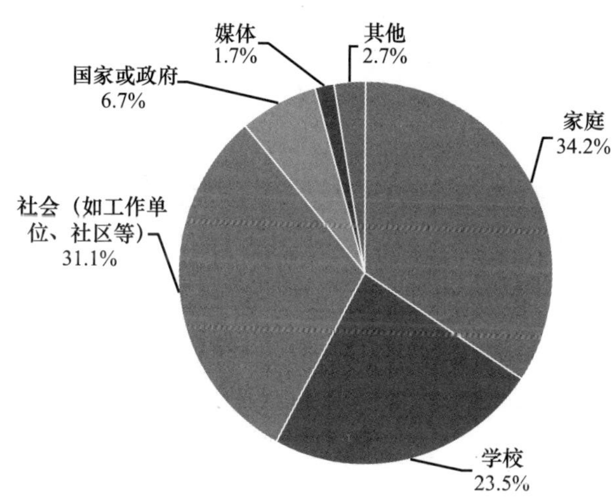

C21 您的思想行为受什么人影响最大

	频数	有效百分比
政府官员	1044	24.9%
企业家	867	20.6%
演艺明星	313	7.5%
教师	1908	45.4%

续表

	频数	有效百分比
知识精英	674	16.1%
公众人物	1119	26.6%
农民	312	7.4%
工人	134	3.2%
先哲先贤	595	14.2%
父母	2905	69.2%
网络大V	142	3.4%
宗教人士	33	0.8%

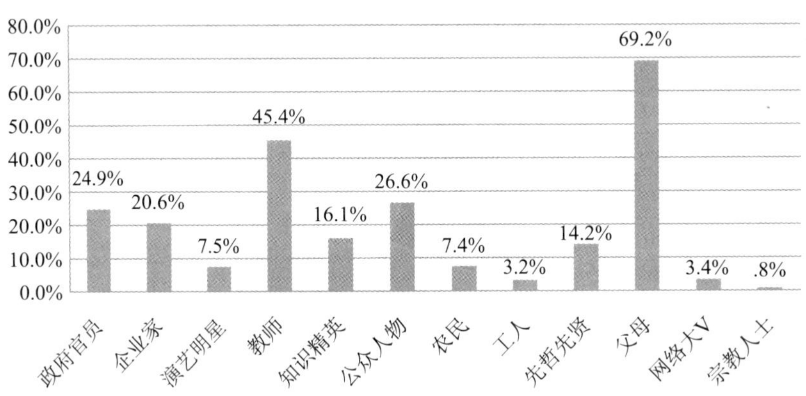

C22 影响您道德判断和道德选择的最主要的因素是

	频数	有效百分比
自己的良心	3116	72.7%
大多数人持有的观点	1659	38.7%
公众人士和权威人物的观点	305	7.1%
国外媒体的观点	215	5.0%
自己的利益	621	14.5%
他人的评价	282	6.6%
社会后果	601	14.0%
大多数人认可的道德规范	798	18.6%
先贤教导	232	5.4%
“朋友圈”的观点	102	2.4%

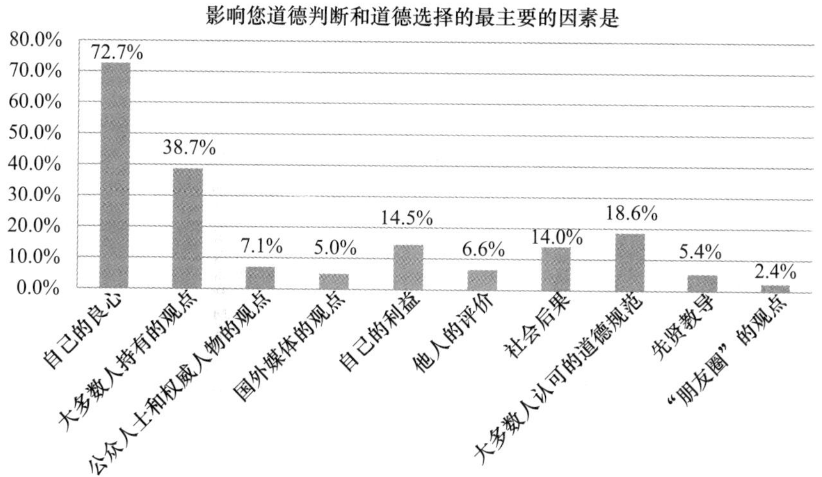

C23 现在经常有一些网民在网络上曝光别人的隐私，您怎么看待这种行为

		频数	百分比	有效百分比	累积百分比
有效	这是违法行为，应该制止	1817	41.7%	43.6%	43.6%
	这是不道德行为，应该进行谴责	1844	42.3%	44.2%	87.8%
	这是社会监督的重要途径，不必完全禁止，但需要规范和引导	445	10.2%	10.7%	98.4%
	这是网民的自由，别人不应该干涉	66	1.5%	1.6%	100.0%
	总计	4172	95.6%	100.0%	
缺失	说不清	186	4.3%		
	拒绝回答	4	0.1%		
	总计	190	4.4%		
总计		4362	100.0%		

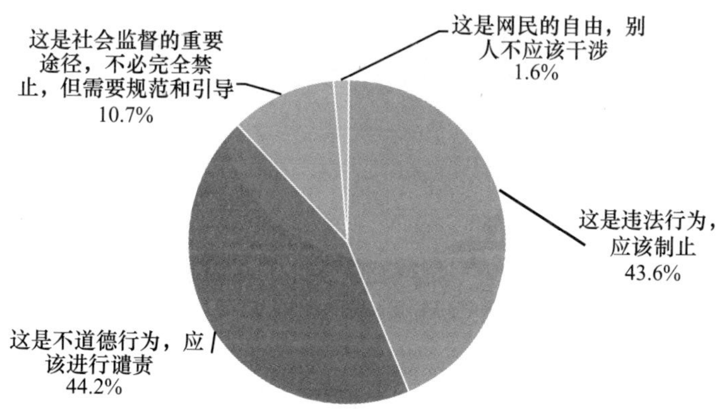

C24 您最近两年是否参加过以下活动

	从来没有	参加过一两次	偶尔参加一次	经常参加	平均值
志愿者活动	3578	379	297	103	1. 29
无偿献血	3838	252	224	44	1. 19
捐款、捐物	2489	845	695	329	1. 74

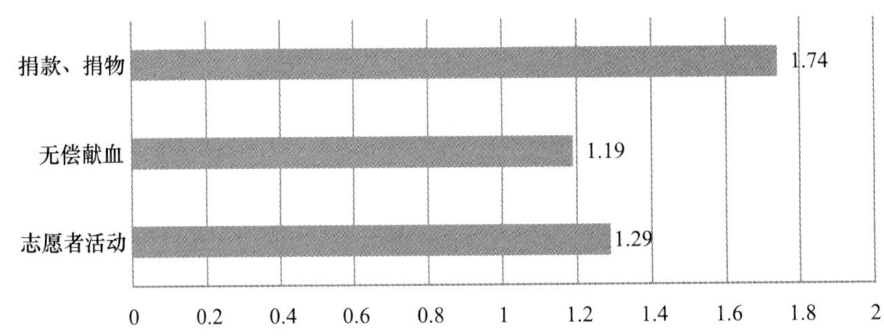

C24a 您最近两年是否参加过以下活动？志愿者活动

		频数	百分比	有效百分比	累积百分比
有效	是	779	17. 9%	17. 9%	17. 9%
	否	3578	82. 0%	82. 1%	100. 0%
	总计	4357	99. 9%	100. 0%	
缺失	拒绝回答	5	0. 1%		
总计		4362	100. 0%		

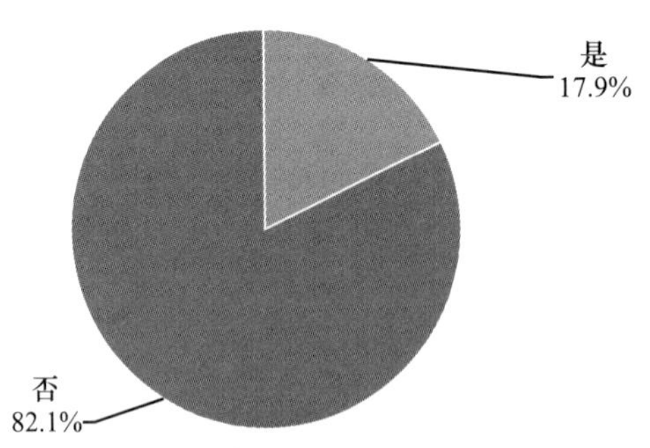

C24b 您参加的频率：志愿者活动

		频数	百分比	有效百分比	累积百分比
有效	从来没有	3578	82.0%	82.1%	82.1%
	参加过一两次	379	8.7%	8.7%	90.8%
	偶尔参加一次	297	6.8%	6.8%	97.6%
	经常参加	103	2.4%	2.4%	100.0%
	总计	4357	99.9%	100.0%	
缺失	拒绝回答	5	0.1%		
总计		4362	100.0%		

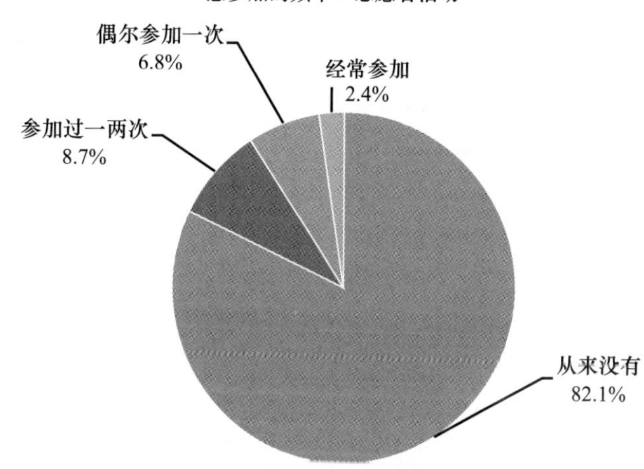

C24c 您最近两年是否参加过以下活动？无偿献血

		频数	百分比	有效百分比	累积百分比
有效	是	520	11.9%	11.9%	11.9%
	否	3838	88.0%	88.1%	100.0%
	总计	4358	99.9%	100.0%	
缺失	拒绝回答	4	0.1%		
总计		4362	100.0%		

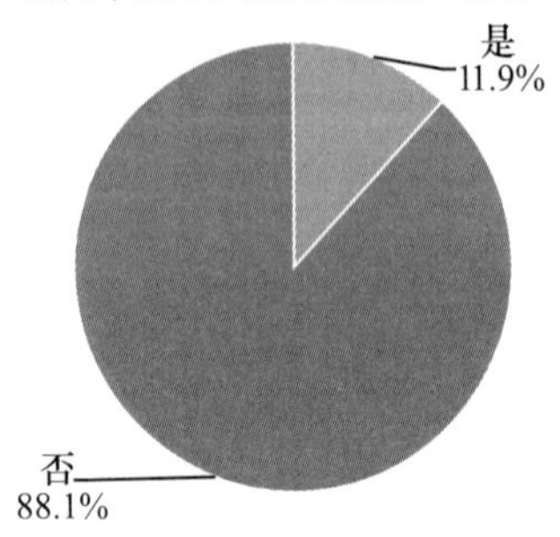

C24d 您参加的频数：无偿献血

		频数	百分比	有效百分比	累积百分比
有效	从来没有	3838	88.0%	88.1%	88.1%
	参加过一两次	252	5.8%	5.8%	93.9%
	偶尔参加一次	224	5.1%	5.1%	99.0%
	经常参加	44	1.0%	1.0%	100.0%
	总计	4358	99.9%	100.0%	
缺失	拒绝回答	4	0.1%		
总计		4362	100.0%		

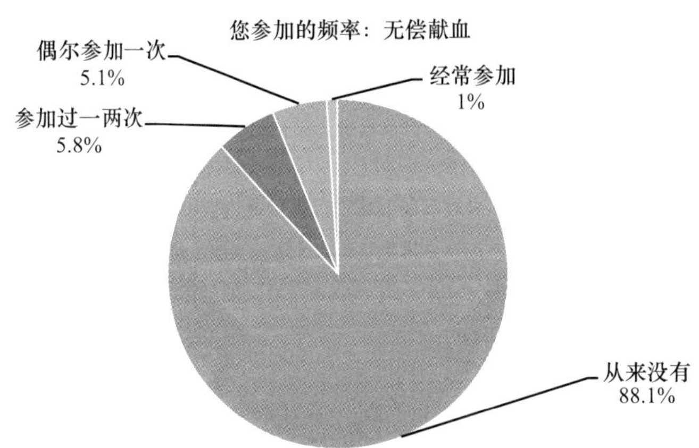

C24e 您最近两年是否参加过以下活动？捐款、捐物

		频数	百分比	有效百分比	累积百分比
有效	是	1869	42.8%	42.9%	42.9%
	否	2489	57.1%	57.1%	100.0%
	总计	4358	99.9%	100.0%	

续表

		频数	百分比	有效百分比	累积百分比
缺失	拒绝回答	4	0.1%		
总计		4362	100.0%		

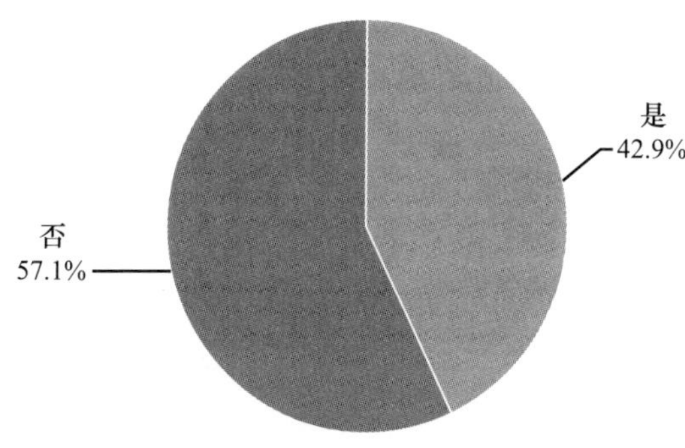

C24f 您参加的频数：捐款、捐物

		频数	百分比	有效百分比	累积百分比
有效	从来没有	2489	57.1%	57.1%	57.1%
	参加过一两次	845	19.4%	19.4%	76.5%
	偶尔参加一次	695	15.9%	15.9%	92.5%
	经常参加	329	7.5%	7.5%	100.0%
	总计	4358	99.9%	100.0%	
缺失	拒绝回答	4	0.1%		
总计		4362	100.0%		

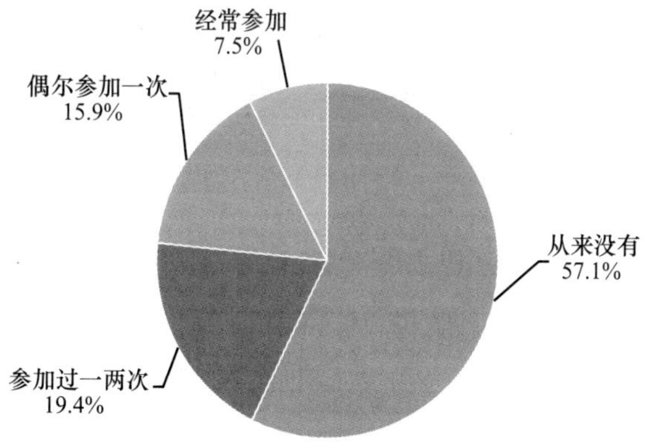

C25 目前中国社会的两性关系日益开放，它对社会风尚的影响是

		频数	百分比	有效百分比	累积百分比
有效	是社会进步的表现	481	11.0%	11.1%	11.1%
	两性关系混乱必然导致道德沦丧、污染社会风气	2641	60.5%	60.9%	72.0%
	个人选择，无所谓好坏	1208	27.7%	27.8%	99.8%
	其他	9	0.2%	0.2%	100.0%
	总计	4339	99.5%	100.0%	
缺失	不知道	13	0.3%		
	不理解题意	9	0.2%		
	拒绝回答	1			
	总计	23	0.5%		
总计		4362	100.0%		

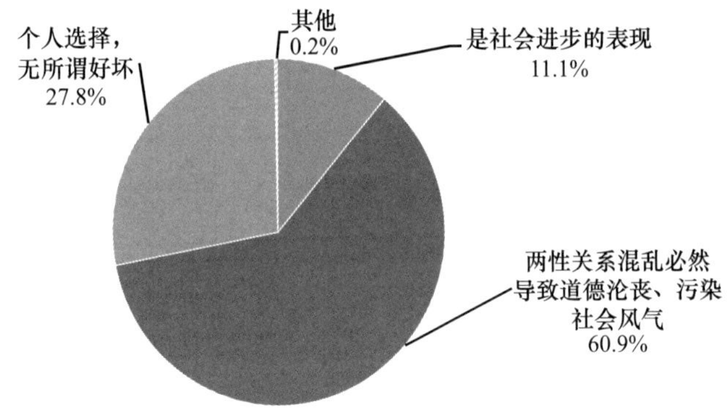

C26 您对一些重要事情所持的观点和看法与其他人一致的时候有多少

		频数	百分比	有效百分比	累积百分比
有效	非常少	87	2.0%	2.1%	2.1%
	比较少	416	9.5%	10.3%	12.4%
	一般	1973	45.2%	48.7%	61.1%
	比较多	1392	31.9%	34.4%	95.5%
	非常多	182	4.2%	4.5%	100.0%
	总计	4050	92.8%	100.0%	

续表

		频数	百分比	有效百分比	累积百分比
缺失	不知道	307	7.0%		
	拒绝回答	5	0.1%		
	总计	312	7.2%		
总计		4362	100.0%		

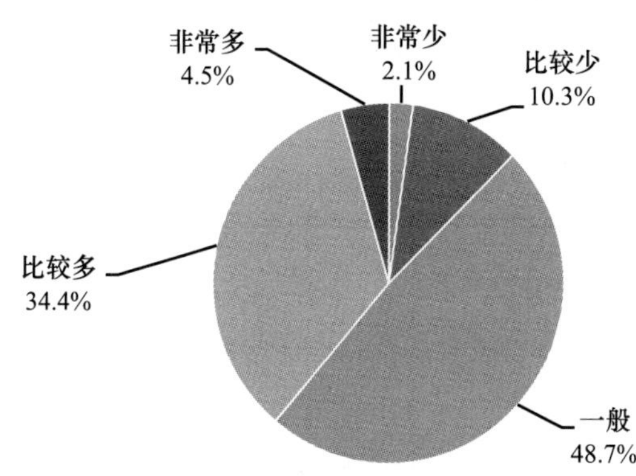

C27 您对待目前社会上一部分人的奢侈消费行为的态度是

		频数	百分比	有效百分比	累积百分比
有效	钞票是他们自己的，他们愿意怎么花就怎么花	1366	31.3%	31.3%	31.3%
	他们应该遵守勤俭的传统美德，适度消费	2444	56.0%	56.1%	87.4%
	过度消费行为只要对别人无害，就不应干涉	542	12.4%	12.4%	99.8%
	其他	7	0.2%	0.2%	100.0%
	总计	4359	99.9%	100.0%	
缺失	不知道	1			
	不理解题意	1			
	拒绝回答	1			
	总计	3	0.1%		
总计		4362	100.0%		

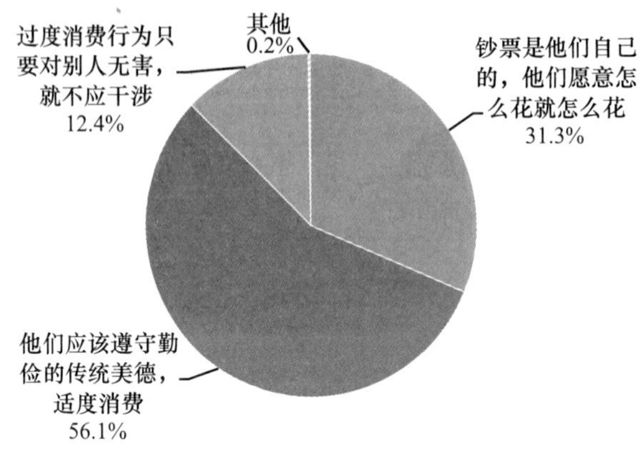

C28 孝敬、礼让、仁爱、节俭等优良传统，您认为现在还需要这些吗

		频数	百分比	有效百分比	累积百分比
有效	这些好传统什么时候都不能丢	3660	83.9%	84.0%	84.0%
	可有可无	272	6.2%	6.2%	90.2%
	已经过时，没必要讲这些	114	2.6%	2.6%	92.8%
	有些要，有些不要	313	7.2%	7.2%	100.0%
	总计	4359	99.9%	100.0%	
缺失	不理解题意	1			
	不知道	1			
	拒绝回答	1			
	总计	3	0.1%		
总计		4362	100.0%		

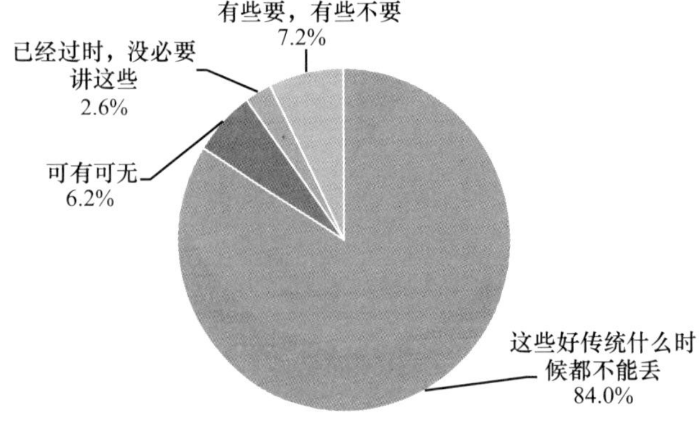

C29 民族英雄和新时期的先进人物，您觉得他们的精神还值得在全社会大力倡导吗

		频数	百分比	有效百分比	累积百分比
有效	我很佩服他们，现在社会就缺这种精神，要加大宣传	3106	71.2%	71.3%	71.3%
	以前知道一些，现在不太关注了	930	21.3%	21.4%	92.7%
	时过境迁，这些典型的影响力越来越小了，没太多人关心了	240	5.5%	5.5%	98.2%
	不知道，也不关心	79	1.8%	1.8%	100.0%
	总计	4355	99.8%	100.0%	
缺失	不理解题意	4	0.1%		
	拒绝回答	3	0.1%		
	总计	7	0.2%		
总计		4362	100.0%		

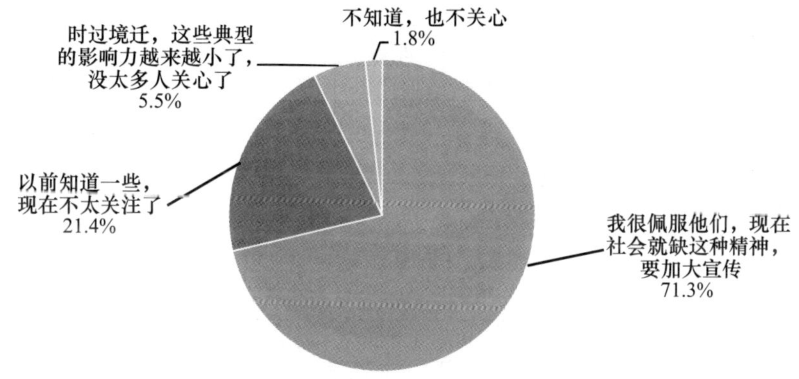

C30 当在公交车上遇到小偷正在偷乘客钱包时，您会选择以下哪种做法

		频数	百分比	有效百分比	累积百分比
有效	马上冲上去制止	980	22.5%	22.5%	22.5%
	出于害怕，装作什么都没有看到	277	6.4%	6.4%	28.9%
	不敢直接与小偷对抗，但以适当方式悄悄提醒当事人或报警	2833	64.9%	65.1%	94.0%
	只要偷的不是我，不用多管闲事，免得惹麻烦	231	5.3%	5.3%	99.3%

续表

		频数	百分比	有效百分比	累积百分比
有效	其他	29	0.7%	0.7%	100.0%
	总计	4350	99.7%	100.0%	
缺失	不知道	7	0.2%		
	拒绝回答	5	0.1%		
	总计	12	0.3%		
总计		4362	100.0%		

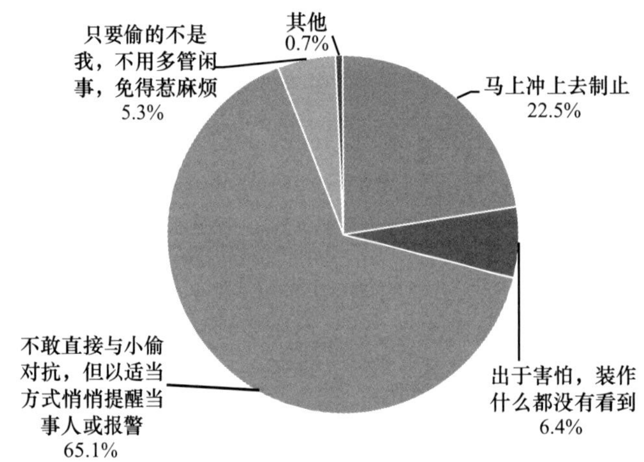

C31 小王知道做某件事是道德的但没去行动，哪种因素是他采取行动最大障碍？

		频数	百分比	有效百分比	累积百分比
有效	采取行动会损害自己利益	826	18.9%	19.1%	19.1%
	采取行动也难以取得预期效果	705	16.2%	16.3%	35.4%
	大家都不做，我何必管闲事	756	17.3%	17.5%	52.9%
	自身能力有限，心有余而力不足	1506	34.5%	34.8%	87.8%
	即使我不做，相信还会有别人去做	367	8.4%	8.5%	96.3%
	明白就行，让别人去做吧	140	3.2%	3.2%	99.5%
	其他	22	0.5%	0.5%	100.0%
	总计	4322	99.1%	100.0%	

续表

		频数	百分比	有效百分比	累积百分比
缺失	不知道	27	0.6%		
	不理解题意	3	0.1%		
	拒绝回答	10	0.2%		
	总计	40	0.9%		
总计		4362	100.0%		

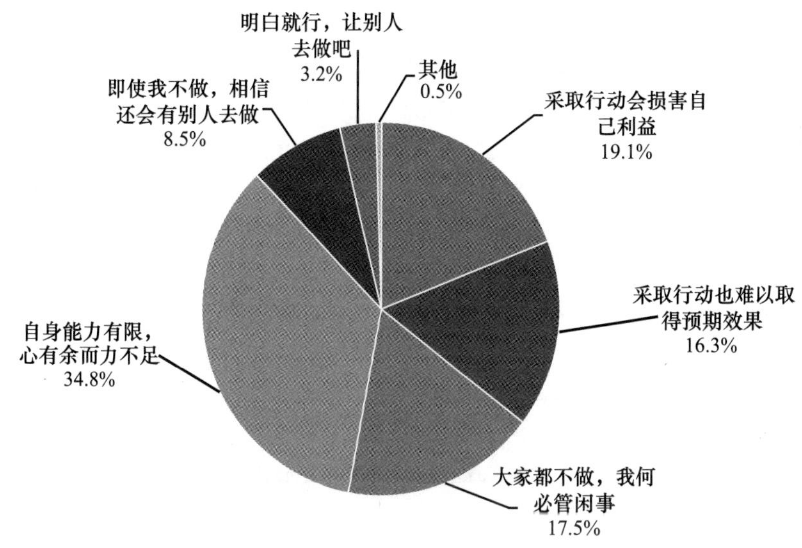

C32 当与他人发生分歧时，能否体谅宽容他人

		频数	百分比	有效百分比	累积百分比
有效	不宽容，必须弄清是非曲直	318	7.3%	7.3%	7.3%
	偶尔	1157	26.5%	26.6%	33.9%
	有时	1903	43.6%	43.8%	77.7%
	经常	970	22.2%	22.3%	100.0%
	总计	4348	99.7%	100.0%	
缺失	不理解题意	1			
	拒绝回答	13	0.3%		
	总计	14	0.3%		
总计		4362	100.0%		

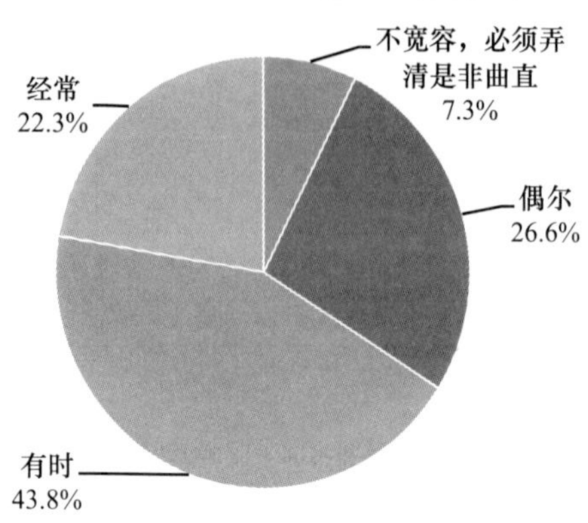

C33 您认为解决当前我国的公民道德和社会风尚问题，最关键的途径是

	频数	有效百分比
加强法制	1960	45.1%
弘扬优秀传统道德	2209	50.9%
建设伦理道德的核心价值	732	16.9%
惩治官员腐败	1030	23.7%
解决分配不公问题	577	13.3%
提高个人道德素质	1479	34.1%

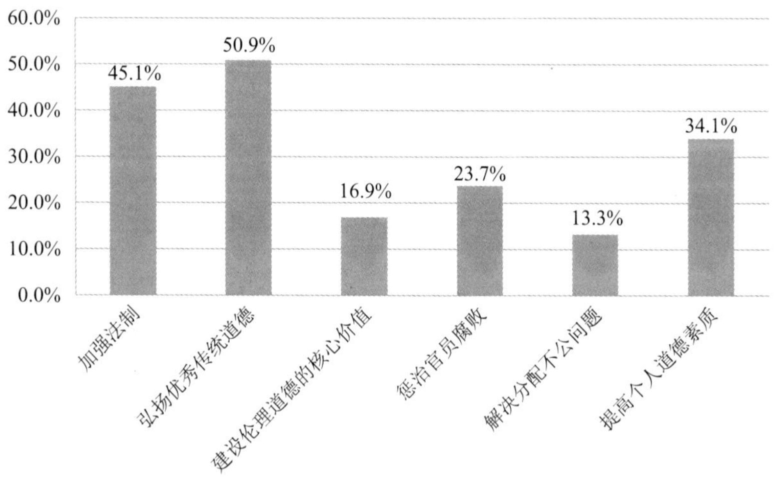

C34 您知道社会主义核心价值观吗？请您把它们选出来

	频数	有效百分比
文明	3448	82.7%
诚信	3732	89.5%
勇敢	1434	34.4%
爱国	3321	79.7%
创新	1245	29.9%
友善	2220	53.3%
勤劳	852	20.4%

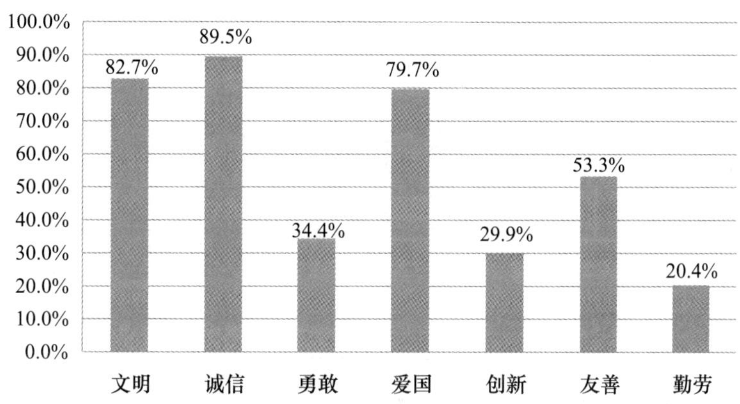

C35 您认为社会主义核心价值观与您的工作、生活有关系吗

		频数	百分比	有效百分比	累积百分比
有效	对改变社会风气有好处，每个人都应该这样做人做事	3418	78.4%	85.7%	85.7%
	与个人工作、生活没关系	572	13.1%	14.3%	100.0%
	总计	3990	91.5%	100.0%	
缺失	不理解题意	1			
	说不清楚	367	8.4%		
	拒绝回答	4	0.1%		
	总计	372	8.5%		
总计		4362	100.0%		

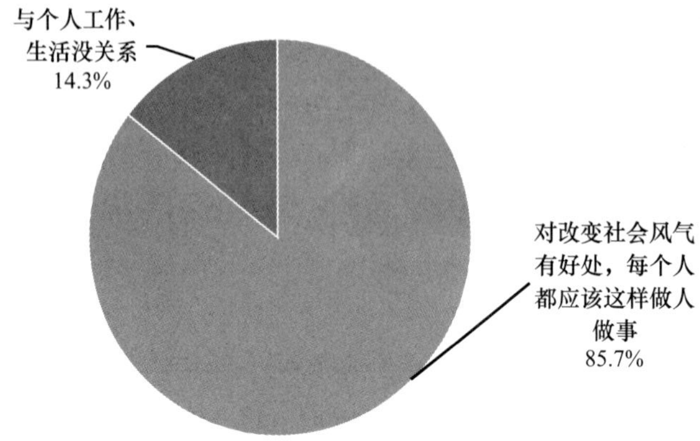

C36 在全社会特别是青少年中开展革命传统教育，您认为有没有这个必要

		频数	百分比	有效百分比	累积百分比
有效	很有必要，什么时候都不能忘本	3933	90.2%	90.3%	90.3%
	可有可无	259	5.9%	5.9%	96.2%
	没有必要，已经过时了	165	3.8%	3.8%	100.0%
	总计	4357	99.9%	100.0%	
缺失	不理解题意	2			
	拒绝回答	3	0.1%		
	总计	5	0.1%		
总计		4362	100.0%		

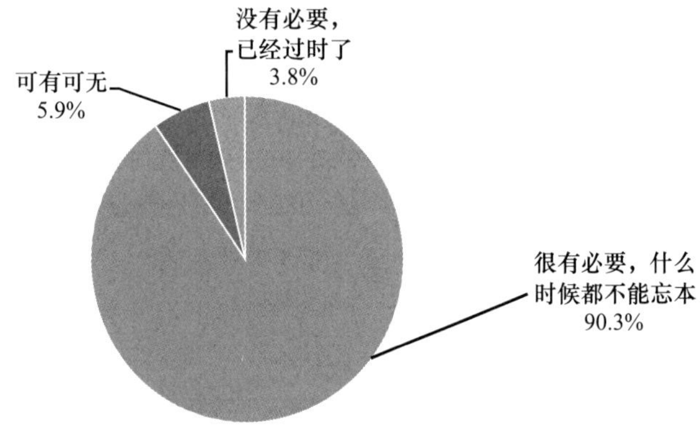

C37 当您途经一场所，正遇到升国旗仪式，看到国旗在国歌声中升起的时候，您会怎么做

		频数	百分比	有效百分比	累积百分比
有效	原地站立，面向国旗行注目礼	1064	24.4%	24.4%	24.4%
	停下来看一看	2807	64.4%	64.5%	88.9%
	只当没看见，该干吗干吗	483	11.1%	11.1%	100.0%
	总计	4354	99.8%	100.0%	
缺失	不知道	1			
	拒绝回答	7	0.2%		
	总计	8	0.2%		
总计		4362	100.0%		

当您途经一场所，正遇到升国旗仪式，看到国旗在国歌声中升起的时候，您会怎么做

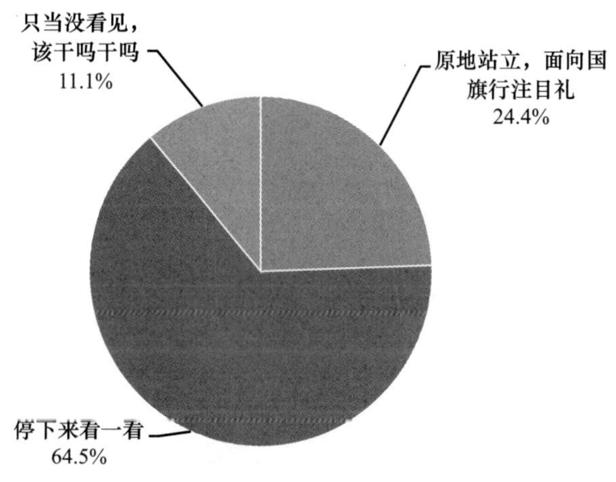

C38 今年您参加过纪念中国共产党成立 96 周年等主题教育活动吗

		频数	百分比	有效百分比	累积百分比
有效	参加过，很受教育	381	8.7%	8.7%	8.7%
	听说过，但是没有参加过	2768	63.5%	63.5%	72.3%
	这种活动基本都是形式大于内容	446	10.2%	10.2%	82.5%
	不关心这些	761	17.4%	17.5%	100.0%
	总计	4356	99.9%	100.0%	
缺失	拒绝回答	6	0.1%		
总计		4362	100.0%		

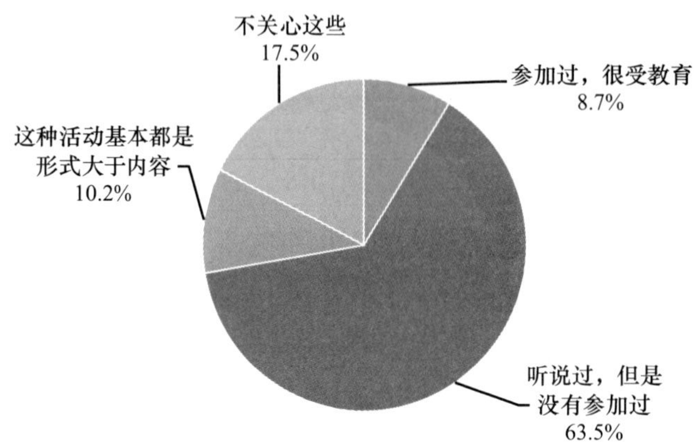

D1 您认为现代家庭关系中最令人担忧的问题是

	频数	有效百分比
只有一个孩子，对家庭的未来没把握	1053	25.0%
独生子女难以承担养老责任，老无所养	1444	34.3%
年轻人不愿结婚，或不愿生孩子，家族传承危机	687	16.3%
婚姻不稳定，年轻人缺乏守护婚姻的意识和能力	1086	25.8%
子女尤其是独生子女缺乏责任感，孝道意识薄弱	727	17.3%
代沟严重，父母与子女之间难以沟通	973	23.1%
婆媳关系紧张	266	6.3%
父母不民主，不能容忍差异	307	7.3%
“啃老”现象严重	482	11.5%
父母只培养孩子的知识和技能，忽视良好品德的养成	527	12.5%
两性关系过度开放	177	4.2%

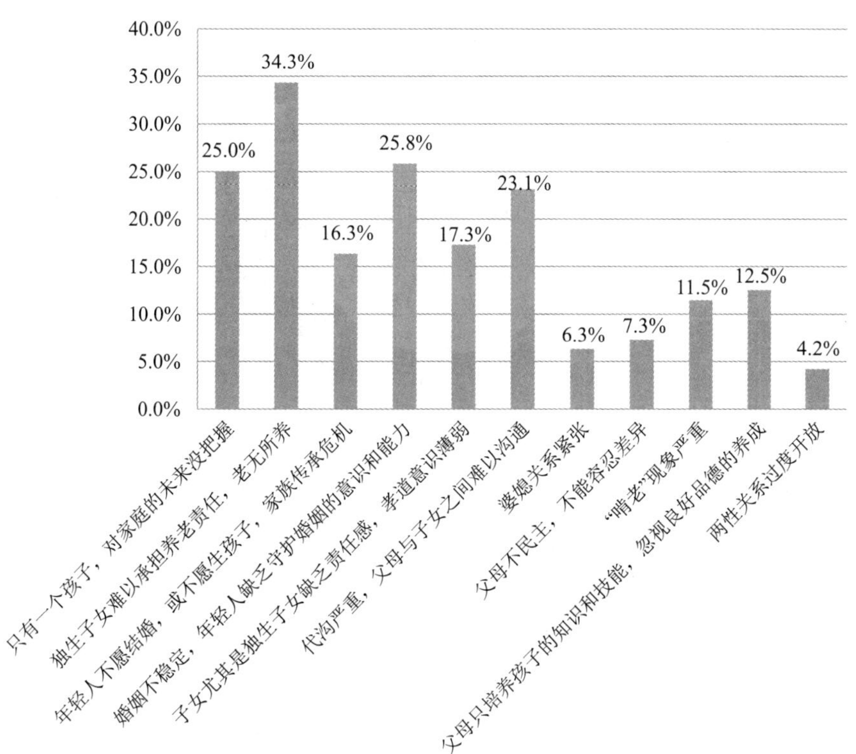

D2 您对家庭的感觉是

		频数	百分比	有效百分比	累积百分比
有效	温馨幸福	838	19.2%	19.3%	19.3%
	比较幸福	3098	71.0%	71.2%	90.4%
	不太幸福	124	2.8%	2.8%	93.3%
	一般，没感觉	277	6.4%	6.4%	99.6%
	很不幸福，希望逃离	11	0.3%	0.3%	99.9%
	其他	5	0.1%	0.1%	100.0%
	总计	4353	99.8%	100.0%	
缺失	没有进一步答案	2			
	拒绝回答	7	0.2%		
	总计	9	0.2%		
总计		4362	100.0%		

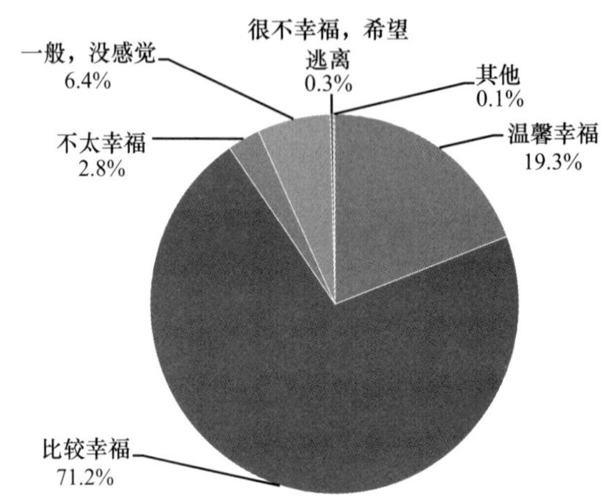

D3 您对以下现象的态度是

	完全赞同	比较赞同	中立	比较反对	强烈反对	平均值
不婚	32	128	1814	1598	759	3. 68
试婚	18	179	1614	1714	779	3. 71
同居	35	230	2035	1435	585	3. 53
同性恋	26	48	816	1645	1768	4. 18
婚外恋	4	24	302	1600	2401	4. 47
丁克家庭	23	62	1345	1496	1218	3. 92
代孕	8	55	1120	1598	1394	4. 03

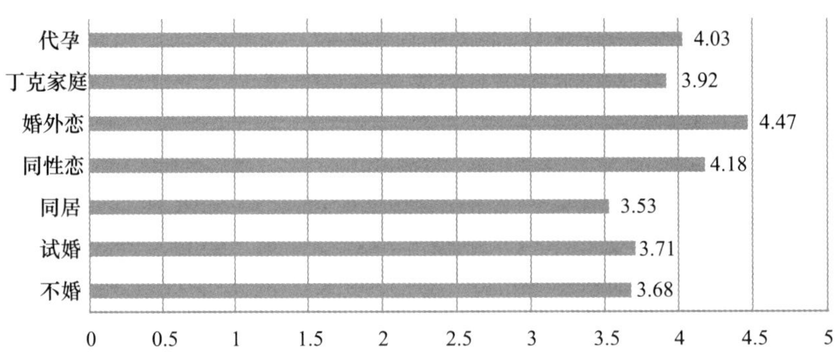

D3a 您对以下现象的态度是？不婚

		频数	百分比	有效百分比	累积百分比
有效	完全赞同	32	0. 7%	0. 7%	0. 7%
	比较赞同	128	2. 9%	3. 0%	3. 7%
	中立	1814	41. 6%	41. 9%	45. 6%
	比较反对	1598	36. 6%	36. 9%	82. 5%
	强烈反对	759	17. 4%	17. 5%	100. 0%
	总计	4331	99. 3%	100. 0%	
缺失	不知道	29	0. 7%		
	拒绝回答	2			
	总计	31	0. 7%		
总计		4362	100. 0%		

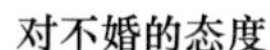

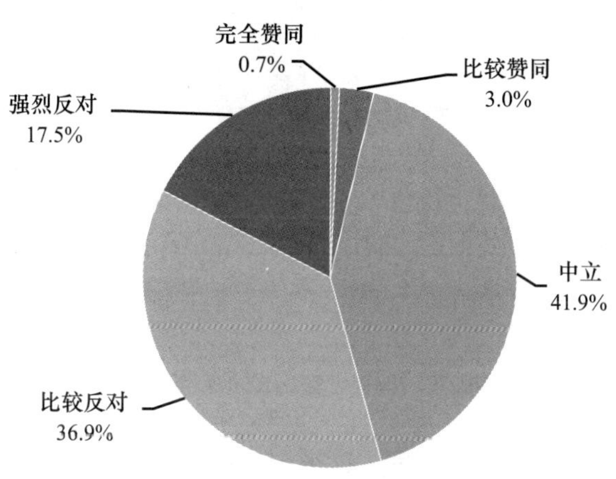

D3b 您对以下现象的态度是？试婚

		频数	百分比	有效百分比	累积百分比
有效	完全赞同	18	0. 4%	0. 4%	0. 4%
	比较赞同	179	4. 1%	4. 2%	4. 6%
	中立	1614	37. 0%	37. 5%	42. 1%
	比较反对	1714	39. 3%	39. 8%	81. 9%
	强烈反对	779	17. 9%	18. 1%	100. 0%
	总计	4304	98. 7%	100. 0%	

续表

		频数	百分比	有效百分比	累积百分比
缺失	不知道	54	1.2%		
	拒绝回答	4	0.1%		
	总计	58	1.3%		
总计		4362	100.0%		

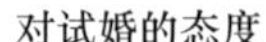

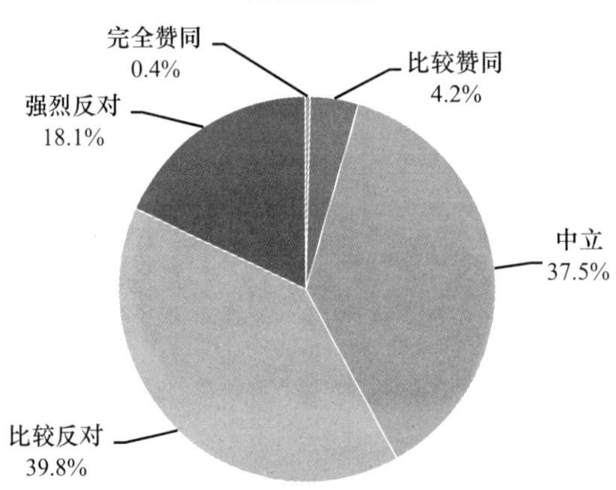

D3c 您对以下现象的态度是？同居

		频数	百分比	有效百分比	累积百分比
有效	完全赞同	35	0.8%	0.8%	0.8%
	比较赞同	230	5.3%	5.3%	6.1%
	中立	2035	46.7%	47.1%	53.2%
	比较反对	1435	32.9%	33.2%	86.5%
	强烈反对	585	13.4%	13.5%	100.0%
	总计	4320	99.0%	100.0%	
缺失	不知道	36	0.8%		
	拒绝回答	6	0.1%		
	总计	42	1.0%		
总计		4362	100.0%		

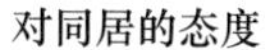

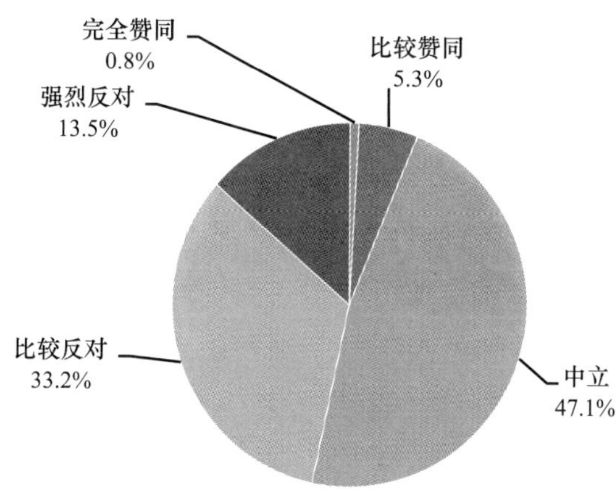

D3d 您对以下现象的态度是？同性恋

		频数	百分比	有效百分比	累积百分比
有效	完全赞同	26	0.6%	0.6%	0.6%
	比较赞同	48	1.1%	1.1%	1.7%
	中立	816	18.7%	19.0%	20.7%
	比较反对	1645	37.7%	38.2%	58.9%
	强烈反对	1768	40.5%	41.1%	100.0%
	总计	4303	98.6%	100.0%	
缺失	不知道	55	1.3%		
	拒绝回答	4	0.1%		
	总计	59	1.4%		
总计		4362	100.0%		

对同性恋的看法

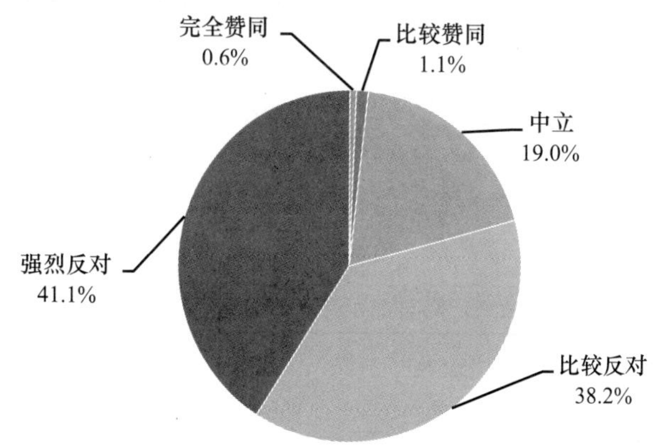

D3e 您对以下现象的态度是？婚外恋

		频数	百分比	有效百分比	累积百分比
有效	完全赞同	4	0.1%	0.1%	0.1%
	比较赞同	24	0.6%	0.6%	0.6%
	中立	302	6.9%	7.0%	7.6%
	比较反对	1600	36.7%	36.9%	44.6%
	强烈反对	2401	55.0%	55.4%	100.0%
	总计	4331	99.3%	100.0%	
缺失	不知道	27	0.6%		
	拒绝回答	4	0.1%		
	总计	31	0.7%		
总计		4362	100.0%		

对婚外恋的态度

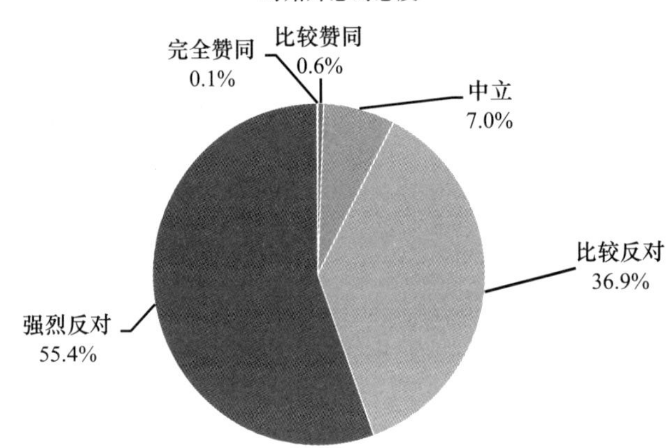

D3f 您对以下现象的态度是？丁克家庭

		频数	百分比	有效百分比	累积百分比
有效	完全赞同	23	0.5%	0.6%	0.6%
	比较赞同	62	1.4%	1.5%	2.1%
	中立	1345	30.8%	32.5%	34.5%
	比较反对	1496	34.3%	36.1%	70.6%
	强烈反对	1218	27.9%	29.4%	100.0%
	总计	4144	95.0%	100.0%	

续表

		频数	百分比	有效百分比	累积百分比
缺失	不知道	214	4.9%		
	拒绝回答	4	0.1%		
	总计	218	5.0%		
总计		4362	100.0%		

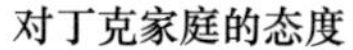

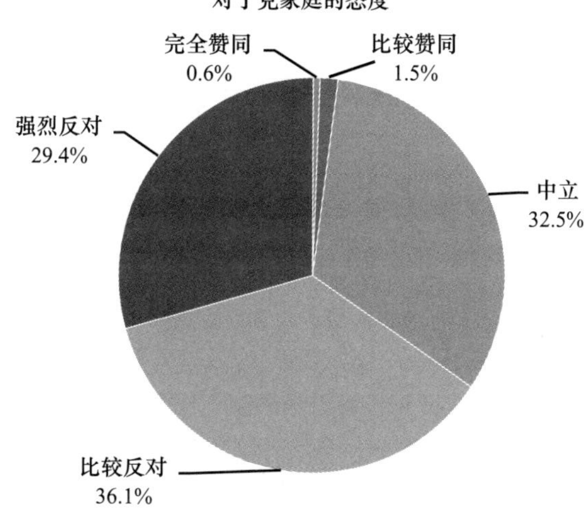

D3g 您对以下现象的态度是？代孕

		频数	百分比	有效百分比	累积白分比
有效	完全赞同	8	0.2%	0.2%	0.2%
	比较赞同	55	1.3%	1.3%	1.5%
	中立	1120	25.7%	26.8%	28.3%
	比较反对	1598	36.6%	38.3%	66.6%
	强烈反对	1394	32.0%	33.4%	100.0%
	总计	4175	95.7%	100.0%	
缺失	不知道	183	4.2%		
	拒绝回答	4	0.1%		
	总计	187	4.3%		
总计		4362	100.0%		

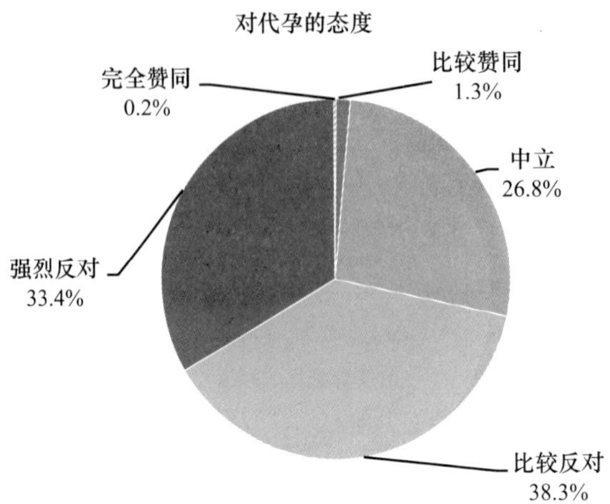

D4 您如何看待为了应对拆迁、征地、买房等而出现的"假离婚"现象

		频数	百分比	有效百分比	累积百分比
有效	完全赞同	46	1. 1%	1. 1%	1. 1%
	比较赞同	396	9. 1%	9. 4%	10. 5%
	不太赞同	1931	44. 3%	45. 7%	56. 2%
	坚决反对	1850	42. 4%	43. 8%	100. 0%
	总计	4223	96. 8%	100. 0%	
缺失	不知道	138	3. 2%		
	拒绝回答	1			
	总计	139	3. 2%		
总计		4362	100. 0%		

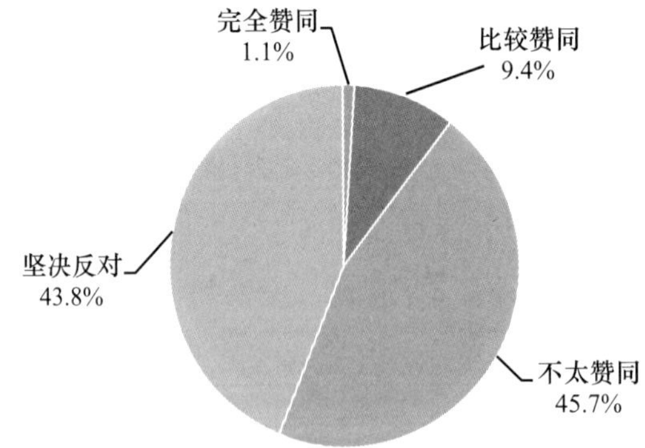

D5 如果夫妻中需要一方为对方或家庭做出牺牲，您的态度是

		频数	百分比	有效百分比	累积百分比
有效	非常不愿意	74	1.7%	1.8%	1.8%
	不太愿意	628	14.4%	15.0%	16.8%
	比较愿意	2416	55.4%	57.6%	74.4%
	愿意，时常这么做	1073	24.6%	25.6%	100.0%
	总计	4191	96.1%	100.0%	
缺失	不知道	166	3.8%		
	拒绝回答	5	0.1%		
	总计	171	3.9%		
总计		4362	100.0%		

对夫妻中需要一方为对方或家庭做出牺牲的态度

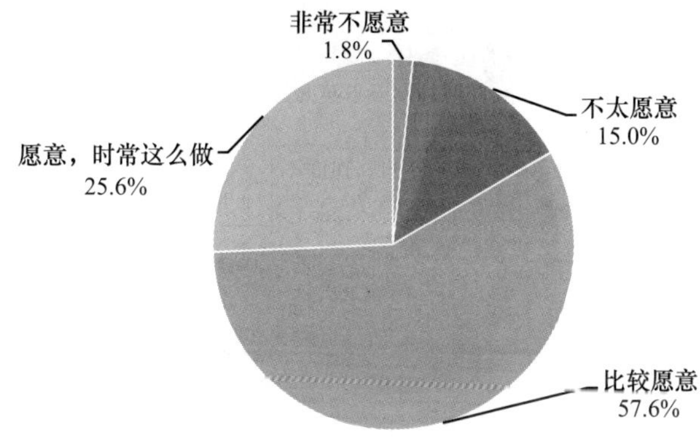

D6 在恋爱或婚姻中，您有为对方而改变自己的意识吗

		频数	百分比	有效百分比	累积百分比
有效	有，经常这样做	1950	44.7%	45.0%	45.0%
	有，但做起来有些困难	1485	34.0%	34.2%	79.2%
	没想过这个问题	727	16.7%	16.8%	95.9%
	无须改变，只有找到愿为我改变的人才是真爱	152	3.5%	3.5%	99.4%
	其他	24	0.6%	0.6%	100.0%
	总计	4338	99.4%	100.0%	

续表

		频数	百分比	有效百分比	累积百分比
缺失	不知道	6	0.1%		
	不理解题意	2			
	拒绝回答	16	0.4%		
	总计	24	0.6%		
总计		4362	100.0%		

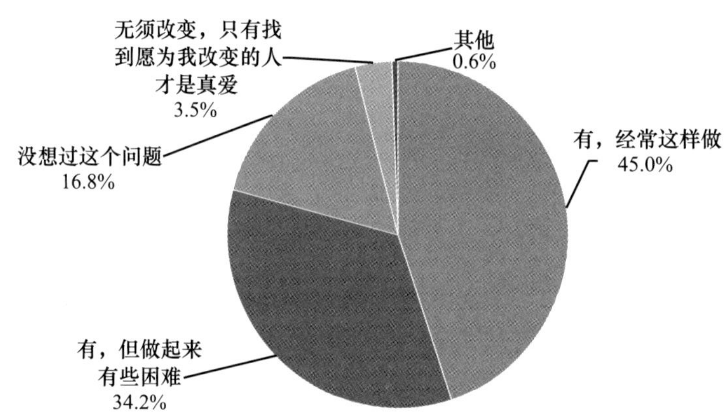

D7 在恋爱或婚姻中，你与对方相处的原则是

		频数	百分比	有效百分比	累积百分比
有效	我首先对他/她好，然后希望他/她对我好	2981	68.3%	68.9%	68.9%
	他/她对我好，我才对他/她好	740	17.0%	17.1%	86.0%
	他/她对我好就行了	303	6.9%	7.0%	93.0%
	总是我对他/她好，他/她对我不那么好	89	2.0%	2.1%	95.1%
	他/她对我不好，我没必要对他/她好	51	1.2%	1.2%	96.3%
	其他	161	3.7%	3.7%	100.0%
	总计	4325	99.2%	100.0%	
缺失	不知道	23	0.5%		
	不理解题意	4	0.1%		
	拒绝回答	10	0.2%		
	总计	37	0.8%		

续表

	频数	百分比	有效百分比	累积百分比
总计	4362	100.0%		

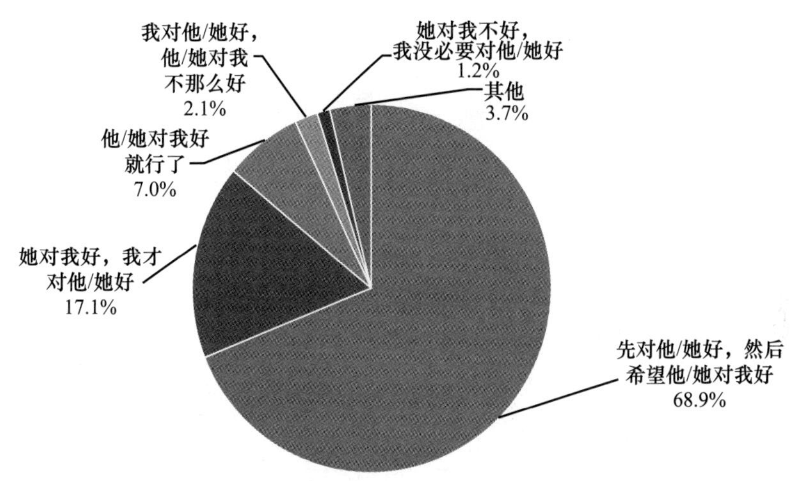

D8 你认为生育孩子是否是一种人生义务

		频数	百分比	有效百分比	累积百分比
有效	是，如果大家都不生育，人种会灭绝	1179	27.0%	27.2%	27.2%
	是，不生孩子家族延续会中断	1785	40.9%	41.1%	68.3%
	不是，但没有孩子将老无所养也过于孤独	999	22.9%	23.0%	91.3%
	不是，自己觉得快乐就行，有孩子负担过重	339	7.8%	7.8%	99.1%
	其他	39	0.9%	0.9%	100.0%
	总计	4341	99.5%	100.0%	
缺失	不知道	13	0.3%		
	不理解题意	2			
	拒绝回答	6	0.1%		
	总计	21	0.5%		
总计		4362	100.0%		

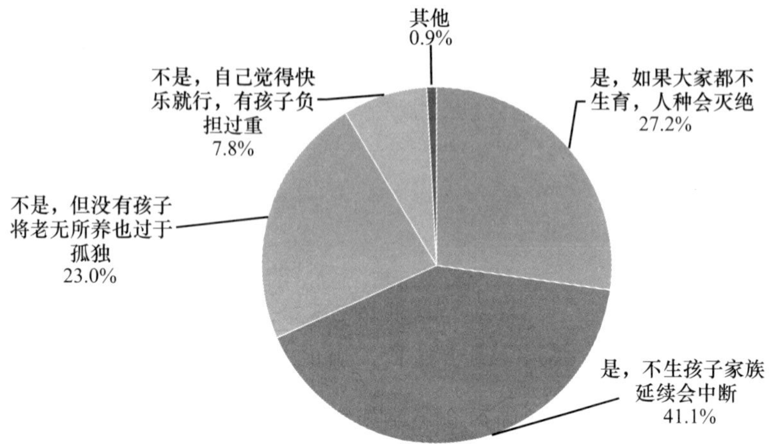

D9 如果孩子面临重大问题（婚姻、升学、就业等）时，您的态度是

		频数	百分比	有效百分比	累积百分比
有效	全部包办，替他们做决定或搞定	166	3.8%	3.8%	3.8%
	积极建议，努力说服他们采纳	1158	26.5%	26.6%	30.4%
	只提建议，让他们自己选择	1926	44.2%	44.2%	74.6%
	不表态，免得子女将来埋怨	295	6.8%	6.8%	81.4%
	经常提出建议，但大多不起作用	123	2.8%	2.8%	84.2%
	没孩子/孩子太小	674	15.5%	15.5%	99.7%
	其他	12	0.3%	0.3%	100.0%
	总计	4354	99.8%	100.0%	
缺失	不知道	5	0.1%		
	拒绝回答	3	0.1%		
	总计	8	0.2%		
总计		4362	100.0%		

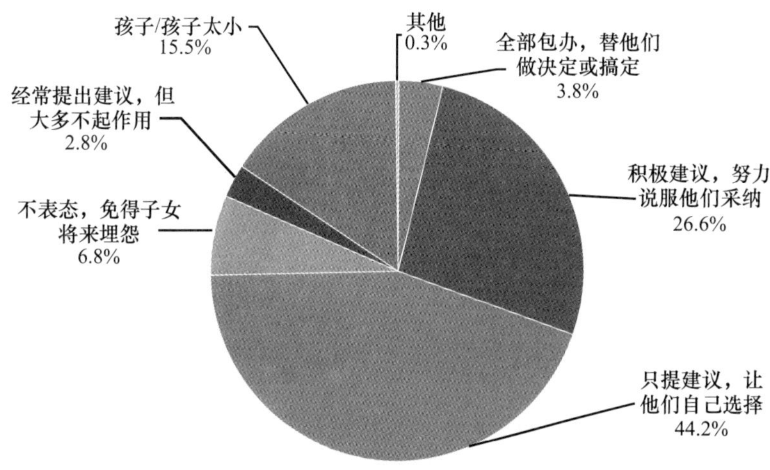

D10 您对子女所提出的有关人生发展方面的建议，是否经常被采纳

		频数	百分比	有效百分比	累积百分比
有效	经常被采纳	520	11.9%	14.9%	14.9%
	较多被采纳	2193	50.3%	62.8%	77.7%
	基本不采纳	745	17.1%	21.3%	99.1%
	从不被采纳并遭到嘲讽	33	0.8%	0.9%	100.0%
	总计	3491	80.0%	100.0%	
缺失	不理解题意	7	0.2%		
	不知道	857	19.6%		
	拒绝回答	7	0.2%		
	总计	871	20.0%		
总计		4362	100.0%		

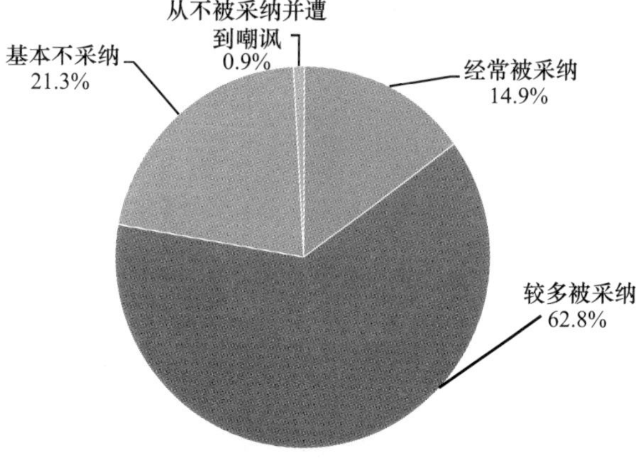

D11 您认为现在孩子价值观的形成受何种因素影响最大

	频数	有效百分比
父母	2632	61.9%
老师	2224	52.3%
同伴	1163	27.3%
网络，朋友圈	923	21.7%
明星	120	2.8%
道德模范	456	10.7%
伟大人物	324	7.6%

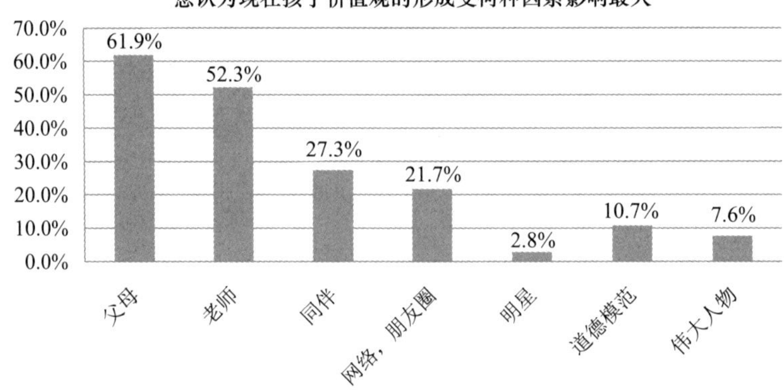

D12 您认为老人是否有义务帮子女带孩子

		频数	百分比	有效百分比	累积百分比
有效	有，天经地义的	892	20.4%	20.5%	20.5%
	没有，老人帮助带孙辈，子女应感恩	1867	42.8%	42.8%	63.3%
	没有义务，不过带孙辈也是天伦之乐，应该帮助带	1470	33.7%	33.7%	97.0%
	没想过	129	3.0%	3.0%	100.0%
	总计	4358	99.9%	100.0%	
缺失	拒绝回答	4	0.1%		
总计		4362	100.0%		

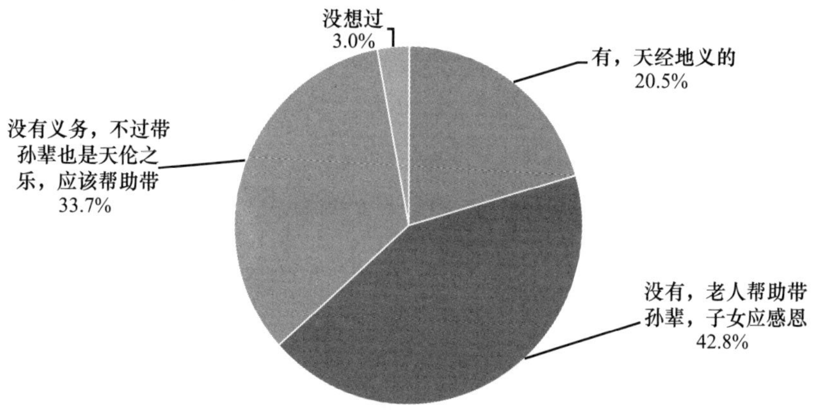

D13 您认为最理想的养老方式是哪种

		频数	百分比	有效百分比	累积百分比
有效	敬老院、护理院等专业养老机构	639	14.6%	14.7%	14.7%
	与子女同住	2346	53.8%	53.9%	68.5%
	自己单住，生活难以自理时找护工	640	14.7%	14.7%	83.2%
	与兄弟姐妹抱团养老	228	5.2%	5.2%	88.5%
	与志趣相投的人一起养老	464	10.6%	10.7%	99.1%
	其他	39	0.9%	0.9%	100.0%
	总计	4356	99.9%	100.0%	
缺失	不知道	4	0.1%		
	拒绝回答	2			
	总计	6	0.1%		
总计		4362	100.0%		

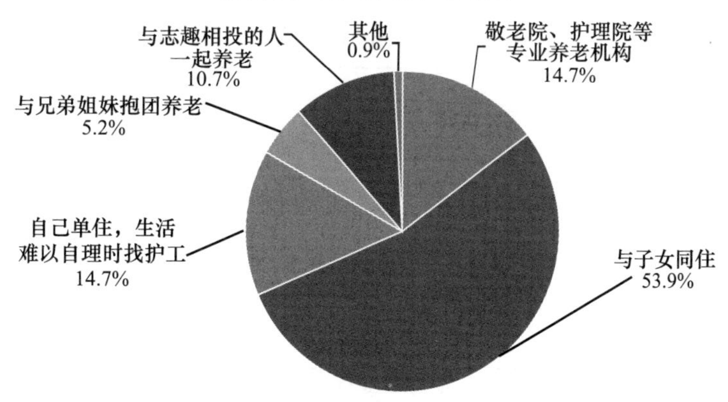

D14 当父母一方长期生活不能自理时，主要承担照顾工作的人应该是

		频数	百分比	有效百分比	累积百分比
有效	子女照顾	2470	56.6%	56.7%	56.7%
	父母中还有能力的另一方（老伴儿）	1224	28.1%	28.1%	84.9%
	雇保姆，老伴协助	192	4.4%	4.4%	89.3%
	雇保姆，子女协助	230	5.3%	5.3%	94.6%
	送护理机构，家人经常探望	227	5.2%	5.2%	99.8%
	其他	10	0.2%	0.2%	100.0%
	总计	4353	99.8%	100.0%	
缺失	不知道	1			
	拒绝回答	8	0.2%		
	总计	9	0.2%		
总计		4362	100.0%		

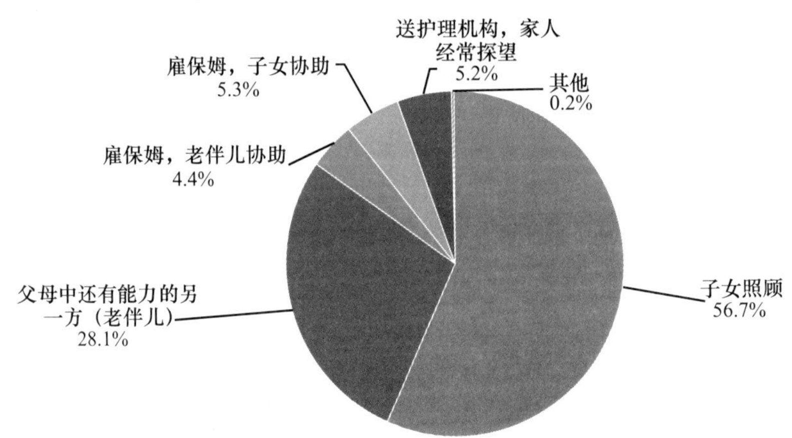

D15 在过去的十天里，您为父母做过以下哪些事情

	频数	有效百分比
看望	982	22.5%
打电话	1481	34.0%
买东西	1284	29.5%
陪看病	180	4.1%
生活照料	1198	27.5%
做家务	1406	32.3%

续表

	频数	有效百分比
谈心聊天	1279	29.3%
给钱	274	6.3%
外出游玩	65	1.5%
无	289	6.6%
父母已去世	954	21.9%

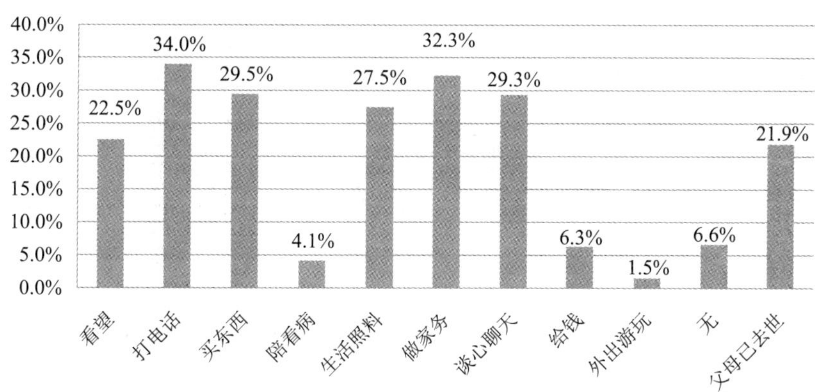

D16 您是否觉得孤独

		频数	百分比	有效百分比	累积百分比
有效	经常	147	3.4%	3.4%	3.4%
	有时	937	21.5%	21.5%	24.9%
	不太觉得	1448	33.2%	33.2%	58.1%
	不觉得	1824	41.8%	41.9%	100.0%
	总计	4356	99.9%	100.0%	
缺失	拒绝回答	6	0.1%		
总计		4362	100.0%		

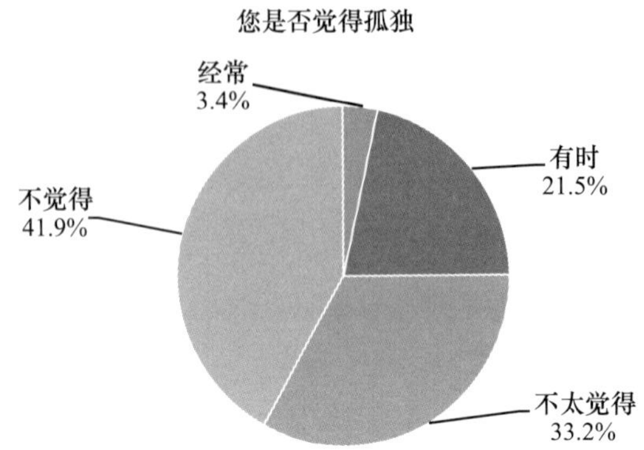

D17 现在开展的弘扬好家风好家训活动，您认为有意义吗

		频数	百分比	有效百分比	累积百分比
有效	很有意义	3515	80.6%	83.5%	83.5%
	可有可无	415	9.5%	9.9%	93.3%
	没有必要	280	6.4%	6.7%	100.0%
	总计	4210	96.5%	100.0%	
缺失	不知道	149	3.4%		
	拒绝回答	3	0.1%		
	总计	152	3.5%		
总计		4362	100.0%		

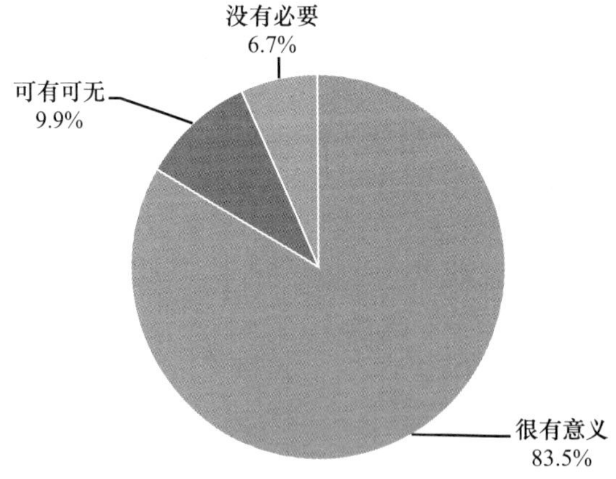

D18 您所在的地方发生过虐待儿童的事件吗

		频数	百分比	有效百分比	累积百分比
有效	经常会发生	40	0.9%	0.9%	0.9%
	偶尔发生	315	7.2%	7.2%	8.2%
	没听说过	3999	91.7%	91.8%	100.0%
	总计	4354	99.8%	100.0%	
缺失	拒绝回答	8	0.2%		
总计		4362	100.0%		

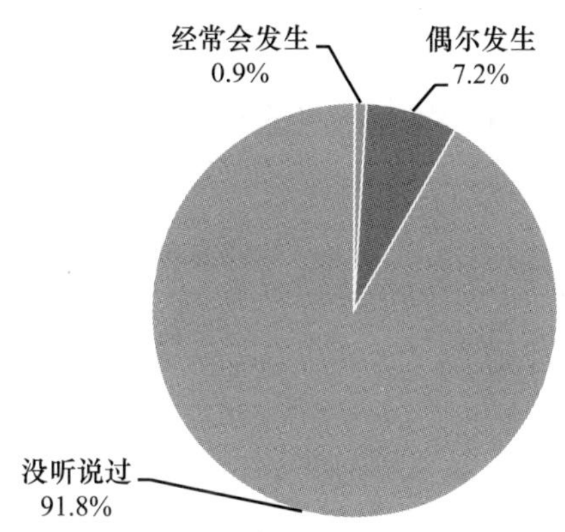

D19 在大街或社区里，看到行走或生活困难的老人，您经常的反应是

		频数	百分比	有效百分比	累积百分比
有效	想到自己的（祖）父母或自己的未来，情不自禁地想帮助他	1802	41.3%	41.4%	41.4%
	出于义务责任感，想帮助他	1215	27.9%	27.9%	69.3%
	有同情感，但没有想帮助的冲动	1172	26.9%	26.9%	96.2%
	没有感觉，习以为常	156	3.6%	3.6%	99.8%
	其他	9	0.2%	0.2%	100.0%
	总计	4354	99.8%	100.0%	
缺失	不知道	2			
	不理解题意	1			
	拒绝回答	5	0.1%		
	总计	8	0.2%		
总计		4362	100.0%		

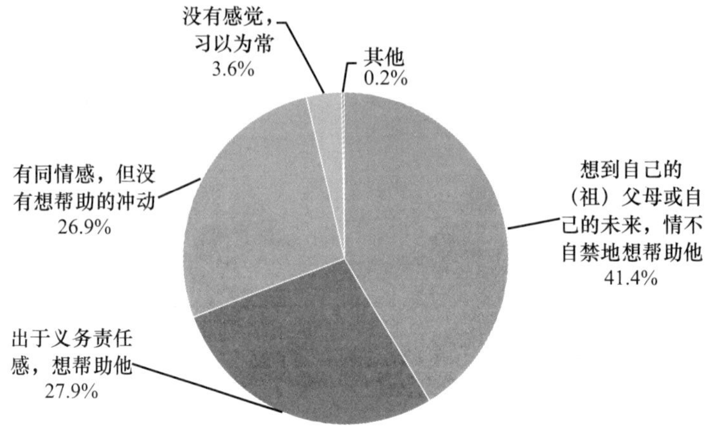

D20 如果您的父母或兄妹偷了别人的东西，您的行为反应可能是

		频数	百分比	有效百分比	累积百分比
有效	批评他，但不会告发	839	19.2%	19.3%	19.3%
	批评他，陪他送回原处或去承认错误	2713	62.2%	62.4%	81.6%
	默认，因为他得到的东西正是家庭所急需	199	4.6%	4.6%	86.2%
	告发，因为出于正义感	355	8.1%	8.2%	94.4%
	告发，因为可能会连累自己	61	1.4%	1.4%	95.8%
	不管不问，由他自己决定	170	3.9%	3.9%	99.7%
	其他	14	0.3%	0.3%	100.0%
	总计	4351	99.7%	100.0%	
缺失	不知道	8	0.2%		
	不理解题意	1			
	拒绝回答	2			
	总计	11	0.3%		
总计		4362	100.0%		

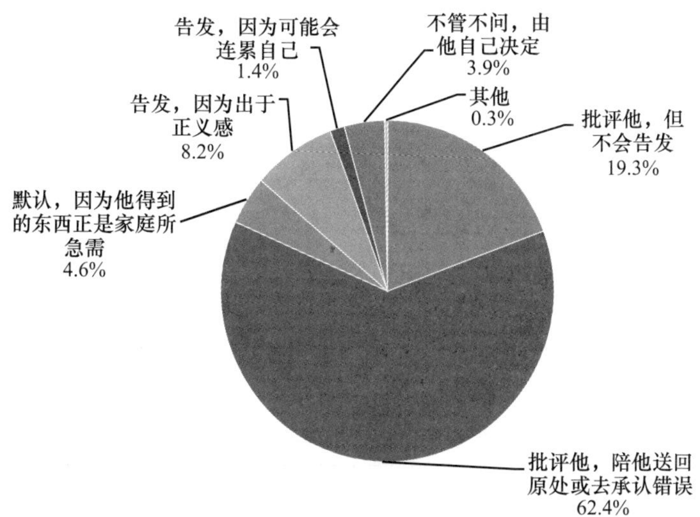

D21 当独生子女单独组成家庭后，父母和子女哪一种居住方式更好

		频数	百分比	有效百分比	累积百分比
有效	单独居住	1315	30.1%	30.3%	30.3%
	和父母同住	1295	29.7%	29.8%	60.1%
	和父母及祖辈共同居住	291	6.7%	6.7%	66.8%
	和父母靠近居住	1422	32.6%	32.7%	99.5%
	其他	23	0.5%	0.5%	100.0%
	总计	4346	99.6%	100.0%	
缺失	不知道	10	0.2%		
	不理解题意	1			
	拒绝回答	5	0.1%		
	总计	16	0.4%		
总计		4362	100.0%		

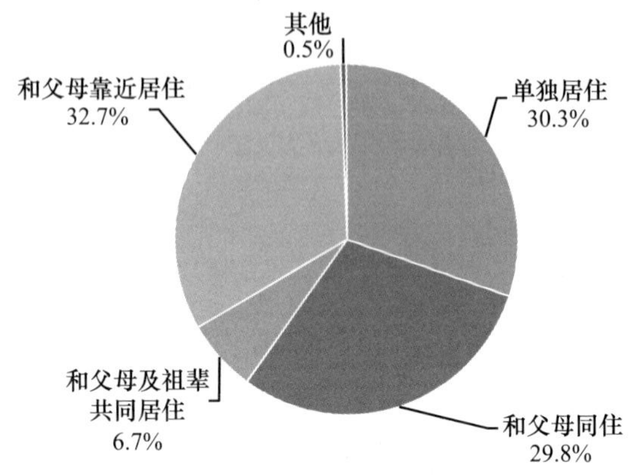

D22 您是否认为把老人送到养老院是不孝行为

		频数	百分比	有效百分比	累积百分比
有效	是	713	16.3%	16.4%	16.4%
	相对而言，部分是	1971	45.2%	45.3%	61.6%
	不是	1658	38.0%	38.1%	99.7%
	其他	12	0.3%	0.3%	100.0%
	总计	4354	99.8%	100.0%	
缺失	不知道	4	0.1%		
	不理解题意	2			
	拒绝回答	2			
	总计	8	0.2%		
总计		4362	100.0%		

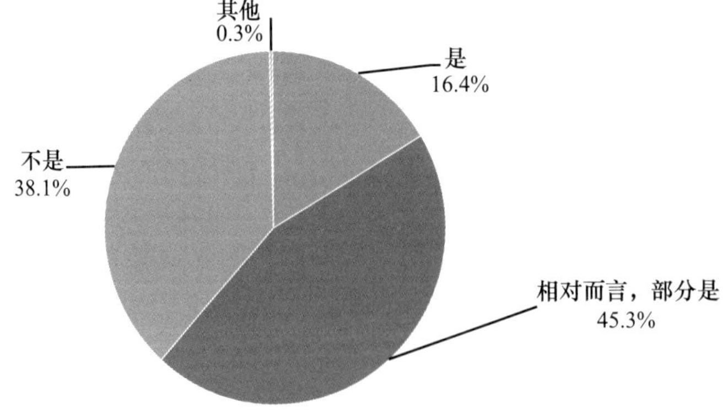

E1 您认为企业最重要的社会责任是什么

		频数	百分比	有效百分比	累积百分比
有效	为企业和企业股东自身赚钱	790	18.1%	18.9%	18.9%
	通过依法纳税为国家积累财富	877	20.1%	21.0%	39.9%
	通过诚信经营提供质量可靠的产品，满足社会大众生活需求	2269	52.0%	54.3%	94.1%
	为员工谋福利	240	5.5%	5.7%	99.9%
	其他	6	0.1%	0.1%	100.0%
	总计	4182	95.9%	100.0%	
缺失	不知道	162	3.7%		
	不理解题意	4	0.1%		
	拒绝回答	14	0.3%		
	总计	180	4.1%		
总计		4362	100.0%		

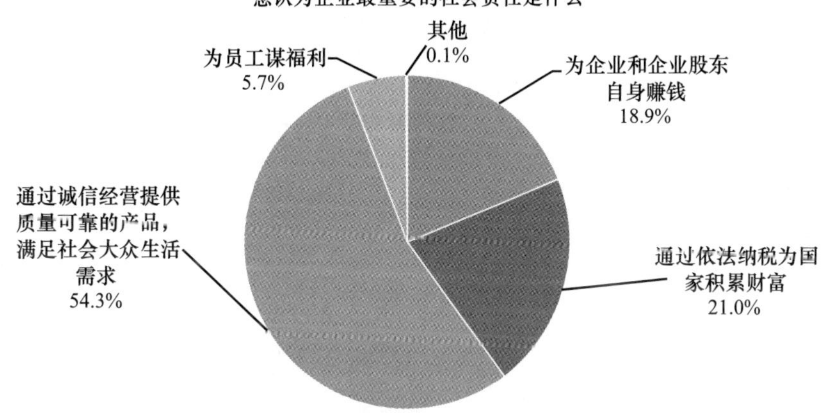

E2 关于企业的说法，您的同意程度是

	完全同意	比较同意	不太同意	完全不同意	平均值
只要能为员工谋福利就是一个好单位	338	2076	1493	381	2.45
经济效益好坏是衡量企业成败的唯一标准	164	1310	2280	478	2.73
企业做慈善都是做做样子，其实还是为自己做广告	165	1575	1908	414	2.63
企业和员工之间只是合同关系，效益好就好好干，效益不好就跳槽	125	1219	2170	735	2.83

续表

	完全同意	比较同意	不太同意	完全不同意	平均值
企业不需要对员工讲什么伦理关怀，员工表现好就发奖金，不好就辞退	96	792	2417	963	3.00
企业为了履行社会责任，应当放弃一些自身利益	965	2365	749	184	2.04
讲信用、遵循道德规范的企业能够获得更好的利益	1166	2441	521	146	1.92
企业只是一台赚钱的机器，能赚钱就行，无所谓社会责任，声誉也不重要	50	454	2733	1021	3.11
同样的产品，国企生产的比私企的更有保障	280	1641	1798	406	2.56

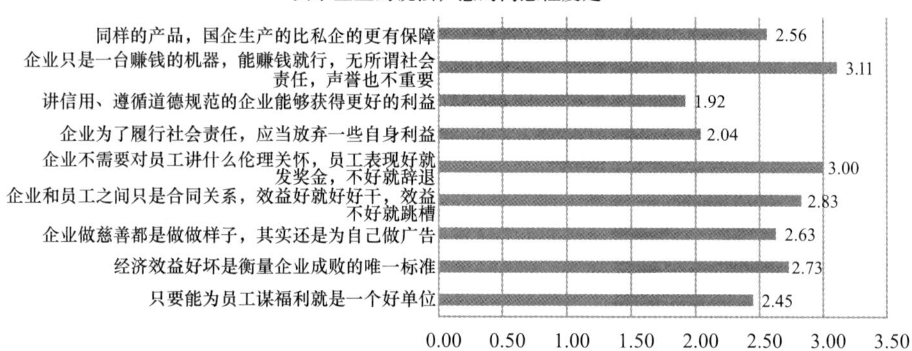

E2a 只要能为员工谋福利就是一个好单位

		频数	百分比	有效百分比	累积百分比
有效	完全同意	338	7.7%	7.9%	7.9%
	比较同意	2076	47.6%	48.4%	56.3%
	不太同意	1493	34.2%	34.8%	91.1%
	完全不同意	381	8.7%	8.9%	100.0%
	总计	4288	98.3%	100.0%	
缺失	不知道	72	1.7%		
	拒绝回答	2			
	总计	74	1.7%		
总计		4362	100.0%		

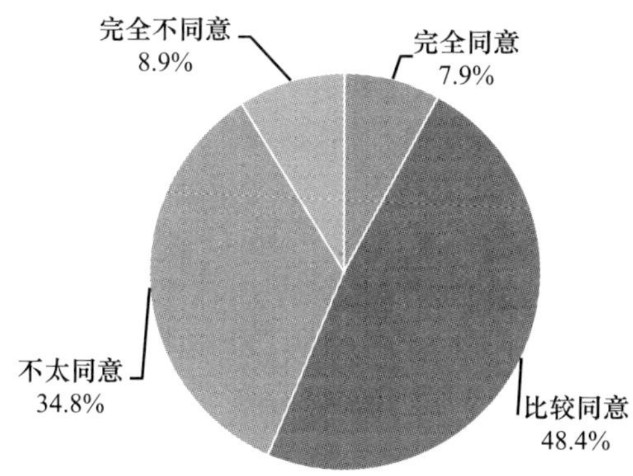

E2b 经济效益好坏是衡量企业成败的唯一标准

		频数	百分比	有效百分比	累积百分比
有效	完全同意	164	3.8%	3.9%	3.9%
	比较同意	1310	30.0%	31.0%	34.8%
	不太同意	2280	52.3%	53.9%	88.7%
	完全不同意	478	11.0%	11.3%	100.0%
	总计	4232	97.0%	100.0%	
缺失	不知道	117	2.7%		
	拒绝回答	13	0.3%		
	总计	130	3.0%		
总计		4362	100.0%		

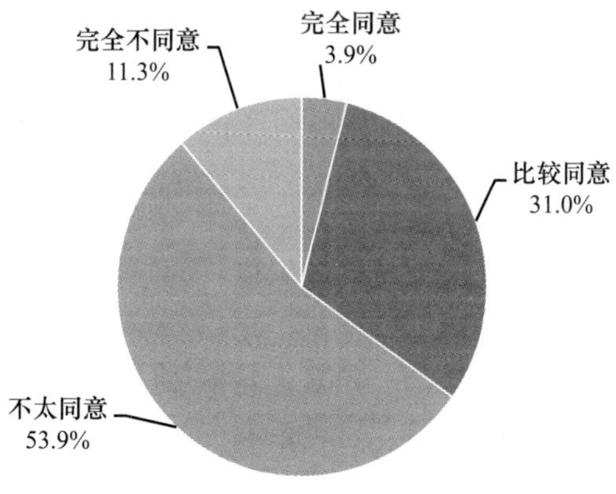

E2c 企业做慈善都是做做样子，其实还是为自己做广告

		频数	百分比	有效百分比	累积百分比
有效	完全同意	165	3.8%	4.1%	4.1%
	比较同意	1575	36.1%	38.8%	42.8%
	不太同意	1908	43.7%	47.0%	89.8%
	完全不同意	414	9.5%	10.2%	100.0%
	总计	4062	93.1%	100.0%	
缺失	不知道	286	6.6%		
	拒绝回答	14	0.3%		
	总计	300	6.9%		
总计		4362	100.0%		

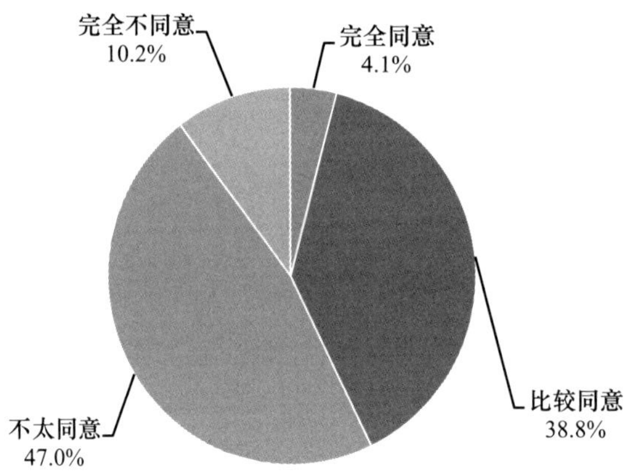

E2d 企业和员工之间只是合同关系，效益好就好好干，效益不好就跳槽

		频数	百分比	有效百分比	累积百分比
有效	完全同意	125	2.9%	2.9%	2.9%
	比较同意	1219	27.9%	28.7%	31.6%
	不太同意	2170	49.7%	51.1%	82.7%
	完全不同意	735	16.9%	17.3%	100.0%
	总计	4249	97.4%	100.0%	
缺失	不知道	111	2.5%		
	拒绝回答	2			
	总计	113	2.6%		
总计		4362	100.0%		

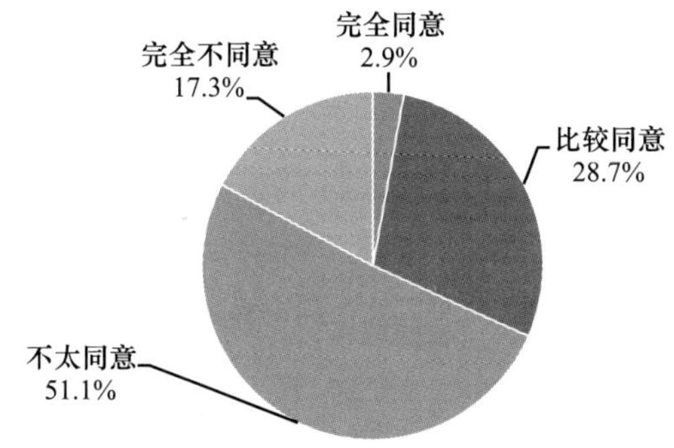

E2e 企业不需要对员工讲什么伦理关怀，员工表现好就发奖金，不好就辞退

		频数	百分比	有效百分比	累积百分比
有效	完全同意	96	2.2%	2.2%	2.2%
	比较同意	792	18.2%	18.6%	20.8%
	不太同意	2417	55.4%	56.6%	77.4%
	完全不同意	963	22.1%	22.6%	100.0%
	总计	4268	97.8%	100.0%	
缺失	不知道	88	2.0%		
	拒绝回答	6	0.1%		
	总计	94	2.2%		
总计		4362	100.0%		

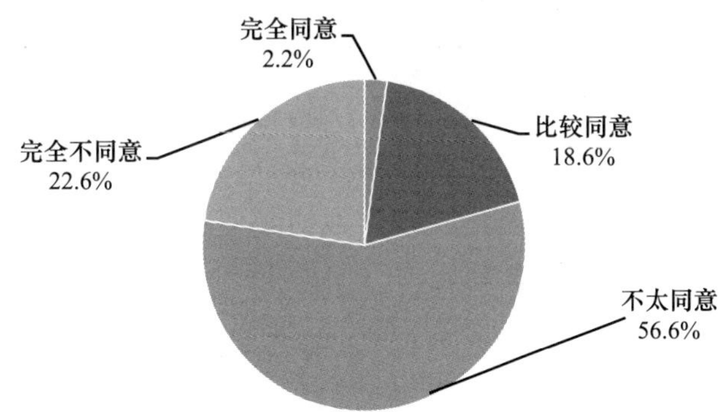

E2f 企业为了履行社会责任，应当放弃一些自身利益

		频数	百分比	有效百分比	累积百分比
有效	完全同意	965	22.1%	22.6%	22.6%
	比较同意	2365	54.2%	55.5%	78.1%
	不太同意	749	17.2%	17.6%	95.7%
	完全不同意	184	4.2%	4.3%	100.0%
	总计	4263	97.7%	100.0%	
缺失	不知道	94	2.2%		
	拒绝回答	5	0.1%		
	总计	99	2.3%		
总计		4362	100.0%		

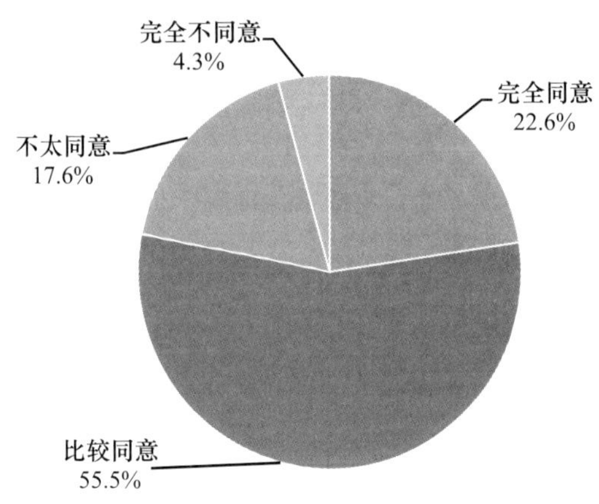

E2g 讲信用、遵循道德规范的企业能够获得更好的利益

		频数	百分比	有效百分比	累积百分比
有效	完全同意	1166	26.7%	27.3%	27.3%
	比较同意	2441	56.0%	57.1%	84.4%
	不太同意	521	11.9%	12.2%	96.6%
	完全不同意	146	3.3%	3.4%	100.0%
	总计	4274	98.0%	100.0%	
缺失	不知道	84	1.9%		
	拒绝回答	4	0.1%		
	总计	88	2.0%		
总计		4362	100.0%		

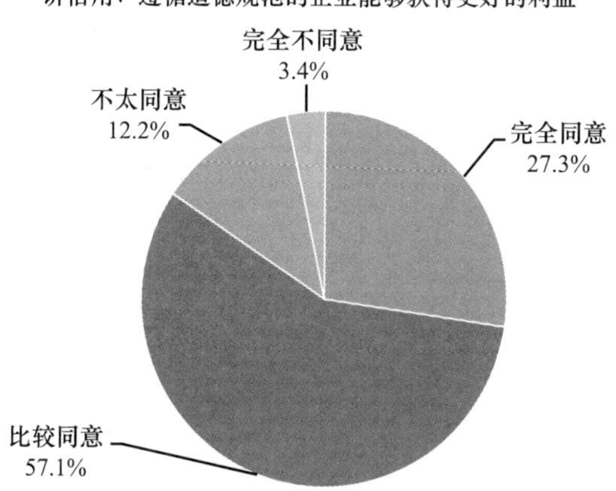

E2h 企业只是一台赚钱的机器，能赚钱就行，无所谓社会责任，声誉也不重要

		频数	百分比	有效百分比	累积百分比
有效	完全同意	50	1.1%	1.2%	1.2%
	比较同意	454	10.4%	10.7%	11.8%
	不太同意	2733	62.7%	64.2%	76.0%
	完全不同意	1021	23.4%	24.0%	100.0%
	总计	4258	97.6%	100.0%	
缺失	不知道	98	2.2%		
	拒绝回答	6	0.1%		
	总计	104	2.4%		
总计		4362	100.0%		

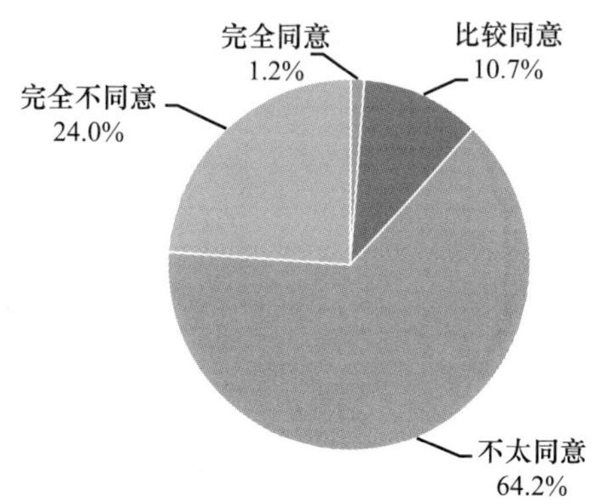

E2i 同样的产品，国企生产的比私企的更有保障

		频数	百分比	有效百分比	累积百分比
有效	完全同意	280	6.4%	6.8%	6.8%
	比较同意	1641	37.6%	39.8%	46.6%
	不太同意	1798	41.2%	43.6%	90.2%
	完全不同意	406	9.3%	9.8%	100.0%
	总计	4125	94.6%	100.0%	
缺失	不知道	228	5.2%		
	拒绝回答	9	0.2%		
	总计	237	5.4%		
总计		4362	100.0%		

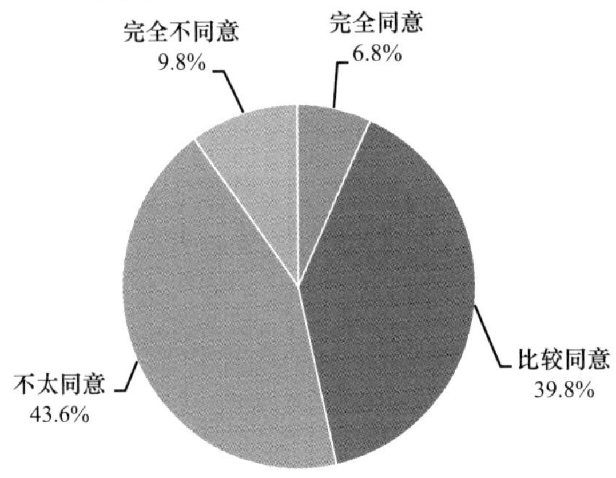

E3 下面哪种说法更符合或接近您的个人想法

		频数	百分比	有效百分比	累积百分比
有效	个人和工作单位之间是聘用或雇佣关系，通过工资和付出劳动满足彼此需求	1861	42.7%	43.0%	43.0%
	不只是利益关系，应当还有很多情感的联系，应当共命运	1626	37.3%	37.6%	80.6%
	个人是单位的一分子，单位如同个人的另一个家	835	19.1%	19.3%	99.9%
	其他	5	0.1%	0.1%	100.0%
	总计	4327	99.2%	100.0%	

续表

		频数	百分比	有效百分比	累积百分比
缺失	不知道	14	0.3%		
	不理解题意	7	0.2%		
	拒绝回答	14	0.3%		
	总计	35	0.8%		
总计		4362	100.0%		

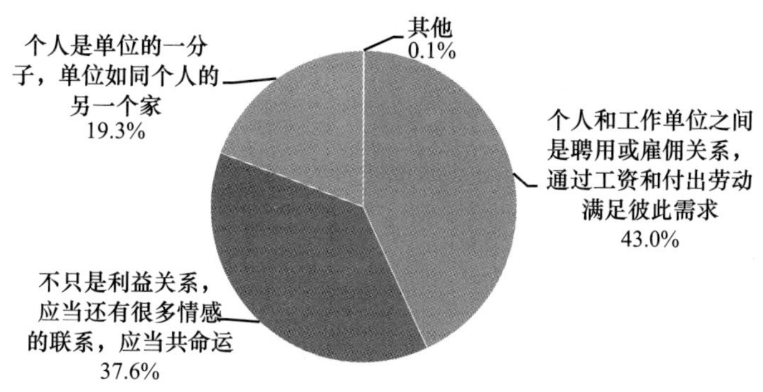

E4 您对自己所在企业履行下列责任的满意度如何

	非常不满意	不太满意	比较满意	非常满意	平均数
劳动安全保障	114	976	2475	257	2.75
员工薪酬合理	154	1233	2191	247	2.66
关心员工生活	143	1161	2169	330	2.71
诚实守法经营	72	660	2797	370	2.89
产品质量可靠	70	638	2805	384	2.90
环境保护措施	109	988	2235	387	2.78
慈善公益事业	117	833	2010	372	2.79

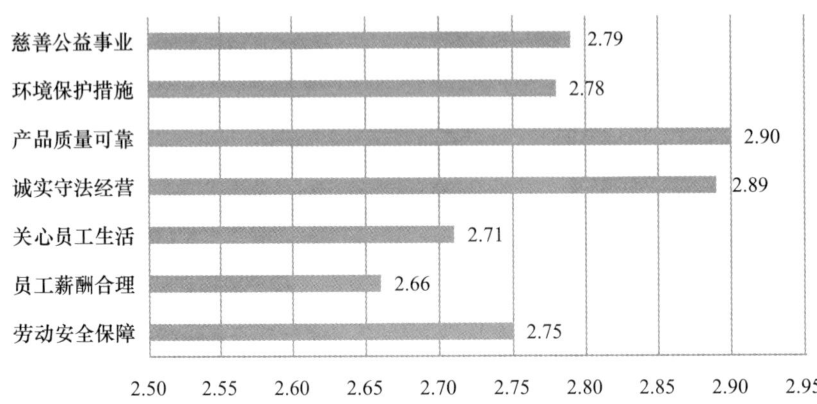

E4a 您对自己所在企业履行下列责任的满意情况如何？劳动安全保障

		频数	百分比	有效百分比	累积百分比
有效	非常不满意	114	2.6%	3.0%	3.0%
	不太满意	976	22.4%	25.5%	28.5%
	比较满意	2475	56.7%	64.8%	93.3%
	非常满意	257	5.9%	6.7%	100.0%
	总计	3822	87.6%	100.0%	
缺失	不知道	537	12.3%		
	拒绝回答	3	0.1%		
	总计	540	12.4%		
总计		4362	100.0%		

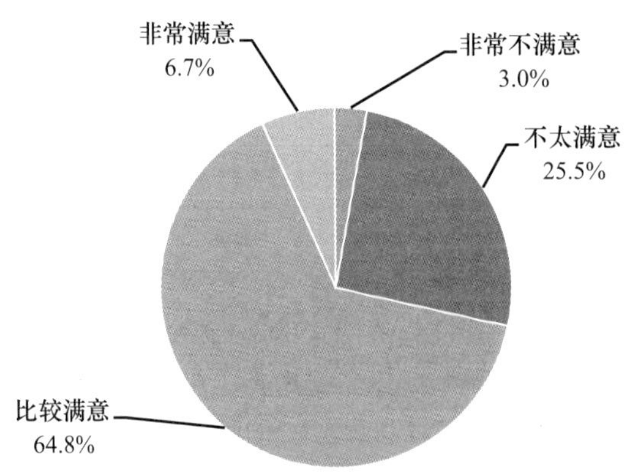

E4b 您对自己所在企业履行下列责任的满意情况如何？员工薪酬合理

		频数	百分比	有效百分比	累积百分比
有效	非常不满意	154	3. 5%	4. 0%	4. 0%
	不太满意	1233	28. 3%	32. 2%	36. 3%
	比较满意	2191	50. 2%	57. 3%	93. 5%
	非常满意	247	5. 7%	6. 5%	100. 0%
	总计	3825	87. 7%	100. 0%	
缺失	不知道	532	12. 2%		
	拒绝回答	5	0. 1%		
	总计	537	12. 3%		
总计		4362	100. 0%		

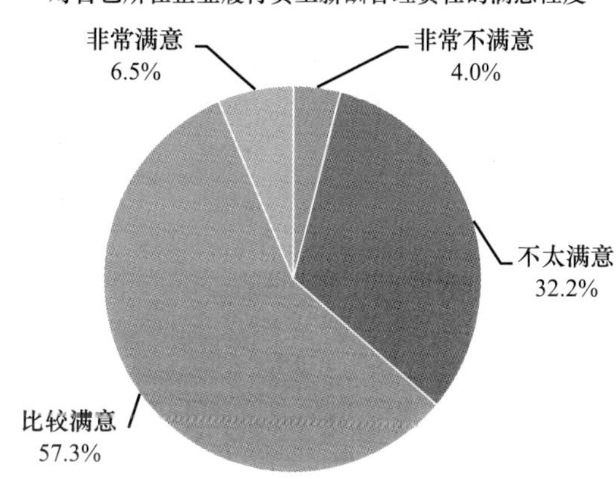

E4c 您对自己所在企业履行下列责任的满意情况如何？关心员工生活

		频数	百分比	有效百分比	累积百分比
有效	非常不满意	143	3. 3%	3. 8%	3. 8%
	不太满意	1161	26. 6%	30. 5%	34. 3%
	比较满意	2169	49. 7%	57. 0%	91. 3%
	非常满意	330	7. 6%	8. 7%	100. 0%
	总计	3803	87. 2%	100. 0%	
缺失	不知道	555	12. 7%		
	拒绝回答	4	0. 1%		
	总计	559	12. 8%		
总计		4362	100. 0%		

对自己所在企业履行关心员工生活责任的满意程度

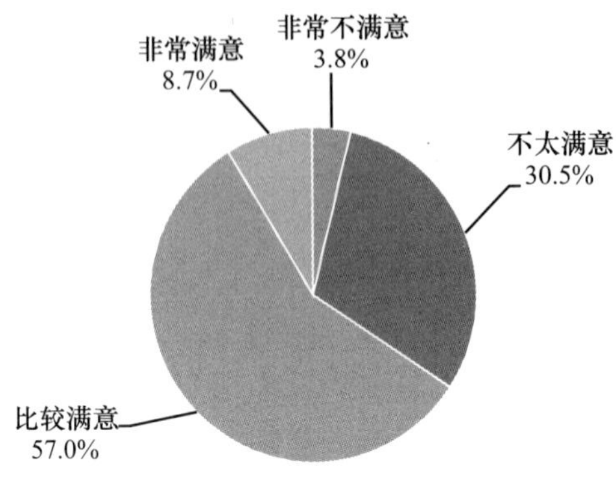

E4d 您对自己所在企业履行下列责任的满意情况如何？诚实守法经营

		频数	百分比	有效百分比	累积百分比
有效	非常不满意	72	1.7%	1.8%	1.8%
	不太满意	660	15.1%	16.9%	18.8%
	比较满意	2797	64.1%	71.7%	90.5%
	非常满意	370	8.5%	9.5%	100.0%
	总计	3899	89.4%	100.0%	
缺失	不知道	457	10.5%		
	拒绝回答	6	0.1%		
	总计	463	10.6%		
总计		4362	100.0%		

对自己所在企业履行企业诚实守法经营责任的满意程度

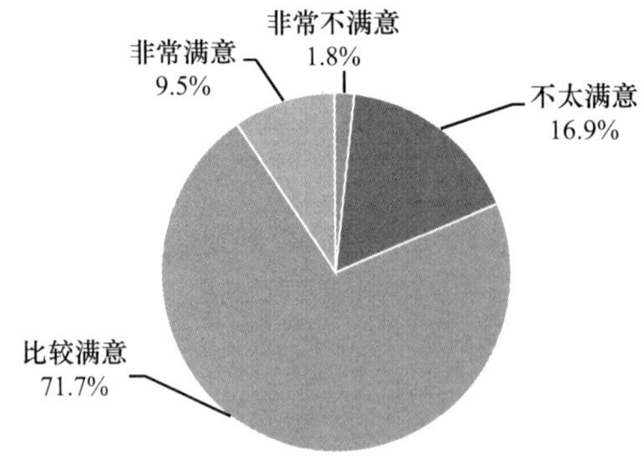

E4e 您对自己所在企业履行下列责任的满意情况如何？产品质量可靠

		频数	百分比	有效百分比	累积百分比
有效	非常不满意	70	1.6%	1.8%	1.8%
	不太满意	638	14.6%	16.4%	18.2%
	比较满意	2805	64.3%	72.0%	90.1%
	非常满意	384	8.8%	9.9%	100.0%
	总计	3897	89.3%	100.0%	
缺失	不知道	458	10.5%		
	拒绝回答	7	0.2%		
	总计	465	10.7%		
总计		4362	100.0%		

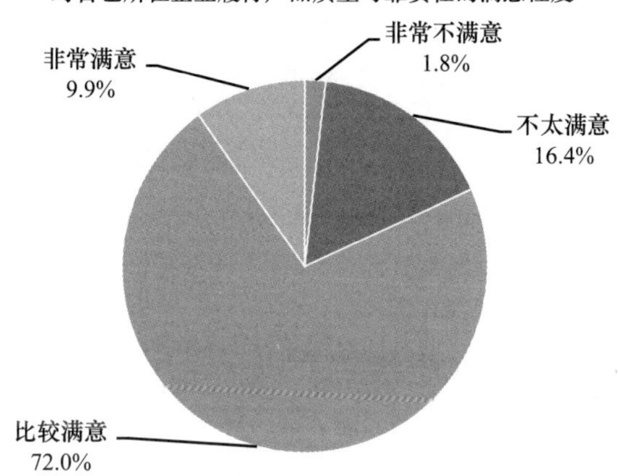

E4f 您对自己所在企业履行下列责任的满意情况如何？环境保护措施

		频数	百分比	有效百分比	累积百分比
有效	非常不满意	109	2.5%	2.9%	2.9%
	不太满意	988	22.7%	26.6%	29.5%
	比较满意	2235	51.2%	60.1%	89.6%
	非常满意	387	8.9%	10.4%	100.0%
	总计	3719	85.3%	100.0%	
缺失	不知道	635	14.6%		
	拒绝回答	8	0.2%		
	总计	643	14.7%		
总计		4362	100.0%		

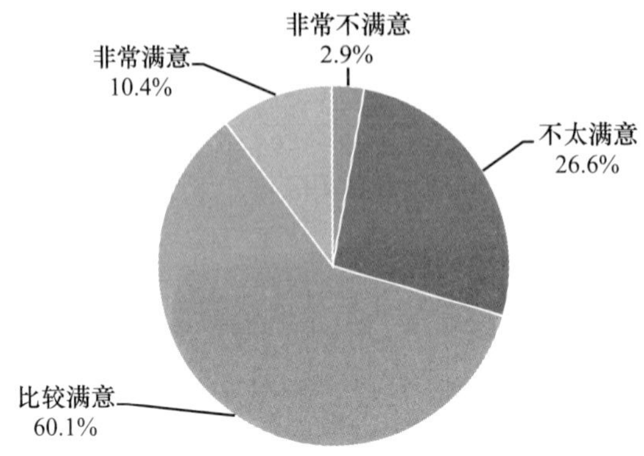

E4g 您对自己所在企业履行下列责任的满意情况如何？慈善公益事业

		频数	百分比	有效百分比	累积百分比
有效	非常不满意	117	2.7%	3.5%	3.5%
	不太满意	833	19.1%	25.0%	28.5%
	比较满意	2010	46.1%	60.3%	88.8%
	非常满意	372	8.5%	11.2%	100.0%
	总计	3332	76.4%	100.0%	
缺失	不知道	1023	23.5%		
	拒绝回答	7	0.2%		
	总计	1030	23.6%		
总计		4362	100.0%		

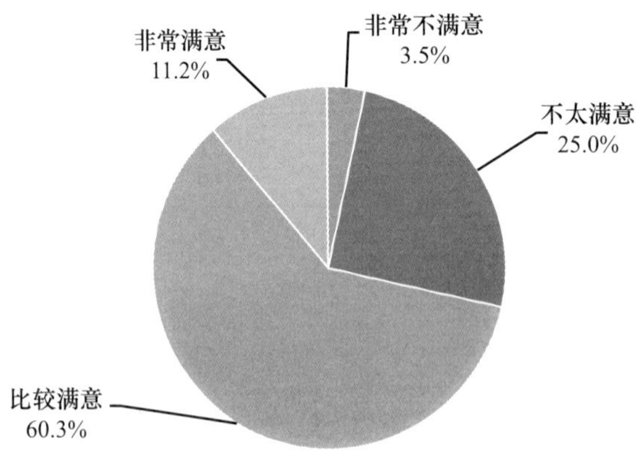

E5 您对本地的或自己熟悉的企业家的道德状况怎么评价

		频数	百分比	有效百分比	累积百分比
有效	总体还不错	2071	47.5%	54.2%	54.2%
	普遍比较差	603	13.8%	15.8%	70.0%
	和普通群众没有太大差别	1145	26.2%	30.0%	100.0%
	总计	3819	87.6%	100.0%	
缺失	不知道	498	11.4%		
	拒绝回答	45	1.0%		
	总计	543	12.4%		
总计		4362	100.0%		

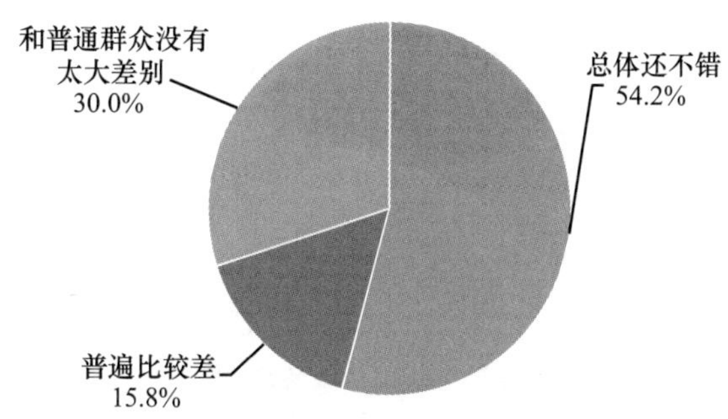

E6 您对自己所生活地方下列群体职业道德状况的总体评价如何

	非常满意	比较满意	不太满意	非常不满意	平均值
公务员	155	2498	1216	190	2.36
医生	141	2666	1258	187	2.35
教师	224	2822	991	189	2.27
个体工商户	123	2483	1303	317	2.43

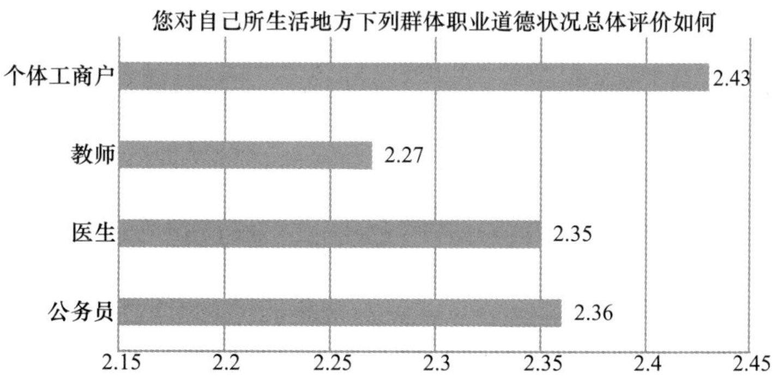

E6a 对公务员道德状况的满意度

		频数	百分比	有效百分比	累积百分比
有效	非常满意	155	3.6%	3.8%	3.8%
	比较满意	2498	57.3%	61.5%	65.4%
	不太满意	1216	27.9%	30.0%	95.3%
	非常不满意	190	4.4%	4.7%	100.0%
	总计	4059	93.1%	100.0%	
缺失	不知道	302	6.9%		
	拒绝回答	1			
	总计	303	6.9%		
总计		4362	100.0%		

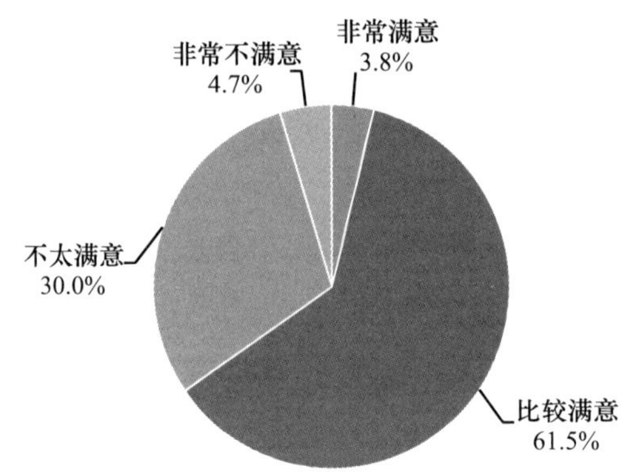

E6b 对医生道德状况的满意度

		频数	百分比	有效百分比	累积百分比
有效	非常满意	141	3.2%	3.3%	3.3%
	比较满意	2666	61.1%	62.7%	66.0%
	不太满意	1258	28.8%	29.6%	95.6%
	非常不满意	187	4.3%	4.4%	100.0%
	总计	4252	97.5%	100.0%	
缺失	不知道	108	2.5%		
	拒绝回答	2			
	总计	110	2.5%		
总计		4362	100.0%		

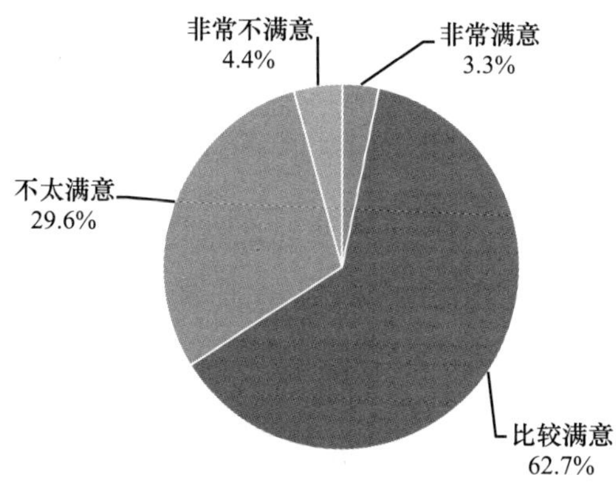

E6c 对教师道德状况的满意度

		频数	百分比	有效百分比	累积百分比
有效	非常满意	224	5.1%	5.3%	5.3%
	比较满意	2822	64.7%	66.8%	72.1%
	不太满意	991	22.7%	23.5%	95.5%
	非常不满意	189	4.3%	4.5%	100.0%
	总计	4226	96.9%	100.0%	
缺失	不知道	133	3.0%		
	拒绝回答	3	0.1%		
	总计	136	3.1%		
总计		4362	100.0%		

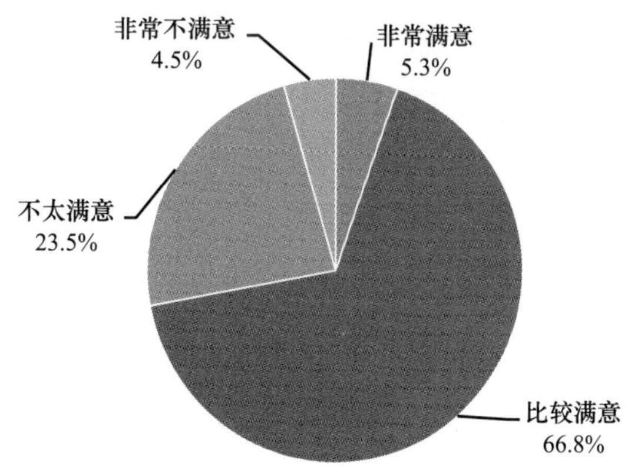

E6d 对个体工商户道德状况的满意度

		频数	百分比	有效百分比	累积百分比
有效	非常满意	123	2.8%	2.9%	2.9%
	比较满意	2483	56.9%	58.8%	61.7%
	不太满意	1303	29.9%	30.8%	92.5%
	非常不满意	317	7.3%	7.5%	100.0%
	总计	4226	96.9%	100.0%	
缺失	不知道	132	3.0%		
	拒绝回答	4	0.1%		
	总计	136	3.1%		
总计		4362	100.0%		

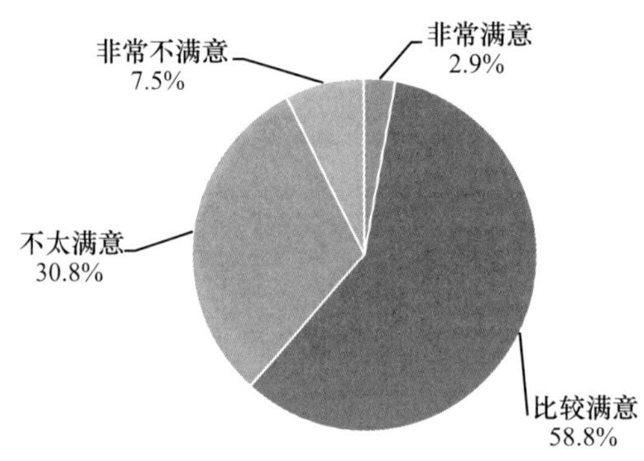

E7 怎么称呼周围那些经营企业或做生意发了财的人

	频数	有效百分比
企业家	841	19.3%
老板	4104	94.1%
商人	1289	29.6%
生意人	1743	40%
土豪	432	9.9%
暴发户	426	9.8%
其他	16	0.4%

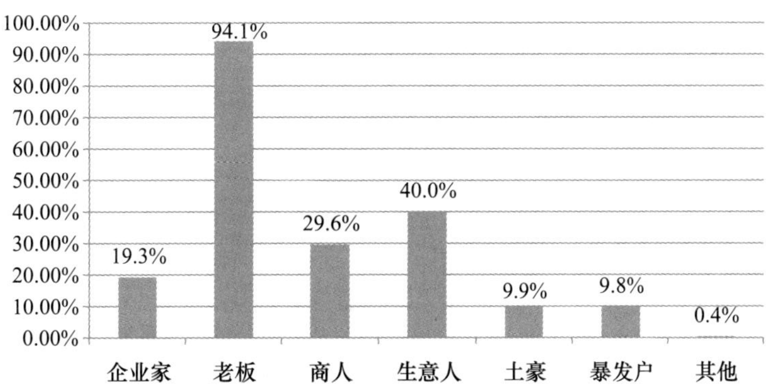

E8 如果您有一个不错的家庭企业，儿子或女儿缺乏经营能力或经营兴趣，难以交班，您可能选择

		频数	百分比	有效百分比	累积百分比
有效	培养儿媳或女婿，交给她/他经营	1870	42.9%	43.5%	43.5%
	交给儿媳和女婿有风险，离婚了怎么办，还是自己撑到有第三代接管	521	11.9%	12.1%	55.6%
	找一个懂经营的职业经理人，我们家庭成员做董事长	1543	35.4%	35.9%	91.4%
	做一天是一天，最后将钞票留给子孙，但外人不可靠，不能交给外人	348	8.0%	8.1%	99.5%
	其他	20	0.5%	0.5%	100.0%
	总计	4302	98.6%	100.0%	
缺失	不知道	46	1.1%		
	不理解题意	8	0.2%		
	拒绝回答	6	0.1%		
	总计	60	1.4%		
总计		4362	100.0%		

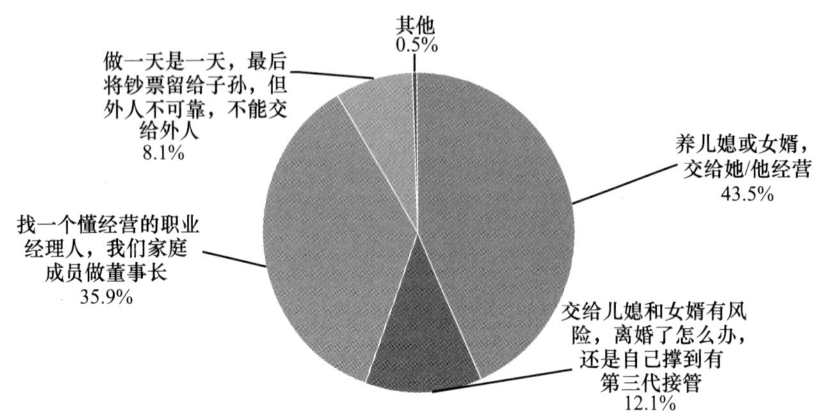

E9 在市场上购买食品、衣物、家用电器等商品时，您觉得有安全感吗

		频数	百分比	有效百分比	累积百分比
有效	有安全感，相信产品质量	1161	26.6%	26.6%	26.6%
	没安全感，不相信他们的标签，常担心质量问题影响自己的健康	834	19.1%	19.1%	45.8%
	没安全感，担心在价格上被欺骗，要货比三家	751	17.2%	17.2%	63.0%
	一般还可以，相信大商店的产品，不相信小商店和地摊货	1609	36.9%	36.9%	99.9%
	其他	4	0.1%	0.1%	100.0%
	总计	4359	99.9%	100.0%	
缺失	拒绝回答	3	0.1%		
总计		4362	100.0%		

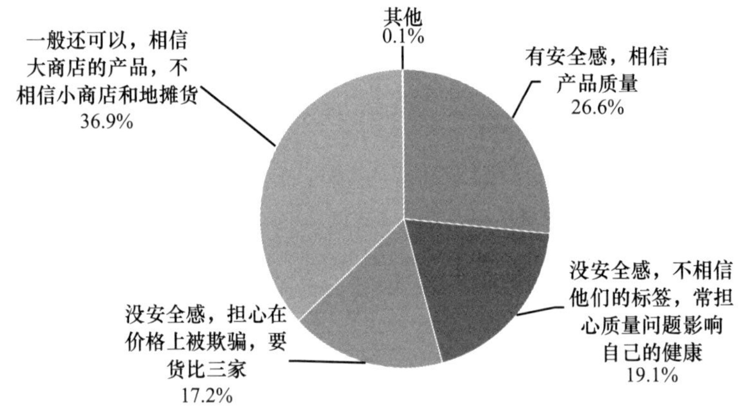

E10 您怎么看待电视、报纸和其他主流媒体上的广告

		频数	百分比	有效百分比	累积百分比
有效	相信，因为是明星们推荐	365	8.4%	8.4%	8.4%
	将信将疑，眼见为真	2257	51.7%	51.9%	60.3%
	不相信，是企业和那些明星联合起来忽悠大众	1246	28.6%	28.7%	89.0%
	讨厌，既欺骗大众，又占用公共媒体资源	469	10.8%	10.8%	99.7%
	其他	11	0.3%	0.3%	100.0%
	总计	4348	99.7%	100.0%	
缺失	不知道	1			
	不理解题意	4	0.1%		
	拒绝回答	9	0.2%		
	总计	14	0.3%		
总计		4362	100.0%		

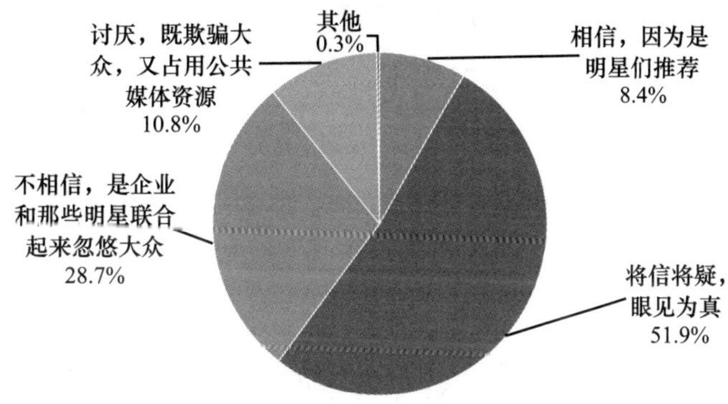

E11 您怎么看待现在一些企业做公益和慈善

		频数	百分比	有效百分比	累积百分比
有效	是做善事，把赚的公众的钱还给社会	970	22.2%	22.4%	22.4%
	是在作秀，为自己树牌坊	735	16.9%	17.0%	39.4%
	是做广告，把弱势群体当作宣传自己的工具	1096	25.1%	25.4%	64.8%
	做总比不做好，随他去吧	1508	34.6%	34.9%	99.7%
	其他	13	0.3%	0.3%	100.0%
	总计	4322	99.1%	100.0%	

续表

		频数	百分比	有效百分比	累积百分比
缺失	不知道	25	0.6%		
	不理解题意	6	0.1%		
	拒绝回答	9	0.2%		
	总计	40	0.9%		
总计		4362	100.0%		

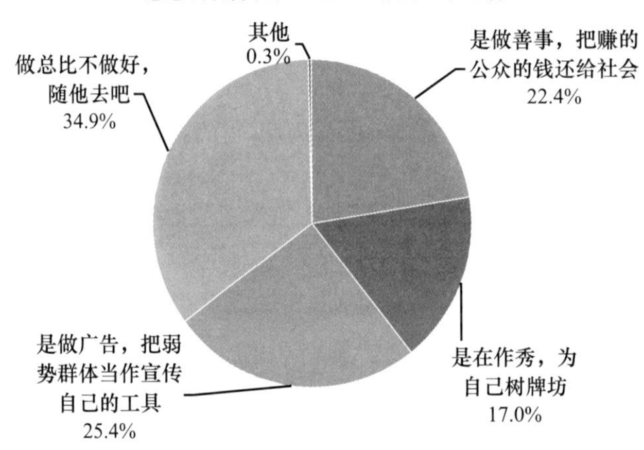

E12 一些政府机关、企事业单位和大中小学利用权力让本单位的职工子女在入学、招工中提供特殊政策，您认为这种行为道德吗

		频数	百分比	有效百分比	累积百分比
有效	为本单位人员谋福利，符合道德	563	12.9%	12.9%	12.9%
	以权谋私，不道德	2003	45.9%	46.0%	58.9%
	是对社会公众的不公平，严重不道德	1174	26.9%	27.0%	85.9%
	符合本单位员工利益，但严重侵蚀社会道德	323	7.4%	7.4%	93.3%
	无所谓道德不道德	292	6.7%	6.7%	100.0%
	总计	4355	99.8%	100.0%	
缺失	不理解题意	2			
	不知道	2			
	拒绝回答	3	0.1%		
	总计	7	0.2%		
总计		4362	100.0%		

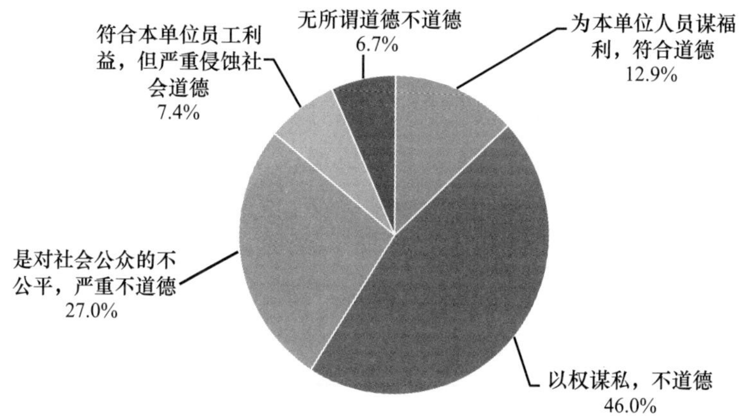

E13 如果您所在的单位有一项举措可以提高集体福利并使您个人得到利益，但会造成环境污染或社会公害，您会举报吗

		频数	百分比	有效百分比	累积百分比
有效	会	3294	75.5%	75.9%	75.9%
	不会	1048	24.0%	24.1%	100.0%
	总计	4342	99.5%	100.0%	
缺失	不理解题意	3	0.1%		
	不知道	11	0.3%		
	拒绝回答	6	0.1%		
	总计	20	0.5%		
总计		4362	100.0%		

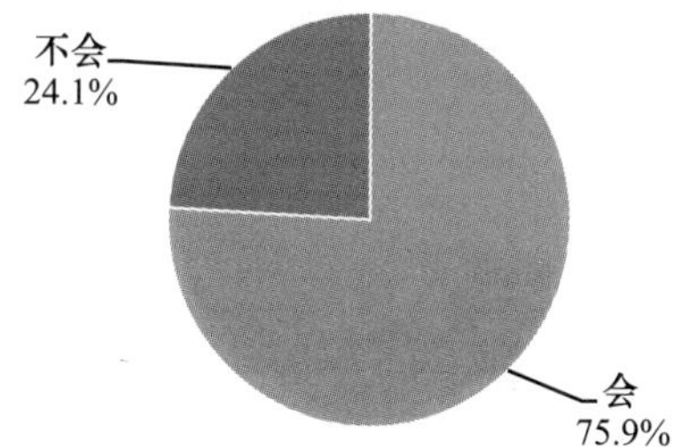

E14 您认为您所工作的单位同事之间是何种关系

		频数	百分比	有效百分比	累积百分比
有效	平等合作关系	3174	72.8%	73.5%	73.5%
	利益竞争关系	669	15.3%	15.5%	89.0%
	彼此没有关系	341	7.8%	7.9%	96.9%
	其他	134	3.1%	3.1%	100.0%
	总计	4318	99.0%	100.0%	
缺失	不知道	13	0.3%		
	不理解题意	4	0.1%		
	拒绝回答	27	0.6%		
	总计	44	1.0%		
总计		4362	100.0%		

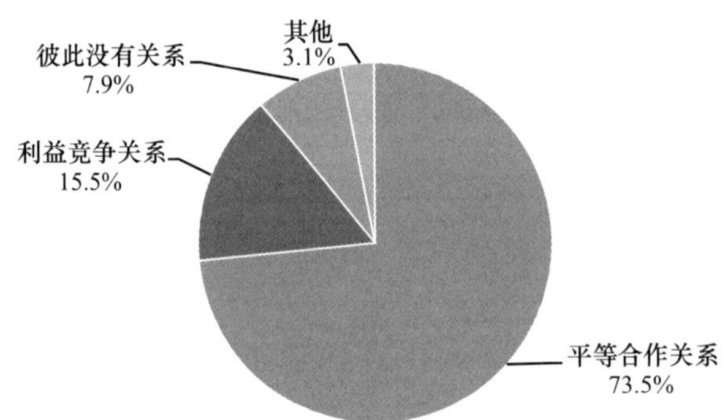

E15 为了单位组织的利益，你的单位（或你亲友所在的单位）是否会默认员工做违背道德的事情

		频数	百分比	有效百分比	累积百分比
有效	常常	99	2.3%	3.0%	3.0%
	较多	261	6.0%	7.9%	11.0%
	一般	838	19.2%	25.5%	36.4%
	较少	816	18.7%	24.8%	61.3%
	从来没有	1273	29.2%	38.7%	100.0%
	总计	3287	75.4%	100.0%	
缺失	不知道	1064	24.4%		
	拒绝回答	11	0.3%		
	总计	1075	24.6%		

续表

	频数	百分比	有效百分比	累积百分比
总计	4362	100.0%		

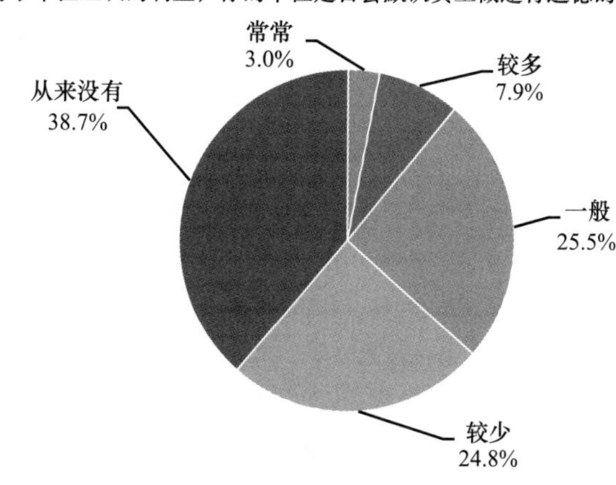

E16 您所工作的单位是否存在如下现象

	频数	有效百分比
给领导干部送礼讨好	1647	38.7%
背后互相告恶状	1146	26.9%
拉帮结派	864	20.3%
为谋私利找关系走后门	1719	40.4%
奖惩制度不公平	807	19%
领导干部滥用职权	1119	26.3%
都不存在	1535	36.1%

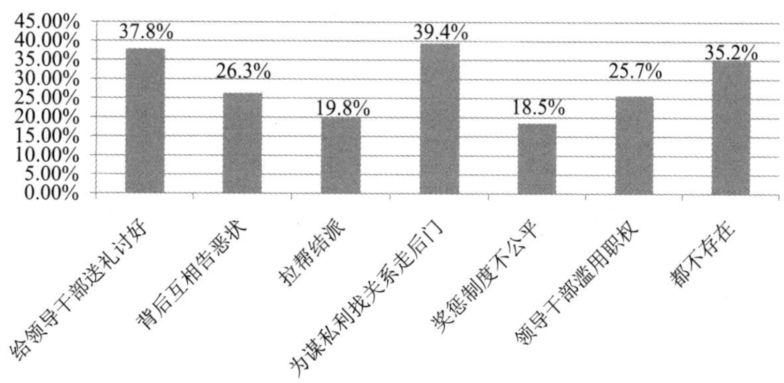

E17 下列关于企业履行社会责任的说法，您的同意程度是

	1 完全同意	2 比较同意	3 不太同意	4 完全不同意	平均值（E）
只有国企才应该履行社会责任	97	636	2587	886	3.01
只有大企业才应该履行社会责任	91	620	2573	941	3.03
只有盈利多的企业才需要履行社会责任	98	651	2450	1030	3.04
污染类企业要履行更多的社会责任	1100	1956	856	341	2.10
小企业只要管好自己就行了，不要履行社会责任	55	445	2552	1166	3.14

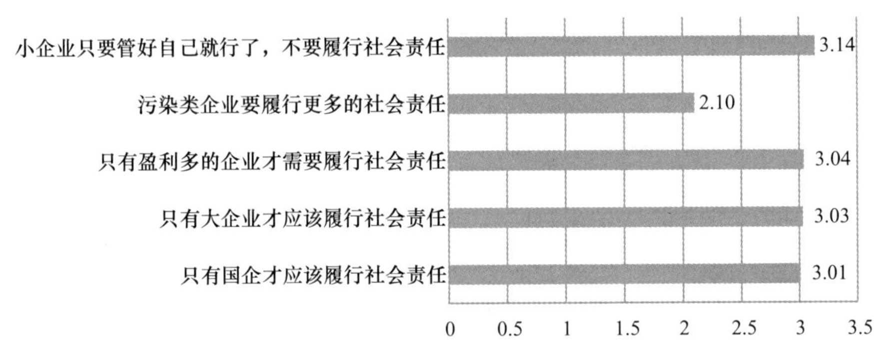

E17a 您的同意程度是？只有国企才应该履行社会责任

		频数	百分比	有效百分比	累积百分比
有效	完全同意	97	2.2%	2.3%	2.3%
	比较同意	636	14.6%	15.1%	17.4%
	不太同意	2587	59.3%	61.5%	78.9%
	完全不同意	886	20.3%	21.1%	100.0%
	总计	4206	96.4%	100.0%	
缺失	不知道	154	3.5%		
	拒绝回答	2			
	总计	156	3.6%		
总计		4362	100.0%		

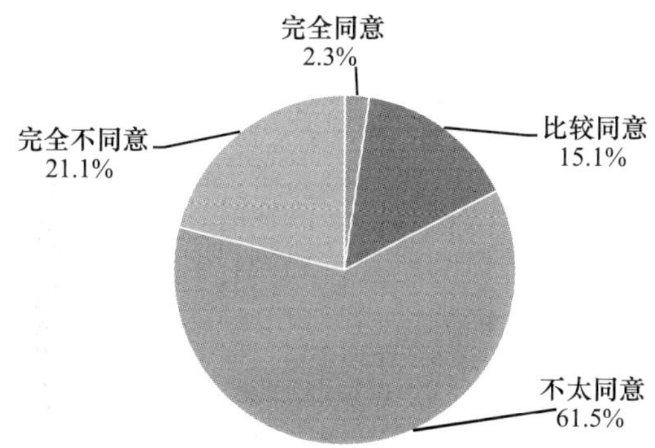

E17b 您的同意程度是？只有大企业才应该履行社会责任

		频数	百分比	有效百分比	累积百分比
有效	完全同意	91	2.1%	2.2%	2.2%
	比较同意	620	14.2%	14.7%	16.8%
	不太同意	2573	59.0%	60.9%	77.7%
	完全不同意	941	21.6%	22.3%	100.0%
	总计	4225	96.9%	100.0%	
缺失	不知道	134	3.1%		
	拒绝回答	3	0.1%		
	总计	137	3.1%		
总计		4362	100.0%		

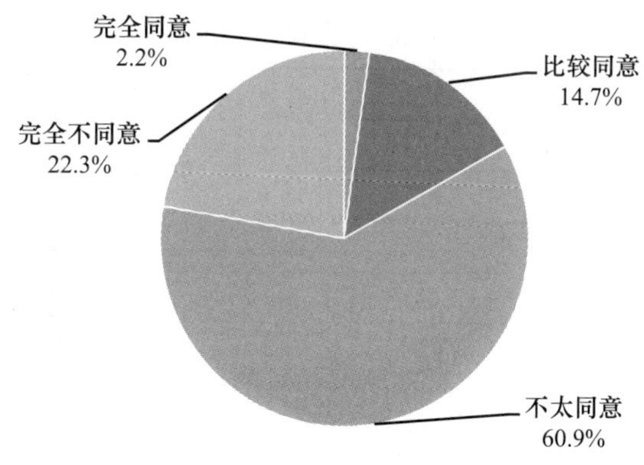

E17c 您的同意程度是？只有盈利多的企业才需要履行社会责任

		频数	百分比	有效百分比	累积百分比
有效	完全同意	98	2.2%	2.3%	2.3%
	比较同意	651	14.9%	15.4%	17.7%
	不太同意	2450	56.2%	57.9%	75.6%
	完全不同意	1030	23.6%	24.4%	100.0%
	总计	4229	97.0%	100.0%	
缺失	不知道	127	2.9%		
	拒绝回答	6	0.1%		
	总计	133	3.0%		
总计		4362	100.0%		

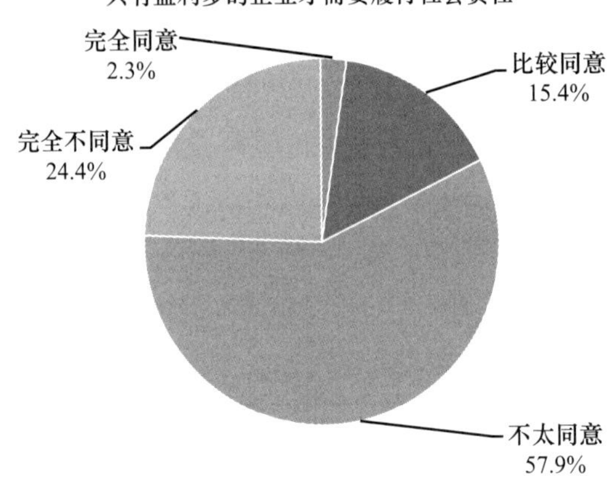

E17d 您的同意程度是？污染类企业要履行更多的社会责任

		频数	百分比	有效百分比	累积百分比
有效	完全同意	1100	25.2%	25.9%	25.9%
	比较同意	1956	44.8%	46.0%	71.9%
	不太同意	856	19.6%	20.1%	92.0%
	完全不同意	341	7.8%	8.0%	100.0%
	总计	4253	97.5%	100.0%	
缺失	不知道	105	2.4%		
	拒绝回答	4	0.1%		
	总计	109	2.5%		
总计		4362	100.0%		

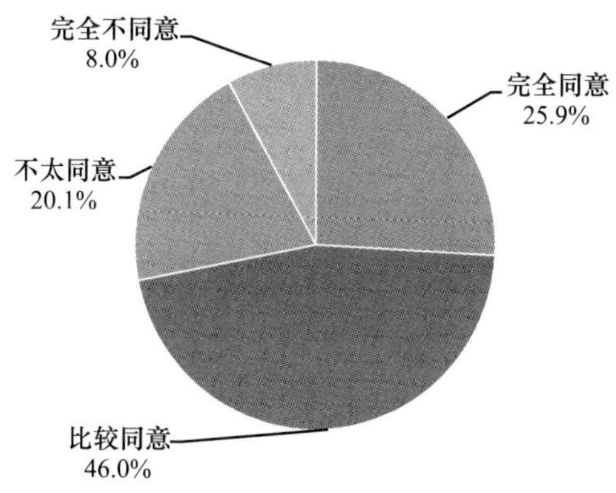

E17e 您的同意程度是？小企业只要管好自己就行了，不要履行社会责任

		频数	百分比	有效百分比	累积百分比
有效	完全同意	55	1.3%	1.3%	1.3%
	比较同意	445	10.2%	10.6%	11.9%
	不太同意	2552	58.5%	60.5%	72.4%
	完全不同意	1166	26.7%	27.6%	100.0%
	总计	4218	96.7%	100.0%	
缺失	不知道	142	3.3%		
	拒绝回答	2			
	总计	144	3.3%		
总计		4362	100.0%		

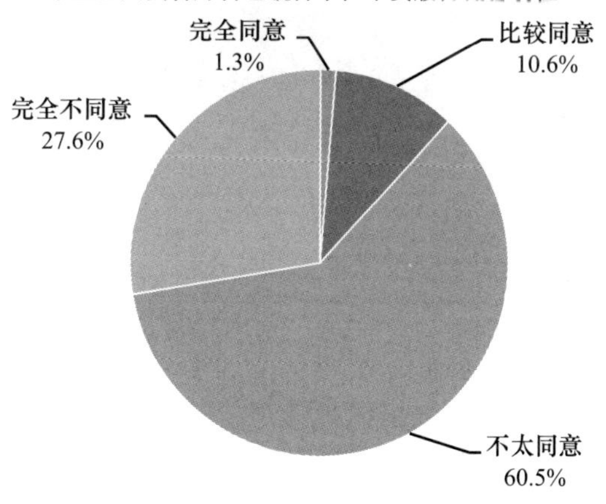

E18a 您觉得下列哪类单位最讲道德

		频数	百分比	有效百分比	累积百分比
有效	国有（控股）企业	804	18.4%	22.0%	22.0%
	民营企业	81	1.9%	2.2%	24.2%
	私营企业	72	1.7%	2.0%	26.1%
	外资企业	338	7.7%	9.2%	35.4%
	学校	1403	32.2%	38.3%	73.7%
	医院	111	2.5%	3.0%	76.7%
	政府机关	756	17.3%	20.7%	97.4%
	民间组织	96	2.2%	2.6%	100.0%
	总计	3661	83.9%	100.0%	
缺失	不知道	667	15.3%		
	拒绝回答	34	0.8%		
	总计	701	16.1%		
总计		4362	100.0%		

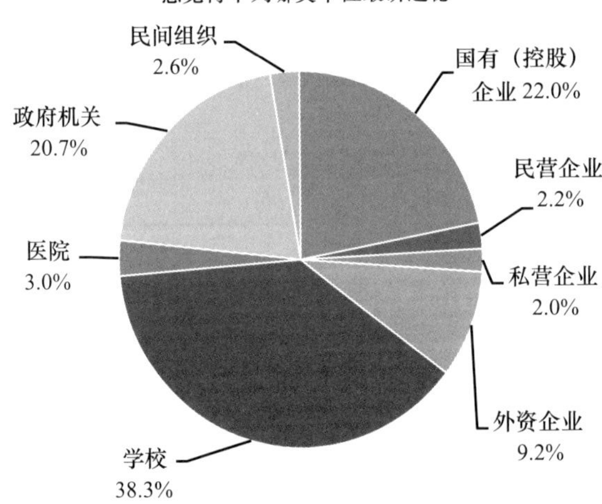

E18b 您觉得下列哪类单位道德水平最差

		频数	百分比	有效百分比	累积百分比
有效	国有（控股）企业	111	2.5%	3.4%	3.4%
	民营企业	420	9.6%	13.0%	16.5%
	私营企业	1187	27.2%	36.8%	53.3%
	外资企业	105	2.4%	3.3%	56.6%

续表

		频数	百分比	有效百分比	累积百分比
有效	学校	89	2.0%	2.8%	59.3%
	医院	696	16.0%	21.6%	80.9%
	政府机关	282	6.5%	8.8%	89.7%
	民间组织	332	7.6%	10.3%	100.0%
	总计	3222	73.9%	100.0%	
缺失	不知道	1095	25.1%		
	拒绝回答	45	1.0%		
	总计	1140	26.1%		
总计		4362	100.0%		

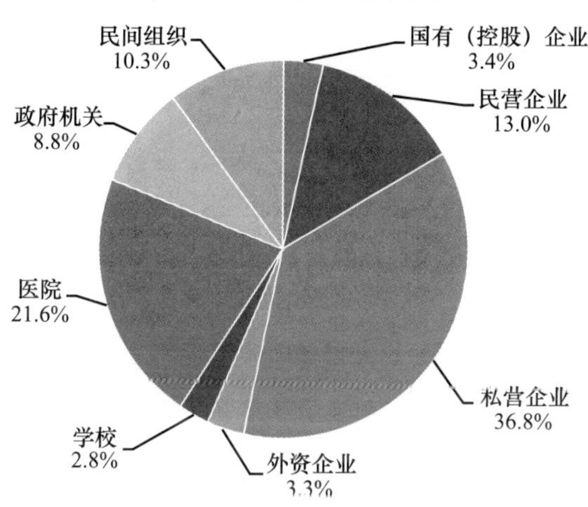

E19 以下关于学校的说法，您的同意程度是

	完全同意	比较同意	不太同意	完全不同意	平均值
学校越来越以营利为目的	498	1920	1488	306	2.38
学校主要传授知识和技能，培养道德不重要	40	347	2380	1520	3.25
学校升学率高比素质教育更重要	73	402	2298	1505	3.22
青少年儿童行为不端，主要是学校没教好	54	427	2488	1317	3.18
要想孩子培养得好，就要多给老师送礼	58	239	1913	2077	3.40

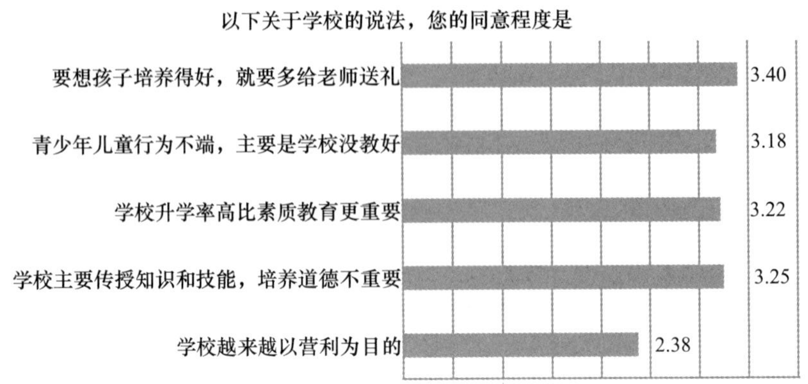

E19a 学校越来越以营利为目的

		频数	百分比	有效百分比	累积百分比
有效	完全同意	498	11.4%	11.8%	11.8%
	比较同意	1920	44.0%	45.6%	57.4%
	不太同意	1488	34.1%	35.3%	92.7%
	完全不同意	306	7.0%	7.3%	100.0%
	总计	4212	96.6%	100.0%	
缺失	不知道	135	3.1%		
	拒绝回答	15	0.3%		
	总计	150	3.4%		
总计		4362	100.0%		

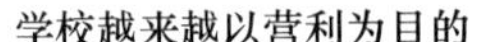

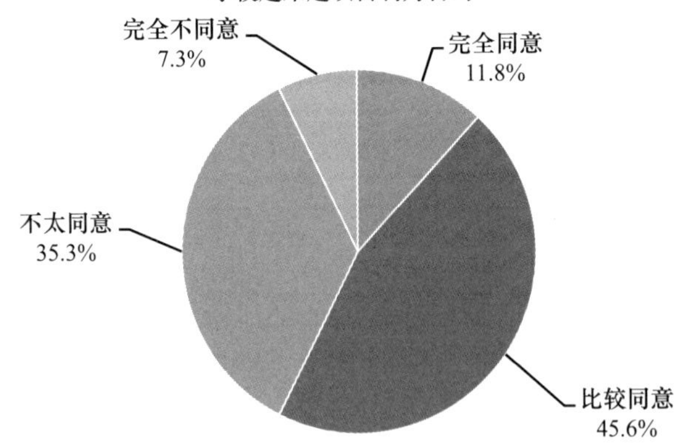

E19b 学校主要传授知识和技能，培养道德不重要

		频数	百分比	有效百分比	累积百分比
有效	完全同意	40	0.9%	0.9%	0.9%
	比较同意	347	8.0%	8.1%	9.0%
	不太同意	2380	54.6%	55.5%	64.5%
	完全不同意	1520	34.8%	35.5%	100.0%
	总计	4287	98.3%	100.0%	
缺失	不知道	58	1.3%		
	拒绝回答	17	0.4%		
	总计	75	1.7%		
总计		4362	100.0%		

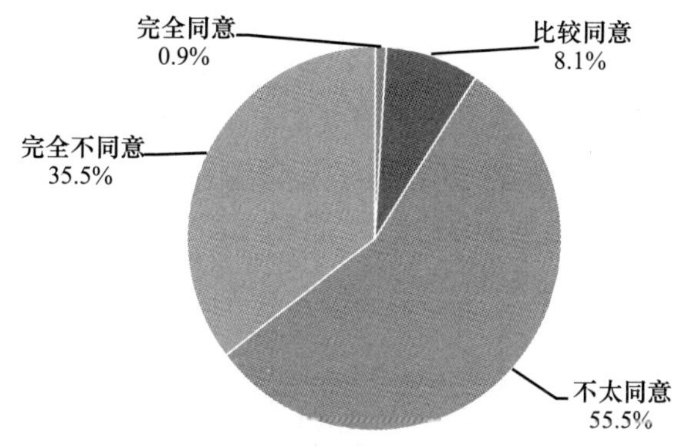

E19c 学校升学率高比素质教育更重要

		频数	百分比	有效百分比	累积百分比
有效	完全同意	73	1.7%	1.7%	1.7%
	比较同意	402	9.2%	9.4%	11.1%
	不太同意	2298	52.7%	53.7%	64.8%
	完全不同意	1505	34.5%	35.2%	100.0%
	总计	4278	98.1%	100.0%	
缺失	不知道	63	1.4%		
	拒绝回答	21	0.5%		
	总计	84	1.9%		
总计		4362	100.0%		

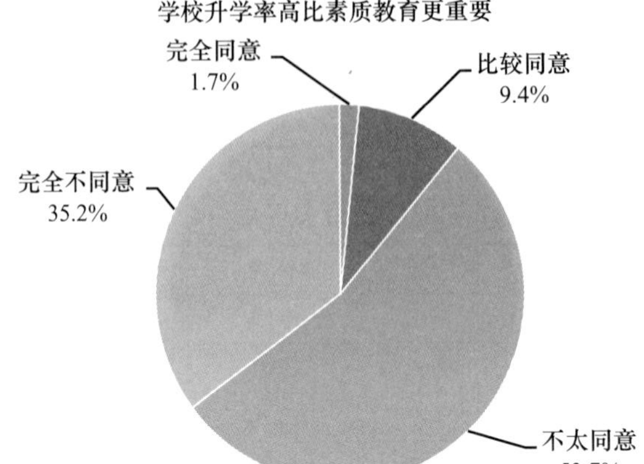

E19d 青少年儿童行为不端，主要是学校没教好

		频数	百分比	有效百分比	累积百分比
有效	完全同意	54	1.2%	1.3%	1.3%
	比较同意	427	9.8%	10.0%	11.2%
	不太同意	2488	57.0%	58.0%	69.3%
	完全不同意	1317	30.2%	30.7%	100.0%
	总计	4286	98.3%	100.0%	
缺失	不知道	54	1.2%		
	拒绝回答	22	0.5%		
	总计	76	1.7%		
总计		4362	100.0%		

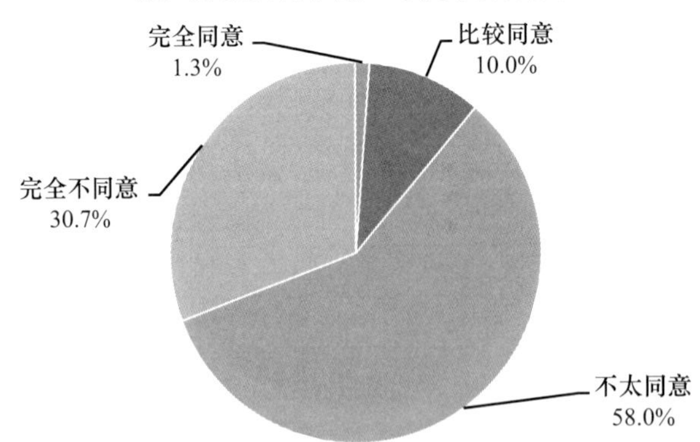

E19e 要想孩子培养得好，就要多给老师送礼

		频数	百分比	有效百分比	累积百分比
有效	完全同意	58	1.3%	1.4%	1.4%
	比较同意	239	5.5%	5.6%	6.9%
	不太同意	1913	43.9%	44.6%	51.6%
	完全不同意	2077	47.6%	48.4%	100.0%
	总计	4287	98.3%	100.0%	
缺失	不知道	56	1.3%		
	拒绝回答	19	0.4%		
	总计	75	1.7%		
总计		4362	100.0%		

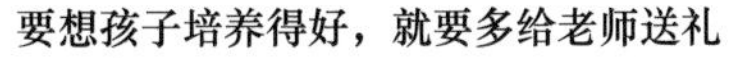

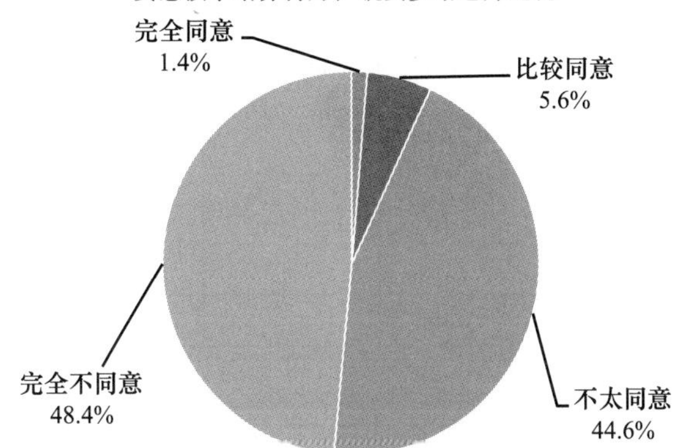

E20 您所在单位当员工或村民受到不应该的对待时，员工或村民有没有申诉的机会

		频数	百分比	有效百分比	累积百分比
有效	有	1778	40.8%	76.8%	76.8%
	没有	536	12.3%	23.2%	100.0%
	总计	2314	53.0%	100.0%	
缺失	不知道	2045	46.9%		
	拒绝回答	3	0.1%		
	总计	2048	47.0%		
总计		4362	100.0%		

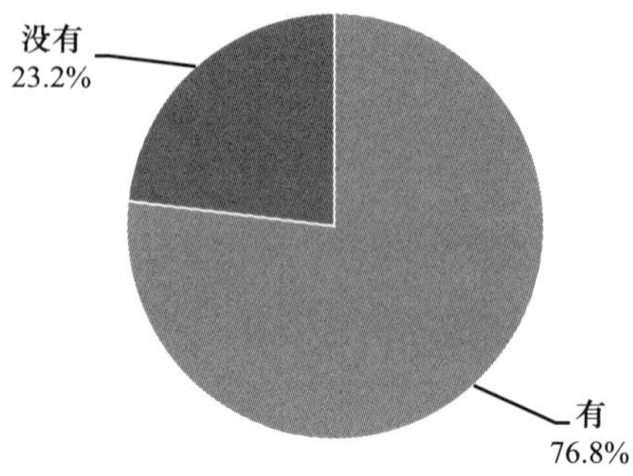

E21 您所在单位当员工或村民受到不应该的对待时，员工或村民有没有申诉的地方或渠道

		频数	百分比	有效百分比	累积百分比
有效	有	1744	40.0%	78.1%	78.1%
	没有	489	11.2%	21.9%	100.0%
	总计	2233	51.2%	100.0%	
缺失	不知道	2126	48.7%		
	拒绝回答	3	0.1%		
	总计	2129	48.8%		
总计		4362	100.0%		

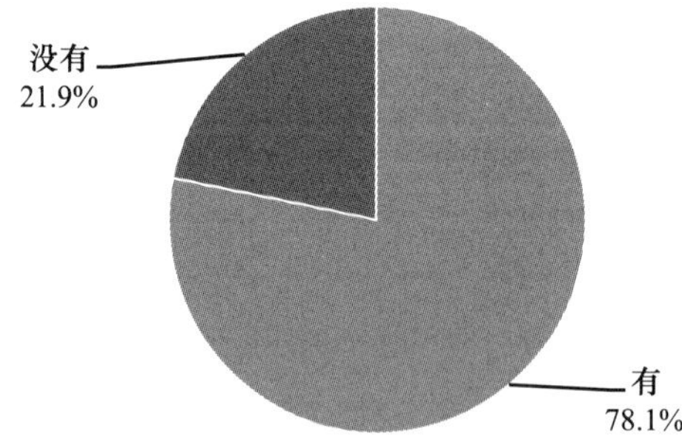

E22 您所在单位当员工或村民受到不应该的对待时，有没有人进行过申诉

		频数	百分比	有效百分比	累积百分比
有效	全部会申诉	44	1.0%	2.5%	2.5%
	大部分会申诉	377	8.6%	21.2%	23.7%
	小部分会申诉	994	22.8%	55.8%	79.5%
	无人申诉	365	8.4%	20.5%	100.0%
	总计	1780	40.8%	100.0%	
缺失	不知道	2577	59.1%		
	拒绝回答	5	0.1%		
	总计	2582	59.2%		
总计		4362	100.0%		

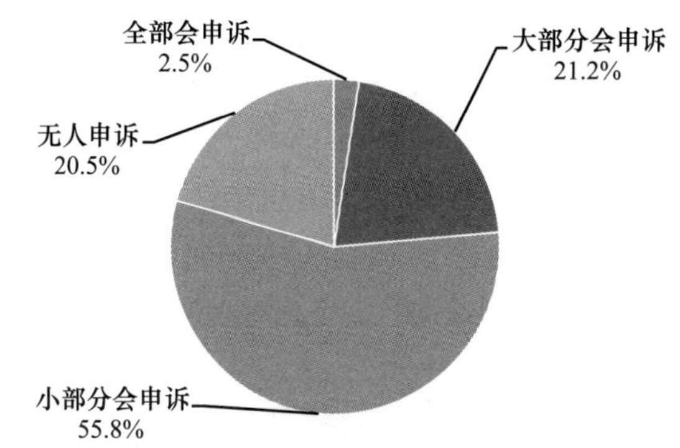

E23 您所在单位在多大程度上能认真对待员工或村民的申诉

		频数	百分比	有效百分比	累积百分比
有效	完全不认真	112	2.6%	6.3%	6.3%
	不太认真	355	8.1%	19.8%	26.1%
	一般	680	15.6%	38.0%	64.0%
	比较认真	553	12.7%	30.9%	94.9%
	非常认真	91	2.1%	5.1%	100.0%
	总计	1791	41.1%	100.0%	
缺失	不理解题意	1			
	不知道	2565	58.8%		
	拒绝回答	5	0.1%		
	总计	2571	58.9%		

续表

	频数	百分比	有效百分比	累积百分比
总计	4362	100.0%		

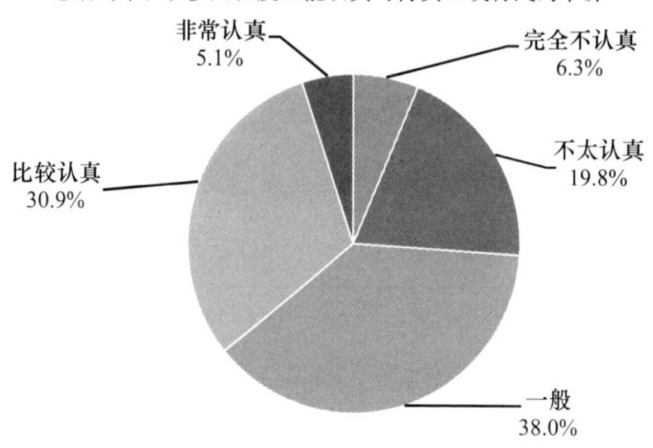

E24 您所在单位是否有道德方面的教育或活动

		频数	百分比	有效百分比	累积百分比
有效	有	464	10.6%	10.8%	10.8%
	没有	1528	35.0%	35.6%	46.4%
	不知道	2302	52.8%	53.6%	100.0%
	总计	4294	98.4%	100.0%	
缺失	拒绝回答	68	1.6%		
总计		4362	100.0%		

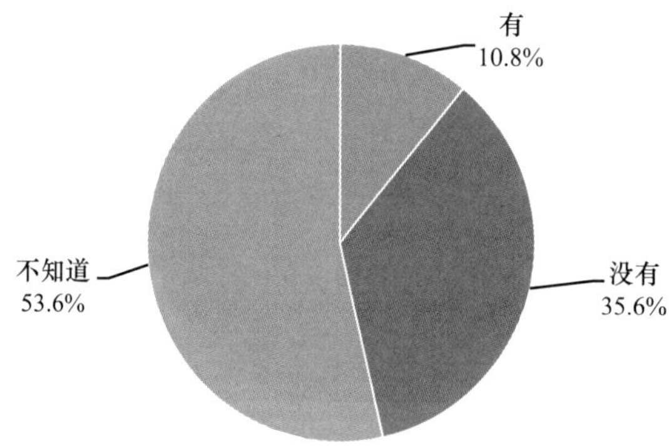

E25 您对下列组织的道德状况满意程度如何

	非常不满意	不太满意	比较满意	非常满意	平均值
企业	94	1004	2709	99	2.72
医院	182	1194	2652	169	2.67
政府	168	1043	2651	240	2.72
学校	114	793	2861	356	2.84
NGO 组织（如红十字会等）	58	502	1902	288	2.88

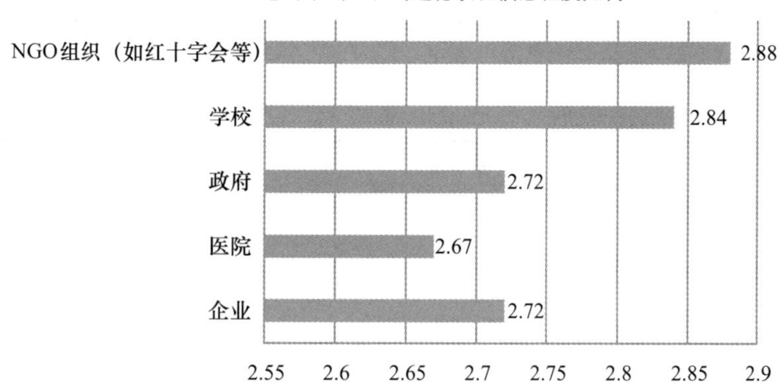

E25a 对当地企业道德状况的满意度是

		频数	百分比	有效百分比	累积百分比
有效	非常不满意	94	2.2%	2.4%	2.4%
	不太满意	1004	23.0%	25.7%	28.1%
	比较满意	2709	62.1%	69.4%	97.5%
	非常满意	99	2.3%	2.5%	100.0%
	总计	3906	89.5%	100.0%	
缺失	不知道	448	10.3%		
	拒绝回答	8	0.2%		
	总计	456	10.5%		
总计		4362	100.0%		

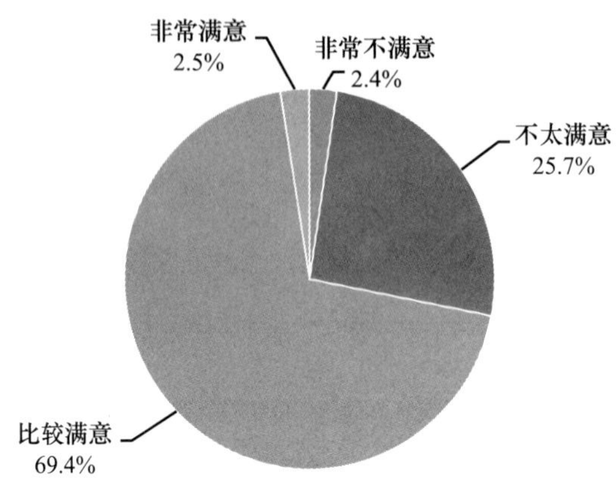

E25b 对当地医院道德状况的满意度是

		频数	百分比	有效百分比	累积百分比
有效	非常不满意	182	4.2%	4.3%	4.3%
	不太满意	1194	27.4%	28.4%	32.8%
	比较满意	2652	60.8%	63.2%	96.0%
	非常满意	169	3.9%	4.0%	100.0%
	总计	4197	96.2%	100.0%	
缺失	不知道	156	3.6%		
	拒绝回答	9	0.2%		
	总计	165	3.8%		
总计		4362	100.0%		

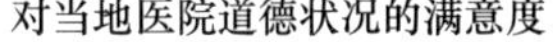

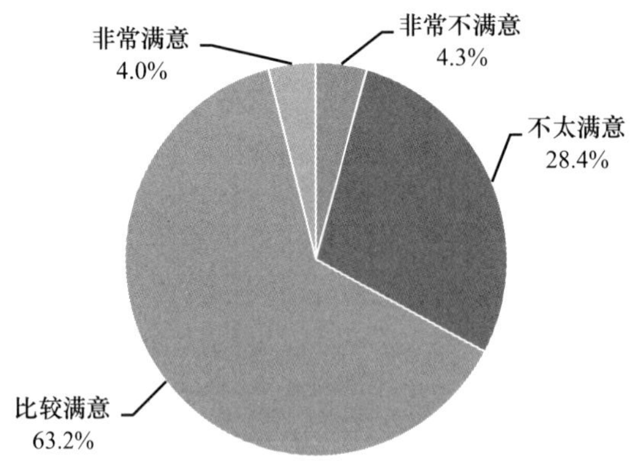

E25c 对当地政府道德状况的满意度是

		频数	百分比	有效百分比	累积百分比
有效	非常不满意	168	3.9%	4.1%	4.1%
	不太满意	1043	23.9%	25.4%	29.5%
	比较满意	2651	60.8%	64.6%	94.1%
	非常满意	240	5.5%	5.9%	100.0%
	总计	4102	94.0%	100.0%	
缺失	不知道	251	5.8%		
	拒绝回答	9	0.2%		
	总计	260	6.0%		
总计		4362	100.0%		

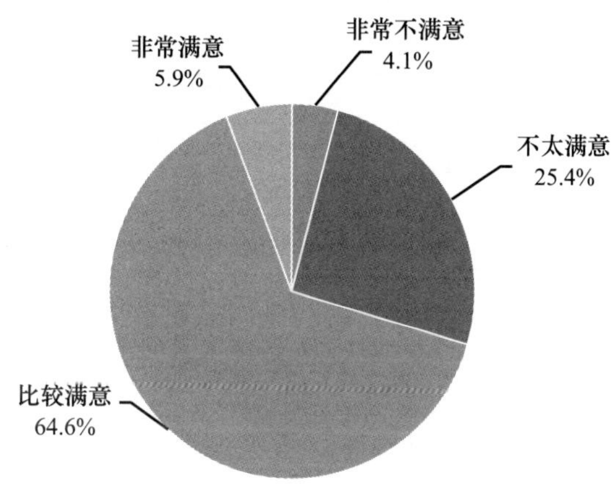

E25d 对当地学校的道德状况的满意度是

		频数	百分比	有效百分比	累积百分比
有效	非常不满意	114	2.6%	2.8%	2.8%
	不太满意	793	18.2%	19.2%	22.0%
	比较满意	2861	65.6%	69.4%	91.4%
	非常满意	356	8.2%	8.6%	100.0%
	总计	4124	94.5%	100.0%	
缺失	不知道	226	5.2%		
	拒绝回答	12	0.3%		
	总计	238	5.5%		
总计		4362	100.0%		

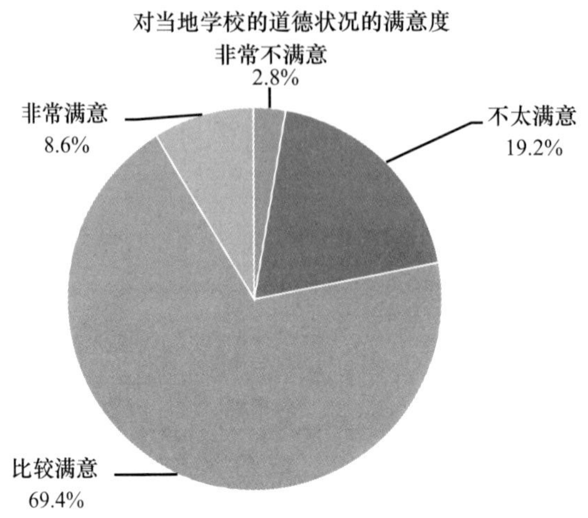

E25e 对当地的 NGO 组织（如红十字会等）道德状况的满意度是

		频数	百分比	有效百分比	累积百分比
有效	非常不满意	58	1.3%	2.1%	2.1%
	不太满意	502	11.5%	18.3%	20.4%
	比较满意	1902	43.6%	69.2%	89.5%
	非常满意	288	6.6%	10.5%	100.0%
	总计	2750	63.0%	100.0%	
缺失	不知道	1601	36.7%		
	拒绝回答	11	0.3%		
	总计	1612	37.0%		
总计		4362	100.0%		

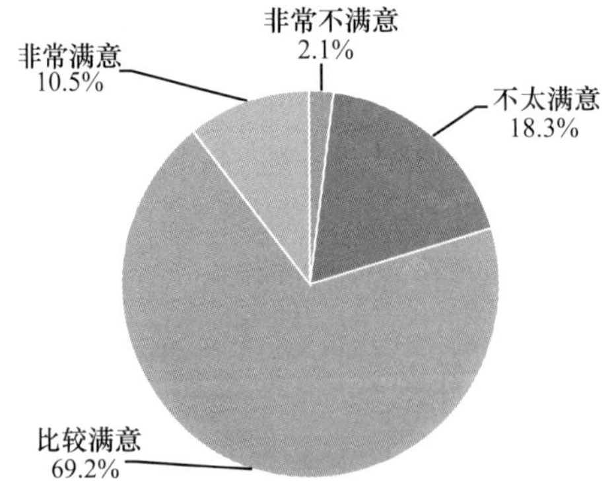

F1 您本人是否做出过这些行为

	经常做	偶尔做	从来不做	平均值
随地吐痰	142	1446	2729	2. 60
插队	36	683	3594	2. 82
公交或地铁上大声打电话	48	827	3435	2. 79
餐馆里说话声音很大	56	851	3400	2. 78
在公共场所的椅子或沙发上躺着睡觉	43	361	3914	2. 90

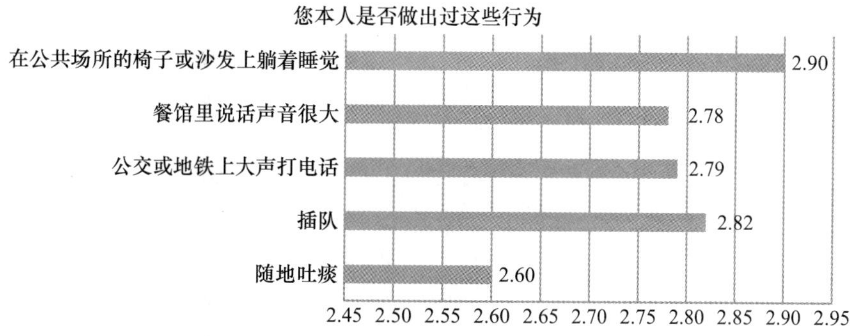

F1a 您认为以下行为是否关乎道德？随地吐痰

		频数	百分比	有效百分比	累积百分比
有效	有关	4071	93. 3%	93. 6%	93. 6%
	无关	277	6. 4%	6. 4%	100. 0%
	总计	4348	99. 7%	100. 0%	
缺失	拒绝回答	14	0. 3%		
总计		4362	100. 0%		

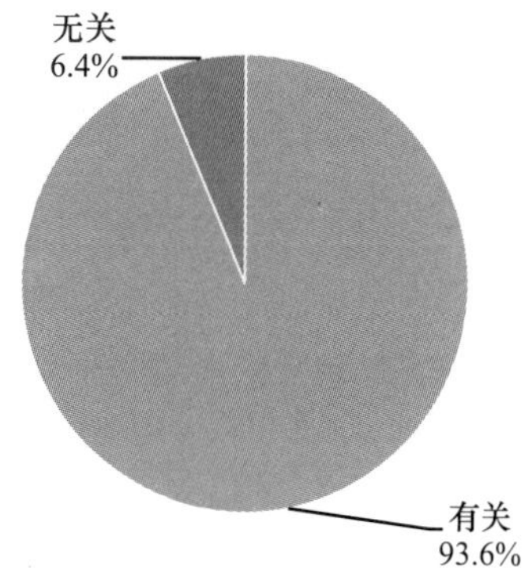

F1b 您认为以下行为是否关乎道德？插队

		频数	百分比	有效百分比	累积百分比
有效	有关	4093	93.8%	94.1%	94.1%
	无关	255	5.8%	5.9%	100.0%
	总计	4348	99.7%	100.0%	
缺失	拒绝回答	14	0.3%		
总计		4362	100.0%		

插队是否关乎道德

无关
5.9%

有关
94.1%

F1c 您认为以下行为是否关乎道德？公交或地铁上大声打电话

		频数	百分比	有效百分比	累积百分比
有效	有关	3945	90.4%	90.8%	90.8%
	无关	399	9.1%	9.2%	100.0%
	总计	4344	99.6%	100.0%	
缺失	拒绝回答	18	0.4%		
总计		4362	100.0%		

公交或地铁上大声打电话是否关乎道德

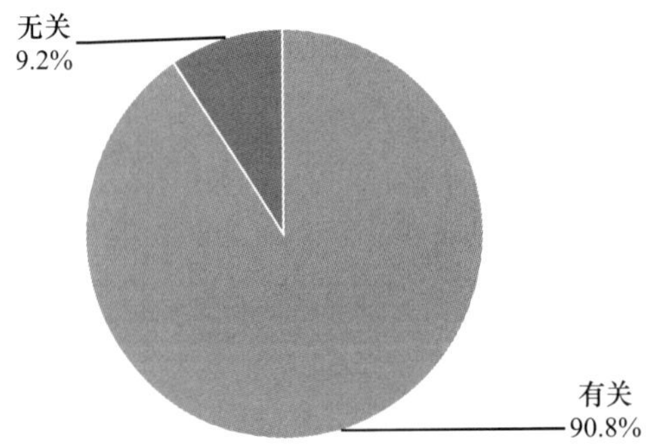

F1d 您认为以下行为是否关乎道德？餐馆里说话声音很大

		频数	百分比	有效百分比	累积百分比
有效	有关	3913	89.7%	90.0%	90.0%
	无关	434	9.9%	10.0%	100.0%
	总计	4347	99.7%	100.0%	
缺失	拒绝回答	15	0.3%		
总计		4362	100.0%		

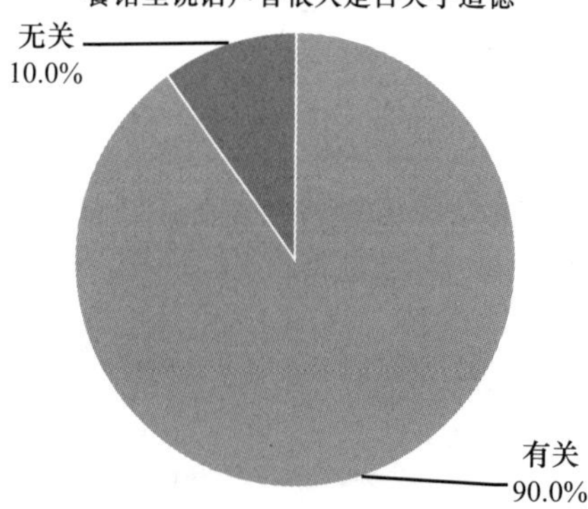

F1e 您认为以下行为是否关乎道德？在公共场所的椅子或沙发上躺着睡觉

		频数	百分比	有效百分比	累积百分比
有效	有关	3961	90.8%	91.1%	91.1%
	无关	387	8.9%	8.9%	100.0%
	总计	4348	99.7%	100.0%	
缺失	拒绝回答	14	0.3%		
总计		4362	100.0%		

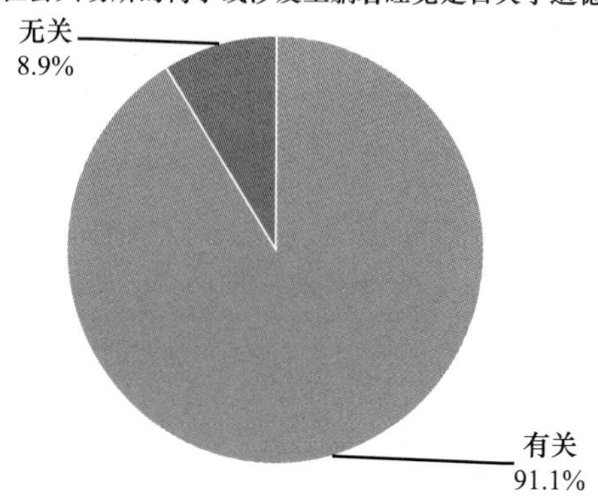

F1f 您本人是否做出过这些行为？随地吐痰

		频数	百分比	有效百分比	累积百分比
有效	经常做	142	3.3%	3.3%	3.3%
	偶尔做	1446	33.1%	33.5%	36.8%
	从来不做	2729	62.6%	63.2%	100.0%
	总计	4317	99.0%	100.0%	
缺失	拒绝回答	45	1.0%		
总计		4362	100.0%		

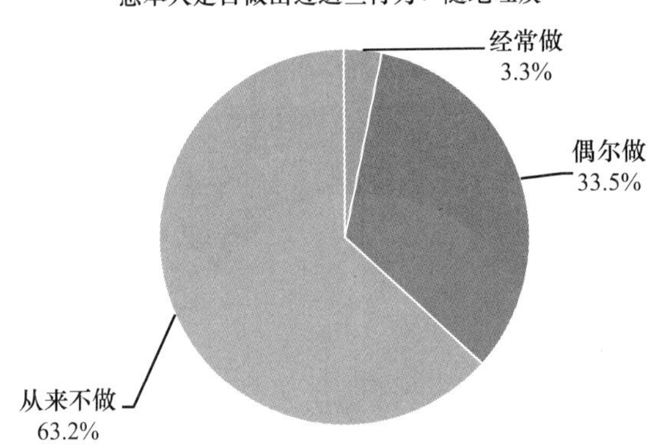

F1g 您本人是否做出过这些行为？插队

		频数	百分比	有效百分比	累积百分比
有效	经常做	36	0.8%	0.8%	0.8%
	偶尔做	683	15.7%	15.8%	16.7%
	从来不做	3594	82.4%	83.3%	100.0%
	总计	4313	98.9%	100.0%	
缺失	拒绝回答	49	1.1%		
总计		4362	100.0%		

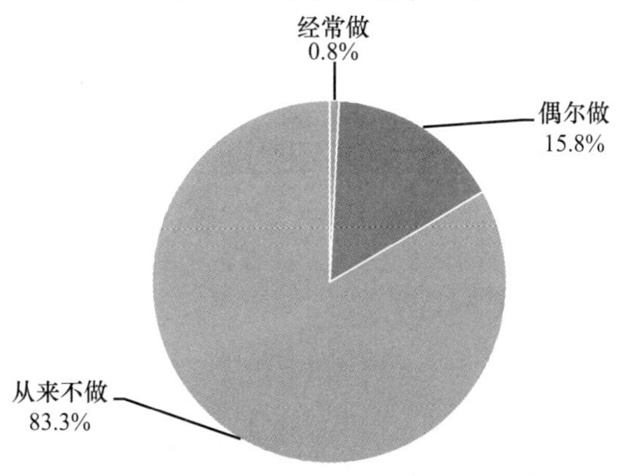

F1h 您本人是否做出过这些行为？公交或地铁上大声打电话

		频数	百分比	有效百分比	累积百分比
有效	经常做	48	1.1%	1.1%	1.1%
	偶尔做	827	19.0%	19.2%	20.3%
	从来不做	3435	78.7%	79.7%	100.0%
	总计	4310	98.8%	100.0%	
缺失	拒绝回答	52	1.2%		
总计		4362	100.0%		

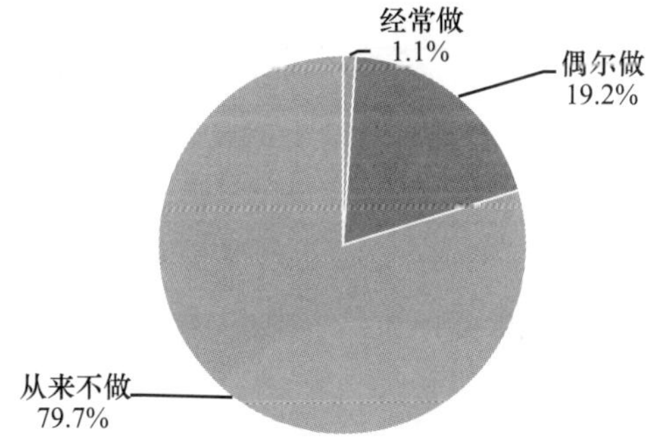

F1i 您本人是否做出过这些行为？餐馆里说话声音很大

		频数	百分比	有效百分比	累积百分比
有效	经常做	56	1.3%	1.3%	1.3%
	偶尔做	851	19.5%	19.8%	21.1%
	从来不做	3400	77.9%	78.9%	100.0%
	总计	4307	98.7%	100.0%	

续表

		频数	百分比	有效百分比	累积百分比
缺失	拒绝回答	55	1.3%		
总计		4362	100.0%		

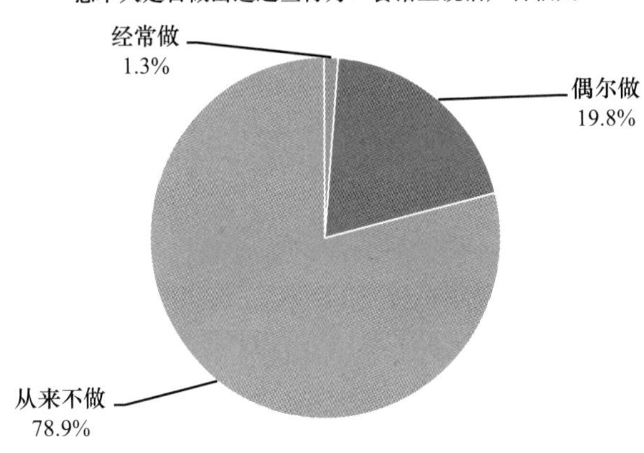

F1j 您本人是否做出过这些行为？在公共场所的椅子或沙发上躺着睡觉

		频数	百分比	有效百分比	累积百分比
有效	经常做	43	1.0%	1.0%	1.0%
	偶尔做	361	8.3%	8.4%	9.4%
	从来不做	3914	89.7%	90.6%	100.0%
	总计	4318	99.0%	100.0%	
缺失	拒绝回答	44	1.0%		
总计		4362	100.0%		

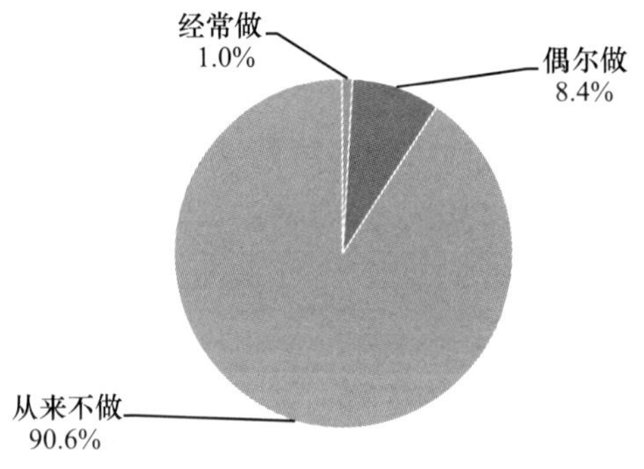

F2 入夜后，很多中老年朋友在广场上伴着录音机的音乐跳舞，产生噪声。有人向政府或物管投诉，要求阻止。对这件事您怎么看

		频数	百分比	有效百分比	累积百分比
有效	在广场上跳舞是居民的自由，不应干预	345	7.9%	7.9%	7.9%
	跳舞如果破坏了别人的清静，就应该停止	887	20.3%	20.4%	28.4%
	中老年人没地方活动，即便跳舞构成干扰，也应尽量容忍和理解	919	21.1%	21.2%	49.5%
	请跳舞者降低音量，大家相互妥协	2171	49.8%	50.0%	99.5%
	其他（请说明）	21	0.5%	0.5%	100.0%
	总计	4343	99.6%	100.0%	
缺失	不理解题意	5	0.1%		
	不知道	2			
	拒绝回答	12	0.3%		
	总计	19	0.4%		
总计		4362	100.0%		

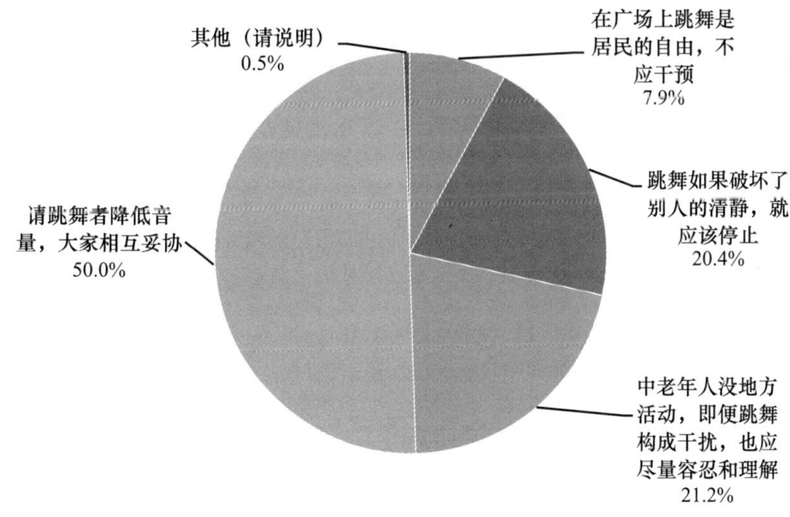

F3 社会上经常发生一些认为自身受到不公正待遇而导致的泄愤事件，对下列说法，您的同意程度如何

	完全同意	比较同意	不太同意	完全不同意	平均值
这是暴徒行为，无论何种情况下，都不应该采取暴力手段	1619	2256	250	189	1.77
其他社会成员在需要的时候没有及时给予帮助，因此我们每个人都有责任	705	2458	1004	147	2.14
应该去报复那些给予他们不公待遇的人，而不是伤及无辜	425	1433	1755	693	2.63
受到不公平待遇，应该充分相信政府，积极寻求相关部门的帮助	1058	2731	439	71	1.89

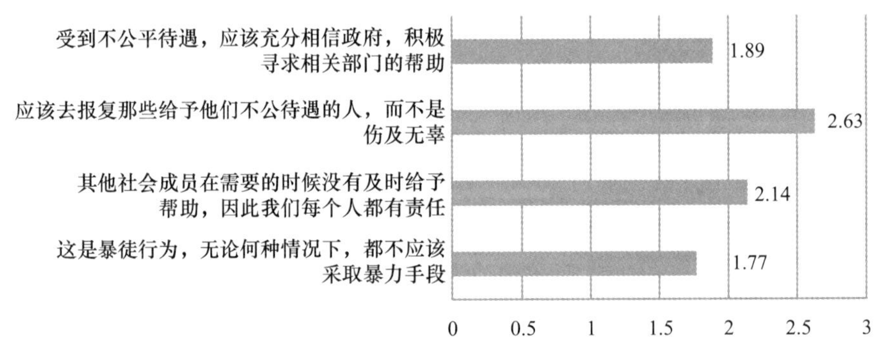

F3a 这是暴徒行为，无论何种情况下，都不应该采取暴力手段

		频数	百分比	有效百分比	累积百分比
有效	完全同意	1619	37.1%	37.5%	37.5%
	比较同意	2256	51.7%	52.3%	89.8%
	不太同意	250	5.7%	5.8%	95.6%
	完全不同意	189	4.3%	4.4%	100.0%
	总计	4314	98.9%	100.0%	
缺失	不知道	45	1.0%		
	拒绝回答	3	0.1%		
	总计	48	1.1%		
总计		4362	100.0%		

无论何种情况下，都不应该采取暴力手段

完全不同意 4.4%
不太同意 5.8%
完全同意 37.5%
比较同意 52.3%

F3b 其他社会成员在需要的时候没有及时给予帮助，因此我们每个人都有责任

		频数	百分比	有效百分比	累积百分比
有效	完全同意	705	16.2%	16.3%	16.3%
	比较同意	2458	56.4%	57.0%	73.3%
	不太同意	1004	23.0%	23.3%	96.6%
	完全不同意	147	3.4%	3.4%	100.0%
	总计	4314	98.9%	100.0%	
缺失	不知道	45	1.0%		
	拒绝回答	3	0.1%		
	总计	48	1.1%		
总计		4362	100.0%		

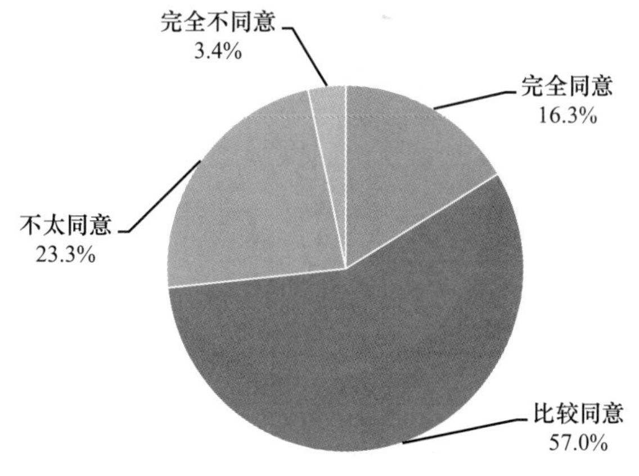

F3c 应该去报复那些给予他们不公待遇的人，而不是伤及无辜

		频数	百分比	有效百分比	累积百分比
有效	完全同意	425	9.7%	9.9%	9.9%
	比较同意	1433	32.9%	33.3%	43.1%
	不太同意	1755	40.2%	40.8%	83.9%
	完全不同意	693	15.9%	16.1%	100.0%
	总计	4306	98.7%	100.0%	
缺失	不知道	52	1.2%		
	拒绝回答	4	0.1%		
	总计	56	1.3%		
总计		4362	100.0%		

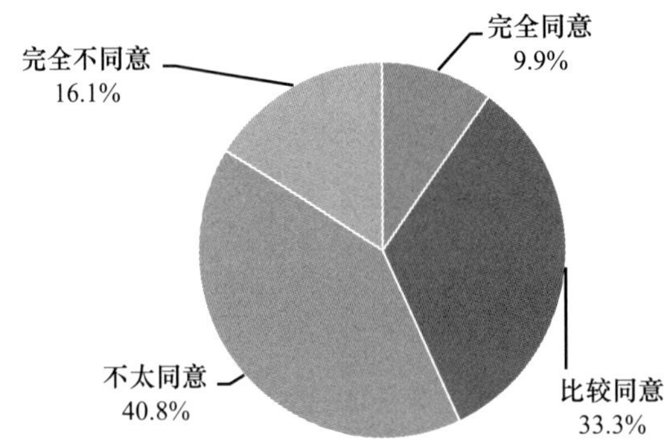

F3d 受到不公平待遇，应该充分相信政府，积极寻求相关部门的帮助

		频数	百分比	有效百分比	累积百分比
有效	完全同意	1058	24.3%	24.6%	24.6%
	比较同意	2731	62.6%	63.5%	88.1%
	不太同意	439	10.1%	10.2%	98.3%
	完全不同意	71	1.6%	1.7%	100.0%
	总计	4299	98.6%	100.0%	
缺失	不知道	58	1.3%		
	拒绝回答	5	0.1%		
	总计	63	1.4%		
总计		4362	100.0%		

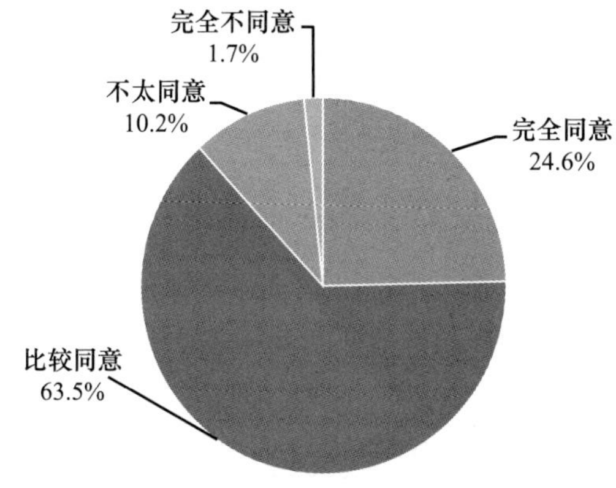

F4 总的来说，您认为当今的社会公不公平

		频数	百分比	有效百分比	累积百分比
有效	完全不公平	212	4.9%	4.9%	4.9%
	比较不公平	1267	29.0%	29.5%	34.5%
	说不上公平但也不能说不公平	1554	35.6%	36.2%	70.7%
	比较公平	1204	27.6%	28.1%	98.8%
	非常公平	52	1.2%	1.2%	100.0%
	总计	4289	98.3%	100.0%	
缺失	不知道	71	1.6%		
	拒绝回答	2			
	总计	73	1.7%		
总计		4362	100.0%		

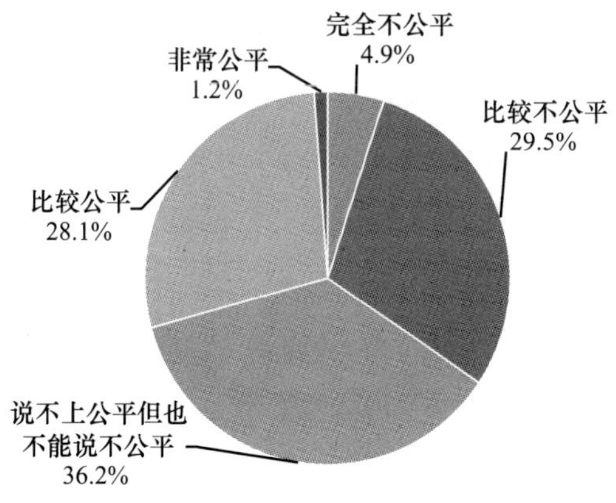

F5 和前几年相比，您认为目前我国社会的分配不公、两极分化现象

		频数	百分比	有效百分比	累积百分比
有效	有较大改善	1256	28.8%	30.7%	30.7%
	没什么变化	1803	41.3%	44.1%	74.7%
	更加恶化	1034	23.7%	25.3%	100.0%
	总计	4093	93.8%	100.0%	
缺失	不知道	264	6.1%		
	拒绝回答	5	0.1%		
	总计	269	6.2%		
总计		4362	100.0%		

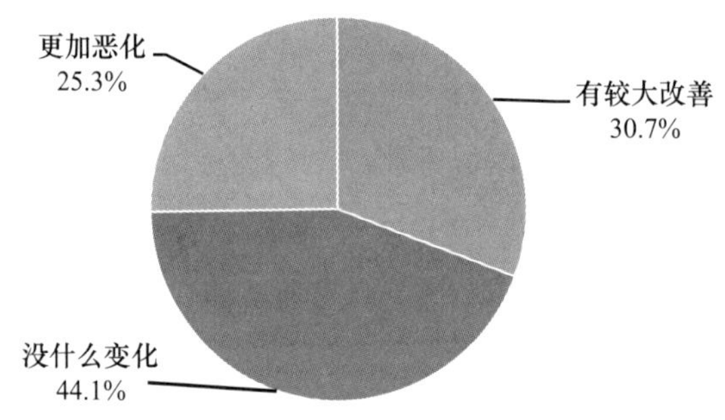

F6 您认为目前我国社会成员之间的收入差距

		频数	百分比	有效百分比	累积百分比
有效	合理，可以接受	562	12.9%	13.5%	13.5%
	不合理，但可以接受	2328	53.4%	56.1%	69.7%
	不合理，不能接受	1258	28.8%	30.3%	100.0%
	总计	4148	95.1%	100.0%	
缺失	不知道	211	4.8%		
	拒绝回答	3	0.1%		
	总计	214	4.9%		
总计		4362	100.0%		

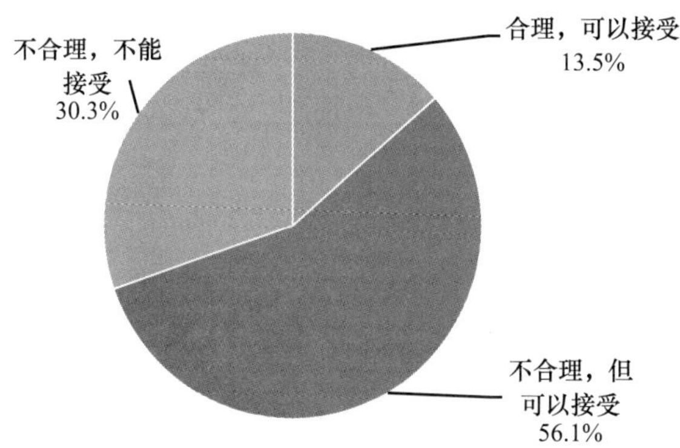

F7 请问您是否同意以下说法

	完全同意	比较同意	不太同意	完全不同意	平均值
当前的社会是人人为自己	648	2513	1066	100	2. 14
现在社会的大多数人是见利忘义的	486	2051	1623	154	2. 33
现在社会是一个物欲横流的社会	610	2076	1403	161	2. 26
当前大多数人都是以集体利益为重	226	1565	2249	232	2. 58
当前大多数人都是家庭利益至上	742	2716	756	97	2. 05
当前的社会是个金钱至上的社会	855	2208	1123	127	2. 12
现在社会守道德的人大都吃亏，不守道德的人讨便宜	382	1849	1815	214	2. 44
现在社会中好人有好报，恶人终归会受到惩罚	758	2334	1053	152	2. 14
人们的生活水平越高，就越幸福	818	2214	1183	120	2. 14
我们的社会中道德能够很好地约束人们的行为	477	2299	1368	124	2. 27
现有的规范和习俗能够很好地调节人与人的关系	385	2375	1351	146	2. 30
现在社会大多数人都有荣辱感	280	2375	1383	175	2. 34

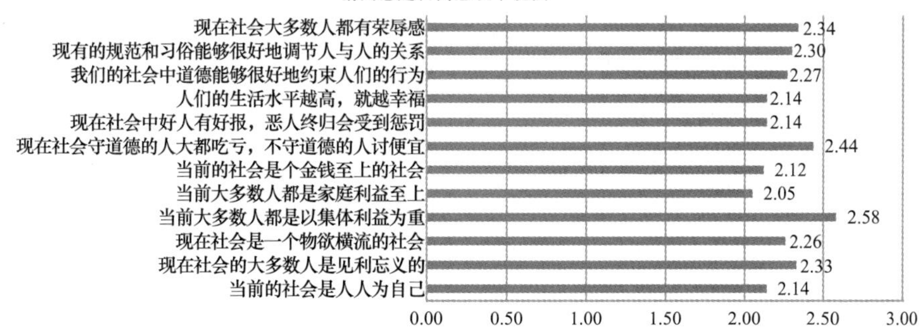

F7a 请问您是否同意当前的社会是人人为自己

		频数	百分比	有效百分比	累积百分比
有效	完全同意	648	14. 9%	15. 0%	15. 0%
	比较同意	2513	57. 6%	58. 1%	73. 1%
	不太同意	1066	24. 4%	24. 6%	97. 7%
	完全不同意	100	2. 3%	2. 3%	100. 0%
	总计	4327	99. 2%	100. 0%	
缺失	不知道	32	0. 7%		
	拒绝回答	3	0. 1%		
	总计	35	0. 8%		
总计		4362	100. 0%		

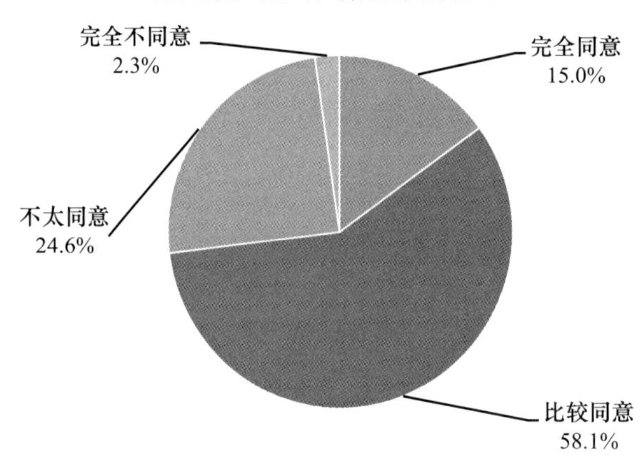

F7b 请问您是否同意现在社会的大多数人是见利忘义的

		频数	百分比	有效百分比	累积百分比
有效	完全同意	486	11. 1%	11. 3%	11. 3%
	比较同意	2051	47. 0%	47. 5%	58. 8%
	不太同意	1623	37. 2%	37. 6%	96. 4%
	完全不同意	154	3. 5%	3. 6%	100. 0%
	总计	4314	98. 9%	100. 0%	
缺失	不知道	43	1. 0%		
	拒绝回答	5	0. 1%		
	总计	48	1. 1%		
总计		4362	100. 0%		

是否同意现在社会的大多数人是见利忘义的

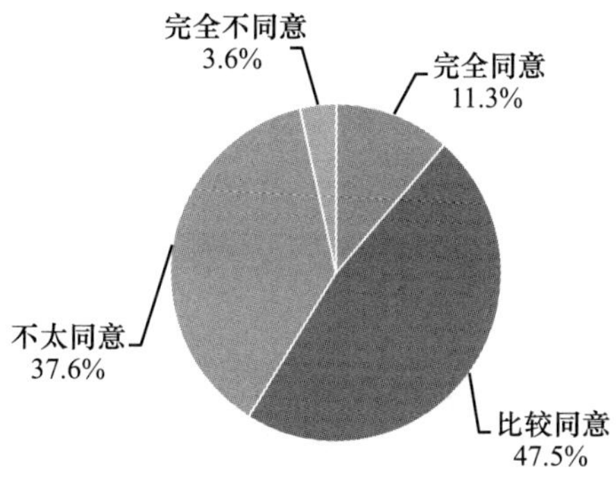

F7c 请问您是否同意现在社会是一个物欲横流的社会

		频数	百分比	有效百分比	累积百分比
有效	完全同意	610	14.0%	14.4%	14.4%
	比较同意	2076	47.6%	48.8%	63.2%
	不太同意	1403	32.2%	33.0%	96.2%
	完全不同意	161	3.7%	3.8%	100.0%
	总计	4250	97.4%	100.0%	
缺失	不知道	107	2.5%		
	拒绝回答	5	0.1%		
	总计	112	2.6%		
总计		4362	100.0%		

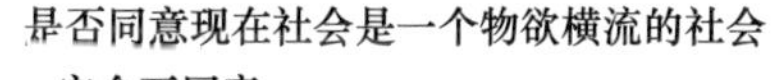
是否同意现在社会是一个物欲横流的社会

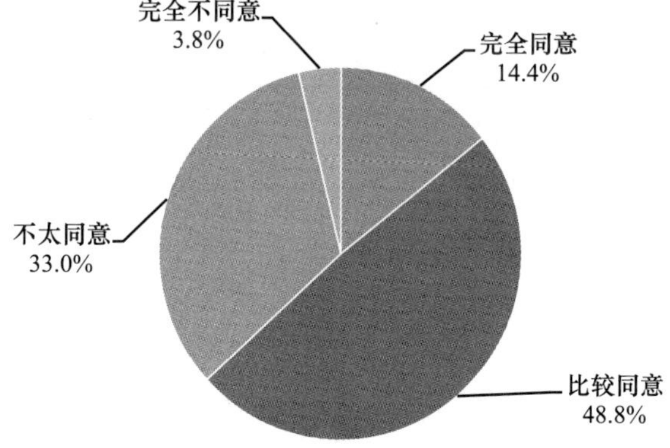

F7d 请问您是否同意当前大多数人都是以集体利益为重

		频数	百分比	有效百分比	累积百分比
有效	完全同意	226	5. 2%	5. 3%	5. 3%
	比较同意	1565	35. 9%	36. 6%	41. 9%
	不太同意	2249	51. 6%	52. 6%	94. 6%
	完全不同意	232	5. 3%	5. 4%	100. 0%
	总计	4272	97. 9%	100. 0%	
缺失	不知道	82	1. 9%		
	拒绝回答	8	0. 2%		
	总计	90	2. 1%		
总计		4362	100. 0%		

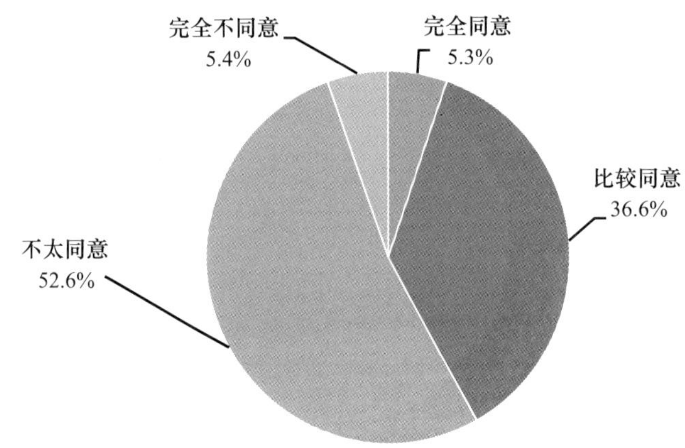

F7e 请问您是否同意当前大多数人都是家庭利益至上

		频数	百分比	有效百分比	累积百分比
有效	完全同意	742	17. 0%	17. 2%	17. 2%
	比较同意	2716	62. 3%	63. 0%	80. 2%
	不太同意	756	17. 3%	17. 5%	97. 7%
	完全不同意	97	2. 2%	2. 3%	100. 0%
	总计	4311	98. 8%	100. 0%	
缺失	不知道	45	1. 0%		
	拒绝回答	6	0. 1%		
	总计	51	1. 2%		
总计		4362	100. 0%		

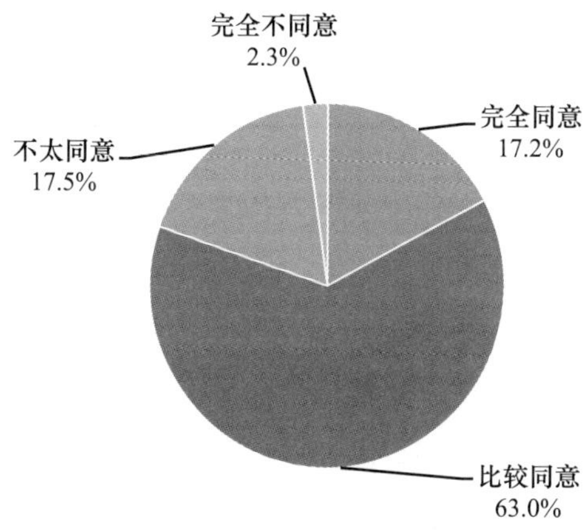

F7f 请问您是否同意当前的社会是个金钱至上的社会

		频数	百分比	有效百分比	累积百分比
有效	完全同意	855	19.6%	19.8%	19.8%
	比较同意	2208	50.6%	51.2%	71.0%
	不太同意	1123	25.7%	26.0%	97.1%
	完全不同意	127	2.9%	2.9%	100.0%
	总计	4313	98.9%	100.0%	
缺失	不知道	35	0.8%		
	拒绝回答	14	0.3%		
	总计	49	1.1%		
总计		4362	100.0%		

是否同意当前的社会是个金钱至上的社会

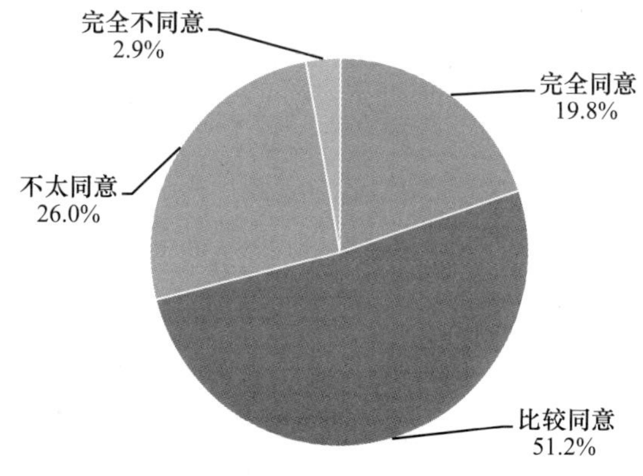

F7g 请问您是否同意现在社会守道德的人大都吃亏，不守道德的人讨便宜

		频数	百分比	有效百分比	累积百分比
有效	完全同意	382	8.8%	9.0%	9.0%
	比较同意	1849	42.4%	43.4%	52.4%
	不太同意	1815	41.6%	42.6%	95.0%
	完全不同意	214	4.9%	5.0%	100.0%
	总计	4260	97.7%	100.0%	
缺失	不知道	94	2.2%		
	拒绝回答	8	0.2%		
	总计	102	2.3%		
总计		4362	100.0%		

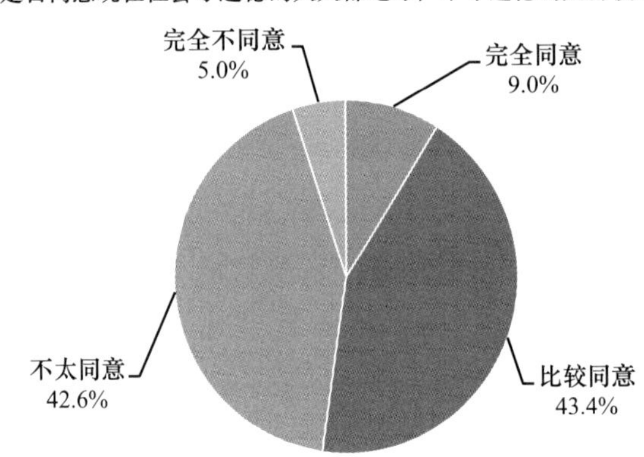

F7h 请问您是否同意现在社会中好人有好报，恶人终归会受到惩罚

		频数	百分比	有效百分比	累积百分比
有效	完全同意	758	17.4%	17.6%	17.6%
	比较同意	2334	53.5%	54.3%	72.0%
	不太同意	1053	24.1%	24.5%	96.5%
	完全不同意	152	3.5%	3.5%	100.0%
	总计	4297	98.5%	100.0%	
缺失	不知道	56	1.3%		
	拒绝回答	9	0.2%		
	总计	65	1.5%		
总计		4362	100.0%		

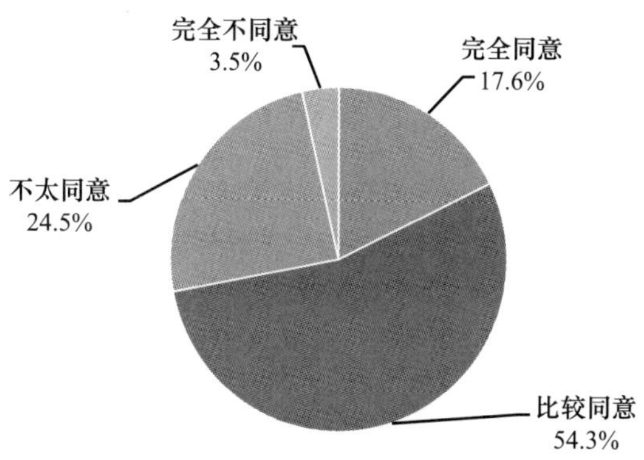

F7i 请问您是否同意人们的生活水平越高，就越幸福

		频数	百分比	有效百分比	累积百分比
有效	完全同意	818	18.8%	18.9%	18.9%
	比较同意	2214	50.8%	51.1%	69.9%
	不太同意	1183	27.1%	27.3%	97.2%
	完全不同意	120	2.8%	2.8%	100.0%
	总计	4335	99.4%	100.0%	
缺失	不知道	23	0.5%		
	拒绝回答	4	0.1%		
	总计	27	0.6%		
总计		4362	100.0%		

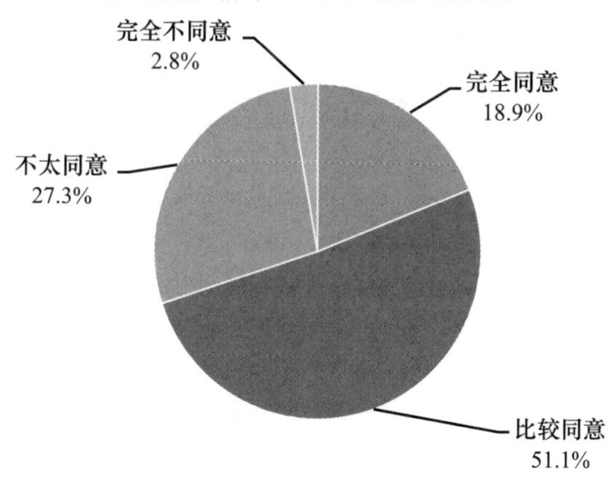

F7j 请问您是否同意我们的社会中道德能够很好地约束人们的行为

		频数	百分比	有效百分比	累积百分比
有效	完全同意	477	10.9%	11.2%	11.2%
	比较同意	2299	52.7%	53.9%	65.0%
	不太同意	1368	31.4%	32.1%	97.1%
	完全不同意	124	2.8%	2.9%	100.0%
	总计	4268	97.8%	100.0%	
缺失	不知道	91	2.1%		
	拒绝回答	3	0.1%		
	总计	94	2.2%		
总计		4362	100.0%		

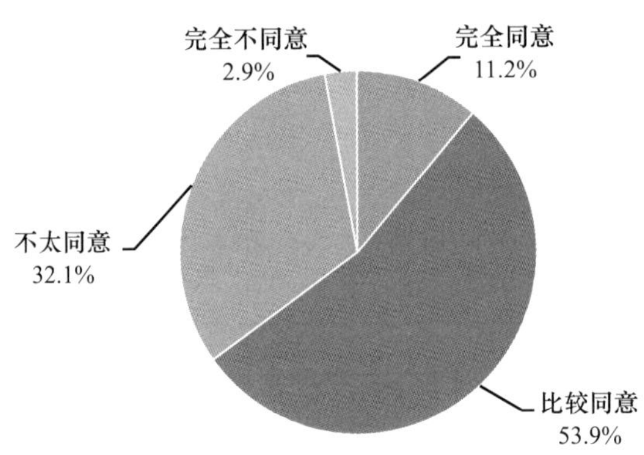

F7k 请问您是否同意现有的规范和习俗能够很好地调节人与人的关系

		频数	百分比	有效百分比	累积百分比
有效	完全同意	385	8.8%	9.0%	9.0%
	比较同意	2375	54.4%	55.8%	64.8%
	不太同意	1351	31.0%	31.7%	96.6%
	完全不同意	146	3.3%	3.4%	100.0%
	总计	4257	97.6%	100.0%	
缺失	不知道	100	2.3%		
	拒绝回答	5	0.1%		
	总计	105	2.4%		
总计		4362	100.0%		

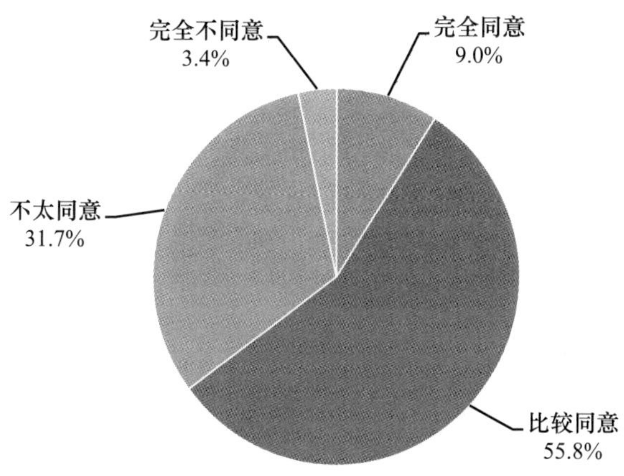

F71 请问您是否同意现在社会大多数人都有荣辱感

		频数	百分比	有效百分比	累积百分比
有效	完全同意	280	6.4%	6.6%	6.6%
	比较同意	2375	54.4%	56.4%	63.0%
	不太同意	1383	31.7%	32.8%	95.8%
	完全不同意	175	4.0%	4.2%	100.0%
	总计	4213	96.6%	100.0%	
缺失	不知道	144	3.3%		
	拒绝回答	5	0.1%		
	总计	149	3.4%		
总计		4362	100.0%		

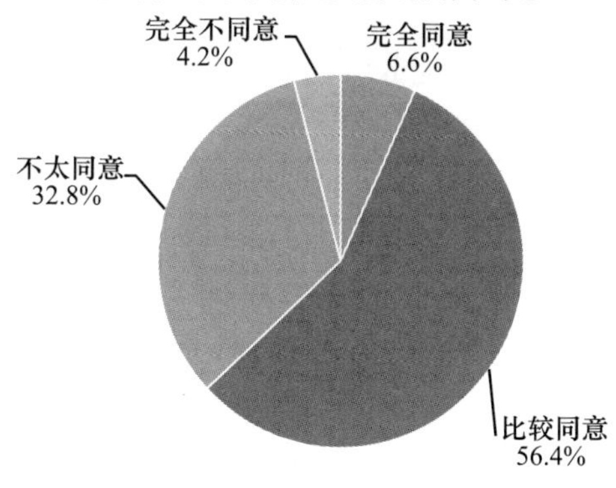

F8 您听说过或参加过道德讲堂吗

		频数	百分比	有效百分比	累积百分比
有效	参加过	320	7.3%	7.3%	7.3%
	听说过，但没参加过	1904	43.6%	43.7%	51.0%
	没听说过	2136	49.0%	49.0%	100.0%
	总计	4360	100.0%	100.0%	
缺失	拒绝回答	2			
总计		4362	100.0%		

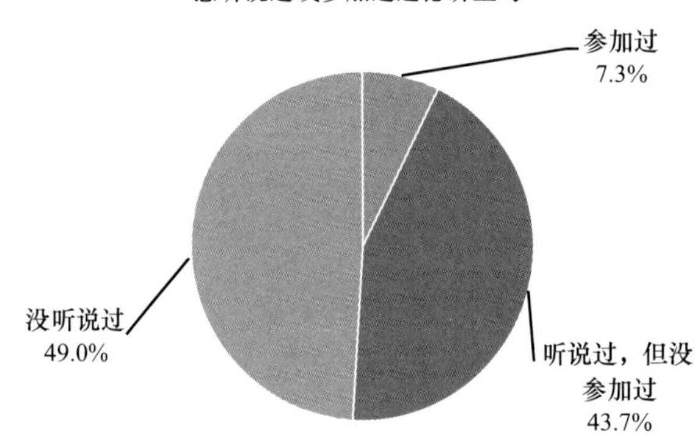

F9 如果您参加过道德讲堂，您觉得开展这样的活动有意义吗

		频数	百分比	有效百分比	累积百分比
有效	很有意义	296	6.8%	94.3%	94.3%
	可有可无	16	0.4%	5.1%	99.4%
	没有必要	2		0.6%	100.0%
	总计	314	7.2%	100.0%	
缺失	不适用	4040	92.6%		
	拒绝回答	8	0.2%		
	总计	4048	92.8%		
总计		4362	100.0%		

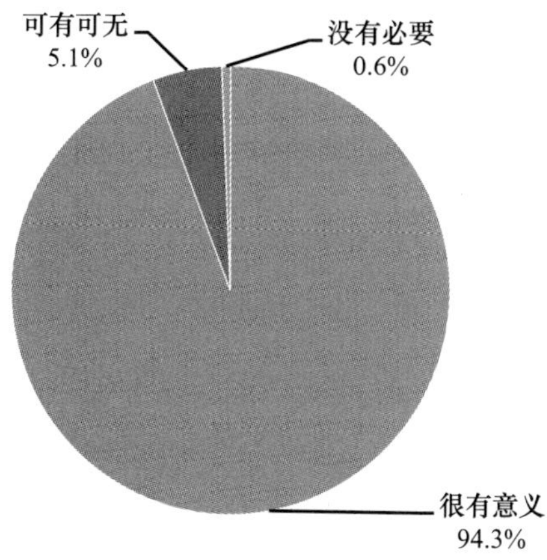

F10 您对您生活的地方（您所在的社区）社会公德状况满意吗

		频数	百分比	有效百分比	累积百分比
有效	非常满意	276	6.3%	6.7%	6.7%
	比较满意	3043	69.8%	74.1%	80.8%
	不太满意	726	16.6%	17.7%	98.4%
	非常不满意	64	1.5%	1.6%	100.0%
	总计	4109	94.2%	100.0%	
缺失	不知道	251	5.8%		
	拒绝回答	2			
	总计	253	5.8%		
总计		4362	100.0%		

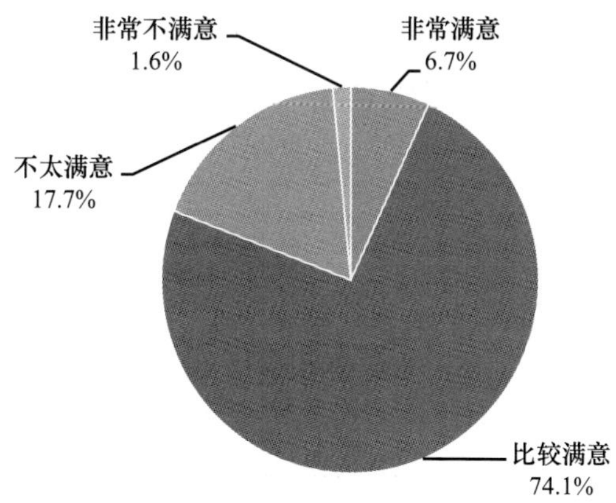

F11 您认为当前社会下列状况的严重程度如何

	非常不严重	比较不严重	比较严重	非常严重	平均数
坑蒙拐骗	293	1747	1714	553	2. 59
人际关系冷漠，见危不救	203	1890	1839	383	2. 56
诚信缺乏，不讲信用	208	1832	1862	429	2. 58
缺乏信任，社会安全度低	196	1498	2072	551	2. 69
缺乏公德，如公共场所大声喧哗、随地吐痰等	214	2238	1538	334	2. 46
自私自利，损人利己	233	1947	1778	349	2. 52
缺乏公正心和正义感	223	1882	1767	433	2. 56
私欲膨胀，物欲横流	180	1650	1874	540	2. 65
缺乏羞耻感	241	2139	1547	340	2. 47
干部贪污受贿，以权谋利	110	1353	1903	759	2. 8
生活奢侈，铺张浪费	159	1757	1708	596	2. 65
干部不作为，扯皮推诿	124	1261	1916	821	2. 83

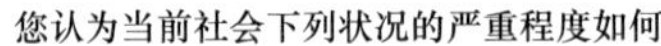

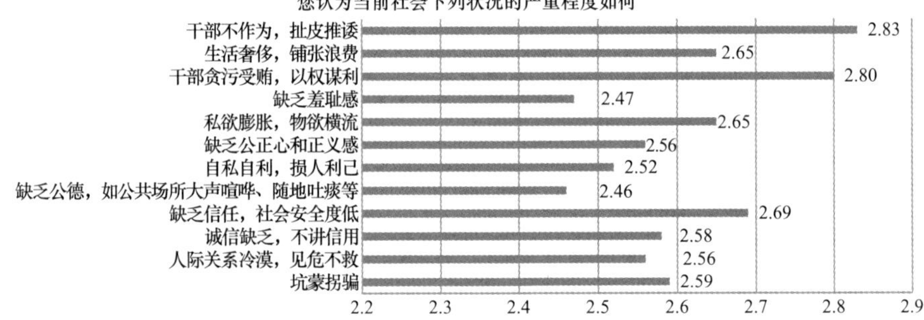

F11a 当前社会坑蒙拐骗现象的严重程度如何

		频数	百分比	有效百分比	累积百分比
有效	非常不严重	293	6. 7%	6. 8%	6. 8%
	比较不严重	1747	40. 1%	40. 6%	47. 4%
	比较严重	1714	39. 3%	39. 8%	87. 2%
	非常严重	553	12. 7%	12. 8%	100. 0%
	总计	4307	98. 7%	100. 0%	
缺失	不知道	51	1. 2%		
	拒绝回答	4	0. 1%		
	总计	55	1. 3%		
总计		4362	100. 0%		

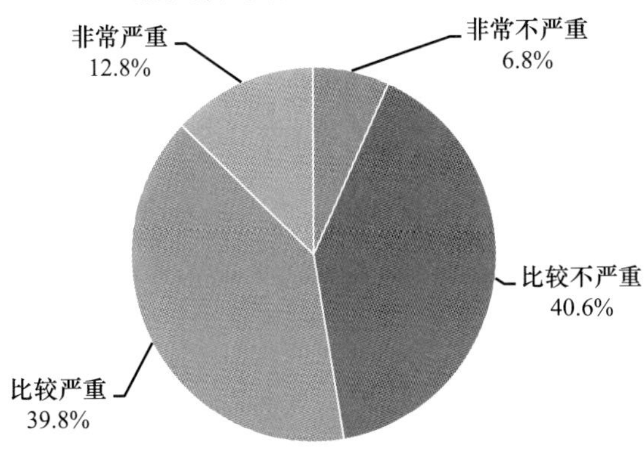

F11b 当前社会人际关系冷漠，见危不救的严重程度如何

		频数	百分比	有效百分比	累积百分比
有效	非常不严重	203	4.7%	4.7%	4.7%
	比较不严重	1890	43.3%	43.8%	48.5%
	比较严重	1839	42.2%	42.6%	91.1%
	非常严重	383	8.8%	8.9%	100.0%
	总计	4315	98.9%	100.0%	
缺失	不知道	40	0.9%		
	拒绝回答	7	0.2%		
	总计	47	1.1%		
总计		4362	100.0%		

当前社会人际关系冷漠，见危不救的严重程度如何

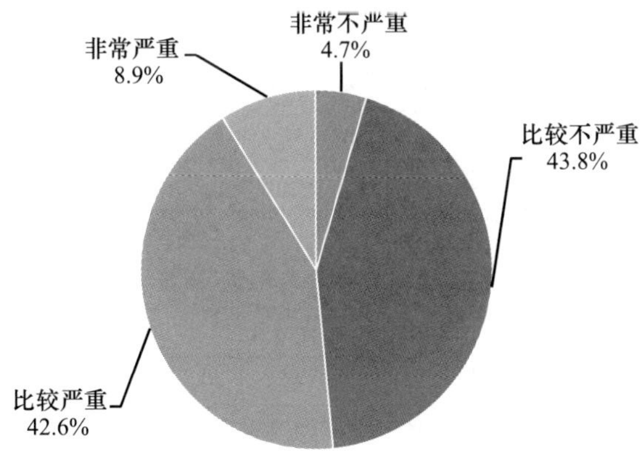

F11c 当前社会诚信缺乏，不讲信用的严重程度如何

		频数	百分比	有效百分比	累积百分比
有效	非常不严重	208	4. 8%	4. 8%	4. 8%
	比较不严重	1832	42. 0%	42. 3%	47. 1%
	比较严重	1862	42. 7%	43. 0%	90. 1%
	非常严重	429	9. 8%	9. 9%	100. 0%
	总计	4331	99. 3%	100. 0%	
缺失	不知道	25	0. 6%		
	拒绝回答	6	0. 1%		
	总计	31	0. 7%		
总计		4362	100. 0%		

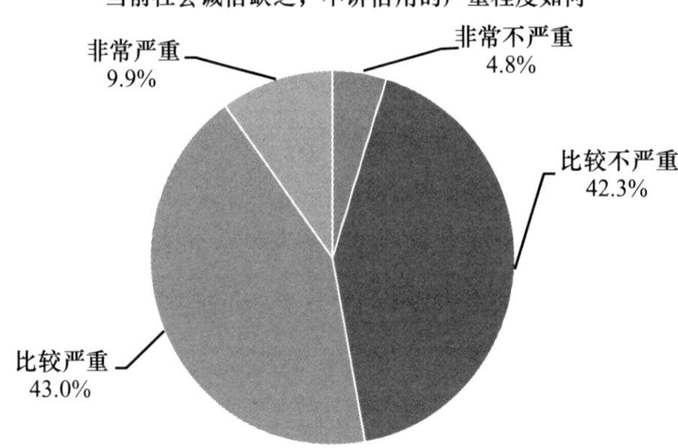

F11d 当前社会人与人之间缺乏信任，社会安全度低的严重程度如何

		频数	百分比	有效百分比	累积百分比
有效	非常不严重	196	4. 5%	4. 5%	4. 5%
	比较不严重	1498	34. 3%	34. 7%	39. 2%
	比较严重	2072	47. 5%	48. 0%	87. 2%
	非常严重	551	12. 6%	12. 8%	100. 0%
	总计	4317	99. 0%	100. 0%	
缺失	不知道	28	0. 6%		
	拒绝回答	17	0. 4%		
	总计	45	1. 0%		
总计		4362	100. 0%		

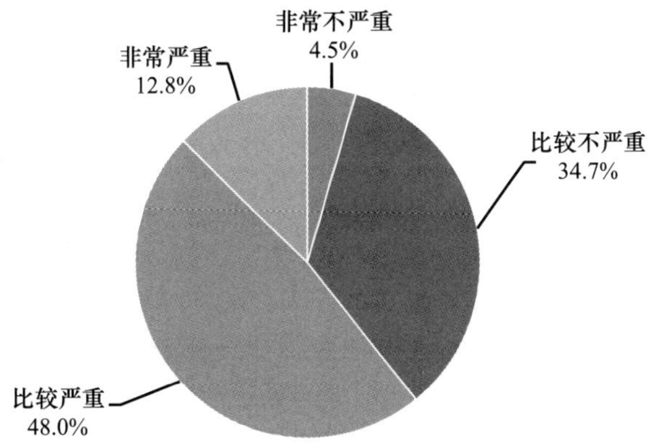

F11e 当前社会缺乏公德，如公共场所大声喧哗、随地吐痰等的严重程度如何

		频数	百分比	有效百分比	累积百分比
有效	非常不严重	214	4.9%	4.9%	4.9%
	比较不严重	2238	51.3%	51.8%	56.7%
	比较严重	1538	35.3%	35.6%	92.3%
	非常严重	334	7.7%	7.7%	100.0%
	总计	4324	99.1%	100.0%	
缺失	不知道	29	0.7%		
	拒绝回答	9	0.2%		
	总计	38	0.9%		
总计		4362	100.0%		

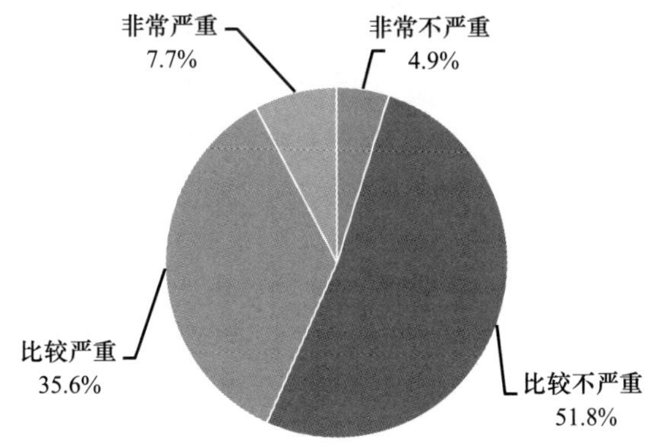

F11f 当前社会自私自利，损人利己的严重程度如何

		频数	百分比	有效百分比	累积百分比
有效	非常不严重	233	5.3%	5.4%	5.4%
	比较不严重	1947	44.6%	45.2%	50.6%
	比较严重	1778	40.8%	41.3%	91.9%
	非常严重	349	8.0%	8.1%	100.0%
	总计	4307	98.7%	100.0%	
缺失	不知道	47	1.1%		
	拒绝回答	8	0.2%		
	总计	55	1.3%		
总计		4362	100.0%		

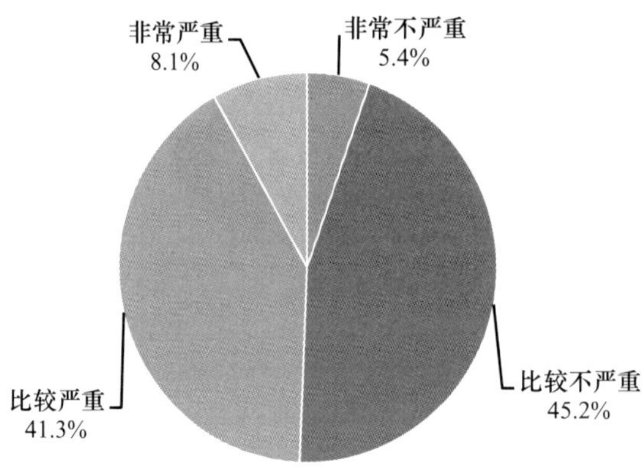

F11g 当前社会缺乏公正心和正义感的严重程度如何

		频数	百分比	有效百分比	累积百分比
有效	非常不严重	223	5.1%	5.2%	5.2%
	比较不严重	1882	43.1%	43.7%	48.9%
	比较严重	1767	40.5%	41.0%	89.9%
	非常严重	433	9.9%	10.1%	100.0%
	总计	4305	98.7%	100.0%	
缺失	不知道	49	1.1%		
	拒绝回答	8	0.2%		
	总计	57	1.3%		
总计		4362	100.0%		

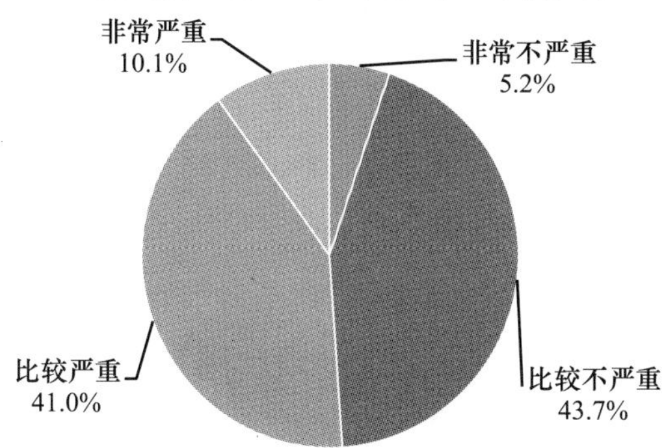

F11h 当前社会私欲膨胀，物欲横流的严重程度如何

		频数	百分比	有效百分比	累积百分比
有效	非常不严重	180	4. 1%	4. 2%	4. 2%
	比较不严重	1650	37. 8%	38. 9%	43. 1%
	比较严重	1874	43. 0%	44. 2%	87. 3%
	非常严重	540	12. 4%	12. 7%	100. 0%
	总计	4244	97. 3%	100. 0%	
缺失	不知道	109	2. 5%		
	拒绝回答	9	0. 2%		
	总计	118	2. 7%		
总计		4362	100. 0%		

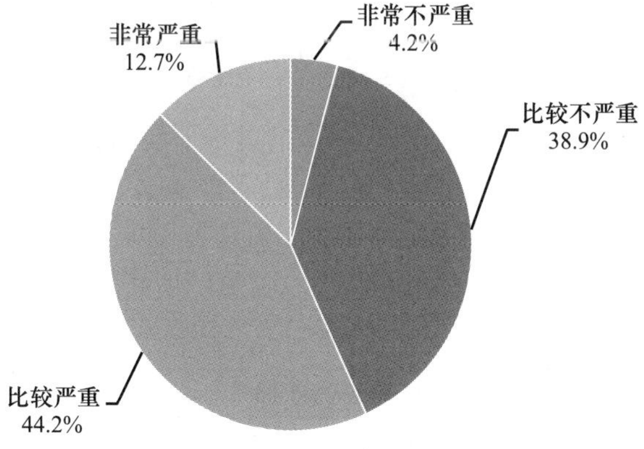

F11i 当前社会缺乏羞耻感的严重程度如何

		频数	百分比	有效百分比	累积百分比
有效	非常不严重	241	5.5%	5.6%	5.6%
	比较不严重	2139	49.0%	50.1%	55.8%
	比较严重	1547	35.5%	36.3%	92.0%
	非常严重	340	7.8%	8.0%	100.0%
	总计	4267	97.8%	100.0%	
缺失	不知道	81	1.9%		
	拒绝回答	14	0.3%		
	总计	95	2.2%		
总计		4362	100.0%		

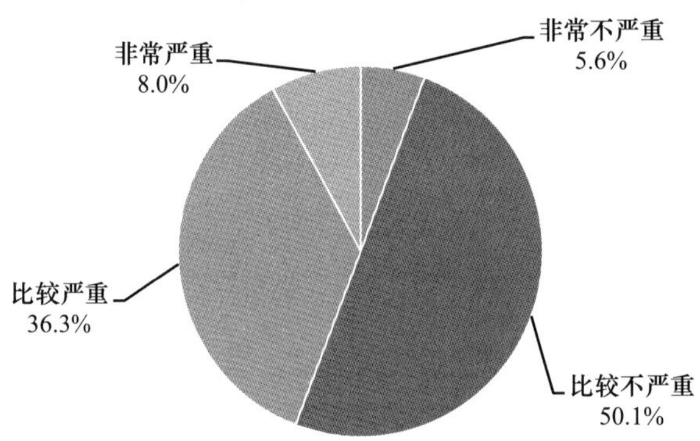

F11j 当前社会干部贪污受贿，以权谋利的严重程度如何

		频数	百分比	有效百分比	累积百分比
有效	非常不严重	110	2.5%	2.7%	2.7%
	比较不严重	1353	31.0%	32.8%	35.5%
	比较严重	1903	43.6%	46.1%	81.6%
	非常严重	759	17.4%	18.4%	100.0%
	总计	4125	94.6%	100.0%	
缺失	不知道	225	5.2%		
	拒绝回答	12	0.3%		
	总计	237	5.4%		
总计		4362	100.0%		

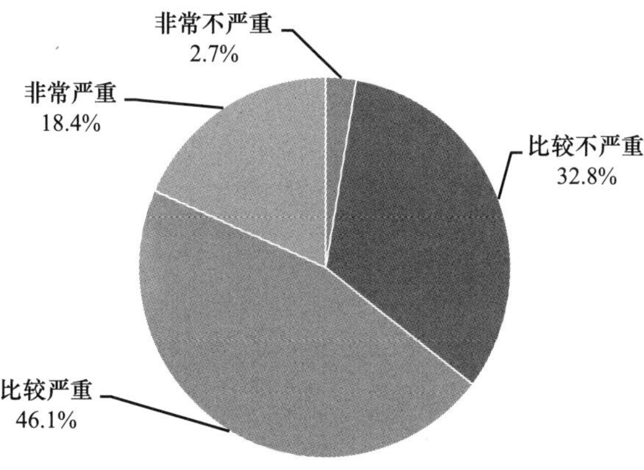

F11k 当前社会生活奢侈，铺张浪费的严重程度如何

		频数	百分比	有效百分比	累积百分比
有效	非常不严重	159	3.6%	3.8%	3.8%
	比较不严重	1757	40.3%	41.6%	45.4%
	比较严重	1708	39.2%	40.5%	85.9%
	非常严重	596	13.7%	14.1%	100.0%
	总计	4220	96.7%	100.0%	
缺失	不知道	132	3.0%		
	拒绝回答	10	0.2%		
	总计	142	3.3%		
总计		4362	100.0%		

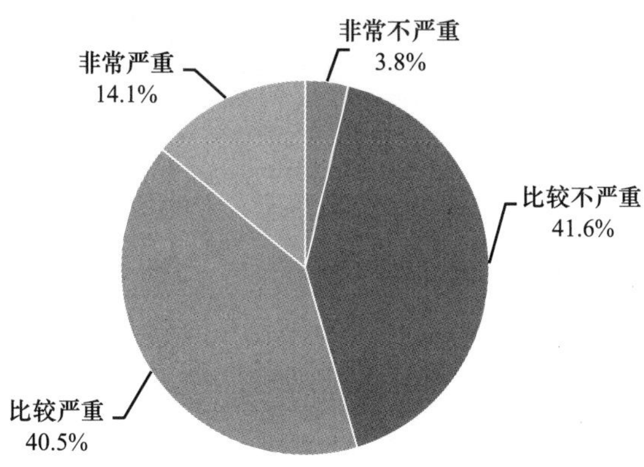

F111 当前社会干部不作为，扯皮推诿的严重程度如何

		频数	百分比	有效百分比	累积百分比
有效	非常不严重	124	2.8%	3.0%	3.0%
	比较不严重	1261	28.9%	30.6%	33.6%
	比较严重	1916	43.9%	46.5%	80.1%
	非常严重	821	18.8%	19.9%	100.0%
	总计	4122	94.5%	100.0%	
缺失	不知道	235	5.4%		
	拒绝回答	5	0.1%		
	总计	240	5.5%		
总计		4362	100.0%		

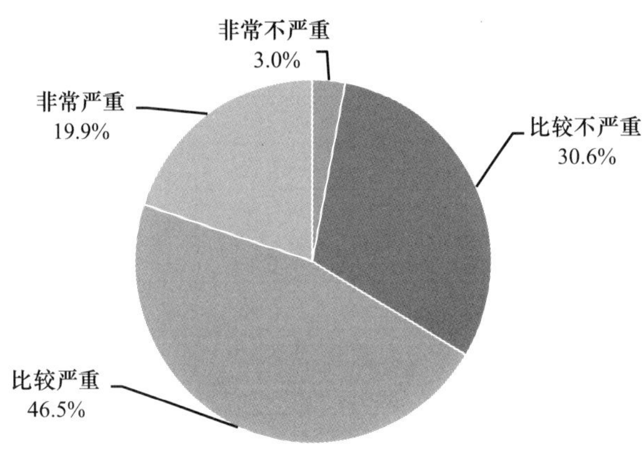

F12 您怎么看待周围那些经营企业或做生意发了财的人

	频数	有效百分比
他们自己有本事，应该发财	3343	76.9%
尊重他们，他们为社会做了贡献	2297	52.8%
没什么了不起，他们常用不正当手段发财	261	6%
是土豪，没文化，没教养	319	7.3%
是他们运气好	806	18.5%
有钱没钱，这都是命	735	16.9%
天道不公，希望他们明天就破产	42	1%
其他	14	0.3%

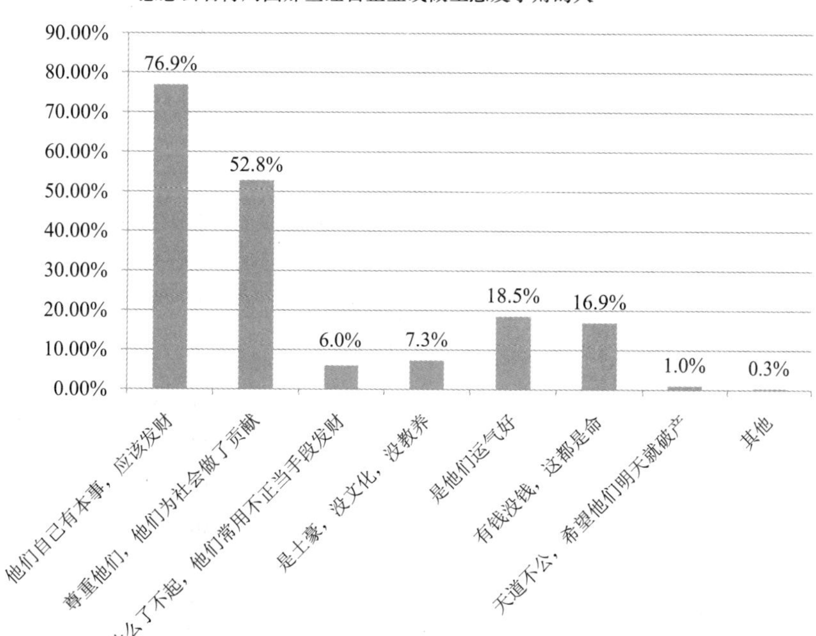

F13 您认为下列状况的严重程度如何

	非常不严重	比较不严重	比较严重	非常严重	平均数
企业损害社会利益	107	1569	1815	633	2.72
娱乐界以丑闻、绯闻炒作，污染社会风气	57	862	2215	718	2.93
媒体缺乏社会责任，炒作新闻	63	928	2008	866	2.95
社会财富分配不公，贫富悬殊过大	51	812	1976	1421	3.12
教师不尽职	358	2382	1164	373	2.36
医生不守职业道德	337	2198	1352	406	2.43
公众人物用知名度攫取财富	117	1343	1659	753	2.79
两性关系过度开放导致婚姻不稳定	100	1595	1767	617	2.71
年轻人缺乏责任感，不孝敬父母	256	2226	1343	421	2.46

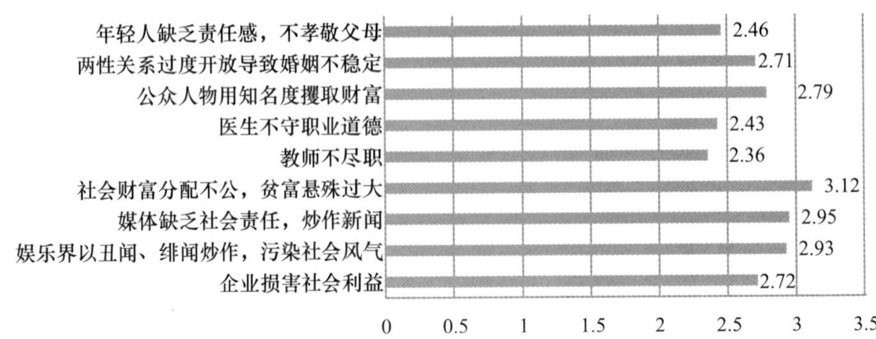

F13a 企业损害社会利益，如污染环境、以虚假广告误导公众等严重程度如何

		频数	百分比	有效百分比	累积百分比
有效	非常不严重	107	2.5%	2.6%	2.6%
	比较不严重	1569	36.0%	38.0%	40.6%
	比较严重	1815	41.6%	44.0%	84.7%
	非常严重	633	14.5%	15.3%	100.0%
	总计	4124	94.5%	100.0%	
缺失	不知道	221	5.1%		
	拒绝回答	17	0.4%		
	总计	238	5.5%		
总计		4362	100.0%		

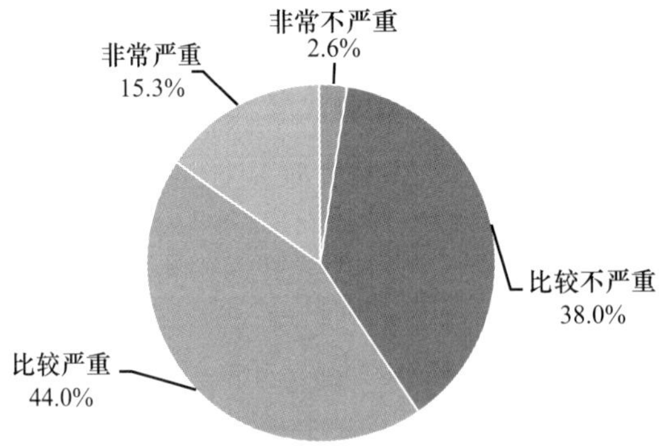

F13b 娱乐界以丑闻、绯闻炒作，污染社会风气严重程度如何

		频数	百分比	有效百分比	累积百分比
有效	非常不严重	57	1.3%	1.5%	1.5%
	比较不严重	862	19.8%	22.4%	23.9%
	比较严重	2215	50.8%	57.5%	81.4%
	非常严重	718	16.5%	18.6%	100.0%
	总计	3852	88.3%	100.0%	
缺失	不知道	500	11.5%		
	拒绝回答	10	0.2%		
	总计	510	11.7%		
总计		4362	100.0%		

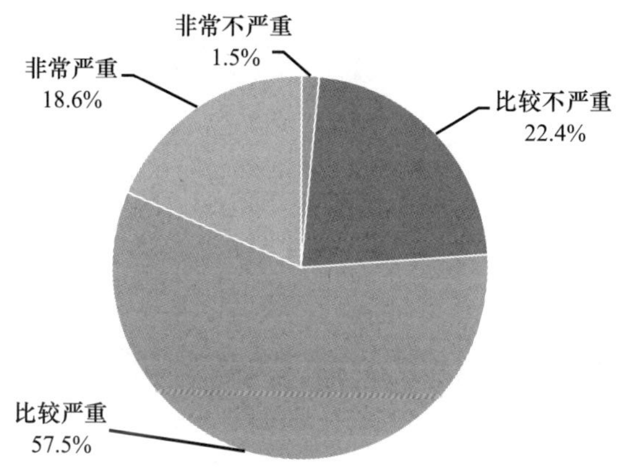

F13c 媒体缺乏社会责任，炒作新闻严重程度如何

		频数	百分比	有效百分比	累积百分比
有效	非常不严重	63	1.4%	1.6%	1.6%
	比较不严重	928	21.3%	24.0%	25.6%
	比较严重	2008	46.0%	52.0%	77.6%
	非常严重	866	19.9%	22.4%	100.0%
	总计	3865	88.6%	100.0%	
缺失	不知道	479	11.0%		
	拒绝回答	18	0.4%		
	总计	497	11.4%		
总计		4362	100.0%		

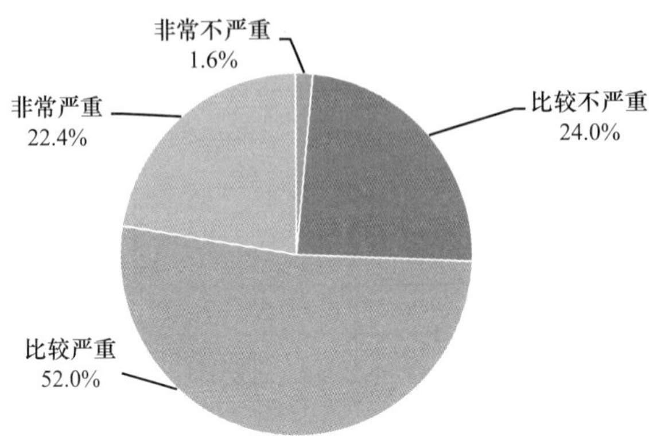

F13d 社会财富分配不公，贫富悬殊过大严重程度如何

		频数	百分比	有效百分比	累积百分比
有效	非常不严重	51	1.2%	1.2%	1.2%
	比较不严重	812	18.6%	19.1%	20.3%
	比较严重	1976	45.3%	46.4%	66.6%
	非常严重	1421	32.6%	33.4%	100.0%
	总计	4260	97.7%	100.0%	
缺失	不知道	92	2.1%		
	拒绝回答	10	0.2%		
	总计	102	2.3%		
总计		4362	100.0%		

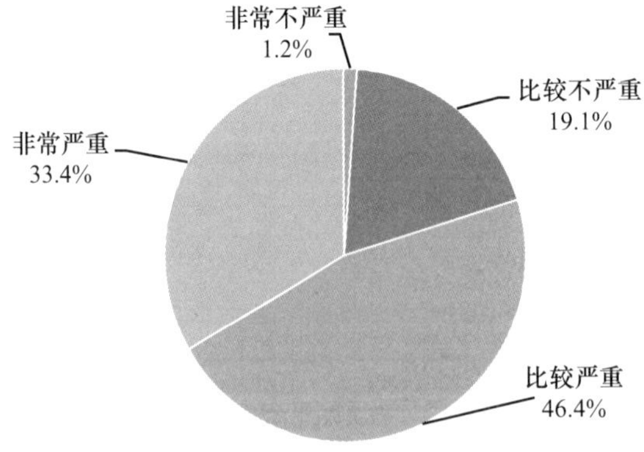

F13e 教师不尽职严重程度如何

		频数	百分比	有效百分比	累积百分比
有效	非常不严重	358	8.2%	8.4%	8.4%
	比较不严重	2382	54.6%	55.7%	64.1%
	比较严重	1164	26.7%	27.2%	91.3%
	非常严重	373	8.6%	8.7%	100.0%
	总计	4277	98.1%	100.0%	
缺失	不知道	68	1.6%		
	拒绝回答	17	0.4%		
	总计	85	1.9%		
总计		4362	100.0%		

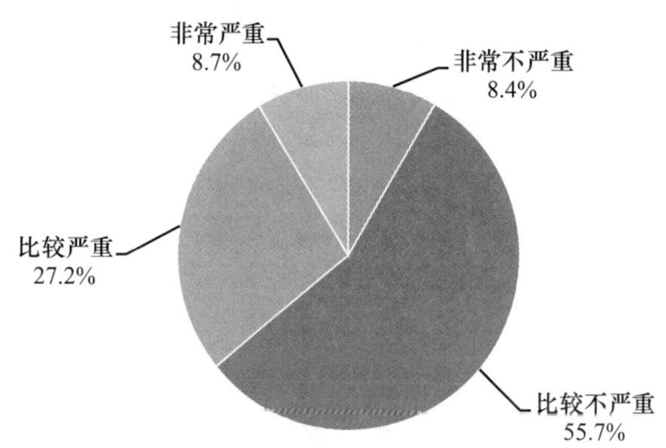

F13f 医生不守职业道德严重程度如何

		频数	百分比	有效百分比	累积百分比
有效	非常不严重	337	7.7%	7.8%	7.8%
	比较不严重	2198	50.4%	51.2%	59.0%
	比较严重	1352	31.0%	31.5%	90.5%
	非常严重	406	9.3%	9.5%	100.0%
	总计	4293	98.4%	100.0%	
缺失	不知道	60	1.4%		
	拒绝回答	9	0.2%		
	总计	69	1.6%		
总计		4362	100.0%		

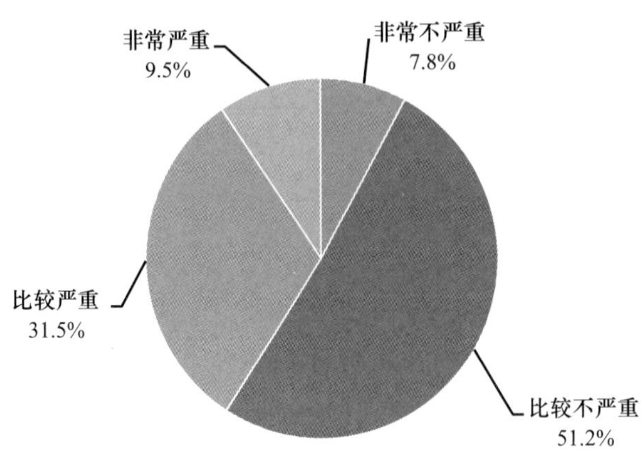

F13g 公众人物用知名度攫取财富严重程度如何

		频数	百分比	有效百分比	累积百分比
有效	非常不严重	117	2.7%	3.0%	3.0%
	比较不严重	1343	30.8%	34.7%	37.7%
	比较严重	1659	38.0%	42.8%	80.6%
	非常严重	753	17.3%	19.4%	100.0%
	总计	3872	88.8%	100.0%	
缺失	不知道	475	10.9%		
	拒绝回答	15	0.3%		
	总计	490	11.2%		
总计		4362	100.0%		

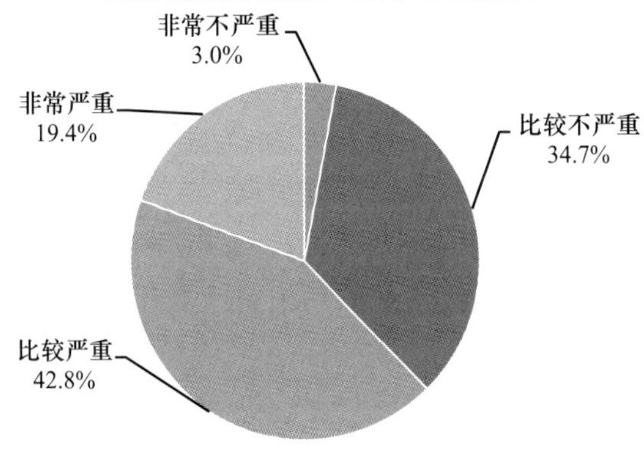

F13h 两性关系过度开放导致婚姻不稳定严重程度如何

		频数	百分比	有效百分比	累积百分比
有效	非常不严重	100	2.3%	2.5%	2.5%
	比较不严重	1595	36.6%	39.1%	41.6%
	比较严重	1767	40.5%	43.3%	84.9%
	非常严重	617	14.1%	15.1%	100.0%
	总计	4079	93.5%	100.0%	
缺失	不知道	269	6.2%		
	拒绝回答	14	0.3%		
	总计	283	6.5%		
总计		4362	100.0%		

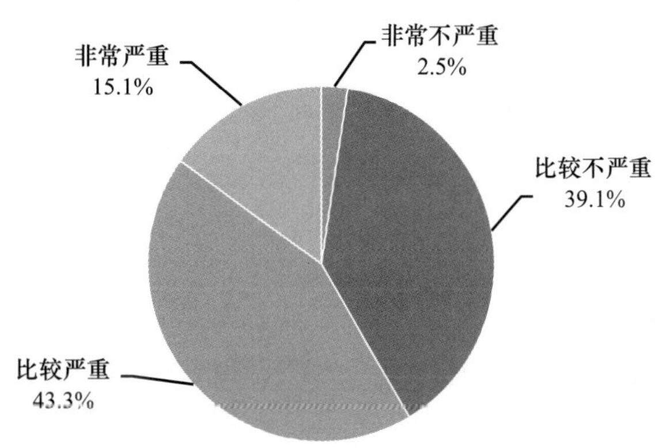

F13i 年轻人缺乏责任感，不孝敬父母严重程度如何

		频数	百分比	有效百分比	累积百分比
有效	非常不严重	256	5.9%	6.0%	6.0%
	比较不严重	2226	51.0%	52.4%	58.5%
	比较严重	1343	30.8%	31.6%	90.1%
	非常严重	421	9.7%	9.9%	100.0%
	总计	4246	97.3%	100.0%	
缺失	不知道	106	2.4%		
	拒绝回答	10	0.2%		
	总计	116	2.7%		
总计		4362	100.0%		

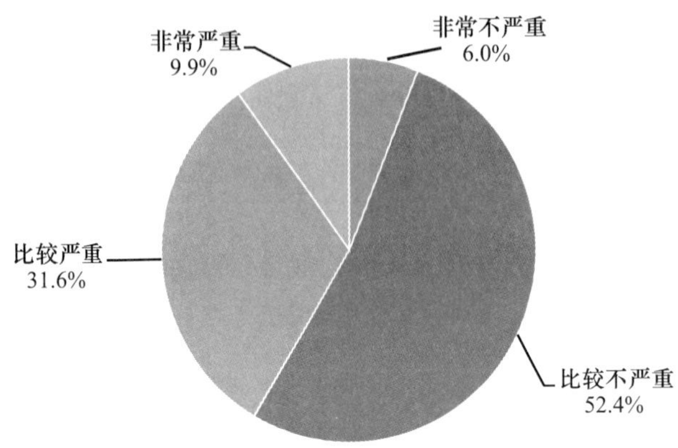

F14 您是否知道您生活的社区（村）有社区公约、村规民约

		频数	百分比	有效百分比	累积百分比
有效	知道有	2183	50.0%	50.3%	50.3%
	知道没有	386	8.8%	8.9%	59.2%
	不知道有没有	1774	40.7%	40.8%	100.0%
	总计	4343	99.6%	100.0%	
缺失	拒绝回答	19	0.4%		
总计		4362	100.0%		

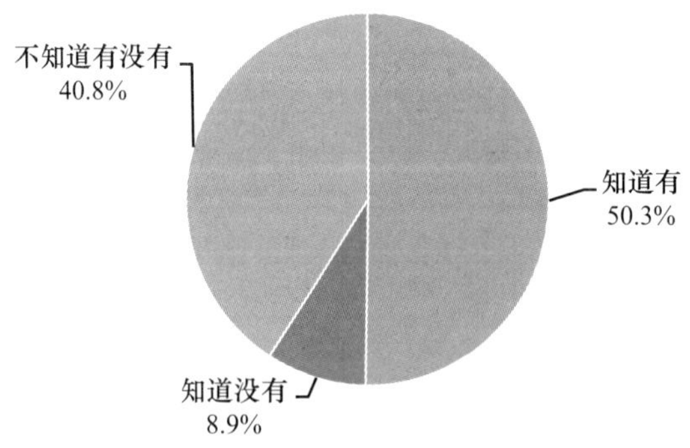

F15 您觉得您周围的人在日常生活中遵守下列规则吗

	不遵守	基本遵守	自觉遵守	平均值
步行、骑车不闯红灯	336	2960	1064	2.17
乘车、购物自觉排队	163	3124	1073	2.21

续表

	不遵守	基本遵守	自觉遵守	平均值
文明游览	165	3240	951	2.18
社区公约、村规民约	151	3291	894	2.17

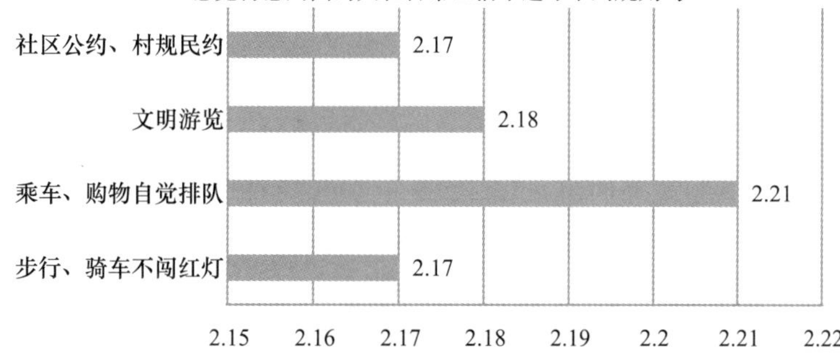

F15a 您周围的人在日常生活中遵守（步行、骑车不闯红灯）规则吗

		频数	百分比	有效百分比	累积百分比
有效	不遵守	336	7.7%	7.7%	7.7%
	基本遵守	2960	67.9%	67.9%	75.6%
	自觉遵守	1064	24.4%	24.4%	100.0%
	总计	4360	100.0%	100.0%	
缺失	拒绝回答	2			
总计		4362	100.0%		

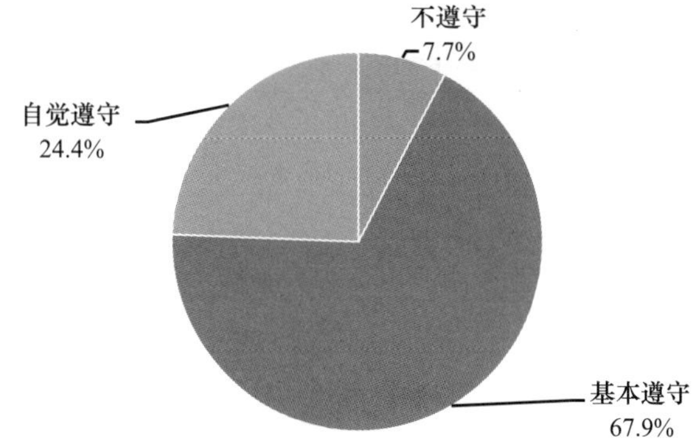

F15b 您周围的人在日常生活中遵守（乘车、购物自觉排队）规则吗

		频数	百分比	有效百分比	累积百分比
有效	不遵守	163	3.7%	3.7%	3.7%
	基本遵守	3124	71.6%	71.7%	75.4%
	自觉遵守	1073	24.6%	24.6%	100.0%
	总计	4360	100.0%	100.0%	
缺失	拒绝回答	2			
总计		4362	100.0%		

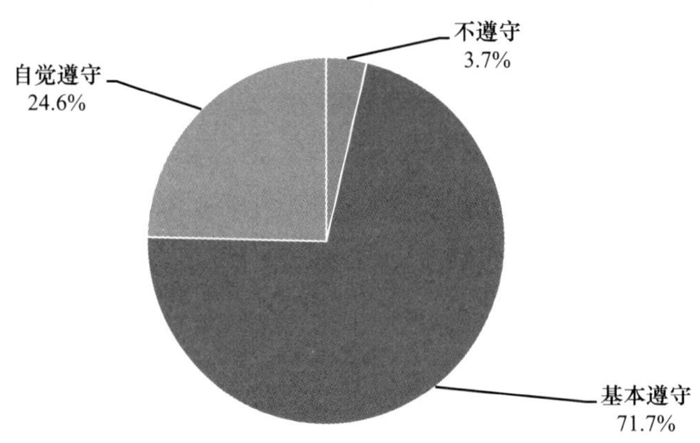

F15c 您周围的人在日常生活中遵守（文明游览）规则吗

		频数	百分比	有效百分比	累积百分比
有效	不遵守	165	3.8%	3.8%	3.8%
	基本遵守	3240	74.3%	74.4%	78.2%
	自觉遵守	951	21.8%	21.8%	100.0%
	总计	4356	99.9%	100.0%	
缺失	不理解题意	2			
	不知道	3	0.1%		
	拒绝回答	1			
	总计	6	0.1%		
总计		4362	100.0%		

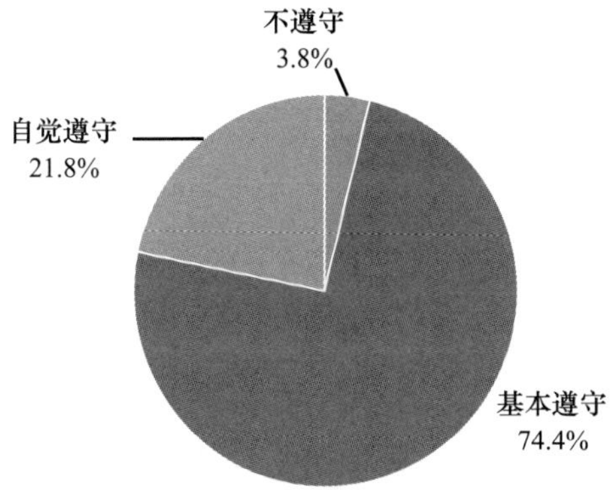

F15d 您周围的人在日常生活中遵守（社区公约、村规民约）规则吗

		频数	百分比	有效百分比	累积百分比
有效	不遵守	151	3.5%	3.5%	3.5%
	基本遵守	3291	75.4%	75.9%	79.4%
	自觉遵守	894	20.5%	20.6%	100.0%
	总计	4336	99.4%	100.0%	
缺失	不理解题意	6	0.1%		
	不知道	14	0.3%		
	拒绝回答	6	0.1%		
	总计	26	0.6%		
总计		4362	100.0%		

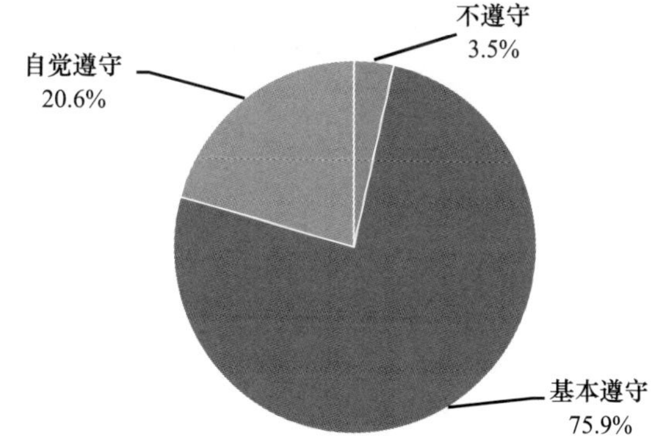

F16 您对下列关于网络的说法是否赞同

	非常不赞同	不太赞同	比较赞同	非常赞同	平均值
网络是个虚拟空间，不受现实生活中的道德规范约束	1471	2182	516	118	1.83
人肉搜索侵犯个人隐私，应该杜绝	142	458	2661	1021	3.07
明知网络谣言仍转发的，应该受到惩罚	97	333	2627	1252	3.17

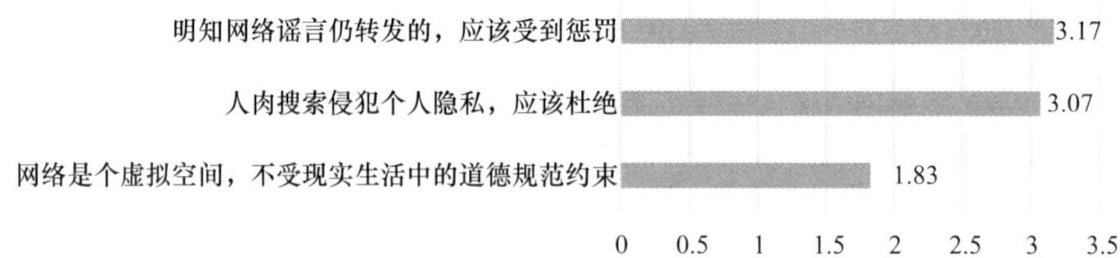

F16a 网络是个虚拟空间，不受现实生活中的道德规范约束

		频数	百分比	有效百分比	累积百分比
有效	非常不赞同	1471	33.7%	34.3%	34.3%
	不太赞同	2182	50.0%	50.9%	85.2%
	比较赞同	516	11.8%	12.0%	97.2%
	非常赞同	118	2.7%	2.8%	100.0%
	总计	4287	98.3%	100.0%	
缺失	不理解题意	15	0.3%		
	不知道	56	1.3%		
	拒绝回答	4	0.1%		
	总计	75	1.7%		
总计		4362	100.0%		

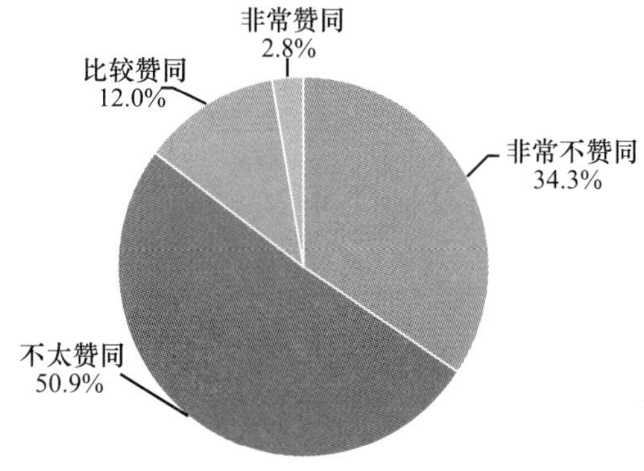

F16b 人肉搜索侵犯个人隐私，应该杜绝

		频数	百分比	有效百分比	累积百分比
有效	非常不赞同	142	3.3%	3.3%	3.3%
	不太赞同	458	10.5%	10.7%	14.0%
	比较赞同	2661	61.0%	62.1%	76.2%
	非常赞同	1021	23.4%	23.8%	100.0%
	总计	4282	98.2%	100.0%	
缺失	不理解题意	10	0.2%		
	不知道	66	1.5%		
	拒绝回答	4	0.1%		
	总计	80	1.8%		
总计		4362	100.0%		

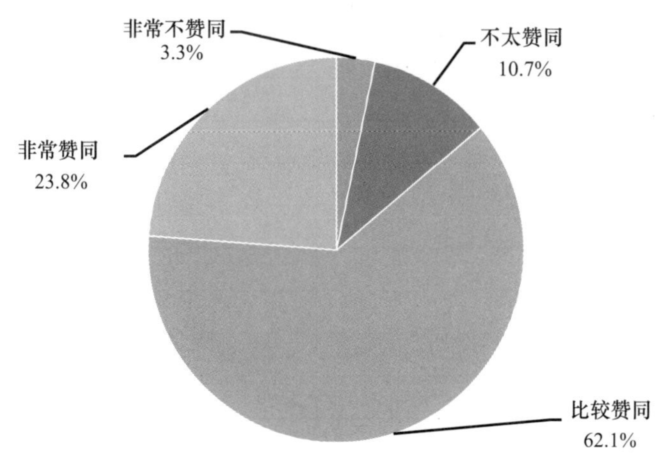

F16c 明知网络谣言仍转发的，应该受到惩罚

		频数	百分比	有效百分比	累积百分比
有效	非常不赞同	97	2.2%	2.3%	2.3%
	不太赞同	333	7.6%	7.7%	10.0%
	比较赞同	2627	60.2%	61.0%	70.9%
	非常赞同	1252	28.7%	29.1%	100.0%
	总计	4309	98.8%	100.0%	
缺失	不理解题意	9	0.2%		
	不知道	40	0.9%		
	拒绝回答	4	0.1%		
	总计	53	1.2%		
总计		4362	100.0%		

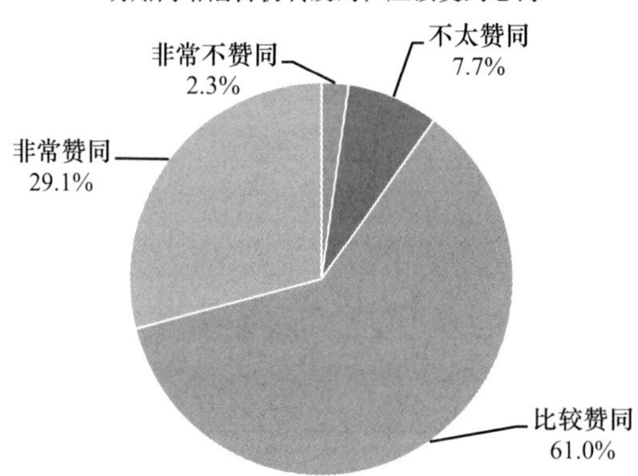

F17 被陌生人不小心踩到并发出“哎哟”一声后，您认为对方会做何种反应？

		频数	百分比	有效百分比	累积百分比
有效	用言语或手势表达歉意	3483	79.8%	83.5%	83.5%
	不会有任何表示	507	11.6%	12.2%	95.7%
	反而说你大惊小怪	179	4.1%	4.3%	100.0%
	总计	4169	95.6%	100.0%	
缺失	不知道	184	4.2%		
	拒绝回答	9	0.2%		
	总计	193	4.4%		
总计		4362	100.0%		

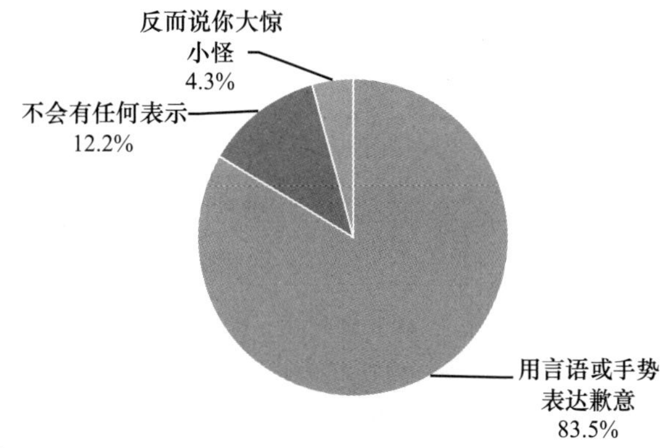

F18 您觉得您周围大多数人工作生活的精神状态怎么样

		频数	百分比	有效百分比	累积百分比
有效	精神饱满、积极向上	2053	47.1%	47.1%	47.1%
	安于现状、按部就班	2218	50.8%	50.9%	98.0%
	精神萎靡、无所事事	85	1.9%	2.0%	100.0%
	总计	4356	99.9%	100.0%	
缺失	不知道	1			
	拒绝回答	5	0.1%		
	总计	6	0.1%		
总计		4362	100.0%		

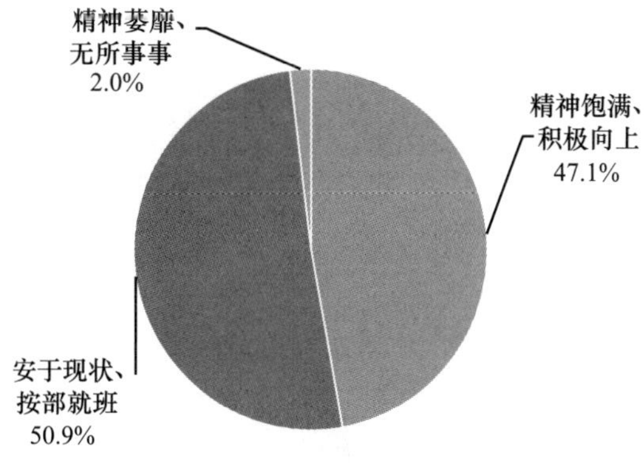

F19 您觉得下面这些现象常见吗

	经常见到	偶尔见到	没见到	平均值
占卜算命	393	2190	1776	2.32
操办喜事比富斗阔	588	1860	1910	2.3
在父母生前不尽孝却对父母的丧事大操大办	408	1821	2129	2.39
赌博或变相赌博	675	2093	1589	2.21
封建迷信活动	262	1426	2669	2.55
非法宗教活动	60	493	3802	2.86

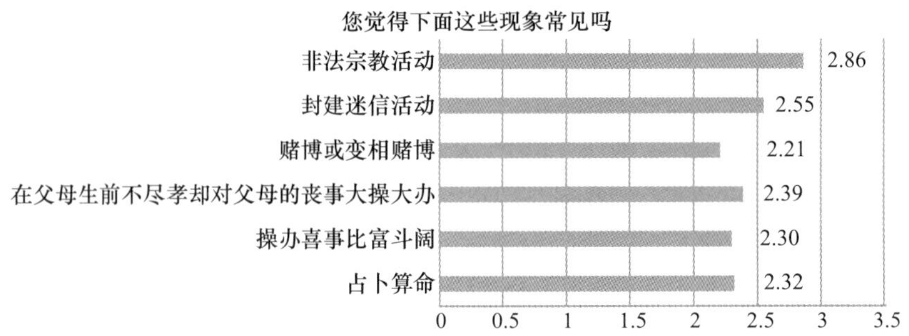

F19a 这些现象在您身边常见吗？占卜算命

		频数	百分比	有效百分比	累积百分比
有效	经常见到	393	9.0%	9.0%	9.0%
	偶尔见到	2190	50.2%	50.2%	59.3%
	没见到	1776	40.7%	40.7%	100.0%
	总计	4359	99.9%	100.0%	
缺失	拒绝回答	3	0.1%		
总计		4362	100.0%		

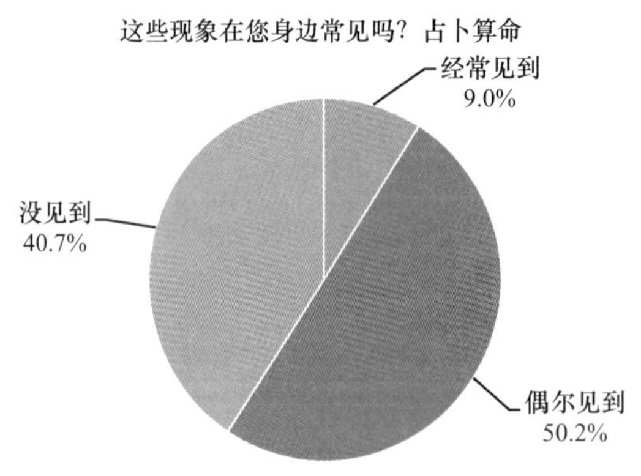

F19b 这些现象在您身边常见吗？操办喜事比富斗阔

		频数	百分比	有效百分比	累积百分比
有效	经常见到	588	13.5%	13.5%	13.5%
	偶尔见到	1860	42.6%	42.7%	56.2%
	没见到	1910	43.8%	43.8%	100.0%
	总计	4358	99.9%	100.0%	
缺失	拒绝回答	4	0.1%		
总计		4362	100.0%		

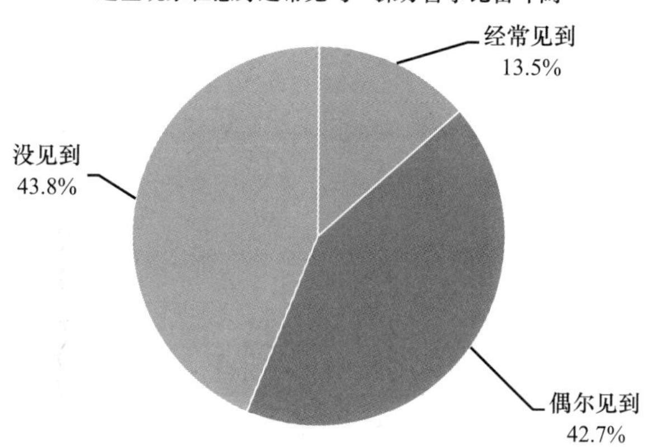

F19c 这些现象在您身边常见吗？在父母生前不尽孝却对父母的丧事大操大办

		频数	百分比	有效百分比	累积百分比
有效	经常见到	408	9.4%	9.4%	9.4%
	偶尔见到	1821	41.7%	41.8%	51.1%
	没见到	2129	48.8%	48.9%	100.0%
	总计	4358	99.9%	100.0%	
缺失	拒绝回答	4	0.1%		
总计		4362	100.0%		

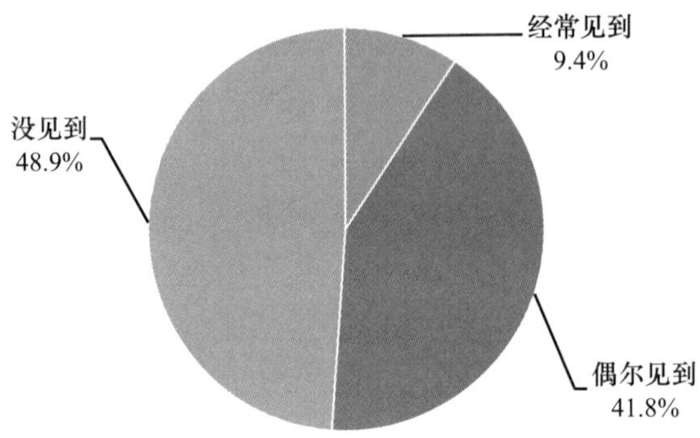

F19d 这些现象在您身边常见吗？赌博或变相赌博

		频数	百分比	有效百分比	累积百分比
有效	经常见到	675	15.5%	15.5%	15.5%
	偶尔见到	2093	48.0%	48.0%	63.5%
	没见到	1589	36.4%	36.5%	100.0%
	总计	4357	99.9%	100.0%	
缺失	拒绝回答	5	0.1%		
总计		4362	100.0%		

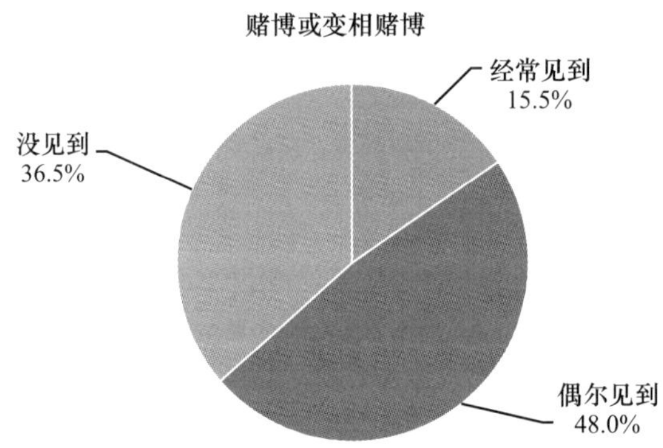

F19e 这些现象在您身边常见吗？封建迷信活动

		频数	百分比	有效百分比	累积百分比
有效	经常见到	262	6.0%	6.0%	6.0%
	偶尔见到	1426	32.7%	32.7%	38.7%
	没见到	2669	61.2%	61.3%	100.0%
	总计	4357	99.9%	100.0%	
缺失	拒绝回答	5	0.1%		
总计		4362	100.0%		

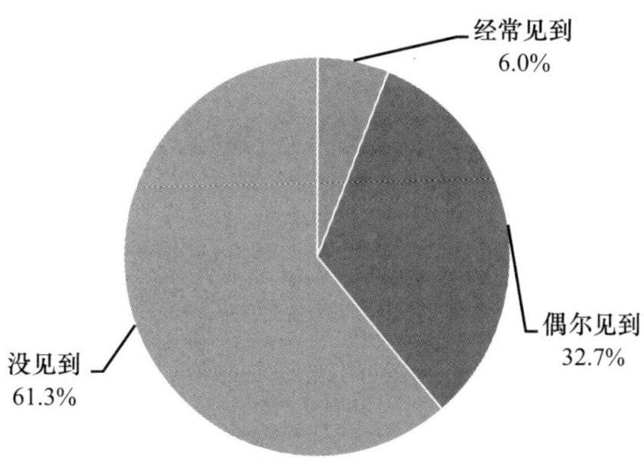

F19f 这些现象在您身边常见吗？非法宗教活动

		频数	百分比	有效百分比	累积百分比
有效	经常见到	60	1.4%	1.4%	1.4%
	偶尔见到	493	11.3%	11.3%	12.7%
	没见到	3802	87.2%	87.3%	100.0%
	总计	4355	99.8%	100.0%	
缺失	不理解题意	1			
	不知道	1			
	拒绝回答	5	0.1%		
	总计	7	0.2%		
总计		4362	100.0%		

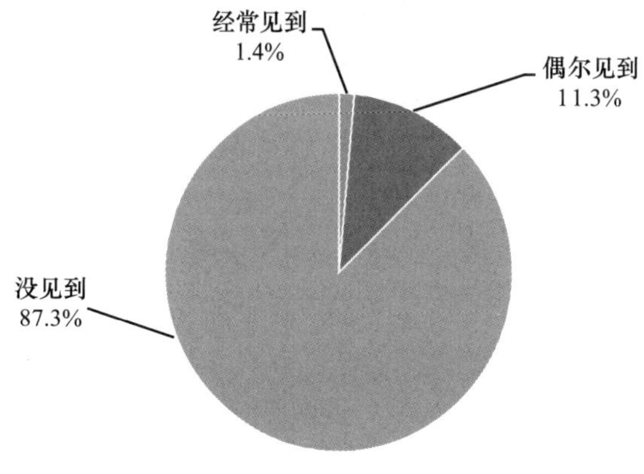

F20 您认为目前我国社会中道德和幸福的现实关系是

		频数	百分比	有效百分比	累积百分比
有效	总体上道德和幸福能够一致，能惩恶扬善	2969	68.1%	72.5%	72.5%
	有道德讲伦理的人大都吃亏，不守道德的人更能讨便宜	899	20.6%	22.0%	94.5%
	道德与幸福没有关系，能挣钱有发展无论怎样行动都行	227	5.2%	5.5%	100.0%
	总计	4095	93.9%	100.0%	
缺失	不理解题意	2			
	不知道	237	5.4%		
	拒绝回答	28	0.6%		
	总计	267	6.1%		
总计		4362	100.0%		

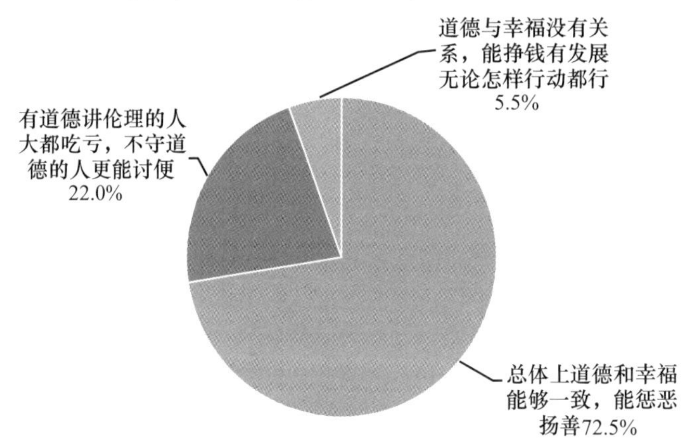

F21 您在工作或生活的地方，有没有一种亲切和踏实的感觉吗

	有	还可以	没有	平均值
所在单位	1292	2618	426	1.8
所在社区/村	1343	2740	271	1.75
所在城市	1265	2756	327	1.78

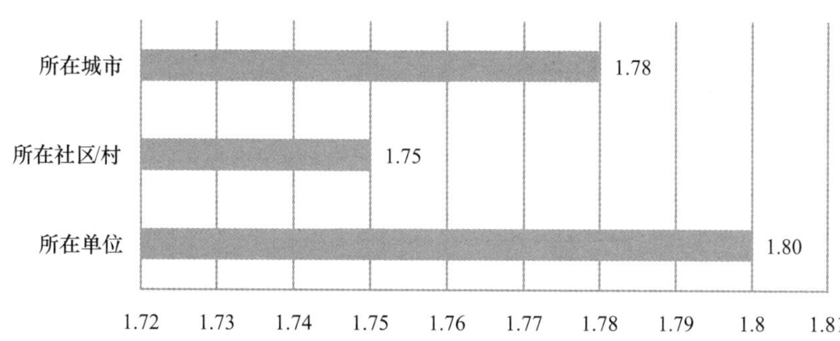

F21a 您在所在单位，有没有一种亲切和踏实的感觉吗

		频数	百分比	有效百分比	累积百分比
有效	有	1292	29.6%	29.8%	29.8%
	还可以	2618	60.0%	60.4%	90.2%
	没有	426	9.8%	9.8%	100.0%
	总计	4336	99.4%	100.0%	
缺失	不理解题意	3	0.1%		
	不知道	11	0.3%		
	拒绝回答	12	0.3%		
	总计	26	0.6%		
总计		4362	100.0%		

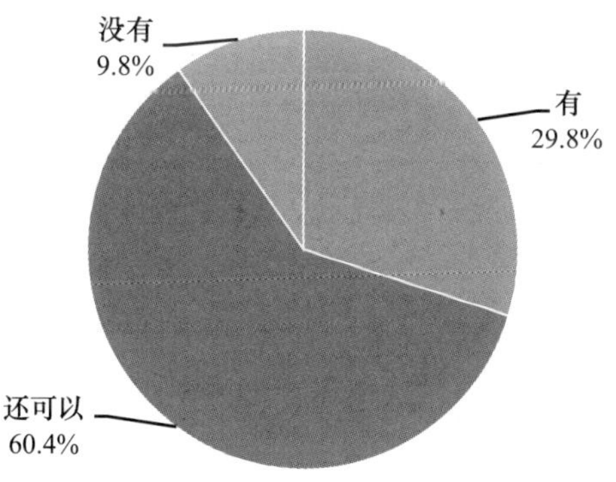

F21b 您在所在社区/村，有没有一种亲切和踏实的感觉吗

		频数	百分比	有效百分比	累积百分比
有效	有	1343	30.8%	30.8%	30.8%
	还可以	2740	62.8%	62.9%	93.8%
	没有	271	6.2%	6.2%	100.0%
	总计	4354	99.8%	100.0%	
缺失	拒绝回答	8	0.2%		
总计		4362	100.0%		

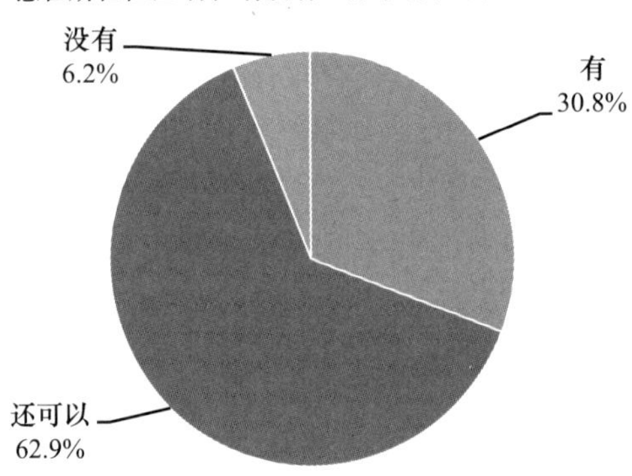

F21c 您在所在城市，有没有一种亲切和踏实的感觉吗

		频数	百分比	有效百分比	累积百分比
有效	有	1265	29.0%	29.1%	29.1%
	还可以	2756	63.2%	63.4%	92.5%
	没有	327	7.5%	7.5%	100.0%
	总计	4348	99.7%	100.0%	
缺失	不理解题意	1			
	拒绝回答	13	0.3%		
	总计	14	0.3%		
总计		4362	100.0%		

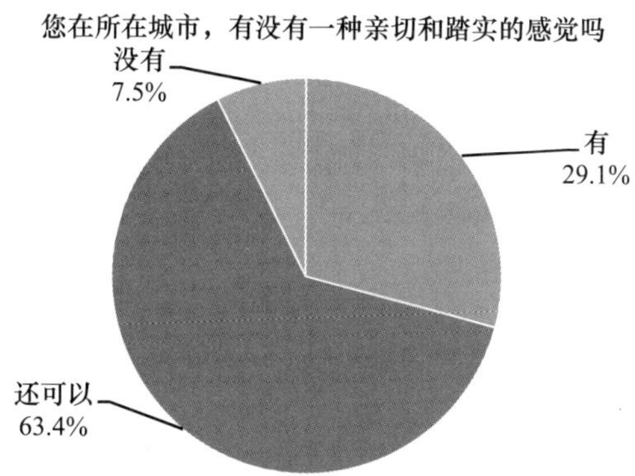

F22 您认为您目前的状况是

		频数	百分比	有效百分比	累积百分比
有效	生活富裕，但不感到幸福和快乐	93	2.1%	2.1%	2.1%
	生活富裕，幸福也快乐	435	10.0%	10.0%	12.1%
	生活小康，幸福且快乐	2492	57.1%	57.2%	69.3%
	生活小康，但不感到幸福和快乐	286	6.6%	6.6%	75.9%
	生活清贫，幸福且快乐	896	20.5%	20.6%	96.4%
	生活贫困，既不幸福也不快乐	156	3.6%	3.6%	100.0%
	总计	4358	99.9%	100.0%	
缺失	不理解题意	2			
	拒绝回答	2			
	总计	4	0.1%		
总计		4362	100.0%		

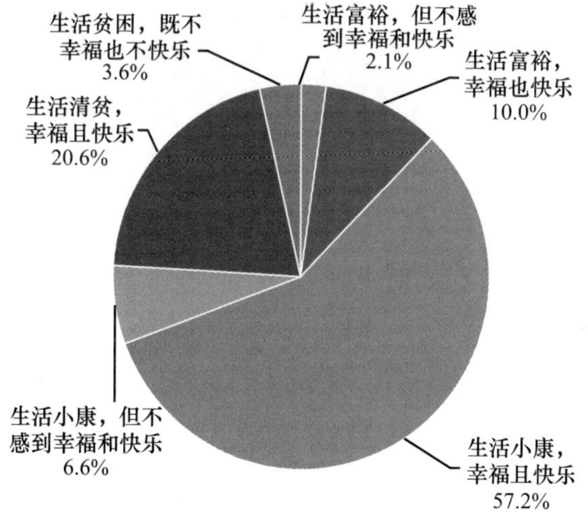

F23 最近这些年，您的生活水平对幸福感的影响是怎样的

		频数	百分比	有效百分比	累积百分比
有效	生活水平提高了，但幸福感和快乐感降低了	346	7.9%	7.9%	7.9%
	生活水平提高了，幸福感和快乐感提高了	2707	62.1%	62.1%	70.1%
	生活水平没变，幸福感和快乐感提高了	980	22.5%	22.5%	92.6%
	生活水平没变，幸福感和快乐感降低了	218	5.0%	5.0%	97.6%
	生活水平下降，但幸福感和快乐感提高了	33	0.8%	0.8%	98.3%
	生活水平下降，幸福感和快乐感也降低了	72	1.7%	1.7%	100.0%
	总计	4356	99.9%	100.0%	
缺失	不理解题意	1			
	拒绝回答	5	0.1%		
	总计	6	0.1%		
总计		4362	100.0%		

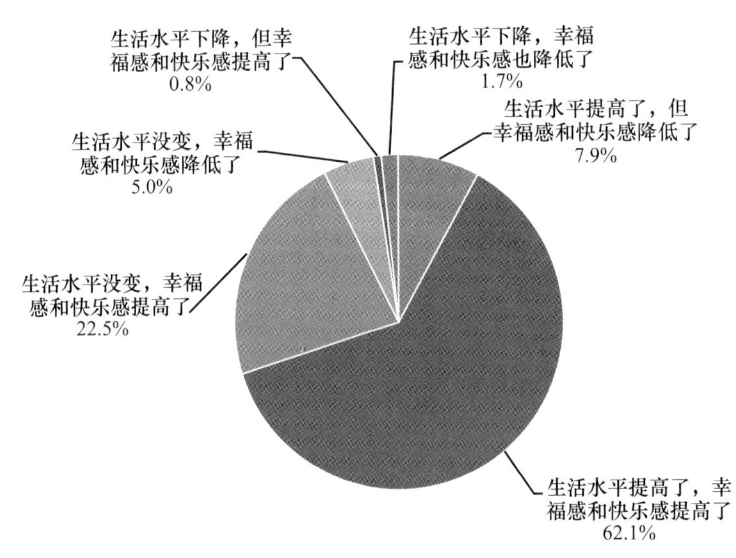

F24a 近十年来，您认为下列哪一类人获得的利益最多

		频数	百分比	有效百分比	累积百分比
有效	工人	22	0.5%	0.5%	0.5%
	农民	70	1.6%	1.7%	2.2%
	公务员	490	11.2%	11.9%	14.1%
	国有企业的经营管理者	423	9.7%	10.3%	24.4%
	集体企业的经营管理者	86	2.0%	2.1%	26.5%
	私营企业家	895	20.5%	21.7%	48.3%
	外商、境外来大陆的投资者	411	9.4%	10.0%	58.3%
	个体户	213	4.9%	5.2%	63.4%
	私营、外资企业中的管理人员	283	6.5%	6.9%	70.3%
	专家学者、专业技术人员	246	5.6%	6.0%	76.3%
	政府官员	963	22.1%	23.4%	99.7%
	其他	13	0.3%	0.3%	100.0%
	总计	4115	94.3%	100.0%	
缺失	不知道	241	5.5%		
	不理解题意	1			
	拒绝回答	5	0.1%		
	总计	247	5.7%		
总计		4362	100.0%		

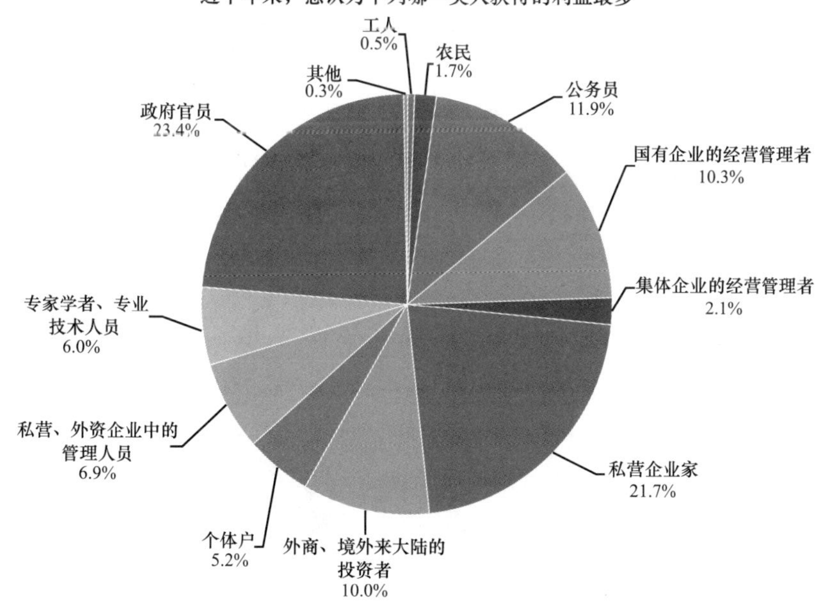

F24b 近十年来，您认为下列哪一类人获得的利益最少

		频数	百分比	有效百分比	累积百分比
有效	工人	1032	23.7%	24.3%	24.3%
	农民	2988	68.5%	70.5%	94.8%
	公务员	30	0.7%	0.7%	95.5%
	国有企业的经营管理者	16	0.4%	0.4%	95.9%
	集体企业的经营管理者	12	0.3%	0.3%	96.2%
	私营企业家	23	0.5%	0.5%	96.7%
	外商、境外来大陆的投资者	12	0.3%	0.3%	97.0%
	个体户	53	1.2%	1.3%	98.3%
	私营、外资企业中的管理人员	14	0.3%	0.3%	98.6%
	专家学者、专业技术人员	28	0.6%	0.7%	99.3%
	政府官员	26	0.6%	0.6%	99.9%
	其他	5	0.1%	0.1%	100.0%
	总计	4239	97.2%	100.0%	
缺失	不知道	118	2.7%		
	拒绝回答	5	0.1%		
	总计	123	2.8%		
总计		4362	100.0%		

近十年来，您认为下列哪一类人获得的利益最少

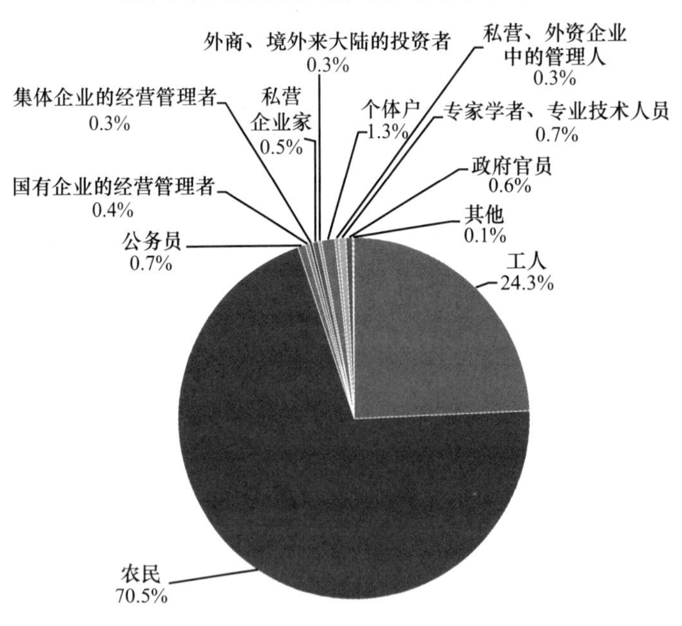

F25 您认为弱势群体产生的最主要原因是

	频数	有效百分比
制度不合理，社会关怀不够	1696	39. 8%
收入分配不公	2030	47. 6%
机会不平等	1434	33. 6%
弱势群体自己不努力	870	20. 4%
缺乏生存技能	1491	35. 0%

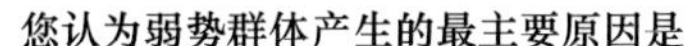

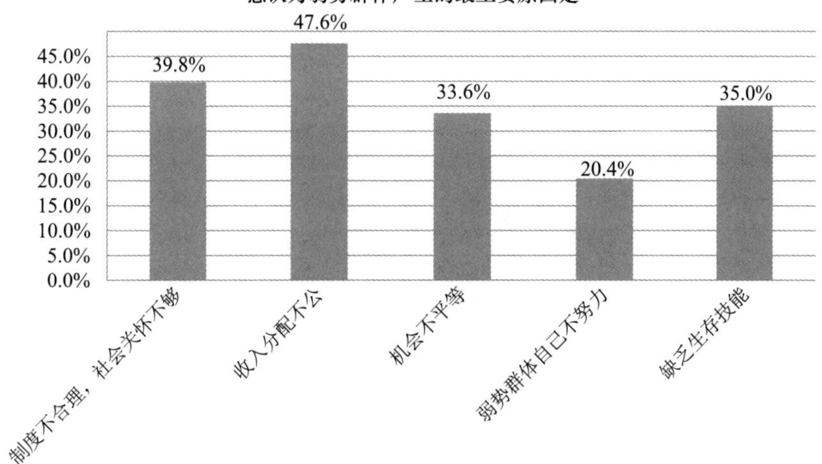

F26 我们经常看到一些老人或流浪者在垃圾桶中找东西，弄得满身污物，您认为我们是否应该改造城市的垃圾桶，如调整垃圾桶的角度、集中放矿泉水瓶等，以为他们提供方便

		频数	百分比	有效百分比	累积百分比
有效	应该，社会有义务为他们提供一种有尊严的生活	3675	84. 3%	84. 7%	84. 7%
	不应该，这些人本来就与城市不和谐	429	9. 8%	9. 9%	94. 6%
	做这样的事不值得，应该将钱花到更重要的地方	221	5. 1%	5. 1%	99. 7%
	其他	14	0. 3%	0. 3%	100. 0%
	总计	4339	99. 5%	100. 0%	

续表

		频数	百分比	有效百分比	累积百分比
缺失	不理解题意	2			
	不知道	15	0.3%		
	拒绝回答	6	0.1%		
	总计	23	0.5%		
总计		4362	100.0%		

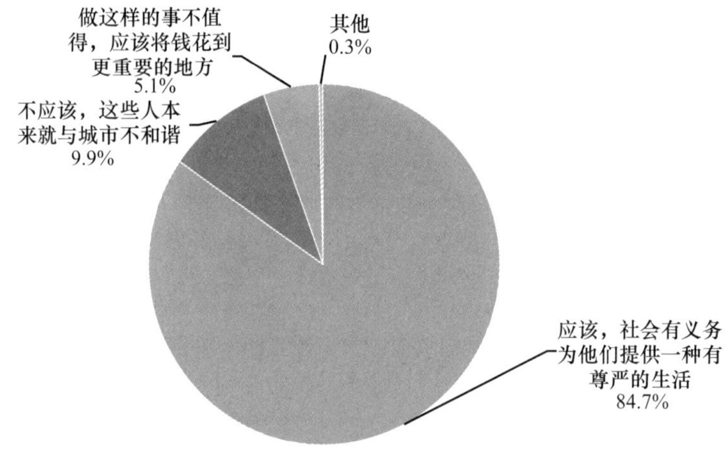

F27 对当今中国社会，您更担忧哪种问题

		频数	百分比	有效百分比	累积百分比
有效	坑蒙拐骗，不守信用	1372	31.5%	31.6%	31.6%
	人与人之间互不信任，相互提防，没有安全感	2008	46.0%	46.2%	77.8%
	可信任的人很少，遇到问题难以找到人倾诉和帮助	794	18.2%	18.3%	96.1%
	其他	171	3.9%	3.9%	100.0%
	总计	4345	99.6%	100.0%	
缺失	不理解题意	4	0.1%		
	不知道	5	0.1%		
	拒绝回答	8	0.2%		
	总计	17	0.4%		
总计		4362	100.0%		

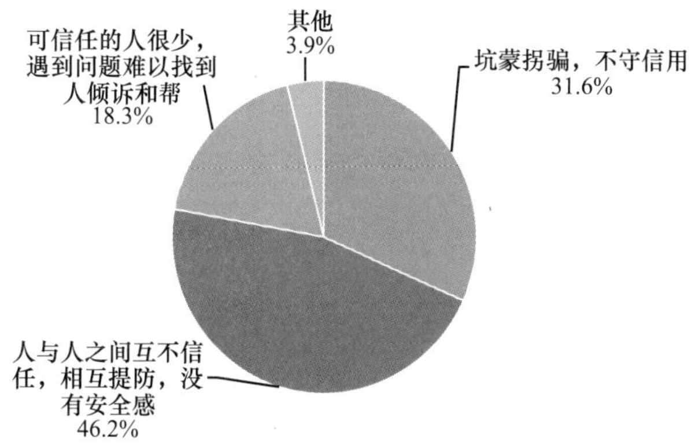

F28 您觉得大多数人都是可以相信的吗？如果 1 分代表“大多数人都可以相信”，5 分代表“对其他人都应该小心防备”，您会选几分

		频数	百分比	有效百分比	累积百分比
有效	1 大多数人都可以相信	414	9.5%	9.5%	9.5%
	2	1486	34.1%	34.1%	43.6%
	3	1821	41.7%	41.8%	85.5%
	4	552	12.7%	12.7%	98.1%
	5 对其他人都应小心防备	81	1.9%	1.9%	100.0%
	总计	4354	99.8%	100.0%	
缺失	9 拒绝回答	8	0.2%		
总计	4362	100.0%			

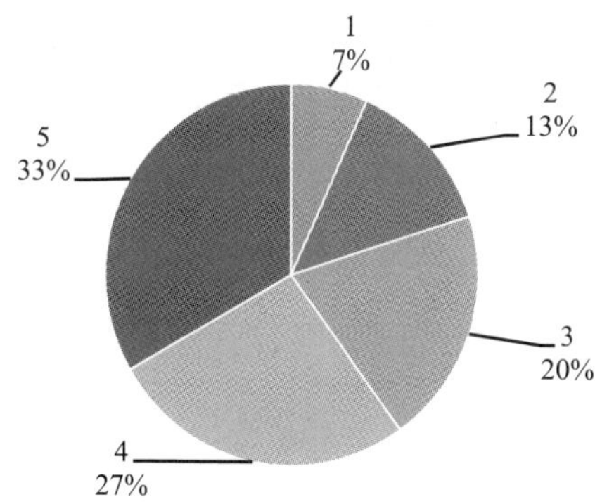

F29 您对下面这些人的信任程度如何

	根本不信任	不太信任	比较信任	完全信任	平均值
您的家人	4	12	806	3535	3.81
您的邻居	24	353	3438	527	3.03
外地人	897	2487	825	43	2.00
陌生人	1476	2390	332	29	1.74
外国人	1235	2191	428	30	1.81
同事或同学	48	521	3425	297	2.93
您的上司或领导	54	675	3128	292	2.88
您的朋友	28	148	3513	652	3.10

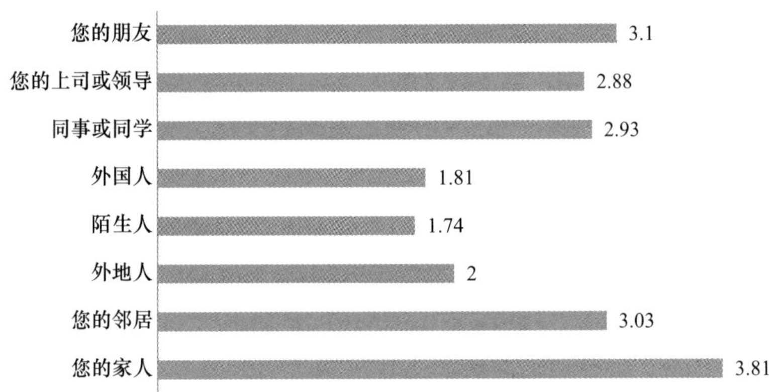

F29a 您对下面这些人的信任程度如何？您的家人

		频数	百分比	有效百分比	累积百分比
有效	根本不信任	4	0.1%	0.1%	0.1%
	不太信任	12	0.3%	0.3%	0.4%
	比较信任	806	18.5%	18.5%	18.9%
	完全信任	3535	81.0%	81.1%	100.0%
	总计	4357	99.9%	100.0%	
缺失	不知道	4	0.1%		
	拒绝回答	1			
	总计	5	0.1%		
总计		4362	100.0%		

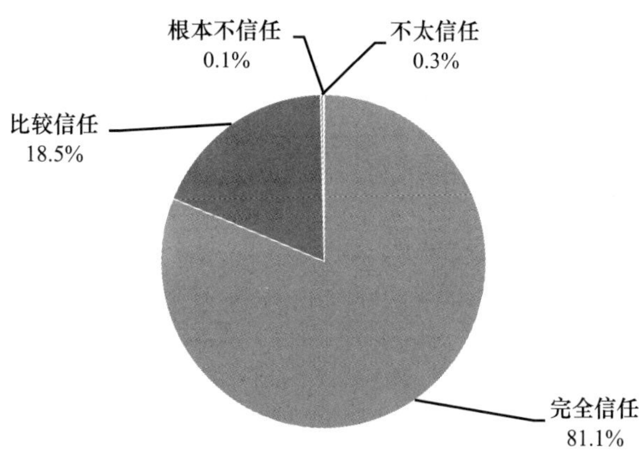

F29b 您对下面这些人的信任程度如何？您的邻居

		频数	百分比	有效百分比	累积百分比
有效	根本不信任	24	0.6%	0.6%	0.6%
	不太信任	353	8.1%	8.1%	8.7%
	比较信任	3438	78.8%	79.2%	87.9%
	完全信任	527	12.1%	12.1%	100.0%
	总计	4342	99.5%	100.0%	
缺失	不知道	16	0.4%		
	拒绝回答	4	0.1%		
	总计	20	0.5%		
总计		4362	100.0%		

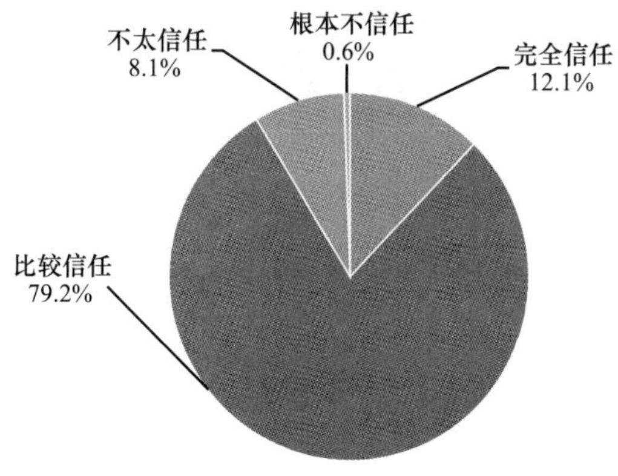

F29c 您对下面这些人的信任程度如何？外地人

		频数	百分比	有效百分比	累积百分比
有效	根本不信任	897	20.6%	21.1%	21.1%
	不太信任	2487	57.0%	58.5%	79.6%
	比较信任	825	18.9%	19.4%	99.0%
	完全信任	43	1.0%	1.0%	100.0%
	总计	4252	97.5%	100.0%	
缺失	不知道	105	2.4%		
	拒绝回答	5	0.1%		
	总计	110	2.5%		
总计		4362	100.0%		

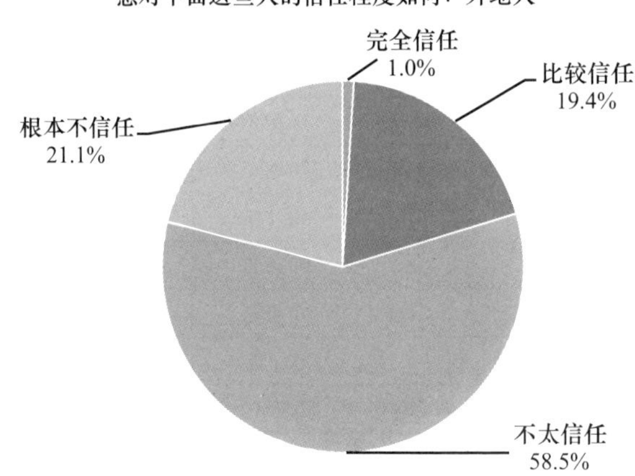

F29d 您对下面这些人的信任程度如何？陌生人

		频数	百分比	有效百分比	累积百分比
有效	根本不信任	1476	33.8%	34.9%	34.9%
	不太信任	2390	54.8%	56.5%	91.4%
	比较信任	332	7.6%	7.9%	99.3%
	完全信任	29	0.7%	0.7%	100.0%
	总计	4227	96.9%	100.0%	
缺失	不知道	133	3.0%		
	拒绝回答	2			
	总计	135	3.1%		
总计		4362	100.0%		

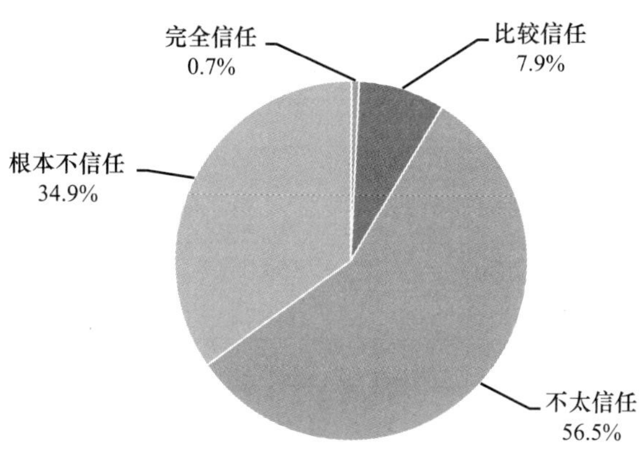

F29e 您对下面这些人的信任程度如何？外国人

		频数	百分比	有效百分比	累积百分比
有效	根本不信任	1235	28. 3%	31. 8%	31. 8%
	不太信任	2191	50. 2%	56. 4%	88. 2%
	比较信任	428	9. 8%	11. 0%	99. 2%
	完全信任	30	0. 7%	0. 8%	100. 0%
	总计	3884	89. 0%	100. 0%	
缺失	不知道	471	10. 8%		
	拒绝回答	7	0. 2%		
	总计	478	11. 0%		
总计		4362	100. 0%		

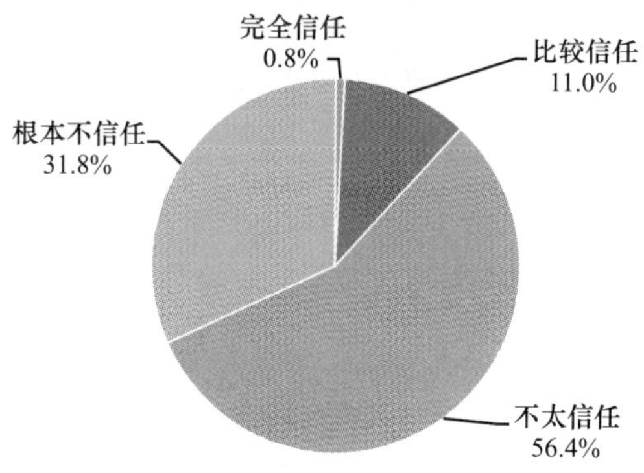

F29f 您对下面这些人的信任程度如何？同事或同学

		频数	百分比	有效百分比	累积百分比
有效	根本不信任	48	1.1%	1.1%	1.1%
	不太信任	521	11.9%	12.1%	13.2%
	比较信任	3425	78.5%	79.8%	93.1%
	完全信任	297	6.8%	6.9%	100.0%
	总计	4291	98.4%	100.0%	
缺失	不知道	59	1.4%		
	拒绝回答	12	0.3%		
	总计	71	1.6%		
总计		4362	100.0%		

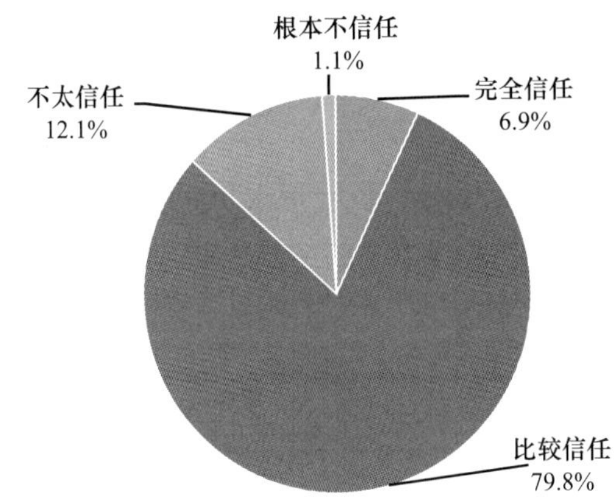

F29g 您对下面这些人的信任程度如何？您的上司或领导

		频数	百分比	有效百分比	累积百分比
有效	根本不信任	54	1.2%	1.3%	1.3%
	不太信任	675	15.5%	16.3%	17.6%
	比较信任	3128	71.7%	75.4%	93.0%
	完全信任	292	6.7%	7.0%	100.0%
	总计	4149	95.1%	100.0%	
缺失	不知道	207	4.7%		
	拒绝回答	6	0.1%		
	总计	213	4.9%		
总计		4362	100.0%		

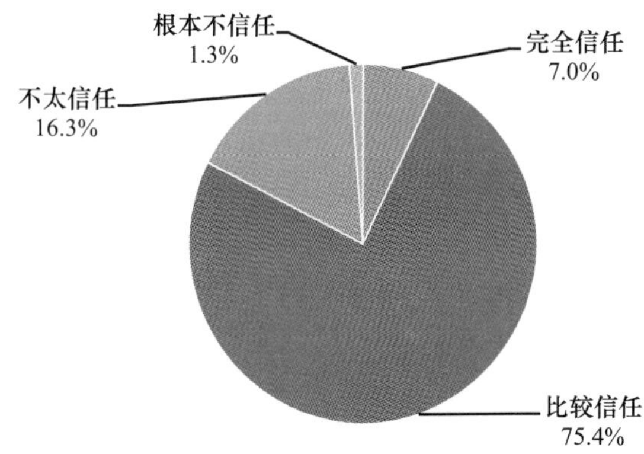

F29h 您对下面这些人的信任程度如何？您的朋友

		频数	百分比	有效百分比	累积百分比
有效	根本不信任	28	0.6%	0.6%	100.0%
	不太信任	148	3.4%	3.4%	99.4%
	比较信任	3513	80.5%	80.9%	95.9%
	完全信任	652	14.9%	15.0%	15.0%
	总计	4341	99.5%	100.0%	
缺失	不知道	18	0.4%		
	拒绝回答	3	0.1%		
	总计	21	0.5%		
总计		4362	100.0%		

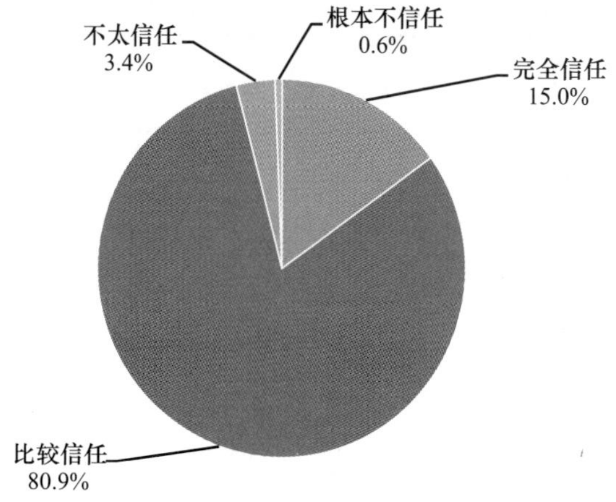

F30 您是否同意“在这个社会上，您一不小心别人就会想办法占您的便宜”

		频数	百分比	有效百分比	累积百分比
有效	非常不同意	183	4.2%	4.3%	4.3%
	比较不同意	1182	27.1%	27.6%	31.9%
	说不上同意不同意	1316	30.2%	30.8%	62.7%
	比较同意	1461	33.5%	34.2%	96.9%
	非常同意	134	3.1%	3.1%	100.0%
	总计	4276	98.0%	100.0%	
缺失	不知道	85	1.9%		
	拒绝回答	1			
	总计	86	2.0%		
总计		4362	100.0%		

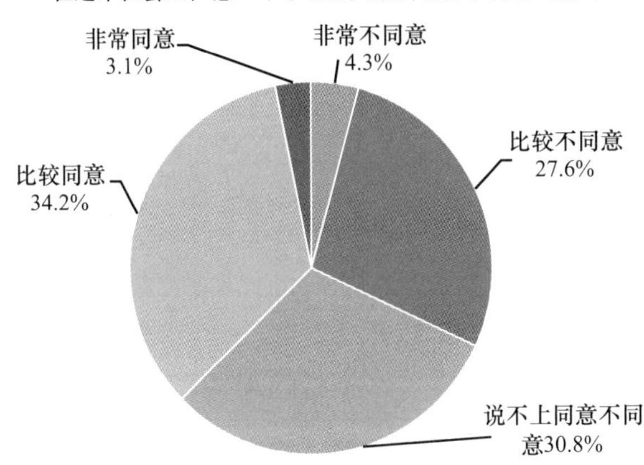

F31 您对所生活的地方道德建设满意吗

		频数	百分比	有效百分比	累积百分比
有效	满意	479	11.0%	11.4%	11.4%
	基本满意	3338	76.5%	79.1%	90.5%
	不满意	401	9.2%	9.5%	100.0%
	总计	4218	96.7%	100.0%	
缺失	不知道/说不清楚	143	3.3%		
	拒绝回答	1			
	总计	144	3.3%		
总计		4362	100.0%		

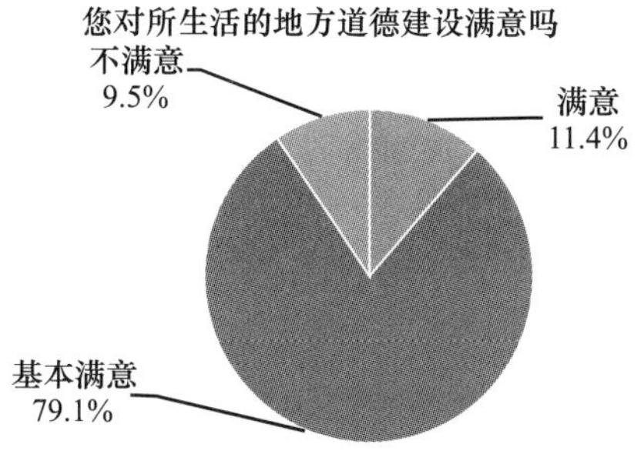

F32 您对下面职业群体的信任程度如何

	根本不信任	不太信任	比较信任	完全信任	平均值
商人	219	2070	1894	57	2.42
单位领导/社区（村）干部	141	1187	2735	199	2.70
公务员	152	1174	2605	295	2.72
教师	99	661	3057	509	2.92
警察	97	495	2858	875	3.04
医生	129	859	2893	452	2.85
法官	65	452	3035	723	3.03
农民	56	460	3315	490	2.98
工人	50	520	3293	447	2.96
专家学者	124	933	2604	423	2.81
演艺娱乐圈	622	1792	1278	61	2.21
公众人物	337	1535	1825	121	2.45

备注：为便于理解，对信任程度进行了重新赋值，变为 1 = 根本不信任，2 = 不太信任，3 = 比较信任，4 = 完全信任。上图为各群体信任度的均值，数值越高，表示民众对该群体的信任程度越高。

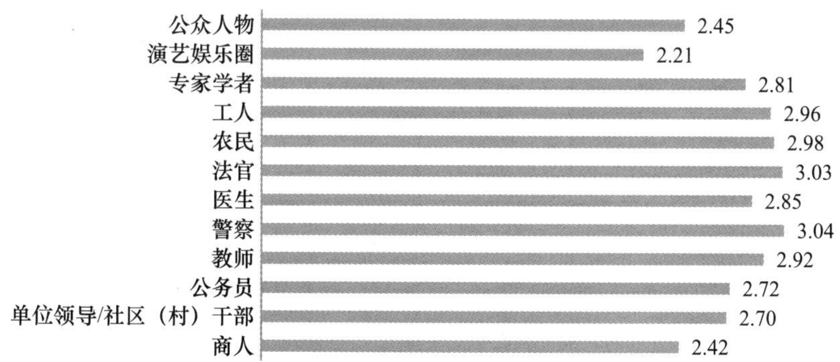

F32a 您对下面群体的信任程度如何？商人

		频数	百分比	有效百分比	累积百分比
有效	根本不信任	219	5.0%	5.2%	5.2%
	不太信任	2070	47.5%	48.8%	44.0%
	比较信任	1894	43.4%	44.7%	88.7%
	完全信任	57	1.3%	1.3%	100.0%
	总计	4240	97.2%	100.0%	
缺失	不知道	119	2.7%		
	拒绝回答	3	0.1%		
	总计	122	2.8%		
总计		4362	100.0%		

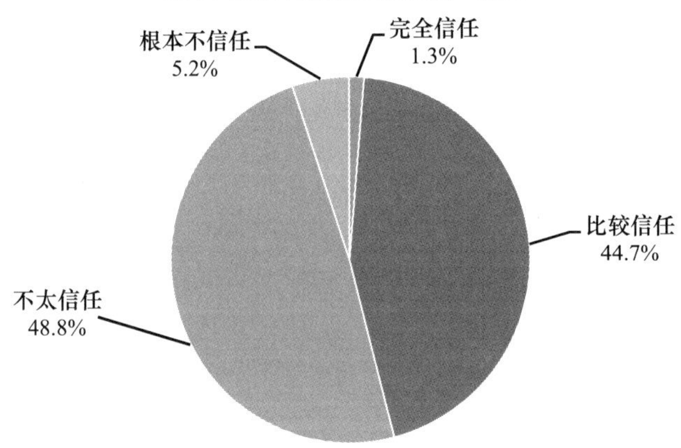

F32b 您对下面群体的信任程度如何？单位领导/社区（村）干部

		频数	百分比	有效百分比	累积百分比
有效	根本不信任	141	3.2%	3.3%	3.3%
	不太信任	1187	27.2%	27.9%	31.2%
	比较信任	2735	62.7%	64.2%	95.4%
	完全信任	199	4.6%	4.7%	100.0%
	总计	4262	97.7%	100.0%	
缺失	不知道	94	2.2%		
	拒绝回答	6	0.1%		
	总计	100	2.3%		
总计		4362	100.0%		

您对下面群体的信任程度如何？单位领导/社区（村）干部

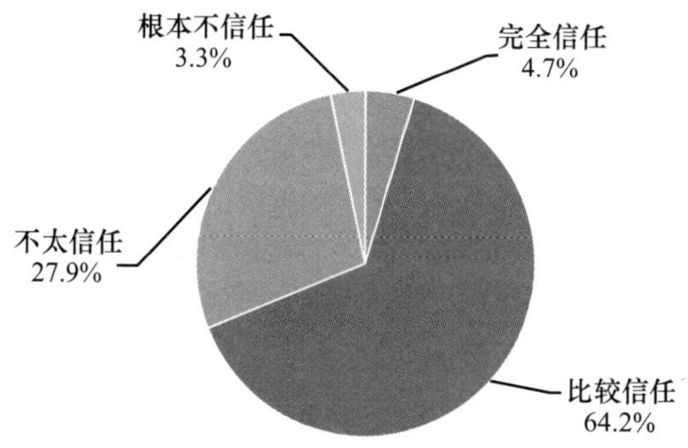

F32c 您对下面群体的信任程度如何？公务员

		频数	百分比	有效百分比	累积百分比
有效	根本不信任	152	3.5%	3.6%	3.6%
	不太信任	1174	26.9%	27.8%	31.4%
	比较信任	2605	59.7%	61.6%	93.0%
	完全信任	295	6.8%	7.0%	100.0%
	总计	4226	96.9%	100.0%	
缺失	不知道	132	3.0%		
	拒绝回答	4	0.1%		
	总计	136	3.1%		
总计		4362	100.0%		

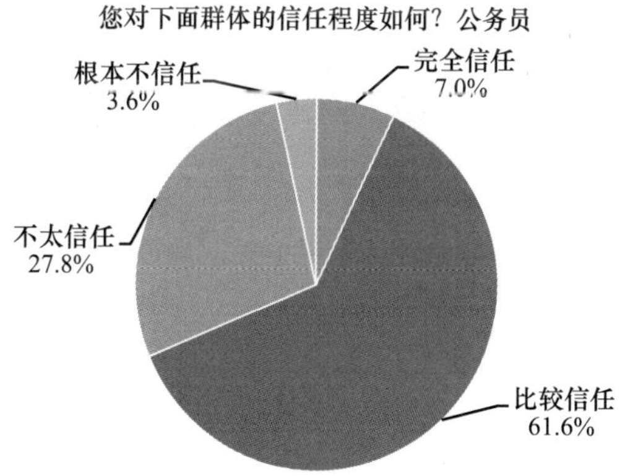

您对下面群体的信任程度如何？公务员

根本不信任
3.6%
完全信任
7.0%
不太信任
27.8%
比较信任
61.6%

F32d 您对下面群体的信任程度如何？教师

		频数	百分比	有效百分比	累积百分比
有效	根本不信任	99	2.3%	2.3%	2.3%
	不太信任	661	15.2%	15.3%	17.6%
	比较信任	3057	70.1%	70.7%	88.2%
	完全信任	509	11.7%	11.8%	100.0%
	总计	4326	99.2%	100.0%	
缺失	不知道	32	0.7%		
	拒绝回答	4	0.1%		
	总计	36	0.8%		
总计		4362	100.0%		

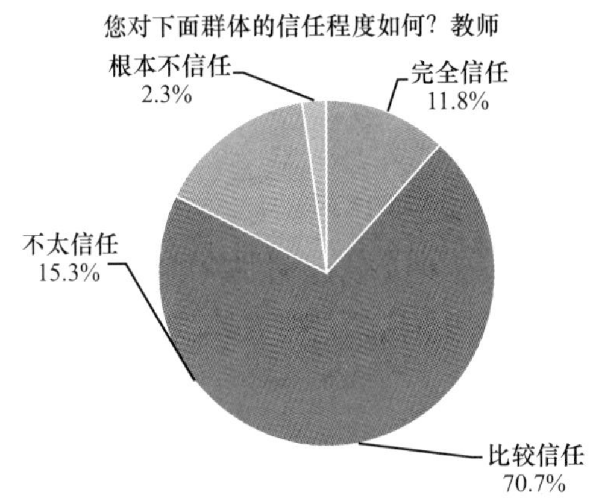

F32e 您对下面群体的信任程度如何？警察

		频数	百分比	有效百分比	累积百分比
有效	根本不信任	97	2.2%	2.2%	2.2%
	不太信任	495	11.3%	11.4%	20.2%
	比较信任	2858	65.5%	66.1%	86.3%
	完全信任	875	20.1%	20.2%	97.8%
	总计	4325	99.2%	100.0%	
缺失	不知道	35	0.8%		
	拒绝回答	2			
	总计	37	0.8%		
总计		4362	100.0%		

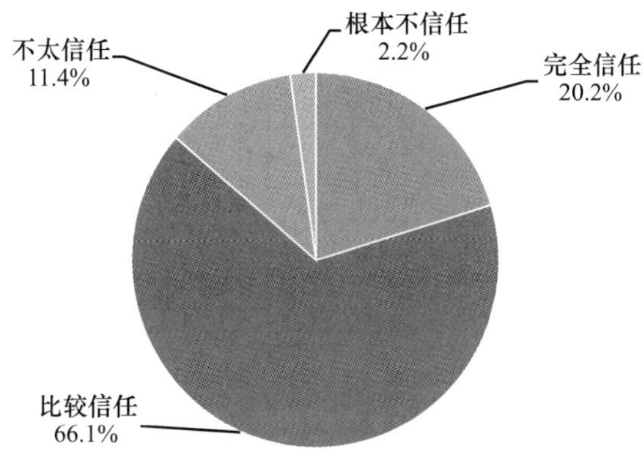

F32f 您对下面群体的信任程度如何？医生

		频数	百分比	有效百分比	累积百分比
有效	根本不信任	129	3. 0%	3. 0%	3. 0%
	不太信任	859	19. 7%	19. 8%	10. 4%
	比较信任	2893	66. 3%	66. 8%	77. 2%
	完全信任	452	10. 4%	10. 4%	100. 0%
	总计	4333	99. 3%	100. 0%	
缺失	不知道	27	0. 6%		
	拒绝回答	2			
	总计	29	0. 7%		
总计		4362	100. 0%		

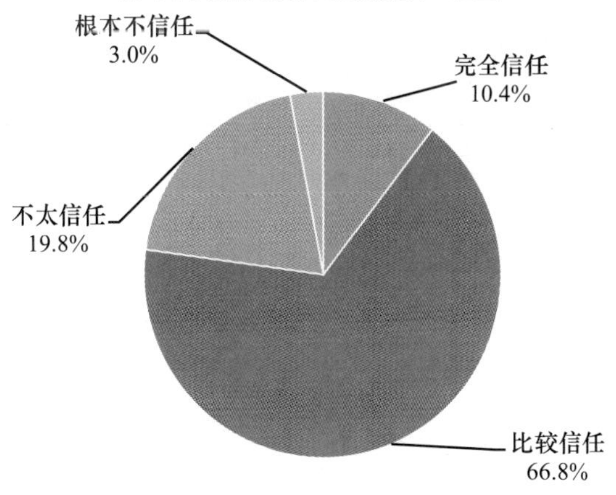

F32g 您对下面群体的信任程度如何？法官

		频数	百分比	有效百分比	累积百分比
有效	根本不信任	65	1.5%	1.5%	1.5%
	不太信任	452	10.4%	10.6%	12.1%
	比较信任	3035	69.6%	71.0%	87.9%
	完全信任	723	16.6%	16.9%	100.0%
	总计	4275	98.0%	100.0%	
缺失	不知道	77	1.8%		
	拒绝回答	10	0.2%		
	总计	87	2.0%		
总计		4362	100.0%		

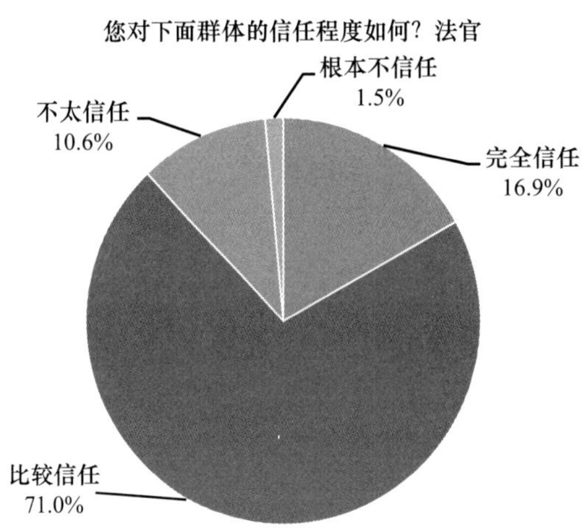

F32h 您对下面群体的信任程度如何？农民

		频数	百分比	有效百分比	累积百分比
有效	根本不信任	56	1.3%	1.3%	1.3%
	不太信任	460	10.5%	10.6%	11.3%
	比较信任	3315	76.0%	76.7%	88.1%
	完全信任	490	11.2%	11.3%	100.0%
	总计	4321	99.1%	100.0%	
缺失	不知道	35	0.8%		
	拒绝回答	6	0.1%		
	总计	41	0.9%		
总计		4362	100.0%		

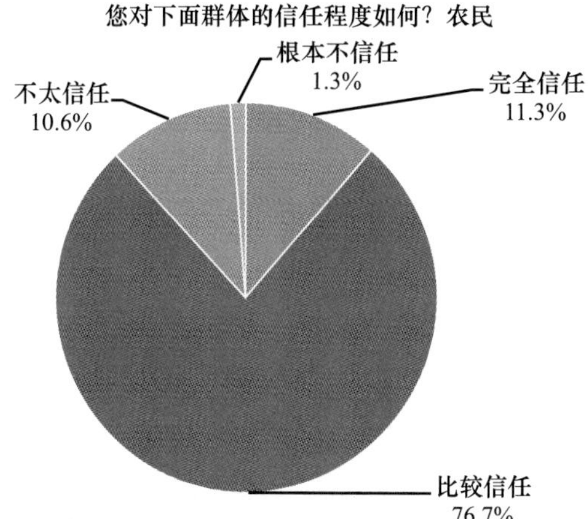

F32i 您对下面群体的信任程度如何？工人

		频数	百分比	有效百分比	累积百分比
有效	根本不信任	50	1.1%	1.2%	1.2%
	不太信任	520	11.9%	12.1%	13.3%
	比较信任	3293	75.5%	76.4%	89.6%
	完全信任	447	10.2%	10.4%	100.0%
	总计	4310	98.8%	100.0%	
缺失	不知道	50	1.1%		
	拒绝回答	2			
	总计	52	1.2%		
总计		4362	100.0%		

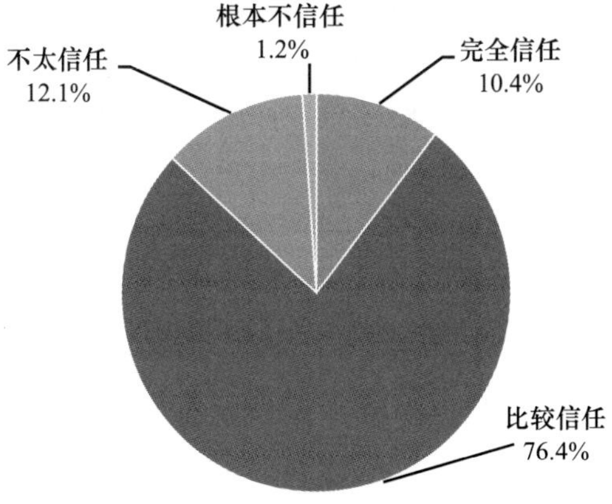

F32j 您对下面群体的信任程度如何？专家学者

		频数	百分比	有效百分比	累积百分比
有效	根本不信任	124	2.8%	3.0%	3.0%
	不太信任	933	21.4%	22.8%	25.8%
	比较信任	2604	59.7%	63.8%	74.1%
	完全信任	423	9.7%	10.4%	100.0%
	总计	4084	93.6%	100.0%	
缺失	不知道	269	6.2%		
	拒绝回答	9	0.2%		
	总计	278	6.4%		
总计		4362	100.0%		

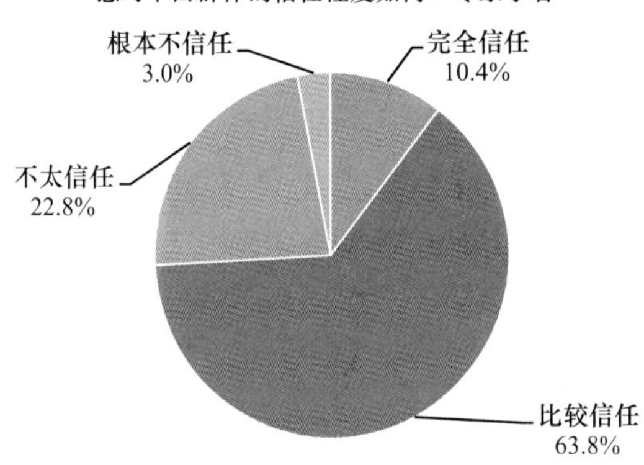

F32k 您对下面群体的信任程度如何？演艺娱乐圈

		频数	百分比	有效百分比	累积百分比
有效	根本不信任	622	14.3%	16.6%	16.6%
	不太信任	1792	41.1%	47.7%	63.3%
	比较信任	1278	29.3%	34.1%	98.9%
	完全信任	61	1.4%	1.6%	100.0%
	总计	3753	86.0%	100.0%	
缺失	不知道	604	13.8%		
	拒绝回答	5	0.1%		
	总计	609	14.0%		
总计		4362	100.0%		

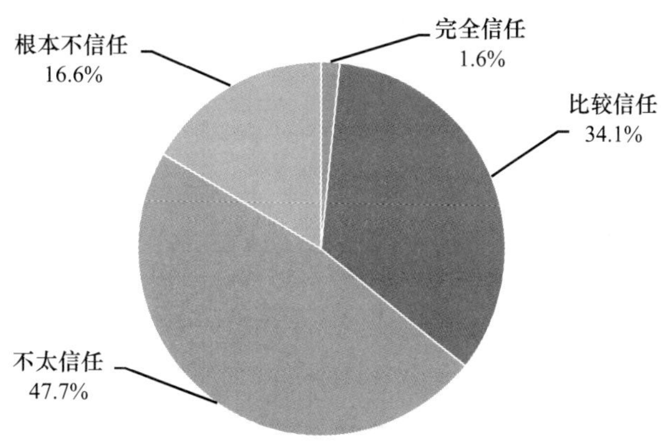

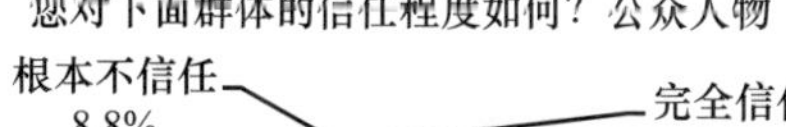

F321 您对下面群体的信任程度如何？公众人物

		频数	百分比	有效百分比	累积百分比
有效	根本不信任	337	7.7%	8.8%	8.8%
	不太信任	1535	35.2%	40.2%	49.0%
	比较信任	1825	41.8%	47.8%	96.8%
	完全信任	121	2.8%	3.2%	100.0%
	总计	3818	87.5%	100.0%	
缺失	不知道	541	12.4%		
	拒绝回答	3	0.1%		
	总计	544	12.5%		
总计		4362	100.0%		

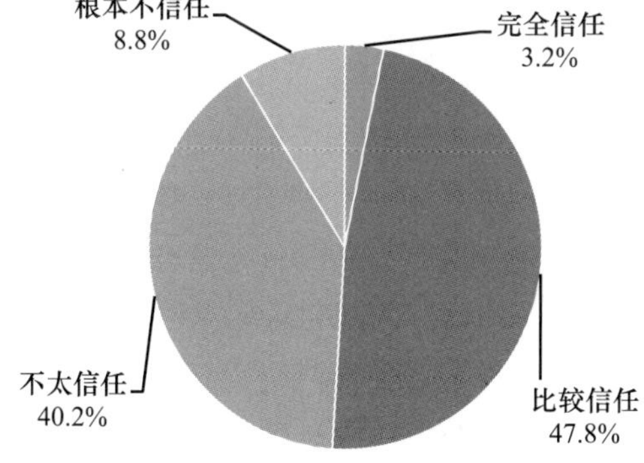

F33 您在生活中经常买到假冒伪劣商品吗

		频数	百分比	有效百分比	累积百分比
有效	经常	207	4.7%	5.1%	5.1%
	偶尔	2783	63.8%	68.9%	74.1%
	没有	1047	24.0%	25.9%	100.0%
	总计	4037	92.5%	100.0%	
缺失	不知道/不清楚	325	7.5%		
总计		4362	100.0%		

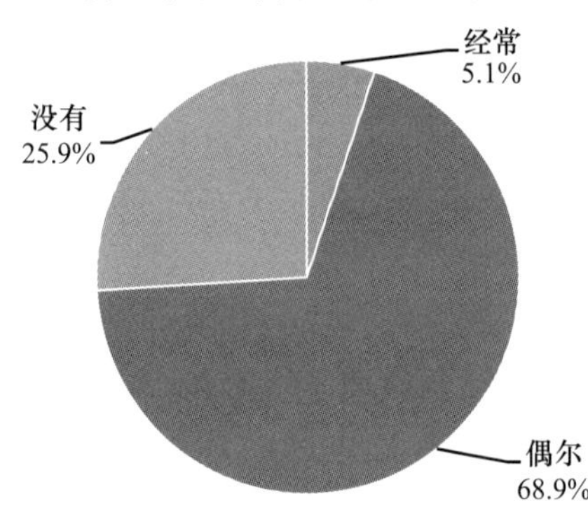

F34 您在购物、就医、理财等方面经常遇到虚假广告吗

		频数	百分比	有效百分比	累积百分比
有效	经常	583	13.4%	14.8%	14.8%
	偶尔	2281	52.3%	57.9%	72.7%
	没有	1074	24.6%	27.3%	100.0%
	总计	3938	90.3%	100.0%	
缺失	不知道/不清楚	420	9.6%		
	拒绝回答	4	0.1%		
	总计	424	9.7%		
总计		4362	100.0%		

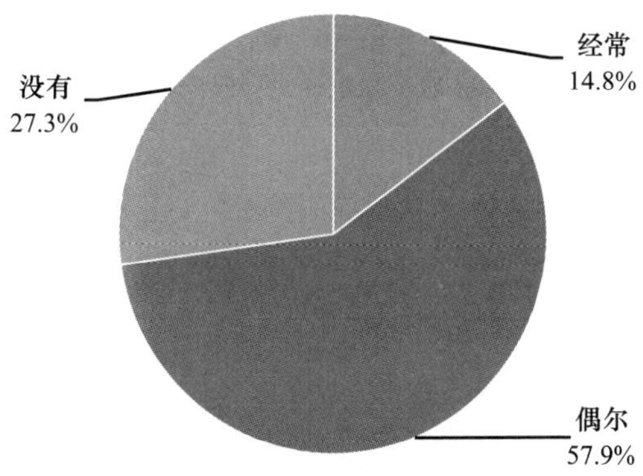

F35 如果在路边看到一个老人摔倒，您的反应是

		频数	百分比	有效百分比	累积百分比
有效	立即扶起	1640	37.6%	37.7%	37.7%
	等有证人时再扶	1183	27.1%	27.2%	64.9%
	先拍照，再扶起	518	11.9%	11.9%	76.8%
	不扶，避免惹是生非	402	9.2%	9.2%	86.0%
	报警	578	13.3%	13.3%	99.3%
	其他	32	0.7%	0.7%	100.0%
	总计	4353	99.8%	100.0%	
缺失	不理解题意	3	0.1%		
	不知道	1			
	拒绝回答	5	0.1%		
	总计	9	0.2%		
总计		4362	100.0%		

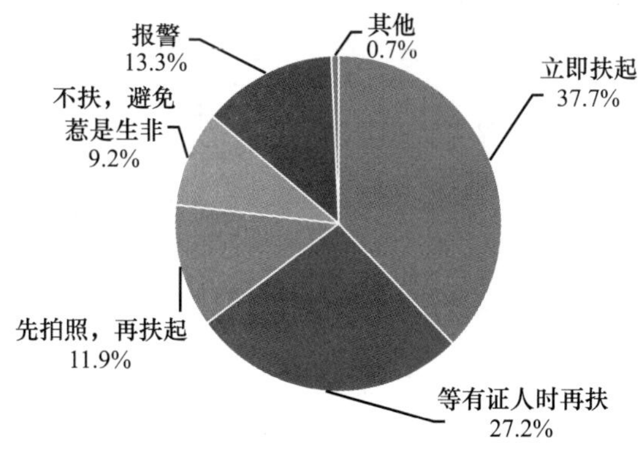

F36 我们都听过或见证过好心人救助老人却反被诬陷的事情。假如您是这位好心人，您会

		频数	百分比	有效百分比	累积百分比
有效	我是多管闲事，下次再也不会帮助别人了	1009	23.1%	23.2%	23.2%
	我正直善良真心待人，对得起良知和良心	1871	42.9%	43.0%	66.3%
	下次还是会伸出援手，但是会提高警惕，注意保护自己	1459	33.4%	33.6%	99.8%
	其他	8	0.2%	0.2%	100.0%
	总计	4347	99.7%	100.0%	
缺失	不理解题意	6	0.1%		
	不知道	4	0.1%		
	拒绝回答	5	0.1%		
	总计	15	0.3%		
总计		4362	100.0%		

我们都听过或见证过好心人救助老人却反被诬陷的事情。假如您是这位好心人，您会

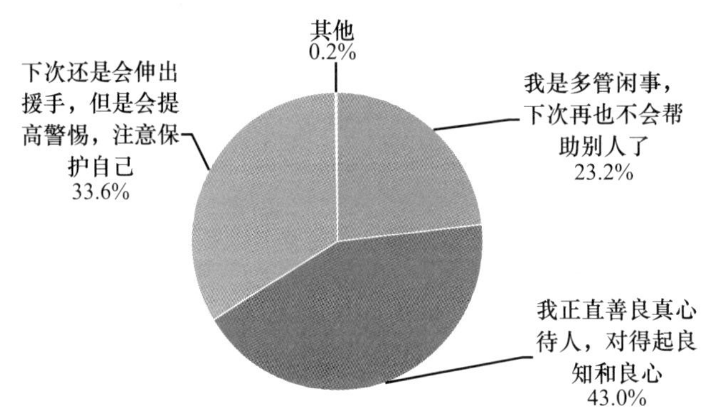

F37 您对下列群体的伦理道德整体状况的满意度

	非常不满意	比较不满意	比较满意	非常满意	平均值
政府官员	222	1503	2319	126	2.56
一般公务员	170	1308	2529	155	2.64
企业家	106	1167	2577	216	2.71
演艺娱乐界	391	1563	1533	137	2.39
教师	99	802	2987	411	2.86
青少年	84	698	3014	466	2.91
弱势群体	93	861	2980	72	2.76

续表

	非常不满意	比较不满意	比较满意	非常满意	平均值
自由职业者	62	718	2977	137	2.82
农民	70	460	3320	435	2.96
商人	106	1315	2657	164	2.68
工人	43	499	3477	262	2.92
专家学者	64	698	3004	327	2.88
医生	148	955	2927	268	2.77

备注：1 = 非常不满意，2 = 比较不满意，3 = 比较满意，4 = 非常满意。上图为对各群体伦理道德整体状况满意度的均值，数值越高，表示民众对该群体的伦理道德状况的满意度越高。

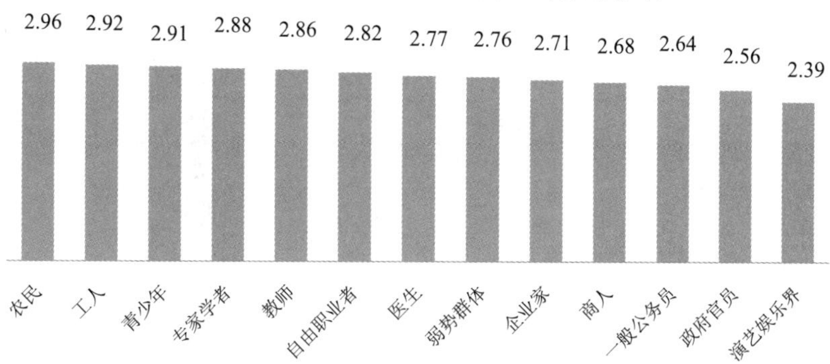

F37a 您对下列群体的伦理道德整体状况的满意度？政府官员

		频数	百分比	有效百分比	累积百分比
有效	非常不满意	222	5.1%	5.3%	5.3%
	比较不满意	1503	34.5%	36.0%	41.4%
	比较满意	2319	53.2%	55.6%	97.0%
	非常满意	126	2.9%	3.0%	100.0%
	总计	4170	95.6%	100.0%	
缺失	不知道	191	4.4%		
	拒绝回答	1			
	总计	192	4.4%		
总计		4362	100.0%		

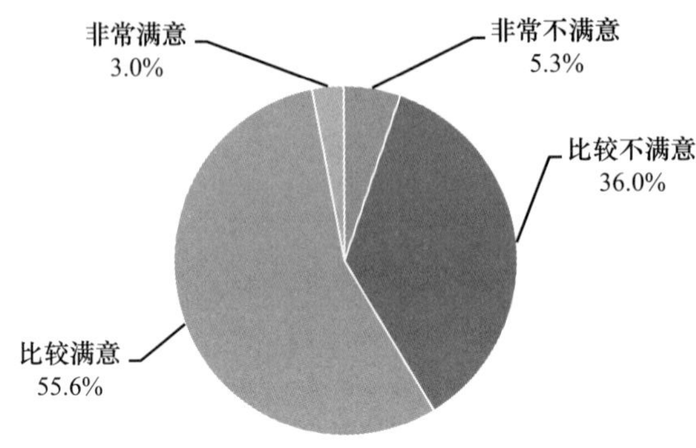

F37b 您对下列群体的伦理道德整体状况的满意度？一般公务员

		频数	百分比	有效百分比	累积百分比
有效	非常不满意	170	3.9%	4.1%	4.1%
	比较不满意	1308	30.0%	31.4%	35.5%
	比较满意	2529	58.0%	60.8%	96.3%
	非常满意	155	3.6%	3.7%	100.0%
	总计	4162	95.4%	100.0%	
缺失	不知道	197	4.5%		
	拒绝回答	3	0.1%		
	总计	200	4.6%		
总计		4362	100.0%		

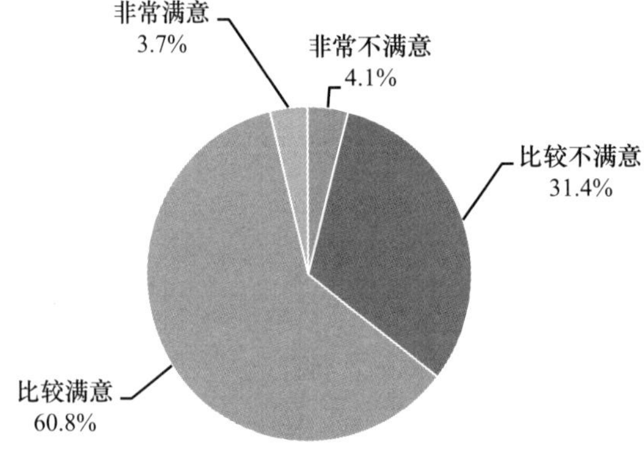

F37c 您对下列群体的伦理道德整体状况的满意度？企业家

		频数	百分比	有效百分比	累积百分比
有效	非常不满意	106	2.4%	2.6%	2.6%
	比较不满意	1167	26.8%	28.7%	31.3%
	比较满意	2577	59.1%	63.4%	94.7%
	非常满意	216	5.0%	5.3%	100.0%
	总计	4066	93.2%	100.0%	
缺失	不知道	292	6.7%		
	拒绝回答	4	0.1%		
	总计	296	6.8%		
总计		4362	100.0%		

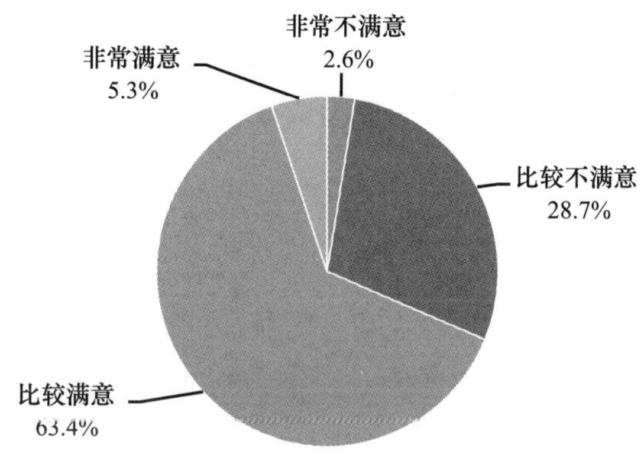

F37d 您对下列群体的伦理道德整体状况的满意度？演艺娱乐界

		频数	百分比	有效百分比	累积百分比
有效	非常不满意	391	9.0%	10.8%	10.8%
	比较不满意	1563	35.8%	43.1%	53.9%
	比较满意	1533	35.1%	42.3%	96.2%
	非常满意	137	3.1%	3.8%	100.0%
	总计	3624	83.1%	100.0%	
缺失	不知道	735	16.9%		
	拒绝回答	3	0.1%		
	总计	738	16.9%		
总计		4362	100.0%		

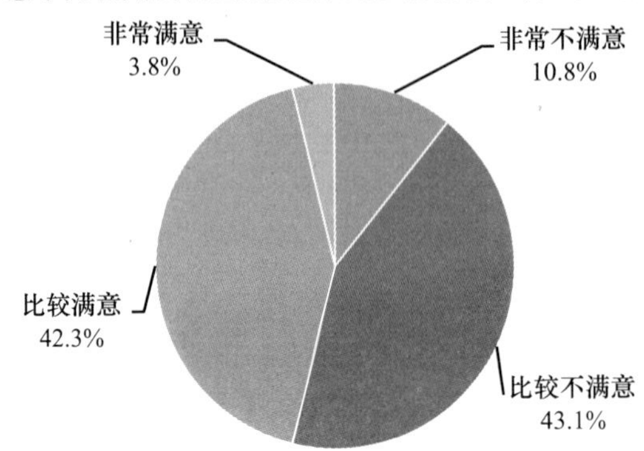

F37e 您对下列群体的伦理道德整体状况的满意度？教师

		频数	百分比	有效百分比	累积百分比
有效	非常不满意	99	2.3%	2.3%	2.3%
	比较不满意	802	18.4%	18.7%	21.0%
	比较满意	2987	68.5%	69.5%	90.4%
	非常满意	411	9.4%	9.6%	100.0%
	总计	4299	98.6%	100.0%	
缺失	不知道	62	1.4%		
	拒绝回答	1			
	总计	63	1.4%		
总计		4362	100.0%		

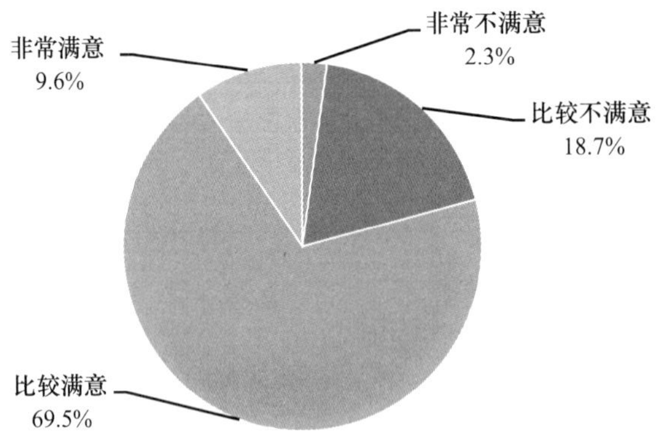

F37f 您对下列群体的伦理道德整体状况的满意度？青少年

		频数	百分比	有效百分比	累积百分比
有效	非常不满意	84	1.9%	2.0%	2.0%
	比较不满意	698	16.0%	16.4%	18.3%
	比较满意	3014	69.1%	70.7%	89.1%
	非常满意	466	10.7%	10.9%	100.0%
	总计	4262	97.7%	100.0%	
缺失	不知道	99	2.3%		
	拒绝回答	1			
	总计	100	2.3%		
总计		4362	100.0%		

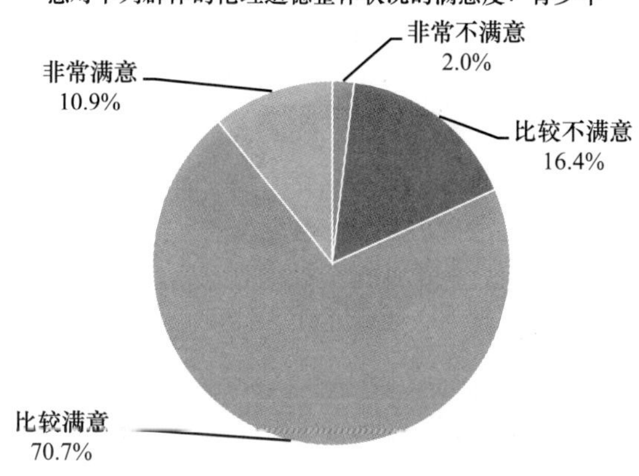

F37g 您对下列群体的伦理道德整体状况的满意度？弱势群体

		频数	百分比	有效百分比	累积百分比
有效	非常不满意	93	2.1%	2.3%	2.3%
	比较不满意	861	19.7%	21.5%	23.8%
	比较满意	2980	68.3%	74.4%	98.2%
	非常满意	72	1.7%	1.8%	100.0%
	总计	4006	91.8%	100.0%	
缺失	不知道	352	8.1%		
	拒绝回答	4	0.1%		
	总计	356	8.2%		
总计		4362	100.0%		

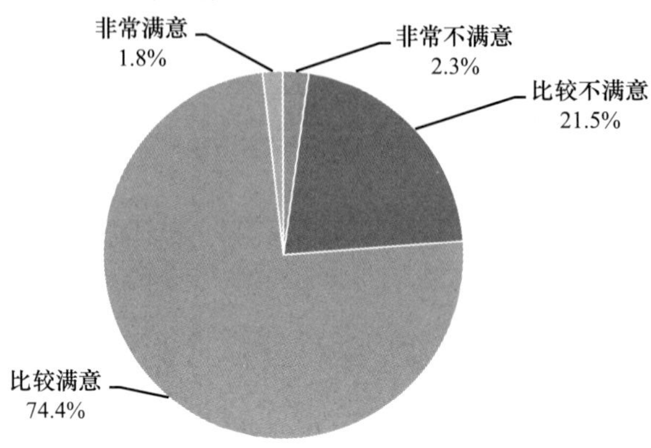

F37h 您对下列群体的伦理道德整体状况的满意度？自由职业者

		频数	百分比	有效百分比	累积百分比
有效	非常不满意	62	1.4%	1.6%	1.6%
	比较不满意	718	16.5%	18.4%	20.0%
	比较满意	2977	68.2%	76.5%	96.5%
	非常满意	137	3.1%	3.5%	100.0%
	总计	3894	89.3%	100.0%	
缺失	不知道	462	10.6%		
	拒绝回答	6	0.1%		
	总计	468	10.7%		
总计		4362	100.0%		

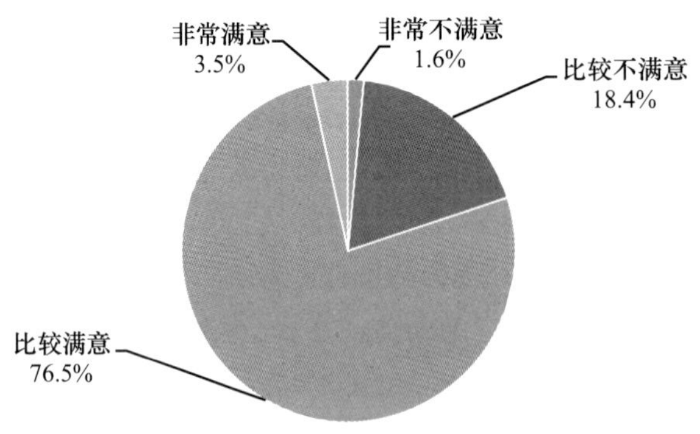

F37i 您对下列群体的伦理道德整体状况的满意度？农民

		频数	百分比	有效百分比	累积百分比
有效	非常不满意	70	1.6%	1.6%	1.6%
	比较不满意	460	10.5%	10.7%	12.4%
	比较满意	3320	76.1%	77.5%	89.8%
	非常满意	435	10.0%	10.2%	100.0%
	总计	4285	98.2%	100.0%	
缺失	不知道	66	1.5%		
	拒绝回答	11	0.3%		
	总计	77	1.8%		
总计		4362	100.0%		

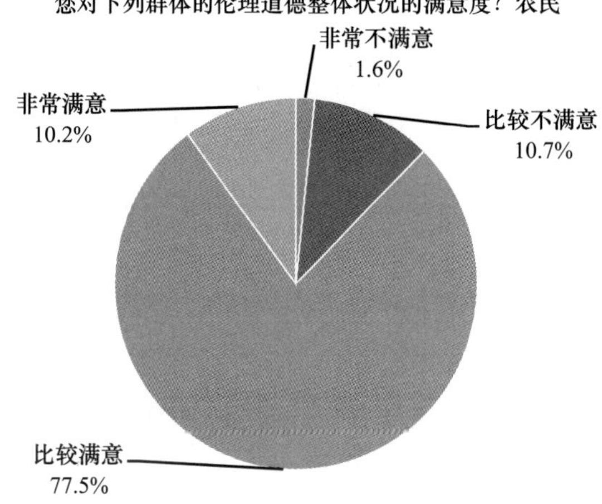

F37j 您对下列群体的伦理道德整体状况的满意度？商人

		频数	百分比	有效百分比	累积百分比
有效	非常不满意	106	2.4%	2.5%	2.5%
	比较不满意	1315	30.1%	31.0%	33.5%
	比较满意	2657	60.9%	62.6%	96.1%
	非常满意	164	3.8%	3.9%	100.0%
	总计	4242	97.2%	100.0%	
缺失	不知道	113	2.6%		
	拒绝回答	7	0.2%		
	总计	120	2.8%		
总计		4362	100.0%		

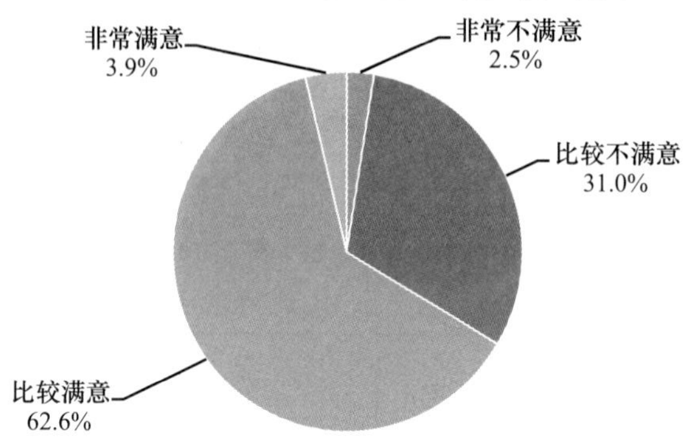

F37k 您对下列群体的伦理道德整体状况的满意度？工人

		频数	百分比	有效百分比	累积百分比
有效	非常不满意	43	1.0%	1.0%	1.0%
	比较不满意	499	11.4%	11.7%	12.7%
	比较满意	3477	79.7%	81.2%	93.9%
	非常满意	262	6.0%	6.1%	100.0%
	总计	4281	98.1%	100.0%	
缺失	不知道	69	1.6%		
	拒绝回答	12	0.3%		
	总计	81	1.9%		
总计		4362	100.0%		

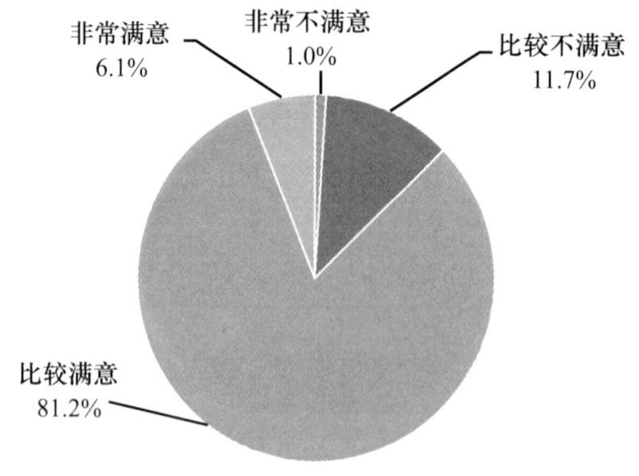

F37l 您对下列群体的伦理道德整体状况的满意度？专家学者

		频数	百分比	有效百分比	累积百分比
有效	非常不满意	64	1.5%	1.6%	1.6%
	比较不满意	698	16.0%	17.1%	18.6%
	比较满意	3004	68.9%	73.4%	92.0%
	非常满意	327	7.5%	8.0%	100.0%
	总计	4093	93.8%	100.0%	
缺失	不知道	259	5.9%		
	拒绝回答	10	0.2%		
	总计	269	6.2%		
总计		4362	100.0%		

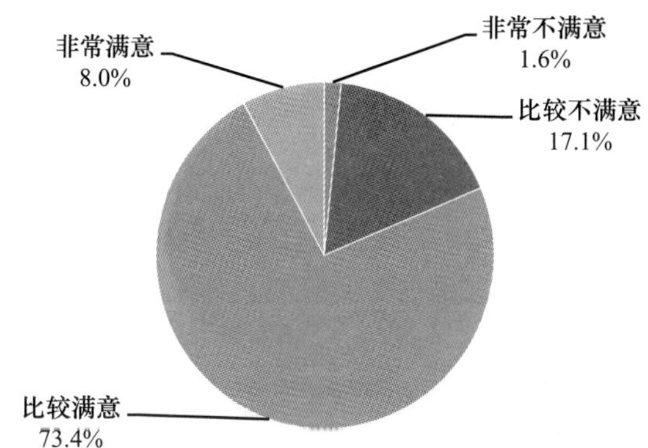

F37m 您对下列群体的伦理道德整体状况的满意度？医生

		频数	百分比	有效百分比	累积百分比
有效	非常不满意	148	3.4%	3.4%	3.4%
	比较不满意	955	21.9%	22.2%	25.7%
	比较满意	2927	67.1%	68.1%	93.8%
	非常满意	268	6.1%	6.2%	100.0%
	总计	4298	98.5%	100.0%	
缺失	不知道	57	1.3%		
	拒绝回答	7	0.2%		
	总计	64	1.5%		
总计		4362	100.0%		

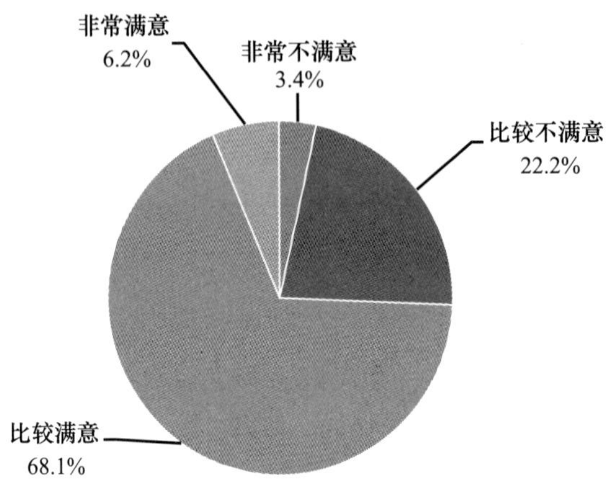

F38 下列哪些因素可能影响人际关系紧张

	频数	有效百分比
社会资源缺乏，引发恶性竞争	1003	23.5%
过度宣扬竞争意识	967	22.7%
社会财富分配不公，贫富差距过大	1449	34.0%
个人主义盛行	944	22.1%
缺乏爱心	1053	24.7%
缺乏相互理解和沟通的意识和能力	732	17.2%
制度安排不公正，机会不平等	1032	24.2%
以权谋私，官员腐败	1041	24.4%
缺乏道德信用	1118	26.2%
人与人、人与社会之间缺乏信任	1545	36.2%
传统伦理瓦解，社会缺乏统一的价值观	345	8.1%
一切诉诸利益或法律，人际关系缺乏伦理调节的机制和能力	201	4.7%

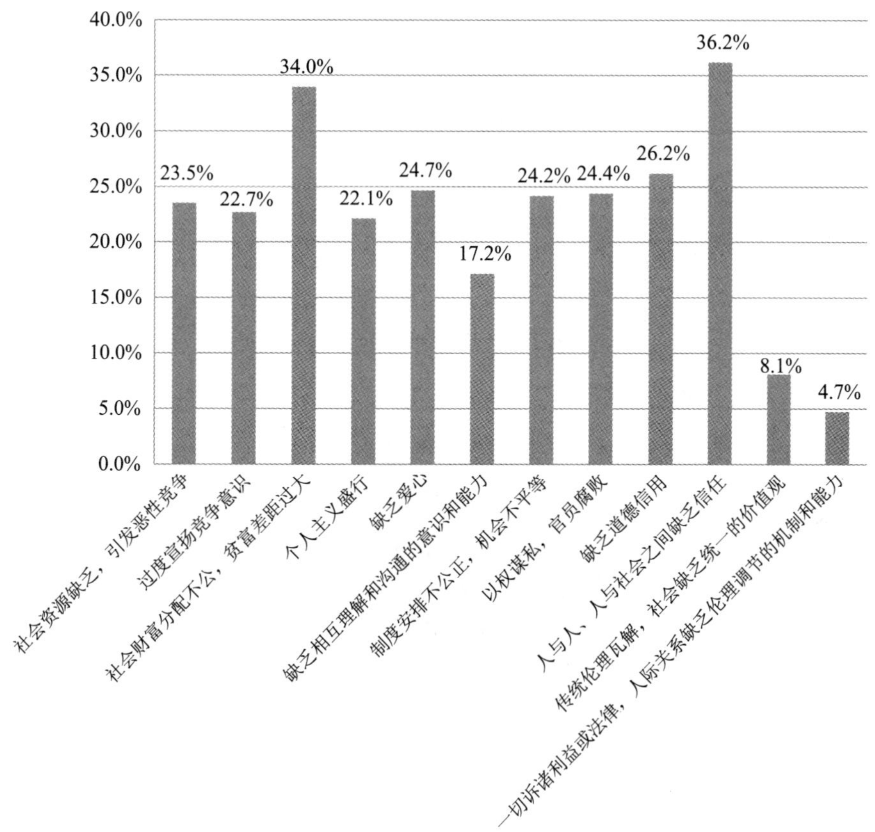

F39 您认为在现代中国社会实际奉行的道德价值是

		频数	百分比	有效百分比	累积百分比
有效	义利合一，用符合道德的方式谋利	2500	57.3%	59.2%	59.2%
	见利忘义，唯利是图	1310	30.0%	31.0%	90.2%
	不计较利害得失，道德至上	403	9.2%	9.5%	99.8%
	其他	9	0.2%	0.2%	100.0%
	总计	4222	96.8%	100.0%	

续表

		频数	百分比	有效百分比	累积百分比
缺失	不理解题意	1			
	不知道	130	3.0%		
	拒绝回答	9	0.2%		
	总计	140	3.2%		
总计		4362	100.0%		

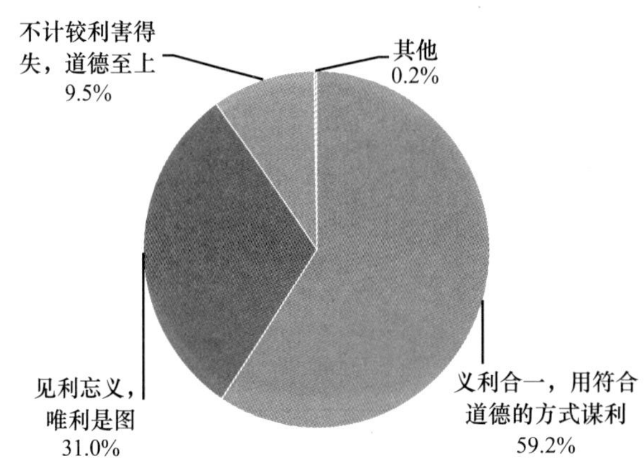

F40 对形成我国当前各种新型伦理关系和道德观念，哪些因素影响最大

	频数	有效百分比
网络和媒体	2300	57.5%
政府	2459	61.5%
大学及其文化	863	21.6%
市场	1552	38.8%
企业	950	23.8%
社会团体	851	21.3%
知识精英	379	9.5%
国外的思潮与生活方式	648	16.2%

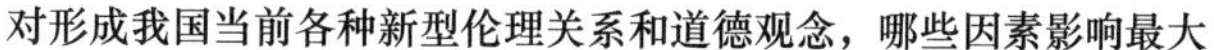

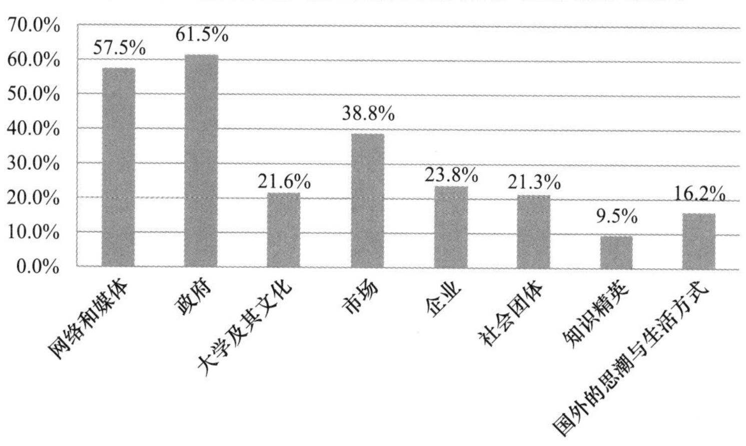

F41 对当前我国伦理关系和道德风尚造成最大负面影响的因素是

	频数	有效百分比
传统文化的崩坏	1557	37.8%
外来文化的冲击	1472	35.7%
市场经济导致的个人主义	1103	26.8%
网络技术的发展	914	22.2%
分配不公，两极分化	1540	37.4%
以权谋私，官员腐败	1105	26.8%
其他	9	0.2%

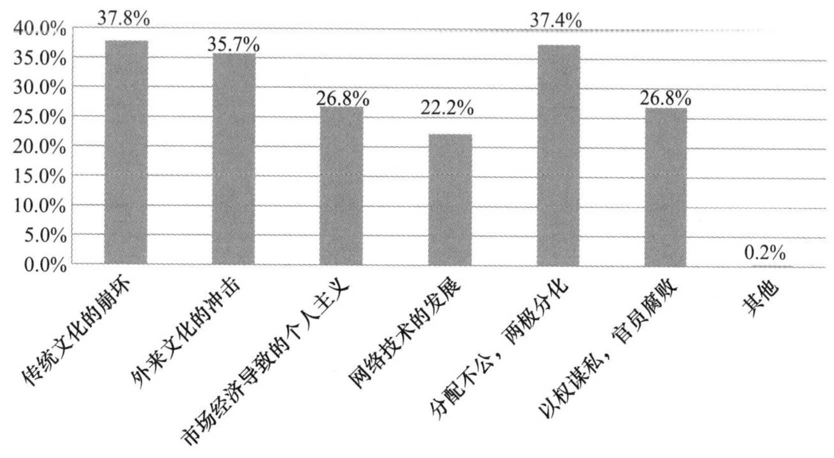

F42 造成当今不良道德风尚的最主要原因是

	频数	有效百分比
以权谋私，官员腐败	2502	59.9%
企业不讲诚信和损害社会利益	1584	37.9%
学校道德教育功能弱化	1040	24.9%
家庭伦理功能弱化	724	17.3%
个人缺乏道德自觉	1975	47.3%
分配不公，两极分化	1443	34.6%
社会的不良影响	1701	40.7%

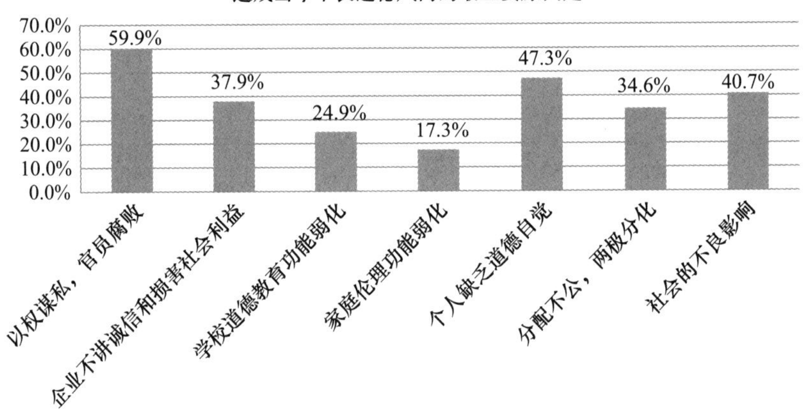

F43 导致当前医患关系紧张的原因是

	主要原因		次要原因		
	频数	加权得分	频数	加权得分	总分
医生缺乏职业道德，对病人不负责任	1565	3130	1576	1576	4706
医疗制度不合理，看病难看病贵	1977	3954	1309	1309	5263
医生腐败，不送红包不认真看病	482	964	787	787	1751
“医闹”，病人蓄意闹事	157	314	393	393	707
其他	14	28	11	11	39

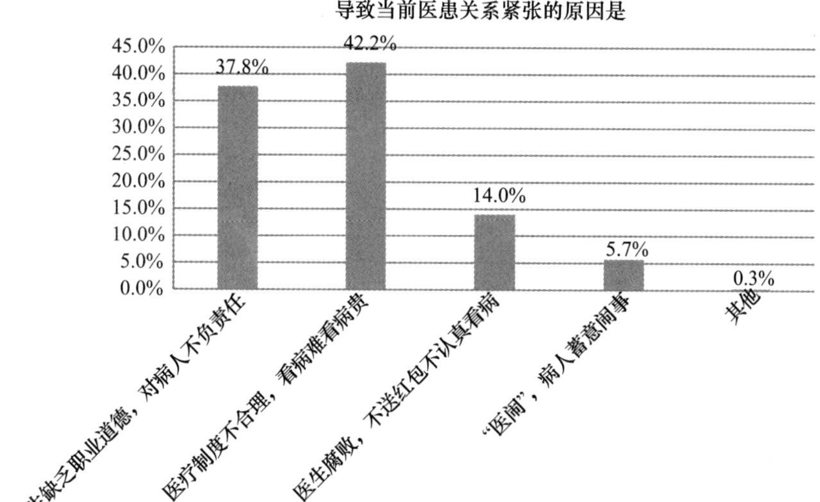

F44 您是否曾经与医生（医院）发生过矛盾或纠纷

		频数	百分比	有效百分比	累积百分比
有效	是	154	3.5%	3.5%	3.5%
	否	4203	96.4%	96.5%	100.0%
	总计	4357	99.9%	100.0%	
缺失	拒绝回答	5	0.1%		
总计		4362	100.0%		

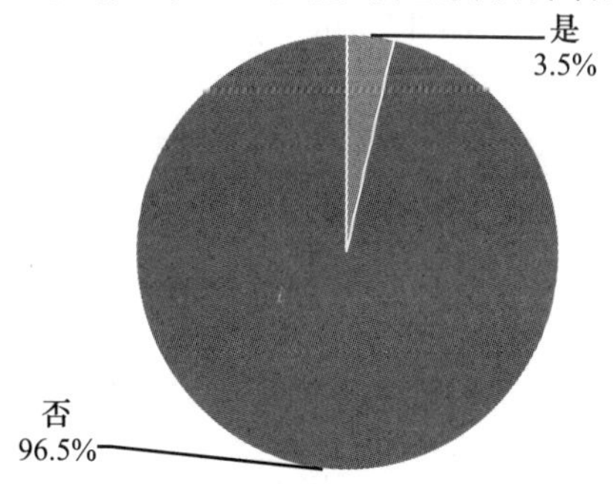

F45 您采取了哪些方式来解决医患纠纷

	频数	有效百分比
与医院协商	74	49.7%
寻求卫生局的调解或介入	32	21.5%

续表

	频数	有效百分比
医学鉴定	16	10.7%
司法诉讼	25	16.8%
寻求媒体曝光	14	9.4%
信访	8	5.4%
寻求第三方医疗纠纷调解委员会调解	18	12.1%
直接找医生或医院算账	30	20.1%

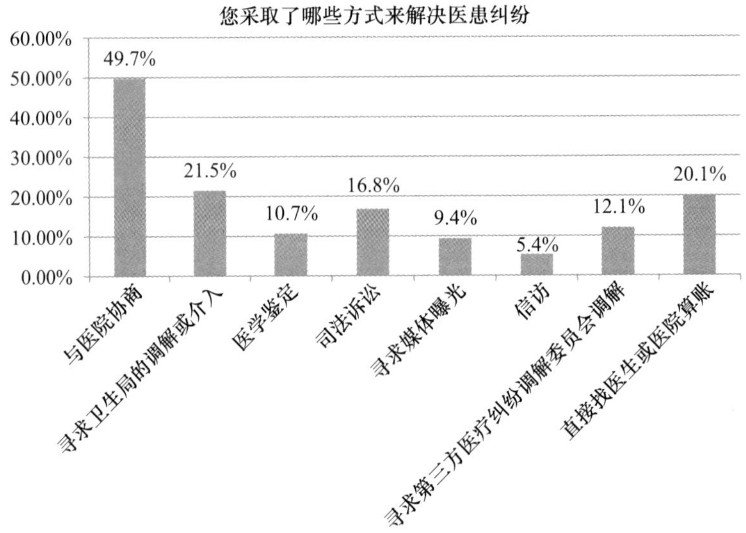

F46 某些患者会在手术前给医生红包，您认为送红包的主要理由是

		频数	百分比	有效百分比	累积百分比
有效	不相信医生能平等地对待每个病人，送红包能提高关注度，必须送	1084	24.9%	27.0%	27.0%
	医生很辛苦，送红包是表示尊敬和感谢	375	8.6%	9.4%	36.4%
	大家都送，我不送会吃亏，不送心里不踏实	828	19.0%	20.7%	57.1%
	送红包能让医生对我更用心，但我不会这么做	841	19.3%	21.0%	78.0%
	大家都送红包，事实上无助于提高治疗效果，我不会这么做	611	14.0%	15.2%	93.3%
	想送，但我没有能力送	269	6.2%	6.7%	100.0%
	总计	4008	91.9%	100.0%	

续表

		频数	百分比	有效百分比	累积百分比
缺失	不知道/说不清楚	350	8.0%		
	拒绝回答	4	0.1%		
	总计	354	8.1%		
总计		4362	100.0%		

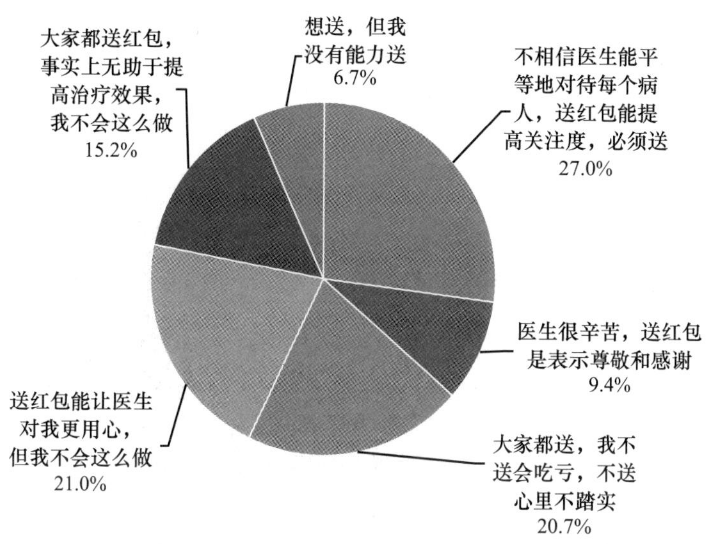

G1 和前几年相比，您认为目前我国官员腐败现象有什么变化

		频数	百分比	有效百分比	累积百分比
有效	有很大改善	497	11.4%	12.2%	12.2%
	有较大改善	2597	59.5%	63.5%	75.7%
	没什么变化	842	19.3%	20.6%	96.3%
	更加恶化	125	2.9%	3.1%	99.3%
	其他	27	0.6%	0.7%	100.0%
	总计	4088	93.7%	100.0%	
缺失	不知道	268	6.1%		
	拒绝回答	6	0.1%		
	总计	274	6.3%		
总计		4362	100.0%		

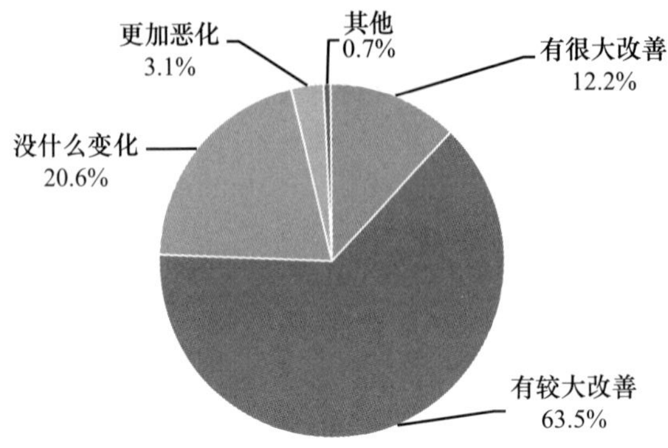

G2 您认为干部当官的目的是

	频数	有效百分比
为国家与社会做贡献	1332	31.9%
为人民服务，为百姓做好事做实事	2019	48.3%
为家庭增光，光宗耀祖	1360	32.5%
为自己升官发财	2097	50.2%
没特殊目的，一个稳定而待遇高的职业而已	861	20.6%
其他	11	0.3%

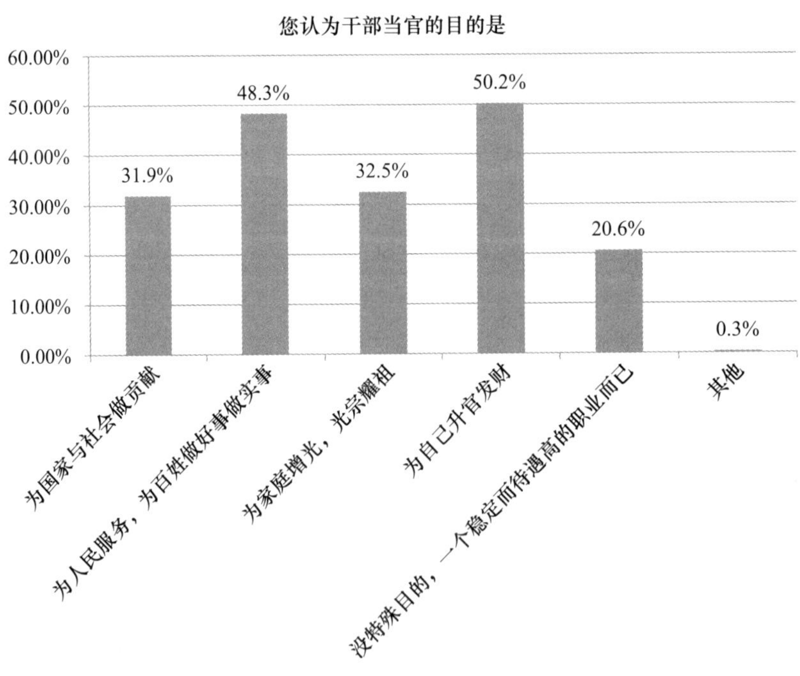

G3 与前几年相比，您对政府官员的信任度有什么变化

		频数	百分比	有效百分比	累积百分比
有效	信任度提高了	1817	41.7%	41.7%	41.7%
	更加不信任	378	8.7%	8.7%	50.4%
	没什么变化	2152	49.3%	49.4%	99.8%
	其他	8	0.2%	0.2%	100.0%
	总计	4355	99.8%	100.0%	
缺失	不知道	3	0.1%		
	拒绝回答	4	0.1%		
	总计	7	0.2%		
总计		4362	100.0%		

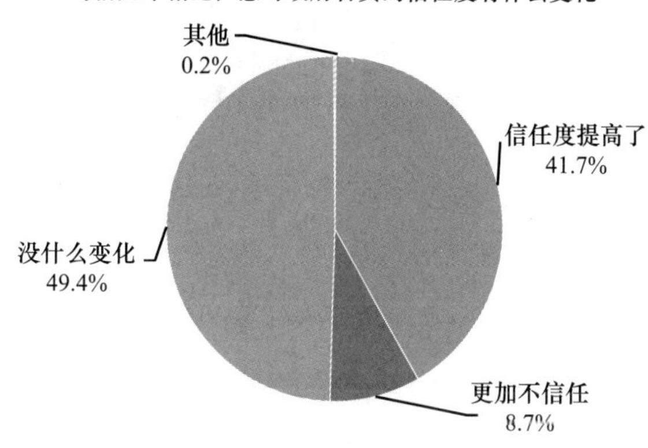

G4 在生活中或媒体上看到政府官员时，您首先想到的是

		频数	百分比	有效百分比	累积百分比
有效	公仆，为老百姓谋福利	782	17.9%	18.0%	18.0%
	官僚，根本不了解我们的情况	859	19.7%	19.8%	37.8%
	有权有势的人	1187	27.2%	27.3%	65.1%
	有本事的人	403	9.2%	9.3%	74.4%
	领导，决定我们命运的人	401	9.2%	9.2%	83.6%
	贪官	368	8.4%	8.5%	92.1%
	惹不起，但躲得起的人	115	2.6%	2.6%	94.8%
	遇到大事可以信任的人	150	3.4%	3.5%	98.2%
	其他	77	1.8%	1.8%	100.0%
	总计	4342	99.5%	100.0%	

续表

		频数	百分比	有效百分比	累积百分比
缺失	不知道	10	0.2%		
	不理解题意	3	0.1%		
	拒绝回答	7	0.2%		
	总计	20	0.5%		
总计		4362	100.0%		

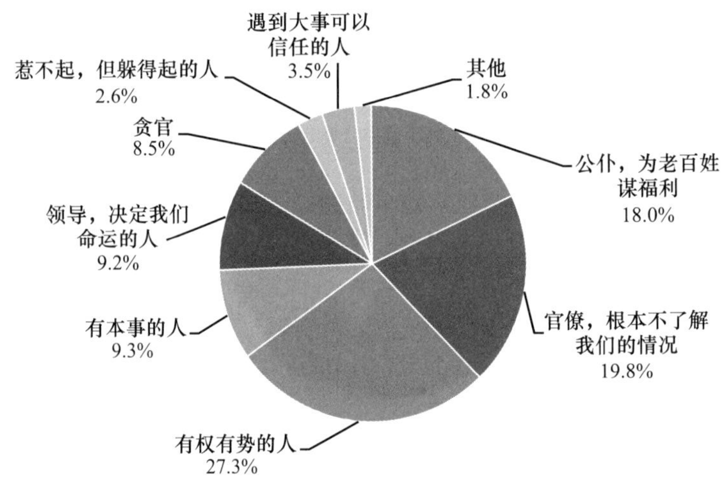

G5 您觉得当前我国政府官员道德问题最严重的是

	频数	有效百分比
贪污受贿	2335	56.8%
以权谋私	2741	66.6%
生活作风腐败	1431	34.8%
官僚主义	800	19.5%
平庸、不作为，只保护自己不解决实际问题	1510	36.7%
乱作为，搞政绩工程折腾百姓	986	24.0%
铺张浪费	491	11.9%
拉帮结派	381	9.3%
骄横跋扈、欺压百姓	243	5.9%

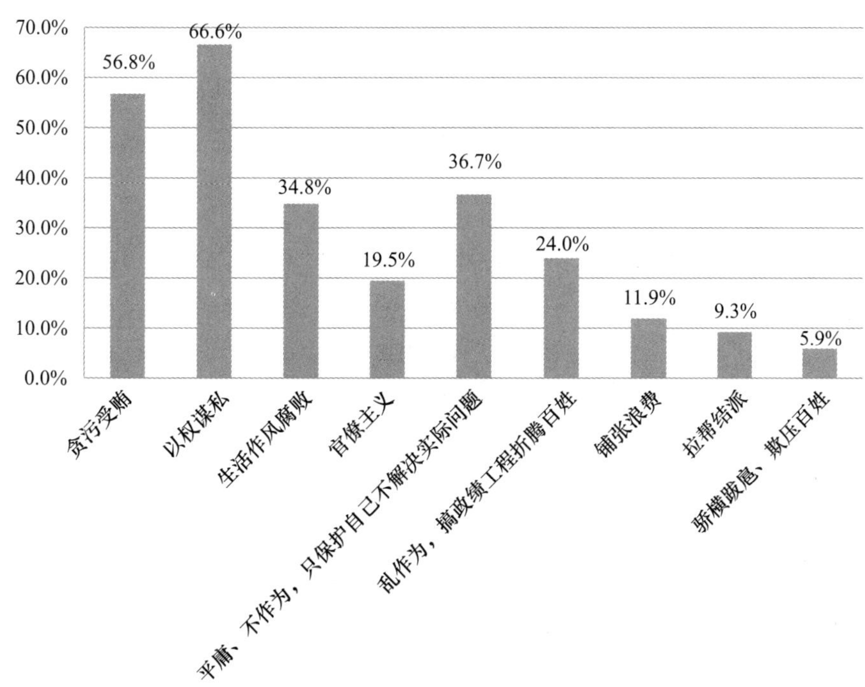

G6 政府在制定政策和决策时充分考虑到伦理道德方面的要求了吗

		频数	百分比	有效百分比	累积百分比
有效	有考虑，能够从日常生活中感受到	1407	32.3%	32.8%	32.8%
	有考虑，能够从政策文件中体会到	1285	29.5%	30.0%	62.8%
	只是口头上说说，没有实质性行动	1219	27.9%	28.4%	91.2%
	没有考虑，政策制度都是从自己的政绩和富人的利益着想	364	8.3%	8.5%	99.7%
	其他	14	0.3%	0.3%	100.0%
	总计	4289	98.3%	100.0%	
缺失	不理解题意	24	0.6%		
	不知道	46	1.1%		
	拒绝回答	3	0.1%		
	总计	73	1.7%		
总计		4362	100.0%		

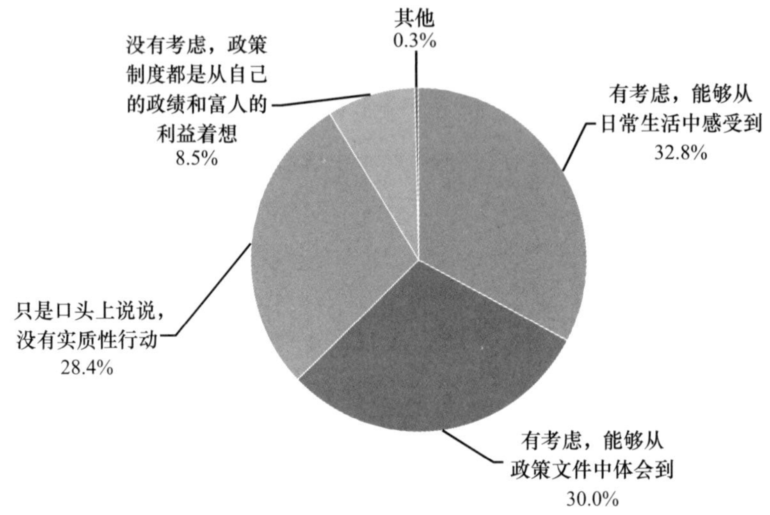

G7 残疾人、留守儿童、孤寡老人等弱势群体需要来自全社会的关爱与帮助，您认为本地区在以下工作中做得怎么样

	很好	比较好	不太好	很差	平均值
社区提供的服务	314	3005	814	48	2. 14
周围人的尊重和关爱	439	3134	642	48	2. 07
社会服务机构提供专业化服务	375	2200	1164	205	2. 3
政府实施的社会援助	396	2412	1010	134	2. 22
公益与慈善事业	337	2287	964	149	2. 25
志愿者帮助	382	2286	918	127	2. 21

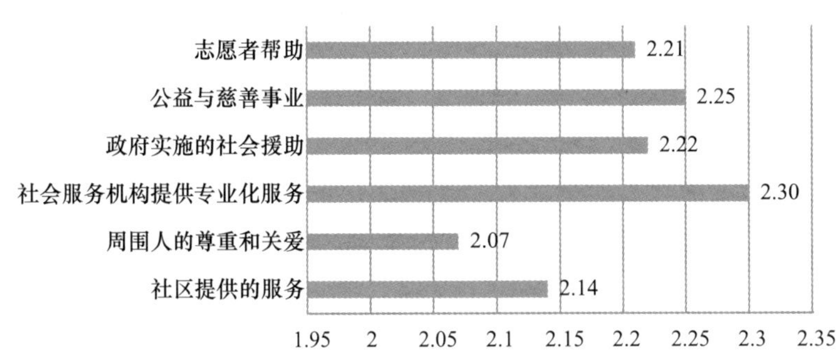

G7a 残疾人、留守儿童、孤寡老人等弱势群体需要来自全社会的关爱与帮助，您认为本地区做得怎么样？社区提供的服务

		频数	百分比	有效百分比	累积百分比
有效	很好	314	7.2%	7.5%	7.5%
	比较好	3005	68.9%	71.9%	79.4%
	不太好	814	18.7%	19.5%	98.9%
	很差	48	1.1%	1.1%	100.0%
	总计	4181	95.9%	100.0%	
缺失	不知道	179	4.1%		
	拒绝回答	2			
	总计	181	4.1%		
总计		4362	100.0%		

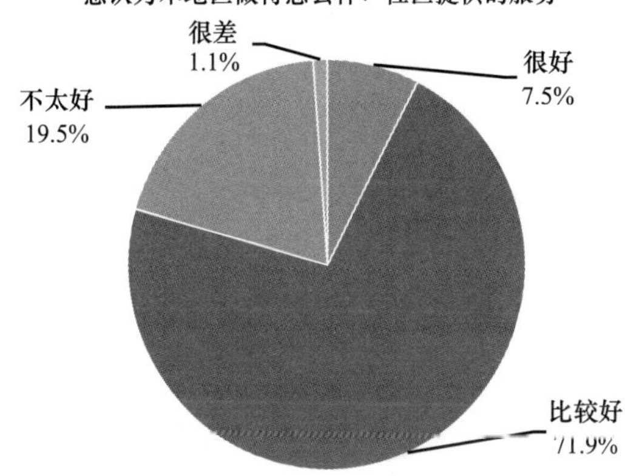

G7b 残疾人、留守儿童、孤寡老人等弱势群体需要来自全社会的关爱与帮助，您认为本地区做得怎么样？周围人的尊重和关爱

		频数	百分比	有效百分比	累积百分比
有效	很好	439	10.1%	10.3%	10.3%
	比较好	3134	71.8%	73.5%	83.8%
	不太好	642	14.7%	15.1%	98.9%
	很差	48	1.1%	1.1%	100.0%
	总计	4263	97.7%	100.0%	
缺失	不知道	96	2.2%		
	拒绝回答	3	0.1%		
	总计	99	2.3%		
总计		4362	100.0%		

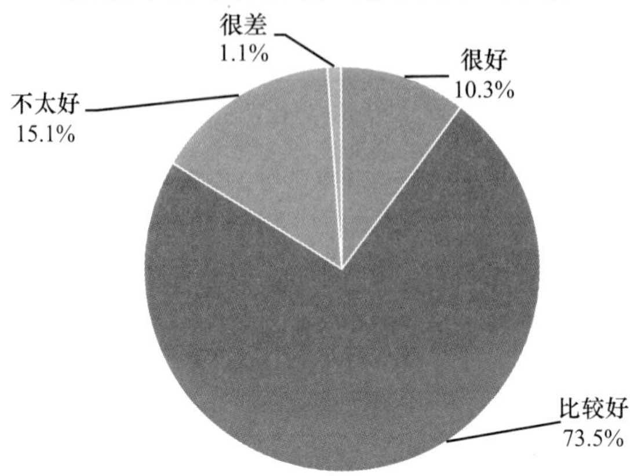

G7c 残疾人、留守儿童、孤寡老人等弱势群体需要来自全社会的关爱与帮助，您认为本地区做得怎么样？社会服务机构提供专业化服务

		频数	百分比	有效百分比	累积百分比
有效	很好	375	8.6%	9.5%	9.5%
	比较好	2200	50.4%	55.8%	65.3%
	不太好	1164	26.7%	29.5%	94.8%
	很差	205	4.7%	5.2%	100.0%
	总计	3944	90.4%	100.0%	
缺失	不知道	412	9.4%		
	拒绝回答	6	0.1%		
	总计	418	9.6%		
总计		4362	100.0%		

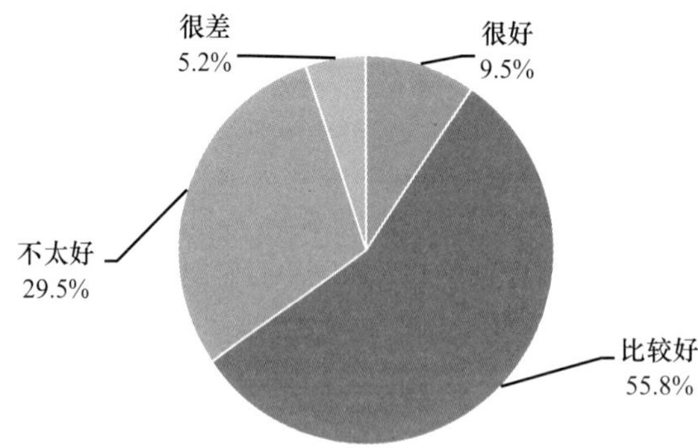

G7d 残疾人、留守儿童、孤寡老人等弱势群体需要来自全社会的关爱与帮助，您认为本地区做得怎么样？政府实施的社会援助

		频数	百分比	有效百分比	累积百分比
有效	很好	396	9.1%	10.0%	10.0%
	比较好	2412	55.3%	61.0%	71.1%
	不太好	1010	23.2%	25.6%	96.6%
	很差	134	3.1%	3.4%	100.0%
	总计	3952	90.6%	100.0%	
缺失	不知道	407	9.3%		
	拒绝回答	3	0.1%		
	总计	410	9.4%		
总计		4362	100.0%		

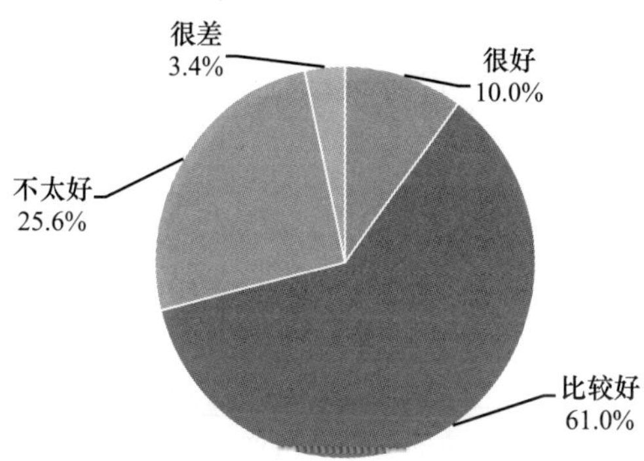

G7e 残疾人、留守儿童、孤寡老人等弱势群体需要来自全社会的关爱与帮助，您认为本地区做得怎么样？公益与慈善事业

		频数	百分比	有效百分比	累积百分比
有效	很好	337	7.7%	9.0%	9.0%
	比较好	2287	52.4%	61.2%	70.2%
	不太好	964	22.1%	25.8%	96.0%
	很差	149	3.4%	4.0%	100.0%
	总计	3737	85.7%	100.0%	
缺失	不知道	621	14.2%		
	拒绝回答	4	0.1%		
	总计	625	14.3%		
总计		4362	100.0%		

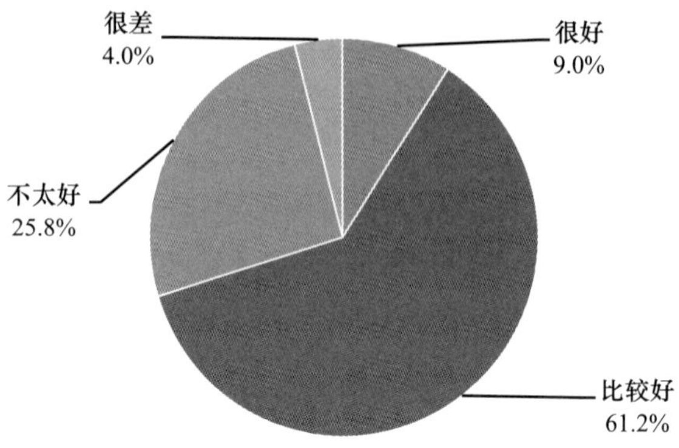

G7f 残疾人、留守儿童、孤寡老人等弱势群体需要来自全社会的关爱与帮助，您认为本地区做得怎么样？志愿者帮助

		频数	百分比	有效百分比	累积百分比
有效	很好	382	8.8%	10.3%	10.3%
	比较好	2286	52.4%	61.6%	71.9%
	不太好	918	21.0%	24.7%	96.6%
	很差	127	2.9%	3.4%	100.0%
	总计	3713	85.1%	100.0%	
缺失	不知道	643	14.7%		
	拒绝回答	6	0.1%		
	总计	649	14.9%		
总计		4362	100.0%		

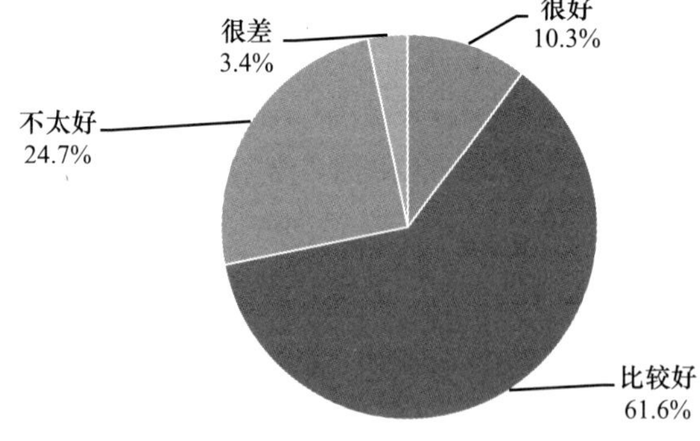

G8 现在有的地方建了“好人馆”“好人广场”“好人公园”，您认为有必要为好人树碑立传吗

		频数	百分比	有效百分比	累积百分比
有效	很有必要，可以让更多的人知道他们、学习他们	3418	78.4%	81.8%	81.8%
	可有可无	437	10.0%	10.5%	92.2%
	没有必要	325	7.5%	7.8%	100.0%
	总计	4180	95.8%	100.0%	
缺失	不知道	181	4.1%		
	拒绝回答	1			
	总计	182	4.2%		
总计		4362	100.0%		

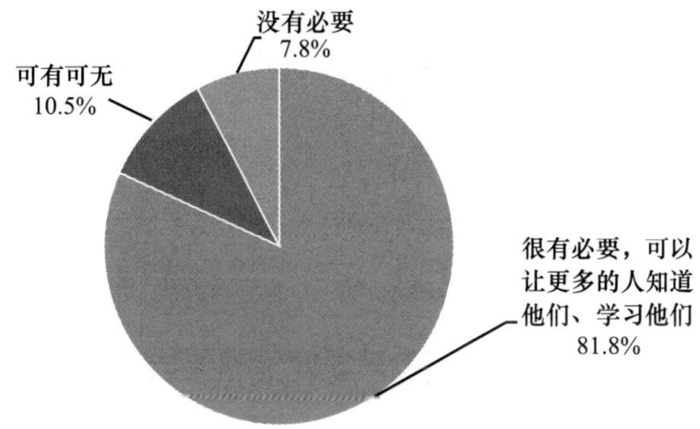

G9 党中央出台了一系列治国理政的新举措，给社会生活带来了什么变化

		频数	百分比	有效百分比	累积百分比
有效	社会在向好的方面发展，对未来生活更有信心	2554	58.6%	58.6%	58.6%
	目前没看出有什么影响	860	19.7%	19.7%	78.4%
	虽然出台了一些政策，感觉解决不了什么问题	656	15.0%	15.1%	93.4%
	不关心这些，说不清楚	282	6.5%	6.5%	99.9%
	其他	4	0.1%	0.1%	100.0%
	总计	4356	99.9%	100.0%	
缺失	不知道	3	0.1%		
	拒绝回答	3	0.1%		
	总计	6	0.1%		

续表

	频数	百分比	有效百分比	累积百分比
总计	4362	100.0%		

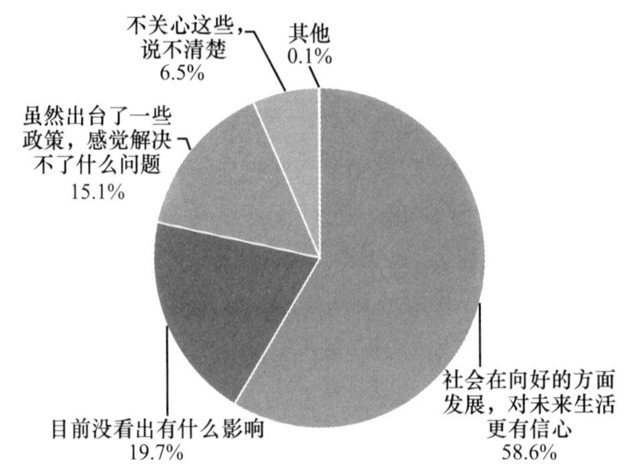

G10 以下政策措施对促进社会公平有效果吗

	较大效果	有点效果	没有效果	更不公平	大大加剧了不公平	平均数
就业政策	322	2669	941	65	12	2.20
教育政策	454	2813	632	139	82	2.17
医疗卫生政策	525	2556	850	165	111	2.23
低保政策	542	2382	744	171	82	2.20
房地产政策	188	1569	1128	451	273	2.74
拆迁安置政策	214	1601	901	431	296	2.71

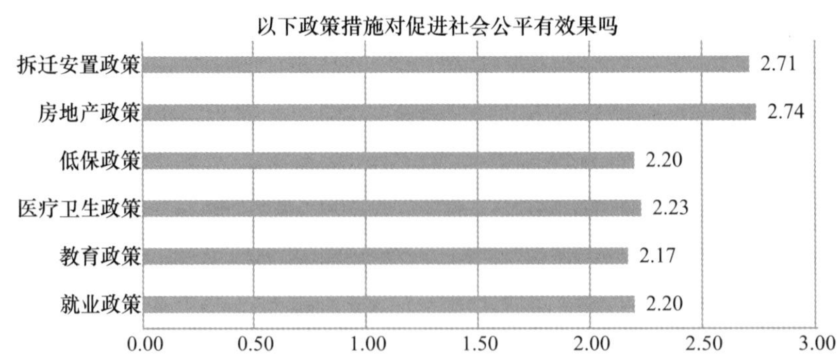

G10a 以下政策措施对促进社会公平有效果吗？就业政策

		频数	百分比	有效百分比	累积百分比
有效	较大效果	322	7.4%	8.0%	8.0%
	有点效果	2669	61.2%	66.6%	74.6%
	没有效果	941	21.6%	23.5%	98.1%
	更不公平	65	1.5%	1.6%	99.7%
	大大加剧了不公平	12	0.3%	0.3%	100.0%
	总计	4009	91.9%	100.0%	
缺失	不知道	349	8.0%		
	拒绝回答	4	0.1%		
	总计	353	8.1%		
总计		4362	100.0%		

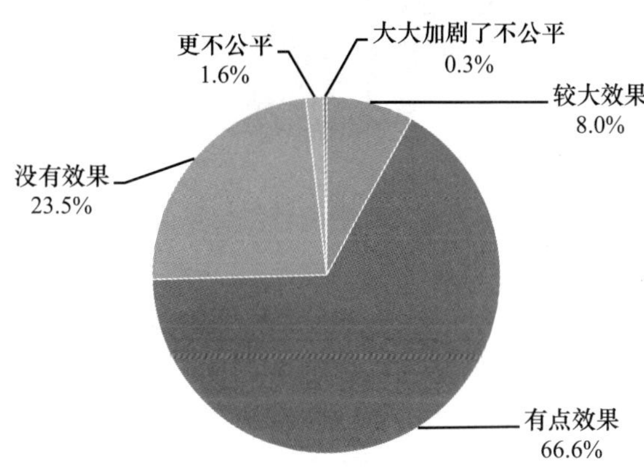

G10b 以下政策措施对促进社会公平有效果吗？教育政策

		频数	百分比	有效百分比	累积百分比
有效	较大效果	454	10.4%	11.0%	11.0%
	有点效果	2813	64.5%	68.3%	79.3%
	没有效果	632	14.5%	15.3%	94.6%
	更不公平	139	3.2%	3.4%	98.0%
	大大加剧了不公平	82	1.9%	2.0%	100.0%
	总计	4120	94.5%	100.0%	

续表

		频数	百分比	有效百分比	累积百分比
缺失	不知道	238	5.5%		
	拒绝回答	4	0.1%		
	总计	242	5.5%		
总计		4362	100.0%		

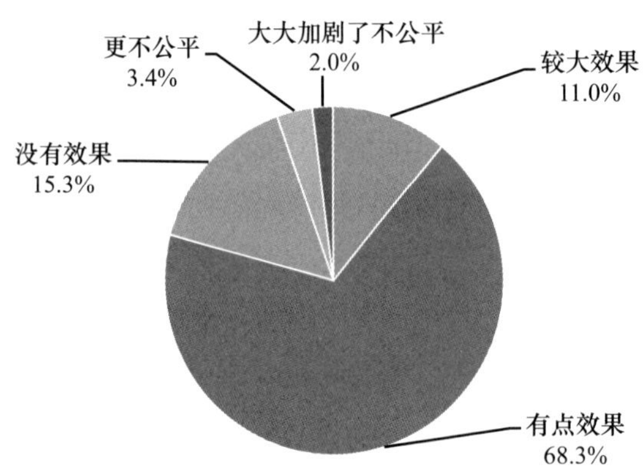

G10c 以下政策措施对促进社会公平有效果吗？医疗卫生政策

		频数	百分比	有效百分比	累积百分比
有效	较大效果	525	12.0%	12.5%	12.5%
	有点效果	2556	58.6%	60.8%	73.2%
	没有效果	850	19.5%	20.2%	93.4%
	更不公平	165	3.8%	3.9%	97.4%
	大大加剧了不公平	111	2.5%	2.6%	100.0%
	总计	4207	96.4%	100.0%	
缺失	不知道	152	3.5%		
	拒绝回答	3	0.1%		
	总计	155	3.6%		
总计		4362	100.0%		

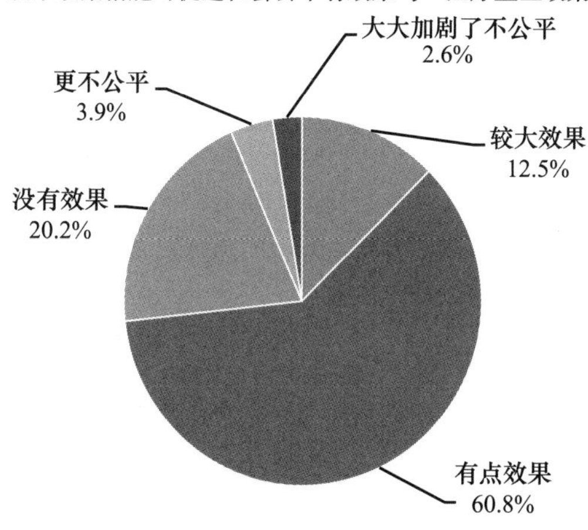

G10d 以下政策措施对促进社会公平有效果吗？低保政策

		频数	百分比	有效百分比	累积百分比
有效	较大效果	542	12.4%	13.8%	13.8%
	有点效果	2382	54.6%	60.7%	74.6%
	没有效果	744	17.1%	19.0%	93.5%
	更不公平	171	3.9%	4.4%	97.9%
	大大加剧了不公平	82	1.9%	2.1%	100.0%
	总计	3921	89.9%	100.0%	
缺失	不知道	435	10.0%		
	拒绝回答	6	0.1%		
	总计	441	10.1%		
总计		4362	100.0%		

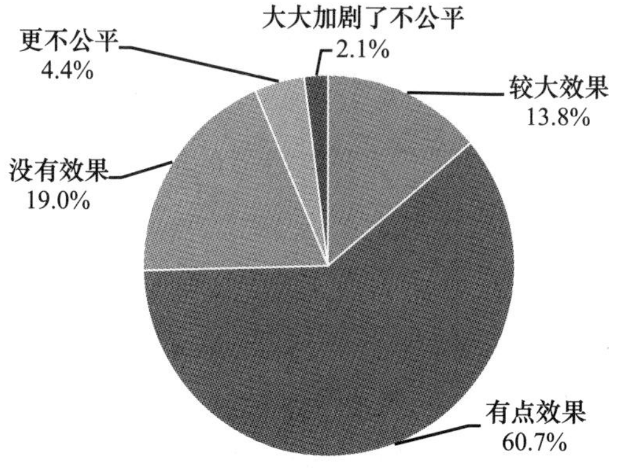

G10e 以下政策措施对促进社会公平有效果吗？房地产政策

		频数	百分比	有效百分比	累积百分比
有效	较大效果	188	4.3%	5.2%	5.2%
	有点效果	1569	36.0%	43.5%	48.7%
	没有效果	1128	25.9%	31.3%	79.9%
	更不公平	451	10.3%	12.5%	92.4%
	大大加剧了不公平	273	6.3%	7.6%	100.0%
	总计	3609	82.7%	100.0%	
缺失	不知道	751	17.2%		
	拒绝回答	2			
	总计	753	17.3%		
总计		4362	100.0%		

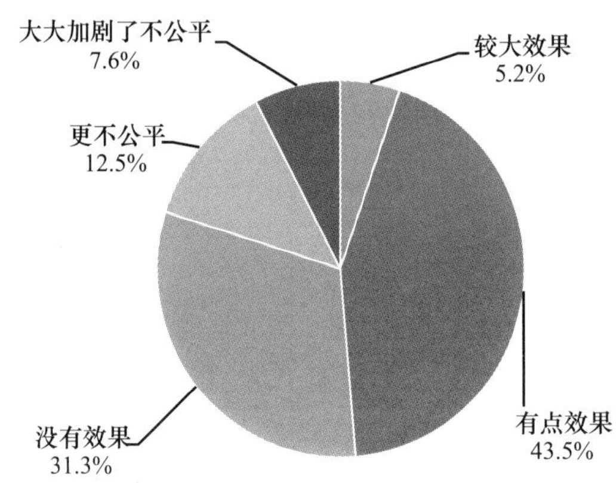

G10f 以下政策措施对促进社会公平有效果吗？拆迁安置政策

		频数	百分比	有效百分比	累积百分比
有效	较大效果	214	4.9%	6.2%	6.2%
	有点效果	1601	36.7%	46.5%	52.7%
	没有效果	901	20.7%	26.2%	78.9%
	更不公平	431	9.9%	12.5%	91.4%
	大大加剧了不公平	296	6.8%	8.6%	100.0%
	总计	3443	78.9%	100.0%	

续表

		频数	百分比	有效百分比	累积百分比
缺失	不知道	917	21.0%		
	拒绝回答	2			
	总计	919	21.1%		
总计		4362	100.0%		

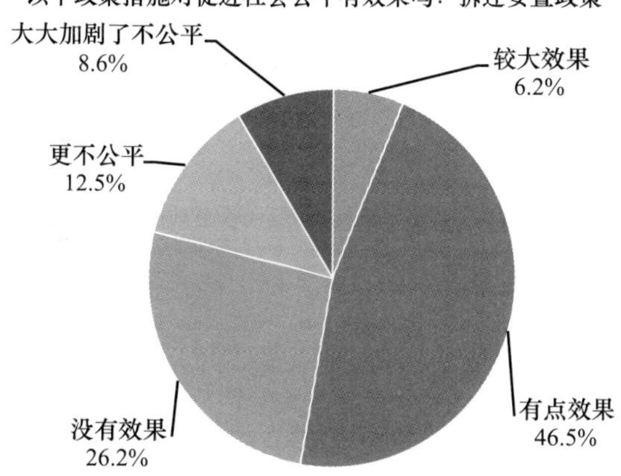

G11 如果遭遇重大公共事件，您相信政府公布的信息和采取的措施吗

		频数	百分比	有效百分比	累积百分比
有效	相信，大都是可靠的，比网络流传的可靠	3160	72.4%	72.6%	72.6%
	不相信，都是安抚百姓的策略措施	620	14.2%	14.2%	86.9%
	将信将疑，走一步看一步	570	13.1%	13.1%	100.0%
	其他	2			100.0%
	总计	4352	99.8%	100.0%	
缺失	不理解题意	3	0.1%		
	不知道	2			
	拒绝回答	5	0.1%		
	总计	10	0.2%		
总计		4362	100.0%		

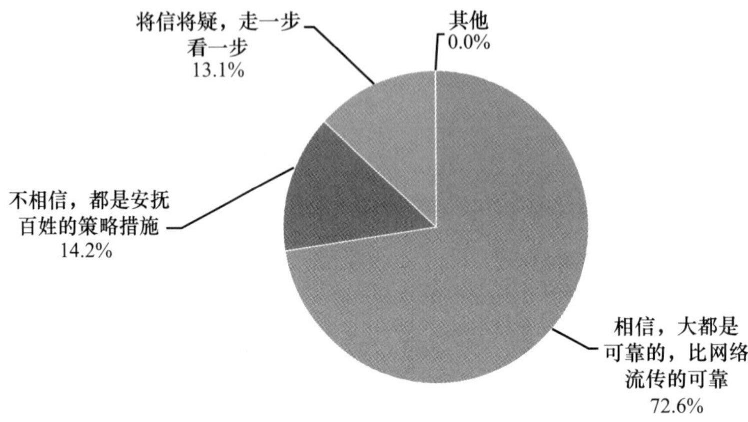

G12 您觉得政府推动或倡导的下列活动，效果如何

	完全没效果	效果较差	效果较好	效果很好	平均值
文明城市创建	79	563	2799	735	3
学雷锋活动	99	742	2567	547	2.9
典型人物的宣传	80	721	2336	695	2.95
志愿服务的倡导和推广	76	700	2254	698	2.96
反腐倡廉的举措	168	756	2316	760	2.92
《公民道德建设实施纲要》的推进	78	633	2107	533	2.92

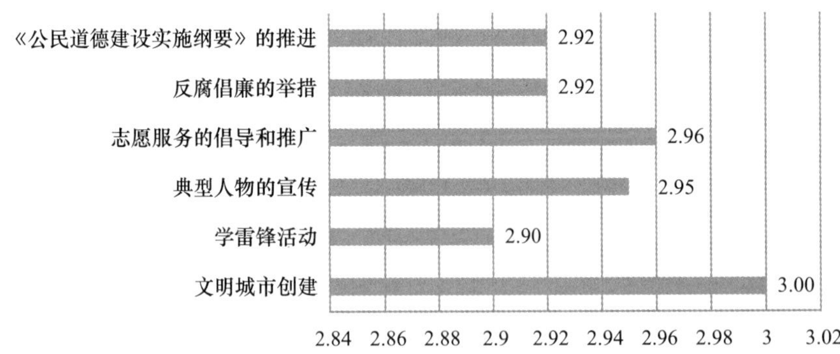

G12a 政府推动或倡导的下列活动效果如何？文明城市创建

		频数	百分比	有效百分比	累积百分比
有效	完全没效果	79	1.8%	1.9%	1.9%
	效果较差	563	12.9%	13.5%	15.4%
	效果较好	2799	64.2%	67.0%	82.4%
	效果很好	735	16.9%	17.6%	100.0%
	总计	4176	95.7%	100.0%	
缺失	没听说过该活动	181	4.1%		
	拒绝回答	5	0.1%		
	总计	186	4.3%		
总计		4362	100.0%		

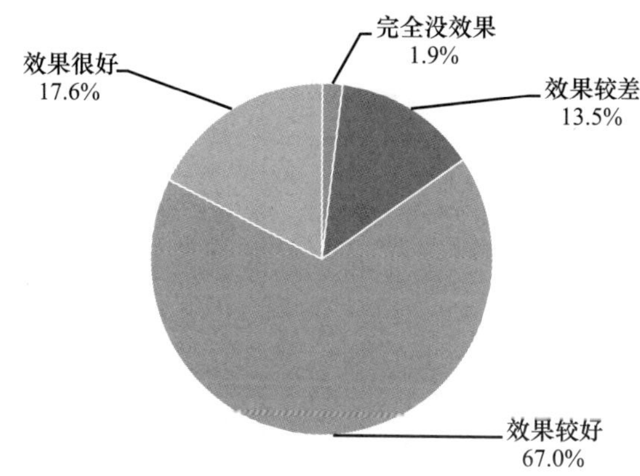

G12b 政府推动或倡导的下列活动效果如何？学雷锋活动

		频数	百分比	有效百分比	累积百分比
有效	完全没效果	99	2.3%	2.5%	2.5%
	效果较差	742	17.0%	18.8%	21.3%
	效果较好	2567	58.8%	64.9%	86.2%
	效果很好	547	12.5%	13.8%	100.0%
	总计	3955	90.7%	100.0%	
缺失	没听说过该活动	403	9.2%		
	拒绝回答	4	0.1%		
	总计	407	9.3%		
总计		4362	100.0%		

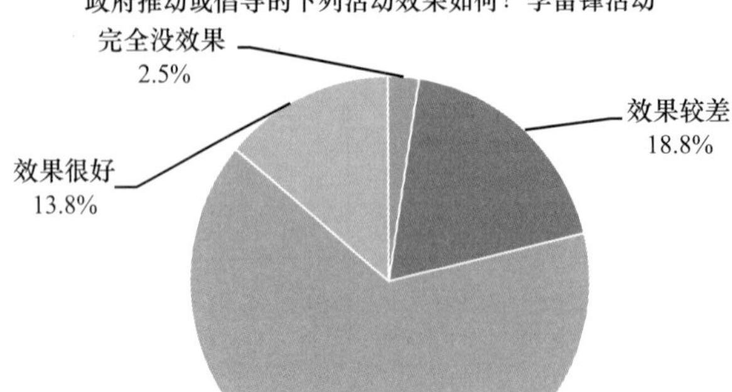

G12c 政府推动或倡导的下列活动效果如何？典型人物的宣传

		频数	百分比	有效百分比	累积百分比
有效	完全没效果	80	1. 8%	2. 1%	2. 1%
	效果较差	721	16. 5%	18. 8%	20. 9%
	效果较好	2336	53. 6%	61. 0%	81. 9%
	效果很好	695	15. 9%	18. 1%	100. 0%
	总计	3832	87. 8%	100. 0%	
缺失	没听说过该活动	523	12. 0%		
	拒绝回答	7	0. 2%		
	总计	530	12. 2%		
总计		4362	100. 0%		

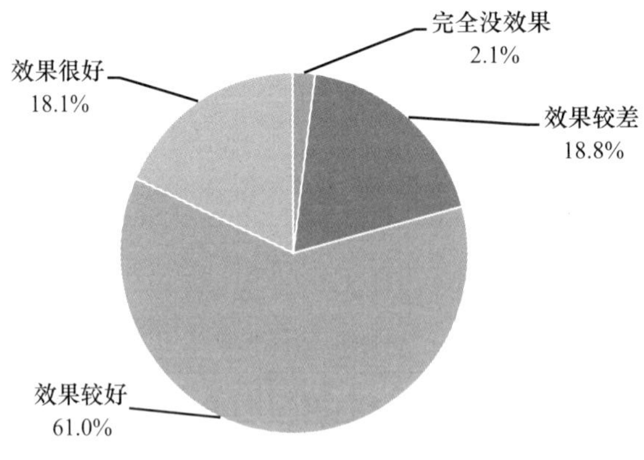

G12d 政府推动或倡导的下列活动效果如何？志愿服务的倡导和推广

		频数	百分比	有效百分比	累积百分比
有效	完全没效果	76	1.7%	2.0%	2.0%
	效果较差	700	16.0%	18.8%	20.8%
	效果较好	2254	51.7%	60.5%	81.3%
	效果很好	698	16.0%	18.7%	100.0%
	总计	3728	85.5%	100.0%	
缺失	没听说过该活动	595	13.6%		
	拒绝回答	39	0.9%		
	总计	634	14.5%		
总计		4362	100.0%		

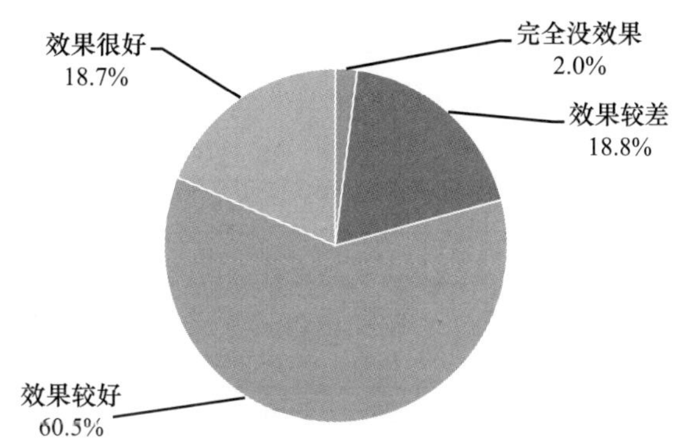

G12e 政府推动或倡导的下列活动效果如何？反腐倡廉的举措

		频数	百分比	有效百分比	累积百分比
有效	完全没效果	168	3.9%	4.2%	4.2%
	效果较差	756	17.3%	18.9%	23.1%
	效果较好	2316	53.1%	57.9%	81.0%
	效果很好	760	17.4%	19.0%	100.0%
	总计	4000	91.7%	100.0%	
缺失	没听说过该活动	327	7.5%		
	拒绝回答	35	0.8%		
	总计	362	8.3%		
总计		4362	100.0%		

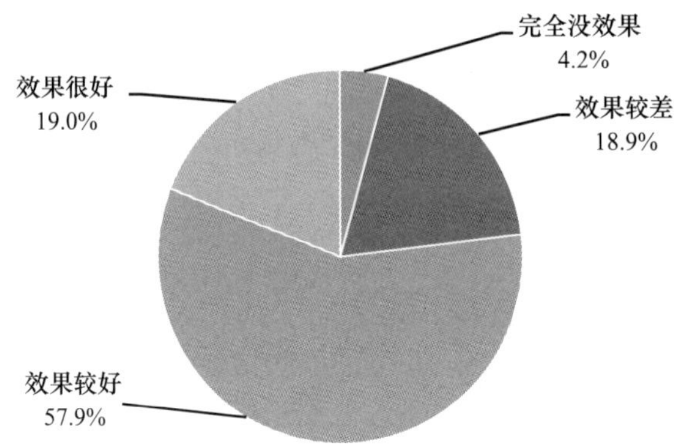

G12f 政府推动或倡导的下列活动效果如何？《公民道德建设实施纲要》的推进

		频数	百分比	有效百分比	累积百分比
有效	完全没效果	78	1.8%	2.3%	2.3%
	效果较差	633	14.5%	18.9%	21.2%
	效果较好	2107	48.3%	62.9%	84.1%
	效果很好	533	12.2%	15.9%	100.0%
	总计	3351	76.8%	100.0%	
缺失	不理解题意	2			
	没听说过该活动	1004	23.0%		
	拒绝回答	5	0.1%		
	总计	1011	23.2%		
总计		4362	100.0%		

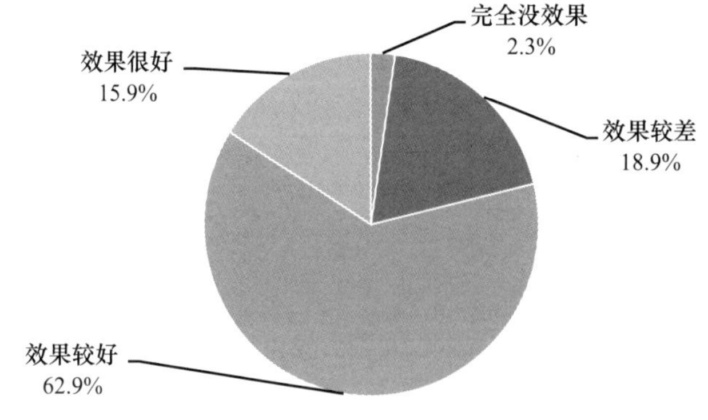

G13 您对我们正在走的中国特色社会主义道路怎么看

		频数	百分比	有效百分比	累积百分比
有效	充满信心，因为它可以给中国带来繁荣富强	2326	53.3%	53.5%	53.5%
	不太了解，但相信这条路能够让老百姓都过上好日子	1485	34.0%	34.2%	87.7%
	表示怀疑，走这条路究竟怎么样，现在还说不清楚	356	8.2%	8.2%	95.9%
	走什么样的路，跟我没关系	175	4.0%	4.0%	99.9%
	其他	5	0.1%	0.1%	100.0%
	总计	4347	99.7%	100.0%	
缺失	不理解题意	9	0.2%		
	不知道	3	0.1%		
	拒绝回答	3	0.1%		
	总计	15	0.3%		
总计		4362	100.0%		

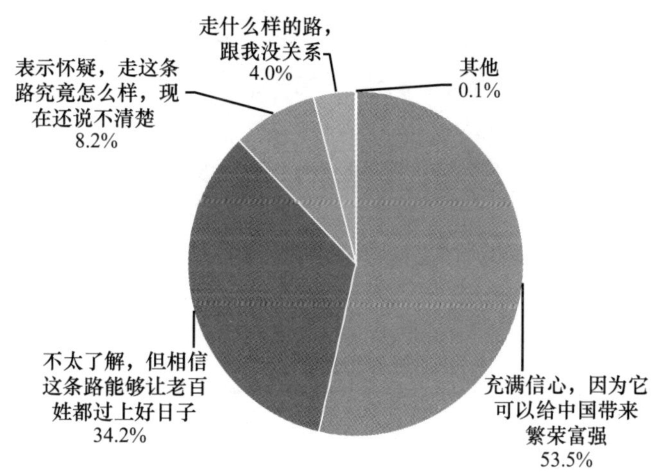

G14 每个人都希望我们的国家越来越好，我们的生活越来越好。党的十八大提出，到 2020 年全面建成小康社会，到本世纪中叶建成社会主义现代化国家，您认为这样的目标能实现吗

		频数	百分比	有效百分比	累积百分比
有效	相信一定能实现	1722	39.5%	40.1%	40.1%
	有困难，但只要努力还是能实现的	2142	49.1%	49.8%	89.9%

续表

		频数	百分比	有效百分比	累积百分比
有效	不可能实现	133	3.0%	3.1%	93.0%
	说不清楚，跟我没关系	296	6.8%	6.9%	99.9%
	其他	5	0.1%	0.1%	100.0%
	总计	4298	98.5%	100.0%	
缺失	不理解题意	2			
	不知道	58	1.3%		
	拒绝回答	4	0.1%		
	总计	64	1.5%		
总计		4362	100.0%		

到本世纪中叶建成社会主义现代化国家，您认为这样的目标能实现吗

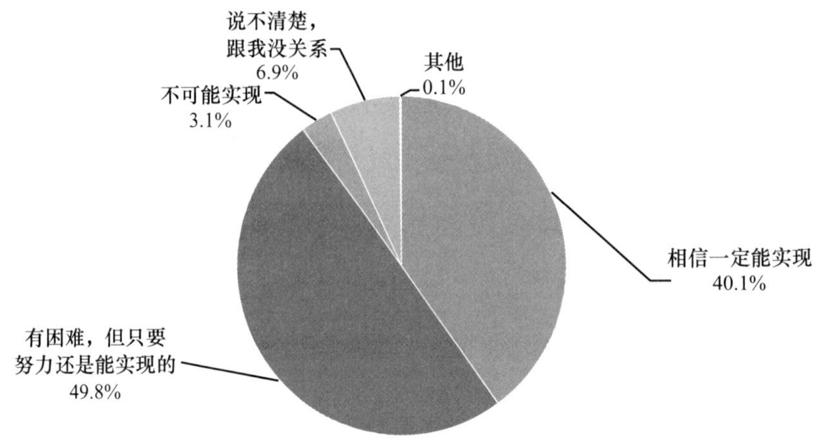

G15 您对您周围的党员干部道德状况怎么评价

		频数	百分比	有效百分比	累积百分比
有效	总体还不错	2065	47.3%	51.4%	51.4%
	普遍比较差	767	17.6%	19.1%	70.4%
	和普通群众没有太大差别	1189	27.3%	29.6%	100.0%
	总计	4021	92.2%	100.0%	
缺失	不知道	340	7.8%		
	拒绝回答	1			
	总计	341	7.8%		
总计		4362	100.0%		

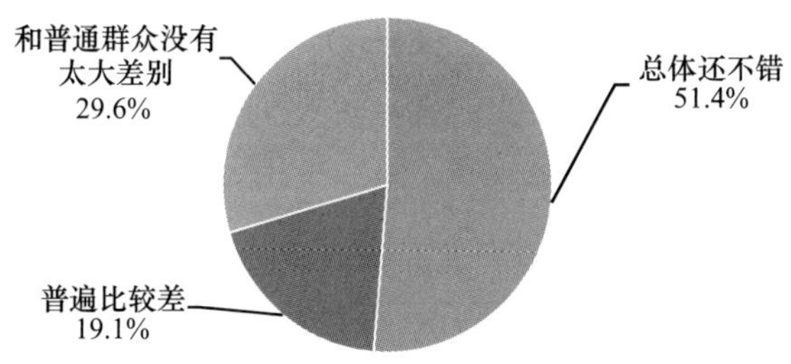

G16 您认为当前官员的勤政作为是怎样的

		频数	百分比	有效百分比	累积百分比
有效	努力作为，成绩显著	925	21.2%	24.8%	24.8%
	努力作为，成绩一般	1989	45.6%	53.4%	78.2%
	行政不作为	646	14.8%	17.3%	95.5%
	行政乱作为	166	3.8%	4.5%	100.0%
	总计	3726	85.4%	100.0%	
缺失	不理解题意	43	1.0%		
	说不清楚	590	13.5%		
	拒绝回答	3	0.1%		
	总计	636	14.6%		
总计		4362	100.0%		

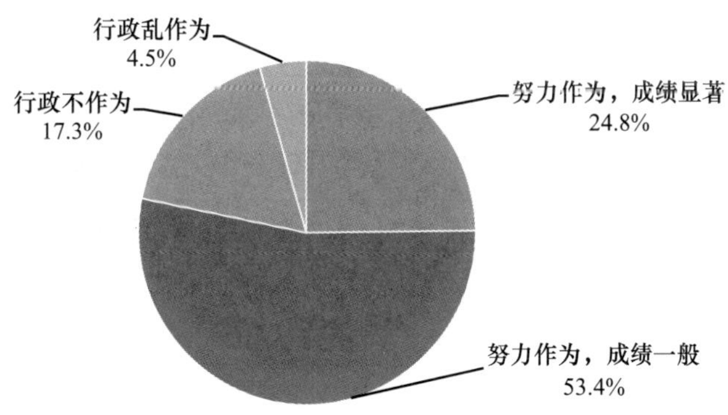

G17 您到政府部门办事，首先选择的方法是

		频数	百分比	有效百分比	累积百分比
有效	找亲朋好友帮忙办理	519	11.9%	12.7%	12.7%
	找政府中的熟人办理	1005	23.0%	24.5%	37.2%
	送红包	40	0.9%	1.0%	38.1%
	直接找相关职能部门办理	2528	58.0%	61.6%	99.8%
	其他	9	0.2%	0.2%	100.0%
	总计	4101	94.0%	100.0%	
缺失	不知道	260	6.0%		
	拒绝回答	1			
	总计	261	6.0%		
总计		4362	100.0%		

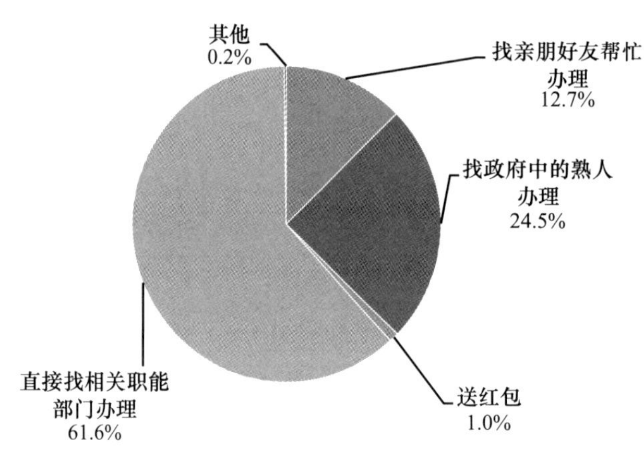

H1 您认为近五年来，您所在地区政府的环境保护工作做得怎么样

		频数	百分比	有效百分比	累积百分比
有效	片面注重经济发展，忽视了环境保护工作	725	16.6%	17.6%	17.6%
	重视不够，环保投入不足	1065	24.4%	25.9%	43.5%
	虽尽了努力，但效果不佳	584	13.4%	14.2%	57.6%
	尽了很大努力，有一定成效	1412	32.4%	34.3%	91.9%
	取得了很大的成绩	333	7.6%	8.1%	100.0%
	总计	4119	94.4%	100.0%	

续表

		频数	百分比	有效百分比	累积百分比
缺失	说不清	240	5.5%		
	拒绝回答	3	0.1%		
	总计	243	5.6%		
总计		4362	100.0%		

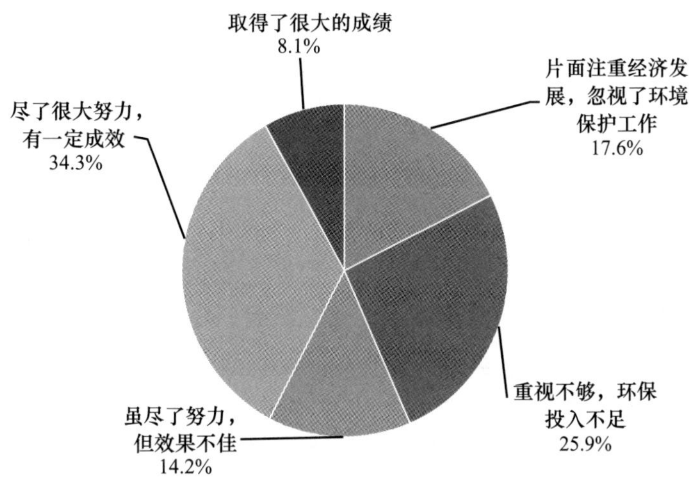

H2 在最近的一年里，您是否从事过以下活动或行为

	从不	偶尔	经常	平均值
垃圾分类投放	1950	1678	730	1.72
与自己的亲戚朋友讨论环保问题	1986	1885	487	1.66
采购日常用品时自己带购物篮或购物袋	998	1998	1360	2.08
优先选择公交、步行等绿色出行方式	817	1728	1808	2.23
为环境保护捐款	3216	957	178	1.3
主动关注环境方面的信息报道和宣传教育	3006	1074	276	1.37
积极参加民间环保团体举办的环保活动	3406	779	172	1.26
积极参加要求解决环境问题的投诉、上诉	3564	654	135	1.21

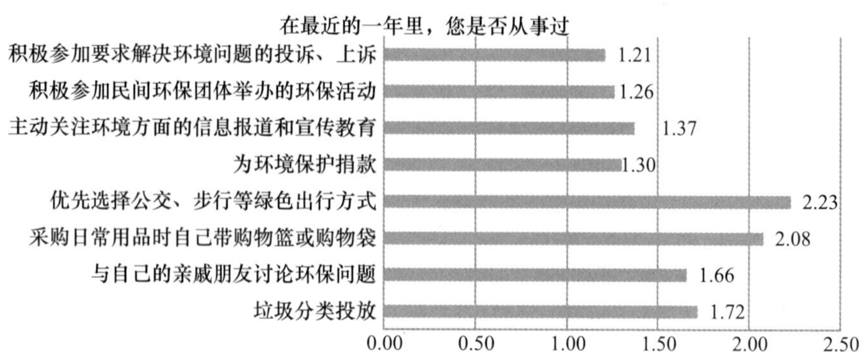

H2a 在最近的一年里，您是否从事过：垃圾分类投放

		频数	百分比	有效百分比	累积百分比
有效	从不	1950	44.7%	44.7%	44.7%
	偶尔	1678	38.5%	38.5%	83.2%
	经常	730	16.7%	16.8%	100.0%
	总计	4358	99.9%	100.0%	
缺失	拒绝回答	4	0.1%		
总计		4362	100.0%		

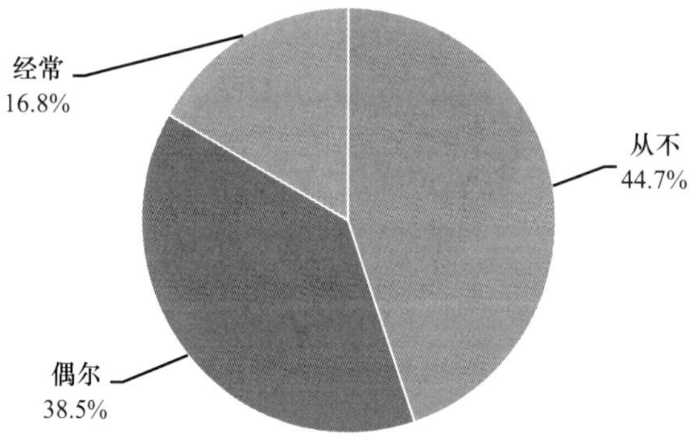

H2b 在最近的一年里，您是否从事过：与自己的亲戚朋友讨论环保问题

		频数	百分比	有效百分比	累积百分比
有效	从不	1986	45.5%	45.6%	45.6%
	偶尔	1885	43.2%	43.3%	88.8%
	经常	487	11.2%	11.2%	100.0%
	总计	4358	99.9%	100.0%	

续表

		频数	百分比	有效百分比	累积百分比
缺失	拒绝回答	4	0.1%		
总计		4362	100.0%		

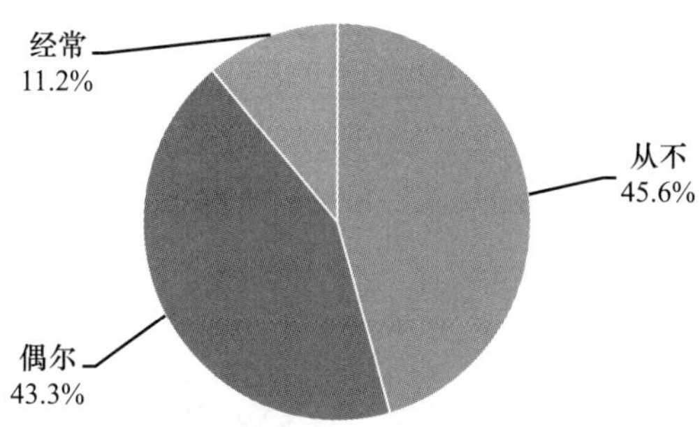

H2c 在最近的一年里，您是否从事过：采购日常用品时自己带购物篮或购物袋

		频数	百分比	有效百分比	累积百分比
有效	从不	998	22.9%	22.9%	22.9%
	偶尔	1998	45.8%	45.9%	68.8%
	经常	1360	31.2%	31.2%	100.0%
	总计	4356	99.9%	100.0%	
缺失	拒绝回答	6	0.1%		
总计		4362	100.0%		

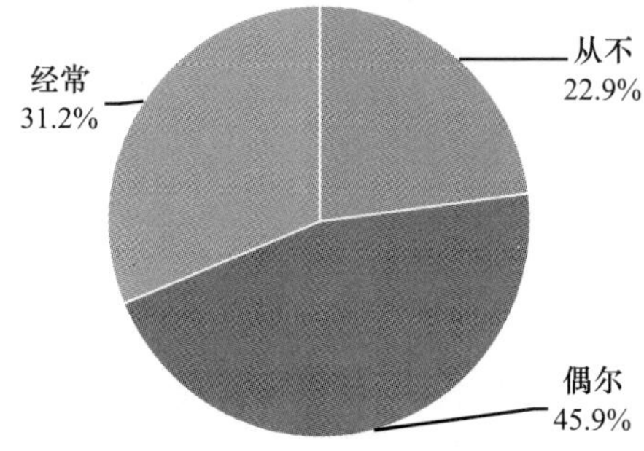

H2d 在最近的一年里，您是否从事过：优先选择公交、步行等绿色出行方式

		频数	百分比	有效百分比	累积百分比
有效	从不	817	18.7%	18.8%	18.8%
	偶尔	1728	39.6%	39.7%	58.5%
	经常	1808	41.4%	41.5%	100.0%
	总计	4353	99.8%	100.0%	
缺失	拒绝回答	9	0.2%		
总计		4362	100.0%		

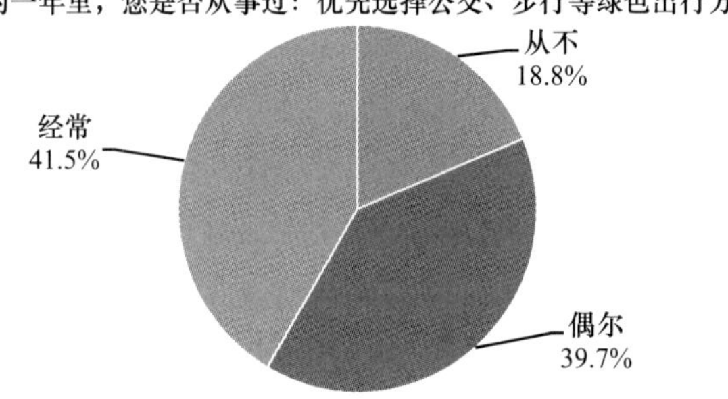

H2e 在最近的一年里，您是否从事过：为环境保护捐款

		频数	百分比	有效百分比	累积百分比
有效	从不	3216	73.7%	73.9%	73.9%
	偶尔	957	21.9%	22.0%	95.9%
	经常	178	4.1%	4.1%	100.0%
	总计	4351	99.7%	100.0%	
缺失	拒绝回答	11	0.3%		
总计		4362	100.0%		

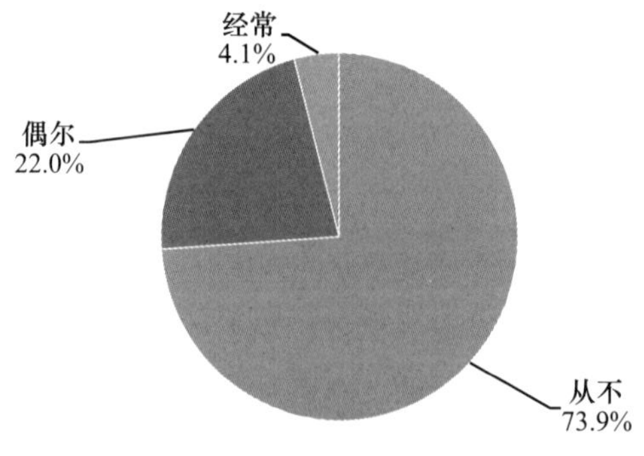

H2f 在最近的一年里，您是否从事过：主动关注环境方面的信息报道和宣传教育

		频数	百分比	有效百分比	累积百分比
有效	从不	3006	68.9%	69.0%	69.0%
	偶尔	1074	24.6%	24.7%	93.7%
	经常	276	6.3%	6.3%	100.0%
	总计	4356	99.9%	100.0%	
缺失	拒绝回答	6	0.1%		
总计		4362	100.0%		

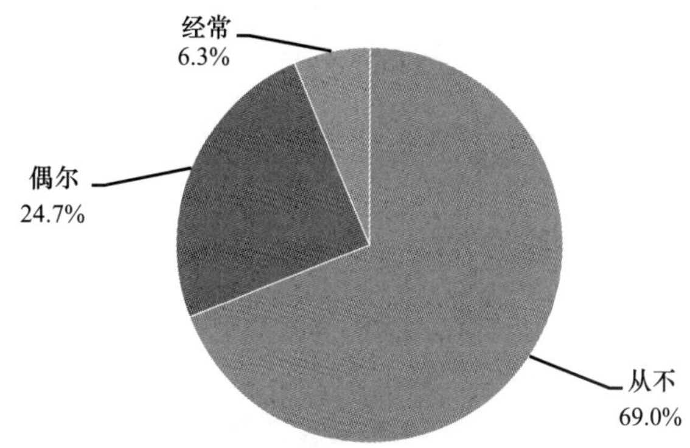

H2g 在最近的一年里，您是否从事过：积极参加民间环保团体举办的环保活动

		频数	百分比	有效百分比	累积百分比
有效	从不	3406	78.1%	78.2%	78.2%
	偶尔	779	17.9%	17.9%	96.1%
	经常	172	3.9%	3.9%	100.0%
	总计	4357	99.9%	100.0%	
缺失	拒绝回答	5	0.1%		
总计		4362	100.0%		

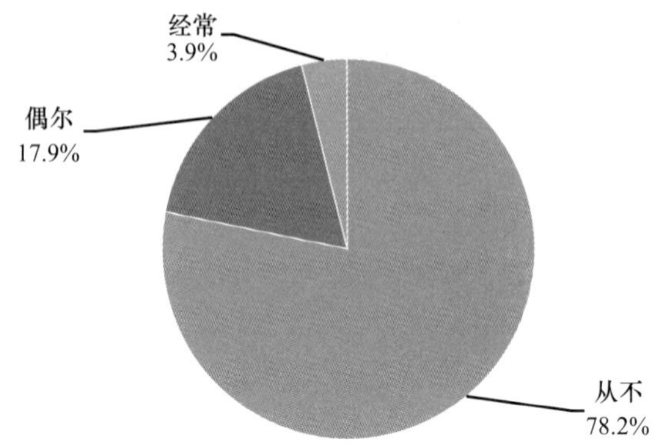

H2h 在最近的一年里，您是否从事过：积极参加要求解决环境问题的投诉、上诉

		频数	百分比	有效百分比	累积百分比
有效	从不	3564	81.7%	81.9%	81.9%
	偶尔	654	15.0%	15.0%	96.9%
	经常	135	3.1%	3.1%	100.0%
	总计	4353	99.8%	100.0%	
缺失	不知道	1			
	拒绝回答	8	0.2%		
	总计	9	0.2%		
总计		4362	100.0%		

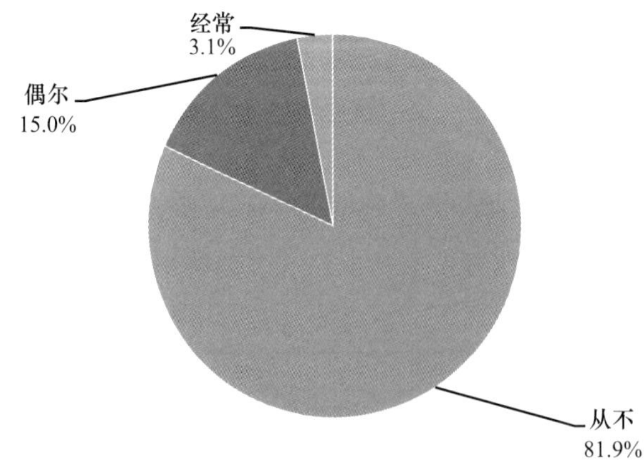

H3 如果您的周围有一片森林，政府将成材的树林砍伐下来办木材厂，将极大提高您的收入，但将破坏环境，您会支持这一决定吗

		频数	百分比	有效百分比	累积百分比
有效	支持，对大家有好处	379	8.7%	8.7%	8.7%
	反对，这是发子孙财，破坏生态	3057	70.1%	70.2%	78.9%
	不支持也不反对，政府决定	914	21.0%	21.0%	99.9%
	其他	4	0.1%	0.1%	100.0%
	总计	4354	99.8%	100.0%	
缺失	不理解题意	3	0.1%		
	不知道	1			
	拒绝回答	4	0.1%		
	总计	8	0.2%		
总计		4362	100.0%		

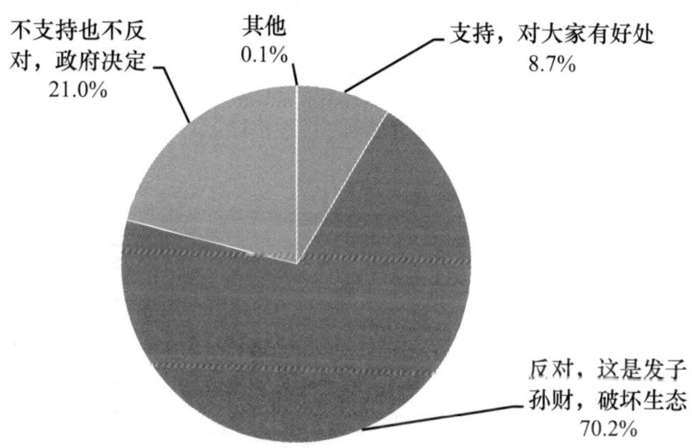

H4 如果要办一个化工厂，您是这个厂的持股职工，化工厂的排污管将未经处理的污水排向下游地区，给下游地区造成污染，您会支持这个决定吗

		频数	百分比	有效百分比	累积百分比
有效	支持，我们不会受污染	294	6.7%	6.8%	6.8%
	反对，这是嫁祸于人	3321	76.1%	76.4%	83.1%
	不支持也不反对，成了可分红，不成是领导的责任	730	16.7%	16.8%	99.9%
	其他	4	0.1%	0.1%	100.0%
	总计	4349	99.7%	100.0%	

续表

		频数	百分比	有效百分比	累积百分比
缺失	不理解题意	6	0.1%		
	不知道	2			
	拒绝回答	5	0.1%		
	总计	13	0.3%		
总计		4362	100.0%		

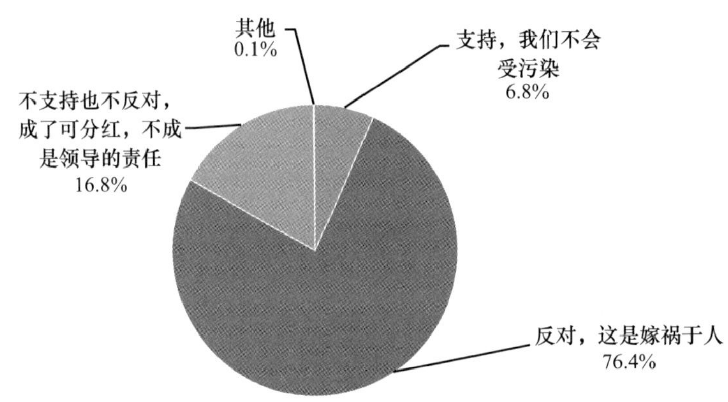

H5 您认为造成生态环境问题的最主要原因是

		频数	百分比	有效百分比	累积百分比
有效	企业唯利是图，造成环境污染	1411	32.3%	32.4%	32.4%
	政府缺乏生态意识，政策失当	1397	32.0%	32.1%	64.6%
	个人缺乏环保意识	781	17.9%	18.0%	82.5%
	当代人自私自利，不顾未来和子孙利益	732	16.8%	16.8%	99.4%
	其他	28	0.6%	0.6%	100.0%
	总计	4349	99.7%	100.0%	
缺失	不理解题意	2			
	不知道	7	0.2%		
	拒绝回答	4	0.1%		
	总计	13	0.3%		
总计		4362	100.0%		

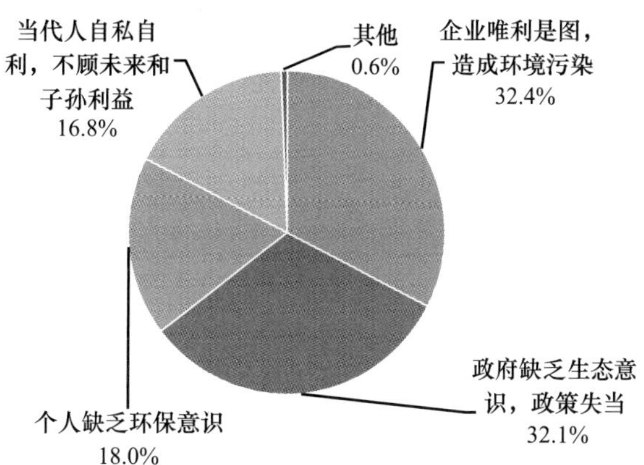

H6 如果环境保护主管部门邀请您参加座谈会或听证会，听取对环境保护相关事项或者活动的意见和建议，您是否会出席

		频数	百分比	有效百分比	累积百分比
有效	会	2650	60.8%	68.0%	68.0%
	不会	1249	28.6%	32.0%	100.0%
	总计	3899	89.4%	100.0%	
缺失	不知道	463	10.6%		
总计		4362	100.0%		

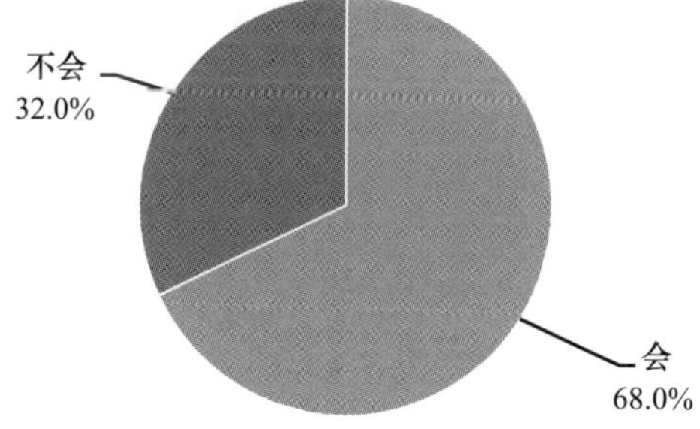

H7 若您所在社区参加“绿色社区”创建活动，您是否会积极参与

		频数	百分比	有效百分比	累积百分比
有效	会	2859	65.5%	73.5%	73.5%
	不会	1029	23.6%	26.5%	100.0%
	总计	3888	89.1%	100.0%	

续表

		频数	百分比	有效百分比	累积百分比
缺失	不知道	472	10.8%		
	拒绝回答	2			
	总计	474	10.9%		
总计		4362	100.0%		

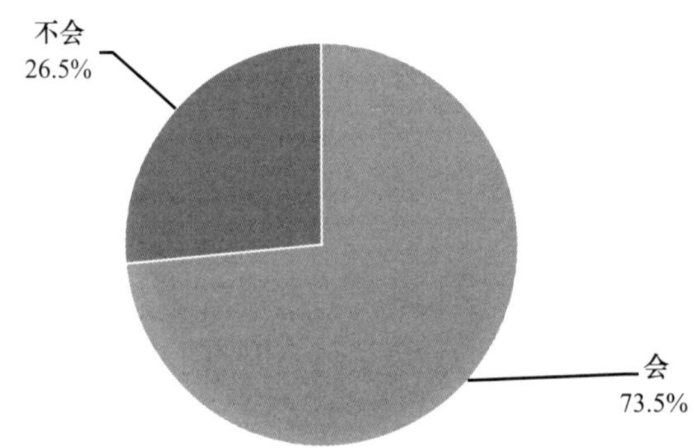

I1 如果您周围有很多外国人，您愿意和他们建立什么样的关系

		频数	百分比	有效百分比	累积百分比
有效	愿意做朋友	1766	40.5%	40.6%	40.6%
	愿意做兄弟姐妹	195	4.5%	4.5%	45.0%
	不愿意来往，得提防他们	130	3.0%	3.0%	48.0%
	偶尔交往，仅限于礼节性的	652	14.9%	15.0%	63.0%
	无法和他们来往，存在语言、文化、习俗等障碍	1599	36.7%	36.7%	99.7%
	其他	13	0.3%	0.3%	100.0%
	总计	4355	99.8%	100.0%	
缺失	不理解题意	2			
	不知道	2			
	拒绝回答	3	0.1%		
	总计	7	0.2%		
总计		4362	100.0%		

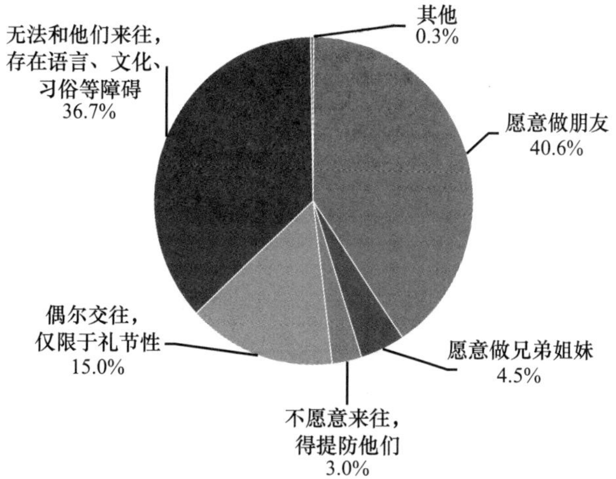

I2 您更愿意过春节还是圣诞节

		频数	百分比	有效百分比	累积百分比
有效	圣诞节	22	0.5%	0.5%	0.5%
	春节	3590	82.3%	82.4%	82.9%
	两个都愿意过	687	15.7%	15.8%	98.6%
	两个都不想过	59	1.4%	1.4%	100.0%
	总计	4358	99.9%	100.0%	
缺失	拒绝回答	4	0.1%		
总计		4362	100.0%		

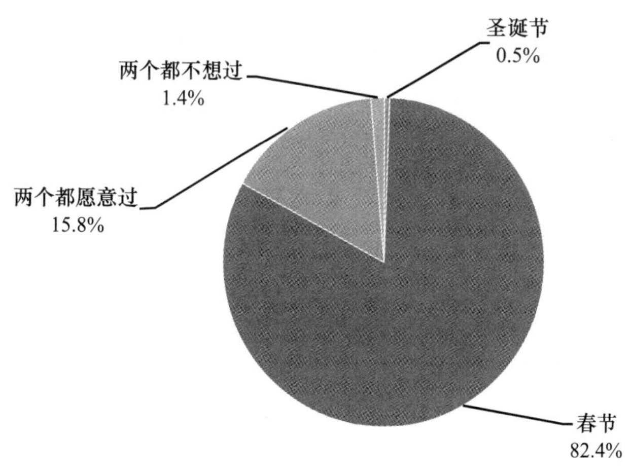

I3 您同意中国人与外国人通婚吗

		频数	百分比	有效百分比	累积百分比
有效	非常同意	140	3.2%	3.6%	3.6%
	比较同意	2676	61.3%	68.4%	72.0%
	不太同意	910	20.9%	23.3%	95.2%
	强烈反对	186	4.3%	4.8%	100.0%
	总计	3912	89.7%	100.0%	
缺失	不理解题意	1			
	不知道	445	10.2%		
	拒绝回答	4	0.1%		
	总计	450	10.3%		
总计		4362	100.0%		

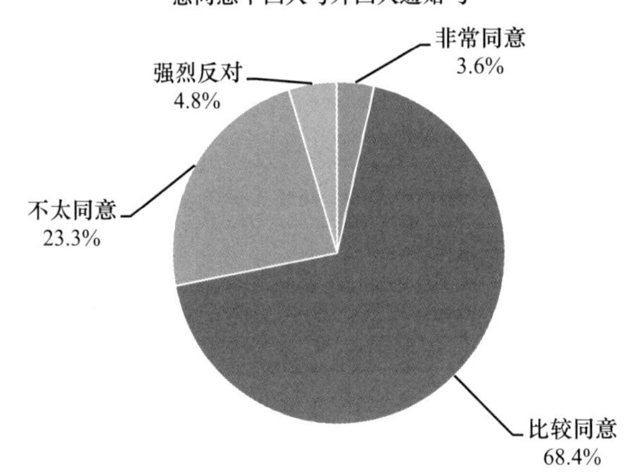

I4 对外来的城市农民工如建筑工人、家庭保姆等，您的态度是

		频数	百分比	有效百分比	累积百分比
有效	看不起和排斥	29	0.7%	0.7%	0.7%
	无视和冷漠以对	164	3.8%	3.8%	4.4%
	尊重和体谅	3352	76.8%	77.1%	81.5%
	同情和友爱	800	18.3%	18.4%	99.9%
	其他	4	0.1%	0.1%	100.0%
	总计	4349	99.7%	100.0%	

续表

		频数	百分比	有效百分比	累积百分比
缺失	不理解题意	2			
	不知道	4	0. 1%		
	拒绝回答	7	0. 2%		
	总计	13	0. 3%		
总计		4362	100. 0%		

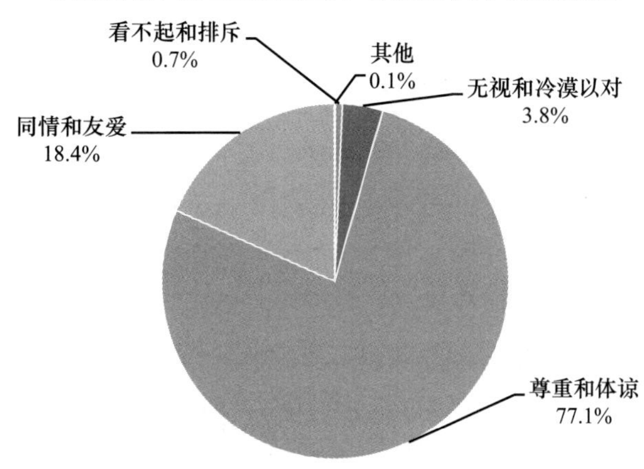

I5 您在日常生活中与同乡人和外乡人的关系是

		频数	百分比	有效百分比	累积百分比
有效	与同乡人交往多	1859	42. 6%	42. 7%	42. 7%
	与外乡人交往多	397	9. 1%	9. 1%	51. 9%
	一样多	1016	23. 3%	23. 4%	75. 2%
	偶尔与外乡人有交往，主要与同乡人交往	1073	24. 6%	24. 7%	99. 9%
	其他	6	0. 1%	0. 1%	100. 0%
	总计	4351	99. 7%	100. 0%	
缺失	不理解题意	2			
	不知道	2			
	拒绝回答	7	0. 2%		
	总计	11	0. 3%		
总计		4362	100. 0%		

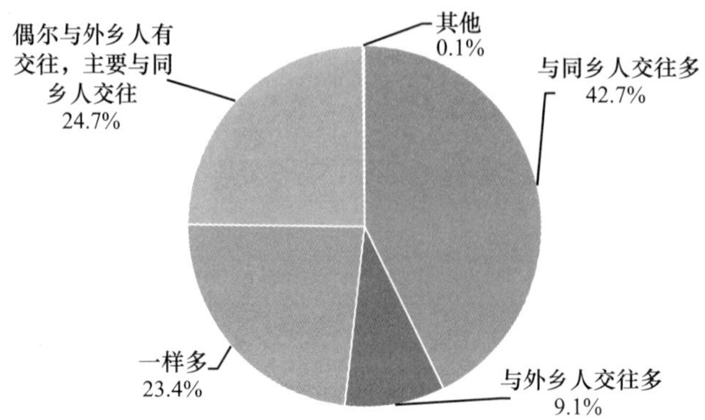

I6 您所在地区的政府对待外来人员的政策取向是

		频数	百分比	有效百分比	累积百分比
有效	不冷不热，顺其自然	1900	43.6%	45.6%	45.6%
	提高门槛，严加限制	432	9.9%	10.4%	56.0%
	降低门槛，广泛吸收	1381	31.7%	33.2%	89.2%
	对有钱人、高级专家采取特殊政策吸引，对一般人严加限制	447	10.2%	10.7%	99.9%
	其他	4	0.1%	0.1%	100.0%
	总计	4164	95.5%	100.0%	
缺失	不理解题意	25	0.6%		
	不知道	156	3.6%		
	拒绝回答	17	0.4%		
	总计	198	4.5%		
总计		4362	100.0%		

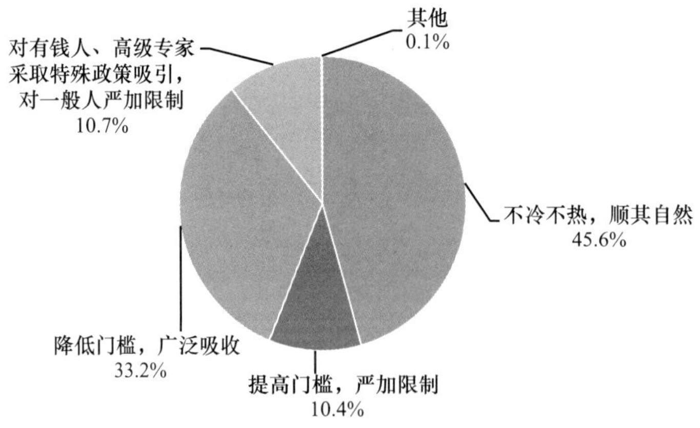

I7 您认为在当前的中国，读书还能不能改变命运

		频数	百分比	有效百分比	累积百分比
有效	读书只是改变命运的一个路径	1681	38.5%	38.6%	38.6%
	读书是改变命运的主要路径	1760	40.3%	40.4%	79.1%
	读书是改变命运的唯一路径	542	12.4%	12.5%	91.5%
	不再是改变命运的路径，没权势的人读了书照样穷	365	8.4%	8.4%	99.9%
	其他	4	0.1%	0.1%	100.0%
	总计	4352	99.8%	100.0%	
缺失	不理解题意	2			
	不知道	6	0.1%		
	拒绝回答	2			
	总计	10	0.2%		
总计		4362	100.0%		

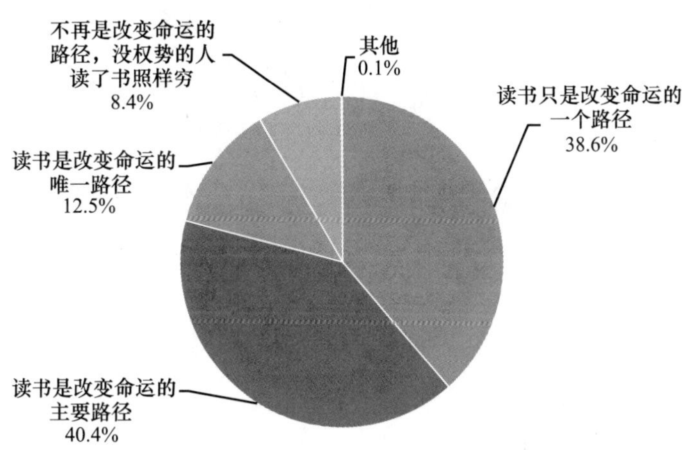

I8 您如何认识名牌大学里农村学生比例急剧减少的现象

		频数	百分比	有效百分比	累积百分比
有效	是一种社会倒退	414	9.5%	9.6%	9.6%
	农村教育的落后	1611	36.9%	37.2%	46.8%
	教育不公平	1435	32.9%	33.2%	80.0%
	有钱人和有权人特权的表现	580	13.3%	13.4%	93.4%

续表

		频数	百分比	有效百分比	累积百分比
有效	代际不公、社会不公的延续和加剧	245	5.6%	5.7%	99.0%
	其他	42	1.0%	1.0%	100.0%
	总计	4327	99.2%	100.0%	
缺失	不理解题意	7	0.2%		
	不知道	21	0.5%		
	拒绝回答	7	0.2%		
	总计	35	0.8%		
总计		4362	100.0%		

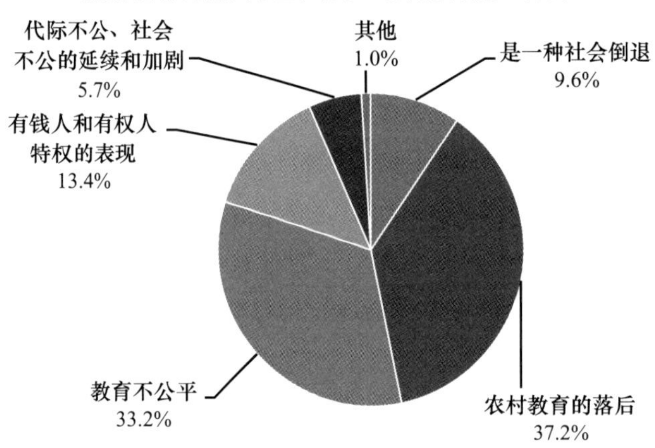

I9 您同学指出你们家乡的某一风俗习惯很落后保守，您会作出什么反应

		频数	百分比	有效百分比	累积百分比
有效	坦然面对，承认这一风俗习惯确实落后	2259	51.8%	52.2%	52.2%
	虽然认为说得对，但是感觉他或她在批评自己的家乡，因此不自在	1316	30.2%	30.4%	82.5%
	虽然认为说得对，但是感到受到羞辱	387	8.9%	8.9%	91.5%
	批评家乡就是批评自己，要为家乡的风俗习惯做辩护	361	8.3%	8.3%	99.8%
	其他	8	0.2%	0.2%	100.0%
	总计	4331	99.3%	100.0%	

续表

		频数	百分比	有效百分比	累积百分比
缺失	不理解题意	7	0.2%		
	不知道	17	0.4%		
	拒绝回答	7	0.2%		
	总计	31	0.7%		
总计		4362	100.0%		

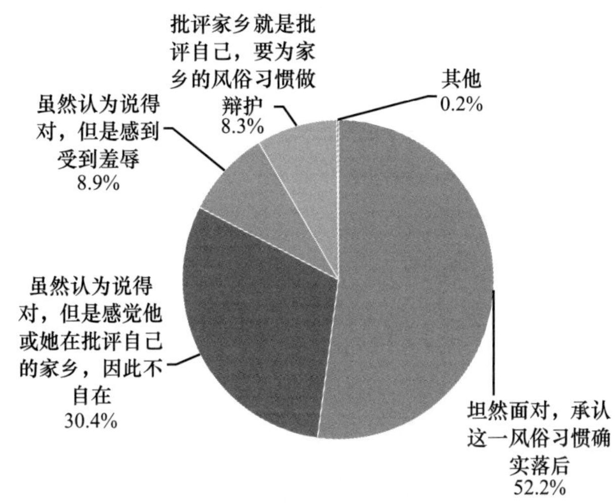

I10 如果您有机会出国，初到国外时，您交朋友会有意识地交中国朋友吗

		频数	百分比	有效百分比	累积百分比
有效	会，认为在异国他乡找自己本国人有一种归属感	2767	63.4%	63.7%	63.7%
	不会，看缘分交朋友，不强调国籍	572	13.1%	13.2%	76.9%
	不会，会有意识地多交外国朋友	194	4.4%	4.5%	81.3%
	视情况而定	810	18.6%	18.7%	100.0%
	总计	4343	99.6%	100.0%	
缺失	不理解题意	4	0.1%		
	不知道	9	0.2%		
	拒绝回答	6	0.1%		
	总计	19	0.4%		
总计		4362	100.0%		

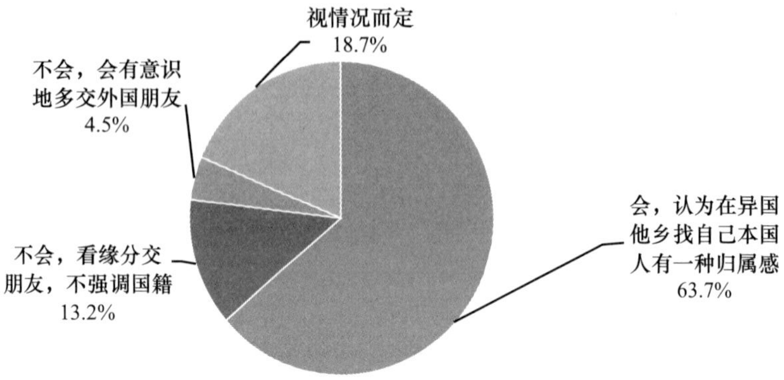

I11 您是否愿意与不同民族的人交往

		频数	百分比	有效百分比	累积百分比
有效	非常不愿意	96	2.2%	2.3%	2.3%
	不太愿意	761	17.4%	18.0%	20.3%
	比较愿意	3124	71.6%	74.0%	94.3%
	非常愿意	240	5.5%	5.7%	100.0%
	总计	4221	96.8%	100.0%	
缺失	不知道	137	3.1%		
	拒绝回答	4	0.1%		
	总计	141	3.2%		
总计		4362	100.0%		

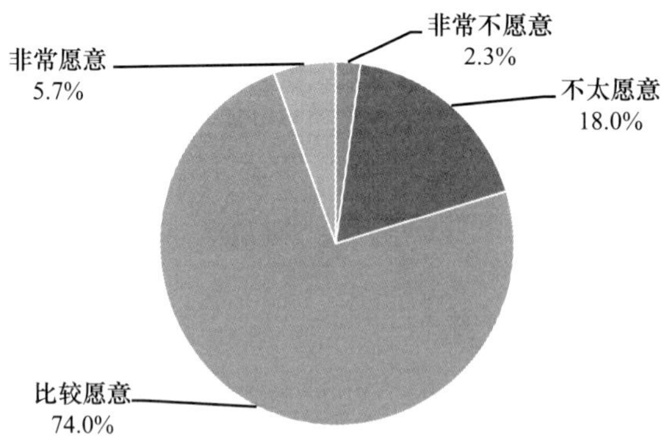

I12 您是否愿意与不同宗教信仰的人相处

		频数	百分比	有效百分比	累积百分比
有效	非常不愿意	118	2.7%	2.8%	2.8%
	不太愿意	958	22.0%	23.1%	25.9%
	比较愿意	2906	66.6%	70.0%	96.0%
	非常愿意	168	3.9%	4.0%	100.0%
	总计	4150	95.1%	100.0%	
缺失	不知道	209	4.8%		
	拒绝回答	3	0.1%		
	总计	212	4.9%		
总计		4362	100.0%		

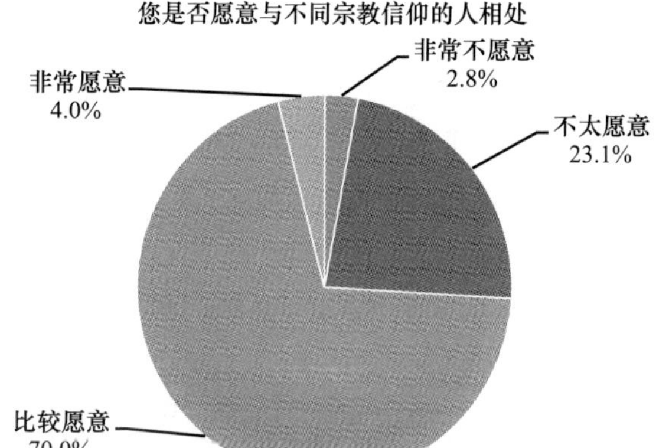

I13 您与您的邻居平时来往多吗

		频数	百分比	有效百分比	累积百分比
有效	非常多	737	16.9%	17.0%	17.0%
	比较多	2428	55.7%	55.9%	72.8%
	偶尔	1025	23.5%	23.6%	96.4%
	几乎不来往	157	3.6%	3.6%	100.0%
	总计	4347	99.7%	100.0%	
缺失	没有邻居	7	0.2%		
	拒绝回答	8	0.2%		
	总计	15	0.3%		
总计		4362	100.0%		

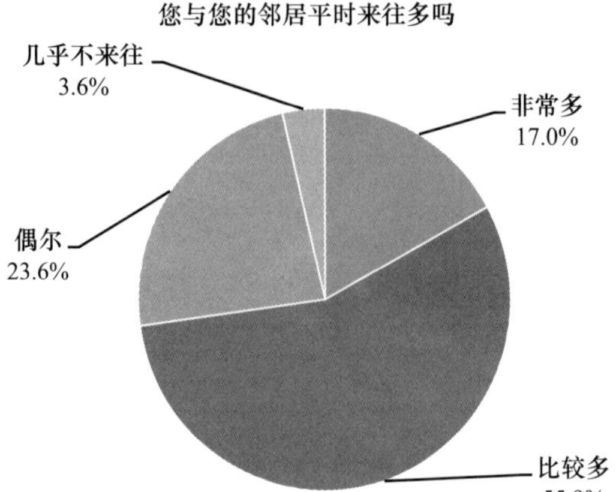

I14 您在多大程度上愿意和下列群体成为邻居

	非常愿意	比较愿意	不太愿意	很不愿意	平均数
农民工、进城务工人员	466	3365	465	27	2.01
商人	331	3016	920	39	2.15
企业家或高级管理人员	631	3060	541	52	2
技术工人	807	3223	261	24	1.88
教师	1119	2984	211	26	1.8
医生	963	3010	323	44	1.87
富人	349	2260	1397	280	2.38
土豪	263	2003	1569	434	2.51
专家学者	558	2833	717	149	2.11
政府官员	433	2456	1154	231	2.28
公众人物、演艺人士	248	2061	1363	461	2.49

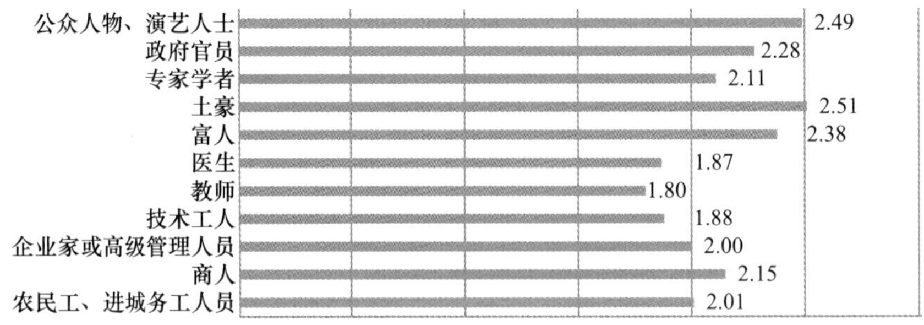

I14a 您在多大程度上愿意和下列群体成为邻居？农民工，进城务工人员

		频数	百分比	有效百分比	累积百分比
有效	非常愿意	466	10.7%	10.8%	10.8%
	比较愿意	3365	77.1%	77.8%	88.6%
	不太愿意	465	10.7%	10.8%	99.4%
	很不愿意	27	0.6%	0.6%	100.0%
	总计	4323	99.1%	100.0%	
缺失	不知道	35	0.8%		
	拒绝回答	4	0.1%		
	总计	39	0.9%		
总计		4362	100.0%		

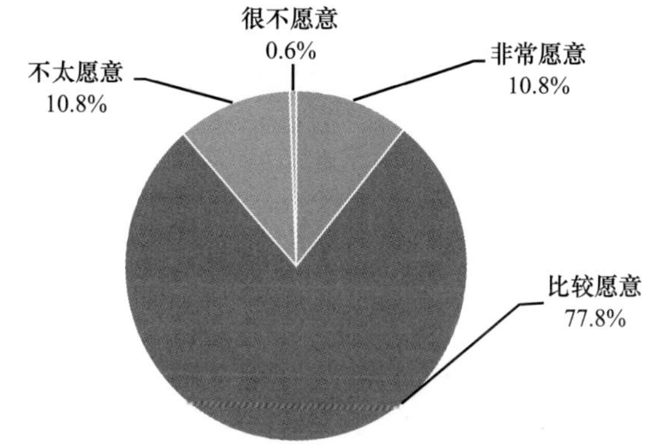

I14b 您在多大程度上愿意和下列群体成为邻居？商人

		频数	百分比	有效百分比	累积百分比
有效	非常愿意	331	7.6%	7.7%	7.7%
	比较愿意	3016	69.1%	70.0%	77.7%
	不太愿意	920	21.1%	21.4%	99.1%
	很不愿意	39	0.9%	0.9%	100.0%
	总计	4306	98.7%	100.0%	
缺失	不知道	47	1.1%		
	拒绝回答	9	0.2%		
	总计	56	1.3%		
总计		4362	100.0%		

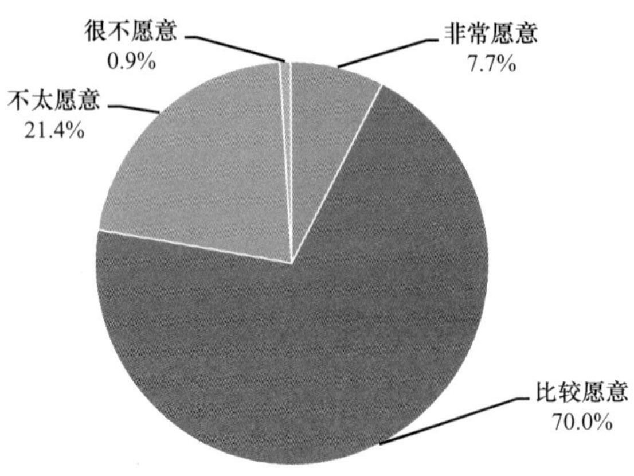

I14c 您在多大程度上愿意和下列群体成为邻居？企业家或高级管理人员

		频数	百分比	有效百分比	累积百分比
有效	非常愿意	631	14.5%	14.7%	14.7%
	比较愿意	3060	70.2%	71.4%	86.2%
	不太愿意	541	12.4%	12.6%	98.8%
	很不愿意	52	1.2%	1.2%	100.0%
	总计	4284	98.2%	100.0%	
缺失	不知道	64	1.5%		
	拒绝回答	14	0.3%		
	总计	78	1.8%		
总计		4362	100.0%		

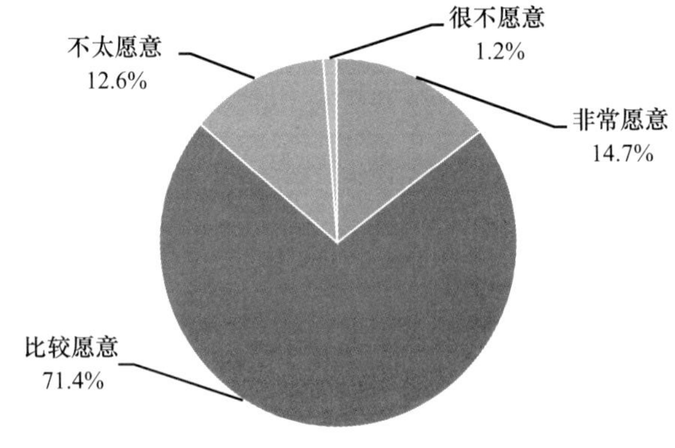

I14d 您在多大程度上愿意和下列群体成为邻居？技术工人

		频数	百分比	有效百分比	累积百分比
有效	非常愿意	807	18.5%	18.7%	18.7%
	比较愿意	3223	73.9%	74.7%	93.4%
	不太愿意	261	6.0%	6.0%	99.4%
	很不愿意	24	0.6%	0.6%	100.0%
	总计	4315	98.9%	100.0%	
缺失	不知道	36	0.8%		
	拒绝回答	11	0.3%		
	总计	47	1.1%		
总计		4362	100.0%		

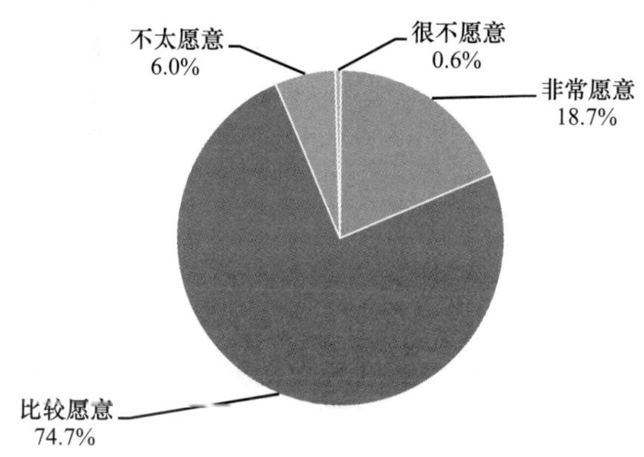

I14e 您在多大程度上愿意和下列群体成为邻居？教师

		频数	百分比	有效百分比	累积百分比
有效	非常愿意	1119	25.7%	25.8%	25.8%
	比较愿意	2984	68.4%	68.8%	94.5%
	不太愿意	211	4.8%	4.9%	99.4%
	很不愿意	26	0.6%	0.6%	100.0%
	总计	4340	99.5%	100.0%	
缺失	不知道	14	0.3%		
	拒绝回答	8	0.2%		
	总计	22	0.5%		
总计		4362	100.0%		

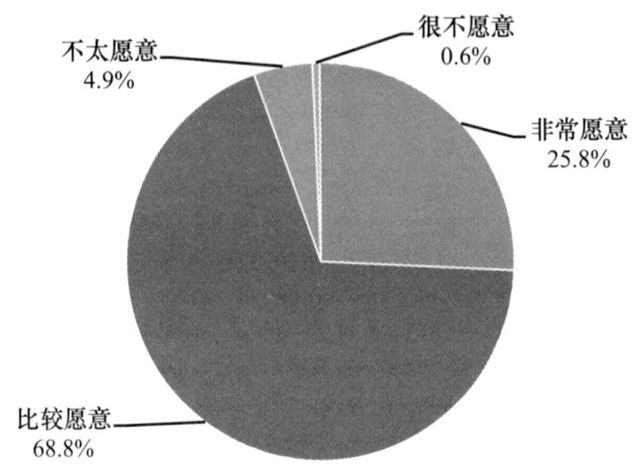

I14f 您在多大程度上愿意和下列群体成为邻居？医生

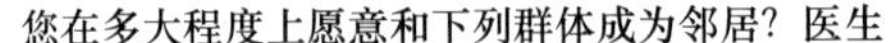

		频数	百分比	有效百分比	累积百分比
有效	非常愿意	963	22.1%	22.2%	22.2%
	比较愿意	3010	69.0%	69.4%	91.5%
	不太愿意	323	7.4%	7.4%	99.0%
	很不愿意	44	1.0%	1.0%	100.0%
	总计	4340	99.5%	100.0%	
缺失	不知道	14	0.3%		
	拒绝回答	8	0.2%		
	总计	22	0.5%		
总计		4362	100.0%		

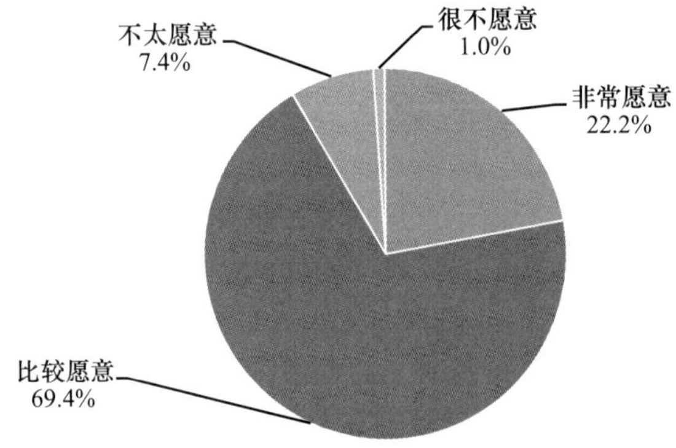

I14g 您在多大程度上愿意和下列群体成为邻居？富人

		频数	百分比	有效百分比	累积百分比
有效	非常愿意	349	8.0%	8.1%	8.1%
	比较愿意	2260	51.8%	52.7%	60.9%
	不太愿意	1397	32.0%	32.6%	93.5%
	很不愿意	280	6.4%	6.5%	100.0%
	总计	4286	98.3%	100.0%	
缺失	不知道	67	1.5%		
	拒绝回答	9	0.2%		
	总计	76	1.7%		
总计		4362	100.0%		

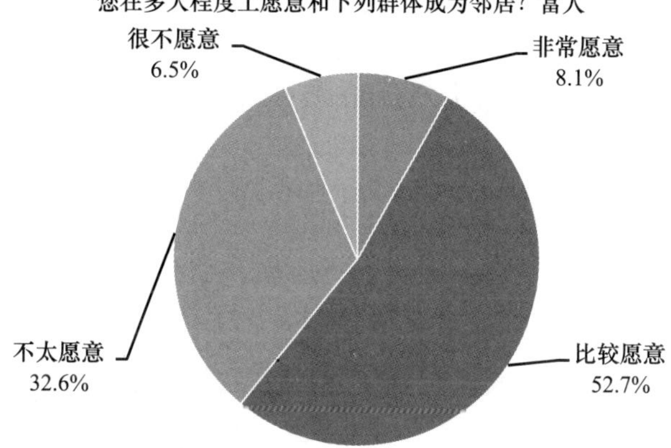

I14h 您在多大程度上愿意和下列群体成为邻居？土豪

		频数	百分比	有效百分比	累积百分比
有效	非常愿意	263	6.0%	6.2%	6.2%
	比较愿意	2003	45.9%	46.9%	53.1%
	不太愿意	1569	36.0%	36.8%	89.8%
	很不愿意	434	9.9%	10.2%	100.0%
	总计	4269	97.9%	100.0%	
缺失	不知道	80	1.8%		
	拒绝回答	13	0.3%		
	总计	93	2.1%		
总计		4362	100.0%		

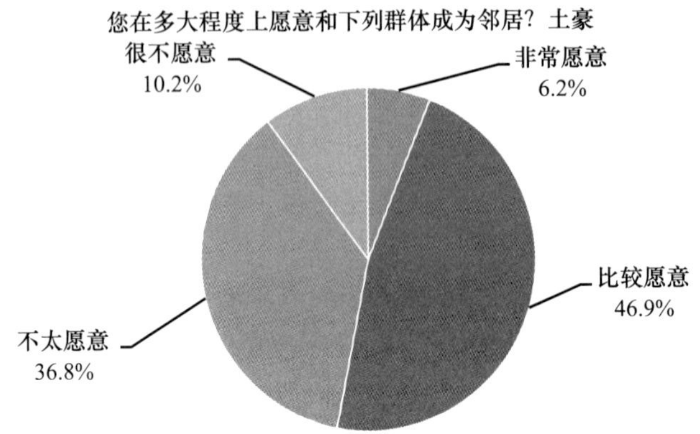

I14i 您在多大程度上愿意和下列群体成为邻居？专家学者

		频数	百分比	有效百分比	累积百分比
有效	非常愿意	558	12.8%	13.1%	13.1%
	比较愿意	2833	64.9%	66.5%	79.7%
	不太愿意	717	16.4%	16.8%	96.5%
	很不愿意	149	3.4%	3.5%	100.0%
	总计	4257	97.6%	100.0%	
缺失	不知道	96	2.2%		
	拒绝回答	9	0.2%		
	总计	105	2.4%		
总计		4362	100.0%		

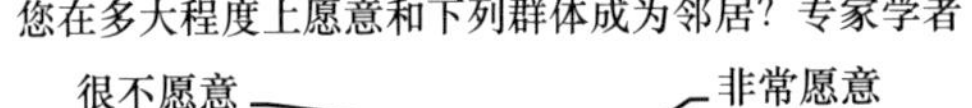

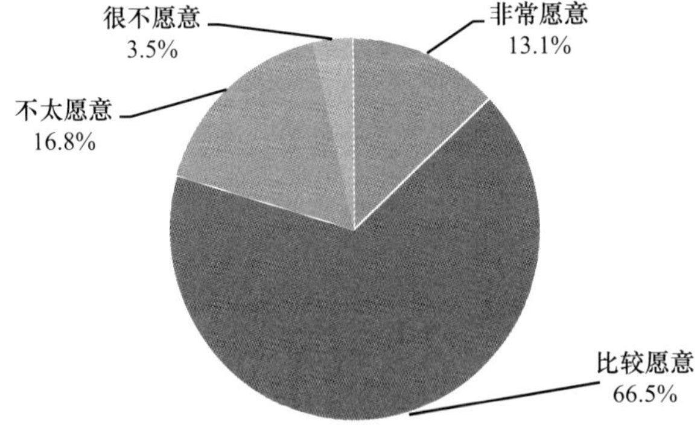

I14j 您在多大程度上愿意和下列群体成为邻居？政府官员

		频数	百分比	有效百分比	累积百分比
有效	非常愿意	433	9.9%	10.1%	10.1%
	比较愿意	2456	56.3%	57.5%	67.6%
	不太愿意	1154	26.5%	27.0%	94.6%
	很不愿意	231	5.3%	5.4%	100.0%
	总计	4274	98.0%	100.0%	
缺失	不知道	76	1.7%		
	拒绝回答	12	0.3%		
	总计	88	2.0%		
总计		4362	100.0%		

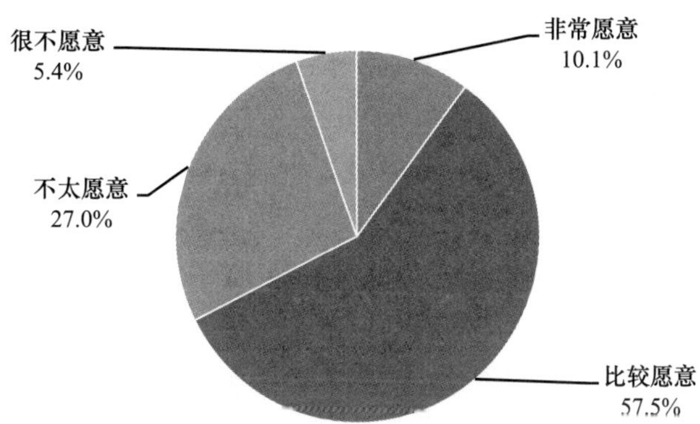

I14k 您在多大程度上愿意和下列群体成为邻居？公众人物，演艺人士

		频数	百分比	有效百分比	累积百分比
有效	非常愿意	248	5.7%	6.0%	6.0%
	比较愿意	2061	47.2%	49.9%	55.9%
	不太愿意	1363	31.2%	33.0%	88.8%
	很不愿意	461	10.6%	11.2%	100.0%
	总计	4133	94.8%	100.0%	
缺失	不知道	219	5.0%		
	拒绝回答	10	0.2%		
	总计	229	5.2%		
总计		4362	100.0%		

您在多大程度上愿意和下列群体成为邻居？公众人物，演艺人士

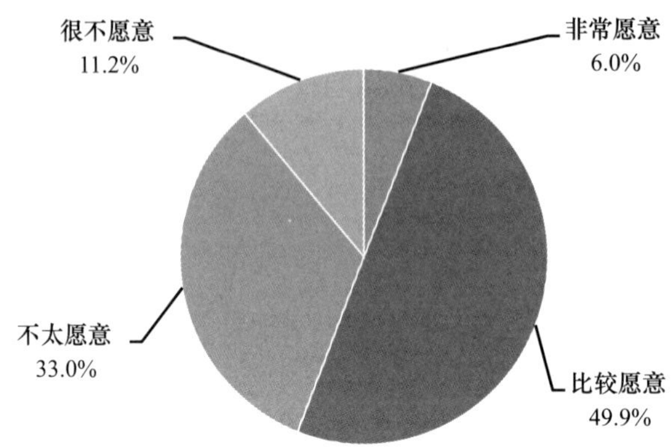

I15 您如何看待中国对其他落后国家的广泛援助计划

		频数	百分比	有效百分比	累积百分比
有效	完全支持，认为这有助于提升国家形象和国际地位	1458	33.4%	35.4%	35.4%
	支持，认为我们应该帮助比我们落后的国家	1345	30.8%	32.6%	68.0%
	支持，但国家应该征求纳税人的意见	461	10.6%	11.2%	79.2%
	不支持，因为我们国家尚存在很多贫困人口	857	19.6%	20.8%	100.0%
	总计	4121	94.5%	100.0%	
缺失	不理解题意	2			
	不知道	235	5.4%		
	拒绝回答	4	0.1%		
	总计	241	5.5%		
总计		4362	100.0%		

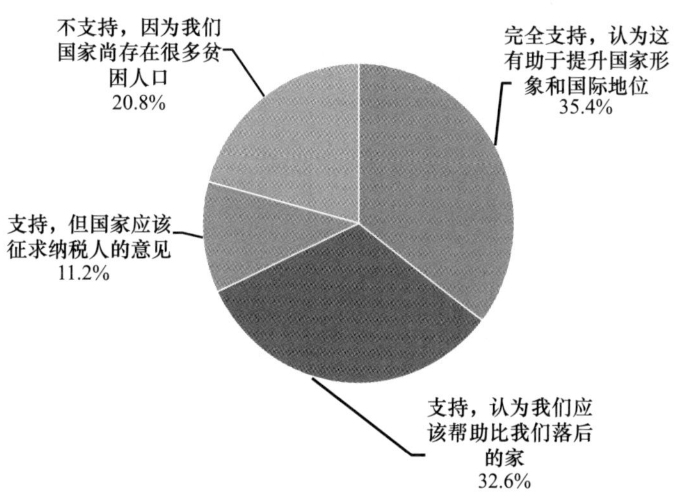

I16 您听说过一些道德模范的故事吗？您愿意像他们那样做人做事吗

		频数	百分比	有效百分比	累积百分比
有效	知道一些，他们很了不起，应努力向他们学习	2402	55.1%	55.2%	55.2%
	知道一些，很敬佩他们，但自己学不来	1157	26.5%	26.6%	81.7%
	知道一些，我感到他们那样做有点不值得	271	6.2%	6.2%	88.0%
	没听说过谁是道德模范和身边好人	521	11.9%	12.0%	99.9%
	其他	3	0.1%	0.1%	100.0%
	总计	4354	99.8%	100.0%	
缺失	不知道	2			
	拒绝回答	6	0.1%		
	总计	8	0.2%		
总计		4362	100.0%		

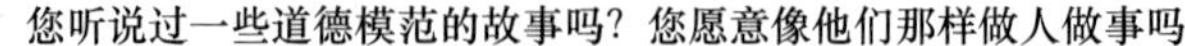
您听说过一些道德模范的故事吗？您愿意像他们那样做人做事吗

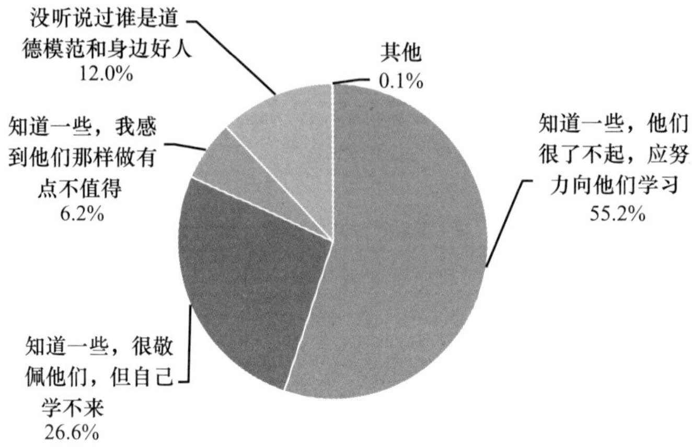

I17 当有陌生人走进您的单位或社区，或在车厢中与陌生人在一起时，您经常的态度是

		频数	百分比	有效百分比	累积百分比
有效	对他/她微笑	1161	26.6%	27.2%	27.2%
	主动打招呼	471	10.8%	11.0%	38.2%
	没有任何反应	1159	26.6%	27.1%	65.3%
	保持警惕，防止上当	1476	33.8%	34.5%	99.8%
	其他	9	0.2%	0.2%	100.0%
	总计	4276	98.0%	100.0%	
缺失	不知道	78	1.8%		
	拒绝回答	8	0.2%		
	总计	86	2.0%		
总计		4362	100.0%		

当有陌生人走进您的单位或社区，或在车厢中与陌生人在一起时，您经常的态度是

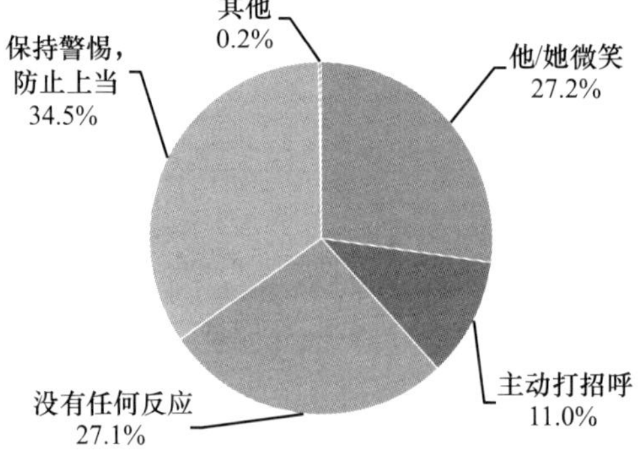

I18 假设您双手抱着东西走进电梯，您觉得电梯里的陌生人可能会怎样

		频数	百分比	有效百分比	累积百分比
有效	主动问您去几楼并帮您按楼层	1266	29.0%	32.7%	32.7%
	当作没看见	579	13.3%	15.0%	47.7%
	会在您的请求下给予帮助	2022	46.4%	52.3%	100.0%
	总计	3867	88.7%	100.0%	
缺失	不知道	484	11.1%		
	拒绝回答	11	0.3%		
	总计	495	11.3%		
总计		4362	100.0%		

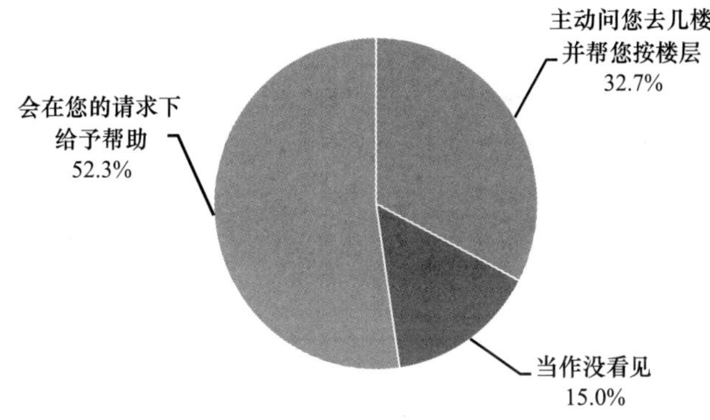

J1 建设百姓富、社会文明程度高的新江苏。您对江苏实现这样目标有信心吗

		频数	百分比	有效百分比	累积百分比
有效	很有信心	3039	69.7%	94.3%	94.3%
	没有信心	184	4.2%	5.7%	100.0%
	总计	3223	73.9%	100.0%	
缺失	说不清楚	672	15.4%		
	拒绝回答	467	10.7%		
	总计	1139	26.1%		
总计		4362	100.0%		

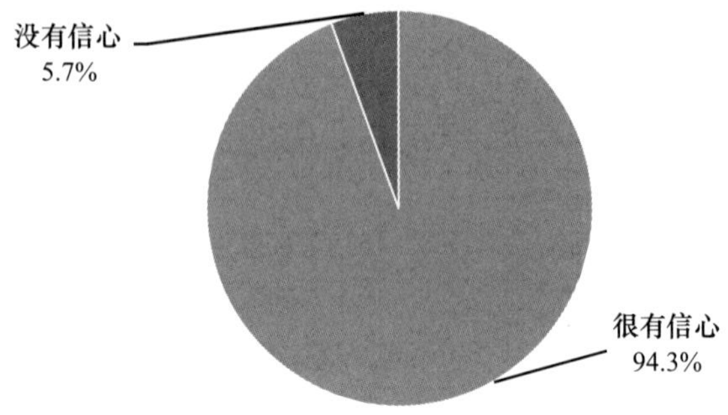

K1 您目前的婚姻状况是

		频数	百分比	有效百分比	累积百分比
有效	未婚	483	11.1%	11.1%	11.1%
	已婚	3716	85.2%	85.4%	96.5%
	离婚	44	1.0%	1.0%	97.5%
	丧偶	106	2.4%	2.4%	100.0%
	其他	1			100.0%
	总计	4350	99.7%	100.0%	
缺失	拒绝回答	12	0.3%		
总计		4362	100.0%		

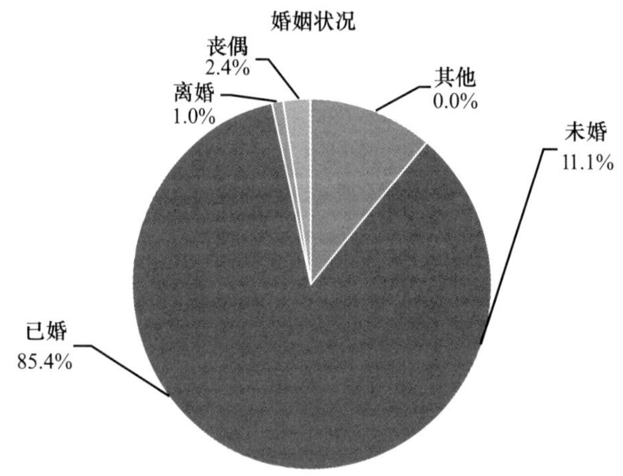

K2 您家里住在一起并且一起吃饭的有几个人（包括您自己）

		频数	百分比	有效百分比	累积百分比
有效	0	2			0. 0%
	1	173	4. 0%	4. 0%	4. 0%
	2	887	20. 3%	20. 5%	24. 5%
	3	1198	27. 5%	27. 6%	52. 2%
	4	764	17. 5%	17. 6%	69. 8%
	5	846	19. 4%	19. 5%	89. 3%
	6	340	7. 8%	7. 8%	97. 2%
	7	80	1. 8%	1. 8%	99. 0%
	8	23	0. 5%	0. 5%	99. 5%
	9	10	0. 2%	0. 2%	99. 8%
	10	9	0. 2%	0. 2%	100. 0%
	11	1			100. 0%
	总计	4333	99. 3%	100. 0%	
缺失	拒绝回答	29	0. 7%		
总计		4362	100. 0%		

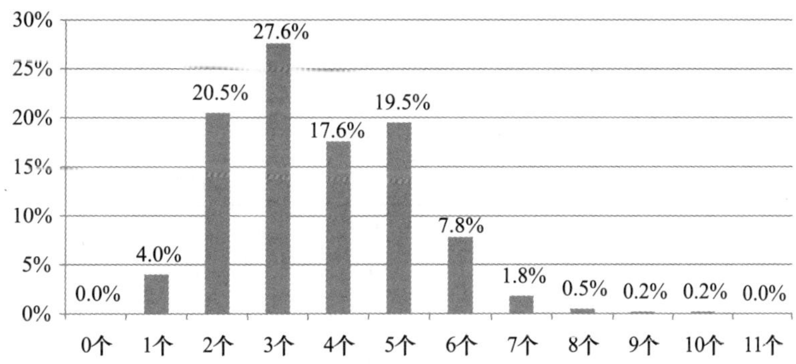

K3 请问您有几个子女

		频数	百分比	有效百分比	累积百分比
有效	0	599	13. 7%	13. 8%	13. 8%
	1	2409	55. 2%	55. 6%	69. 4%
	2	1156	26. 5%	26. 7%	96. 1%

续表

		频数	百分比	有效百分比	累积百分比
有效	3	151	3.5%	3.5%	99.6%
	4	12	0.3%	0.3%	99.9%
	5	4	0.1%	0.1%	100.0%
	6	1			100.0%
	总计	4332	99.3%	100.0%	
缺失	拒绝回答	30	0.7%		
总计		4362	100.0		

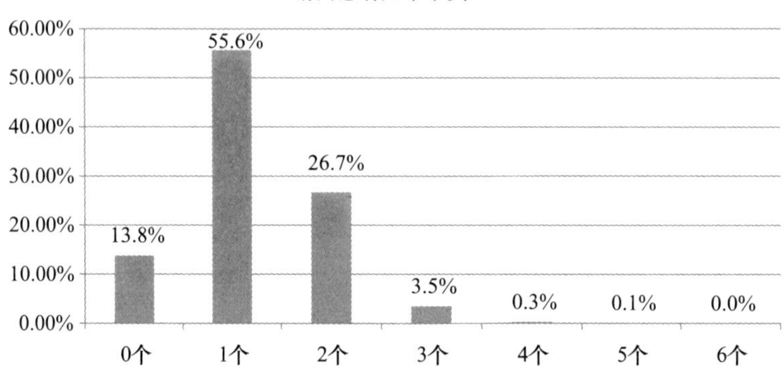

K3a 请问您有几个子女？儿子

		频数	百分比	有效百分比	累积百分比
有效	0	1112	25.5%	29.9%	29.9%
	1	2333	53.5%	62.7%	92.5%
	2	268	6.1%	7.2%	99.7%
	3	9	0.2%	0.2%	100.0%
	4	1			100.0%
	总计	3723	85.4%	100.0%	
缺失	不适用	599	13.7%		
	拒绝回答	40	0.9%		
	总计	639	14.6%		
总计		4362	100.0%		

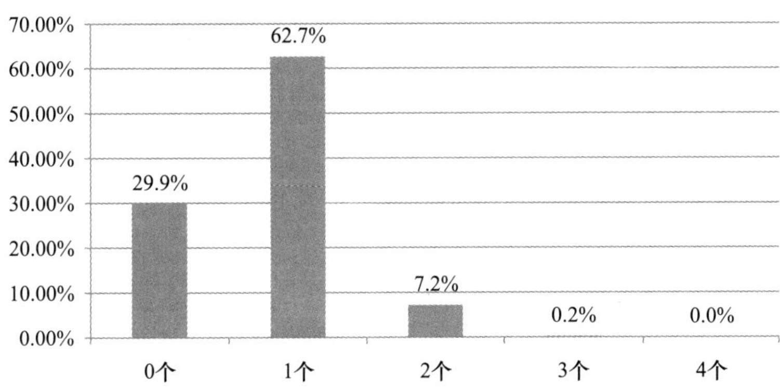

K3b 请问您有几个子女？女儿

		频数	百分比	有效百分比	累积百分比
有效	0	1693	38.8%	45.5%	45.5%
	1	1728	39.6%	46.5%	92.0%
	2	274	6.3%	7.4%	99.3%
	3	22	0.5%	0.6%	99.9%
	4	1			99.9%
	5	2		0.1%	100.0%
	总计	3720	85.3%	100.0%	
缺失	不适用	599	13.7%		
	拒绝回答	43	1.0%		
	总计	642	14.7%		
总计		4362	100.0%		

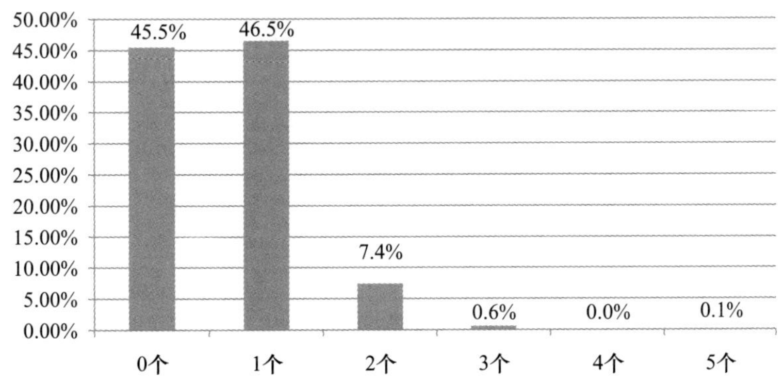

K4 您目前的居住状况是

		频数	百分比	有效百分比	累积百分比
有效	与配偶居住	866	19.9%	19.9%	19.9%
	与配偶及已婚子女居住	575	13.2%	13.2%	33.2%
	与配偶及父母居住	384	8.8%	8.8%	42.0%
	独自居住	174	4.0%	4.0%	46.0%
	与配偶及未婚子女居住	1394	32.0%	32.1%	78.1%
	祖父母辈与孙辈居住	166	3.8%	3.8%	81.9%
	其他	786	18.0%	18.1%	100.0%
	总计	4345	99.6%	100.0%	
缺失	拒绝回答	17	0.4%		
总计		4362	100.0%		

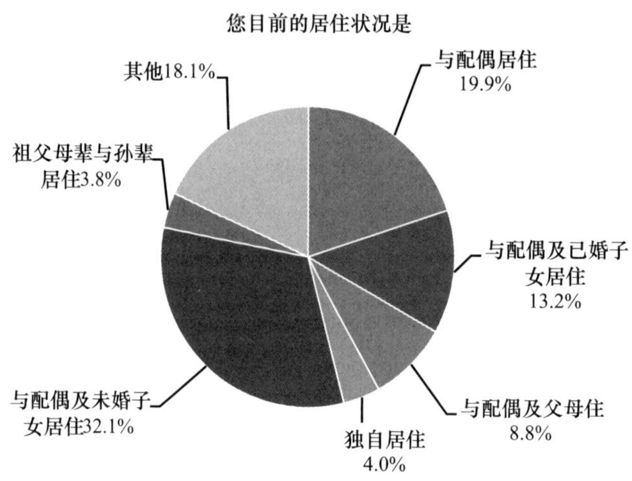

K5 请问您现在的住房属于以下哪种情况

		频数	百分比	有效百分比	累积百分比
有效	父母买或祖上传的私房	624	14.3%	14.3%	14.3%
	自己买或盖的房	3025	69.3%	69.5%	83.8%
	与父母合买的商品房	69	1.6%	1.6%	85.4%
	买的单位/房管局的房	37	0.8%	0.8%	86.3%
	单位分的公房	57	1.3%	1.3%	87.6%
	租私人的房	425	9.7%	9.8%	97.3%
	租房管局的房	8	0.2%	0.2%	97.5%

续表

		频数	百分比	有效百分比	累积百分比
有效	其他	108	2.5%	2.5%	100.0%
	总计	4353	99.8%	100.0%	
缺失	拒绝回答	9	0.2%		
总计		4362	100.0%		

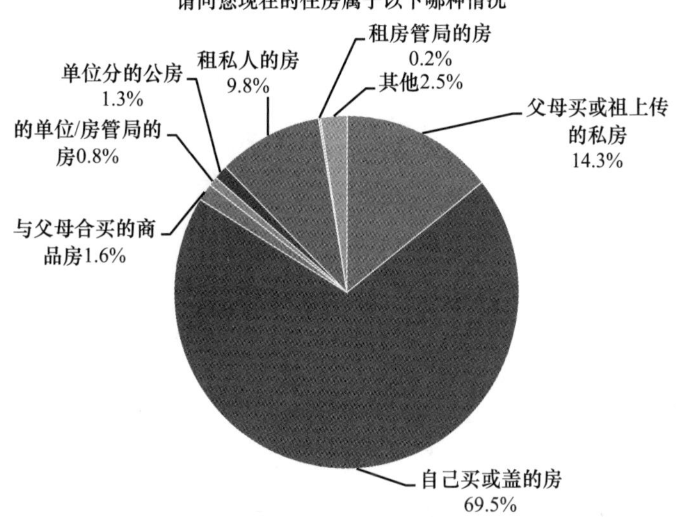

K6 您最近一年来的月平均收入属于下面哪个范围？包括退休金、工资、奖金、房租、股票等各种收入

		频数	百分比	有效百分比	累积百分比
有效	无收入	630	14.4%	15.1%	15.1%
	1—999 元	397	9.1%	9.5%	24.6%
	1000—1999 元	560	12.8%	13.4%	38.0%
	2000—3999 元	1482	34.0%	35.5%	73.5%
	4000—5999 元	784	18.0%	18.8%	92.2%
	6000—8999 元	200	4.6%	4.8%	97.0%
	9000—12999 元	79	1.8%	1.9%	98.9%
	13000—20000 元	26	0.6%	0.6%	99.5%
	20000 元以上	19	0.4%	0.5%	100.0%
	总计	4177	95.8%	100.0%	

续表

		频数	百分比	有效百分比	累积百分比
缺失	不知道	44	1.0%		
	拒绝回答	141	3.2%		
	总计	185	4.2%		
总计		4362	100.0%		

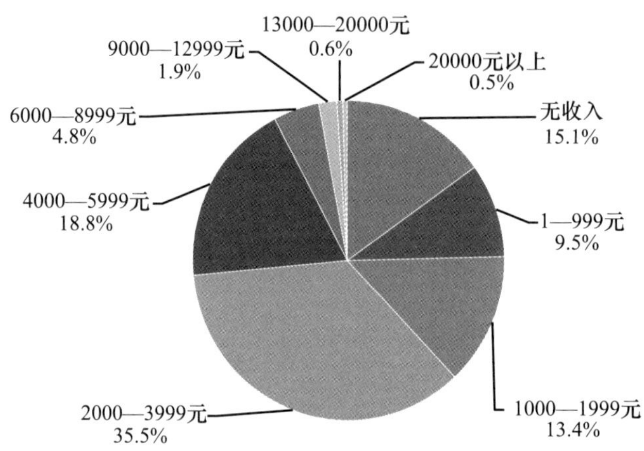

K7 2016 年您的家庭全年总收入属于下面哪个范围？包括退休金、工资、奖金、房租、股票等各种收入

		频数	百分比	有效百分比	累积百分比
有效	少于 1000 元	22	0.5%	0.6%	0.6%
	1000—1999 元	12	0.3%	0.3%	0.9%
	2000—3999 元	19	0.4%	0.5%	1.4%
	4000—6999 元	36	0.8%	0.9%	2.3%
	7000—9999 元	46	1.1%	1.2%	3.5%
	1 万—1.9999 万元	161	3.7%	4.1%	7.6%
	2 万—3.9999 万元	457	10.5%	11.8%	19.4%
	4 万—5.9999 万元	846	19.4%	21.8%	41.1%
	6 万—7.9999 万元	777	17.8%	20.0%	61.1%
	8 万—9.9999 万元	610	14.0%	15.7%	76.8%
	10 万—19.9999 万元	750	17.2%	19.3%	96.1%
	20 万—29.9999 万元	105	2.4%	2.7%	98.8%

续表

		频数	百分比	有效百分比	累积百分比
有效	30 万—49.9999 万元	30	0.7%	0.8%	99.6%
	50 万—99.9999 万元	10	0.2%	0.3%	99.9%
	100 万元及以上	5	0.1	0.1%	100.0%
	总计	3886	89.1%	100.0%	
缺失	不知道	236	5.4%		
	拒绝回答	240	5.5%		
	总计	476	10.9%		
总计		4362	100.0%		

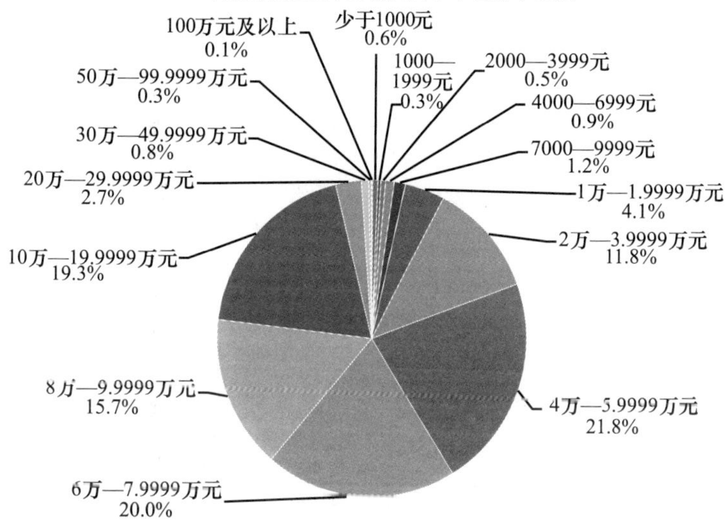

K8 您目前的政治面貌是

		频数	百分比	有效百分比	累积百分比
有效	共产党员	366	8.4%	8.5%	8.5%
	民主党派	11	0.3%	0.3%	8.7%
	共青团员	333	7.6%	7.7%	16.4%
	群众	3613	82.8%	83.6%	100.0%
	总计	4323	99.1%	100.0%	
缺失	拒绝回答	39	0.9%		
总计		4362	100.0%		

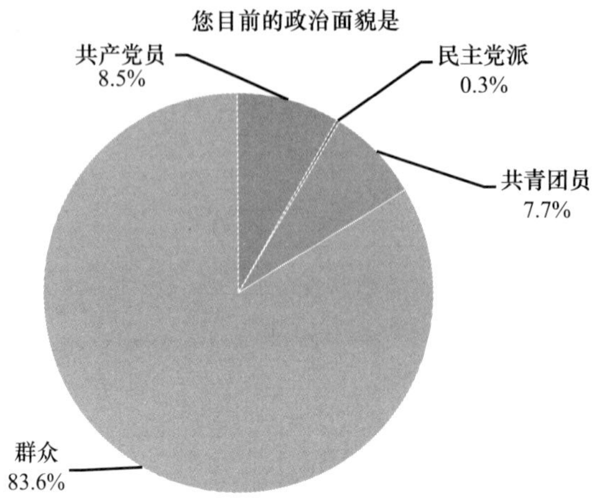

K9 您经常离开本市外出（包括出差、旅游、探亲等）吗

		频数	百分比	有效百分比	累积百分比
有效	每周几次	16	0.4%	0.4%	0.4%
	每月几次	129	3.0%	3.1%	3.4%
	每年几次	1024	23.5%	24.3%	27.7%
	每年一次	493	11.3%	11.7%	39.4%
	两三年一次	194	4.4%	4.6%	44.0%
	几乎不去	2364	54.2%	56.0%	100.0%
	总计	4220	96.7%	100.0%	
缺失	不知道	86	2.0%		
	拒绝回答	56	1.3%		
	总计	142	3.3%		
总计		4362	100.0%		

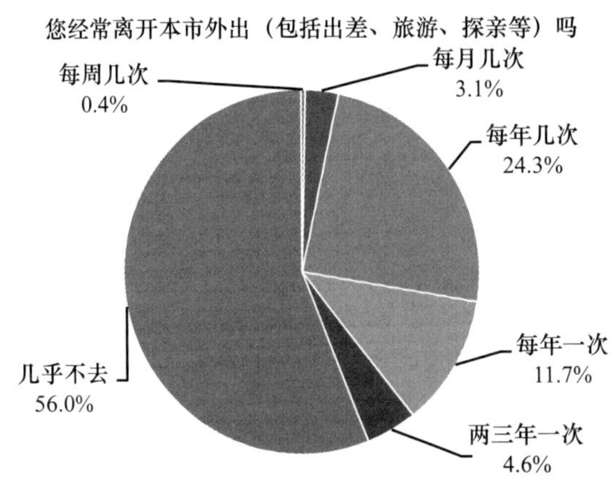

K10 您去过国外或中国的港、澳、台地区吗

		频数	百分比	有效百分比	累积百分比
有效	去过	333	7.6%	7.8%	7.8%
	没去过	3957	90.7%	92.2%	100.0%
	总计	4290	98.3%	100.0%	
缺失	拒绝回答	72	1.7%		
总计		4362	100.0%		

您去过国外或中国的港、澳、台地区吗

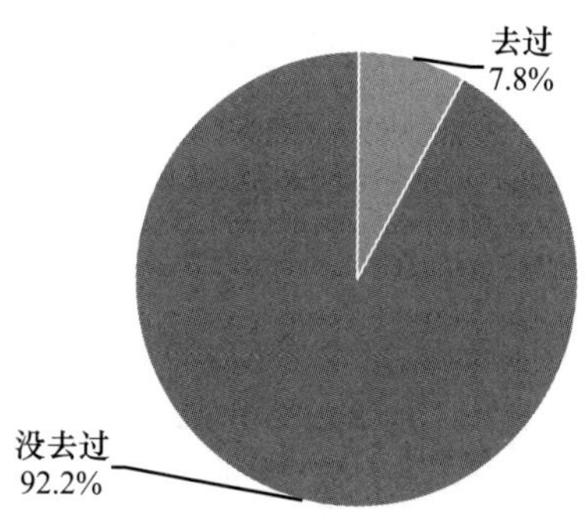

K11 您的家人和亲戚当中是否有人曾经或正在国外学习、工作或生活

		频数	百分比	有效百分比	累积百分比
有效	有	580	13.3%	13.4%	13.4%
	没有	3749	85.9%	86.6%	100.0%
	总计	4329	99.2%	100.0%	
缺失	不知道	1			
	拒绝回答	32	0.7%		
	总计	33	0.8%		
总计		4362	100.0%		

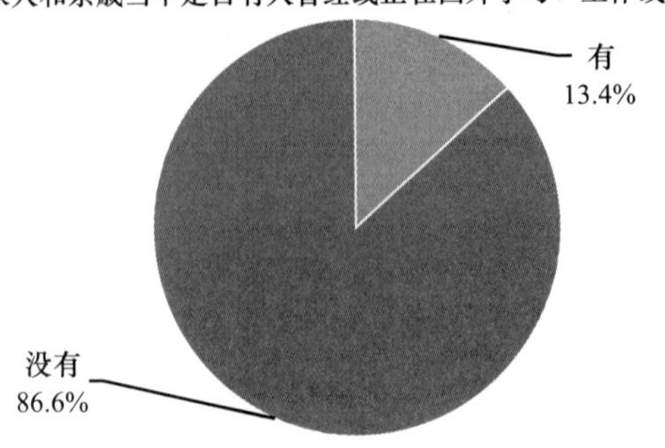

K12 您的好朋友当中是否有人曾经或正在国外学习、工作或生活

		频数	百分比	有效百分比	累积百分比
有效	有	665	15.2%	15.4%	15.4%
	没有	3661	83.9%	84.6%	100.0%
	总计	4326	99.2%	100.0%	
缺失	拒绝回答	36	0.8%		
总计		4362	100.0%		

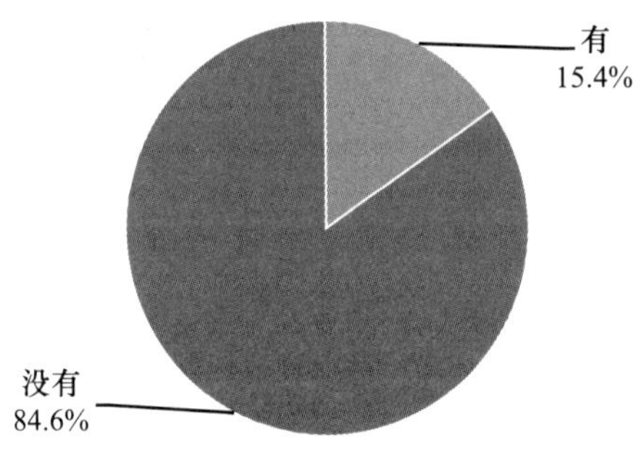

第二章　2017 年江苏省伦理道德发展数据库交互分析表

江苏省伦理道德评价的户口差异

B1a by A5

过去一年，您对纸质报纸的使用情况是 ＊ 户口 Crosstabulation

	农业户口	非农业户口	总计
从不	61.7%	46.3%	55.4%
很少	26.6%	31.7%	28.7%
有时	7.3%	13.6%	9.9%
经常	3.5%	6.3%	4.7%
非常频繁	0.9%	2.0%	1.4%
总计	100.0%	100.0%	100.0%
列总计	2571	1774	4345

Chi-square test：df = 4，卡方值为 123.182，sig = 0.000 < 0.05，所以不同户口的居民在对于“过去一年，您对纸质报纸的使用情况是”存在显著差异。

B1b by A5

过去一年，您对纸质杂志的使用情况是 ＊ 户口 Crosstabulation

	农业户口	非农业户口	总计
从不	66.2%	54.7%	61.5%
很少	23.4%	27.4%	25.0%
有时	7.5%	12.8%	9.6%
经常	2.3%	4.4%	3.1%
非常频繁	0.7%	0.7%	0.7%
总计	100.0%	100.0%	100.0%
列总计	2570	1769	4339

Chi-square test：df = 4，卡方值为 75.751，sig = 0.000 < 0.05，所以不同户口的居民在对于“过去一年，您对纸质杂志的使用情况是”存在显著差异。

B1c by A5

过去一年，您对广播的使用情况是 * 户口 Crosstabulation

	农业户口	非农业户口	总计
从不	67.7%	55.0%	62.5%
很少	20.0%	25.0%	22.0%
有时	7.9%	12.3%	9.7%
经常	3.5%	6.4%	4.7%
非常频繁	1.1%	1.2%	1.1%
总计	100.0%	100.0%	100.0%
列总计	2560	1767	4327

Chi-square test：df = 4，卡方值为 80.013，sig = 0.000 < 0.05，所以不同户口的居民在对于“过去一年，您对广播的使用情况”存在显著差异。

B1d by A5

过去一年，您对电视的使用情况是 * 户口 Crosstabulation

	农业户口	非农业户口	总计
从不	1.8%	1.1%	1.5%
很少	7.5%	6.6%	7.1%
有时	22.2%	23.3%	22.7%
经常	47.1%	50.4%	48.5%
非常频繁	21.4%	18.6%	20.3%
总计	100.0%	100.0%	100.0%
列总计	2567	1775	4342

Chi-square test：df = 4，卡方值为 10.950，sig = 0.027 < 0.05，所以不同户口的居民在对于“过去一年，您对电视的使用情况”存在显著差异。

B1e by A5

过去一年，您对各种政府网站的使用情况是 * 户口 Crosstabulation

	农业户口	非农业户口	总计
从不	70.4%	56.1%	64.5%
很少	17.9%	24.1%	20.4%
有时	6.8%	11.6%	8.8%
经常	4.1%	7.2%	5.3%
非常频繁	0.9%	1.0%	0.9%

续表

	农业户口	非农业户口	总计
总计	100.0%	100.0%	100.0%
列总计	2551	1767	4318

Chi-square test：df = 4，卡方值为 99.192，sig = 0.000 < 0.05，所以不同户口的居民在对于“过去一年，您对各种政府网站的使用情况”存在显著差异。

B1f by A5

过去一年，您对社交媒体（微博、微信、博客、播客等）的使用情况是 * 户口 Crosstabulation

	农业户口	非农业户口	总计
从不	33.9%	21.4%	28.8%
很少	6.1%	5.5%	5.8%
有时	14.1%	13.9%	14.0%
经常	24.8%	34.3%	28.7%
非常频繁	21.0%	25.0%	22.6%
总计	100.0%	100.0%	100.0%
列总计	2561	1775	4336

Chi-square test：df = 4，卡方值为 97.150，sig = 0.000 < 0.05，所以不同户口的居民在对于“过去一年，您对社交媒体（微博、微信、博客、播客等）的使用情况”存在显著差异。

B1g by A5

过去一年，您对新媒体（如数字报纸、移动电视等）的使用情况是 * 户口 Crosstabulation

	农业户口	非农业户口	总计
从不	54.3%	39.8%	48.4%
很少	12.2%	16.6%	14.0%
有时	12.3%	15.8%	13.7%
经常	12.4%	18.7%	15.0%
非常频繁	8.8%	9.2%	9.0%
总计	100.0%	100.0%	100.0%
列总计	2562	1770	4332

Chi-square test：df = 4，卡方值为 97.102，sig = 0.000 < 0.05，所以不同户口的居民在对于“过去一年，您对新媒体（如数字报纸、移动电视等）的使用情况”存在显著差异。

B2 by A5

跟五年前相比，您觉得自己的社会经济地位有什么变化 * 户口 Crosstabulation

	农业户口	非农业户口	总计
上升了	57.8%	57.5%	57.7%
差不多	37.0%	37.8%	37.3%
下降了	5.1%	4.7%	5.0%
总计	100.0%	100.0%	100.0%
列总计	2422	1676	4098

Chi-square test：df = 2，卡方值为 0.491，sig = 0.782 > 0.05，所以不同户口的居民对于“跟 5 年前相比的自我感觉的社会经济地位的变化”不存在显著差异。

B3 by A5

您感觉在未来的五年中，您的生活水平将会有什么变化 * 户口 Crosstabulation

	农业户口	非农业户口	总计
上升很多	19.8%	25.4%	22.1%
略有上升	59.5%	55.7%	57.9%
没有变化	17.3%	16.4%	17.0%
略有下降	2.5%	2.2%	2.4%
下降很多	0.8%	0.4%	0.6%
总计	100.0%	100.0%	100.0%
列总计	2279	1625	3904

Chi-square test：df = 4，卡方值为 19.231，sig = 0.001 < 0.05，所以不同户口的居民对于“自己未来五年的生活水平变化的预期”存在显著差异。

B4 by A5

总的来说，您觉得目前的生活幸福吗 * 户口 Crosstabulation

	农业户口	非农业户口	总计
非常不幸福	0.7%	0.5%	0.6%
不太幸福	4.2%	2.6%	3.5%
谈不上幸福不幸福	19.8%	17.3%	18.8%
比较幸福	62.9%	65.5%	64.0%
非常幸福	12.4%	14.1%	13.1%
总计	100.0%	100.0%	100.0%
列总计	2572	1779	4351

Chi-square test：df = 4，卡方值为 14.309，sig = 0.006 < 0.05，所以不同户口的居民对于“自己目前的生活幸福感”的回答存在显著差异。

B5 by A5

您对自己目前的生活状态满意吗 ＊ 户口 Crosstabulation

	农业户口	非农业户口	总计
非常满意	10.6%	12.2%	11.3%
比较满意	75.0%	78.3%	76.3%
不太满意	14.0%	9.3%	12.1%
非常不满意	0.4%	0.2%	0.3%
总计	100.0%	100.0%	100.0%
列总计	2560	1769	4329

Chi-square test：df = 3，卡方值为 25.369，sig = 0.000 < 0.05，所以不同户口的居民对于“自己目前的生活状态满意度”存在显著差异。

B6 by A5

社会上发生的一些事情，您一般是从什么渠道最先知道 ＊ 户口 Crosstabulation

	农业	非农	总计
电视	66.4%	57.6%	62.8%
报纸	3.5%	5.6%	4.3%
电台广播	2.3%	2.0%	2.2%
微博微信等网络社交媒介	38.6%	45.1%	41.3%
网络	26.9%	35.2%	30.3%
和朋友亲友同事交谈	34.5%	34.7%	34.6%
单位传达	0.7%	2.1%	1.3%
列总计	2572	1779	4351

据上表所示，不同户口的居民对于“社会上发生事情的知晓渠道”存在显著差异。

B7 by A5

从网络中获得的信息对您的思想行为有多大程度的影响 ＊ 户口 Crosstabulation

	农业户口	非农业户口	总计
影响很大	18.8%	25.2%	21.7%
有一些影响	55.0%	56.6%	55.7%
影响很小	20.7%	15.0%	18.2%
完全没有影响	5.4%	3.2%	4.4%
总计	100.0%	100.0%	100.0%
列总计	1752	1425	3177

Chi-square test：df = 3，卡方值为 38.220，sig = 0.000 < 0.05，所以不同户口的居民对于“自己从网络中获得的信息对其思想行为的影响程度”存在显著差异。

B8 by A5

您认为中国梦和您个人、家庭追求美好生活有多大程度的关系 ＊ 户口 Crosstabulation

	农业户口	非农业户口	总计
关系很大	29.7%	44.4%	35.7%
关系不大	40.0%	36.7%	38.6%
根本没有关系	8.6%	8.3%	8.5%
不清楚什么是中国梦	21.8%	10.6%	17.2%
总计	100.0%	100.0%	100.0%
列总计	2570	1777	4347

Chi-square test：df = 3，卡方值为 142.161，sig = 0.000 < 0.05，所以不同户口的居民对于“中国梦和个人、家庭追求美好生活的关系程度”的回答存在显著差异。

B9 by A5

您对当前我国社会道德状况的总体满意度是 ＊ 户口 Crosstabulation

	农业户口	非农业户口	总计
非常满意	3.9%	6.0%	4.8%
比较满意	67.8%	70.1%	68.8%
不太满意	26.6%	21.4%	24.5%
非常不满意	1.7%	2.4%	2.0%
总计	100.0%	100.0%	100.0%
列总计	2513	1737	4250

Chi-square test：df = 3，卡方值为 24.854，sig = 0.000 < 0.05，所以不同户口的居民对于“我国社会道德状况的总体满意度”存在显著差异。

B10 by A5

您对当前我国社会人与人之间的关系的总体满意度是 ＊ 户口 Crosstabulation

	农业户口	非农业户口	总计
非常满意	4.3%	5.7%	4.9%
比较满意	69.0%	69.9%	69.4%
不太满意	25.1%	22.4%	24.0%
非常不满意	1.5%	2.0%	1.7%
总计	100.0%	100.0%	100.0%
列总计	2526	1742	4268

Chi-square test：df = 3，卡方值为 8.369，sig = 0.039 < 0.05，所以不同户口的居民对于“当前我国社会人与人之间的关系的总体满意度”存在显著差异。

B11 by A5

您对自己的道德状况的满意度是 * 户口 Crosstabulation

	农业户口	非农业户口	总计
非常满意	16.1%	16.2%	16.2%
比较满意	77.9%	78.3%	78.0%
不太满意	5.5%	5.1%	5.4%
非常不满意	0.5%	0.3%	0.4%
总计	100.0%	100.0%	100.0%
列总计	2529	1762	4291

Chi-square test：df = 3，卡方值为 0.834，sig = 0.841 > 0.05，所以不同户口的居民对于“自己的道德状况的满意度”不存在显著差异。

B12 by A5

您觉得今后中国社会的道德状况会变成什么样 * 户口 Crosstabulation

	农业户口	非农业户口	总计
越来越差	5.6%	5.5%	5.5%
不变	8.8%	11.0%	9.7%
越来越好	74.3%	76.0%	75.0%
不知道	11.2%	7.5%	9.7%
总计	100.0%	100.0%	100.0%
列总计	2570	1776	4346

Chi-square test：df = 3，卡方值为 20.425，sig = 0.000 < 0.05，所以不同户口的居民对于“今后中国社会的道德状况的预期”存在显著差异。

B13 by A5

您认为我国目前人与人之间的关系受什么影响 * 户口 Crosstabulation

	农业	非农	总计
利益	67.0%	64.7%	66.0%
情感	48.7%	46.1%	47.6%
国家倡导的主流价值观	23.2%	31.4%	26.6%
中国传统价值观	26.8%	28.8%	27.6%
西方价值观	3.6%	3.5%	3.6%
列总计	2449	1726	4175

据上表所示，不同户口的居民对于“我国目前人与人之间的关系的影响因素”的回答存在显著差异。

B14 by A5

对中国社会，您最担忧的问题是 * 户口 Crosstabulation

	农业	非农	总计
腐败不能根治	41.0%	43.1%	41.9%
生态环境恶化	36.9%	43.1%	39.5%
分配不公，两极分化	29.3%	34.1%	31.3%
老无所养，未来没有把握	26.8%	22.7%	25.1%
生活水平下降	17.5%	11.6%	15.0%
道德滑坡，社会风气恶化	18.5%	22.3%	20.1%
人际关系紧张	10.1%	11.8%	10.8%
列总计	2466	1760	4226

据上表所示，不同户口的居民对于“中国社会最担忧的问题”的回答存在显著差异。

B15 by A5

对伦理关系和道德生活，您最向往的是 * 户口 Crosstabulation

	农业户口	非农业户口	总计
传统社会的伦理和道德（如仁义礼智信）	58.2%	56.1%	57.3%
战争年代为理想而献身的革命精神（如革命烈士无私献身精神）	18.2%	22.1%	19.8%
新中国成立后到“文化大革命”前的大公无私的集体主义精神	8.6%	9.1%	8.8%
追求个人利益的市场经济下的道德	9.9%	7.1%	8.7%
西方道德（如个人主义、实用主义、功利主义）	3.7%	3.6%	3.6%
其他	1.5%	2.0%	1.7%
总计	100.0%	100.0%	100.0%
列总计	2537	1774	4311

Chi-square test：df = 20，卡方值为 20.042，sig = 0.001 < 0.05，所以不同户口的居民对于“伦理关系和道德生活的向往”存在显著差异。

B16a by A5

您认为当前我国社会道德生活中最重要的内容是什么？最重要 * 户口 Crosstabulation

	农业户口	非农业户口	总计
意识形态中所提倡的社会主义道德	29.5%	36.4%	32.4%
中国传统道德	53.2%	46.7%	50.6%

续表

	农业户口	非农业户口	总计
西方文化影响而形成的道德	5.5%	5.3%	5.4%
市场经济中形成的道德	11.6%	11.5%	11.6%
其他	0.1%		
总计	100.0%	100.0%	100.0%
列总计	2543	1778	4321

Chi-square test：df = 4，卡方值为 25.737，sig = 0.000 < 0.05，所以不同户口的居民对于“当前我国社会道德生活最重要的内容中放在第一位的内容”的回答存在显著差异。

B16b by A5

您认为当前我国社会道德生活中最重要的内容是什么？第二重要 * 户口 Crosstabulation

	农业户口	非农业户口	总计
意识形态中所提倡的社会主义道德	43.7%	37.2%	41.0%
中国传统道德	26.7%	31.0%	28.5%
西方文化影响而形成的道德	9.8%	10.3%	10.0%
市场经济中形成的道德	19.8%	21.4%	20.5%
总计	100.0%	100.0%	100.0%
列总计	2478	1764	4242

Chi-square test：df = 3，卡方值为 18.860，sig = 0.000 < 0.05，所以不同户口的居民对于“当前我国社会道德生活最重要的内容中放在第二位的内容”的回答存在显著差异。

B16c by A5

您认为当前我国社会道德生活中最重要的内容是什么？第三重要 * 户口 Crosstabulation

	农业户口	非农业户口	总计
意识形态中所提倡的社会主义道德	21.8%	21.6%	21.7%
中国传统道德	13.0%	15.2%	13.9%
西方文化影响而形成的道德	16.2%	18.2%	17.1%
市场经济中形成的道德	49.0%	45.0%	47.3%
总计	100.0%	100.0%	100.0%
列总计	2414	1737	4151

Chi-square test：df = 3，卡方值为 9.463，sig = 0.024 < 0.05，所以不同户口的居民对于“当前我国社会道德生活最重要的内容中放在第三位的内容”的回答存在显著差异。

B17 by A5

您认为目前我国社会中伦理道德对人际关系的调节能力如何 * 户口 Crosstabulation

	农业户口	非农业户口	总计
良好	18.6%	19.0%	18.8%
一般	65.0%	63.6%	64.4%
很差	8.5%	8.8%	8.6%
几乎没有，一切都听从利益支配	8.0%	8.5%	8.2%
总计	100.0%	100.0%	100.0%
列总计	2439	1720	4159

Chi-square test：df = 3，卡方值为 0.977，sig = 0.807 > 0.05，所以不同户口的居民对于“目前我国社会中伦理道德对人际关系的调节能力”的回答不存在显著差异。

B18 by A5

您认为目前我国社会中伦理道德对个人行为的约束能力如何 * 户口 Crosstabulation

	农业户口	非农业户口	总计
良好	18.7%	18.7%	18.7%
一般	63.3%	63.5%	63.4%
很差	10.6%	9.7%	10.2%
几乎没有，一切都听从利益支配	7.5%	8.0%	7.7%
总计	100.0%	100.0%	100.0%
列总计	2450	1715	4165

Chi-square test：df = 3，卡方值为 1.130，sig = 0.770 > 0.05，所以不同户口的居民对于“目前我国社会中伦理道德对个人行为的约束能力”的回答不存在显著差异。

B19 by A5

您认为当今中国社会最基本的伦理冲突是 * 户口 Crosstabulation

	农业	非农	总计
人与自然的冲突	15.4%	19.5%	17.1%
人与自身的冲突	20.0%	29.8%	24.1%
人与人之间的冲突	64.6%	59.4%	62.5%
个人与社会的冲突	44.2%	47.7%	45.7%

续表

	农业	非农	总计
个人与政府的冲突	12.5%	9.7%	11.3%
列总计	2472	1755	4230

据上表所示，不同户口的居民对于“当今中国社会最基本的伦理冲突”的回答存在显著差异。

B20a by A5

在下列关系中，您认为哪些关系对您来说最重要？第一位 ＊ 户口 Crosstabulation

	农业户口	非农业户口	总计
父母与子女	67.5%	65.1%	66.5%
夫妇	19.2%	20.4%	19.7%
兄弟姐妹	0.3%	0.6%	0.5%
同事或同学	0.5%	0.7%	0.6%
上级或下级	0.4%	0.3%	0.3%
师生		0.1%	
与自然的关系	0.4%	0.6%	0.5%
个人与社会	1.7%	3.0%	2.3%
个人与国家	8.2%	6.7%	7.6%
个人与工作单位	0.5%	0.7%	0.6%
通过网络建立的各种“群”的关系	0.2%	0.1%	0.2%
朋友	0.4%	0.7%	0.5%
个人与自身的关系（身心和谐）	0.6%	1.0%	0.8%
总计	100.0%	100.0%	100.0%
列总计	2575	1780	4355

Chi-square test：df = 12，卡方值为 22.317，sig = 0.034 < 0.05，所以不同户口的居民对于“排在第一位的关系”的回答存在显著差异。

B20b by A5

在下列关系中，您认为哪些关系对您来说最重要？第二位 ＊ 户口 Crosstabulation

	农业户口	非农业户口	总计
父母与子女	23.5%	22.2%	23.0%
夫妇	51.7%	50.4%	51.2%

续表

	农业户口	非农业户口	总计
兄弟姐妹	12.5%	11.0%	11.9%
同事或同学	2.0%	2.7%	2.3%
上级或下级	1.1%	1.7%	1.3%
师生	0.2%	0.2%	0.2%
与自然的关系	1.1%	1.2%	1.1%
个人与社会	2.6%	3.6%	3.0%
个人与国家	2.4%	2.9%	2.6%
个人与工作单位	1.0%	1.3%	1.1%
通过网络建立的各种“群”的关系	0.1%	0.1%	0.1%
朋友	1.3%	2.0%	1.6%
个人与自身的关系（身心和谐）	0.7%	0.5%	0.6%
总计	100.0%	100.0%	100.0%
列总计	2570	1780	4350

Chi-square test：df = 12，卡方值为 18.294，sig = 0.107 > 0.05，所以不同户口的居民对于“排在第二位的关系”的回答不存在显著差异。

B20c by A5

在下列关系中，您认为哪些关系对您来说最重要？第三位 * 户口 Crosstabulation

	农业户口	非农业户口	总计
父母与子女	3.7%	5.1%	4.3%
夫妇	13.9%	10.5%	12.5%
兄弟姐妹	54.8%	48.7%	52.3%
同事或同学	5.3%	8.3%	6.6%
上级或下级	1.7%	2.2%	1.9%
师生	0.9%	0.9%	0.9%
与自然的关系	1.5%	2.9%	2.1%
个人与社会	4.1%	3.7%	3.9%
个人与国家	6.6%	5.7%	6.2%
个人与工作单位	1.8%	2.7%	2.2%
通过网络建立的各种“群”的关系	0.2%	0.2%	0.2%
朋友	4.7%	7.6%	5.9%
个人与自身的关系（身心和谐）	0.7%	1.2%	0.9%

续表

	农业户口	非农业户口	总计
其他	0.1%	0.1%	0.1%
总计	100.0%	100.0%	100.0%
列总计	2562	1778	4340

Chi-square test：df = 13，卡方值为 72.047，sig = 0.000 < 0.05，所以不同户口的居民对于“排在第三位的关系”的回答存在显著差异。

B20d by A5

在下列关系中，您认为哪些关系对您来说最重要？第四位 ＊ 户口 Crosstabulation

	农业户口	非农业户口	总计
父母与子女	1.8%	2.7%	2.2%
夫妇	2.6%	5.2%	3.7%
兄弟姐妹	13.6%	13.4%	13.5%
同事或同学	19.2%	22.4%	20.5%
上级或下级	3.3%	4.3%	3.7%
师生	2.8%	3.4%	3.0%
与自然的关系	3.2%	3.3%	3.3%
个人与社会	11.7%	9.8%	10.9%
个人与国家	11.5%	7.2%	9.7%
个人与工作单位	5.5%	6.2%	5.8%
通过网络建立的各种“群”的关系	0.5%	0.9%	0.6%
朋友	22.2%	19.5%	21.1%
个人与自身的关系（身心和谐）	1.8%	1.5%	1.7%
其他	0.3%	0.1%	0.2%
总计	100.0%	100.0%	100.0%
列总计	2537	1772	4309

Chi-square test：df = 13，卡方值为 65.086，sig = 0.000 < 0.05，所以不同户口的居民对于“排在第四位的关系”的回答存在显著差异。

B20e by A5

在下列关系中，您认为哪些关系对您来说最重要？第五位 ＊ 户口 Crosstabulation

	农业户口	非农业户口	总计
父母与子女	0.8%	1.0%	0.9%
夫妇	2.2%	1.8%	2.0%
兄弟姐妹	4.2%	6.3%	5.1%
同事或同学	14.7%	13.7%	14.3%
上级或下级	5.6%	8.7%	6.9%
师生	3.5%	5.9%	4.5%
与自然的关系	3.8%	3.9%	3.8%
个人与社会	17.3%	13.7%	15.8%
个人与国家	15.0%	13.7%	14.5%
个人与工作单位	7.1%	7.4%	7.2%
通过网络建立的各种"群"的关系	1.5%	1.6%	1.6%
朋友	20.7%	17.0%	19.2%
个人与自身的关系（身心和谐）	3.3%	5.2%	4.1%
其他	0.4%	0.2%	0.3%
总计	100.0%	100.0%	100.0%
列总计	2507	1758	4265

Chi-square test：df = 13，卡方值为 66.036，sig = 0.000 < 0.05，所以不同户口的居民对于"排在第五位的关系"的回答存在显著差异。

B21 by A5

您认为哪一种关系对社会秩序最具根本性意义 ＊ 户口 Crosstabulation

	农业户口	非农业户口	总计
家庭关系或血缘关系	30.2%	23.8%	27.5%
个人与社会的关系	40.3%	44.1%	41.9%
职业关系	2.9%	4.0%	3.4%
个人与国家民族的关系	21.6%	21.5%	21.5%
人与自然的关系	1.5%	2.0%	1.7%
个人与自身的关系	3.6%	4.6%	4.0%
总计	100.0%	100.0%	100.0%
列总计	2529	1769	4298

Chi-square test：df = 5，卡方值为 27.250，sig = 0.000 < 0.05，所以不同户口的居民对于"对社会秩序最具根本性意义的关系"的回答存在显著差异。

B22 by A5

您认为哪一种关系对个人生活最具根本性意义 * 户口 Crosstabulation

	农业户口	非农业户口	总计
家庭关系或血缘关系	64.6%	53.4%	60.0%
个人与社会的关系	14.6%	18.1%	16.0%
职业关系	4.2%	5.5%	4.7%
个人与国家民族的关系	9.2%	14.1%	11.2%
人与自然的关系	1.7%	1.4%	1.6%
个人与自身的关系	5.7%	7.4%	6.4%
总计	100.0%	100.0%	100.0%
列总计	2550	1772	4322

Chi-square test：df = 5，卡方值为 61.004，sig = 0.000 < 0.05，所以不同户口的居民对于“对个人生活最具根本性意义的关系”的回答存在显著差异。

B23a by A5

对于个人而言，您认为家庭、社会和国家三者的重要性程度如何？第一位 * 户口 Crosstabulation

	农业户口	非农业户口	总计
国家	51.3%	53.9%	52.4%
社会	3.0%	3.1%	3.1%
家庭	45.7%	43.0%	44.6%
总计	100.0%	100.0%	100.0%
列总计	2569	1778	4347

Chi-square test：df = 2，卡方值为 3.078，sig = 0.215 > 0.05，所以不同户口的居民对于“家庭、社会和国家三者何者处于最重要的位置”的回答不存在显著差异。

B23b by A5

对于个人而言，您认为家庭、社会和国家三者的重要性程度如何？第二位 * 户口 Crosstabulation

	农业户口	非农业户口	总计
国家	38.4%	31.7%	35.7%
社会	18.5%	25.2%	21.2%
家庭	43.2%	43.1%	43.1%
总计	100.0%	100.0%	100.0%

续表

	农业户口	非农业户口	总计
列总计	2556	1765	4321

Chi-square test：df = 2，卡方值为 34.994，sig = 0.000 < 0.05，所以不同户口的居民对于“家庭、社会和国家三者何者处于第二重要的位置”的回答存在显著差异。

B24a by A5

信息技术、网络技术的发展对伦理道德的影响 * 户口 Crosstabulation

	农业户口	非农业户口	总计
消极影响	16.0%	13.2%	14.8%
没有影响	22.0%	23.1%	22.5%
积极影响	62.0%	63.7%	62.7%
总计	100.0%	100.0%	100.0%
列总计	1778	1354	3132

Chi-square test：df = 2，卡方值为 4.698，sig = 0.095 > 0.05，所以不同户口的居民对于“信息技术、网络技术的发展对伦理道德的影响”的回答不存在显著差异。

B24b by A5

市场经济对我国伦理道德的影响 * 户口 Crosstabulation

	农业户口	非农业户口	总计
消极影响	18.4%	14.8%	16.8%
没有影响	22.4%	20.6%	21.6%
积极影响	59.3%	64.7%	61.6%
总计	100.0%	100.0%	100.0%
列总计	1812	1367	3179

Chi-square test：df = 2，卡方值为 10.849，sig = 0.004 < 0.05，所以不同户口的居民对于“市场经济对我国伦理道德的影响”的回答存在显著差异。

B24c by A5

西方文化对我国伦理道德的影响 * 户口 Crosstabulation

	农业户口	非农业户口	总计
消极影响	23.9%	17.9%	21.3%
没有影响	30.1%	27.1%	28.8%
积极影响	45.9%	55.0%	50.0%

续表

	农业户口	非农业户口	总计
总计	100.0%	100.0%	100.0%
列总计	1554	1241	2795

Chi-square test：df＝2，卡方值为 25.507，sig＝0.000＜0.05，所以不同户口的居民对于“西方文化对我国伦理道德的影响”的回答存在显著差异。

B25 by A5

如果国外报道与国家主流媒体的宣传内容不一致，您倾向于相信 ＊ 户口 Crosstabulation

	农业户口	非农业户口	总计
主流媒体	72.3%	67.2%	70.2%
国外报道	2.2%	3.7%	2.8%
谁都不相信，自己判断	25.5%	29.1%	27.0%
总计	100.0%	100.0%	100.0%
列总计	2384	1660	4044

Chi-square test：df＝2，卡方值为 16.756，sig＝0.000＜0.05，所以不同户口的居民对于“如果国外报道与国家主流媒体的宣传内容不一致时更倾向于相信何者”的回答存在显著差异。

B26 by A5

如果朋友圈的消息与国家主流媒体的报道不一致，您会相信哪一个 ＊ 户口 Crosstabulation

	农业户口	非农业户口	总计
主流媒体	63.8%	60.1%	62.3%
朋友圈/亲朋圈子	8.8%	13.8%	10.9%
都不相信，自己比较判断	26.8%	25.7%	26.4%
其他	0.5%	0.4%	0.5%
总计	100.0%	100.0%	100.0%
列总计	2561	1775	4336

Chi-square test：df＝3，卡方值为 27.262，sig＝0.000＜0.05，所以不同户口的居民对于“如果朋友圈的消息与国家主流媒体的报道不一致时更倾向于相信何者”的回答存在显著差异。

C1 by A5

您认为当前中国社会个人道德素质的主要问题是 * 户口 Crosstabulation

	农业户口	非农业户口	总计
道德上无知	8.9%	10.5%	9.6%
有道德知识，但不见诸行动	80.8%	78.1%	79.7%
既道德上无知，也不见道德行动	10.1%	11.1%	10.5%
其他	0.2%	0.3%	0.3%
总计	100.0%	100.0%	100.0%
列总计	2548	1779	4327

Chi-square test：df = 3，卡方值为4.784，sig = 0.188 > 0.05，所以不同户口的居民对于“当前中国社会个人道德素质的主要问题”的回答不存在显著差异。

C2 by A5

您根据什么来判断某种行为是否符合伦理或道德 * 户口 Crosstabulation

	农业	非农	总计
传统道德观念	56.5%	62.9%	59.1%
风俗习惯	33.0%	34.7%	33.7%
大多数人认同的道德规范	45.5%	49.1%	46.9%
当事人共同利益和意志	16.7%	21.4%	18.7%
自己的良心	66.7%	57.5%	62.9%
意识形态的要求	10.2%	15.2%	12.3%
列总计	2544	1761	4305

据上表所示，不同户口的居民对于“根据什么来判断某种行为是否符合伦理或道德”的回答存在显著差异。

C3a by A5

请结合自己的情况进行选择：我会经常关心比我不幸的人 * 户口 Crosstabulation

	农业户口	非农业户口	总计
完全不符合	3.5%	3.0%	3.3%
有点符合	23.1%	18.0%	21.0%
一般	33.3%	34.8%	33.9%
比较符合	32.5%	32.8%	32.6%
完全符合	7.7%	11.4%	9.2%
总计	100.0%	100.0%	100.0%

续表

	农业户口	非农业户口	总计
列总计	2567	1779	4346

Chi-square test：df = 4，卡方值为 30. 170，sig = 0. 000 < 0. 05，所以不同户口的居民对于“是否会经常关心比他不幸的人”的回答存在显著差异。

C3b by A5

请结合自己的情况进行选择：我时常会同情他人的难处 ＊ 户口 Crosstabulation

	农业户口	非农业户口	总计
完全不符合	2. 2%	2. 0%	2. 1%
有点符合	23. 1%	16. 7%	20. 5%
一般	32. 4%	32. 2%	32. 3%
比较符合	34. 7%	39. 8%	36. 8%
完全符合	7. 6%	9. 2%	8. 3%
总计	100. 0%	100. 0%	100. 0%
列总计	2570	1773	4343

Chi-square test：df = 4，卡方值为 31. 878，sig = 0. 000 < 0. 05，所以不同户口的居民对于“是否会时常会同情他人的难处”的回答存在显著差异。

C3c by A5

请结合自己的情况进行选择：在做决定前，我会试着从每个人的立场去考虑问题 ＊ 户口 Crosstabulation

	农业户口	非农业户口	总计
完全不符合	3. 5%	3. 0%	3. 3%
有点符合	20. 3%	18. 8%	19. 7%
一般	38. 5%	33. 3%	36. 4%
比较符合	31. 0%	33. 6%	32. 1%
完全符合	6. 7%	11. 3%	8. 6%
总计	100. 0%	100. 0%	100. 0%
列总计	2561	1777	4338

Chi-square test：df = 4，卡方值为 36. 27，sig = 0. 000 < 0. 05，所以不同户口的居民对于“做决定前是否试着从每个人的立场去考虑问题”的回答存在显著差异。

C3d by A5

请结合自己的情况进行选择：当我看到有人被利用时，时常想要保护他们 * 户口 Crosstabulation

	农业户口	非农业户口	总计
完全不符合	4.8%	3.8%	4.4%
有点符合	24.1%	18.6%	21.9%
一般	38.6%	35.9%	37.5%
比较符合	27.4%	34.2%	30.2%
完全符合	5.1%	7.5%	6.1%
总计	100.0%	100.0%	100.0%
列总计	2555	1774	4329

Chi-square test：df = 4，卡方值为 44.838，sig = 0.000 < 0.05，所以不同户口的居民对于“当看到有人被利用时，时常想要保护他们”的回答存在显著差异。

C3e by A5

请结合自己的情况进行选择：我有时会试图站在他人的角度，以更好地理解我的朋友 * 户口 Crosstabulation

	农业户口	非农业户口	总计
完全不符合	2.7%	2.7%	2.7%
有点符合	21.5%	16.5%	19.4%
一般	33.0%	31.2%	32.3%
比较符合	35.1%	37.1%	35.9%
完全符合	7.7%	12.5%	9.7%
总计	100.0%	100.0%	100.0%
列总计	2562	1774	4336

Chi-square test：df = 4，卡方值为 40.533，sig = 0.000 < 0.05，所以不同户口的居民对于“有时会试图站在他人的角度，以更好地理解朋友”的回答存在显著差异。

C3f by A5

请结合自己的情况进行选择：他人的不幸通常不会给我带来很大的不安 * 户口 Crosstabulation

	农业户口	非农业户口	总计
完全不符合	12.0%	12.5%	12.2%
有点符合	23.5%	18.1%	21.3%

续表

	农业户口	非农业户口	总计
一般	37.2%	33.7%	35.8%
比较符合	23.4%	28.0%	25.3%
完全符合	3.9%	7.6%	5.5%
总计	100.0%	100.0%	100.0%
列总计	2558	1770	4328

Chi-square test：df = 4，卡方值为 53.272，sig = 0.000 < 0.05，所以不同户口的居民对于“他人的不幸通常不会给我带来很大的不安”的回答存在显著差异。

C3g by A5

请结合自己的情况进行选择：在观看电视剧或电影之后，我会感觉到自己仿佛成了其中的一个角色 ＊ 户口 Crosstabulation

	农业户口	非农业户口	总计
完全不符合	19.9%	17.2%	18.8%
有点符合	22.4%	17.9%	20.6%
一般	31.1%	32.1%	31.5%
比较符合	20.8%	25.5%	22.7%
完全符合	5.8%	7.3%	6.4%
总计	100.0%	100.0%	100.0%
列总计	2556	1763	4319

Chi-square test：df = 4，卡方值为 27.663，sig = 0.000 < 0.05，所以不同户口的居民对于“在观看电视剧或电影之后，我会感觉到自己仿佛成了其中的一个角色”的回答存在显著差异。

C3h by A5

请结合自己的情况进行选择：当我对某人很不耐烦的时候，我通常会暂时站在他/她的位置上 ＊ 户口 Crosstabulation

	农业户口	非农业户口	总计
完全不符合	8.9%	7.8%	8.4%
有点符合	25.7%	20.9%	23.7%
一般	37.3%	34.5%	36.1%
比较符合	23.5%	29.3%	25.8%
完全符合	4.7%	7.5%	5.8%
总计	100.0%	100.0%	100.0%

续表

	农业户口	非农业户口	总计
列总计	2558	1767	4325

Chi-square test：df = 4，卡方值为 41.868，sig = 0.000 < 0.05，所以不同户口的居民对于“请结合自己的情况进行选择：当我对某人很不耐烦的时候，我通常会暂时站在他/她的位置上”的回答存在显著差异。

C3i by A5

请结合自己的情况进行选择：读故事会想象如果这些事情发生在自己身上，我会是怎样的感受 * 户口 Crosstabulation

	农业户口	非农业户口	总计
完全不符合	15.1%	12.2%	13.9%
有点符合	21.6%	18.0%	20.1%
一般	33.3%	33.1%	33.2%
比较符合	23.8%	29.0%	26.0%
完全符合	6.3%	7.8%	6.9%
总计	100.0%	100.0%	100.0%
列总计	2524	1766	4290

Chi-square test：df = 4，卡方值为 27.323，sig = 0.000 < 0.05，所以不同户口的居民对于“读故事会想象如果这些事情发生在自己身上，我会是怎样的感受”的回答存在显著差异。

C3j by A5

请结合自己的情况进行选择：在批评他人之前，我会尝试想象一下如果我处于那个位置会是什么感受 * 户口 Crosstabulation

	农业户口	非农业户口	总计
完全不符合	4.0%	3.2%	3.7%
有点符合	21.8%	15.3%	19.1%
一般	38.4%	34.0%	36.6%
比较符合	29.2%	39.1%	33.2%
完全符合	6.6%	8.4%	7.3%
总计	100.0%	100.0%	100.0%
列总计	2546	1772	4318

Chi-square test：df = 4，卡方值为 65.651，sig = 0.000 < 0.05，所以不同户口的居民对于“在批评他人之前，我会尝试想象一下如果我处于那个位置会是什么感受”的回答存在显著差异。

C4a by A5

您认为当今中国社会最重要和最需要的德性是？第一位 ＊ 户口 Crosstabulation

	农业户口	非农业户口	总计
爱（仁爱、博爱、友爱）	23.7%	26.8%	25.0%
义（道义、义务）	3.9%	3.3%	3.7%
宽容	3.7%	4.1%	3.8%
责任	5.9%	4.9%	5.5%
公正	15.6%	13.4%	14.7%
诚信	18.3%	15.3%	17.1%
忠恕（将心比心）	1.7%	1.9%	1.8%
理智	0.4%	0.5%	0.5%
节制	0.9%	0.9%	0.9%
谦让	2.8%	3.0%	2.9%
勇敢	1.5%	1.5%	1.5%
正直	2.5%	4.0%	3.1%
善良	6.4%	7.0%	6.6%
孝敬	12.2%	12.9%	12.5%
敬业	0.5%	0.4%	0.5%
其他		0.1%	0.1%
总计	100.0%	100.0%	100.0%
列总计	2565	1778	4343

Chi-square test：df = 15，卡方值为 27.155，sig = 0.027 < 0.05，所以不同户口的居民对于“您认为当今中国社会最重要和最需要的德性是？第一位”的回答存在显著差异。

C4b by A5

您认为当今中国社会最重要和最需要的德性是？第二位 ＊ 户口 Crosstabulation

	农业户口	非农业户口	总计
爱（仁爱、博爱、友爱）	10.3%	11.9%	11.0%
义（道义、义务）	11.2%	15.0%	12.8%
宽容	5.7%	7.3%	6.4%
责任	8.2%	8.1%	8.2%
公正	14.5%	10.7%	13.0%
诚信	17.7%	15.3%	16.7%
忠恕（将心比心）	2.7%	2.1%	2.4%

续表

	农业户口	非农业户口	总计
理智	1.1%	1.4%	1.2%
节制	2.8%	2.5%	2.7%
谦让	2.7%	3.3%	2.9%
勇敢	2.3%	1.6%	2.1%
正直	2.7%	3.0%	2.8%
善良	8.3%	8.6%	8.4%
孝敬	8.9%	7.7%	8.4%
敬业	0.9%	1.5%	1.1%
其他			
总计	100.0%	100.0%	100.0%
列总计	2564	1777	4341

Chi-square test：df = 15，卡方值为 46.034，sig = 0.000 < 0.05，所以不同户口的居民对于“您认为当今中国社会最重要和最需要的德性是？第二位”的回答存在显著差异。

C4c by A5

您认为当今中国社会最重要和最需要的德性是？第三位 ＊ 户口 Crosstabulation

	农业户口	非农业户口	总计
爱（仁爱、博爱、友爱）	7.2%	7.5%	7.3%
义（道义、义务）	6.6%	7.0%	6.8%
宽容	17.3%	18.6%	17.8%
责任	13.1%	14.3%	13.6%
公正	7.7%	7.8%	7.7%
诚信	11.2%	10.8%	11.1%
忠恕（将心比心）	3.1%	3.4%	3.3%
理智	3.8%	3.8%	3.8%
节制	2.4%	1.3%	1.9%
谦让	2.2%	2.4%	2.3%
勇敢	3.0%	3.1%	3.0%
正直	5.8%	5.6%	5.7%
善良	7.7%	6.0%	7.0%
孝敬	7.1%	6.0%	6.7%
敬业	1.8%	2.3%	2.0%
总计	100.0%	100.0%	100.0%

续表

	农业户口	非农业户口	总计
列总计	2556	1774	4330

Chi-square test：df = 14，卡方值为 17. 533，sig = 0. 229 > 0. 05，所以不同户口的居民对于“您认为当今中国社会最重要和最需要的德性是？第三位”的回答不存在显著差异。

C4d by A5

您认为当今中国社会最重要和最需要的德性是？第四位 ＊ 户口 Crosstabulation

	农业户口	非农业户口	总计
爱（仁爱、博爱、友爱）	6. 4%	4. 7%	5. 7%
义（道义、义务）	5. 3%	5. 3%	5. 3%
宽容	7. 8%	9. 1%	8. 3%
责任	18. 0%	21. 1%	19. 3%
公正	8. 8%	8. 0%	8. 5%
诚信	10. 1%	10. 7%	10. 4%
忠恕（将心比心）	2. 0%	2. 9%	2. 4%
理智	3. 1%	3. 1%	3. 1%
节制	2. 8%	2. 7%	2. 7%
谦让	4. 4%	4. 4%	4. 4%
勇敢	1. 9%	2. 0%	2. 0%
正直	4. 3%	5. 5%	4. 8%
善良	13. 5%	11. 3%	12. 6%
孝敬	9. 9%	7. 1%	8. 7%
敬业	1. 7%	2. 2%	1. 9%
总计	100. 0%	100. 0%	100. 0%
列总计	2545	1771	4316

Chi-square test：df = 14，卡方值为 34. 577，sig = 0. 002 < 0. 05，所以不同户口的居民对于“您认为当今中国社会最重要和最需要的德性是？第四位”的回答存在显著差异。

C4e by A5

您认为当今中国社会最重要和最需要的德性是？第五位 ＊ 户口 Crosstabulation

	农业户口	非农业户口	总计
爱（仁爱、博爱、友爱）	7. 3%	8. 0%	7. 6%
义（道义、义务）	8. 4%	6. 6%	7. 7%

续表

	农业户口	非农业户口	总计
宽容	4.1%	4.5%	4.2%
责任	7.4%	8.0%	7.6%
公正	9.4%	10.9%	10.0%
诚信	9.3%	8.7%	9.1%
忠恕（将心比心）	3.4%	5.0%	4.0%
理智	3.5%	3.5%	3.5%
节制	2.1%	3.1%	2.5%
谦让	4.9%	5.4%	5.1%
勇敢	3.4%	3.6%	3.5%
正直	6.3%	5.8%	6.1%
善良	13.8%	13.8%	13.8%
孝敬	11.8%	9.6%	10.9%
敬业	4.9%	3.6%	4.4%
总计	100.0%	100.0%	100.0%
列总计	2535	1767	4302

Chi-square test：df = 14，卡方值为 29.444，sig = 0.009 < 0.05，所以不同户口的居民对于“您认为当今中国社会最重要和最需要的德性是？第五位”的回答存在显著差异。

C5 by A5

一个制药厂做药品销售时，出资 50 万元请您向公众介绍自己服药后的良好效果，您过去服用这药时并没有效果，但也没有发现很大的副作用，您将如何决定 * 户口 Crosstabulation

	农业户口	非农业户口	总计
接受邀请，心安理得	11.0%	13.6%	12.1%
接受邀请，心里不安，但这笔巨款很有吸引力	12.9%	15.6%	14.0%
拒绝，这是虚假广告欺骗大众	75.6%	70.7%	73.6%
其他	0.4%	0.1%	0.3%
总计	100.0%	100.0%	100.0%
列总计	2568	1778	4346

Chi-square test：df = 3，卡方值为 18.049，sig = 0.000 < 0.05，所以不同户口的居民对于“一个制药厂做药品销售时，出资 50 万元请您向公众介绍自己服药后的良好效果，您过去服用这药时并没有效果，但也没有发现很大的副作用，您将如何决定”的回答存在显著差异。

C6 by A5

您正在申请一个重要的职位，如果具有两次以上在敬老院做义工的经历（不需要出具证据），将可能优先获得这个职位，您将如何决定 * 户口 Crosstabulation

	农业户口	非农业户口	总计
如实填报，没做过义工，今后多参加这类活动	76.8%	75.3%	76.2%
填报参加过两次义工，这机会太重要了，反正不需要出具证据	13.8%	15.7%	14.6%
先填报，交表之后去做两次义工	9.1%	8.8%	8.9%
其他	0.3%	0.2%	0.3%
总计	100.0%	100.0%	100.0%
列总计	2551	1779	4330

Chi-square test：df=3，卡方值为3.261，sig=0.353>0.05，所以不同户口的居民对于“您正在申请一个重要的职位，如果具有两次以上在敬老院做义工的经历（不需要出具证据），将可能优先获得这个职位，您将如何决定”的回答不存在显著差异。

C7 by A5

如果您全权代表本单位与另一单位进行项目谈判，对方要求您给予一千万元的优惠，事成之后将您正在寻找工作的女儿安排到这一单位并且获得较好职位，您将如何决定 * 户口 Crosstabulation

	农业户口	非农业户口	总计
拒绝，不能以公谋私	76.3%	77.4%	76.7%
接受，女儿前途重要，并且我有权决定	23.1%	21.9%	22.6%
其他	0.6%	0.7%	0.6%
总计	100.0%	100.0%	100.0%
列总计	2543	1770	4313

Chi-square test：df=2，卡方值为0.964，sig=0.618>0.05，所以不同户口的居民对于“如果您全权代表本单位与另一单位进行项目谈判，对方要求您给予一千万的优惠，事成之后将您正在寻找工作的女儿安排到这一单位并且获得较好职位，您将如何决定”的回答不存在显著差异。

C8 by A5

现在社会上有些人不守道德反而占了便宜，您会不会仿效？ * 户口 Crosstabulation

	农业户口	非农业户口	总计
从来不这么做	53.8%	53.7%	53.7%

续表

	农业户口	非农业户口	总计
通常不这么做，关键时刻会这么做	26.5%	27.2%	26.8%
经常这么做	1.1%	0.7%	0.9%
相信善有善报，恶有恶报，终将会善恶报应	18.6%	18.2%	18.4%
其他	0.1%	0.2%	0.1%
总计	100.0%	100.0%	100.0%
列总计	2570	1780	4350

Chi-square test：df = 4，卡方值为 3.581，sig = 0.466 > 0.05，所以不同户口的居民对于“现在社会上有些人不守道德反而占了便宜，您会不会仿效”的回答不存在显著差异。

C9a by A5

下列说法您是否认同：目前大多数人将职业当作谋生的手段，缺乏责任感和奉献精神 * 户口 Crosstabulation

	农业户口	非农业户口	总计
完全不同意	3.5%	3.3%	3.4%
不太同意	28.8%	32.5%	30.4%
比较同意	56.1%	53.2%	54.9%
完全同意	11.6%	11.0%	11.4%
总计	100.0%	100.0%	100.0%
列总计	2481	1752	4233

Chi-square test：df = 3，卡方值为 6.708，sig = 0.082 > 0.05，所以不同户口的居民对于“目前大多数人将职业当作谋生的手段，缺乏责任感和奉献精神”的回答不存在显著差异。

C9b by A5

下列说法您是否认同：企业老板剥削员工，利益关系不公正 * 户口 Crosstabulation

	农业户口	非农业户口	总计
完全不同意	5.5%	4.9%	5.2%
不太同意	31.6%	34.9%	33.0%
比较同意	52.6%	49.9%	51.4%
完全同意	10.3%	10.3%	10.3%
总计	100.0%	100.0%	100.0%
列总计	2416	1730	4146

Chi-square test：df = 3，卡方值为 5.532，sig = 0.137 > 0.05，所以不同户口的居民对于“企业老板剥削员工，利益关系不公正”的回答不存在显著差异。

C9c by A5

下列说法您是否认同：老板和员工、上级和下级相互勾结，共同对社会不负责任 ＊ 户口 Crosstabulation

	农业户口	非农业户口	总计
完全不同意	6. 8%	6. 9%	6. 9%
不太同意	41. 5%	41. 1%	41. 4%
比较同意	42. 1%	42. 2%	42. 1%
完全同意	9. 6%	9. 7%	9. 6%
总计	100. 0%	100. 0%	100. 0%
列总计	2352	1686	4038

Chi-square test：df = 3，卡方值为 0. 103，sig = 0. 992 > 0. 05，所以不同户口的居民对于“老板和员工、上级和下级相互勾结，共同对社会不负责任”的回答不存在显著差异。

C9d by A5

下列说法您是否认同：是否离婚主要考虑自己的感受和利益 ＊ 户口 Crosstabulation

	农业户口	非农业户口	总计
完全不同意	25. 2%	24. 1%	24. 7%
不太同意	50. 7%	54. 7%	52. 3%
比较同意	21. 3%	18. 0%	19. 9%
完全同意	2. 9%	3. 3%	3. 0%
总计	100. 0%	100. 0%	100. 0%
列总计	2481	1738	4219

Chi-square test：df = 3，卡方值为 9. 736，sig = 0. 021 < 0. 05，所以不同户口的居民对于“是否离婚主要考虑自己的感受和利益”的回答存在显著差异。

C9e by A5

下列说法您是否认同：是否离婚应该从家庭整体（包括子女）考虑 ＊ 户口 Crosstabulation

	农业户口	非农业户口	总计
完全不同意	1. 2%	0. 8%	1. 0%
不太同意	5. 3%	6. 4%	5. 8%
比较同意	56. 3%	57. 5%	56. 8%
完全同意	37. 2%	35. 3%	36. 4%
总计	100. 0%	100. 0%	100. 0%

续表

	农业户口	非农业户口	总计
列总计	2516	1753	4269

Chi-square test：df = 3，卡方值为 5.072，sig = 0.167 > 0.05，所以不同户口的居民对于“是否离婚应该从家庭整体（包括子女）考虑”的回答不存在显著差异。

C9f by A5

下列说法您是否认同：婚姻是社会的事，应当兼顾社会评价和社会后果 * 户口 Crosstabulation

	农业户口	非农业户口	总计
完全不同意	5.1%	4.9%	5.0%
不太同意	20.8%	22.3%	21.4%
比较同意	55.3%	49.2%	52.8%
完全同意	18.8%	23.6%	20.8%
总计	100.0%	100.0%	100.0%
列总计	2480	1739	4219

Chi-square test：df = 3，卡方值为 19.612，sig = 0.000 < 0.05，所以不同户口的居民对于“婚姻是社会的事，应当兼顾社会评价和社会后果”的回答存在显著差异。

C9g by A5

下列说法您是否认同：婚姻应当是自由的，如果有更满意或更合适的人就与现在的配偶离婚 * 户口 Crosstabulation

	农业户口	非农业户口	总计
完全不同意	43.8%	48.8%	45.9%
不太同意	47.7%	42.3%	45.5%
比较同意	7.2%	7.5%	7.3%
完全同意	1.3%	1.3%	1.3%
总计	100.0%	100.0%	100.0%
列总计	2533	1753	4286

Chi-square test：df = 3，卡方值为 12.497，sig = 0.006 < 0.05，所以不同户口的居民对于“婚姻应当是自由的，如果有更满意或更合适的人就与现在的配偶离婚”的回答存在显著差异。

C9h by A5

下列说法您是否认同：婚姻意味着责任，要考虑给对方造成什么后果，不能轻率地选择离婚 * 户口 Crosstabulation

	农业户口	非农业户口	总计
完全不同意	1.3%	0.9%	1.1%
不太同意	2.8%	3.9%	3.2%
比较同意	52.5%	46.5%	50.0%
完全同意	43.5%	48.7%	45.6%
总计	100.0%	100.0%	100.0%
列总计	2552	1756	4308

Chi-square test：df = 3，卡方值为 18.949，sig = 0.000 < 0.05，所以不同户口的居民对于“婚姻意味着责任，要考虑给对方造成什么后果，不能轻率地选择离婚”的回答存在显著差异。

C9i by A5

下列说法您是否认同：遇到困难的时候，兄弟姊妹通常都会给予力所能及的帮助 * 户口 Crosstabulation

	农业户口	非农业户口	总计
完全不同意	0.6%	0.6%	0.6%
不太同意	4.2%	5.5%	4.7%
比较同意	53.8%	53.8%	53.8%
完全同意	41.3%	40.1%	40.8%
总计	100.0%	100.0%	100.0%
列总计	2552	1758	4310

Chi-square test：df = 3，卡方值为 4.252，sig = 0.235 > 0.05，所以不同户口的居民对于“遇到困难的时候，兄弟姊妹通常都会给予力所能及的帮助”的回答不存在显著差异。

C9j by A5

下列说法您是否认同：无论父母对自己如何，都应当尽赡养义务 * 户口 Crosstabulation

	农业户口	非农业户口	总计
完全不同意	0.5%	0.8%	0.6%
不太同意	2.1%	5.6%	3.5%
比较同意	43.2%	39.5%	41.7%
完全同意	54.1%	54.1%	54.1%
总计	100.0%	100.0%	100.0%

续表

	农业户口	非农业户口	总计
列总计	2559	1772	4331

Chi-square test：df = 3，卡方值为 40.249，sig = 0.000 < 0.05，所以不同户口的居民对于“无论父母对自己如何，都应当尽赡养义务”的回答存在显著差。

C9k by A5

下列说法您是否认同：为了家庭利益可以一定程度上牺牲国家利益 * 户口 Crosstabulation

	农业户口	非农业户口	总计
完全不同意	19.3%	14.6%	17.4%
不太同意	49.1%	52.2%	50.4%
比较同意	26.0%	25.7%	25.9%
完全同意	5.6%	7.5%	6.4%
总计	100.0%	100.0%	100.0%
列总计	2417	1691	4108

Chi-square test：df = 3，卡方值为 19.912，sig = 0.000 < 0.05，所以不同户口的居民对于“为了家庭利益可以一定程度上牺牲国家利益”的回答存在显著差异。

C9l by A5

下列说法您是否认同：为了国家利益可以一定程度上牺牲家庭利益 * 户口 Crosstabulation

	农业户口	非农业户口	总计
完全不同意	5.3%	5.2%	5.3%
不太同意	25.6%	25.1%	25.4%
比较同意	51.0%	50.1%	50.6%
完全同意	18.1%	19.6%	18.7%
总计	100.0%	100.0%	100.0%
列总计	2413	1680	4093

Chi-square test：df = 3，卡方值为 1.622，sig = 0.654 > 0.05，所以不同户口的居民对于“为了国家利益可以一定程度上牺牲家庭利益”的回答不存在显著差异。

C10 by A5

假设您的上司或老板是外国人，他侮辱了中国，您会选择 * 户口 Crosstabulation

	农业户口	非农业户口	总计
当面抗议	67.1%	65.2%	66.4%

续表

	农业户口	非农业户口	总计
保持沉默	17.4%	20.4%	18.6%
暗地里报复	2.3%	2.8%	2.5%
以屈求伸，背后骂几句就行了	8.8%	8.9%	8.8%
无所谓	4.3%	2.7%	3.7%
总计	100.0%	100.0%	100.0%
列总计	2556	1768	4324

Chi-square test：df = 4，卡方值为 13.785，sig = 0.008 < 0.05，所以不同户口的居民对于“假设您的上司或老板是外国人，他侮辱了中国，您会选择”的回答存在显著差异。

C11 by A5

如果条件允许的话，您希望您的孩子生活在国内，还是到国外定居 * 户口 Crosstabulation

	农业户口	非农业户口	总计
还是在国内生活好	62.2%	53.8%	58.8%
到国外定居	7.9%	11.9%	9.6%
走一步看一步	11.0%	11.6%	11.2%
没考虑过	18.9%	22.7%	20.4%
总计	100.0%	100.0%	100.0%
列总计	2573	1780	4353

Chi-square test：df = 3，卡方值为 38.148，sig = 0.000 < 0.05，所以不同户口的居民对于“如果条件允许的话，您希望您的孩子生活在国内，还是到国外定居”的回答存在显著差异。

C12a by A5

您常常体验到自己身上一种“伦理感”的存在吗？人与人之间 * 户口 Crosstabulation

	农业户口	非农业户口	总计
没有，只感受到自己实实在在的生活	21.1%	18.6%	20.1%
偶尔有，但主要是因为那种情况下我的利益与它高度一致	30.1%	32.3%	31.0%
偶尔有，是在受某种作品或生活情境的影响之后	20.2%	22.6%	21.2%
时常有，它是一种内在的信念	28.6%	26.5%	27.8%
总计	100.0%	100.0%	100.0%
列总计	2560	1778	4338

Chi-square test：df = 3，卡方值为 9.321，sig = 0.025 < 0.05，所以不同户口的居民对于“您常常体验到自己身上一种‘伦理感’的存在吗？人与人之间”的回答存在显著差异。

C12b by A5

您常常体验到自己身上一种“伦理感”的存在吗？家庭 ＊ 户口 Crosstabulation

	农业户口	非农业户口	总计
没有，只感受到自己实实在在的生活	17.8%	17.0%	17.5%
偶尔有，但主要是因为那种情况下我的利益与它高度一致	16.4%	17.0%	16.6%
偶尔有，是在受某种作品或生活情境的影响之后	14.3%	18.8%	16.1%
时常有，它是一种内在的信念	51.6%	47.1%	49.8%
总计	100.0%	100.0%	100.0%
列总计	2561	1778	4339

Chi-square test：df = 3，卡方值为 17.921，sig = 0.000 < 0.05，所以不同户口的居民对于“您常常体验到自己身上一种‘伦理感’的存在吗？家庭”的回答存在显著差异。

C12c by A5

您常常体验到自己身上一种“伦理感”的存在吗？单位 ＊ 户口 Crosstabulation

	农业户口	非农业户口	总计
没有，只感受到自己实实在在的生活	23.9%	17.6%	21.3%
偶尔有，但主要是因为那种情况下我的利益与它高度一致	33.2%	31.2%	32.4%
偶尔有，是在受某种作品或生活情境的影响之后	25.9%	30.6%	27.8%
时常有，它是一种内在的信念	17.0%	20.6%	18.5%
总计	100.0%	100.0%	100.0%
列总计	2545	1777	4322

Chi-square test：df = 3，卡方值为 36.138，sig = 0.000 < 0.05，所以不同户口的居民对于“您常常体验到自己身上一种‘伦理感’的存在吗？单位”的回答存在显著差异。

C12d by A5

您常常体验到自己身上一种“伦理感”的存在吗？社区、城市 ＊ 户口 Crosstabulation

	农业户口	非农业户口	总计
没有，只感受到自己实实在在的生活	24.5%	19.3%	22.4%
偶尔有，但主要是因为那种情况下我的利益与它高度一致	28.8%	27.8%	28.4%
偶尔有，是在受某种作品或生活情境的影响之后	27.2%	30.8%	28.7%
时常有，它是一种内在的信念	19.4%	22.1%	20.5%

续表

	农业户口	非农业户口	总计
总计	100.0%	100.0%	100.0%
列总计	2556	1775	4331

Chi-square test：df = 3，卡方值为 21.711，sig = 0.000 < 0.05，所以不同户口的居民对于“您常常体验到自己身上一种‘伦理感’的存在吗？社区、城市”的回答存在显著差异。

C13 by A5

您常常体验到自己身上有一种“道德感”的存在和满足吗？如与人相处或追求重大利益时总要首先考虑是否“应该”，做了不好的事常受到良心谴责，帮助和成全别人虽然自己利益受损仍常有一种快感或心安？＊ 户口 Crosstabulation

	农业户口	非农业户口	总计
没有，只是凭自己的感觉和利益办事	12.8%	15.8%	14.0%
在有监督的环境中或有别人在场时有，其他环境中没有	13.1%	13.8%	13.4%
经常有，问心无愧、不做亏心事最重要	51.5%	50.5%	51.1%
没有特别的感觉，但从来不做不道德的事	22.6%	19.8%	21.4%
其他	0.1%	0.1%	0.1%
总计	100.0%	100.0%	100.0%
列总计	2569	1777	4346

Chi-square test：df = 4，卡方值为 11.497，sig = 0.022 < 0.05，所以不同户口的居民对于“您常常体验到自己身上有一种‘道德感’的存在和满足吗”的回答存在显著差异。

C14 by A5

您认为国家对于个人存在的意义是 ＊ 户口 Crosstabulation

	农业户口	非农业户口	总计
国家离我们很遥远，个人最重要	21.6%	19.3%	20.7%
国家最重要，是我们的安身之地，国家富强个人才能过得好	78.0%	80.5%	79.0%
其他	0.4%	0.2%	0.3%
总计	100.0%	100.0%	100.0%
列总计	2571	1777	4348

Chi-square test：df = 2，卡方值为 4.828，sig = 0.089 > 0.05，所以不同户口的居民对于“您认为国家对于个人存在的意义是”的回答不存在显著差异。

C15 by A5

您认为对社会生活而言，个体德性和社会公正哪个更重要？＊ 户口 Crosstabulation

	农业户口	非农业户口	总计
个体德性最重要	15.9%	13.1%	14.8%
社会公正最重要	31.7%	32.9%	32.2%
二者应当统一，但二者矛盾时应先追求个体德性	27.0%	24.9%	26.2%
二者应当统一，但二者矛盾时应先追求社会公正	25.3%	29.0%	26.8%
总计	100.0%	100.0%	100.0%
列总计	2571	1780	4351

Chi-square test：df = 3，卡方值为 13.295，sig = 0.004 < 0.05，所以不同户口的居民对于“您认为对社会生活而言，个体德性和社会公正哪个更重要”的回答存在显著差异。

C16 by A5

在公共生活中，个人之所以要遵守道德，是因为 ＊ 户口 Crosstabulation

	农业户口	非农业户口	总计
遵守道德有利于自身利益的实现	20.1%	21.6%	20.8%
个人是社会的一分子，应当遵守道德	39.2%	39.1%	39.1%
遵守道德社会才能有序和美好	35.7%	35.3%	35.5%
不遵守道德会被别人议论或谴责	4.9%	3.7%	4.4%
其他		0.3%	0.1%
总计	100.0%	100.0%	100.0%
列总计	2566	1779	4345

Chi-square test：df = 4，卡方值为 9.065，sig = 0.059 > 0.05，所以不同户口的居民对于“在公共生活中，个人之所以要遵守道德，是因为”的回答不存在显著差异。

C17 by A5

关于职业劳动的说法，您最认同的是 ＊ 户口 Crosstabulation

	农业户口	非农业户口	总计
职业劳动是个人和家庭谋生的手段	59.4%	46.2%	54.0%
职业劳动是为社会创造财富	21.6%	28.7%	24.5%
职业劳动是个人兴趣和价值实现的方式	18.6%	25.0%	21.2%
其他	0.4%	0.1%	0.3%
总计	100.0%	100.0%	100.0%

续表

	农业户口	非农业户口	总计
列总计	2548	1775	4323

Chi-square test：df = 3，卡方值为 80. 120，sig = 0. 000 <0. 05，所以不同户口的居民对于“关于职业劳动的说法，最认同的说法”的回答存在显著差异。

C18a by A5

您认为造成有些人忧郁、自杀的原因是？欲望过多过大，不能知足常乐 * 户口 Crosstabulation

	农业户口	非农业户口	总计
未选中	70. 0%	67. 7%	69. 0%
选中	30. 0%	32. 3%	31. 0%
总计	100. 0%	100. 0%	100. 0%
列总计	2551	1766	4317

Chi-square test：df = 1，卡方值为 2. 595，sig = 0. 107 >0. 05，所以不同户口的居民对于“您认为造成有些人忧郁、自杀的原因是？欲望过多过大，不能知足常乐”的回答不存在显著差异。

C18b by A5

您认为造成有些人忧郁、自杀的原因是？对自己和未来没有把握 * 户口 Crosstabulation

	农业户口	非农业户口	总计
未选中	72. 3%	68. 5%	70. 7%
选中	27. 7%	31. 5%	29. 3%
总计	100. 0%	100. 0%	100. 0%
列总计	2551	1766	4317

Chi-square test：df = 1，卡方值为 7. 162，sig = 0. 007 <0. 05，所以不同户口的居民对于“您认为造成有些人忧郁、自杀的原因是？对自己和未来没有把握”的回答存在显著差异。

C18c by A5

您认为造成有些人忧郁、自杀的原因是？竞争激烈，工作压力过大，身心疲惫 * 户口 Crosstabulation

	农业户口	非农业户口	总计
未选中	46. 8%	53. 6%	49. 6%
选中	53. 2%	46. 4%	50. 4%
总计	100. 0%	100. 0%	100. 0%

续表

	农业户口	非农业户口	总计
列总计	2551	1766	4317

Chi-square test：df = 1，卡方值为 19.089，sig = 0.000 < 0.05，所以不同户口的居民对于“您认为造成有些人忧郁、自杀的原因是？竞争激烈，工作压力过大，身心疲惫”的回答存在显著差异。

C18d by A5

您认为造成有些人忧郁、自杀的原因是？人与人之间缺乏信任感，人际关系紧张 * 户口 Crosstabulation

	农业户口	非农业户口	总计
未选中	63.6%	59.8%	62.1%
选中	36.4%	40.2%	37.9%
总计	100.0%	100.0%	100.0%
列总计	2551	1766	4317

Chi-square test：df = 1，卡方值为 6.487，sig = 0.011 < 0.05，所以不同户口的居民对于“您认为造成有些人忧郁、自杀的原因是？人与人之间缺乏信任感，人际关系紧张”的回答存在显著差异。

C18e by A5

您认为造成有些人忧郁、自杀的原因是？有烦恼很难找到人倾诉和排解 * 户口 Crosstabulation

	农业户口	非农业户口	总计
未选中	76.9%	73.9%	75.7%
选中	23.1%	26.1%	24.3%
总计	100.0%	100.0%	100.0%
列总计	2551	1766	4317

Chi-square test：df = 1，卡方值为 5.018，sig = 0.025 < 0.05，所以不同户口的居民对于“您认为造成有些人忧郁、自杀的原因是？有烦恼很难找到人倾诉和排解”的回答存在显著差异。

C18f by A5

您认为造成有些人忧郁、自杀的原因是？缺乏自我理解和自我调节能力 * 户口 Crosstabulation

	农业户口	非农业户口	总计
未选中	77.3%	73.9%	75.9%
选中	22.7%	26.1%	24.1%
总计	100.0%	100.0%	100.0%

续表

	农业户口	非农业户口	总计
列总计	2551	1766	4317

Chi-square test：df = 1，卡方值为 6. 783，sig = 0. 009 < 0. 05，所以不同户口的居民对于“您认为造成有些人忧郁、自杀的原因是？缺乏自我理解和自我调节能力”的回答存在显著差异。

C18g by A5

您认为造成有些人忧郁、自杀的原因是？现代人缺乏安顿自己、化解内心矛盾的能力 ＊ 户口 Crosstabulation

	农业户口	非农业户口	总计
未选中	75. 9%	71. 7%	74. 2%
选中	24. 1%	28. 3%	25. 8%
总计	100. 0%	100. 0%	100. 0%
列总计	2551	1766	4317

Chi-square test：df = 1，卡方值为 9. 629，sig = 0. 002 < 0. 05，所以不同户口的居民对于“您认为造成有些人忧郁、自杀的原因是？现代人缺乏安顿自己、化解内心矛盾的能力”的回答存在显著差异。

C18h by A5

您认为造成有些人忧郁、自杀的原因是？缺乏道德公正，没有道德的人总是讨便宜 ＊ 户口 Crosstabulation

	农业户口	非农业户口	总计
未选中	78. 5%	73. 6%	76. 5%
选中	21. 5%	26. 4%	23. 5%
总计	100. 0%	100. 0%	100. 0%
列总计	2551	1766	4317

Chi-square test：df = 1，卡方值为 14. 288，sig = 0. 000 < 0. 05，所以不同户口的居民对于“您认为造成有些人忧郁、自杀的原因是？缺乏道德公正，没有道德的人总是讨便宜”的回答存在显著差异。

C18i by A5

您认为造成有些人忧郁、自杀的原因是？缺乏理想和信念支持，精神没有寄托和归宿 ＊ 户口 Crosstabulation

	农业户口	非农业户口	总计
未选中	79. 2%	75. 1%	77. 5%

续表

	农业户口	非农业户口	总计
选中	20.8%	24.9%	22.5%
总计	100.0%	100.0%	100.0%
列总计	2551	1766	4317

Chi-square test：df = 1，卡方值为 10.262，sig = 0.001 < 0.05，所以不同户口的居民对于“您认为造成有些人忧郁、自杀的原因是？缺乏理想和信念支持，精神没有寄托和归宿”的回答存在显著差异。

C18j by A5

您认为造成有些人忧郁、自杀的原因是？生活压力大 ＊ 户口 Crosstabulation

	农业户口	非农业户口	总计
未选中	43.5%	44.8%	44.0%
选中	56.5%	55.2%	56.0%
总计	100.0%	100.0%	100.0%
列总计	2551	1766	4317

Chi-square test：df = 1，卡方值为 0.692，sig = 0.406 > 0.05，所以不同户口的居民对于“您认为造成有些人忧郁、自杀的原因是？生活压力大”的回答不存在显著差异。

C18k by A5

您认为造成有些人忧郁、自杀的原因是？生活孤独无聊 ＊ 户口 Crosstabulation

	农业户口	非农业户口	总计
未选中	89.8%	90.8%	90.2%
选中	10.2%	9.2%	9.8%
总计	100.0%	100.0%	100.0%
列总计	2551	1766	4317

Chi-square test：df = 1，卡方值为 1.008，sig = 0.315 > 0.05，所以不同户口的居民对于“您认为造成有些人忧郁、自杀的原因是？生活孤独无聊”的回答不存在显著差异。

C19a by A5

如果您与家庭成员之间发生重大利益冲突，您会首先选择哪种途径来解决？家庭成员之间 ＊ 户口 Crosstabulation

	农业户口	非农业户口	总计
诉诸法律，打官司	1.1%	0.8%	1.0%

续表

	农业户口	非农业户口	总计
直接找对方沟通但得理让人，适可而止	57.4%	47.9%	53.5%
通过第三方（如社会机构，朋友等）从中调解，尽量不伤和气	11.2%	8.1%	9.9%
能忍则忍	30.3%	43.2%	35.6%
总计	100.0%	100.0%	100.0%
列总计	2527	1757	4284

Chi-square test：df = 3，卡方值为 77.322，sig = 0.000 < 0.05，所以不同户口的居民对于“如果您与家庭成员之间发生重大利益冲突，您会首先选择哪种途径来解决”的选择上存在显著差异。

C19b by A5

如果您与朋友之间发生重大利益冲突，您会首先选择哪种途径来解决？朋友之间 * 户口 Crosstabulation

	农业户口	非农业户口	总计
诉诸法律，打官司	2.8%	1.5%	2.3%
直接找对方沟通但得理让人，适可而止	56.9%	49.2%	53.7%
通过第三方（如社会机构，朋友等）从中调解，尽量不伤和气	21.5%	22.6%	22.0%
能忍则忍	18.8%	26.6%	22.0%
总计	100.0%	100.0%	100.0%
列总计	2521	1765	4286

Chi-square test：df = 3，卡方值为 48.551，sig = 0.000 < 0.05，所以不同户口的居民对于“如果您与朋友之间发生重大利益冲突，您会首先选择哪种途径来解决”的选择上存在显著差异。

C19c by A5

如果您与同事之间发生重大利益冲突，您会首先选择哪种途径来解决？同事之间 * 户口 Crosstabulation

	农业户口	非农业户口	总计
诉诸法律，打官司	4.9%	2.9%	4.1%
直接找对方沟通但得理让人，适可而止	55.3%	51.0%	53.5%
通过第三方（如社会机构，朋友等）从中调解，尽量不伤和气	28.3%	30.8%	29.3%
能忍则忍	11.5%	15.3%	13.1%
总计	100.0%	100.0%	100.0%

续表

	农业户口	非农业户口	总计
列总计	2377	1684	4061

Chi-square test：df = 3，卡方值为 26.364，sig = 0.000 < 0.05，所以不同户口的居民对于"如果您与同事之间发生重大利益冲突，您会首先选择哪种途径来解决"的选择上存在显著差异。

C19d by A5

如果您与商业伙伴之间发生重大利益冲突，您会首先选择哪种途径来解决？商业伙伴之间 * 户口 Crosstabulation

	农业户口	非农业户口	总计
诉诸法律，打官司	38.8%	42.9%	40.5%
直接找对方沟通但得理让人，适可而止	28.8%	23.8%	26.7%
通过第三方（如社会机构，朋友等）从中调解，尽量不伤和气	27.5%	27.3%	27.4%
能忍则忍	4.8%	6.0%	5.3%
总计	100.0%	100.0%	100.0%
列总计	2124	1530	3654

Chi-square test：df = 3，卡方值为 144.442，sig = 0.002 < 0.05，所以不同户口的居民对于"如果您与商业伙伴之间发生重大利益冲突，您会首先选择哪种途径来解决"的选择上存在显著差异。

C20 by A5

您认为在自己的成长中得到道德训练的最重要场所或机构是 * 户口 Crosstabulation

	农业户口	非农业户口	总计
家庭	39.9%	26.0%	34.2%
学校	21.8%	26.0%	23.5%
社会（如工作单位、社区等）	28.1%	35.4%	31.1%
国家或政府	6.3%	7.4%	6.8%
媒体	1.6%	1.8%	1.7%
其他	2.2%	3.5%	2.7%
总计	100.0%	100.0%	100.0%
列总计	2570	1768	4338

Chi-square test：df = 5，卡方值为 93.506，sig = 0.000 < 0.05，所以不同户口的居民对于"在自己的成长中得到道德训练的最重要场所或机构"的回答存在显著差异。

C21 by A5

您的思想行为受什么人影响最大 ＊ 户口 Crosstabulation

	农业户口	非农业户口	总计
政府官员	23.0%	27.6%	24.9%
企业家	19.7%	22.0%	20.7%
演艺明星	5.4%	10.5%	7.5%
教师	42.7%	49.4%	45.5%
知识精英	14.9%	17.7%	16.1%
公众人物	24.2%	30.3%	26.7%
农民	8.9%	5.3%	7.4%
工人	3.2%	3.2%	3.2%
先哲先贤	11.7%	17.6%	14.1%
父母	72.4%	64.5%	69.2%
网络大 V	2.8%	4.2%	3.4%
宗教人士	0.8%	0.8%	0.8%
列总计	2476	1719	4195

据上表所示，不同户口的居民对于“您的思想行为受什么人影响最大”的回答存在显著差异。

C22 by A5

影响您道德判断和道德选择的最主要的因素是 ＊ 户口 Crosstabulation

	农业户口	非农业户口	总计
自己的良心	74.9%	69.5%	72.7%
大多数人持有的观点	38.5%	39.1%	38.8%
公众人士和权威人物的观点	6.9%	7.5%	7.1%
国外媒体的观点	4.7%	5.5%	5.0%
自己的利益	14.0%	15.3%	14.5%
他人的评价	6.4%	6.8%	6.6%
社会后果	11.7%	17.4%	14.0%
大多数人认可的道德规范	18.5%	18.9%	18.6%
先贤教导	4.3%	7.0%	5.4%
“朋友圈”的观点	2.2%	2.7%	2.4%
列总计	2530	1750	4280

据上表所示，不同户口的居民对于“影响您道德判断和道德选择的最主要的因素”的回答存在显著差异。

C23 by A5

现在经常有一些网民在网络上曝光别人的隐私，您怎么看待这种行为 * 户口 Crosstabulation

	农业户口	非农业户口	总计
这是违法行为，应该制止	41.3%	46.8%	43.6%
这是不道德行为，应该进行谴责	46.5%	40.8%	44.1%
这是社会监督的重要途径，不必完全禁止，但需要规范和引导	10.6%	10.7%	10.7%
这是网民的自由，别人不应该干涉	1.6%	1.6%	1.6%
总计	100.0%	100.0%	100.0%
列总计	2432	1734	4166

Chi-square test：df = 3，卡方值为 14.336，sig = 0.002 < 0.05，所以不同户口的居民对于“现在经常有一些网民在网络上曝光别人的隐私，您怎么看待这种行为?”的回答存在显著差异。

C24a by A5

您最近两年是否参加过以下活动?志愿者活动 * 户口 Crosstabulation

	农业户口	非农业户口	总计
是	13.3%	24.3%	17.8%
否	86.7%	75.7%	82.2%
总计	100.0%	100.0%	100.0%
列总计	2571	1780	4351

Chi-square test：df = 1，卡方值为 86.607，sig = 0.000 < 0.05，所以不同户口的居民对于“最近两年是否参加过志愿者活动”的回答存在显著差异。

C24b by A5

您参加的频率：志愿者活动 * 户口 Crosstabulation

	农业户口	非农业户口	总计
从来没有	86.7%	75.7%	82.2%
参加过一两次	6.9%	11.2%	8.7%
偶尔参加一次	4.7%	9.9%	6.8%
经常参加	1.8%	3.2%	2.3%
总计	100.0%	100.0%	100.0%
列总计	2571	1780	4351

Chi-square test：df = 3，卡方值为 89.553，sig = 0.000 < 0.05，所以不同户口的居民对于“参加志愿者活动的频率”的回答存在显著差异。

C24c by A5

您最近两年是否参加过以下活动? 无偿献血 ＊ 户口 Crosstabulation

	农业户口	非农业户口	总计
是	8.7%	16.5%	11.9%
否	91.3%	83.5%	88.1%
总计	100.0%	100.0%	100.0%
列总计	2572	1780	4352

Chi-square test: df = 1, 卡方值为 59.676, sig = 0.000 < 0.05, 所以不同户口的居民对于“最近两年是否参加过无偿献血活动”的回答存在显著差异。

C24d by A5

您参加的频率: 无偿献血 ＊ 户口 Crosstabulation

	农业户口	非农业户口	总计
从来没有	91.3%	83.5%	88.1%
参加过一两次	4.5%	7.5%	5.8%
偶尔参加一次	3.2%	7.9%	5.1%
经常参加	1.0%	1.1%	1.0%
总计	100.0%	100.0%	100.0%
列总计	2572	1780	4352

Chi-square test: df = 3, 卡方值为 67.549, sig = 0.000 < 0.05, 所以不同户口的居民对于“参加无偿献血的频率”的回答存在显著差异。

C24e by A5

您最近两年是否参加过以下活动? 捐款、捐物 ＊ 户口 Crosstabulation

	农业户口	非农业户口	总计
是	38.6%	48.9%	42.8%
否	61.4%	51.1%	57.2%
总计	100.0%	100.0%	100.0%
列总计	2572	1780	4352

Chi-square test: df = 1, 卡方值为 45.795, sig = 0.000 < 0.05, 所以不同户口的居民对于“最近两年是否参加过捐款、捐物”的回答存在显著差异。

C24f by A5

您参加的频率：捐款、捐物 * 户口 Crosstabulation

	农业户口	非农业户口	总计
从来没有	61.4%	51.1%	57.2%
参加过一两次	19.5%	19.2%	19.4%
偶尔参加一次	12.4%	21.0%	15.9%
经常参加	6.7%	8.8%	7.6%
总计	100.0%	100.0%	100.0%
列总计	2572	1780	4352

Chi-square test：df = 3，卡方值为 74.934，sig = 0.000 < 0.05，所以不同户口的居民对于“参加捐款、捐物的频率”的回答存在显著差异。

C25 by A5

目前中国社会的两性关系日益开放，它对社会风尚的影响 * 户口 Crosstabulation

	农业户口	非农业户口	总计
是社会进步的表现	9.7%	13.2%	11.1%
两性关系混乱必然导致道德沦丧、污染社会风气	62.2%	58.9%	60.9%
个人选择，无所谓好坏	27.9%	27.7%	27.8%
其他	0.2%	0.2%	0.2%
总计	100.0%	100.0%	100.0%
列总计	2556	1777	4333

Chi-square test：df = 3，卡方值为 13.794，sig = 0.003 < 0.05，所以不同户口的居民对于“对目前中国社会的两性关系日益开放，它对社会风尚的影响”的回答存在显著差异。

C26 by A5

您对一些重要事情所持的观点和回答与其他人一致的时候有多少 * 户口 Crosstabulation

	农业户口	非农业户口	总计
非常少	2.0%	2.4%	2.2%
比较少	9.3%	11.8%	10.3%
一般	49.5%	47.6%	48.7%
比较多	34.3%	34.4%	34.3%
非常多	5.0%	3.8%	4.5%

续表

	农业户口	非农业户口	总计
总计	100.0%	100.0%	100.0%
列总计	2398	1646	4044

Chi-square test：df = 4，卡方值为 11.093，sig = 0.026 < 0.05，所以不同户口的居民对于“对您对一些重要事情所持的观点和回答与其他人一致的时候有多少”的回答存在显著差异。

C27 by A5

您对待目前社会上一部分人的奢侈消费行为的态度是 ＊ 户口 Crosstabulation

	农业户口	非农业户口	总计
钞票是他们自己的，他们愿意怎么花就怎么花	34.1%	27.3%	31.3%
他们应该遵守勤俭的传统美德，适度消费	53.9%	59.3%	56.1%
过度消费行为只要对别人无害，就不应干涉	11.9%	13.2%	12.4%
其他	0.1%	0.3%	0.2%
总计	100.0%	100.0%	100.0%
列总计	2574	1779	4353

Chi-square test：df = 3，卡方值为 24.989，sig = 0.000 < 0.05，所以不同户口的居民对于“对待目前社会上一部分人的奢侈消费行为”的回答存在显著差异。

C28 by A5

孝敬、礼让、仁爱、节俭等优良传统，您认为现在还需要这些吗 ＊ 户口 Crosstabulation

	农业户口	非农业户口	总计
这些好传统什么时候都不能丢	85.5%	81.8%	84.0%
可有可无	5.6%	7.2%	6.2%
已经过时，没必要讲这些	2.3%	3.0%	2.6%
有些要，有些不要	6.6%	8.0%	7.2%
总计	100.0%	100.0%	100.0%
列总计	2573	1780	4353

Chi-square test：df = 3，卡方值为 10.701，sig = 0.013 < 0.05，所以不同户口的居民对于“对孝敬、礼让、仁爱、节俭等优良传统是否还需要”的回答存在显著差异。

C29 by A5

民族英雄和新时期的先进人物，您觉得他们的精神还值得在全社会大力倡导吗 ＊ 户口 Crosstabulation

	农业户口	非农业户口	总计
我很佩服他们，现在社会就缺这种精神，要加大宣传	70.5%	72.5%	71.3%
以前知道一些，现在不太关注了	22.1%	20.3%	21.4%
时过境迁，这些典型的影响力越来越小了，没太多人关心了	5.2%	6.0%	5.5%
不知道，也不关心	2.3%	1.2%	1.8%
总计	100.0%	100.0%	100.0%
列总计	2572	1777	4349

Chi-square test：df = 3，卡方值为 9.932，sig = 0.019 < 0.05，所以不同户口的居民对于“对民族英雄和新时期的先进人物的精神是否还值得在全社会大力倡导”的回答存在显著差异。

C30 by A5

当在公交车上遇到小偷正在偷乘客钱包时，您会选择以下哪种做法 ＊ 户口 Crosstabulation

	农业户口	非农业户口	总计
马上冲上去制止	21.8%	23.6%	22.5%
出于害怕，装作什么都没有看到	7.2%	5.2%	6.4%
不敢直接与小偷对抗，但以适当方式悄悄提醒当事人或报警	64.1%	66.5%	65.1%
只要偷的不是我，不用多管闲事，免得惹麻烦	6.1%	4.1%	5.3%
其他	0.7%	0.6%	0.7%
总计	100.0%	100.0%	100.0%
列总计	2566	1778	4344

Chi-square test：df = 4，卡方值为 17.851，sig = 0.001 < 0.05，所以不同户口的居民对于“对当在公交车上遇到小偷正在偷乘客钱包时的应对”的回答存在显著差异。

C31 by A5

小王知道做某件事是道德的但没去行动，哪种因素是他采取行动最大障碍 ＊ 户口 Crosstabulation

	农业户口	非农业户口	总计
采取行动会损害自己利益	19.1%	19.1%	19.1%

续表

	农业户口	非农业户口	总计
采取行动也难以取得预期效果	15.0%	18.2%	16.3%
大家都不做，我何必管闲事	17.5%	17.5%	17.5%
自身能力有限，心有余而力不足	35.7%	33.5%	34.8%
即使我不做，相信还会有别人去做	9.0%	7.8%	8.5%
明白就行，让别人去做吧	3.2%	3.3%	3.2%
其他	0.5%	0.5%	0.5%
总计	100.0%	100.0%	100.0%
列总计	2545	1771	4316

Chi-square test：df = 6，卡方值为 9.504，sig = 0.147 > 0.05，所以不同户口的居民对于“小王知道做某件事是道德的但没去行动，哪种因素是他采取行动最大障碍”的回答不存在显著差异。

C32 by A5

当与他人发生分歧时，能否体谅宽容他人 * 户口 Crosstabulation

	农业户口	非农业户口	总计
不宽容，必须弄清是非曲直	6.3%	8.8%	7.3%
偶尔	27.0%	26.1%	26.6%
有时	44.8%	42.4%	43.8%
经常	21.9%	22.6%	22.2%
总计	100.0%	100.0%	100.0%
列总计	2566	1776	4342

Chi-square test：df = 3，卡方值为 11.324，sig = 0.010 < 0.05，所以不同户口的居民对于“当与他人发生分歧时，能否体谅宽容他人”的回答存在显著差异。

C33 by A5

您认为解决当前我国的公民道德和社会风尚问题，最关键的途径是 * 户口 Crosstabulation

	农业	非农	总计
加强法制	46.2%	43.7%	45.1%
弘扬优秀传统道德	50.2%	51.8%	50.9%
建设伦理道德的核心价值	14.1%	20.8%	16.9%
惩治官员腐败	24.8%	22.2%	23.7%
解决分配不公问题	11.9%	15.3%	13.3%

续表

	农业	非农	总计
提高个人道德素质	35.9%	31.3%	34.1%
列总计	2560	1777	4337

据上表所示，不同户口的居民对于“您认为解决当前我国的公民道德和社会风尚问题，最关键的途径”的回答存在显著差异。

C34 by A5

您知道社会主义核心价值观吗？请您把它们选出来 * 户口 Crosstabulation

	农业	非农	总计
文明	81.1%	84.8%	82.7%
诚信	89.6%	89.3%	89.5%
勇敢	36.9%	31.1%	34.4%
爱国	79.0%	80.5%	79.7%
创新	29.7%	30.1%	29.9%
友善	50.2%	57.4%	53.2%
勤劳	22.3%	17.9%	20.4%
列总计	2408	1755	4163

据上表所示，不同户口的居民对于“您知道的社会主义核心价值观”的选择存在显著差异。

C35 by A5

您认为社会主义核心价值观与您的工作、生活有关系吗 * 户口 Crosstabulation

	农业户口	非农业户口	总计
对改变社会风气有好处，每个人都应该这样做人做事	85.4%	86.0%	85.6%
与个人工作、生活没关系	14.6%	14.0%	14.4%
总计	100.0%	100.0%	100.0%
列总计	2325	1660	3985

Chi-square test：df = 1，卡方值为 0.234，sig = 0.629 > 0.05，所以不同户口的居民对于“认为社会主义核心价值观与自己的工作、生活的关系”的回答不存在显著差异。

C36 by A5

在全社会特别是青少年中开展革命传统教育，您认为有没有这个必要 * 户口 Crosstabulation

	农业户口	非农业户口	总计
很有必要，什么时候都不能忘本	91.4%	88.5%	90.3%
可有可无	4.9%	7.4%	6.0%
没有必要，已经过时了	3.6%	4.0%	3.8%
总计	100.0%	100.0%	100.0%
列总计	2571	1780	4351

Chi-square test：df = 2，卡方值为12.322，sig = 0.002 < 0.05，所以不同户口的居民对于“在全社会特别是青少年中开展革命传统教育有没有这个必要”的回答存在显著差异。

C37 by A5

当您途经一场所，正遇到升国旗仪式，看到国旗在国歌声中升起的时候，您会怎么做 * 户口 Crosstabulation

	农业户口	非农业户口	总计
原地站立，面向国旗行注目礼	21.4%	28.9%	24.4%
停下来看一看	65.5%	62.9%	64.4%
只当没看见，该干吗干吗	13.1%	8.3%	11.1%
总计	100.0%	100.0%	100.0%
列总计	2570	1778	4348

Chi-square test：df = 2，卡方值为46.866，sig = 0.000 < 0.05，所以不同户口的居民对于“当您途径一场所，正遇到升国旗仪式，看到国旗在国歌声中升起的时候，您会怎么做?”的回答存在显著差异。

C38 by A5

今年您参加过纪念中国共产党成立96周年等主题教育活动吗 * 户口 Crosstabulation

	农业户口	非农业户口	总计
参加过，很受教育	7.0%	11.3%	8.7%
听说过，但是没有参加过	63.9%	63.1%	63.6%
这种活动基本都是形式大于内容	8.9%	12.1%	10.2%
不关心这些	20.2%	13.5%	17.5%
总计	100.0%	100.0%	100.0%
列总计	2570	1780	4350

Chi-square test：df = 3，卡方值为60.117，sig = 0.000 < 0.05，所以不同户口的居民对于“今年是否参加过纪念中国共产党成立96周年等主题教育活动”的回答存在显著差异。

D1 by A5

您认为现代家庭关系中最令人担忧的问题是 * 户口 Crosstabulation

	农业户口	非农业户口	总计
只有一个孩子，对家庭的未来没把握	24.3%	26.1%	25.1%
独生子女难以承担养老责任，老无所养	35.6%	32.6%	34.3%
年轻人不愿结婚，或不愿生孩子，家族传承危机	15.6%	17.3%	16.3%
婚姻不稳定，年轻人缺乏守护婚姻的意识和能力	25.9%	25.8%	25.8%
子女尤其是独生子女缺乏责任感，孝道意识薄弱	16.5%	18.3%	17.3%
代沟严重，父母与子女之间难以沟通	22.5%	24.0%	23.1%
婆媳关系紧张	7.4%	4.9%	6.3%
父母不民主，不能容忍差异	6.7%	8.2%	7.3%
“啃老”现象严重	10.4%	12.9%	11.5%
父母只培养孩子的知识和技能，忽视良好品德的养成	11.6%	13.9%	12.5%
两性关系过度开放	4.6%	3.7%	4.2%
列总计	2448	1752	4200

据上表所示，不同户口的居民对于“您认为现代家庭关系中最令人担忧的问题”的回答存在显著差异。

D2 by A5

您对家庭的感觉是 * 户口 Crosstabulation

	农业户口	非农业户口	总计
温馨幸福	19.4%	19.0%	19.3%
比较幸福	69.6%	73.4%	71.2%
不太幸福	3.8%	1.5%	2.9%
一般，没感觉	6.8%	5.8%	6.4%
很不幸福，希望逃离	0.3%	0.2%	0.3%
其他	0.1%	0.1%	0.1%
总计	100.0%	100.0%	100.0%
列总计	2571	1776	4347

Chi-square test：df = 5，卡方值为 22.515，sig = 0.000 < 0.05，所以不同户口的居民对于“家庭的感觉”存在显著差异。

D3a by A5

您对以下现象的态度是？不婚 ＊ 户口 Crosstabulation

	农业户口	非农业户口	总计
完全赞同	0.8%	0.7%	0.7%
比较赞同	2.9%	3.0%	2.9%
中立	36.6%	49.6%	41.9%
比较反对	38.8%	34.1%	36.9%
强烈反对	20.9%	12.7%	17.5%
总计	100.0%	100.0%	100.0%
列总计	2558	1767	4325

Chi-square test：df = 4，卡方值为 88.448，sig = 0.000 < 0.05，所以不同户口的居民对于“不婚现象的态度”存在显著差异。

D3b by A5

您对以下现象的态度是？试婚 ＊ 户口 Crosstabulation

	农业户口	非农业户口	总计
完全赞同	0.4%	0.5%	0.4%
比较赞同	4.2%	4.0%	4.1%
中立	34.0%	42.6%	37.5%
比较反对	41.6%	37.3%	39.8%
强烈反对	19.8%	15.6%	18.1%
总计	100.0%	100.0%	100.0%
列总计	2530	1768	4298

Chi-square test：df = 4，卡方值为 35.533，sig = 0.000 < 0.05，所以不同户口的居民对于“试婚现象的态度”存在显著差异。

D3c by A5

您对以下现象的态度是？同居 ＊ 户口 Crosstabulation

	农业户口	非农业户口	总计
完全赞同	0.8%	0.8%	0.8%
比较赞同	5.2%	5.4%	5.3%
中立	45.5%	49.5%	47.1%
比较反对	34.3%	31.6%	33.2%
强烈反对	14.1%	12.7%	13.5%

续表

	农业户口	非农业户口	总计
总计	100.0%	100.0%	100.0%
列总计	2545	1769	4314

Chi-square test：df = 4，卡方值为 7.640，sig = 0.106 > 0.05，所以不同户口的居民对于“同居现象的态度”不存在显著差异。

D3d by A5

您对以下现象的态度是？同性恋 ＊ 户口 Crosstabulation

	农业户口	非农业户口	总计
完全赞同	0.6%	0.6%	0.6%
比较赞同	1.0%	1.3%	1.1%
中立	17.8%	20.7%	19.0%
比较反对	38.8%	37.5%	38.3%
强烈反对	41.9%	39.9%	41.1%
总计	100.0%	100.0%	100.0%
列总计	2530	1767	4297

Chi-square test：df = 4，卡方值为 6.849，sig = 0.144 > 0.05，所以不同户口的居民对于“同性恋现象的态度”不存在显著差异。

D3e by A5

您对以下现象的态度是？婚外恋 ＊ 户口 Crosstabulation

	农业户口	非农业户口	总计
完全赞同	0.1%	0.1%	0.1%
比较赞同	0.5%	0.6%	0.6%
中立	7.9%	5.6%	7.0%
比较反对	37.2%	36.6%	37.0%
强烈反对	54.2%	57.1%	55.4%
总计	100.0%	100.0%	100.0%
列总计	2554	1771	4325

Chi-square test：df = 4，卡方值为 9.985，sig = 0.041 < 0.05，所以不同户口的居民对于“婚外恋现象的态度”存在显著差异。

D3f by A5

您对以下现象的态度是？丁克家庭 ＊ 户口 Crosstabulation

	农业户口	非农业户口	总计
完全赞同	0. 6%	0. 5%	0. 6%
比较赞同	1. 3%	1. 8%	1. 5%
中立	28. 3%	38. 4%	32. 5%
比较反对	38. 5%	32. 7%	36. 1%
强烈反对	31. 4%	26. 6%	29. 4%
总计	100. 0%	100. 0%	100. 0%
列总计	2433	1705	4138

Chi-square test：df = 4，卡方值为 51. 085，sig = 0. 000 < 0. 05，所以不同户口的居民对于“丁克家庭现象的态度”存在显著差异。

D3g by A5

您对以下现象的态度是？代孕 ＊ 户口 Crosstabulation

	农业户口	非农业户口	总计
完全赞同	0. 2%	0. 2%	0. 2%
比较赞同	1. 1%	1. 7%	1. 3%
中立	25. 4%	28. 9%	26. 8%
比较反对	39. 7%	36. 1%	38. 3%
强烈反对	33. 6%	33. 1%	33. 4%
总计	100. 0%	100. 0%	100. 0%
列总计	2461	1708	4169

Chi-square test：df = 4，卡方值为 11. 097，sig = 0. 025 < 0. 05，所以不同户口的居民对于“代孕现象的态度”存在显著差异。

D4 by A5

您如何看待为了应对拆迁、征地、买房等而出现的“假离婚”现象 ＊ 户口 Crosstabulation

	农业户口	非农业户口	总计
完全赞同	1. 1%	1. 1%	1. 1%
比较赞同	8. 0%	11. 4%	9. 4%
不太赞同	46. 6%	44. 4%	45. 7%
坚决反对	44. 3%	43. 1%	43. 8%

续表

	农业户口	非农业户口	总计
总计	100.0%	100.0%	100.0%
列总计	2490	1728	4218

Chi-square test: df = 3, 卡方值为 14.055, sig = 0.003 < 0.05, 所以不同户口的居民对于“为了应对拆迁、征地、买房等而出现的‘假离婚’现象”的回答存在显著差异。

D5 by A5

如果夫妻中需要一方为对方或家庭做出牺牲，您的态度是 * 户口 Crosstabulation

	农业户口	非农业户口	总计
非常不愿意	1.9%	1.6%	1.8%
不太愿意	14.8%	15.3%	15.0%
比较愿意	57.2%	58.2%	57.6%
愿意，时常这么做	26.1%	25.0%	25.6%
总计	100.0%	100.0%	100.0%
列总计	2474	1711	4185

Chi-square test: df = 3, 卡方值为 1.434, sig = 0.698 > 0.05, 所以不同户口的居民对于“如果夫妻中需要一方为对方或家庭做出牺牲”的态度不存在显著差异。

D6 by A5

在恋爱或婚姻中，您有为对方而改变自己的意识吗 * 户口 Crosstabulation

	农业户口	非农业户口	总计
有，经常这样做	44.6%	45.4%	44.9%
有，但做起来有些困难	32.4%	36.9%	34.3%
没想过这个问题	18.9%	13.8%	16.8%
无须改变，只有找到愿为我改变的人才是真爱	3.5%	3.6%	3.5%
其他	0.6%	0.5%	0.6%
总计	100.0%	100.0%	100.0%
列总计	2558	1774	4332

Chi-square test: df = 4, 卡方值为 23.128, sig = 0.000 < 0.05, 所以不同户口的居民对于“在恋爱或婚姻中，您是否有为对方而改变自己的意识”的回答存在显著差异。

D7 by A5

在恋爱或婚姻中，你与对方相处的原则是 * 户口 Crosstabulation

	农业户口	非农业户口	总计
我首先对他/她好，然后希望他/她对我好	69.0%	68.7%	68.9%
他/她对我好，我才对他/她好	17.3%	16.9%	17.1%
他/她对我好就行了	6.9%	7.1%	7.0%
总是我对他/她好，他/她对我不那么好	1.7%	2.6%	2.1%
他/她对我不好，我没必要对他/她好	1.0%	1.4%	1.2%
其他	4.0%	3.3%	3.7%
总计	100.0%	100.0%	100.0%
列总计	2549	1770	4319

Chi-square test：df = 5，卡方值为 7.360，sig = 0.195 > 0.05，所以不同户口的居民对于“在恋爱或婚姻中，你与对方相处的原则”的回答不存在显著差异。

D8 by A5

您认为生育孩子是否是一种人生义务 * 户口 Crosstabulation

	农业户口	非农业户口	总计
是，如果大家都不生育，人种会灭绝	24.6%	30.9%	27.2%
是，不生孩子家族延续会中断	45.9%	34.1%	41.1%
不是，但没有孩子将老无所养也过于孤独	21.2%	25.7%	23.0%
不是，自己觉得快乐就行，有孩子负担过重	7.4%	8.4%	7.8%
其他	0.9%	0.8%	0.9%
总计	100.0%	100.0%	100.0%
列总计	2561	1775	4336

Chi-square test：df = 4，卡方值为 62.335，sig = 0.000 < 0.05，所以不同户口的居民对于“生育孩子是否是一种人生义务”的回答存在显著差异。

D9 by A5

如果孩子面临重大问题（婚姻、升学、就业等）时，您的态度是 * 户口 Crosstabulation

	农业户口	非农业户口	总计
全部包办，替他们做决定或搞定	3.8%	3.8%	3.8%
积极建议，努力说服他们采纳	22.8%	32.2%	26.6%
只提建议，让他们自己选择	48.0%	38.8%	44.2%
不表态，免得子女将来埋怨	7.5%	5.8%	6.8%

续表

	农业户口	非农业户口	总计
经常提出建议，但大多不起作用	3.1%	2.4%	2.8%
没孩子/孩子太小	14.6%	16.7%	15.5%
其他	0.3%	0.2%	0.3%
总计	100.0%	100.0%	100.0%
列总计	2571	1777	4348

Chi-square test：df=6，卡方值为64.417，sig=0.000<0.05，所以不同户口的居民对于“孩子面临重大问题（婚姻、升学、就业等）时”的态度存在显著差异。

D10 by A5

您对子女所提出的有关人生发展方面的建议，是否经常被采纳 * 户口 Crosstabulation

	农业户口	非农业户口	总计
经常被采纳	16.0%	13.3%	14.9%
较多被采纳	61.1%	65.3%	62.8%
基本不采纳	22.0%	20.4%	21.4%
从不被采纳并遭到嘲讽	0.9%	1.0%	0.9%
总计	100.0%	100.0%	100.0%
列总计	2055	1433	3488

Chi-square test：df=3，卡方值为8.077，sig=0.044<0.05，所以不同户口的居民对于“您对子女所提出的有关人生发展方面的建议，是否经常被采纳”的回答存在显著差异。

D11 by A5

您认为现在孩子价值观的形成受何种因素影响最大 * 户口 Crosstabulation

	农业	非农	总计
父母	63.6%	59.4%	61.8%
老师	52.3%	52.3%	52.3%
同伴	27.9%	26.6%	27.3%
网络，朋友圈	21.3%	22.2%	21.7%
明星	2.3%	3.6%	2.8%
道德模范	8.7%	13.6%	10.7%
伟大人物	6.9%	8.7%	7.6%
列总计	2509	1740	4249

不同户口的居民对于“现在孩子价值观的形成受何种因素影响最大”的回答存在显著差异。

D12 by A5

您认为老人是否有义务帮子女带孩子 * 户口 Crosstabulation

	农业户口	非农业户口	总计
有，天经地义的	25.0%	13.9%	20.4%
没有，老人帮助带孙辈，子女应感恩	41.0%	45.5%	42.9%
没有义务，不过带孙辈也是天伦之乐，应该帮助带	30.8%	38.1%	33.8%
没想过	3.2%	2.6%	3.0%
总计	100.0%	100.0%	100.0%
列总计	2573	1779	4352

Chi-square test：df = 3，卡方值为85.830，sig = 0.000 < 0.05，所以不同户口的居民对于“老人是否有义务帮子女带孩子”的回答存在显著差异。

D13 by A5

您认为最理想的养老方式是哪种 * 户口 Crosstabulation

	农业户口	非农业户口	总计
敬老院、护理院等专业养老机构	12.1%	18.4%	14.7%
与子女同住	57.2%	48.9%	53.8%
自己单住，生活难以自理时找护工	15.3%	13.8%	14.7%
与兄弟姐妹抱团养老	4.9%	5.7%	5.2%
与志趣相投的人一起养老	9.4%	12.5%	10.6%
其他	1.1%	0.6%	0.9%
总计	100.0%	100.0%	100.0%
列总计	2572	1778	4350

Chi-square test：df = 5，卡方值为56.584，sig = 0.000 < 0.05，所以不同户口的居民对于“最理想的养老方式”的回答存在显著差异。

D14 by A5

当父母一方长期生活不能自理时，主要承担照顾工作的人应该是 * 户口 Crosstabulation

	农业户口	非农业户口	总计
子女照顾	60.6%	51.3%	56.8%
父母中还有能力的另一方（老伴）	27.9%	28.4%	28.1%
雇保姆，老伴协助	3.2%	6.2%	4.4%
雇保姆，子女协助	3.9%	7.3%	5.3%

续表

	农业户口	非农业户口	总计
送护理机构，家人经常探望	4.2%	6.7%	5.2%
其他	0.4%	0.1%	0.2%
总计	100.0%	100.0%	100.0%
列总计	2568	1779	4347

Chi-square test：df = 5，卡方值为 79.202，sig = 0.000 < 0.05，所以不同户口的居民对于“当父母一方长期生活不能自理时，主要承担照顾工作的人应该是”的回答存在显著差异。

D15 by A5

在过去的十天里，您为父母做过以下哪些事情 ＊ 户口 Crosstabulation

	农业户口	非农业户口	总计
父母	63.6%	59.4%	61.8%
老师	52.3%	52.3%	52.3%
同伴	27.9%	26.6%	27.3%
网络，朋友圈	21.3%	22.2%	21.7%
明星	2.3%	3.6%	2.8%
道德模范	8.7%	13.6%	10.7%
伟大人物	6.9%	8.7%	7.6%
列总计	2509	1740	4249

据上表所示，不同户口的居民对于“在过去的十天里为父母做过哪些事情”的回答存在显著差异。

D16 by A5

您是否觉得孤独 ＊ 户口 Crosstabulation

	农业户口	非农业户口	总计
经常	4.4%	1.9%	3.4%
有时	22.3%	20.3%	21.5%
不太觉得	32.7%	34.1%	33.3%
不觉得	40.6%	43.7%	41.8%
总计	100.0%	100.0%	100.0%
列总计	2571	1779	4350

Chi-square test：df = 3，卡方值为 25.590，sig = 0.000 < 0.05，所以不同户口的居民对于“您是否觉得孤独”的回答存在显著差异。

D17 by A5

现在开展的弘扬好家风好家训活动，您认为有意义吗 ＊ 户口 Crosstabulation

	农业户口	非农业户口	总计
很有意义	85.3%	80.8%	83.5%
可有可无	8.9%	11.2%	9.9%
没有必要	5.8%	8.0%	6.7%
总计	100.0%	100.0%	100.0%
列总计	2483	1721	4204

Chi-square test：df = 2，卡方值为 15.157，sig = 0.001 < 0.05，所以不同户口的居民对于“开展的弘扬好家风好家训活动是否有意义”的回答存在显著差异。

D18 by A5

您所在的地方发生过虐待儿童的事件吗 ＊ 户口 Crosstabulation

	农业户口	非农业户口	总计
经常会发生	0.9%	0.9%	0.9%
偶尔发生	6.9%	7.7%	7.2%
没听说过	92.2%	91.4%	91.9%
总计	100.0%	100.0%	100.0%
列总计	2572	1776	4348

Chi-square test：df = 2，卡方值为 1.092，sig = 0.579 > 0.05，所以不同户口的居民对于“您所在的地方是否发生过虐待儿童的事件”的回答不存在显著差异。

D19 by A5

在大街或社区里，看到行走或生活困难的老人，您经常的反应是 ＊ 户口 Crosstabulation

	农业户口	非农业户口	总计
想到自己的（祖）父母或自己的未来，情不自禁地想帮助他	38.2%	46.0%	41.4%
出于义务责任感，想帮助他	28.7%	26.8%	27.9%
有同情感，但没有想帮助的冲动	28.9%	24.0%	26.9%
没有感觉，习以为常	4.1%	2.9%	3.6%
其他	0.1%	0.3%	0.2%
总计	100.0%	100.0%	100.0%
列总计	2568	1780	4348

Chi-square test：df = 4，卡方值为 32.461，sig = 0.000 < 0.05，所以不同户口的居民对于“在大街或社区里，看到行走或生活困难的老人，您经常的反应”的回答存在显著差异。

D20 by A5

如果您的父母或兄妹偷了别人的东西，您的行为反应可能是 * 户口 Crosstabulation

	农业户口	非农业户口	总计
批评他，但不会告发	17.7%	21.7%	19.3%
批评他，陪他送回原处或去承认错误	63.6%	60.4%	62.3%
默认，因为他得到的东西正是家庭所急需	4.9%	4.2%	4.6%
告发，因为出于正义感	7.4%	9.2%	8.2%
告发，因为可能会连累自己	1.8%	0.8%	1.4%
不管不问，由他自己决定	4.2%	3.4%	3.9%
其他	0.3%	0.3%	0.3%
总计	100.0%	100.0%	100.0%
列总计	2566	1779	4345

Chi-square test：df = 6，卡方值为 25.902，sig = 0.000 < 0.05，所以不同户口的居民对于“父母或兄妹偷了别人的东西后的可能的行为反应”的回答存在显著差异。

D21 by A5

当独生子女单独组成家庭后，父母和子女哪一种居住方式更好 * 户口 Crosstabulation

	农业户口	非农业户口	总计
单独居住	29.5%	31.4%	30.3%
和父母同住	31.7%	26.9%	29.7%
和父母及祖辈共同居住	6.9%	6.5%	6.7%
和父母靠近居住	31.3%	34.9%	32.8%
其他	0.6%	0.3%	0.5%
总计	100.0%	100.0%	100.0%
列总计	2562	1778	4340

Chi-square test：df = 4，卡方值为 15.770，sig = 0.003 < 0.05，所以不同户口的居民对于“当独生子女单独组成家庭后，父母和子女哪一种居住方式更好”的回答存在显著差异。

D22 by A5

您是否认为把老人送到养老院是不孝行为 * 户口 Crosstabulation

	农业户口	非农业户口	总计
是	19.2%	12.3%	16.4%

续表

	农业户口	非农业户口	总计
相对而言，部分是	43.6%	47.6%	45.3%
不是	36.9%	39.8%	38.1%
其他	0.3%	0.2%	0.3%
总计	100.0%	100.0%	100.0%
列总计	2571	1777	4348

Chi-square test：df = 3，卡方值为 36.489，sig = 0.000 < 0.05，所以不同户口的居民对于“认为把老人送到养老院是否是不孝行为”的回答存在显著差异。

E1 by A5

您认为企业最重要的社会责任是什么 ＊ 户口 Crosstabulation

	农业户口	非农业户口	总计
为企业和企业股东自身赚钱	21.5%	15.2%	18.9%
通过依法纳税为国家积累财富	17.9%	25.3%	21.0%
通过诚信经营提供质量可靠的产品，满足社会大众生活需求	53.9%	54.7%	54.2%
为员工谋福利	6.5%	4.7%	5.7%
其他	0.2%	0.1%	0.1%
总计	100.0%	100.0%	100.0%
列总计	2449	1727	4176

Chi-square test：df = 4，卡方值为 53.769，sig = 0.000 < 0.05，所以不同户口的居民对于“企业最重要的社会责任”的回答存在显著差异。

E2a by A5

关于企业的说法，您的同意程度是：只要能为员工谋福利就是一个好单位 ＊ 户口 Crosstabulation

	农业户口	非农业户口	总计
完全同意	8.0%	7.7%	7.9%
比较同意	51.9%	43.3%	48.4%
不太同意	32.9%	37.6%	34.8%
完全不同意	7.2%	11.4%	8.9%
总计	100.0%	100.0%	100.0%
列总计	2526	1756	4282

Chi-square test：df = 3，卡方值为 43.420，sig = 0.000 < 0.05，所以不同户口的居民对于“只要能为员工谋福利就是一个好单位”的同意程度存在显著差异。

E2b by A5

关于企业的说法，您的同意程度是：经济效益好坏是衡量企业成败的唯一标准 * 户口 Crosstabulation

	农业户口	非农业户口	总计
完全同意	3.8%	4.0%	3.9%
比较同意	34.1%	26.4%	31.0%
不太同意	53.2%	54.7%	53.9%
完全不同意	8.8%	14.9%	11.3%
总计	100.0%	100.0%	100.0%
列总计	2483	1743	4226

Chi-square test：df=3，卡方值为52.925，sig=0.000<0.05，所以不同户口的居民对于“经济效益好坏是衡量企业成败的唯一标准”的同意程度存在显著差异。

E2c by A5

关于企业的说法，您的同意程度是：企业做慈善都是做做样子，其实还是为自己做广告 * 户口 Crosstabulation

	农业户口	非农业户口	总计
完全同意	4.5%	3.5%	4.1%
比较同意	41.0%	35.6%	38.7%
不太同意	44.8%	50.0%	47.0%
完全不同意	9.6%	11.0%	10.2%
总计	100.0%	100.0%	100.0%
列总计	2353	1703	4056

Chi-square test：df=3，卡方值为17.405，sig=0.001<0.05，所以不同户口的居民对于“企业做慈善都是做做样子，其实还是为自己做广告”的同意程度存在显著差异。

E2d by A5

关于企业的说法，您的同意程度是：企业和员工之间只是合同关系，效益好就好好干，效益不好就跳槽 * 户口 Crosstabulation

	农业户口	非农业户口	总计
完全同意	3.1%	2.7%	2.9%
比较同意	31.3%	25.0%	28.7%
不太同意	51.0%	51.1%	51.0%

续表

	农业户口	非农业户口	总计
完全不同意	14.6%	21.2%	17.3%
总计	100.0%	100.0%	100.0%
列总计	2495	1748	4243

Chi-square test：df = 3，卡方值为 39.821，sig = 0.000 < 0.05，所以不同户口的居民对于“企业和员工之间只是合同关系，效益好就好好干，效益不好就跳槽”的同意程度存在显著差异。

E2e by A5

关于企业的说法，您的同意程度是：企业不需要对员工讲什么伦理关怀，员工表现好就发奖金，不好就辞退 ＊ 户口 Crosstabulation

	农业户口	非农业户口	总计
完全同意	2.3%	2.2%	2.3%
比较同意	20.1%	16.3%	18.5%
不太同意	57.3%	55.6%	56.6%
完全不同意	20.3%	25.9%	22.6%
总计	100.0%	100.0%	100.0%
列总计	2507	1755	4262

Chi-square test：df = 3，卡方值为 23.356，sig = 0.000 < 0.05，所以不同户口的居民对于“企业不需要对员工讲什么伦理关怀，员工表现好就发奖金，不好就辞退”的同意程度存在显著差异。

E2f by A5

关于企业的说法，您的同意程度是：企业为了履行社会责任，应当放弃一些自身利益 ＊ 户口 Crosstabulation

	农业户口	非农业户口	总计
完全同意	22.1%	23.4%	22.7%
比较同意	58.4%	51.2%	55.4%
不太同意	15.6%	20.4%	17.6%
完全不同意	3.8%	5.0%	4.3%
总计	100.0%	100.0%	100.0%
列总计	2502	1755	4257

Chi-square test：df = 3，卡方值为 27.459，sig = 0.000 < 0.05，所以不同户口的居民对于“企业为了履行社会责任，应当放弃一些自身利益”的同意程度存在显著差异。

E2g by A5

关于企业的说法，您的同意程度是：讲信用、遵循道德规范的企业能够获得更好的利益 ＊ 户口 Crosstabulation

	农业户口	非农业户口	总计
完全同意	25.9%	29.3%	27.3%
比较同意	60.2%	52.6%	57.1%
不太同意	10.8%	14.1%	12.2%
完全不同意	3.1%	3.9%	3.4%
总计	100.0%	100.0%	100.0%
列总计	2512	1756	4268

Chi-square test：df = 3，卡方值为 26.464，sig = 0.000 < 0.05，所以不同户口的居民对于“讲信用、遵循道德规范的企业能够获得更好的利益”的同意程度存在显著差异。

E2h by A5

关于企业的说法，您的同意程度是：企业只是一台赚钱的机器，能赚钱就行，无所谓社会责任，声誉也不重要 ＊ 户口 Crosstabulation

	农业户口	非农业户口	总计
完全同意	1.4%	0.9%	1.2%
比较同意	10.3%	11.2%	10.7%
不太同意	64.8%	63.2%	64.2%
完全不同意	23.5%	24.8%	24.0%
总计	100.0%	100.0%	100.0%
列总计	2503	1749	4252

Chi-square test：df = 3，卡方值为 4.541，sig = 0.209 > 0.05，所以不同户口的居民对于“企业只是一台赚钱的机器，能赚钱就行，无所谓社会责任，声誉也不重要”的同意程度不存在显著差异。

E2i by A5

关于企业的说法，您的同意程度是：同样的产品，国企生产的比私企的更有保障 ＊ 户口 Crosstabulation

	农业户口	非农业户口	总计
完全同意	6.9%	6.6%	6.8%
比较同意	42.3%	36.0%	39.7%
不太同意	41.4%	46.8%	43.6%
完全不同意	9.4%	10.5%	9.9%

续表

	农业户口	非农业户口	总计
总计	100.0%	100.0%	100.0%
列总计	2411	1708	4119

Chi-square test：df = 3，卡方值为 18.535，sig = 0.000 < 0.05，所以不同户口的居民对于“同样的产品，国企生产的比私企的更有保障”的同意程度存在显著差异。

E3 by A5

下面哪种说法更符合或接近您的个人想法 * 户口 Crosstabulation

	农业户口	非农业户口	总计
个人和工作单位之间是聘用或雇佣关系，通过工资和付出劳动满足彼此需求	48.2%	35.6%	43.0%
不只是利益关系，应当还有很多情感的联系，应当共命运	34.6%	41.8%	37.6%
个人是单位的一分子，单位如同个人的另一个家	17.0%	22.6%	19.3%
其他	0.2%	0.1%	0.1%
总计	100.0%	100.0%	100.0%
列总计	2549	1772	4321

Chi-square test：df = 3，卡方值为 71.111，sig = 0.000 < 0.05，所以不同户口的居民对于“下面哪种说法更符合或接近您的个人想法”的回答存在显著差异。

E4a by A5

您对自己所在企业履行下列责任的满意情况如何？劳动安全保障 * 户口 Crosstabulation

	农业户口	非农业户口	总计
非常不满意	3.4%	2.4%	3.0%
不太满意	26.1%	24.8%	25.5%
比较满意	63.7%	66.2%	64.7%
非常满意	6.8%	6.6%	6.7%
总计	100.0%	100.0%	100.0%
列总计	2204	1613	3817

Chi-square test：df = 3，卡方值为 4.536，sig = 0.209 > 0.05，所以不同户口的居民对于“您对自己所在企业履行劳动安全保障责任的满意情况”的回答不存在显著差异。

E4b by A5

您对自己所在企业履行下列责任的满意情况如何？员工薪酬合理 * 户口 Crosstabulation

	农业户口	非农业户口	总计
非常不满意	5.1%	2.6%	4.0%
不太满意	32.2%	32.3%	32.3%
比较满意	56.9%	57.7%	57.2%
非常满意	5.8%	7.4%	6.5%
总计	100.0%	100.0%	100.0%
列总计	2205	1614	3819

Chi-square test：df = 3，卡方值为 18.320，sig = 0.000 < 0.05，所以不同户口的居民对于“您对自己所在企业履行员工薪酬合理责任的满意情况”的回答存在显著差异。

E4c by A5

您对自己所在企业履行下列责任的满意情况如何？关心员工生活 * 户口 Crosstabulation

	农业户口	非农业户口	总计
非常不满意	4.7%	2.5%	3.8%
不太满意	31.5%	29.2%	30.5%
比较满意	56.1%	58.2%	57.0%
非常满意	7.7%	10.1%	8.7%
总计	100.0%	100.0%	100.0%
列总计	2196	1602	3798

Chi-square test：df = 3，卡方值为 20.570，sig = 0.000 < 0.05，所以不同户口的居民对于“您对自己所在企业履行关心员工生活责任的满意情况”的回答存在显著差异。

E4d by A5

您对自己所在企业履行下列责任的满意情况如何？诚实守法经营 * 户口 Crosstabulation

	农业户口	非农业户口	总计
非常不满意	1.8%	1.9%	1.8%
不太满意	18.0%	15.4%	16.9%
比较满意	71.3%	72.3%	71.7%
非常满意	8.8%	10.4%	9.5%

续表

	农业户口	非农业户口	总计
总计	100.0%	100.0%	100.0%
列总计	2252	1641	3893

Chi-square test：df = 3，卡方值为 6.677，sig = 0.083 > 0.05，所以不同户口的居民对于“您对自己所在企业履行诚实守法经营责任的满意情况”的回答不存在显著差异。

E4e by A5

您对自己所在企业履行下列责任的满意情况如何？产品质量可靠 * 户口 Crosstabulation

	农业户口	非农业户口	总计
非常不满意	2.1%	1.3%	1.8%
不太满意	16.8%	15.8%	16.4%
比较满意	71.4%	72.7%	72.0%
非常满意	9.7%	10.2%	9.9%
总计	100.0%	100.0%	100.0%
列总计	2248	1643	3891

Chi-square test：df = 3，卡方值为 4.315，sig = 0.229 > 0.05，所以不同户口的居民对于“您对自己所在企业履行产品质量可靠责任的满意情况”的回答不存在显著差异。

E4f by A5

您对自己所在企业履行下列责任的满意情况如何？环境保护措施 * 户口 Crosstabulation

	农业户口	非农业户口	总计
非常不满意	3.1%	2.6%	2.9%
不太满意	28.2%	24.4%	26.6%
比较满意	59.0%	61.5%	60.1%
非常满意	9.6%	11.5%	10.4%
总计	100.0%	100.0%	100.0%
列总计	2142	1572	3714

Chi-square test：df = 3，卡方值为 10.052，sig = 0.018 < 0.05，所以不同户口的居民对于“您对自己所在企业履行环境保护措施责任的满意情况”的回答存在显著差异。

E4g by A5

您对自己所在企业履行下列责任的满意情况如何？慈善公益事业 * 户口 Crosstabulation

	农业户口	非农业户口	总计
非常不满意	4.5%	2.1%	3.5%
不太满意	26.5%	23.1%	25.0%
比较满意	57.9%	63.4%	60.3%
非常满意	11.1%	11.3%	11.2%
总计	100.0%	100.0%	100.0%
列总计	1878	1449	3327

Chi-square test：df = 3，卡方值为 21.345，sig = 0.000 < 0.05，所以不同户口的居民对于“您对自己所在企业履行慈善公益事业责任的满意情况”的回答存在显著差异。

E5 by A5

您对本地的或自己熟悉的企业家的道德状况怎么评价 * 户口 Crosstabulation

	农业户口	非农业户口	总计
总体还不错	52.0%	57.4%	54.3%
普遍比较差	15.8%	15.9%	15.8%
和普通群众没有太大差别	32.2%	26.7%	29.9%
总计	100.0%	100.0%	100.0%
列总计	2219	1594	3813

Chi-square test：df = 2，卡方值为 14.352，sig = 0.001 < 0.05，所以不同户口的居民对于“本地的或自己熟悉的企业家的道德状况评价”的回答存在显著差异。

E6a by A5

对公务员道德状况的满意度 * 户口 Crosstabulation

	农业户口	非农业户口	总计
非常满意	3.1%	4.8%	3.8%
比较满意	61.0%	62.3%	61.5%
不太满意	31.1%	28.4%	30.0%
非常不满意	4.8%	4.5%	4.7%
总计	100.0%	100.0%	100.0%
列总计	2357	1696	4053

Chi-square test：df = 3，卡方值为 9.805，sig = 0.020 < 0.05，所以不同户口的居民对于“公务员道德状况的满意度”的回答存在显著差异。

E6b by A5

对医生道德状况的满意度 ＊ 户口 Crosstabulation

	农业户口	非农业户口	总计
非常满意	3. 3%	3. 3%	3. 3%
比较满意	62. 8%	62. 5%	62. 7%
不太满意	29. 5%	29. 7%	29. 6%
非常不满意	4. 3%	4. 5%	4. 4%
总计	100. 0%	100. 0%	100. 0%
列总计	2493	1753	4246

Chi-square test：df = 3，卡方值为 0. 094，sig = 0. 993 > 0. 05，所以不同户口的居民对于“医生道德状况的满意度”的回答不存在显著差异。

E6c by A5

对教师道德状况的满意度 ＊ 户口 Crosstabulation

	农业户口	非农业户口	总计
非常满意	5. 1%	5. 5%	5. 3%
比较满意	67. 1%	66. 3%	66. 8%
不太满意	23. 4%	23. 6%	23. 4%
非常不满意	4. 4%	4. 6%	4. 5%
总计	100. 0%	100. 0%	100. 0%
列总计	2471	1749	4220

Chi-square test：df = 3，卡方值为 0. 490，sig = 0. 921 > 0. 05，所以不同户口的居民对于“教师道德状况的满意度”的回答不存在显著差异。

E6d by A5

对个体工商户道德状况的满意度 ＊ 户口 Crosstabulation

	农业户口	非农业户口	总计
非常满意	2. 6%	3. 4%	2. 9%
比较满意	58. 6%	59. 0%	58. 7%
不太满意	30. 8%	30. 9%	30. 8%
非常不满意	8. 0%	6. 8%	7. 5%
总计	100. 0%	100. 0%	100. 0%
列总计	2477	1743	4220

Chi-square test：df = 3，卡方值为 4. 458，sig = 0. 216 > 0. 05，所以不同户口的居民对于“个体工商户道德状况的满意度”的回答不存在显著差异。

E7a by A5

怎么称呼周围那些经营企业或做生意发了财的人？企业家 ＊ 户口 Crosstabulation

	农业户口	非农业户口	总计
未选中	83.7%	76.3%	80.7%
选中	16.3%	23.7%	19.3%
总计	100.0%	100.0%	100.0%
列总计	2572	1780	4352

Chi-square test：df = 1，卡方值为 36.593，sig = 0.000 < 0.05，所以不同户口的居民对于“怎么称呼周围那些经营企业或做生意发了财的人？企业家”的回答存在显著差异。

E7b by A5

怎么称呼周围那些经营企业或做生意发了财的人？老板 ＊ 户口 Crosstabulation

	农业户口	非农业户口	总计
未选中	4.7%	7.4%	5.8%
选中	95.3%	92.6%	94.2%
总计	100.0%	100.0%	100.0%
列总计	2572	1780	4352

Chi-square test：df = 1，卡方值为 13.150，sig = 0.000 < 0.05，所以不同户口的居民对于“怎么称呼周围那些经营企业或做生意发了财的人？老板”的回答存在显著差异。

E7c by A5

怎么称呼周围那些经营企业或做生意发了财的人？商人 ＊ 户口 Crosstabulation

	农业户口	非农业户口	总计
未选中	73.0%	66.6%	70.4%
选中	27.0%	33.4%	29.6%
总计	100.0%	100.0%	100.0%
列总计	2572	1780	4352

Chi-square test：df = 1，卡方值为 20.342，sig = 0.000 < 0.05，所以不同户口的居民对于“怎么称呼周围那些经营企业或做生意发了财的人？商人”的回答存在显著差异。

E7d by A5

怎么称呼周围那些经营企业或做生意发了财的人？生意人 ＊ 户口 Crosstabulation

	农业户口	非农业户口	总计
未选中	64.4%	53.5%	59.9%
选中	35.6%	46.5%	40.1%
总计	100.0%	100.0%	100.0%
列总计	2572	1780	4352

Chi-square test：df = 1，卡方值为 52.451，sig = 0.000 < 0.05，所以不同户口的居民对于“怎么称呼周围那些经营企业或做生意发了财的人？生意人”的回答存在显著差异。

E7e by A5

怎么称呼周围那些经营企业或做生意发了财的人？土豪 ＊ 户口 Crosstabulation

	农业户口	非农业户口	总计
未选中	90.6%	89.3%	90.1%
选中	9.4%	10.7%	9.9%
总计	100.0%	100.0%	100.0%
列总计	2572	1780	4352

Chi-square test：df = 1，卡方值为 2.005，sig = 0.157 > 0.05，所以不同户口的居民对于“怎么称呼周围那些经营企业或做生意发了财的人？土豪”的回答不存在显著差异。

E7f by A5

怎么称呼周围那些经营企业或做生意发了财的人？暴发户 ＊ 户口 Crosstabulation

	农业户口	非农业户口	总计
未选中	91.0%	89.0%	90.2%
选中	9.0%	11.0%	9.8%
总计	100.0%	100.0%	100.0%
列总计	2572	1780	4352

Chi-square test：df = 1，卡方值为 4.641，sig = 0.031 < 0.05，所以不同户口的居民对于“怎么称呼周围那些经营企业或做生意发了财的人？暴发户”的回答存在显著差异。

E7g by A5

怎么称呼周围那些经营企业或做生意发了财的人？其他 ＊ 户口 Crosstabulation

	农业户口	非农业户口	总计
未选中	99.5%	99.8%	99.6%
选中	0.5%	0.2%	0.4%
总计	100.0%	100.0%	100.0%
列总计	2571	1780	4351

Chi-square test：df = 1，卡方值为 3.262，sig = 0.071 > 0.05，所以不同户口的居民对于“怎么称呼周围那些经营企业或做生意发了财的人？其他”的回答不存在显著差异。

E8 by A5

如果您有一个不错的家庭企业，儿子或女儿缺乏经营能力或经营兴趣，难以交班，您可能选择 ＊ 户口 Crosstabulation

	农业户口	非农业户口	总计
培养儿媳或女婿，交给她/他经营	44.8%	41.6%	43.5%
交给儿媳和女婿有风险，离婚了怎么办，还是自己撑到有第三代接管	11.6%	12.9%	12.1%
找一个懂经营的职业经理人，我们家庭成员做董事长	34.0%	38.5%	35.9%
做一天是一天，最后将钞票留给子孙，但外人不可靠，不能交给外人	9.2%	6.5%	8.1%
其他	0.4%	0.6%	0.5%
总计	100.0%	100.0%	100.0%
列总计	2521	1775	4296

Chi-square test：df = 4，卡方值为 19.694，sig = 0.001 < 0.05，所以不同户口的居民对于“儿子或女儿缺乏经营能力或经营兴趣，难以交班时”的选择存在显著差异。

E9 by A5

在市场上购买食品、衣物、家用电器等商品时，您觉得有安全感吗 ＊ 户口 Crosstabulation

	农业户口	非农业户口	总计
有安全感，相信产品质量	27.1%	25.9%	26.6%
没安全感，不相信他们的标签，常担心质量问题影响自己的健康	18.0%	20.9%	19.2%
没安全感，担心在价格上被欺骗，要货比三家	16.4%	18.3%	17.2%

续表

	农业户口	非农业户口	总计
一般还可以，相信大商店的产品，不相信小商店和地摊货	38.4%	34.9%	36.9%
其他	0.1%	0.1%	0.1%
总计	100.0%	100.0%	100.0%
列总计	2573	1780	4353

Chi-square test：df = 4，卡方值为 11.230，sig = 0.024 < 0.05，所以不同户口的居民对于“在市场上购买食品、衣物、家用电器等商品时有无安全感”的回答存在显著差异。

E10 by A5

您怎么看待电视、报纸和其他主流媒体上的广告 * 户口 Crosstabulation

	农业户口	非农业户口	总计
相信，因为是明星们推荐	8.5%	8.2%	8.4%
将信将疑，眼见为真	52.7%	50.6%	51.9%
不相信，是企业和那些明星联合起来忽悠大众	30.2%	26.5%	28.7%
讨厌，既欺骗大众，又占用公共媒体资源	8.3%	14.4%	10.8%
其他	0.3%	0.2%	0.3%
总计	100.0%	100.0%	100.0%
列总计	2563	1779	4342

Chi-square test：df = 4，卡方值为 43.748，sig = 0.000 < 0.05，所以不同户口的居民对于“如何看待电视、报纸和其他主流媒体上的广告”的回答存在显著差异。

E11 by A5

您怎么看待现在一些企业做公益和慈善 * 户口 Crosstabulation

	农业户口	非农业户口	总计
是做善事，把赚的公众的钱还给社会	21.7%	23.5%	22.5%
是在作秀，为自己树牌坊	17.1%	16.7%	17.0%
是做广告，把弱势群体当作宣传自己的工具	23.4%	28.3%	25.4%
做总比不做好，随他去吧	37.4%	31.2%	34.9%
其他	0.3%	0.3%	0.3%
总计	100.0%	100.0%	100.0%
列总计	2543	1773	4316

Chi-square test：df = 4，卡方值为 22.671，sig = 0.000 < 0.05，所以不同户口的居民对于“如何看待现在一些企业做公益和慈善”的回答存在显著差异。

E12 by A5

一些政府机关、企事业单位为本单位员工提供特殊政策，您认为这种行为道德吗 * 户口 Crosstabulation

	农业户口	非农业户口	总计
为本单位人员谋福利，符合道德	12.2%	14.0%	12.9%
以权谋私，不道德	50.2%	39.9%	46.0%
是对社会公众的不公平，严重不道德	23.9%	31.3%	26.9%
符合本单位员工利益，但严重侵蚀社会道德	7.1%	7.9%	7.4%
无所谓道德不道德	6.5%	7.0%	6.7%
总计	100.0%	100.0%	100.0%
列总计	2570	1779	4349

Chi-square test：df = 4，卡方值为 49.370，sig = 0.000 < 0.05，所以不同户口的居民对于“一些政府机关、企事业单位为本单位员工提供特殊政策的行为道德与否”的回答存在显著差异。

E13 by A5

单位有一项举措可以提高集体福利并使您个人得到利益，但会造成环境污染，您会举报吗 * 户口 Crosstabulation

	农业户口	非农业户口	总计
会	75.1%	77.0%	75.9%
不会	24.9%	23.0%	24.1%
总计	100.0%	100.0%	100.0%
列总计	2559	1777	4336

Chi-square test：df = 1，卡方值为 2.141，sig = 0.143 > 0.05，所以不同户口的居民对于“单位有一项举措可以提高集体福利并使您个人得到利益，但会造成环境污染，您会举报与否”的回答不存在显著差异。

E14 by A5

您认为您所工作的单位同事之间是何种关系 * 户口 Crosstabulation

	农业户口	非农业户口	总计
平等合作关系	73.6%	73.5%	73.6%
利益竞争关系	14.6%	16.7%	15.5%
彼此没有关系	8.4%	7.2%	7.9%
其他	3.4%	2.6%	3.1%
总计	100.0%	100.0%	100.0%

续表

	农业户口	非农业户口	总计
列总计	2543	1769	4312

Chi-square test：df = 3，卡方值为 6.627，sig = 0.085 > 0.05，所以不同户口的居民对于“所工作的单位同事之间的关系”的回答不存在显著差异。

E15 by A5

为了单位组织的利益，您的单位（或您亲属所在的单位）是否会默认员工做违背道德的事情 ＊ 户口 Crosstabulation

	农业户口	非农业户口	总计
常常	1.9%	4.4%	3.0%
较多	6.8%	9.4%	7.9%
一般	29.6%	20.3%	25.5%
较少	25.5%	23.9%	24.8%
从来没有	36.2%	42.0%	38.8%
总计	100.0%	100.0%	100.0%
列总计	1834	1450	3284

Chi-square test：df = 4，卡方值为 59.795，sig = 0.000 < 0.05，所以不同户口的居民对于“为了单位组织的利益，你的单位是否会默认员工做违背道德的事情”的回答存在显著差异。

E16a by A5

您所工作的单位是否存在如下现象：给领导干部送礼讨好 ＊ 户口 Crosstabulation

	农业户口	非农业户口	总计
未选中	59.4%	64.1%	61.3%
选中	40.6%	35.9%	38.7%
总计	100.0%	100.0%	100.0%
列总计	2502	1748	4250

Chi-square test：df = 1，卡方值为 9.666，sig = 0.002 < 0.05，所以不同户口的居民对于“您所工作的单位是否存在如下现象：给领导干部送礼讨好”的回答存在显著差异。

E16b by A5

您所工作的单位是否存在如下现象：背后互相告恶状 ＊ 户口 Crosstabulation

	农业户口	非农业户口	总计
未选中	72.2%	74.2%	73.0%
选中	27.8%	25.8%	27.0%
总计	100.0%	100.0%	100.0%
列总计	2502	1748	4250

Chi-square test：df = 1，卡方值为 2.042，sig = 0.153 > 0.05，所以不同户口的居民对于“您所工作的单位是否存在如下现象：背后互相告恶状”的回答不存在显著差异。

E16c by A5

您所工作的单位是否存在如下现象：拉帮结派 ＊ 户口 Crosstabulation

	农业户口	非农业户口	总计
未选中	79.1%	80.5%	79.7%
选中	20.9%	19.5%	20.3%
总计	100.0%	100.0%	100.0%
列总计	2502	1748	4250

Chi-square test：df = 1，卡方值为 1.342，sig = 0.247 > 0.05，所以不同户口的居民对于“您所工作的单位是否存在如下现象：拉帮结派”的回答不存在显著差异。

E16d by A5

您所工作的单位是否存在如下现象：为谋私利找关系走后门 ＊ 户口 Crosstabulation

	农业户口	非农业户口	总计
未选中	57.6%	62.4%	59.6%
选中	42.4%	37.6%	40.4%
总计	100.0%	100.0%	100.0%
列总计	2502	1748	4250

Chi-square test：df = 1，卡方值为 9.766，sig = 0.002 < 0.05，所以不同户口的居民对于“您所工作的单位是否存在如下现象：为谋私利找关系走后门”的回答存在显著差异。

E16e by A5

您所工作的单位是否存在如下现象：奖惩制度不公平 ＊ 户口 Crosstabulation

	农业户口	非农业户口	总计
未选中	80.9%	81.2%	81.0%

续表

	农业户口	非农业户口	总计
选中	19.1%	18.8%	19.0%
总计	100.0%	100.0%	100.0%
列总计	2502	1748	4250

Chi-square test：df = 1，卡方值为 0.054，sig = 0.817 > 0.05，所以不同户口的居民对于“您所工作的单位是否存在如下现象：奖惩制度不公平”的回答不存在显著差异。

E16f by A5

您所工作的单位是否存在如下现象：领导干部滥用职权 ＊ 户口 Crosstabulation

	农业户口	非农业户口	总计
未选中	71.8%	76.4%	73.7%
选中	28.2%	23.6%	26.3%
总计	100.0%	100.0%	100.0%
列总计	2502	1748	4250

Chi-square test：df = 1，卡方值为 11.466，sig = 0.001 < 0.05，所以不同户口的居民对于“您所工作的单位是否存在如下现象：领导干部滥用职权”的回答存在显著差异。

E16g by A5

您所工作的单位是否存在如下现象：都不存在 ＊ 户口 Crosstabulation

	农业户口	非农业户口	总计
未选中	64.2%	63.6%	64.0%
选中	35.8%	36.4%	36.0%
总计	100.0%	100.0%	100.0%
列总计	2502	1748	4250

Chi-square test：df = 1，卡方值为 0.201，sig = 0.654 > 0.05，所以不同户口的居民对于“您所工作的单位是否存在如下现象：都不存在”的回答不存在显著差异。

E17a by A5

下列关于企业履行社会责任的说法，您的同意程度是：只有国企才应该履行社会责任 ＊ 户口 Crosstabulation

	农业户口	非农业户口	总计
完全同意	2.4%	2.1%	2.3%
比较同意	15.7%	14.4%	15.1%
不太同意	63.9%	58.1%	61.5%

续表

	农业户口	非农业户口	总计
完全不同意	17.9%	25.5%	21.1%
总计	100.0%	100.0%	100.0%
列总计	2452	1748	4200

Chi-square test：df=3，卡方值为34.703，sig=0.000<0.05，所以不同户口的居民对于“只有国企才应该履行社会责任”的同意程度存在显著差异。

E17b by A5

下列关于企业履行社会责任的说法，您的同意程度是：只有大企业才应该履行社会责任 * 户口 Crosstabulation

	农业户口	非农业户口	总计
完全同意	2.2%	2.1%	2.2%
比较同意	15.3%	13.8%	14.7%
不太同意	63.6%	57.1%	60.9%
完全不同意	18.9%	27.1%	22.3%
总计	100.0%	100.0%	100.0%
列总计	2467	1752	4219

Chi-square test：df=3，卡方值为39.555，sig=0.000<0.05，所以不同户口的居民对于“只有大企业才应该履行社会责任”的同意程度存在显著差异。

E17c by A5

下列关于企业履行社会责任的说法，您的同意程度是：只有盈利多的企业才需要履行社会责任 * 户口 Crosstabulation

	农业户口	非农业户口	总计
完全同意	2.4%	2.2%	2.3%
比较同意	16.2%	14.3%	15.4%
不太同意	60.8%	53.9%	57.9%
完全不同意	20.6%	29.7%	24.4%
总计	100.0%	100.0%	100.0%
列总计	2477	1746	4223

Chi-square test：df=3，卡方值为45.403，sig=0.000<0.05，所以不同户口的居民对于“只有盈利多的企业才需要履行社会责任”的同意程度存在显著差异。

E17d by A5

下列关于企业履行社会责任的说法，您的同意程度是：污染类企业要履行更多的社会责任 ＊ 户口 Crosstabulation

	农业户口	非农业户口	总计
完全同意	27. 2%	24. 0%	25. 9%
比较同意	47. 4%	43. 9%	45. 9%
不太同意	18. 6%	22. 4%	20. 2%
完全不同意	6. 8%	9. 8%	8. 0%
总计	100. 0%	100. 0%	100. 0%
列总计	2498	1749	4247

Chi-square test：df = 3，卡方值为 25. 355，sig = 0. 000 < 0. 05，所以不同户口的居民对于“污染类企业要履行更多的社会责任”的同意程度存在显著差异。

E17e by A5

下列关于企业履行社会责任的说法，您的同意程度是：小企业只要管好自己就行了，不要履行社会责任 ＊ 户口 Crosstabulation

	农业户口	非农业户口	总计
完全同意	1. 4%	1. 2%	1. 3%
比较同意	10. 9%	10. 1%	10. 5%
不太同意	62. 6%	57. 6%	60. 5%
完全不同意	25. 2%	31. 2%	27. 7%
总计	100. 0%	100. 0%	100. 0%
列总计	2471	1741	4212

Chi-square test：df = 3，卡方值为 18. 512，sig = 0. 000 < 0. 05，所以不同户口的居民对于“小企业只要管好自己就行了，不要履行社会责任”的同意程度存在显著差异。

E18a by A5

您觉得下列哪类单位最讲道德 ＊ 户口 Crosstabulation

	农业户口	非农业户口	总计
国有（控股）企业	21. 7%	22. 4%	22. 0%
民营企业	2. 5%	1. 8%	2. 2%
私营企业	1. 7%	2. 3%	2. 0%
外资企业	8. 2%	10. 7%	9. 2%
学校	40. 5%	35. 4%	38. 3%
医院	3. 2%	2. 7%	3. 0%

续表

	农业户口	非农业户口	总计
政府机关	20.3%	21.1%	20.6%
民间组织	1.9%	3.6%	2.6%
总计	100.0%	100.0%	100.0%
列总计	2129	1527	3656

Chi-square test：df = 7，卡方值为 26.465，sig = 0.000 < 0.05，所以不同户口的居民对于“您觉得哪类单位最讲道德”的回答存在显著差异。

E18b by A5

您觉得下列哪类单位道德水平最差 * 户口 Crosstabulation

	农业户口	非农业户口	总计
国有（控股）企业	2.8%	4.3%	3.4%
民营企业	13.6%	12.3%	13.0%
私营企业	39.5%	33.0%	36.8%
外资企业	2.7%	4.0%	3.3%
学校	2.2%	3.5%	2.8%
医院	20.0%	23.9%	21.6%
政府机关	9.1%	8.4%	8.8%
民间组织	10.1%	10.6%	10.3%
总计	100.0%	100.0%	100.0%
列总计	1856	1362	3218

Chi-square test：df = 7，卡方值为 30.009，sig = 0.000 < 0.05，所以不同户口的居民对于“您觉得哪类单位道德水平最差”的回答存在显著差异。

E19a by A5

关于学校的说法，您的同意程度是：学校越来越以营利为目的 * 户口 Crosstabulation

	农业户口	非农业户口	总计
完全同意	10.1%	14.3%	11.8%
比较同意	47.4%	42.9%	45.6%
不太同意	36.0%	34.4%	35.4%
完全不同意	6.5%	8.3%	7.3%
总计	100.0%	100.0%	100.0%

续表

	农业户口	非农业户口	总计
列总计	2478	1728	4206

Chi-square test：df = 3，卡方值为 22.401，sig = 0.000 < 0.05，所以不同户口的居民对于“学校越来越以营利为目的”的同意程度存在显著差异。

E19b by A5

关于学校的说法，您的同意程度是：学校主要传授知识和技能，培养道德不重要 ＊ 户口 Crosstabulation

	农业户口	非农业户口	总计
完全同意	1.0%	0.9%	0.9%
比较同意	7.9%	8.5%	8.1%
不太同意	58.4%	51.4%	55.5%
完全不同意	32.8%	39.3%	35.4%
总计	100.0%	100.0%	100.0%
列总计	2531	1750	4281

Chi-square test：df = 3，卡方值为 22.401，sig = 0.000 < 0.05，所以不同户口的居民对于“学校主要传授知识和技能，培养道德不重要”的同意程度存在显著差异。

E19c by A5

关于学校的说法，您的同意程度是：学校升学率高比素质教育更重要 ＊ 户口 Crosstabulation

	农业户口	非农业户口	总计
完全同意	1.7%	1.7%	1.7%
比较同意	9.4%	9.4%	9.4%
不太同意	56.8%	49.5%	53.8%
完全不同意	32.1%	39.5%	35.1%
总计	100.0%	100.0%	100.0%
列总计	2519	1753	4272

Chi-square test：df = 3，卡方值为 26.261，sig = 0.000 < 0.05，所以不同户口的居民对于“学校升学率高比素质教育更重要”的同意程度存在显著差异。

E19d by A5

关于学校的说法，您的同意程度是：青少年儿童行为不端，主要是学校没教好 ＊ 户口 Crosstabulation

	农业户口	非农业户口	总计
完全同意	1.3%	1.3%	1.3%
比较同意	9.2%	11.1%	10.0%
不太同意	61.3%	53.3%	58.1%
完全不同意	28.2%	34.3%	30.7%
总计	100.0%	100.0%	100.0%
列总计	2531	1749	4280

Chi-square test：df = 3，卡方值为 27.534，sig = 0.000 < 0.05，所以不同户口的居民对于“青少年儿童行为不端，主要是学校没教好”的同意程度存在显著差异。

E19e by A5

关于学校的说法，您的同意程度是：要想孩子培养得好，就要多给老师送礼 ＊ 户口 Crosstabulation

	农业户口	非农业户口	总计
完全同意	1.6%	1.0%	1.4%
比较同意	5.5%	5.7%	5.6%
不太同意	47.1%	41.1%	44.6%
完全不同意	45.8%	52.2%	48.4%
总计	100.0%	100.0%	100.0%
列总计	2533	1748	4281

Chi-square test：df = 3，卡方值为 19.590，sig = 0.000 < 0.05，所以不同户口的居民对于“要想孩子培养的好，就要多给老师送礼”的同意程度存在显著差异。

E20 by A5

您所在单位当员工或村民受到不应该的对待时，员工或村民有没有申诉的机会 ＊ 户口 Crosstabulation

	农业户口	非农业户口	总计
有	76.5%	77.5%	76.9%
没有	23.5%	22.5%	23.1%
总计	100.0%	100.0%	100.0%
列总计	1430	880	2310

Chi-square test：df = 1，卡方值为 0.304，sig = 0.581 > 0.05，所以不同户口的居民对于“当员工或村民受到不应该的对待时，员工或村民有没有申诉的机会”的回答不存在显著差异。

E21 by A5

您所在单位当员工或村民受到不应该的对待时，员工或村民有没有申诉的地方或渠道 ＊ 户口 Crosstabulation

	农业户口	非农业户口	总计
有	78.1%	78.2%	78.1%
没有	21.9%	21.8%	21.9%
总计	100.0%	100.0%	100.0%
列总计	1382	848	2230

Chi-square test：df = 1，卡方值为 0.004，sig = 0.952 > 0.05，所以不同户口的居民对于“当员工或村民受到不应该的对待时，员工或村民有没有申诉的地方或渠道”的回答不存在显著差异。

E22 by A5

您所在单位当员工或村民受到不应该的对待时，有没有人进行过申诉 ＊ 户口 Crosstabulation

	农业户口	非农业户口	总计
全部会申诉	2.1%	3.1%	2.5%
大部分会申诉	19.4%	24.0%	21.2%
小部分会申诉	59.9%	49.4%	55.9%
无人申诉	18.6%	23.5%	20.4%
总计	100.0%	100.0%	100.0%
列总计	1098	678	1776

Chi-square test：df = 3，卡方值为 19.128，sig = 0.000 < 0.05，所以不同户口的居民对于“当员工或村民受到不应该的对待时，有没有人进行过申诉”的回答存在显著差异。

E23 by A5

您所在单位在多大程度上认真对待员工或村民的申诉 ＊ 户口 Crosstabulation

	农业户口	非农业户口	总计
完全不认真	7.8%	3.5%	6.3%
不太认真	21.6%	16.5%	19.8%
一般	40.1%	34.1%	37.9%
比较认真	27.1%	37.8%	30.9%
非常认真	3.4%	8.2%	5.1%
总计	100.0%	100.0%	100.0%

续表

	农业户口	非农业户口	总计
列总计	1151	637	1788

Chi-square test：df = 4，卡方值为 55.469，sig = 0.000 < 0.05，所以不同户口的居民对于“您所在单位在多大程度上认真对待员工或村民的申诉”的回答存在显著差异。

E24 by A5

您所在单位是否有道德方面的教育或活动 * 户口 Crosstabulation

	农业户口	非农业户口	总计
有	7.9%	15.0%	10.8%
没有	43.0%	24.8%	35.6%
不知道	49.2%	60.2%	53.7%
总计	100.0%	100.0%	100.0%
列总计	2537	1751	4288

Chi-square test：df = 2，卡方值为 167.385，sig = 0.000 < 0.05，所以不同户口的居民对于“您所在单位是否有道德方面的教育或活动”的回答存在显著差异。

E25a by A5

对当地企业道德状况的满意度是 * 户口 Crosstabulation

	农业户口	非农业户口	总计
非常不满意	2.6%	2.1%	2.4%
不太满意	26.9%	24.0%	25.7%
比较满意	67.7%	71.6%	69.3%
非常满意	2.7%	2.3%	2.5%
总计	100.0%	100.0%	100.0%
列总计	2286	1615	3901

Chi-square test：df = 3，卡方值为 7.100，sig = 0.069 > 0.05，所以不同户口的居民对于“对当地企业道德状况的满意度”的回答不存在显著差异。

E25b by A5

对当地医院道德状况的满意度是 * 户口 Crosstabulation

	农业户口	非农业户口	总计
非常不满意	4.8%	3.7%	4.3%
不太满意	27.5%	29.8%	28.5%

续表

	农业户口	非农业户口	总计
比较满意	63.7%	62.3%	63.2%
非常满意	4.0%	4.1%	4.0%
总计	100.0%	100.0%	100.0%
列总计	2471	1720	4191

Chi-square test：df = 3，卡方值为 4.878，sig = 0.181 > 0.05，所以不同户口的居民对于“对当地医院道德状况的满意度”的回答不存在显著差异。

E25c by A5

对当地政府道德状况的满意度是 * 户口 Crosstabulation

	农业户口	非农业户口	总计
非常不满意	4.4%	3.7%	4.1%
不太满意	27.1%	23.0%	25.4%
比较满意	63.7%	65.9%	64.6%
非常满意	4.8%	7.4%	5.9%
总计	100.0%	100.0%	100.0%
列总计	2411	1686	4097

Chi-square test：df = 3，卡方值为 19.215，sig = 0.000 < 0.05，所以不同户口的居民对于“对当地政府道德状况的满意度”的回答存在显著差异。

E25d by A5

对当地学校的道德状况的满意度是 * 户口 Crosstabulation

	农业户口	非农业户口	总计
非常不满意	3.0%	2.4%	2.8%
不太满意	18.7%	20.1%	19.3%
比较满意	70.4%	67.8%	69.3%
非常满意	7.9%	9.7%	8.6%
总计	100.0%	100.0%	100.0%
列总计	2420	1698	4118

Chi-square test：df = 3，卡方值为 7.166，sig = 0.067 > 0.05，所以不同户口的居民对于“对当地学校的道德状况的满意度”的回答不存在显著差异。

E25e by A5

对当地的 NGO 组织（如红十字会等）道德状况的满意度是 ＊ 户口 Crosstabulation

	农业户口	非农业户口	总计
非常不满意	2.4%	1.7%	2.1%
不太满意	19.4%	17.0%	18.3%
比较满意	67.7%	70.8%	69.1%
非常满意	10.5%	10.5%	10.5%
总计	100.0%	100.0%	100.0%
列总计	1479	1268	2747

Chi-square test：df = 3，卡方值为 4.794，sig = 0.187 > 0.05，所以不同户口的居民对于“对当地的 NGO 组织（如红十字会等）道德状况的满意度”的回答不存在显著差异。

F1a by A5

您认为以下行为是否关乎道德？随地吐痰 ＊ 户口 Crosstabulation

	农业户口	非农业户口	总计
有关	93.3%	94.0%	93.6%
无关	6.7%	6.0%	6.4%
总计	100.0%	100.0%	100.0%
列总计	2564	1778	4342

Chi-square test：df = 1，卡方值为 0.880，sig = 0.384 > 0.05，所以不同户口的居民对于“随地吐痰是否关乎道德”的回答不存在显著差异。

F1b by A5

您认为以下行为是否关乎道德？插队 ＊ 户口 Crosstabulation

	农业户口	非农业户口	总计
有关	94.1%	94.2%	94.1%
无关	5.9%	5.8%	5.9%
总计	100.0%	100.0%	100.0%
列总计	2563	1779	4342

Chi-square test：df = 1，卡方值为 0.004，sig = 0.950 > 0.05，所以不同户口的居民对于“插队是否关乎道德”的回答不存在显著差异。

F1c by A5

您认为以下行为是否关乎道德？公交或地铁上大声打电话 ＊ 户口 Crosstabulation

	农业户口	非农业户口	总计
有关	90.6%	91.1%	90.8%
无关	9.4%	8.9%	9.2%
总计	100.0%	100.0%	100.0%
列总计	2561	1777	4338

Chi-square test：df = 1，卡方值为 0.338，sig = 0.561 > 0.05，所以不同户口的居民对于“公交或地铁上大声打电话是否关乎道德”的回答不存在显著差异。

F1d by A5

您认为以下行为是否关乎道德？餐馆里说话声音很大 ＊ 户口 Crosstabulation

	农业户口	非农业户口	总计
有关	89.6%	90.6%	90.0%
无关	10.4%	9.4%	10.0%
总计	100.0%	100.0%	100.0%
列总计	2563	1778	4341

Chi-square test：df = 1，卡方值为 1.008，sig = 0.315 > 0.05，所以不同户口的居民对于“餐馆里说话声音很大是否关乎道德”的回答不存在显著差异。

F1e by A5

您认为以下行为是否关乎道德？在公共场所的椅子或沙发上躺着睡觉 ＊ 户口 Crosstabulation

	农业户口	非农业户口	总计
有关	90.5%	91.9%	91.1%
无关	9.5%	8.1%	8.9%
总计	100.0%	100.0%	100.0%
列总计	2565	1777	4342

Chi-square test：df = 1，卡方值为 2.427，sig = 0.119 > 0.05，所以不同户口的居民对于“在公共场所的椅子或沙发上躺着睡觉是否关乎道德”的回答不存在显著差异。

F1f by A5

您本人是否做出过这些行为？随地吐痰 ＊ 户口 Crosstabulation

	农业户口	非农业户口	总计
经常做	4.2%	1.9%	3.3%
偶尔做	34.0%	32.7%	33.5%
从来不做	61.8%	65.4%	63.2%
总计	100.0%	100.0%	100.0%
列总计	2552	1759	4311

Chi-square test：df = 2，卡方值为 19.415，sig = 0.000 < 0.05，所以不同户口的居民对于“是否有过随地吐痰的行为”的回答存在显著差异。

F1g by A5

您本人是否做出过这些行为？插队 ＊ 户口 Crosstabulation

	农业户口	非农业户口	总计
经常做	0.7%	1.0%	0.8%
偶尔做	18.2%	12.5%	15.9%
从来不做	81.1%	86.5%	83.3%
总计	100.0%	100.0%	100.0%
列总计	2549	1758	4307

Chi-square test：df = 2，卡方值为 25.750，sig = 0.000 < 0.05，所以不同户口的居民对于“是否有过插队的行为”的回答存在显著差异。

F1h by A5

您本人是否做出过这些行为？在公交或地铁上大声打电话 ＊ 户口 Crosstabulation

	农业户口	非农业户口	总计
经常做	1.1%	1.1%	1.1%
偶尔做	21.3%	16.2%	19.2%
从来不做	77.6%	82.7%	79.7%
总计	100.0%	100.0%	100.0%
列总计	2548	1756	4304

Chi-square test：df = 2，卡方值为 17.576，sig = 0.000 < 0.05，所以不同户口的居民对于“是否有过在公交或地铁上大声打电话的行为”的回答存在显著差异。

F1i by A5

您本人是否做出过这些行为？餐馆里说话声音很大 ＊ 户口 Crosstabulation

	农业户口	非农业户口	总计
经常做	1.5%	1.0%	1.3%
偶尔做	21.7%	17.0%	19.8%
从来不做	76.8%	82.0%	78.9%
总计	100.0%	100.0%	100.0%
列总计	2547	1754	4301

Chi-square test：df = 2，卡方值为 17.665，sig = 0.000 < 0.05，所以不同户口的居民对于“餐馆里说话声音很大的行为”的回答存在显著差异。

F1j by A5

您本人是否做出过这些行为？在公共场所的椅子或沙发上躺着睡觉 ＊ 户口 Crosstabulation

	农业户口	非农业户口	总计
经常做	0.9%	1.1%	1.0%
偶尔做	9.0%	7.5%	8.4%
从来不做	90.1%	91.4%	90.6%
总计	100.0%	100.0%	100.0%
列总计	2550	1762	4312

Chi-square test：df = 2，卡方值为 3.508，sig = 0.173 > 0.05，所以不同户口的居民对于“是否有过在公共场所的椅子或沙发上躺着睡觉的行为”的回答不存在显著差异。

F2 by A5

入夜后，很多中老年朋友在广场上伴着录音机的音乐跳舞，产生噪声。有人向政府或物管投诉，要求阻止。对这件事您怎么看 ＊ 户口 Crosstabulation

	农业户口	非农业户口	总计
在广场上跳舞是居民的自由，不应干预	8.0%	7.8%	7.9%
跳舞如果破坏了别人的清静，就应该停止	18.7%	23.0%	20.5%
中老年人没地方活动，即便跳舞构成干扰，也应尽量容忍和理解	18.6%	24.8%	21.1%
请跳舞者降低音量，大家相互妥协	54.1%	44.0%	50.0%
其他（请说明）	0.6%	0.3%	0.5%
总计	100.0%	100.0%	100.0%

续表

	农业户口	非农业户口	总计
列总计	2561	1776	4337

Chi-square test：df = 4，卡方值为 51.411，sig = 0.000 < 0.05，所以不同户口的居民对于“入夜后，很多中老年朋友在广场上伴着录音机的音乐跳舞，产生噪声。有人向政府或物管投诉，要求阻止。对这件事您怎么看”的回答存在显著差异。

F3a by A5

因个人认为自身受到不公正待遇而导致的社会泄愤事件，你对于下列回答的评价是：这是暴徒行为，无论何种情况下，都不应该采取暴力手段 * 户口 Crosstabulation

	农业户口	非农业户口	总计
完全同意	37.9%	36.9%	37.5%
比较同意	54.6%	49.0%	52.3%
不太同意	5.1%	6.8%	5.8%
完全不同意	2.4%	7.3%	4.4%
总计	100.0%	100.0%	100.0%
列总计	2534	1774	4308

Chi-square test：df = 3，卡方值 69.091，sig = 0.000 < 0.05，所以不同户口的居民对于“社会泄愤事件是暴徒行为，无论何种情况下，都不应该采取暴力手段”的评价存在显著差异。

F3b by A5

因个人认为自身受到不公正待遇而导致的社会泄愤事件，你对于下列回答的评价是：其他社会成员在需要的时候没有及时给予帮助，因此我们每个人都有责任 * 户口 Crosstabulation

	农业户口	非农业户口	总计
完全同意	16.5%	16.1%	16.4%
比较同意	57.5%	56.1%	56.9%
不太同意	22.5%	24.4%	23.3%
完全不同意	3.5%	3.3%	3.4%
总计	100.0%	100.0%	100.0%
列总计	2537	1771	4308

Chi-square test：df = 3，卡方值为 2.361，sig = 0.501 > 0.05，所以不同户口的居民对于“社会泄愤事件发生时，其他社会成员在需要的时候没有及时给予帮助，因此我们每个人都有责任”的评价不存在显著差异。

F3c by A5

因个人认为自身受到不公正待遇而导致的社会泄愤事件，你对于下列回答的评价是：应该去报复那些给予他们不公待遇的人，而不是伤及无辜 ＊ 户口 Crosstabulation

	农业户口	非农业户口	总计
完全同意	10.1%	9.5%	9.9%
比较同意	35.5%	30.1%	33.3%
不太同意	39.2%	42.9%	40.7%
完全不同意	15.2%	17.4%	16.1%
总计	100.0%	100.0%	100.0%
列总计	2527	1773	4300

Chi-square test：df = 3，卡方值为 16.119，sig = 0.001 < 0.05，所以不同户口的居民对于“社会泄愤事件发生时，泄愤者应该去报复那些给予他们不公待遇的人，而不是伤及无辜”的评价存在显著差异。

F3d by A5

因个人认为自身受到不公正待遇而导致的社会泄愤事件，你对于下列回答的评价是：受到不公平待遇，应该充分相信政府，积极寻求相关部门的帮助 ＊ 户口 Crosstabulation

	农业户口	非农业户口	总计
完全同意	22.2%	28.1%	24.6%
比较同意	66.9%	58.8%	63.5%
不太同意	9.3%	11.4%	10.2%
完全不同意	1.6%	1.7%	1.7%
总计	100.0%	100.0%	100.0%
列总计	2528	1765	4293

Chi-square test：df = 3，卡方值为 30.360，sig = 0.000 < 0.05，所以不同户口的居民对于“社会泄愤事件发生时，泄愤者受到不公平待遇，应该充分相信政府，积极寻求相关部门的帮助”的评价存在显著差异。

F4 by A5

总的来说，您认为当今的社会公不公平 ＊ 户口 Crosstabulation

	农业户口	非农业户口	总计
完全不公平	5.1%	4.7%	4.9%
比较不公平	28.7%	30.8%	29.5%
说不上公平但也不能说不公平	35.6%	37.1%	36.2%

续表

	农业户口	非农业户口	总计
比较公平	29.4%	26.1%	28.1%
非常公平	1.2%	1.3%	1.2%
总计	100.0%	100.0%	100.0%
列总计	2530	1753	4283

Chi-square test：df = 4，卡方值为 6.759，sig = 0.149 > 0.05，所以不同户口的居民对于“当今的社会公不公平”的回答不存在显著差异。

F5 by A5

和前几年相比，您认为目前我国社会的分配不公、两极分化现象 * 户口 Crosstabulation

	农业户口	非农业户口	总计
有较大改善	32.1%	28.8%	30.7%
没什么变化	41.3%	47.9%	44.0%
更加恶化	26.6%	23.3%	25.3%
总计	100.0%	100.0%	100.0%
列总计	2397	1690	4087

Chi-square test：df = 2，卡方值为 17.435，sig = 0.000 < 0.05，所以不同户口的居民对于“和前几年相比，目前我国社会的分配不公、两极分化现象”的回答存在显著差异。

F6 by A5

您认为目前我国社会成员之间的收入差距 * 户口 Crosstabulation

	农业户口	非农业户口	总计
合理，可以接受	14.0%	13.0%	13.6%
不合理，但可以接受	54.4%	58.6%	56.1%
不合理，不能接受	31.6%	28.4%	30.3%
总计	100.0%	100.0%	100.0%
列总计	2444	1698	4142

Chi-square test：df = 2，卡方值为 7.323，sig = 0.026 < 0.05，所以不同户口的居民对于“目前我国社会成员之间的收入差距”的回答存在显著差异。

F7a by A5

请问您是否同意当前的社会是人人为自己 ＊ 户口 Crosstabulation

	农业户口	非农业户口	总计
完全同意	15.7%	13.9%	15.0%
比较同意	57.6%	58.7%	58.0%
不太同意	24.9%	24.4%	24.7%
完全不同意	1.8%	3.1%	2.3%
总计	100.0%	100.0%	100.0%
列总计	2560	1761	4321

Chi-square test：df = 3，卡方值为 9.811，sig = 0.020 < 0.05，所以不同户口的居民对于“是否同意当前的社会是人人为自己”的回答存在显著差异。

F7b by A5

请问您是否同意现在社会的大多数人是见利忘义的 ＊ 户口 Crosstabulation

	农业户口	非农业户口	总计
完全同意	12.3%	9.7%	11.3%
比较同意	48.2%	46.5%	47.5%
不太同意	36.3%	39.6%	37.7%
完全不同意	3.2%	4.2%	3.6%
总计	100.0%	100.0%	100.0%
列总计	2550	1758	4308

Chi-square test：df = 3，卡方值为 12.677，sig = 0.005 < 0.05，所以不同户口的居民对于“是否同意现在社会的大多数人是见利忘义的”的回答存在显著差异。

F7c by A5

请问您是否同意现在社会是一个物欲横流的社会 ＊ 户口 Crosstabulation

	农业户口	非农业户口	总计
完全同意	13.3%	15.8%	14.3%
比较同意	52.0%	44.2%	48.8%
不太同意	31.3%	35.5%	33.0%
完全不同意	3.4%	4.4%	3.8%
总计	100.0%	100.0%	100.0%
列总计	2506	1738	4244

Chi-square test：df = 3，卡方值为 25.636，sig = 0.000 < 0.05，所以不同户口的居民对于“是否同意现在社会是一个物欲横流的社会”的回答存在显著差异。

F7d by A5

请问您是否同意当前大多数人都是以集体利益为重 * 户口 Crosstabulation

	农业户口	非农业户口	总计
完全同意	5.2%	5.4%	5.3%
比较同意	36.4%	37.1%	36.7%
不太同意	53.2%	51.6%	52.6%
完全不同意	5.2%	5.8%	5.4%
总计	100.0%	100.0%	100.0%
列总计	2519	1747	4266

Chi-square test：df = 3，卡方值为 1.588，sig = 0.662 > 0.05，所以不同户口的居民对于“是否同意当前大多数人都是以集体利益为重”的回答不存在显著差异。

F7e by A5

请问您是否同意当前大多数人都是家庭利益至上 * 户口 Crosstabulation

	农业户口	非农业户口	总计
完全同意	18.5%	15.4%	17.2%
比较同意	63.6%	62.1%	63.0%
不太同意	16.3%	19.5%	17.6%
完全不同意	1.7%	3.1%	2.3%
总计	100.0%	100.0%	100.0%
列总计	2547	1758	4305

Chi-square test：df = 3，卡方值为 20.868，sig = 0.000 < 0.05，所以不同户口的居民对于“是否同意当前大多数人都是家庭利益至上”的回答存在显著差异。

F7f by A5

请问您是否同意当前的社会是个金钱至上的社会 * 户口 Crosstabulation

	农业户口	非农业户口	总计
完全同意	20.3%	19.1%	19.8%
比较同意	52.5%	49.1%	51.1%
不太同意	25.0%	27.7%	26.1%
完全不同意	2.2%	4.1%	2.9%
总计	100.0%	100.0%	100.0%
列总计	2553	1754	4307

Chi-square test：df = 3，卡方值为 19.356，sig = 0.000 < 0.05，所以不同户口的居民对于“是否同意当前的社会是个金钱至上的社会”的回答存在显著差异。

F7g by A5

请问您是否同意现在社会守道德的人大都吃亏，不守道德的人占便宜 ＊ 户口 Crosstabulation

	农业户口	非农业户口	总计
完全同意	9.7%	7.9%	9.0%
比较同意	46.8%	38.4%	43.3%
不太同意	39.0%	47.9%	42.6%
完全不同意	4.5%	5.8%	5.0%
总计	100.0%	100.0%	100.0%
列总计	2516	1738	4254

Chi-square test：df = 3，卡方值为 43.503，sig = 0.000 < 0.05，所以不同户口的居民对于“是否同意现在社会守道德的人大都吃亏，不守道德的人占便宜”的回答存在显著差异。

F7h by A5

请问您是否同意现在社会中好人有好报，恶人终归会受到惩罚 ＊ 户口 Crosstabulation

	农业户口	非农业户口	总计
完全同意	17.7%	17.6%	17.7%
比较同意	57.3%	49.9%	54.3%
不太同意	21.8%	28.4%	24.5%
完全不同意	3.2%	4.0%	3.5%
总计	100.0%	100.0%	100.0%
列总计	2540	1752	4292

Chi-square test：df = 3，卡方值为 30.517，sig = 0.000 < 0.05，所以不同户口的居民对于“是否同意现在社会中好人有好报，恶人终归会受到惩罚”的回答存在显著差异。

F7i by A5

请问您是否同意人们的生活水平越高，就越幸福 ＊ 户口 Crosstabulation

	农业户口	非农业户口	总计
完全同意	19.6%	17.9%	18.9%
比较同意	53.8%	47.3%	51.1%
不太同意	24.8%	30.9%	27.3%
完全不同意	1.9%	4.0%	2.7%
总计	100.0%	100.0%	100.0%
列总计	2560	1769	4329

Chi-square test：df = 3，卡方值为 41.998，sig = 0.000 < 0.05，所以不同户口的居民对于“是否同意人们的生活水平越高，就越幸福”的回答存在显著差异。

F7j by A5

请问您是否同意我们的社会中道德能够很好地约束人们的行为 ＊ 户口 Crosstabulation

	农业户口	非农业户口	总计
完全同意	10.7%	11.9%	11.2%
比较同意	55.1%	52.1%	53.9%
不太同意	31.8%	32.4%	32.0%
完全不同意	2.5%	3.5%	2.9%
总计	100.0%	100.0%	100.0%
列总计	2503	1759	4262

Chi-square test：df = 3，卡方值为 7.205，sig = 0.066 > 0.05，所以不同户口的居民对于“是否同意我们的社会中道德能够很好地约束人们的行为”的回答不存在显著差异。

F7k by A5

请问您是否同意现有的规范和习俗能够很好地调节人与人的关系 ＊ 户口 Crosstabulation

	农业户口	非农业户口	总计
完全同意	8.8%	9.4%	9.1%
比较同意	57.7%	53.1%	55.8%
不太同意	30.4%	33.6%	31.7%
完全不同意	3.1%	3.9%	3.4%
总计	100.0%	100.0%	100.0%
列总计	2500	1751	4251

Chi-square test：df = 3，卡方值为 9.694，sig = 0.021 < 0.05，所以不同户口的居民对于“是否同意现有的规范和习俗能够很好地调节人与人的关系”的回答存在显著差异。

F7l by A5

请问您是否同意现在社会大多数人都有荣辱感 ＊ 户口 Crosstabulation

	农业户口	非农业户口	总计
完全同意	6.6%	6.7%	6.7%
比较同意	57.5%	54.7%	56.3%
不太同意	32.0%	34.0%	32.9%
完全不同意	3.8%	4.6%	4.2%
总计	100.0%	100.0%	100.0%

续表

	农业户口	非农业户口	总计
列总计	2469	1738	4207

Chi-square test：df = 3，卡方值为 4. 100，sig = 0. 251 > 0. 05，所以不同户口的居民对于“是否同意现在社会大多数人都有荣辱感”的回答不存在显著差异。

F8 by A5

您听说过或参加过道德讲堂吗 ＊ 户口 Crosstabulation

	农业户口	非农业户口	总计
参加过	5. 3%	10. 2%	7. 3%
听说过，但没参加过	40. 9%	47. 7%	43. 7%
没听说过	53. 7%	42. 2%	49. 0%
总计	100. 0%	100. 0%	100. 0%
列总计	2575	1779	4354

Chi-square test：df = 2，卡方值为 73. 695，sig = 0. 000 < 0. 05，所以不同户口的居民对于“是否听说过或参加过道德讲堂”的回答存在显著差异。

F9 by A5

如果您参加过道德讲堂，您觉得开展这样的活动有意义吗 ＊ 户口 Crosstabulation

	农业户口	非农业户口	总计
很有意义	94. 9%	93. 8%	94. 2%
可有可无	4. 4%	5. 7%	5. 1%
没有必要	0. 7%	0. 6%	0. 6%
总计	100. 0%	100. 0%	100. 0%
列总计	136	176	312

Chi-square test：df = 2，卡方值为 0. 285，sig = 0. 867 > 0. 05，所以不同户口的居民对于“道德讲堂这样的活动是否有意义”的回答不存在显著差异。

F10 by A5

您对您生活的地方（您所在的社区）社会公德状况满意吗 ＊ 户口 Crosstabulation

	农业户口	非农业户口	总计
非常满意	5. 9%	7. 9%	6. 7%
比较满意	74. 5%	73. 4%	74. 1%

续表

	农业户口	非农业户口	总计
不太满意	18.1%	17.0%	17.6%
非常不满意	1.5%	1.6%	1.6%
总计	100.0%	100.0%	100.0%
列总计	2440	1663	4103

Chi-square test：df = 3，卡方值为 7.232，sig = 0.065 > 0.05，所以不同户口的居民对于“生活的地方（您所在的社区）社会公德状况满意的程度”的回答不存在显著差异。

F11a by A5

当前社会坑蒙拐骗现象的严重程度如何 ＊ 户口 Crosstabulation

	农业户口	非农业户口	总计
非常不严重	7.0%	6.5%	6.8%
比较不严重	41.6%	39.1%	40.6%
比较严重	38.6%	41.5%	39.8%
非常严重	12.8%	12.9%	12.8%
总计	100.0%	100.0%	100.0%
列总计	2541	1760	4301

Chi-square test：df = 3，卡方值为 4.170，sig = 0.244 > 0.05，所以不同户口的居民对于“当前社会坑蒙拐骗现象的严重程度”的回答不存在显著差异。

F11b by A5

当前社会人际关系冷漠，见危不救的严重程度如何 ＊ 户口 Crosstabulation

	农业户口	非农业户口	总计
非常不严重	5.2%	4.0%	4.7%
比较不严重	46.2%	40.4%	43.8%
比较严重	40.8%	45.1%	42.6%
非常严重	7.7%	10.5%	8.9%
总计	100.0%	100.0%	100.0%
列总计	2542	1767	4309

Chi-square test：df = 3，卡方值为 24.260，sig = 0.000 < 0.05，所以不同户口的居民对于“当前社会人际关系冷漠，见危不救的严重程度”的回答存在显著差异。

F11c by A5

当前社会诚信缺乏，不讲信用的严重程度如何 * 户口 Crosstabulation

	农业户口	非农业户口	总计
非常不严重	4.8%	4.9%	4.8%
比较不严重	43.1%	41.2%	42.3%
比较严重	43.3%	42.6%	43.0%
非常严重	8.8%	11.4%	9.9%
总计	100.0%	100.0%	100.0%
列总计	2556	1769	4325

Chi-square test：df = 3，卡方值为 8.103，sig = 0.044 < 0.05，所以不同户口的居民对于"当前社会诚信缺乏，不讲信用的严重程度"的回答存在显著差异。

F11d by A5

当前社会人与人之间缺乏信任，社会安全度低的严重程度如何 * 户口 Crosstabulation

	农业户口	非农业户口	总计
非常不严重	4.5%	4.6%	4.5%
比较不严重	37.1%	31.3%	34.7%
比较严重	47.8%	48.3%	48.0%
非常严重	10.6%	15.8%	12.7%
总计	100.0%	100.0%	100.0%
列总计	2548	1763	4311

Chi-square test：df = 3，卡方值为 32.667，sig = 0.000 < 0.05，所以不同户口的居民对于"当前社会人与人之间缺乏信任，社会安全度低的严重程度"的回答存在显著差异。

F11e by A5

当前社会缺乏公德，如公共场所大声喧哗、随地吐痰等的严重程度如何 * 户口 Crosstabulation

	农业户口	非农业户口	总计
非常不严重	4.5%	5.6%	5.0%
比较不严重	53.3%	49.7%	51.8%
比较严重	34.9%	36.3%	35.5%
非常严重	7.3%	8.4%	7.7%
总计	100.0%	100.0%	100.0%

续表

	农业户口	非农业户口	总计
列总计	2548	1770	4318

Chi-square test：df = 3，卡方值为 7.081，sig = 0.069 > 0.05，所以不同户口的居民对于“当前社会缺乏公德，如公共场所大声喧哗、随地吐痰等的严重程度”的回答不存在显著差异。

F11f by A5

当前社会自私自利、损人利己的严重程度如何 ＊ 户口 Crosstabulation

	农业户口	非农业户口	总计
非常不严重	5.0%	6.0%	5.4%
比较不严重	46.5%	43.3%	45.2%
比较严重	40.9%	41.9%	41.3%
非常严重	7.6%	8.8%	8.1%
总计	100.0%	100.0%	100.0%
列总计	2540	1761	4301

Chi-square test：df = 3，卡方值为 6.267，sig = 0.099 > 0.05，所以不同户口的居民对于“当前社会自私自利、损人利己的严重程度”的回答不存在显著差异。

F11g by A5

当前社会缺乏公正心和正义感的严重程度如何 ＊ 户口 Crosstabulation

	农业户口	非农业户口	总计
非常不严重	4.6%	6.0%	5.2%
比较不严重	46.4%	39.9%	43.7%
比较严重	40.7%	41.5%	41.0%
非常严重	8.2%	12.6%	10.0%
总计	100.0%	100.0%	100.0%
列总计	2535	1764	4299

Chi-square test：df = 3，卡方值为 34.356，sig = 0.000 < 0.05，所以不同户口的居民对于“当前社会缺乏公正心和正义感的严重程度”的回答存在显著差异。

F11h by A5

当前社会私欲膨胀，物欲横流的严重程度如何 ＊ 户口 Crosstabulation

	农业户口	非农业户口	总计
非常不严重	4.0%	4.6%	4.2%

续表

	农业户口	非农业户口	总计
比较不严重	39.9%	37.5%	38.9%
比较严重	45.6%	42.1%	44.2%
非常严重	10.6%	15.7%	12.7%
总计	100.0%	100.0%	100.0%
列总计	2496	1742	4238

Chi-square test：df = 3，卡方值为 26.342，sig = 0.000 < 0.05，所以不同户口的居民对于“当前社会私欲膨胀，物欲横流的严重程度”的回答存在显著差异。

F11i by A5

当前社会缺乏羞耻感的严重程度如何 ＊ 户口 Crosstabulation

	农业户口	非农业户口	总计
非常不严重	5.1%	6.5%	5.7%
比较不严重	51.7%	47.9%	50.2%
比较严重	35.9%	36.7%	36.2%
非常严重	7.4%	8.8%	8.0%
总计	100.0%	100.0%	100.0%
列总计	2511	1750	4261

Chi-square test：df = 3，卡方值为 9.630，sig = 0.022 < 0.05，所以不同户口的居民对于“当前社会缺乏羞耻感的严重程度”的回答存在显著差异。

F11j by A5

当前社会干部贪污受贿，以权谋利的严重程度如何 ＊ 户口 Crosstabulation

	农业户口	非农业户口	总计
非常不严重	2.1%	3.5%	2.7%
比较不严重	33.0%	32.6%	32.8%
比较严重	46.5%	45.6%	46.1%
非常严重	18.4%	18.3%	18.4%
总计	100.0%	100.0%	100.0%
列总计	2423	1697	4120

Chi-square test：df = 3，卡方值为 7.261，sig = 0.064 > 0.05，所以不同户口的居民对于“当前社会干部贪污受贿，以权谋利的严重程度”的回答不存在显著差异。

F11k by A5

当前社会生活奢侈，铺张浪费的严重程度如何 ＊ 户口 Crosstabulation

	农业户口	非农业户口	总计
非常不严重	3.3%	4.4%	3.8%
比较不严重	41.3%	42.1%	41.6%
比较严重	41.3%	39.3%	40.5%
非常严重	14.1%	14.2%	14.1%
总计	100.0%	100.0%	100.0%
列总计	2480	1735	4215

Chi-square test：df = 3，卡方值为 4.738，sig = 0.192 > 0.05，所以不同户口的居民对于"当前社会生活奢侈，铺张浪费的严重程度"的回答不存在显著差异。

F11l by A5

当前社会干部不作为，扯皮推诿的严重程度如何 ＊ 户口 Crosstabulation

	农业户口	非农业户口	总计
非常不严重	2.5%	3.8%	3.0%
比较不严重	30.7%	30.5%	30.6%
比较严重	47.8%	44.5%	46.5%
非常严重	19.0%	21.2%	19.9%
总计	100.0%	100.0%	100.0%
列总计	2427	1691	4118

Chi-square test：df = 3，卡方值为 10.567，sig = 0.014 < 0.05，所以不同户口的居民对于"当前社会干部不作为，扯皮推诿的严重程度"的回答存在显著差异。

F12a by A5

您怎么看待周围那些经营企业或做生意发了财的人：他们自己有本事，应该发财 ＊ 户口 Crosstabulation

	农业户口	非农业户口	总计
未选中	20.4%	27.0%	23.1%
选中	79.6%	73.0%	76.9%
总计	100.0%	100.0%	100.0%
列总计	2566	1777	4343

Chi-square test：df = 1，卡方值为 25.84，sig = 0.000 < 0.05，所以不同户口的居民对于"周围那些经营企业或做生意发了财的人：他们自己有本事，应该发财"的回答存在显著差异。

F12b by A5

您怎么看待周围那些经营企业或做生意发了财的人：尊重他们，他们为社会做了贡献 ＊ 户口 Crosstabulation

	农业户口	非农业户口	总计
未选中	52.3%	39.7%	47.2%
选中	47.7%	60.3%	52.8%
总计	100.0%	100.0%	100.0%
列总计	2566	1777	4343

Chi-square test：df = 1，卡方值为 66.976，sig = 0.000 < 0.05，所以不同户口的居民对于“周围那些经营企业或做生意发了财的人：尊重他们，他们为社会做了贡献”的回答存在显著差异。

F12c by A5

您怎么看待周围那些经营企业或做生意发了财的人：没什么了不起，他们常用不正当手段发财 ＊ 户口 Crosstabulation

	农业户口	非农业户口	总计
未选中	94.7%	92.9%	94.0%
选中	5.3%	7.1%	6.0%
总计	100.0%	100.0%	100.0%
列总计	2566	1777	4343

Chi-square test：df = 1，卡方值为 6.221，sig = 0.013 < 0.05，所以不同户口的居民对于“周围那些经营企业或做生意发了财的人：没什么了不起，他们常用不正当手段发财”的回答存在显著差异。

F12d by A5

您怎么看待周围那些经营企业或做生意发了财的人：是土豪，没文化，没教养 ＊ 户口 Crosstabulation

	农业户口	非农业户口	总计
未选中	92.8%	92.4%	92.7%
选中	7.2%	7.6%	7.3%
总计	100.0%	100.0%	100.0%
列总计	2566	1777	4343

Chi-square test：df = 1，卡方值为 0.280，sig = 0.059 > 0.05，所以不同户口的居民对于“周围那些经营企业或做生意发了财的人：是土豪，没文化，没教养”的回答不存在显著差异。

F12e by A5

您怎么看待周围那些经营企业或做生意发了财的人：是他们运气好 ＊ 户口 Crosstabulation

	农业户口	非农业户口	总计
未选中	82.1%	80.5%	81.4%
选中	17.9%	19.5%	18.6%
总计	100.0%	100.0%	100.0%
列总计	2566	1777	4343

Chi-square test：df = 1，卡方值为 1.657，sig = 0.198 > 0.05，所以不同户口的居民对于“周围那些经营企业或做生意发了财的人：是他们运气好”的回答不存在显著差异。

F12f by A5

您怎么看待周围那些经营企业或做生意发了财的人：有钱没钱，这都是命 ＊ 户口 Crosstabulation

	农业户口	非农业户口	总计
未选中	82.9%	83.5%	83.1%
选中	17.1%	16.5%	16.9%
总计	100.0%	100.0%	100.0%
列总计	2566	1777	4343

Chi-square test：df = 1，卡方值为 0.325，sig = 0.569 > 0.05，所以不同户口的居民对于“周围那些经营企业或做生意发了财的人：有钱没钱，这都是命”的回答不存在显著差异。

F12g by A5

您怎么看待周围那些经营企业或做生意发了财的人：天道不公，希望他们明天就破产 ＊ 户口 Crosstabulation

	农业户口	非农业户口	总计
未选中	99.3%	98.7%	99.0%
选中	0.7%	1.3%	1.0%
总计	100.0%	100.0%	100.0%
列总计	2566	1777	4343

Chi-square test：df = 1，卡方值为 3.363，sig = 0.067 > 0.05，所以不同户口的居民对于“周围那些经营企业或做生意发了财的人：天道不公，希望他们明天就破产”的回答不存在显著差异。

F13a by A5

企业损害社会利益，如污染环境、以虚假广告误导公众等严重程度如何 * 户口 Crosstabulation

	农业户口	非农业户口	总计
非常不严重	2.7%	2.4%	2.6%
比较不严重	39.7%	35.7%	38.0%
比较严重	43.8%	44.5%	44.1%
非常严重	13.8%	17.4%	15.3%
总计	100.0%	100.0%	100.0%
列总计	2422	1697	4119

Chi-square test：df = 3，卡方值为 13.235，sig = 0.004 < 0.05，所以不同户口的居民对于“企业损害社会利益，如污染环境、以虚假广告误导公众等严重程度”的回答存在显著差异。

F13b by A5

娱乐界以丑闻、绯闻炒作，污染社会风气严重程度如何 * 户口 Crosstabulation

	农业户口	非农业户口	总计
非常不严重	1.6%	1.3%	1.5%
比较不严重	23.4%	20.9%	22.3%
比较严重	59.5%	55.0%	57.6%
非常严重	15.5%	22.7%	18.6%
总计	100.0%	100.0%	100.0%
列总计	2191	1655	3846

Chi-square test：df = 3，卡方值为 32.580，sig = 0.000 < 0.05，所以不同户口的居民对于“娱乐界以丑闻、绯闻炒作，污染社会风气严重程度”的回答存在显著差异。

F13c by A5

媒体缺乏社会责任、炒作新闻严重程度如何 * 户口 Crosstabulation

	农业户口	非农业户口	总计
非常不严重	1.7%	1.6%	1.6%
比较不严重	26.2%	21.1%	24.0%
比较严重	53.2%	50.3%	52.0%
非常严重	18.9%	27.1%	22.4%
总计	100.0%	100.0%	100.0%
列总计	2207	1652	3859

Chi-square test：df = 3，卡方值为 40.215，sig = 0.000 < 0.05，所以不同户口的居民对于“媒体缺乏社会责任、炒作新闻严重程度”的回答存在显著差异。

F13d by A5

社会财富分配不公、贫富悬殊过大严重程度如何 * 户口 Crosstabulation

	农业户口	非农业户口	总计
非常不严重	0.9%	1.7%	1.2%
比较不严重	20.2%	17.6%	19.1%
比较严重	47.8%	44.4%	46.4%
非常严重	31.2%	36.4%	33.4%
总计	100.0%	100.0%	100.0%
列总计	2500	1754	4254

Chi-square test：df = 3，卡方值为 19.826，sig = 0.000 < 0.05，所以不同户口的居民对于“社会财富分配不公、贫富悬殊过大严重程度”的回答存在显著差异。

F13e by A5

教师不尽职严重程度如何 * 户口 Crosstabulation

	农业户口	非农业户口	总计
非常不严重	8.3%	8.5%	8.4%
比较不严重	58.8%	51.3%	55.7%
比较严重	25.6%	29.5%	27.2%
非常严重	7.3%	10.8%	8.7%
总计	100.0%	100.0%	100.0%
列总计	2523	1748	4271

Chi-square test：df = 3，卡方值为 30.300，sig = 0.000 < 0.05，所以不同户口的居民对于“教师不尽职严重程度”的回答存在显著差异。

F13f by A5

医生不守职业道德严重程度如何 * 户口 Crosstabulation

	农业户口	非农业户口	总计
非常不严重	7.9%	7.7%	7.9%
比较不严重	53.6%	47.7%	51.2%
比较严重	30.0%	33.7%	31.5%
非常严重	8.5%	10.9%	9.5%
总计	100.0%	100.0%	100.0%
列总计	2532	1755	4287

Chi-square test：df = 3，卡方值为 17.677，sig = 0.001 < 0.05，所以不同户口的居民对于“医生不守职业道德严重程度”的回答存在显著差异。

F13g by A5

公众人物用知名度攫取财富严重程度如何 ＊ 户口 Crosstabulation

	农业户口	非农业户口	总计
非常不严重	2.5%	3.7%	3.0%
比较不严重	37.2%	31.3%	34.7%
比较严重	44.6%	40.5%	42.8%
非常严重	15.7%	24.5%	19.5%
总计	100.0%	100.0%	100.0%
列总计	2223	1643	3866

Chi-square test：df = 3，卡方值为 55.560，sig = 0.000 < 0.05，所以不同户口的居民对于“公众人物用知名度攫取财富严重程度”的回答存在显著差异。

F13h by A5

两性关系过度开放导致婚姻不稳定严重程度如何 ＊ 户口 Crosstabulation

	农业户口	非农业户口	总计
非常不严重	2.2%	2.8%	2.5%
比较不严重	39.9%	38.0%	39.1%
比较严重	45.1%	40.8%	43.3%
非常严重	12.8%	18.4%	15.1%
总计	100.0%	100.0%	100.0%
列总计	2383	1690	4073

Chi-square test：df = 3，卡方值为 27.467，sig = 0.000 < 0.05，所以不同户口的居民对于“两性关系过度开放导致婚姻不稳定严重程度”的回答存在显著差异。

F13i by A5

年轻人缺乏责任感，不孝敬父母严重程度如何 ＊ 户口 Crosstabulation

	农业户口	非农业户口	总计
非常不严重	6.4%	5.6%	6.0%
比较不严重	54.6%	49.4%	52.5%
比较严重	30.6%	33.1%	31.6%
非常严重	8.5%	12.0%	9.9%
总计	100.0%	100.0%	100.0%
列总计	2496	1744	4240

Chi-square test：df = 3，卡方值为 21.456，sig = 0.000 < 0.05，所以不同户口的居民对于“年轻人缺乏责任感，不孝敬父母严重程度”的回答存在显著差异。

F14 by A5

您是否知道您生活的社区（村）有社区公约、村规民约？ * 户口 Crosstabulation

	农业户口	非农业户口	总计
知道有	46.6%	55.6%	50.3%
知道没有	9.6%	7.9%	8.9%
不知道有没有	43.8%	36.5%	40.8%
总计	100.0%	100.0%	100.0%
列总计	2562	1775	4337

Chi-square test：df = 2，卡方值为 33.985，sig = 0.000 < 0.05，所以不同户口的居民对于“是否知道其生活的社区（村）有社区公约、村规民约”的回答存在显著差异。

F15a by A5

您周围的人在日常生活中遵守步行、骑车不闯红灯的规则吗？ * 户口 Crosstabulation

	农业户口	非农业户口	总计
不遵守	7.9%	7.4%	7.7%
基本遵守	67.1%	68.9%	67.9%
自觉遵守	24.9%	23.7%	24.4%
总计	100.0%	100.0%	100.0%
列总计	2574	1780	4354

Chi-square test：df = 2，卡方值为 1.574，sig = 0.455 > 0.05，所以不同户口的居民对于“周围的人在日常生活中遵守步行、骑车不闯红灯”的回答不存在显著差异。

F15b by A5

您周围的人在日常生活中遵守乘车、购物自觉排队的规则吗？ * 户口 Crosstabulation

	农业户口	非农业户口	总计
不遵守	3.8%	3.6%	3.7%
基本遵守	72.1%	71.0%	71.7%
自觉遵守	24.1%	25.4%	24.6%
总计	100.0%	100.0%	100.0%
列总计	2574	1780	4354

Chi-square test：df = 2，卡方值为 1.032，sig = 0.597 > 0.05，所以不同户口的居民对于“周围的人在日常生活中遵守乘车、购物自觉排队”的回答不存在显著差异。

F15c by A5

您周围的人在日常生活中遵守文明游览的规则 ＊ 户口 Crosstabulation

	农业户口	非农业户口	总计
不遵守	4.3%	3.0%	3.8%
基本遵守	75.2%	73.2%	74.4%
自觉遵守	20.5%	23.8%	21.8%
总计	100.0%	100.0%	100.0%
列总计	2571	1779	4350

Chi-square test：df = 2，卡方值为 10.856，sig = 0.004 < 0.05，所以不同户口的居民对于“周围的人在日常生活中遵守文明游览的规则”的回答存在显著差异。

F15d by A5

您周围的人在日常生活中遵守社区公约、村规民约吗 ＊ 户口 Crosstabulation

	农业户口	非农业户口	总计
不遵守	3.7%	3.2%	3.5%
基本遵守	77.2%	73.9%	75.9%
自觉遵守	19.1%	22.9%	20.6%
总计	100.0%	100.0%	100.0%
列总计	2558	1772	4330

Chi-square test：df = 2，卡方值为 9.396，sig = 0.009 < 0.05，所以不同户口的居民对于“周围的人在日常生活中遵守社区公约、村规民约”的回答存在显著差异。

F16a by A5

您对下列关于网络的说法是否赞同：网络是个虚拟空间，不受现实生活中的道德规范约束 ＊ 户口 Crosstabulation

	农业户口	非农业户口	总计
非常不赞同	29.8%	40.7%	34.3%
不太赞同	55.6%	44.2%	50.9%
比较赞同	12.0%	12.1%	12.1%
非常赞同	2.6%	3.0%	2.8%
总计	100.0%	100.0%	100.0%
列总计	2506	1775	4281

Chi-square test：df = 3，卡方值为 63.173，sig = 0.000 < 0.05，所以不同户口的居民对于“网络是个虚拟空间，不受现实生活中的道德规范约束”的回答存在显著差异。

F16b by A5

您对下列关于网络的说法是否赞同：人肉搜索侵犯个人隐私，应该杜绝 * 户口 Crosstabulation

	农业户口	非农业户口	总计
非常不赞同	3.6%	2.9%	3.3%
不太赞同	10.6%	10.8%	10.6%
比较赞同	64.5%	58.9%	62.2%
非常赞同	21.4%	27.4%	23.9%
总计	100.0%	100.0%	100.0%
列总计	2501	1775	4276

Chi-square test：df=3，卡方值为22.132，sig=0.000<0.05，所以不同户口的居民对于“人肉搜索侵犯个人隐私，应该杜绝”的回答存在显著差异。

F16c by A5

您对下列关于网络的说法是否赞同：明知网络谣言仍转发的，应该受到惩罚 * 户口 Crosstabulation

	农业户口	非农业户口	总计
非常不赞同	1.9%	2.7%	2.2%
不太赞同	8.0%	7.3%	7.7%
比较赞同	64.1%	56.5%	61.0%
非常赞同	25.9%	33.5%	29.0%
总计	100.0%	100.0%	100.0%
列总计	2526	1777	4303

Chi-square test：df=3，卡方值为34.153，sig=0.000<0.05，所以不同户口的居民对于“明知网络谣言仍转发的，应该受到惩罚”的回答存在显著差异。

F17 by A5

假如您是在街上被陌生人不小心踩到并发出“哎哟”一声后，您认为对方会做何种反应 * 户口 Crosstabulation

	农业户口	非农业户口	总计
用言语或手势表达歉意	83.9%	83.0%	83.5%
不会有任何表示	11.4%	13.2%	12.2%
反而说你大惊小怪	4.6%	3.8%	4.3%
总计	100.0%	100.0%	100.0%
列总计	2457	1706	4163

Chi-square test：df=2，卡方值为4.671，sig=0.097>0.05，所以不同户口的居民对于“假如您是在街上被陌生人不小心踩到并发出‘哎哟’一声后，您认为对方会做何种反应”的回答不存在显著差异。

F18 by A5

您觉得您周围大多数人工作生活的精神状态怎么样 ＊ 户口 Crosstabulation

	农业户口	非农业户口	总计
精神饱满、积极向上	48.1%	45.8%	47.1%
安于现状、按部就班	49.7%	52.7%	50.9%
精神萎靡、无所事事	2.2%	1.6%	2.0%
总计	100.0%	100.0%	100.0%
列总计	2573	1777	4350

Chi-square test：df = 2，卡方值为 5.309，sig = 0.070 > 0.05，所以不同户口的居民对于“周围大多数人工作生活的精神状态”的回答不存在显著差异。

F19a by A5

这些现象在您身边常见吗？占卜算命 ＊ 户口 Crosstabulation

	农业户口	非农业户口	总计
经常见到	10.5%	6.9%	9.0%
偶尔见到	54.0%	44.8%	50.2%
没见到	35.5%	48.4%	40.8%
总计	100.0%	100.0%	100.0%
列总计	2573	1780	4353

Chi-square test：df = 2，卡方值为 75.688，sig = 0.000 < 0.05，所以不同户口的居民对于“占卜算命现象在身边是否常见”的回答存在显著差异。

F19b by A5

这些现象在您身边常见吗？操办喜事比富斗阔 ＊ 户口 Crosstabulation

	农业户口	非农业户口	总计
经常见到	15.9%	9.9%	13.5%
偶尔见到	44.5%	40.1%	42.7%
没见到	39.6%	50.0%	43.9%
总计	100.0%	100.0%	100.0%
列总计	2573	1779	4352

Chi-square test：df = 2，卡方值为 57.940，sig = 0.000 < 0.05，所以不同户口的居民对于“操办喜事比富斗阔现象在身边是否常见”的回答存在显著差异。

F19c by A5

这些现象在您身边常见吗？在父母生前不尽孝却对父母的丧事大操大办 ＊ 户口 Crosstabulation

	农业户口	非农业户口	总计
经常见到	9.7%	8.9%	9.4%
偶尔见到	46.2%	35.3%	41.8%
没见到	44.1%	55.8%	48.9%
总计	100.0%	100.0%	100.0%
列总计	2573	1779	4352

Chi-square test：df = 2，卡方值为 60.173，sig = 0.000 < 0.05，所以不同户口的居民对于“在父母生前不尽孝却对父母的丧事大操大办现象在身边是否常见”的回答存在显著差异。

F19d by A5

这些现象在您身边常见吗？赌博或变相赌博 ＊ 户口 Crosstabulation

	农业户口	非农业户口	总计
经常见到	18.1%	11.6%	15.4%
偶尔见到	49.6%	45.9%	48.1%
没见到	32.4%	42.5%	36.5%
总计	100.0%	100.0%	100.0%
列总计	2574	1777	4351

Chi-square test：df = 2，卡方值为 60.561，sig = 0.000 < 0.05，所以不同户口的居民对于“赌博或变相赌博现象在身边是否常见”的回答存在显著差异。

F19e by A5

这些现象在您身边常见吗？封建迷信活动 ＊ 户口 Crosstabulation

	农业户口	非农业户口	总计
经常见到	6.1%	5.8%	6.0%
偶尔见到	38.1%	25.0%	32.8%
没见到	55.8%	69.1%	61.3%
总计	100.0%	100.0%	100.0%
列总计	2572	1779	4351

Chi-square test：df = 2，卡方值为 85.487，sig = 0.000 < 0.05，所以不同户口的居民对于“封建迷信活动现象在身边是否常见”的回答存在显著差异。

F19f by A5

这些现象在您身边常见吗？非法宗教活动 ＊ 户口 Crosstabulation

	农业户口	非农业户口	总计
经常见到	1.3%	1.5%	1.4%
偶尔见到	11.8%	10.6%	11.3%
没见到	86.9%	87.9%	87.3%
总计	100.0%	100.0%	100.0%
列总计	2570	1779	4349

Chi-square test：df = 2，卡方值为 1.537，sig = 0.464 > 0.05，所以不同户口的居民对于“非法宗教活动现象在身边是否常见”的回答不存在显著差异。

F20 by A5

您认为目前我国社会中道德和幸福的现实关系是 ＊ 户口 Crosstabulation

	农业户口	非农业户口	总计
总体上道德和幸福能够一致，能惩恶扬善	72.5%	72.6%	72.6%
有道德讲伦理的人大都吃亏，不守道德的人更能讨便宜	22.4%	21.1%	21.9%
道德与幸福没有关系，能挣钱有发展无论怎样行动都行	5.0%	6.3%	5.6%
总计	100.0%	100.0%	100.0%
列总计	2386	1703	4089

Chi-square test：df = 2，卡方值为 3.561，sig = 0.169 > 0.05，所以不同户口的居民对于“目前我国社会中道德和幸福的现实关系”的回答不存在显著差异。

F21a by A5

您在所在单位，有没有一种亲切和踏实的感觉 ＊ 户口 Crosstabulation

	农业户口	非农业户口	总计
有	28.4%	31.9%	29.8%
还可以	59.8%	61.3%	60.4%
没有	11.8%	6.9%	9.8%
总计	100.0%	100.0%	100.0%
列总计	2553	1777	4330

Chi-square test：df = 2，卡方值为 30.949，sig = 0.000 < 0.05，所以不同户口的居民对于“在所在单位，有没有一种亲切和踏实的感觉”的回答存在显著差异。

F21b by A5

您在所在社区/村，有没有一种亲切和踏实的感觉 ＊ 户口 Crosstabulation

	农业户口	非农业户口	总计
有	30.7%	31.1%	30.9%
还可以	62.1%	64.1%	62.9%
没有	7.2%	4.8%	6.2%
总计	100.0%	100.0%	100.0%
列总计	2573	1775	4348

Chi-square test：df = 2，卡方值为 10.479，sig = 0.005 < 0.05，所以不同户口的居民对于“在所在社区/村，有没有一种亲切和踏实的感觉”的回答存在显著差异。

F21c by A5

您在所在城市，有没有一种亲切和踏实的感觉 ＊ 户口 Crosstabulation

	农业户口	非农业户口	总计
有	28.7%	29.7%	29.1%
还可以	61.9%	65.6%	63.4%
没有	9.4%	4.7%	7.5%
总计	100.0%	100.0%	100.0%
列总计	2567	1775	4342

Chi-square test：df = 2，卡方值为 32.975，sig = 0.000 < 0.05，所以不同户口的居民对于“在所在城市，有没有一种亲切和踏实的感觉”的回答存在显著差异。

F22 by A5

您认为您目前的状况是 ＊ 户口 Crosstabulation

	农业户口	非农业户口	总计
生活富裕，但不感到幸福和快乐	2.1%	2.2%	2.1%
生活富裕，幸福也快乐	9.2%	11.1%	10.0%
生活小康，幸福且快乐	59.0%	54.4%	57.1%
生活小康，但不感到幸福和快乐	6.9%	6.0%	6.5%
生活清贫，幸福且快乐	18.8%	23.2%	20.6%
生活贫困，既不幸福也不快乐	4.0%	3.0%	3.6%
总计	100.0%	100.0%	100.0%
列总计	2574	1778	4352

Chi-square test：df = 5，卡方值为 21.114，sig = 0.001 < 0.05，所以不同户口的居民对于“自己目前状况”的回答存在显著差异。

F23 by A5

最近这些年，您的生活水平对幸福感的影响是怎样的 * 户口 Crosstabulation

	农业户口	非农业户口	总计
生活水平提高了，但幸福感和快乐感降低了	8.2%	7.5%	8.0%
生活水平提高了，幸福感和快乐感提高了	65.6%	57.1%	62.2%
生活水平没变，幸福感和快乐感提高了	19.1%	27.4%	22.5%
生活水平没变，幸福感和快乐感降低了	4.1%	6.3%	5.0%
生活水平下降，但幸福感和快乐感提高了	0.9%	0.6%	0.8%
生活水平下降，幸福感和快乐感也降低了	2.1%	1.1%	1.7%
总计	100.0%	100.0%	100.0%
列总计	2572	1778	4350

Chi-square test：df = 5，卡方值为 63.116，sig = 0.000 < 0.05，所以不同户口的居民对于“自己的生活水平对幸福感的影响是怎样”的回答存在显著差异。

F24a by A5

近 10 年来，您认为下列哪一类人获得的利益最多 * 户口 Crosstabulation

	农业户口	非农业户口	总计
工人	0.6%	0.5%	0.5%
农民	1.7%	1.8%	1.7%
公务员	11.2%	13.0%	11.9%
国有企业的经营管理者	10.0%	10.7%	10.3%
集体企业的经营管理者	1.8%	2.5%	2.1%
私营企业家	24.4%	17.9%	21.7%
外商、境外来大陆的投资者	8.6%	11.9%	10.0%
个体户	6.2%	3.8%	5.2%
私营、外资企业中的管理人员	6.4%	7.6%	6.9%
专家学者、专业技术人员	5.2%	7.1%	6.0%
政府官员	23.7%	22.9%	23.4%
其他	0.3%	0.4%	0.3%
总计	100.0%	100.0%	100.0%
列总计	2409	1700	4109

Chi-square test：df = 11，卡方值为 56.438，sig = 0.000 < 0.05，所以不同户口的居民对于“近 10 年来，您认为下列哪一类人获得的利益最多”的回答存在显著差异。

F24b by A5

近 10 年来，您认为下列哪一类人获得的利益最少 ＊ 户口 Crosstabulation

	农业户口	非农业户口	总计
工人	16.7%	35.6%	24.4%
农民	79.0%	58.0%	70.5%
公务员	0.4%	1.1%	0.7%
国有企业的经营管理者	0.2%	0.6%	0.4%
集体企业的经营管理者	0.2%	0.3%	0.3%
私营企业家	0.6%	0.4%	0.5%
外商、境外来大陆的投资者	0.4%	0.2%	0.3%
个体户	1.0%	1.7%	1.3%
私营、外资企业中的管理人员	0.3%	0.3%	0.3%
专家学者、专业技术人员	0.4%	1.1%	0.7%
政府官员	0.7%	0.5%	0.6%
其他	0.1%	0.2%	0.1%
总计	100.0%	100.0%	100.0%
列总计	2512	1721	4233

Chi-square test：df = 11，卡方值为 242.645，sig = 0.000 < 0.05，所以不同户口的居民对于“近 10 年来，您认为下列哪一类人获得的利益最少”的回答存在显著差异。

F25 by A5

您认为弱势群体产生的最主要原因是 ＊ 户口 Crosstabulation

	农业	非农	总计
制度不合理，社会关怀不够	39.8%	39.7%	39.8%
收入分配不公	45.0%	51.3%	47.6%
机会不平等	34.7%	32.1%	33.6%
弱势群体自己不努力	19.9%	21.2%	20.4%
缺乏生存技能	35.1%	34.8%	35.0%
列总计	2505	1754	4259

据上表所示，不同户口的居民对于“弱势群体产生的最主要原因”的回答不存在显著差异。

F26 by A5

我们经常看到一些老人或流浪者在垃圾桶中找东西，弄得满身污物，您认为我们是否应该改造城市的垃圾桶，如调整垃圾桶的角度、集中放矿泉水瓶等，以为他们提供方便 ＊ 户口 Crosstabulation

	农业户口	非农业户口	总计
应该，社会有义务为他们提供一种有尊严的生活	85.5%	83.5%	84.7%
不应该，这些人本来就与城市不和谐	9.3%	10.8%	9.9%
做这样的事不值得，应该将钱花到更重要的地方	5.0%	5.3%	5.1%
其他	0.2%	0.5%	0.3%
总计	100.0%	100.0%	100.0%
列总计	2556	1777	4333

Chi-square test：df = 3，卡方值为 4.734，sig = 0.192 > 0.05，所以不同户口的居民对于“我们经常看到一些老人或流浪者在垃圾桶中找东西，弄得满身污物，您认为我们是否应该改造城市的垃圾桶，如调整垃圾桶的角度、集中放矿泉水瓶等，以为他们提供方便”的回答上不存在显著差异。

F27 by A5

对当今中国社会，您更担忧哪种问题 ＊ 户口 Crosstabulation

	农业户口	非农业户口	总计
坑蒙拐骗，不守信用	29.8%	34.1%	31.6%
人与人之间互不信任，相互提防，没有安全感	48.3%	43.3%	46.3%
可信任的人很少，遇到问题难以找到人倾诉和帮助	17.1%	19.9%	18.2%
其他	4.8%	2.7%	3.9%
总计	100.0%	100.0%	100.0%
列总计	2561	1778	4339

Chi-square test：df = 3，卡方值为 28.073，sig = 0.000 < 0.05，所以不同户口的居民对于“当今中国社会，您更担忧哪种问题”的回答存在显著差异。

F28 by A5

您觉得大多数人都是可以相信的吗？如果 1 分代表“大多数人都可以相信”，5 分代表“对其他人都应该小心防备”，您会选几分 ＊ 户口 Crosstabulation

	农业户口	非农业户口	总计
大多数人都可以相信	11.0%	7.3%	9.5%
2	33.9%	34.5%	34.2%
3	40.2%	44.3%	41.9%

续表

	农业户口	非农业户口	总计
4	12.7%	12.5%	12.6%
对其他人都应小心防备	2.2%	1.4%	1.9%
总计	100.0%	100.0%	100.0%
列总计	2572	1776	4348

Chi-square test：df=4，卡方值为22.625，sig=0.000<0.05，所以不同户口的居民对于“大多数人是否可以相信”的回答存在显著差异。

F29a by A5

您对下面这些人的信任程度如何？您的家人 ＊ 户口 Crosstabulation

	农业户口	非农业户口	总计
完全信任	83.3%	77.9%	81.1%
比较信任	16.4%	21.7%	18.5%
不太信任	0.2%	0.4%	0.3%
根本不信任	0.1%	0.1%	0.1%
总计	100.0%	100.0%	100.0%
列总计	2574	1777	4351

Chi-square test：df=3，卡方值为21.784，sig=0.000<0.05，所以不同户口的居民对于“家人的信任程度”存在显著差异。

F29b by A5

您对下面这些人的信任程度如何？您的邻居 ＊ 户口 Crosstabulation

	农业户口	非农业户口	总计
完全信任	13.1%	10.7%	12.2%
比较信任	78.5%	80.2%	79.2%
不太信任	7.8%	8.5%	8.1%
根本不信任	0.5%	0.6%	0.6%
总计	100.0%	100.0%	100.0%
列总计	2566	1770	4336

Chi-square test：df=3，卡方值为6.098，sig=0.107>0.05，所以不同户口的居民对于“邻居的信任程度”不存在显著差异。

F29c by A5

您对下面这些人的信任程度如何？外地人 ＊ 户口 Crosstabulation

	农业户口	非农业户口	总计
完全信任	1.0%	1.1%	1.0%
比较信任	16.4%	23.7%	19.4%
不太信任	60.9%	55.0%	58.5%
根本不信任	21.8%	20.2%	21.1%
总计	100.0%	100.0%	100.0%
列总计	2505	1741	4246

Chi-square test：df = 3，卡方值为 36.179，sig = 0.000 < 0.05，所以不同户口的居民对于“外地人的信任程度”存在显著差异。

F29d by A5

您对下面这些人的信任程度如何？陌生人 ＊ 户口 Crosstabulation

	农业户口	非农业户口	总计
完全信任	0.5%	0.9%	0.7%
比较信任	7.6%	8.3%	7.9%
不太信任	57.1%	55.7%	56.5%
根本不信任	34.8%	35.1%	35.0%
总计	100.0%	100.0%	100.0%
列总计	2494	1729	4223

Chi-square test：df = 3，卡方值为 3.406，sig = 0.333 > 0.05，所以不同户口的居民对于“陌生人的信任程度”不存在显著差异。

F29e by A5

您对下面这些人的信任程度如何？外国人 ＊ 户口 Crosstabulation

	农业户口	非农业户口	总计
完全信任	0.8%	0.8%	0.8%
比较信任	9.3%	13.5%	11.0%
不太信任	58.3%	53.8%	56.4%
根本不信任	31.7%	31.9%	31.8%
总计	100.0%	100.0%	100.0%
列总计	2257	1622	3879

Chi-square test：df = 3，卡方值为 18.825，sig = 0.000 < 0.05，所以不同户口的居民对于“外国人的信任程度”存在显著差异。

F29f by A5

您对下面这些人的信任程度如何？同事或同学 * 户口 Crosstabulation

	农业户口	非农业户口	总计
完全信任	6.9%	7.0%	6.9%
比较信任	79.0%	81.0%	79.8%
不太信任	12.9%	11.0%	12.1%
根本不信任	1.2%	1.0%	1.1%
总计	100.0%	100.0%	100.0%
列总计	2519	1766	4285

Chi-square test：df = 3，卡方值为 3.605，sig = 0.307 > 0.05，所以不同户口的居民对于“同事或同学的信任程度”不存在显著差异。

F29g by A5

您对下面这些人的信任程度如何？您的上司或领导 * 户口 Crosstabulation

	农业户口	非农业户口	总计
完全信任	6.7%	7.5%	7.0%
比较信任	75.8%	74.9%	75.4%
不太信任	16.3%	16.2%	16.3%
根本不信任	1.2%	1.5%	1.3%
总计	100.0%	100.0%	100.0%
列总计	2417	1727	4144

Chi-square test：df = 3，卡方值为 1.810，sig = 0.613 > 0.05，所以不同户口的居民对于“上司或领导的信任程度”不存在显著差异。

F29h by A5

您对下面这些人的信任程度如何？您的朋友 * 户口 Crosstabulation

	农业户口	非农业户口	总计
完全信任	14.9%	15.2%	15.0%
比较信任	81.3%	80.4%	80.9%
不太信任	3.3%	3.6%	3.4%
根本不信任	0.5%	0.8%	0.6%
总计	100.0%	100.0%	100.0%
列总计	2564	1771	4335

Chi-square test：df = 3，卡方值为 1.477，sig = 0.688 > 0.05，所以不同户口的居民对于“朋友的信任程度”不存在显著差异。

F30 by A5

您是否同意“在这个社会上，您一不小心别人就会想办法占您的便宜”＊户口 Crosstabulation

	农业户口	非农业户口	总计
非常不同意	4.6%	3.8%	4.3%
比较不同意	25.9%	30.2%	27.6%
说不上同意不同意	30.6%	31.0%	30.8%
比较同意	35.9%	31.7%	34.2%
非常同意	3.0%	3.3%	3.1%
总计	100.0%	100.0%	100.0%
列总计	2525	1745	4270

Chi-square test：df = 4，卡方值为 14.454，sig = 0.006 < 0.05，所以不同户口的居民对于“在这个社会上，您一不小心别人就会想办法占您的便宜”的回答存在显著差异。

F31 by A5

您对所生活的地方道德建设满意吗＊户口 Crosstabulation

	农业户口	非农业户口	总计
满意	11.4%	11.2%	11.3%
基本满意	78.4%	80.2%	79.2%
不满意	10.1%	8.6%	9.5%
总计	100.0%	100.0%	100.0%
列总计	2473	1740	4213

Chi-square test：df = 2，卡方值为 2.818，sig = 0.244 > 0.05，所以不同户口的居民对于“所生活的地方道德建设满意与否”的回答不存在显著差异。

F32a by A5

您对下面群体的信任程度如何？商人＊户口 Crosstabulation

	农业户口	非农业户口	总计
完全信任	1.3%	1.4%	1.3%
比较信任	43.7%	45.9%	44.6%
不太信任	49.1%	48.6%	48.9%
根本不信任	5.9%	4.1%	5.2%
总计	100.0%	100.0%	100.0%

续表

	农业户口	非农业户口	总计
列总计	2496	1738	4234

Chi-square test：df = 3，卡方值为 8.097，sig = 0.044 < 0.05，所以不同户口的居民对于“商人的信任程度”存在显著差异。

F32b by A5

您对下面群体的信任程度如何？单位领导/社区（村）干部 * 户口 Crosstabulation

	农业户口	非农业户口	总计
完全信任	3.7%	6.0%	4.7%
比较信任	62.5%	66.5%	64.1%
不太信任	30.3%	24.4%	27.9%
根本不信任	3.5%	3.0%	3.3%
总计	100.0%	100.0%	100.0%
列总计	2512	1744	4256

Chi-square test：df = 3，卡方值为 27.232，sig = 0.000 < 0.05，所以不同户口的居民对于“单位领导/社区（村）干部的信任程度”存在显著差异。

F32c by A5

您对下面群体的信任程度如何？公务员 * 户口 Crosstabulation

	农业户口	非农业户口	总计
完全信任	5.8%	8.7%	7.0%
比较信任	62.9%	59.8%	61.6%
不太信任	28.1%	27.4%	27.8%
根本不信任	3.2%	4.1%	3.6%
总计	100.0%	100.0%	100.0%
列总计	2481	1739	4220

Chi-square test：df = 3，卡方值为 16.262，sig = 0.001 < 0.05，所以不同户口的居民对于“公务员的信任程度”存在显著差异。

F32d by A5

您对下面群体的信任程度如何？教师 * 户口 Crosstabulation

	农业户口	非农业户口	总计
完全信任	11.3%	12.4%	11.8%

续表

	农业户口	非农业户口	总计
比较信任	72.0%	68.6%	70.6%
不太信任	14.6%	16.3%	15.3%
根本不信任	2.0%	2.7%	2.3%
总计	100.0%	100.0%	100.0%
列总计	2550	1770	4320

Chi-square test：df = 3，卡方值为 6.983，sig = 0.072 > 0.05，所以不同户口的居民对于“教师的信任程度”不存在显著差异。

F32e by A5

您对下面群体的信任程度如何？警察 ＊ 户口 Crosstabulation

	农业户口	非农业户口	总计
完全信任	19.0%	22.1%	20.3%
比较信任	67.7%	63.6%	66.0%
不太信任	11.4%	11.6%	11.5%
根本不信任	1.9%	2.7%	2.2%
总计	100.0%	100.0%	100.0%
列总计	2549	1770	4319

Chi-square test：df = 3，卡方值为 10.556，sig = 0.014 < 0.05，所以不同户口的居民对于“警察的信任程度”存在显著差异。

F32f by A5

您对下面群体的信任程度如何？医生 ＊ 户口 Crosstabulation

	农业户口	非农业户口	总计
完全信任	10.3%	10.7%	10.4%
比较信任	67.4%	65.7%	66.7%
不太信任	19.4%	20.5%	19.9%
根本不信任	2.9%	3.0%	3.0%
总计	100.0%	100.0%	100.0%
列总计	2556	1771	4327

Chi-square test：df = 3，卡方值为 1.348，sig = 0.718 > 0.05，所以不同户口的居民对于“医生的信任程度”不存在显著差异。

F32g by A5

您对下面群体的信任程度如何？法官 ＊ 户口 Crosstabulation

	农业户口	非农业户口	总计
完全信任	16.0%	18.2%	16.9%
比较信任	71.4%	70.3%	71.0%
不太信任	11.3%	9.6%	10.6%
根本不信任	1.2%	1.9%	1.5%
总计	100.0%	100.0%	100.0%
列总计	2513	1756	4269

Chi-square test：df = 3，卡方值为 9.400，sig = 0.024 < 0.05，所以不同户口的居民对于“法官的信任程度”存在显著差异。

F32h by A5

您对下面群体的信任程度如何？农民 ＊ 户口 Crosstabulation

	农业户口	非农业户口	总计
完全信任	12.0%	10.4%	11.4%
比较信任	76.1%	77.6%	76.7%
不太信任	10.6%	10.7%	10.7%
根本不信任	1.3%	1.4%	1.3%
总计	100.0%	100.0%	100.0%
列总计	2555	1760	4315

Chi-square test：df = 3，卡方值为 2.797，sig = 0.424 > 0.05，所以不同户口的居民对于“农民的信任程度”不存在显著差异。

F32i by A5

您对下面群体的信任程度如何？工人 ＊ 户口 Crosstabulation

	农业户口	非农业户口	总计
完全信任	10.7%	9.9%	10.4%
比较信任	76.1%	76.8%	76.4%
不太信任	12.1%	12.0%	12.1%
根本不信任	1.0%	1.4%	1.2%
总计	100.0%	100.0%	100.0%
列总计	2543	1761	4304

Chi-square test：df = 3，卡方值为 1.841，sig = 0.606 > 0.05，所以不同户口的居民对于“工人的信任程度”不存在显著差异。

F32j by A5

您对下面群体的信任程度如何？专家学者 * 户口 Crosstabulation

	农业户口	非农业户口	总计
完全信任	10.2%	10.6%	10.3%
比较信任	65.3%	61.6%	63.8%
不太信任	21.3%	25.1%	22.9%
根本不信任	3.3%	2.7%	3.0%
总计	100.0%	100.0%	100.0%
列总计	2384	1694	4078

Chi-square test：df = 3，卡方值为 10.009，sig = 0.018 < 0.05，所以不同户口的居民对于“专家学者的信任程度”存在显著差异。

F32k by A5

您对下面群体的信任程度如何？演艺娱乐圈 * 户口 Crosstabulation

	农业户口	非农业户口	总计
完全信任	1.6%	1.6%	1.6%
比较信任	34.0%	34.0%	34.0%
不太信任	47.5%	48.2%	47.8%
根本不信任	16.9%	16.2%	16.6%
总计	100.0%	100.0%	100.0%
列总计	2151	1596	3747

Chi-square test：df = 3，卡方值为 0.415，sig = 0.937 > 0.05，所以不同户口的居民对于“演艺娱乐圈的信任程度”不存在显著差异。

F32l by A5

您对下面群体的信任程度如何？公众人物 * 户口 Crosstabulation

	农业户口	非农业户口	总计
完全信任	3.0%	3.5%	3.2%
比较信任	47.1%	48.6%	47.7%
不太信任	40.9%	39.3%	40.2%
根本不信任	9.0%	8.6%	8.8%
总计	100.0%	100.0%	100.0%
列总计	2193	1619	3812

Chi-square test：df = 3，卡方值为 1.930，sig = 0.587 > 0.05，所以不同户口的居民对于“公众人物的信任程度”不存在显著差异。

F33 by A5

您在生活中经常买到假冒伪劣商品吗 * 户口 Crosstabulation

	农业户口	非农业户口	总计
经常	5.2%	5.0%	5.1%
偶尔	68.6%	69.4%	68.9%
没有	26.2%	25.6%	25.9%
总计	100.0%	100.0%	100.0%
列总计	2399	1632	4031

Chi-square test：df = 2，卡方值为 0.335，sig = 0.846 > 0.05，所以不同户口的居民对于“是否在生活中经常买到假冒伪劣商品”的回答不存在显著差异。

F34 by A5

您在购物、就医、理财等方面经常遇到虚假广告吗 * 户口 Crosstabulation

	农业户口	非农业户口	总计
经常	14.8%	14.8%	14.8%
偶尔	57.9%	57.9%	57.9%
没有	27.3%	27.3%	27.3%
总计	100.0%	100.0%	100.0%
列总计	2359	1573	3932

Chi-square test：df = 2，卡方值为 0.000，sig = 1.000 > 0.05，所以不同户口的居民对于“是否在购物、就医、理财等方面经常遇到虚假广告”的回答不存在显著差异。

F35 by A5

如果在路边看到一个老人摔倒，您的反应是 * 户口 Crosstabulation

	农业户口	非农业户口	总计
立即扶起	37.1%	38.5%	37.7%
等有证人时再扶	27.9%	26.1%	27.2%
先拍照，再扶起	11.4%	12.6%	11.9%
不扶，避免惹是生非	10.7%	7.2%	9.2%
报警	12.0%	15.1%	13.3%
其他	0.9%	0.4%	0.7%
总计	100.0%	100.0%	100.0%
列总计	2568	1779	4347

Chi-square test：df = 5，卡方值为 27.422，sig = 0.000 < 0.05，所以不同户口的居民对于“如果在路边看到一个老人摔倒的反应”的回答存在显著差异。

F36 by A5

我们都听说过或见证过好心人救助老人却反被诬陷。假如您是这位好心人，您会 * 户口 Crosstabulation

	农业户口	非农业户口	总计
我是多管闲事，下次再也不会帮助别人了	25.0%	20.6%	23.2%
我正直善良真心待人，对得起良知和良心	41.1%	45.9%	43.1%
下次还是会伸出援手，但是会提高警惕，注意保护自己	33.6%	33.4%	33.5%
其他	0.2%	0.1%	0.2%
总计	100.0%	100.0%	100.0%
列总计	2563	1779	4342

Chi-square test：df = 3，卡方值为 15.030，sig = 0.002 < 0.05，所以不同户口的居民对于“我们都听说过或见证过好心人救助老人却反被诬陷。假如您是这位好心人，您会”的反应上存在显著差异。

F37a by A5

您对下列群体的伦理道德整体状况的满意度？政府官员 * 户口 Crosstabulation

	农业户口	非农业户口	总计
非常不满意	5.8%	4.6%	5.3%
比较不满意	37.2%	34.5%	36.1%
比较满意	54.5%	57.1%	55.5%
非常满意	2.5%	3.8%	3.0%
总计	100.0%	100.0%	100.0%
列总计	2459	1705	4164

Chi-square test：df = 3，卡方值为 10.813，sig = 0.013 < 0.05，所以不同户口的居民对于“政府官员的伦理道德整体状况的满意度”存在显著差异。

F37b by A5

您对下列群体的伦理道德整体状况的满意度？一般公务员 * 户口 Crosstabulation

	农业户口	非农业户口	总计
非常不满意	4.4%	3.6%	4.1%
比较不满意	32.5%	30.0%	31.5%

续表

	农业户口	非农业户口	总计
比较满意	60.1%	61.5%	60.7%
非常满意	2.9%	4.9%	3.7%
总计	100.0%	100.0%	100.0%
列总计	2437	1719	4156

Chi-square test：df = 3，卡方值为 14.673，sig = 0.002 < 0.05，所以不同户口的居民对于“一般公务员的伦理道德整体状况的满意度”存在显著差异。

F37c by A5

您对下列群体的伦理道德整体状况的满意度？企业家 * 户口 Crosstabulation

	农业户口	非农业户口	总计
非常不满意	2.9%	2.2%	2.6%
比较不满意	29.8%	27.3%	28.7%
比较满意	63.0%	63.8%	63.3%
非常满意	4.4%	6.7%	5.3%
总计	100.0%	100.0%	100.0%
列总计	2384	1676	4060

Chi-square test：df = 3，卡方值为 14.021，sig = 0.003 < 0.05，所以不同户口的居民对于“企业家的伦理道德整体状况的满意度”存在显著差异。

F37d by A5

您对下列群体的伦理道德整体状况的满意度？演艺娱乐界 * 户口 Crosstabulation

	农业户口	非农业户口	总计
非常不满意	10.2%	11.6%	10.8%
比较不满意	43.3%	42.8%	43.1%
比较满意	43.0%	41.3%	42.3%
非常满意	3.5%	4.2%	3.8%
总计	100.0%	100.0%	100.0%
列总计	2047	1571	3618

Chi-square test：df = 3，卡方值为 3.757，sig = 0.289 > 0.05，所以不同户口的居民对于“演艺娱乐界的伦理道德整体状况的满意度”不存在显著差异。

F37e by A5

您对下列群体的伦理道德整体状况的满意度？教师 ＊ 户口 Crosstabulation

	农业户口	非农业户口	总计
非常不满意	2.2%	2.4%	2.3%
比较不满意	17.5%	20.3%	18.7%
比较满意	71.4%	66.6%	69.5%
非常满意	8.8%	10.6%	9.6%
总计	100.0%	100.0%	100.0%
列总计	2533	1760	4293

Chi-square test：df = 3，卡方值为 11.313，sig = 0.010 < 0.05，所以不同户口的居民对于“教师的伦理道德整体状况的满意度”存在显著差异。

F37f by A5

您对下列群体的伦理道德整体状况的满意度？青少年 ＊ 户口 Crosstabulation

	农业户口	非农业户口	总计
非常不满意	1.9%	2.0%	2.0%
比较不满意	17.1%	15.4%	16.4%
比较满意	71.4%	69.6%	70.7%
非常满意	9.5%	13.1%	10.9%
总计	100.0%	100.0%	100.0%
列总计	2517	1739	4256

Chi-square test：df = 3，卡方值为 14.378，sig = 0.002 < 0.05，所以不同户口的居民对于“青少年的伦理道德整体状况的满意度”存在显著差异。

F37g by A5

您对下列群体的伦理道德整体状况的满意度？弱势群体 ＊ 户口 Crosstabulation

	农业户口	非农业户口	总计
非常不满意	2.9%	1.5%	2.3%
比较不满意	21.1%	22.1%	21.5%
比较满意	74.5%	74.1%	74.4%
非常满意	1.4%	2.3%	1.8%
总计	100.0%	100.0%	100.0%

续表

	农业户口	非农业户口	总计
列总计	2345	1655	4000

Chi-square test：df = 3，卡方值为 13.626，sig = 0.003 < 0.05，所以不同户口的居民对于“弱势群体的伦理道德整体状况的满意度”存在显著差异。

F37h by A5

您对下列群体的伦理道德整体状况的满意度？自由职业者 * 户口 Crosstabulation

	农业户口	非农业户口	总计
非常不满意	2.3%	0.7%	1.6%
比较不满意	20.1%	16.2%	18.5%
比较满意	74.8%	78.7%	76.4%
非常满意	2.8%	4.5%	3.5%
总计	100.0%	100.0%	100.0%
列总计	2252	1636	3888

Chi-square test：df = 3，卡方值为 31.876，sig = 0.000 < 0.05，所以不同户口的居民对于“自由职业者的伦理道德整体状况的满意度”存在显著差异。

F37i by A5

您对下列群体的伦理道德整体状况的满意度？农民 * 户口 Crosstabulation

	农业户口	非农业户口	总计
非常不满意	2.1%	0.9%	1.6%
比较不满意	11.0%	10.4%	10.8%
比较满意	77.9%	76.8%	77.4%
非常满意	9.0%	11.9%	10.2%
总计	100.0%	100.0%	100.0%
列总计	2534	1745	4279

Chi-square test：df = 3，卡方值为 18.783，sig = 0.000 < 0.05，所以不同户口的居民对于“农民的伦理道德整体状况的满意度”存在显著差异。

F37j by A5

您对下列群体的伦理道德整体状况的满意度？商人 * 户口 Crosstabulation

	农业户口	非农业户口	总计
非常不满意	2.9%	2.0%	2.5%

续表

	农业户口	非农业户口	总计
比较不满意	30.8%	31.3%	31.0%
比较满意	63.4%	61.5%	62.6%
非常满意	2.9%	5.3%	3.9%
总计	100.0%	100.0%	100.0%
列总计	2493	1743	4236

Chi-square test：df = 3，卡方值为 19.374，sig = 0.000 < 0.05，所以不同户口的居民对于“商人的伦理道德整体状况的满意度”存在显著差异。

F37k by A5

您对下列群体的伦理道德整体状况的满意度？工人 ＊ 户口 Crosstabulation

	农业户口	非农业户口	总计
非常不满意	1.2%	0.7%	1.0%
比较不满意	11.8%	11.5%	11.7%
比较满意	81.2%	81.2%	81.2%
非常满意	5.7%	6.7%	6.1%
总计	100.0%	100.0%	100.0%
列总计	2524	1751	4275

Chi-square test：df = 3，卡方值为 4.606，sig = 0.203 > 0.05，所以不同户口的居民对于“工人的伦理道德整体状况的满意度”不存在显著差异。

F37l by A5

您对下列群体的伦理道德整体状况的满意度？专家学者 ＊ 户口 Crosstabulation

	农业户口	非农业户口	总计
非常不满意	1.7%	1.3%	1.6%
比较不满意	15.8%	18.9%	17.1%
比较满意	75.1%	70.9%	73.4%
非常满意	7.3%	8.9%	8.0%
总计	100.0%	100.0%	100.0%
列总计	2382	1705	4087

Chi-square test：df = 3，卡方值为 12.028，sig = 0.007 < 0.05，所以不同户口的居民对于“专家学者的伦理道德整体状况的满意度”存在显著差异。

F37m by A5

您对下列群体的伦理道德整体状况的满意度？医生 * 户口 Crosstabulation

	农业户口	非农业户口	总计
非常不满意	3.6%	3.2%	3.4%
比较不满意	21.8%	22.8%	22.2%
比较满意	69.0%	66.7%	68.1%
非常满意	5.6%	7.2%	6.2%
总计	100.0%	100.0%	100.0%
列总计	2537	1755	4292

Chi-square test：df = 3，卡方值为 6.256，sig = 0.100 > 0.05，所以不同户口的居民对于“医生的伦理道德整体状况的满意度”不存在显著差异。

F38 by A5

下列哪些因素可能影响人际关系紧张 * 户口 Crosstabulation

	农业	非农	总计
社会资源缺乏，引发恶性竞争	23.0%	24.3%	23.5%
过度宣扬竞争意识	20.3%	26.0%	22.7%
社会财富分配不公，贫富差距过大	34.1%	33.8%	34.0%
个人主义盛行	22.3%	22.0%	22.2%
缺乏爱心	21.9%	28.6%	24.7%
缺乏相互理解和沟通的意识和能力	17.5%	16.7%	17.2%
制度安排不公正，机会不平等	23.4%	25.3%	24.2%
以权谋私，官员腐败	24.6%	24.2%	24.4%
缺乏道德信用	27.2%	24.7%	26.2%
人与人、人与社会之间缺乏信任	36.7%	35.5%	36.2%
传统伦理瓦解，社会缺乏统一的价值观	7.7%	8.5%	8.0%
一切诉诸利益或法律，人际关系缺乏伦理调节的机制和能力	4.4%	5.2%	4.7%
列总计	2497	1764	4261

据上表所示，不同户口的居民对于“哪些因素可能影响人际关系紧张”的回答不存在显著差异。

F39 by A5

您认为在现代中国社会实际奉行的道德价值是 * 户口 Crosstabulation

	农业户口	非农业户口	总计
义利合一，用符合道德的方式谋利	59.3%	58.9%	59.2%
见利忘义，唯利是图	30.5%	31.8%	31.1%

续表

	农业户口	非农业户口	总计
不计较利害得失，道德至上	10.0%	9.0%	9.6%
其他	0.2%	0.3%	0.2%
总计	100.0%	100.0%	100.0%
列总计	2467	1749	4216

Chi-square test：df = 3，卡方值为 2.407，sig = 0.492 > 0.05，所以不同户口的居民对于“现代中国社会实际奉行的道德价值”的回答不存在显著差异。

F40 by A5

对形成我国当前各种新型伦理关系和道德观念，哪些因素影响最大 * 户口 Crosstabulation

	农业	非农	总计
网络和媒体	53.5%	63.3%	57.7%
政府	63.0%	60.0%	61.7%
大学及其文化	18.7%	25.8%	21.7%
市场	40.5%	37.0%	39.0%
企业	25.1%	22.3%	23.9%
社会团体	21.0%	21.8%	21.4%
列总计	2299	1680	3979

据上表所示，不同户口的居民对于“对形成我国当前各种新型伦理关系和道德观念，哪些因素影响最大”的回答存在显著差异。

F41 by A5

对当前我国伦理关系和道德风尚造成最大负面影响的因素是 * 户口 Crosstabulation

	农业	非农	总计
传统文化的崩坏	37.8%	37.8%	37.8%
外来文化的冲击	33.0%	39.8%	35.8%
市场经济导致的个人主义	27.0%	26.4%	26.8%
网络技术的发展	20.8%	24.0%	22.2%
分配不公，两极分化	37.6%	37.3%	37.5%
以权谋私，官员腐败	29.1%	23.7%	26.8%
其他	0.3%	0.2%	0.2%
列总计	2394	1718	4112

据上表所示，不同户口的居民对于“对当前我国伦理关系和道德风尚造成最大负面影响的因素”的回答存在显著差异。

F42 by A5

造成当今不良道德风尚的最主要原因是 ＊ 户口 Crosstabulation

	农业	非农	总计
以权谋私，官员腐败	59.4%	60.7%	59.9%
企业不讲诚信和损害社会利益	35.5%	41.5%	38.0%
学校道德教育功能弱化	22.6%	28.3%	24.9%
家庭伦理功能弱化	16.5%	18.6%	17.4%
个人缺乏道德自觉	48.5%	45.7%	47.3%
分配不公，两极分化	34.7%	34.2%	34.5%
社会的不良影响	41.4%	39.7%	40.7%
列总计	2447	1723	4170

据上表所示，不同户口的居民对于“造成当今不良道德风尚的最主要原因”的回答不存在显著差异。

F43a by A5

导致当前医患关系紧张的主要原因是 ＊ 户口 Crosstabulation

	农业户口	非农业户口	总计
医生缺乏职业道德，对病人不负责任	38.8%	35.2%	37.3%
医疗制度不合理，看病难看病贵	46.3%	48.3%	47.1%
医生腐败，不送红包不认真看病	11.4%	11.7%	11.5%
“医闹”，病人蓄意闹事	3.2%	4.5%	3.7%
其他	0.3%	0.4%	0.3%
总计	100.0%	100.0%	100.0%
列总计	2473	1716	4189

Chi-square test：df = 4，卡方值为 9.179，sig = 0.057 > 0.05，所以不同户口的居民对于“导致当前医患关系紧张的主要原因”的回答不存在显著差异。

F43b by A5

导致当前医患关系紧张的次要原因是 ＊ 户口 Crosstabulation

	农业户口	非农业户口	总计
医生缺乏职业道德，对病人不负责任	38.5%	38.9%	38.6%
医疗制度不合理，看病难看病贵	32.0%	32.3%	32.1%
医生腐败，不送红包不认真看病	20.2%	18.0%	19.3%
“医闹”，病人蓄意闹事	9.0%	10.6%	9.7%
其他	0.3%	0.3%	0.3%

续表

	农业户口	非农业户口	总计
总计	100.0%	100.0%	100.0%
列总计	2400	1670	4070

Chi-square test：df = 4，卡方值为 5.318，sig = 0.256 > 0.05，所以不同户口的居民对于“导致当前医患关系紧张的次要原因”的回答不存在显著差异。

F44 by A5

您是否曾经与医生（医院）发生过矛盾或纠纷 * 户口 Crosstabulation

	农业户口	非农业户口	总计
是	3.7%	3.2%	3.5%
否	96.3%	96.8%	96.5%
总计	100.0%	100.0%	100.0%
列总计	2571	1780	4351

Chi-square test：df = 1，卡方值为 0.758，sig = 0.384 > 0.05，所以不同户口的居民对于“是否曾经与医生（医院）发生过矛盾或纠纷”的回答不存在显著差异。

F45a by A5

您采取了哪些方式来解决医患纠纷？与医院协商 * 户口 Crosstabulation

	农业户口	非农业户口	总计
未选中	53.2%	47.2%	51.0%
选中	46.8%	52.8%	49.0%
总计	100.0%	100.0%	100.0%
列总计	94	53	147

Chi-square test：df = 1，卡方值为 0.492，sig = 0.483 > 0.05，所以不同户口的居民对于“选择与医院协商来解决医患纠纷”的回答不存在显著差异。

F45b by A5

您采取了哪些方式来解决医患纠纷？寻求卫生局的调解或介入 * 户口 Crosstabulation

	农业户口	非农业户口	总计
未选中	76.6%	81.1%	78.2%
选中	23.4%	18.9%	21.8%
总计	100.0%	100.0%	100.0%
列总计	94	53	147

Chi-square test：df = 1，卡方值为 0.410，sig = 0.522 > 0.05，所以不同户口的居民对于“选择寻求卫生局的调解或介入来解决医患纠纷”的回答不存在显著差异。

F45c by A5

您采取了哪些方式来解决医患纠纷？医学鉴定 ＊ 户口 Crosstabulation

	农业户口	非农业户口	总计
未选中	89.4%	88.7%	89.1%
选中	10.6%	11.3%	10.9%
总计	100.0%	100.0%	100.0%
列总计	94	53	147

Chi-square test：df = 1，卡方值为 0.016，sig = 0.898 > 0.05，所以不同户口的居民对于“选择医学鉴定来解决医患纠纷”的回答不存在显著差异。

F45d by A5

您采取了哪些方式来解决医患纠纷？司法诉讼 ＊ 户口 Crosstabulation

	农业户口	非农业户口	总计
未选中	79.8%	88.7%	83.0%
选中	20.2%	11.3%	17.0%
总计	100.0%	100.0%	100.0%
列总计	94	53	147

Chi-square test：df = 1，卡方值为 1.899，sig = 0.168 > 0.05，所以不同户口的居民对于“选择司法诉讼来解决医患纠纷”的回答不存在显著差异。

F45e by A5

您采取了哪些方式来解决医患纠纷？寻求媒体曝光 ＊ 户口 Crosstabulation

	农业户口	非农业户口	总计
未选中	90.4%	90.6%	90.5%
选中	9.6%	9.4%	9.5%
总计	100.0%	100.0%	100.0%
列总计	94	53	147

Chi-square test：df = 1，卡方值为 0.001，sig = 0.978 > 0.05，所以不同户口的居民对于“选择寻求媒体曝光来解决医患纠纷”的回答不存在显著差异。

F45f by A5

您采取了哪些方式来解决医患纠纷？信访 ＊ 户口 Crosstabulation

	农业户口	非农业户口	总计
未选中	95.7%	92.5%	94.6%

续表

	农业户口	非农业户口	总计
选中	4.3%	7.5%	5.4%
总计	100.0%	100.0%	100.0%
列总计	94	53	147

Chi-square test：df = 1，卡方值为 0.714，sig = 0.398 > 0.05，所以不同户口的居民对于“选择信访来解决医患纠纷”的回答不存在显著差异。

F45g by A5

您采取了哪些方式来解决医患纠纷？寻求第三方医疗纠纷调解委员会调解 ＊ 户口 Crosstabulation

	农业户口	非农业户口	总计
未选中	87.2%	88.7%	87.8%
选中	12.8%	11.3%	12.2%
总计	100.0%	100.0%	100.0%
列总计	94	53	147

Chi-square test：df = 1，卡方值为 0.066，sig = 0.797 > 0.05，所以不同户口的居民对于“选择寻求第三方医疗纠纷调解委员会调解来解决医患纠纷”的回答不存在显著差异。

F45h by A5

您采取了哪些方式来解决医患纠纷？直接找医生或医院算账 ＊ 户口 Crosstabulation

	农业户口	非农业户口	总计
未选中	83.0%	73.6%	79.6%
选中	17.0%	26.4%	20.4%
总计	100.0%	100.0%	100.0%
列总计	94	53	147

Chi-square test：df = 1，卡方值为 1.841，sig = 0.175 > 0.05，所以不同户口的居民对于“选择直接找医生或医院算账来解决医患纠纷”的回答不存在显著差异。

F46 by A5

某些患者会在手术前给医生红包，您认为送红包的主要理由是 * 户口 Crosstabulation

	农业户口	非农业户口	总计
不相信医生能平等地对待每个病人，送红包能提高关注度，必须送	29.4%	23.5%	27.0%
医生很辛苦，送红包是表示尊敬和感谢	8.5%	10.6%	9.4%
大家都送，我不送会吃亏，不送心里不踏实	20.4%	21.1%	20.7%
送红包能让医生对我更用心，但我不会这么做	19.6%	22.9%	20.9%
大家都送红包，事实上无助于提高治疗效果，我不会这么做	14.7%	16.1%	15.3%
想送，但我没有能力送	7.4%	5.8%	6.7%
总计	100.0%	100.0%	100.0%
列总计	2377	1625	4002

Chi-square test：df = 5，卡方值为 27.300，sig = 0.000 < 0.05，所以不同户口的居民对于“某些患者会在手术前给医生红包的理由”的回答存在显著差异。

G1 by A5

和前几年相比，您认为目前我国官员腐败现象有什么变化 * 户口 Crosstabulation

	农业户口	非农业户口	总计
有很大改善	11.9%	12.6%	12.2%
有较大改善	63.3%	63.9%	63.5%
没什么变化	20.6%	20.6%	20.6%
更加恶化	3.4%	2.5%	3.0%
其他	0.8%	0.5%	0.7%
总计	100.0%	100.0%	100.0%
列总计	2411	1671	4082

Chi-square test：df = 4，卡方值为 4.386，sig = 0.356 > 0.05，所以不同户口的居民对于“和前几年相比，目前我国官员腐败现象有什么变化”的回答不存在显著差异。

G2a by A5

您认为干部当官的目的是？为国家与社会做贡献 * 户口 Crosstabulation

	农业户口	非农业户口	总计
未选中	70.0%	65.4%	68.1%

续表

	农业户口	非农业户口	总计
选中	30.0%	34.6%	31.9%
总计	100.0%	100.0%	100.0%
列总计	2467	1708	4175

Chi-square test：df = 1，卡方值为 9.683，sig = 0.002 < 0.05，所以不同户口的居民对于“干部当官的目的是为国家与社会做贡献”的回答存在显著差异。

G2b by A5

您认为干部当官的目的是？为人民服务，为百姓做好事做实事 ＊ 户口 Crosstabulation

	农业户口	非农业户口	总计
未选中	52.7%	50.2%	51.7%
选中	47.3%	49.8%	48.3%
总计	100.0%	100.0%	100.0%
列总计	2467	1708	4175

Chi-square test：df = 1，卡方值为 2.566，sig = 0.109 > 0.05，所以不同户口的居民对于“干部当官的目的是为人民服务，为百姓做好事做实事”的回答不存在显著差异。

G2c by A5

您认为干部当官的目的是？为家庭增光，光宗耀祖 ＊ 户口 Crosstabulation

	农业户口	非农业户口	总计
未选中	69.4%	64.7%	67.4%
选中	30.6%	35.3%	32.6%
总计	100.0%	100.0%	100.0%
列总计	2467	1708	4175

Chi-square test：df = 1，卡方值为 9.982，sig = 0.002 < 0.05，所以不同户口的居民对于“干部当官的目的是为家庭增光，光宗耀祖”的回答存在显著差异。

G2d by A5

您认为干部当官的目的是？为自己升官发财 ＊ 户口 Crosstabulation

	农业户口	非农业户口	总计
未选中	45.9%	55.6%	49.9%
选中	54.1%	44.4%	50.1%
总计	100.0%	100.0%	100.0%

续表

	农业户口	非农业户口	总计
列总计	2467	1708	4175

Chi-square test：df = 1，卡方值为 37.484，sig = 0.000 < 0.05，所以不同户口的居民对于"干部当官的目的是为自己升官发财"的回答存在显著差异。

G2e by A5

您认为干部当官的目的是？没特殊目的，一个稳定而待遇高的职业而已 ＊ 户口 Crosstabulation

	农业户口	非农业户口	总计
未选中	79.9%	78.7%	79.4%
选中	20.1%	21.3%	20.6%
总计	100.0%	100.0%	100.0%
列总计	2467	1708	4175

Chi-square test：df = 1，卡方值为 0.756，sig = 0.385 > 0.05，所以不同户口的居民对于"干部当官的目的是没特殊目的，一个稳定而待遇高的职业而已"的回答不存在显著差异。

G2f by A5

您认为干部当官的目的是？其他 ＊ 户口 Crosstabulation

	农业户口	非农业户口	总计
未选中	99.8%	99.7%	99.7%
选中	0.2%	0.3%	0.3%
总计	100.0%	100.0%	100.0%
列总计	2467	1708	4175

Chi-square test：df = 1，卡方值为 0.094，sig = 0.759 > 0.05，所以不同户口的居民对于"干部当官的目的是'其他'"的回答不存在显著差异。

G3 by A5

与前几年相比，您对政府官员的信任度有什么变化 ＊ 户口 Crosstabulation

	农业户口	非农业户口	总计
信任度提高了	40.5%	43.6%	41.7%
更加不信任	8.6%	8.7%	8.7%
没什么变化	50.6%	47.7%	49.4%

续表

	农业户口	非农业户口	总计
其他	0. 3%	0. 1%	0. 2%
总计	100. 0%	100. 0%	100. 0%
列总计	2572	1777	4349

Chi-square test：df = 3，卡方值为 6. 925，sig = 0. 074 > 0. 05，所以不同户口的居民对于“与前几年相比，对政府官员的信任度有什么变化”的回答不存在显著差异。

G4 by A5

在生活中或媒体上看到政府官员时，您首先想到的是 ＊ 户口 Crosstabulation

	农业户口	非农业户口	总计
公仆，为老百姓谋福利	17. 0%	19. 6%	18. 0%
官僚，根本不了解我们的情况	20. 1%	19. 3%	19. 8%
有权有势的人	27. 9%	26. 6%	27. 3%
有本事的人	8. 7%	10. 0%	9. 2%
领导，决定我们命运的人	9. 3%	9. 1%	9. 2%
贪官	8. 4%	8. 6%	8. 5%
惹不起，但躲得起的人	3. 6%	1. 4%	2. 7%
遇到大事可以信任的人	3. 7%	3. 0%	3. 5%
其他	1. 3%	2. 5%	1. 8%
总计	100. 0%	100. 0%	100. 0%
列总计	2562	1774	4336

Chi-square test：df = 8，卡方值为 35. 736，sig = 0. 000 < 0. 05，所以不同户口的居民对于“在生活中或媒体上看到政府官员时，首先想到的形象”的回答存在显著差异。

G5 by A5

您觉得当前我国政府官员道德问题最严重的是 ＊ 户口 Crosstabulation

	农业	非农	总计
贪污受贿	59. 5%	52. 8%	56. 8%
以权谋私	67. 9%	64. 8%	66. 6%
生活作风腐败	33. 1%	37. 2%	34. 8%
官僚主义	17. 8%	21. 9%	19. 5%
平庸，不作为，只保护自己不解决实际问题	38. 1%	34. 7%	36. 7%
乱作为，搞政绩工程折腾百姓	19. 9%	30. 0%	24. 0%

续表

	农业	非农	总计
铺张浪费	12.0%	11.8%	12.0%
拉帮结派	9.5%	9.0%	9.3%
骄横跋扈，欺压百姓	6.2%	5.4%	5.9%
列总计	2434	1673	4107

据上表所示，不同户口的居民对于“当前我国政府官员道德问题最严重的表现”的回答存在显著差异。

G6 by A5

政府在制定政策和决策时充分考虑到伦理道德方面的要求了吗 * 户口 Crosstabulation

	农业户口	非农业户口	总计
有考虑，能够从日常生活中感受到	31.9%	34.2%	32.8%
有考虑，能够从政策文件中体会到	28.9%	31.4%	29.9%
只是口头上说说，没有实质性行动	30.4%	25.6%	28.4%
没有考虑，政策制度都是从自己的政绩和富人的利益着想	8.5%	8.5%	8.5%
其他	0.3%	0.4%	0.3%
总计	100.0%	100.0%	100.0%
列总计	2512	1771	4283

Chi-square test：df = 4，卡方值为 12.776，sig = 0.012 < 0.05，所以不同户口的居民对于“政府在制定政策和决策时是否充分考虑到伦理道德方面的要求”的回答存在显著差异。

G7a by A5

残疾人、留守儿童、孤寡老人等弱势群体需要来自全社会的关爱与帮助，您认为本地区做得怎么样？社区提供的服务 * 户口 Crosstabulation

	农业户口	非农业户口	总计
很好	6.1%	9.5%	7.5%
比较好	69.9%	74.7%	71.9%
不太好	22.6%	15.0%	19.5%
很差	1.4%	0.8%	1.1%
总计	100.0%	100.0%	100.0%
列总计	2451	1724	4175

Chi-square test：df = 3，卡方值为 52.744，sig = 0.000 < 0.05，所以不同户口的居民对于“本地区社区提供的服务做得怎么样”的回答存在显著差异。

G7b by A5

残疾人、留守儿童、孤寡老人等弱势群体需要来自全社会的关爱与帮助，您认为本地区做得怎么样？周围人的尊重和关爱 ＊ 户口 Crosstabulation

	农业户口	非农业户口	总计
很好	9.2%	11.8%	10.3%
比较好	72.5%	74.9%	73.5%
不太好	16.8%	12.6%	15.1%
很差	1.4%	0.7%	1.1%
总计	100.0%	100.0%	100.0%
列总计	2511	1746	4257

Chi-square test：df = 3，卡方值为 24.526，sig = 0.000 < 0.05，所以不同户口的居民对于“本地区周围人的尊重和关爱做得怎么样”的回答存在显著差异。

G7c by A5

残疾人、留守儿童、孤寡老人等弱势群体需要来自全社会的关爱与帮助，您认为本地区做得怎么样？社会服务机构提供专业化服务 ＊ 户口 Crosstabulation

	农业户口	非农业户口	总计
很好	8.7%	10.6%	9.5%
比较好	52.6%	60.1%	55.8%
不太好	32.4%	25.5%	29.5%
很差	6.2%	3.8%	5.2%
总计	100.0%	100.0%	100.0%
列总计	2278	1660	3938

Chi-square test：df = 3，卡方值为 39.629，sig = 0.000 < 0.05，所以不同户口的居民对于“本地区社会服务机构提供专业化服务做得怎么样”的回答存在显著差异。

G7d by A5

残疾人、留守儿童、孤寡老人等弱势群体需要来自全社会的关爱与帮助，您认为本地区做得怎么样？政府实施的社会援助 ＊ 户口 Crosstabulation

	农业户口	非农业户口	总计
很好	8.1%	12.7%	10.0%
比较好	59.5%	63.1%	61.0%
不太好	28.4%	21.7%	25.6%
很差	4.0%	2.5%	3.4%
总计	100.0%	100.0%	100.0%
列总计	2298	1648	3946

Chi-square test：df = 3，卡方值为 45.075，sig = 0.000 < 0.05，所以不同户口的居民对于“本地区政府实施的社会援助做得怎么样”的回答存在显著差异。

G7e by A5

残疾人、留守儿童、孤寡老人等弱势群体需要来自全社会的关爱与帮助，您认为本地区做得怎么样？公益与慈善事业 ＊ 户口 Crosstabulation

	农业户口	非农业户口	总计
很好	7.2%	11.4%	9.0%
比较好	59.9%	62.9%	61.2%
不太好	28.1%	22.8%	25.8%
很差	4.8%	3.0%	4.0%
总计	100.0%	100.0%	100.0%
列总计	2141	1590	3731

Chi-square test：df = 3，卡方值为 36.126，sig = 0.000 < 0.05，所以不同户口的居民对于“本地区公益与慈善事业做得怎么样”的回答存在显著差异。

G7f by A5

残疾人、留守儿童、孤寡老人等弱势群体需要来自全社会的关爱与帮助，您认为本地区做得怎么样？志愿者帮助 ＊ 户口 Crosstabulation

	农业户口	非农业户口	总计
很好	9.9%	10.8%	10.3%
比较好	57.8%	66.5%	61.6%
不太好	28.2%	20.1%	24.7%
很差	4.1%	2.6%	3.4%
总计	100.0%	100.0%	100.0%
列总计	2104	1603	3707

Chi-square test：df = 3，卡方值为 42.168，sig = 0.000 < 0.05，所以不同户口的居民对于“本地区志愿者帮助做得怎么样”的回答存在显著差异。

G8 by A5

现在有的地方建了“好人馆”“好人广场”“好人公园”，您认为有必要为好人树碑立传吗 ＊ 户口 Crosstabulation

	农业户口	非农业户口	总计
很有必要，可以让更多的人知道他们、学习他们	82.7%	80.4%	81.7%
可有可无	10.3%	10.7%	10.5%
没有必要	7.0%	8.9%	7.8%
总计	100.0%	100.0%	100.0%
列总计	2458	1716	4174

Chi-square test：df = 2，卡方值为 5.100，sig = 0.078 > 0.05，所以不同户口的居民对于“是否有必要为好人树碑立传”的回答不存在显著差异。

G9 by A5

党中央出台了一系列治国理政的新举措，给社会生活带来了什么变化 ＊ 户口 Crosstabulation

	农业户口	非农业户口	总计
社会在向好的方面发展，对未来生活更有信心	56.7%	61.4%	58.6%
目前没看出有什么影响	20.4%	18.8%	19.7%
虽然出台了一些政策，感觉解决不了什么问题	14.5%	15.9%	15.1%
不关心这些，说不清楚	8.3%	3.8%	6.5%
其他	0.1%	0.1%	0.1%
总计	100.0%	100.0%	100.0%
列总计	2572	1778	4350

Chi-square test：df = 4，卡方值为 39.744，sig = 0.000 < 0.05，所以不同户口的居民对于“党中央出台了一系列治国理政的新举措，给社会生活带来了什么变化”的回答存在显著差异。

G10a by A5

以下政策措施对促进社会公平有效果吗？就业政策 ＊ 户口 Crosstabulation

	农业户口	非农业户口	总计
较大效果	7.8%	8.4%	8.0%
有点效果	67.2%	65.6%	66.6%
没有效果	23.3%	23.8%	23.5%
更不公平	1.4%	2.0%	1.6%
大大加剧了不公平	0.3%	0.2%	0.3%
总计	100.0%	100.0%	100.0%
列总计	2346	1657	4003

Chi-square test：df = 4，卡方值为 3.582，sig = 0.465 > 0.05，所以不同户口的居民对于“就业政策对促进社会公平有效果吗”的回答不存在显著差异。

G10b by A5

以下政策措施对促进社会公平有效果吗？教育政策 ＊ 户口 Crosstabulation

	农业户口	非农业户口	总计
较大效果	11.3%	10.6%	11.0%
有点效果	69.9%	66.0%	68.3%
没有效果	13.3%	18.3%	15.3%

续表

	农业户口	非农业户口	总计
更不公平	2.9%	4.1%	3.4%
大大加剧了不公平	2.7%	1.0%	2.0%
总计	100.0%	100.0%	100.0%
列总计	2415	1699	4114

Chi-square test：df = 4，卡方值为 37.867，sig = 0.000 < 0.05，所以不同户口的居民对于"教育政策对促进社会公平有效果吗"的回答存在显著差异。

G10c by A5

以下政策措施对促进社会公平有效果吗？医疗卫生政策 * 户口 Crosstabulation

	农业户口	非农业户口	总计
较大效果	12.8%	12.1%	12.5%
有点效果	62.4%	58.3%	60.7%
没有效果	18.1%	23.2%	20.2%
更不公平	3.2%	4.9%	3.9%
大大加剧了不公平	3.4%	1.5%	2.6%
总计	100.0%	100.0%	100.0%
列总计	2468	1733	4201

Chi-square test：df = 4，卡方值为 38.249，sig = 0.000 < 0.05，所以不同户口的居民对于"医疗卫生政策对促进社会公平有效果吗"的回答存在显著差异。

G10d by A5

以下政策措施对促进社会公平有效果吗？低保政策 * 户口 Crosstabulation

	农业户口	非农业户口	总计
较大效果	14.3%	13.1%	13.8%
有点效果	61.8%	59.3%	60.7%
没有效果	17.7%	20.9%	19.0%
更不公平	4.0%	4.8%	4.3%
大大加剧了不公平	2.2%	1.9%	2.1%
总计	100.0%	100.0%	100.0%
列总计	2317	1598	3915

Chi-square test：df = 4，卡方值为 9.214，sig = 0.056 > 0.05，所以不同户口的居民对于"低保政策对促进社会公平有效果吗"的回答不存在显著差异。

G10e by A5

以下政策措施对促进社会公平有效果吗？房地产政策 ＊ 户口 Crosstabulation

	农业户口	非农业户口	总计
较大效果	5.1%	5.3%	5.2%
有点效果	46.1%	40.0%	43.5%
没有效果	30.7%	31.9%	31.2%
更不公平	10.7%	14.9%	12.5%
大大加剧了不公平	7.3%	8.0%	7.6%
总计	100.0%	100.0%	100.0%
列总计	2044	1559	3603

Chi-square test：df = 4，卡方值为 20.977，sig = 0.000 < 0.05，所以不同户口的居民对于“房地产政策对促进社会公平有效果吗”的回答存在显著差异。

G10f by A5

以下政策措施对促进社会公平有效果吗？拆迁安置政策 ＊ 户口 Crosstabulation

	农业户口	非农业户口	总计
较大效果	5.8%	6.8%	6.2%
有点效果	48.1%	44.3%	46.5%
没有效果	25.9%	26.6%	26.2%
更不公平	12.6%	12.4%	12.5%
大大加剧了不公平	7.6%	9.9%	8.6%
总计	100.0%	100.0%	100.0%
列总计	1949	1488	3437

Chi-square test：df = 4，卡方值为 9.091，sig = 0.059 > 0.05，所以不同户口的居民对于“拆迁安置政策对促进社会公平有效果吗”的回答不存在显著差异。

G11 by A5

如果遭遇重大公共事件，您相信政府公布的信息和采取的措施吗 ＊ 户口 Crosstabulation

	农业户口	非农业户口	总计
相信，大都是可靠的，比网络流传的可靠	73.5%	71.3%	72.6%
不相信，都是安抚百姓的策略措施	13.5%	15.4%	14.3%
将信将疑，走一步看一步	12.9%	13.3%	13.1%
其他		0.1%	

续表

	农业户口	非农业户口	总计
总计	100.0%	100.0%	100.0%
列总计	2568	1778	4346

Chi-square test：df=3，卡方值为3.365，sig=0.339>0.05，所以不同户口的居民对于“如果遭遇重大公共事件，是否相信政府公布的信息和采取的措施”的回答不存在显著差异。

G12a by A5

政府推动或倡导的下列活动效果如何？文明城市创建 * 户口 Crosstabulation

	农业户口	非农业户口	总计
完全没效果	2.1%	1.6%	1.9%
效果较差	15.0%	11.4%	13.5%
效果较好	67.1%	66.9%	67.0%
效果很好	15.8%	20.1%	17.6%
总计	100.0%	100.0%	100.0%
列总计	2431	1739	4170

Chi-square test：df=3，卡方值为20.951，sig=0.000<0.05，所以不同户口的居民对于“文明城市创建活动效果如何”的回答存在显著差异。

G12b by A5

政府推动或倡导的下列活动效果如何？学雷锋活动 * 户口 Crosstabulation

	农业户口	非农业户口	总计
完全没效果	2.7%	2.2%	2.5%
效果较差	19.5%	17.9%	18.8%
效果较好	65.0%	64.8%	64.9%
效果很好	12.9%	15.1%	13.8%
总计	100.0%	100.0%	100.0%
列总计	2272	1677	3949

Chi-square test：df=3，卡方值为5.987，sig=0.112>0.05，所以不同户口的居民对于“学雷锋活动效果如何”的回答不存在显著差异。

G12c by A5

政府推动或倡导的下列活动效果如何？典型人物的宣传 * 户口 Crosstabulation

	农业户口	非农业户口	总计
完全没效果	2.2%	1.9%	2.1%

续表

	农业户口	非农业户口	总计
效果较差	20.8%	16.2%	18.8%
效果较好	60.3%	61.8%	60.9%
效果很好	16.7%	20.1%	18.1%
总计	100.0%	100.0%	100.0%
列总计	2212	1614	3826

Chi-square test：df = 3，卡方值为16.585，sig = 0.001 < 0.05，所以不同户口的居民对于“典型人物的宣传效果如何”的回答存在显著差异。

G12d by A5

政府推动或倡导的下列活动效果如何？志愿服务的倡导和推广 * 户口 Crosstabulation

	农业户口	非农业户口	总计
完全没效果	2.4%	1.5%	2.0%
效果较差	20.7%	16.4%	18.8%
效果较好	60.0%	60.9%	60.4%
效果很好	16.8%	21.2%	18.7%
总计	100.0%	100.0%	100.0%
列总计	2097	1626	3723

Chi-square test：df = 3，卡方值为22.019，sig = 0.000 < 0.05，所以不同户口的居民对于“志愿服务的倡导和推广的效果如何”的回答存在显著差异。

G12c by A5

政府推动或倡导的下列活动效果如何？反腐倡廉的举措 * 户口 Crosstabulation

	农业户口	非农业户口	总计
完全没效果	4.3%	4.1%	4.2%
效果较差	18.3%	19.7%	18.9%
效果较好	58.7%	56.8%	57.9%
效果很好	18.7%	19.4%	19.0%
总计	100.0%	100.0%	100.0%
列总计	2319	1677	3996

Chi-square test：df = 3，卡方值为2.051，sig = 0.562 > 0.05，所以不同户口的居民对于“反腐倡廉的举措效果如何”的回答不存在显著差异。

G12f by A5

政府推动或倡导的下列活动效果如何?《公民道德建设实施纲要》的推进 * 户口 Crosstabulation

	农业户口	非农业户口	总计
完全没效果	2.3%	2.4%	2.3%
效果较差	20.3%	17.1%	18.9%
效果较好	62.2%	63.7%	62.9%
效果很好	15.2%	16.8%	15.9%
总计	100.0%	100.0%	100.0%
列总计	1858	1490	3348

Chi-square test: df = 3, 卡方值为 6.269, sig = 0.099 > 0.05, 所以不同户口的居民对于"《公民道德建设实施纲要》的推进效果如何"的回答不存在显著差异。

G13 by A5

您对我们正在走的中国特色社会主义道路怎么看 * 户口 Crosstabulation

	农业户口	非农业户口	总计
充满信心，因为它可以给中国带来繁荣富强	52.5%	55.0%	53.5%
不太了解，但相信这条路能够让老百姓都过上好日子	35.0%	33.0%	34.2%
表示怀疑，走这条路究竟怎么样，现在还说不清楚	8.1%	8.3%	8.2%
走什么样的路，跟我没关系	4.4%	3.5%	4.0%
其他	0.2%	0.1%	0.1%
总计	100.0%	100.0%	100.0%
列总计	2566	1775	4341

Chi-square test: df = 4, 卡方值为 5.199, sig = 0.267 > 0.05, 所以不同户口的居民对于"我们正在走的中国特色社会主义道路怎么看"的回答不存在显著差异。

G14 by A5

党的十八大提出，到 2020 年全面建成小康社会，到 21 世纪中叶建成社会主义现代化国家，您认为这样的目标能实现吗 * 户口 Crosstabulation

	农业户口	非农业户口	总计
相信一定能实现	41.2%	38.4%	40.0%
有困难，但只要努力还是能实现的	47.9%	52.7%	49.9%
不可能实现	3.6%	2.3%	3.1%
说不清楚，跟我没关系	7.2%	6.5%	6.9%

续表

	农业户口	非农业户口	总计
其他	0.1%	0.2%	0.1%
总计	100.0%	100.0%	100.0%
列总计	2533	1759	4292

Chi-square test：df = 4，卡方值为 14.497，sig = 0.006 < 0.05，所以不同户口的居民对于“到 21 世纪中叶建成社会主义现代化国家的目标能否实现”的回答存在显著差异。

G15 by A5

您对您周围的党员干部道德状况怎么评价？ * 户口 Crosstabulation

	农业户口	非农业户口	总计
总体还不错	49.2%	54.5%	51.4%
普遍比较差	19.4%	18.6%	19.1%
和普通群众没有太大差别	31.3%	26.9%	29.5%
总计	100.0%	100.0%	100.0%
列总计	2388	1627	4015

Chi-square test：df = 2，卡方值为 11.794，sig = 0.003 < 0.05，所以不同户口的居民对于“对周围的党员干部道德状况怎么评价”的回答存在显著差异。

G16 by A5

您认为当前官员的勤政作为是怎样的 * 户口 Crosstabulation

	农业户口	非农业户口	总计
努力作为，成绩显著	22.4%	28.2%	24.8%
努力作为，成绩一般	53.4%	53.4%	53.4%
行政不作为	19.4%	14.5%	17.3%
行政乱作为	4.9%	3.9%	4.5%
总计	100.0%	100.0%	100.0%
列总计	2164	1557	3721

Chi-square test：df = 3，卡方值为 26.241，sig = 0.000 < 0.05，所以不同户口的居民对于“您认为当前官员的勤政作为是怎样的”的回答存在显著差异。

G17 by A5

您到政府部门办事，首先选择的方法是 * 户口 Crosstabulation

	农业户口	非农业户口	总计
找亲朋好友帮忙办理	12.8%	12.5%	12.7%

续表

	农业户口	非农业户口	总计
找政府中的熟人办理	26.3%	22.0%	24.5%
送红包	0.9%	1.1%	1.0%
直接找相关职能部门办理	59.8%	64.3%	61.6%
其他	0.3%	0.1%	0.2%
总计	100.0%	100.0%	100.0%
列总计	2430	1665	4095

Chi-square test：df=4，卡方值为12.875，sig=0.012<0.05，所以不同户口的居民对于“到政府部门办事，首先选择的方法”的回答存在显著差异。

H1 by A5

您认为近五年来，您所在地区政府的环境保护工作做得怎么样 * 户口 Crosstabulation

	农业户口	非农业户口	总计
片面注重经济发展，忽视了环境保护工作	15.5%	20.6%	17.6%
重视不够，环保投入不足	24.7%	27.5%	25.9%
虽尽了努力，但效果不佳	14.1%	14.4%	14.2%
尽了很大努力，有一定成效	36.5%	31.0%	34.2%
取得了很大的成绩	9.2%	6.5%	8.1%
总计	100.0%	100.0%	100.0%
列总计	2417	1696	4113

Chi-square test：df=4，卡方值为35.640，sig=0.000<0.05，所以不同户口的居民对于“近五年来所在地区政府的环境保护工作做得怎么样”的回答存在显著差异。

H2a by A5

在最近的一年里，您是否从事过？垃圾分类投放 * 户口 Crosstabulation

	农业户口	非农业户口	总计
从不	47.1%	41.3%	44.7%
偶尔	36.8%	41.1%	38.6%
经常	16.1%	17.7%	16.7%
总计	100.0%	100.0%	100.0%
列总计	2573	1779	4352

Chi-square test：df=2，卡方值为14.759，sig=0.001<0.05，所以不同户口的居民对于“在最近的一年里是否从事过垃圾分类投放”的回答存在显著差异。

H2b by A5

在最近的一年里，您是否从事过？与自己的亲戚朋友讨论环保问题 ＊ 户口 Crosstabulation

	农业户口	非农业户口	总计
从不	48.8%	40.8%	45.6%
偶尔	43.0%	43.7%	43.3%
经常	8.2%	15.4%	11.2%
总计	100.0%	100.0%	100.0%
列总计	2572	1780	4352

Chi-square test：df = 2，卡方值为 64.333，sig = 0.000 < 0.05，所以不同户口的居民对于“在最近的一年里是否与自己的亲戚朋友讨论环保问题”的回答存在显著差异。

H2c by A5

在最近的一年里，您是否从事过？采购日常用品时自己带购物篮或购物袋 ＊ 户口 Crosstabulation

	农业户口	非农业户口	总计
从不	26.9%	17.3%	22.9%
偶尔	45.3%	46.7%	45.9%
经常	27.9%	36.0%	31.2%
总计	100.0%	100.0%	100.0%
列总计	2572	1778	4350

Chi-square test：df = 2，卡方值为 64.940，sig = 0.000 < 0.05，所以不同户口的居民对于“在最近的一年里是否采购日常用品时自己带购物篮或购物袋”的回答存在显著差异。

H2d by A5

在最近的一年里，您是否从事过？优先选择公交、步行等绿色出行方式 ＊ 户口 Crosstabulation

	农业户口	非农业户口	总计
从不	22.5%	13.4%	18.8%
偶尔	39.6%	40.0%	39.8%
经常	37.9%	46.6%	41.5%
总计	100.0%	100.0%	100.0%
列总计	2568	1779	4347

Chi-square test：df = 2，卡方值为 64.781，sig = 0.000 < 0.05，所以不同户口的居民对于“在最近的一年里是否优先选择公交、步行等绿色出行方式”的回答存在显著差异。

H2e by A5

在最近的一年里，您是否从事过？为环境保护捐款 ＊ 户口 Crosstabulation

	农业户口	非农业户口	总计
从不	78.2%	67.8%	73.9%
偶尔	18.7%	26.8%	22.0%
经常	3.2%	5.3%	4.1%
总计	100.0%	100.0%	100.0%
列总计	2568	1777	4345

Chi-square test：df = 2，卡方值为 59.170，sig = 0.000 < 0.05，所以不同户口的居民对于“在最近的一年里是否为环境保护捐款”的回答存在显著差异。

H2f by A5

在最近的一年里，您是否从事过？主动关注环境方面的信息报道和宣传教育 ＊ 户口 Crosstabulation

	农业户口	非农业户口	总计
从不	72.2%	64.4%	69.0%
偶尔	22.2%	28.2%	24.7%
经常	5.6%	7.4%	6.3%
总计	100.0%	100.0%	100.0%
列总计	2571	1779	4350

Chi-square test：df = 2，卡方值为 29.761，sig = 0.000 < 0.05，所以不同户口的居民对于“在最近的一年里是否主动关注环境方面的信息报道和宣传教育”的回答存在显著差异。

H2g by A5

在最近的一年里，您是否从事过？积极参加民间环保团体举办的环保活动 ＊ 户口 Crosstabulation

	农业户口	非农业户口	总计
从不	80.9%	74.3%	78.2%
偶尔	15.7%	21.1%	17.9%
经常	3.4%	4.7%	3.9%
总计	100.0%	100.0%	100.0%
列总计	2572	1779	4351

Chi-square test：df = 2，卡方值为 27.314，sig = 0.000 < 0.05，所以不同户口的居民对于“在最近的一年里是否积极参加民间环保团体举办的环保活动”的回答存在显著差异。

H2h by A5

在最近的一年里，您是否从事过？积极参加要求解决环境问题的投诉、上诉 ＊ 户口 Crosstabulation

	农业户口	非农业户口	总计
从不	83.9%	79.1%	81.9%
偶尔	13.6%	17.1%	15.0%
经常	2.6%	3.8%	3.1%
总计	100.0%	100.0%	100.0%
列总计	2570	1777	4347

Chi-square test：df = 2，卡方值为 17.041，sig = 0.000 < 0.05，所以不同户口的居民对于“在最近的一年里是否积极参加要求解决环境问题的投诉、上诉”的回答存在显著差异。

H3 by A5

如果您的周围有一片森林，政府将成材的树林砍伐下来办木材厂，将极大提高您的收入，但将破坏环境，您会支持这一决定吗 ＊ 户口 Crosstabulation

	农业户口	非农业户口	总计
支持，对大家有好处	9.3%	7.9%	8.7%
反对，这是发子孙财，破坏生态	67.7%	73.7%	70.2%
不支持也不反对，政府决定	22.9%	18.3%	21.0%
其他	0.1%	0.1%	0.1%
总计	100.0%	100.0%	100.0%
列总计	2570	1778	4348

Chi-square test：df = 3，卡方值为 18.151，sig = 0.000 < 0.05，所以不同户口的居民对于“如果您的周围有一片森林，政府将成材的树林砍伐下来办木材厂，将极大提高您的收入，但将破坏环境，您会支持这一决定吗”的回答存在显著差异。

H4 by A5

如果要办一个化工厂，您是这个厂的持股职工，化工厂的排污管将未经处理的污水排到下游地区，给下游地区造成污染，您会支持这个决定吗 ＊ 户口 Crosstabulation

	农业户口	非农业户口	总计
支持，我们不会受污染	6.7%	6.8%	6.8%
反对，这是嫁祸于人	74.8%	78.6%	76.4%

续表

	农业户口	非农业户口	总计
不支持也不反对，成了可分红，不成是领导的责任	18.4%	14.5%	16.8%
其他	0.1%	0.1%	0.1%
总计	100.0%	100.0%	100.0%
列总计	2565	1778	4343

Chi-square test：df = 3，卡方值为 11.929，sig = 0.008 < 0.05，所以不同户口的居民对于“如果要办一个化工厂，您是这个厂的持股职工，化工厂的排污管将未经处理的污水排到下游地区，给下游地区造成污染，您会支持这个决定吗”的回答存在显著差异。

H5 by A5

您认为造成生态环境问题的最主要原因是 * 户口 Crosstabulation

	农业户口	非农业户口	总计
企业唯利是图，造成环境污染	33.2%	31.5%	32.5%
政府缺乏生态意识，政策失当	30.0%	35.1%	32.1%
个人缺乏环保意识	19.6%	15.6%	18.0%
当代人自私自利，不顾未来和子孙利益	16.5%	17.2%	16.8%
其他	0.7%	0.6%	0.6%
总计	100.0%	100.0%	100.0%
列总计	2566	1777	4343

Chi-square test：df = 4，卡方值为 19.013，sig = 0.001 < 0.05，所以不同户口的居民对于“造成生态环境问题的最主要原因”的回答存在显著差异。

H6 by A5

如果环境保护主管部门邀请您参加座谈会或听证会，听取对环境保护相关事项或者活动的意见，您是否会出席 * 户口 Crosstabulation

	农业户口	非农业户口	总计
会	67.5%	68.6%	67.9%
不会	32.5%	31.4%	32.1%
总计	100.0%	100.0%	100.0%
列总计	2326	1567	3893

Chi-square test：df = 1，卡方值为 0.524，sig = 0.469 > 0.05，所以不同户口的居民对于“如果环境保护主管部门邀请您参加座谈会或听证会，您是否会出席”的回答不存在显著差异。

H7 by A5

若您所在社区参加“绿色社区”创建活动，您是否会积极参与 ＊ 户口 Crosstabulation

	农业户口	非农业户口	总计
会	73.6%	73.4%	73.5%
不会	26.4%	26.6%	26.5%
总计	100.0%	100.0%	100.0%
列总计	2308	1574	3882

Chi-square test：df = 1，卡方值为 0.008，sig = 0.930 > 0.05，所以不同户口的居民对于“所在社区参加‘绿色社区’创建活动，是否会积极参与”的回答不存在显著差异。

I1 by A5

如果您周围有很多外国人，您愿意和他们建立什么样的关系 ＊ 户口 Crosstabulation

	农业户口	非农业户口	总计
愿意做朋友	37.7%	44.5%	40.5%
愿意做兄弟姐妹	3.6%	5.8%	4.5%
不愿意来往，得提防他们	3.6%	2.1%	3.0%
偶尔交往，仅限于礼节性的	14.3%	16.0%	15.0%
无法和他们来往，存在语言、文化、习俗等障碍	40.5%	31.2%	36.7%
其他	0.3%	0.3%	0.3%
总计	100.0%	100.0%	100.0%
列总计	2570	1779	4349

Chi-square test：df = 5，卡方值为 57.982，sig = 0.000 < 0.05，所以不同户口的居民对于“如果您周围有很多外国人，愿意和他们建立什么样的关系”的回答存在显著差异。

I2 by A5

您更愿意过春节还是圣诞节 ＊ 户口 Crosstabulation

	农业户口	非农业户口	总计
圣诞节	0.4%	0.6%	0.5%
春节	85.3%	78.1%	82.4%
两个都愿意过	13.1%	19.6%	15.8%
两个都不想过	1.1%	1.6%	1.3%
总计	100.0%	100.0%	100.0%

续表

	农业户口	非农业户口	总计
列总计	2573	1779	4352

Chi-square test：df = 3，卡方值为 37.317，sig = 0.000 < 0.05，所以不同户口的居民对于“更愿意过春节还是圣诞节”的回答存在显著差异。

I3 by A5

您同意中国人与外国人通婚吗 ＊ 户口 Crosstabulation

	农业户口	非农业户口	总计
非常同意	3.5%	3.7%	3.6%
比较同意	67.1%	70.3%	68.4%
不太同意	24.3%	21.8%	23.3%
强烈反对	5.2%	4.1%	4.8%
总计	100.0%	100.0%	100.0%
列总计	2338	1568	3906

Chi-square test：df = 3，卡方值为 6.064，sig = 0.109 > 0.05，所以不同户口的居民对于“是否同意中国人与外国人通婚”的回答不存在显著差异。

I4 by A5

对外来的城市农民工如建筑工人、家庭保姆等，您的态度是：＊ 户口 Crosstabulation

	农业户口	非农业户口	总计
看不起和排斥	0.5%	0.9%	0.7%
无视和冷漠以对	2.8%	5.2%	3.8%
尊重和体谅	76.7%	77.6%	77.0%
同情和友爱	20.0%	16.2%	18.4%
其他		0.2%	0.1%
总计	100.0%	100.0%	100.0%
列总计	2565	1778	4343

Chi-square test：df = 4，卡方值为 28.110，sig = 0.000 < 0.05，所以不同户口的居民对于“对外来的城市农民工如建筑工人、家庭保姆等的态度”的回答存在显著差异。

I5 by A5

您在日常生活中与同乡人和外乡人的关系是 ＊ 户口 Crosstabulation

	农业户口	非农业户口	总计
与同乡人交往多	46.0%	38.0%	42.7%
与外乡人交往多	8.8%	9.6%	9.1%
一样多	19.9%	28.3%	23.4%
偶尔与外乡人有交往，主要与同乡人交往	25.2%	23.8%	24.7%
其他	0.1%	0.2%	0.1%
总计	100.0%	100.0%	100.0%
列总计	2567	1778	4345

Chi-square test：df = 4，卡方值为 51.030，sig = 0.000 < 0.05，所以不同户口的居民对于“在日常生活中与同乡人和外乡人的关系处理”的回答存在显著差异。

I6 by A5

您所在地区的政府对待外来人员的政策取向是 ＊ 户口 Crosstabulation

	农业户口	非农业户口	总计
不冷不热，顺其自然	48.6%	41.5%	45.6%
提高门槛，严加限制	9.6%	11.4%	10.4%
降低门槛，广泛吸收	31.8%	35.1%	33.2%
对有钱人、高级专家采取特殊政策吸引，对一般人严加限制	9.9%	11.9%	10.7%
其他	0.1%	0.1%	0.1%
总计	100.0%	100.0%	100.0%
列总计	2416	1743	4159

Chi-square test：df = 4，卡方值为 21.532，sig = 0.000 < 0.05，所以不同户口的居民对于“所在地区的政府对待外来人员的政策取向”的回答存在显著差异。

I7 by A5

您认为在当前的中国，读书还能不能改变命运 ＊ 户口 Crosstabulation

	农业户口	非农业户口	总计
读书只是改变命运的一个路径	40.0%	36.8%	38.7%
读书是改变命运的主要路径	38.3%	43.4%	40.4%
读书是改变命运的唯一路径	12.5%	12.4%	12.5%
不再是改变命运的路径，没权势的人读了书照样穷	9.2%	7.3%	8.4%

续表

	农业户口	非农业户口	总计
其他		0.2%	0.1%
总计	100.0%	100.0%	100.0%
列总计	2568	1778	4346

Chi-square test：df = 4，卡方值为 15.964，sig = 0.003 < 0.05，所以不同户口的居民对于“在当前的中国，读书还能不能改变命运”的回答存在显著差异。

I8 by A5

您如何认识名牌大学里农村学生比例急剧减少的现象 * 户口 Crosstabulation

	农业户口	非农业户口	总计
是一种社会倒退	7.7%	12.4%	9.6%
农村教育的落后	40.1%	33.1%	37.2%
教育不公平	32.9%	33.6%	33.2%
有钱人和有权人特权的表现	13.3%	13.6%	13.4%
代际不公、社会不公的延续和加剧	5.2%	6.4%	5.7%
其他	0.9%	1.0%	1.0%
总计	100.0%	100.0%	100.0%
列总计	2548	1773	4321

Chi-square test：df = 5，卡方值为 40.621，sig = 0.000 < 0.05，所以不同户口的居民对于“如何认识名牌大学里农村学生比例急剧减少的现象”的回答存在显著差异。

I9 by A5

您同学指出你们家乡的某一风俗习惯很落后保守，您会作出什么反应 * 户口 Crosstabulation

	农业户口	非农业户口	总计
坦然面对，承认这一风俗习惯确实落后	51.3%	53.5%	52.2%
虽然认为说得对，但是感觉他或她在批评自己的家乡，因此不自在	29.7%	31.3%	30.4%
虽然认为说得对，但是感到受到羞辱	9.1%	8.8%	8.9%
批评家乡就是批评自己，要为家乡的风俗习惯做辩护	9.9%	6.1%	8.3%
其他	0.1%	0.3%	0.2%
总计	100.0%	100.0%	100.0%
列总计	2548	1777	4325

Chi-square test：df = 4，卡方值为 21.251，sig = 0.000 < 0.05，所以不同户口的居民对于“同学指出你们家乡的某一风俗习惯很落后保守，您会作出什么反应”的回答存在显著差异。

I10 by A5

如果您有机会出国，初到国外时，您交朋友会有意识地交中国朋友吗 ＊ 户口 Crosstabulation

	农业户口	非农业户口	总计
会，认为在异国他乡找自己本国人有一种归属感	65.5%	61.1%	63.7%
不会，看缘分交朋友，不强调国籍	10.2%	17.4%	13.1%
不会，会有意识地多交外国朋友	4.3%	4.7%	4.5%
视情况而定	20.0%	16.8%	18.7%
总计	100.0%	100.0%	100.0%
列总计	2559	1778	4337

Chi-square test：df = 3，卡方值为 50.421，sig = 0.000 < 0.05，所以不同户口的居民对于“如果您有机会出国，初到国外时，交朋友是否会有意识地交中国朋友”的回答存在显著差异。

I11 by A5

您是否愿意与不同民族的人交往 ＊ 户口 Crosstabulation

	农业户口	非农业户口	总计
非常不愿意	2.3%	2.2%	2.3%
不太愿意	20.5%	14.6%	18.1%
比较愿意	72.4%	76.3%	74.0%
非常愿意	4.8%	6.9%	5.7%
总计	100.0%	100.0%	100.0%
列总计	2476	1739	4215

Chi-square test：df = 3，卡方值为 29.158，sig = 0.000 < 0.05，所以不同户口的居民对于“是否愿意与不同民族的人交往”的回答存在显著差异。

I12 by A5

您是否愿意与不同宗教信仰的人相处 ＊ 户口 Crosstabulation

	农业户口	非农业户口	总计
非常不愿意	3.0%	2.6%	2.8%
不太愿意	26.3%	18.7%	23.1%
比较愿意	67.4%	73.6%	70.0%
非常愿意	3.3%	5.2%	4.1%
总计	100.0%	100.0%	100.0%

续表

	农业户口	非农业户口	总计
列总计	2429	1715	4144

Chi-square test：df=3，卡方值为40.719，sig=0.000<0.05，所以不同户口的居民对于“是否愿意与不同宗教信仰的人交往”的回答存在显著差异。

I13 by A5

您与您的邻居平时来往多吗 * 户口 Crosstabulation

	农业户口	非农业户口	总计
非常多	21.5%	10.5%	17.0%
比较多	58.1%	52.6%	55.8%
偶尔	17.8%	31.9%	23.6%
几乎不来往	2.7%	5.0%	3.6%
总计	100.0%	100.0%	100.0%
列总计	2565	1776	4341

Chi-square test：df=3，卡方值为184.495，sig=0.000<0.05，所以不同户口的居民对于“与邻居平时的来往程度”的回答存在显著差异。

I14a by A5

您在多大程度上愿意和下列群体成为邻居？农民工、进城务工人员 * 户口 Crosstabulation

	农业户口	非农业户口	总计
非常愿意	12.7%	8.0%	10.8%
比较愿意	76.5%	79.6%	77.8%
不太愿意	10.2%	11.6%	10.8%
很不愿意	0.5%	0.7%	0.6%
总计	100.0%	100.0%	100.0%
列总计	2553	1764	4317

Chi-square test：df=3，卡方值为25.576，sig=0.000<0.05，所以不同户口的居民对于“在多大程度上愿意和农民工、进城务工人员成为邻居”的回答存在显著差异。

I14b by A5

您在多大程度上愿意和下列群体成为邻居？商人 * 户口 Crosstabulation

	农业户口	非农业户口	总计
非常愿意	7.4%	8.1%	7.7%

续表

	农业户口	非农业户口	总计
比较愿意	71.0%	68.6%	70.0%
不太愿意	20.6%	22.5%	21.4%
很不愿意	0.9%	0.9%	0.9%
总计	100.0%	100.0%	100.0%
列总计	2541	1759	4300

Chi-square test：df = 3，卡方值为 3.258，sig = 0.354 > 0.05，所以不同户口的居民对于“在多大程度上愿意和商人成为邻居”的回答不存在显著差异。

I14c by A5

您在多大程度上愿意和下列群体成为邻居？企业家或高级管理人员 ＊ 户口 Crosstabulation

	农业户口	非农业户口	总计
非常愿意	14.1%	15.8%	14.7%
比较愿意	72.1%	70.4%	71.4%
不太愿意	12.7%	12.6%	12.6%
很不愿意	1.2%	1.3%	1.2%
总计	100.0%	100.0%	100.0%
列总计	2526	1752	4278

Chi-square test：df = 3，卡方值为 2.493，sig = 0.477 > 0.05，所以不同户口的居民对于“在多大程度上愿意和企业家或高级管理人员成为邻居”的回答不存在显著差异。

I14d by A5

您在多大程度上愿意和下列群体成为邻居？技术工人 ＊ 户口 Crosstabulation

	农业户口	非农业户口	总计
非常愿意	17.9%	19.9%	18.7%
比较愿意	75.9%	72.9%	74.7%
不太愿意	5.9%	6.3%	6.1%
很不愿意	0.4%	0.8%	0.6%
总计	100.0%	100.0%	100.0%
列总计	2544	1765	4309

Chi-square test：df = 3，卡方值为 6.975，sig = 0.073 > 0.05，所以不同户口的居民对于“在多大程度上愿意和技术工人成为邻居”的回答不存在显著差异。

I14e by A5

您在多大程度上愿意和下列群体成为邻居？教师 ＊ 户口 Crosstabulation

	农业户口	非农业户口	总计
非常愿意	25.2%	26.7%	25.8%
比较愿意	69.4%	67.7%	68.7%
不太愿意	4.9%	4.9%	4.9%
很不愿意	0.5%	0.7%	0.6%
总计	100.0%	100.0%	100.0%
列总计	2564	1770	4334

Chi-square test：df = 3，卡方值为 2.312，sig = 0.510 > 0.05，所以不同户口的居民对于“在多大程度上愿意和教师成为邻居”的回答不存在显著差异。

I14f by A5

您在多大程度上愿意和下列群体成为邻居？医生 ＊ 户口 Crosstabulation

	农业户口	非农业户口	总计
非常愿意	21.3%	23.6%	22.2%
比较愿意	70.4%	67.8%	69.3%
不太愿意	7.5%	7.4%	7.5%
很不愿意	0.9%	1.2%	1.0%
总计	100.0%	100.0%	100.0%
列总计	2564	1770	4334

Chi-square test：df = 3，卡方值为 4.491，sig = 0.213 > 0.05，所以不同户口的居民对于“在多大程度上愿意和医生成为邻居”的回答不存在显著差异。

I14g by A5

您在多大程度上愿意和下列群体成为邻居？富人 ＊ 户口 Crosstabulation

	农业户口	非农业户口	总计
非常愿意	8.3%	7.9%	8.2%
比较愿意	53.9%	50.9%	52.7%
不太愿意	32.7%	32.6%	32.6%
很不愿意	5.1%	8.6%	6.5%
总计	100.0%	100.0%	100.0%
列总计	2529	1751	4280

Chi-square test：df = 3，卡方值为 21.614，sig = 0.000 < 0.05，所以不同户口的居民对于“在多大程度上愿意和富人成为邻居”的回答存在显著差异。

I14h by A5

您在多大程度上愿意和下列群体成为邻居？土豪 ＊ 户口 Crosstabulation

	农业户口	非农业户口	总计
非常愿意	6.6%	5.5%	6.2%
比较愿意	48.2%	44.9%	46.9%
不太愿意	37.2%	36.1%	36.8%
很不愿意	7.9%	13.5%	10.2%
总计	100.0%	100.0%	100.0%
列总计	2514	1749	4263

Chi-square test：df = 3，卡方值为 37.029，sig = 0.000 < 0.05，所以不同户口的居民对于“在多大程度上愿意和土豪成为邻居”的回答存在显著差异。

I14i by A5

您在多大程度上愿意和下列群体成为邻居？专家学者 ＊ 户口 Crosstabulation

	农业户口	非农业户口	总计
非常愿意	13.4%	12.7%	13.1%
比较愿意	67.6%	65.0%	66.5%
不太愿意	15.9%	18.2%	16.9%
很不愿意	3.1%	4.0%	3.5%
总计	100.0%	100.0%	100.0%
列总计	2497	1754	4251

Chi-square test：df = 3，卡方值为 7.550，sig = 0.056 > 0.05，所以不同户口的居民对于“在多大程度上愿意和专家学者成为邻居”的回答不存在显著差异。

I14j by A5

您在多大程度上愿意和下列群体成为邻居？政府官员 ＊ 户口 Crosstabulation

	农业户口	非农业户口	总计
非常愿意	10.1%	10.3%	10.1%
比较愿意	59.1%	54.9%	57.4%
不太愿意	25.7%	29.0%	27.0%
很不愿意	5.1%	5.8%	5.4%
总计	100.0%	100.0%	100.0%
列总计	2526	1742	4268

Chi-square test：df = 3，卡方值为 8.285，sig = 0.040 < 0.05，所以不同户口的居民对于“在多大程度上愿意和政府官员成为邻居”的回答存在显著差异。

I14k by A5

您在多大程度上愿意和下列群体成为邻居？公众人物、演艺人士 * 户口 Crosstabulation

	农业户口	非农业户口	总计
非常愿意	6.0%	6.0%	6.0%
比较愿意	52.1%	46.6%	49.8%
不太愿意	31.9%	34.6%	33.0%
很不愿意	10.0%	12.8%	11.1%
总计	100.0%	100.0%	100.0%
列总计	2412	1715	4127

Chi-square test：df=3，卡方值为15.383，sig=0.002<0.05，所以不同户口的居民对于“在多大程度上愿意和公众人物、演艺人士成为邻居”的回答存在显著差异。

I15 by A5

您如何看待中国对其他落后国家的广泛援助计划 * 户口 Crosstabulation

	农业户口	非农业户口	总计
完全支持，认为这有助于提升国家形象和国际地位	34.5%	36.6%	35.3%
支持，认为我们应该帮助比我们落后的国家	33.3%	31.7%	32.6%
支持，但国家应该征求纳税人的意见	10.6%	12.1%	11.2%
不支持，因为我们国家尚存在很多贫困人口	21.7%	19.6%	20.8%
总计	100.0%	100.0%	100.0%
列总计	2419	1696	4115

Chi-square test：df=3，卡方值为5.942，sig=0.114>0.05，所以不同户口的居民对于“如何看待中国对其他落后国家的广泛援助计划”的回答不存在显著差异。

I16 by A5

您听说过一些道德模范的故事吗？您愿意像他们那样做人做事吗 * 户口 Crosstabulation

	农业户口	非农业户口	总计
知道一些，他们很了不起，应努力向他们学习	55.6%	54.4%	55.1%
知道一些，很敬佩他们，但自己学不来	25.5%	28.2%	26.6%
知道一些，我感到他们那样做有点不值得	6.2%	6.3%	6.2%
没听说过谁是道德模范和身边好人	12.6%	11.1%	12.0%

续表

	农业户口	非农业户口	总计
其他	0.1%		0.1%
总计	100.0%	100.0%	100.0%
列总计	2572	1776	4348

Chi-square test：df = 4，卡方值为 7.247，sig = 0.123 > 0.05，所以不同户口的居民对于“是否听说过一些道德模范的故事，是否愿意像他们那样做人做事”的回答不存在显著差异。

I17 by A5

当有陌生人走进您的单位或社区，或在车厢中与陌生人在一起时，您经常的反应是 * 户口 Crosstabulation

	农业户口	非农业户口	总计
对他/她微笑	25.9%	29.0%	27.2%
主动打招呼	10.0%	12.3%	11.0%
没有任何反应	27.9%	25.9%	27.1%
保持警惕，防止上当	36.0%	32.6%	34.6%
其他	0.2%	0.2%	0.2%
总计	100.0%	100.0%	100.0%
列总计	2519	1751	4270

Chi-square test：df = 4，卡方值为 13.801，sig = 0.008 < 0.05，所以不同户口的居民对于“当有陌生人走进您的单位或社区，或在车厢中与陌生人在一起时，您经常的反应是”的回答存在显著差异。

I18 by A5

假设您双手抱着东西走进电梯，您觉得电梯里的陌生人可能会怎样 * 户口 Crosstabulation

	农业户口	非农业户口	总计
主动问您去几楼并帮您按楼层	33.3%	32.0%	32.7%
当作没看见	15.5%	14.3%	15.0%
会在您的请求下给予帮助	51.2%	53.8%	52.3%
总计	100.0%	100.0%	100.0%
列总计	2234	1627	3861

Chi-square test：df = 2，卡方值为 2.693，sig = 0.260 > 0.05，所以不同户口的居民对于“假设您双手抱着东西走进电梯，您觉得电梯里的陌生人可能会怎样”的回答不存在显著差异。

J1 by A5

现在我们省正按照习近平总书记的要求，努力建设经济强、百姓富、环境美、社会文明程度高的新江苏。您对江苏实现这样的目标有信心吗 * 户口 Crosstabulation

	农业户口	非农业户口	总计
很有信心	93.6%	95.4%	94.3%
没有信心	6.4%	4.6%	5.7%
总计	100.0%	100.0%	100.0%
列总计	1958	1260	3218

Chi-square test：df = 1，卡方值为 4.773，sig = 0.029 < 0.05，所以不同户口的居民对于“现在我们省正按照习近平总书记的要求，努力建设经济强、百姓富、环境美、社会文明程度高的新江苏，您对江苏实现这样的目标是否有信心”的回答存在显著差异。

江苏省伦理道德评价的年龄差异

B1a by A1

过去一年，您对纸质报纸的使用情况是 ＊ 年龄 Crosstabulation

	18—29 岁	30—39 岁	40—49 岁	50—59 岁	60—65 岁	总计
从不	48.2%	47.4%	54.2%	62.5%	65.0%	55.4%
很少	39.1%	37.0%	29.6%	21.1%	15.8%	28.7%
有时	10.3%	10.0%	10.5%	8.5%	10.3%	9.9%
经常	1.6%	4.6%	4.5%	6.6%	6.3%	4.7%
非常频繁	0.8%	1.1%	1.2%	1.3%	2.6%	1.4%
总计	100.0%	100.0%	100.0%	100.0%	100.0%	100.0%
列总计	874	833	932	976	735	4350

Chi-square test：df = 16，卡方值为 197.347，sig = 0.000 < 0.05，所以不同年龄的居民对于“过去一年，您对纸质报纸的使用情况是”的回答存在显著差异。

B1b by A1

过去一年，您对纸质杂志的使用情况是 ＊ 年龄 Crosstabulation

	18—29 岁	30—39 岁	40—49 岁	50—59 岁	60—65 岁	总计
从不	45.6%	52.2%	62.9%	71.9%	75.3%	61.5%
很少	35.7%	32.1%	24.0%	17.7%	15.3%	25.0%
有时	15.2%	12.3%	9.1%	6.2%	5.3%	9.6%
经常	3.0%	2.9%	3.0%	3.7%	3.1%	3.2%
非常频繁	0.5%	0.5%	1.0%	0.6%	1.0%	0.7%
总计	100.0%	100.0%	100.0%	100.0%	100.0%	100.0%
列总计	873	831	932	974	734	4344

Chi-square test：df = 16，卡方值为 259.355，sig = 0.000 < 0.05，所以不同年龄的居民对于“过去一年，您对纸质杂志的使用情况是”的回答存在显著差异。

B1c by A1

过去一年，您对广播的使用情况是 * 年龄 Crosstabulation

	18—29 岁	30—39 岁	40—49 岁	50—59 岁	60—65 岁	总计
从不	57. 1%	53. 3%	66. 1%	68. 2%	67. 2%	62. 5%
很少	27. 3%	28. 9%	20. 3%	18. 4%	14. 8%	22. 0%
有时	10. 9%	11. 5%	9. 1%	7. 5%	9. 7%	9. 7%
经常	3. 8%	5. 2%	3. 5%	4. 9%	6. 4%	4. 7%
非常频繁	0. 9%	1. 2%	0. 9%	0. 9%	1. 9%	1. 1%
总计	100. 0%	100. 0%	100. 0%	100. 0%	100. 0%	100. 0%
列总计	872	828	930	971	731	4332

Chi-square test：df = 16，卡方值为 101. 626，sig = 0. 000 < 0. 05，所以不同年龄的居民对于“过去一年，您对广播的使用情况是”的回答存在显著差异。

B1d by A1

过去一年，您对电视的使用情况是 * 年龄 Crosstabulation

	18—29 岁	30—39 岁	40—49 岁	50—59 岁	60—65 岁	总计
从不	3. 7%	1. 4%	1. 6%	0. 4%	0. 3%	1. 5%
很少	14. 1%	7. 6%	7. 1%	3. 8%	3. 0%	7. 2%
有时	33. 2%	31. 1%	23. 3%	14. 8%	10. 3%	22. 7%
经常	38. 8%	48. 0%	50. 1%	53. 9%	51. 2%	48. 4%
非常频繁	10. 3%	12. 0%	18. 0%	27. 1%	35. 2%	20. 2%
总计	100. 0%	100. 0%	100. 0%	100. 0%	100. 0%	100. 0%
列总计	874	834	933	971	735	4347

Chi-square test：df = 16，卡方值为 479. 809，sig = 0. 000 < 0. 05，所以不同年龄的居民对于“过去一年，您对电视的使用情况是”的回答存在显著差异。

B1e by A1

过去一年，您对各种政府网站的使用情况是 * 年龄 Crosstabulation

	18—29 岁	30—39 岁	40—49 岁	50—59 岁	60—65 岁	总计
从不	43. 2%	52. 5%	64. 2%	78. 2%	85. 9%	64. 5%
很少	32. 8%	25. 3%	21. 1%	12. 6%	9. 5%	20. 4%

续表

	18—29 岁	30—39 岁	40—49 岁	50—59 岁	60—65 岁	总计
有时	14.0%	12.4%	8.8%	5.4%	2.8%	8.8%
经常	8.4%	8.7%	4.6%	3.4%	1.7%	5.4%
非常频繁	1.6%	1.1%	1.3%	0.4%	0.1%	0.9%
总计	100.0%	100.0%	100.0%	100.0%	100.0%	100.0%
列总计	872	829	930	968	725	4324

Chi-square test：df = 16，卡方值为 459.979，sig = 0.000 < 0.05，所以不同年龄的居民对于“过去一年，您对各种政府网站的使用情况是”的回答存在显著差异。

B1f by A1

过去一年，您对社交媒体（微博、微信、博客、播客等）的使用情况是 * 年龄 Crosstabulation

	18—29 岁	30—39 岁	40—49 岁	50—59 岁	60—65 岁	总计
从不	1.1%	4.0%	16.5%	50.9%	76.2%	28.8%
很少	2.5%	3.6%	7.6%	8.3%	6.7%	5.8%
有时	10.0%	16.3%	21.4%	14.5%	6.3%	14.0%
经常	37.6%	43.2%	34.8%	18.7%	7.1%	28.7%
非常频繁	48.7%	32.9%	19.7%	7.6%	3.7%	22.6%
总计	100.0%	100.0%	100.0%	100.0%	100.0%	100.0%
列总计	870	835	930	974	732	4341

Chi-square test：df = 16，卡方值为 2085.446，sig = 0.000 < 0.05，所以不同年龄的居民对于“过去一年，您对社交媒体（微博、微信、博客、播客等）的使用情况是”的回答存在显著差异。

B1g by A1

过去一年，您对新媒体（如数字报纸、移动电视等）的使用情况是 * 年龄 Crosstabulation

	18—29 岁	30—39 岁	40—49 岁	50—59 岁	60—65 岁	总计
从不	23.5%	29.3%	46.9%	64.2%	80.7%	48.4%
很少	15.8%	17.9%	17.7%	11.1%	6.4%	14.0%
有时	18.4%	18.3%	14.4%	11.0%	5.5%	13.7%

续表

	18—29 岁	30—39 岁	40—49 岁	50—59 岁	60—65 岁	总计
经常	23.4%	22.7%	13.3%	10.2%	4.7%	15.0%
非常频繁	19.0%	11.9%	7.6%	3.5%	2.7%	9.0%
总计	100.0%	100.0%	100.0%	100.0%	100.0%	100.0%
列总计	869	834	930	973	731	4337

Chi-square test：df = 16，卡方值为 821.724，sig = 0.000 < 0.05，所以不同年龄的居民对于“过去一年，您对新媒体（如数字报纸、移动电视等）的使用情况是”的回答存在显著差异。

B2 by A1

跟五前相比，您觉得自己的社会经济地位有什么变化 * 年龄 Crosstabulation

	18—29 岁	30—39 岁	40—49 岁	50—59 岁	60—65 岁	总计
上升了	57.7%	58.7%	55.4%	58.0%	59.2%	57.7%
差不多	39.0%	36.8%	38.8%	36.1%	35.7%	37.3%
下降了	3.3%	4.5%	5.7%	5.9%	5.1%	4.9%
总计	100.0%	100.0%	100.0%	100.0%	100.0%	100.0%
列总计	795	796	891	936	686	4104

Chi-square test：df = 8，卡方值为 10.793，sig = 0.214 > 0.05，所以不同年龄的居民对于“跟五年前相比，您觉得自己的社会经济地位有什么变化”的回答不存在显著差异。

B3 by A1

您感觉在未来的五年中，您的生活水平将会有什么变化 * 年龄 Crosstabulation

	18—29 岁	30—39 岁	40—49 岁	50—59 岁	60—65 岁	总计
上升很多	29.5%	23.7%	19.0%	18.8%	20.0%	22.1%
略有上升	61.0%	61.4%	60.8%	55.6%	49.4%	57.9%
没有变化	7.8%	13.1%	17.3%	21.6%	25.8%	17.0%
略有下降	1.3%	1.2%	2.5%	3.1%	4.1%	2.4%
下降很多	0.5%	0.7%	0.4%	0.9%	0.6%	0.6%
总计	100.0%	100.0%	100.0%	100.0%	100.0%	100.0%
列总计	787	761	832	874	654	3908

Chi-square test：df = 16，卡方值为 151.214，sig = 0.000 < 0.05，所以不同年龄的居民对于“您感觉在未来的五年中，您的生活水平将会有什么变化”的回答存在显著差异。

B4 by A1

总的来说，您觉得目前的生活幸福吗 ＊ 年龄 Crosstabulation

	18—29 岁	30—39 岁	40—49 岁	50—59 岁	60—65 岁	总计
非常不幸福	0.9%	0.6%	0.6%	0.7%	0.1%	0.6%
不太幸福	3.2%	2.3%	4.2%	4.1%	3.8%	3.5%
谈不上幸福不幸福	19.2%	17.1%	18.0%	21.3%	17.8%	18.8%
比较幸福	60.6%	67.1%	66.2%	61.9%	64.5%	64.0%
非常幸福	16.1%	12.9%	11.0%	12.0%	13.7%	13.1%
总计	100.0%	100.0%	100.0%	100.0%	100.0%	100.0%
列总计	875	835	934	977	736	4357

Chi-square test：df = 16，卡方值为 30.091，sig = 0.018 < 0.05，所以不同年龄的居民对于“总的来说，您觉得目前的生活幸福吗”的回答存在显著差异。

B5 by A1

您对自己目前的生活状态满意吗 ＊ 年龄 Crosstabulation

	18—29 岁	30—39 岁	40—49 岁	50—59 岁	60—65 岁	总计
非常满意	12.7%	10.2%	10.2%	10.7%	12.8%	11.3%
比较满意	70.8%	79.4%	78.0%	75.8%	78.2%	76.4%
不太满意	16.0%	10.1%	11.2%	13.4%	9.0%	12.1%
非常不满意	0.6%	0.2%	0.6%	0.1%		0.3%
总计	100.0%	100.0%	100.0%	100.0%	100.0%	100.0%
列总计	869	830	931	971	734	4335

Chi-square test：df = 12，卡方值为 40.454，sig = 0.000 < 0.05，所以不同年龄的居民对于“您对自己目前的生活状态满意吗”的回答存在显著差异。

B6 by A1

社会上发生的一些事情，您一般是从什么渠道最先知道 ＊ 年龄 Crosstabulation

	18—29 岁	30—39 岁	40—49 岁	50—59 岁	60—65 岁	总计
电视	28.0%	44.4%	65.0%	85.5%	92.0%	62.7%
报纸	1.3%	2.3%	3.6%	5.9%	9.1%	4.3%
电台广播	1.3%	1.2%	1.6%	3.1%	4.1%	2.2%
微博微信等网络社交媒介	71.5%	63.4%	44.2%	18.3%	7.0%	41.3%
网络	55.4%	46.1%	29.7%	14.3%	4.6%	30.3%

续表

	18—29 岁	30—39 岁	40—49 岁	50—59 岁	60—65 岁	总计
和朋友亲友同事交谈	16.8%	23.3%	34.5%	46.6%	52.8%	34.6%
单位传达	1.0%	2.5%	1.9%	0.5%	0.3%	1.3%
列总计	876	836	934	978	733	4357

据上表所示，不同年龄的居民对于“社会上发生的一些事情，您一般是从什么渠道最先知道”的回答存在显著差异。

B7 by A1

从网络中获得的信息对您的思想行为有多大程度的影响 * 年龄 Crosstabulation

	18—29 岁	30—39 岁	40—49 岁	50—59 岁	60—65 岁	总计
影响很大	30.1%	23.3%	17.5%	14.8%	14.7%	21.7%
有一些影响	52.7%	60.1%	59.3%	52.8%	46.6%	55.7%
影响很小	13.2%	14.0%	19.9%	25.8%	27.7%	18.2%
完全没有影响	3.9%	2.7%	3.3%	6.6%	10.9%	4.4%
总计	100.0%	100.0%	100.0%	100.0%	100.0%	100.0%
列总计	861	786	765	532	238	3182

Chi-square test：df = 12，卡方值为 147.487，sig = 0.000 < 0.05，所以不同年龄的居民对于“从网络中获得的信息对您的思想行为有多大程度的影响”的回答存在显著差异。

B8 by A1

您认为中国梦和您个人、家庭追求美好生活有多大程度的关系 * 年龄 Crosstabulation

	18—29 岁	30—39 岁	40—49 岁	50—59 岁	60—65 岁	总计
关系很大	43.9%	37.8%	33.5%	31.2%	32.4%	35.7%
关系不大	43.0%	46.1%	42.5%	34.1%	26.2%	38.6%
根本没有关系	7.1%	8.3%	8.6%	9.0%	9.4%	8.5%
不清楚什么是中国梦	5.9%	7.9%	15.4%	25.7%	32.0%	17.2%
总计	100.0%	100.0%	100.0%	100.0%	100.0%	100.0%
列总计	874	836	934	975	734	4353

Chi-square test：df = 12，卡方值为 327.95，sig = 0.000 < 0.05，所以不同年龄的居民对于“您认为中国梦和您个人、家庭追求美好生活有多大程度的关系”的回答存在显著差异。

B9 by A1

您对当前我国社会道德状况的总体满意度是 ＊ 年龄 Crosstabulation

	18—29 岁	30—39 岁	40—49 岁	50—59 岁	60—65 岁	总计
非常满意	5.0%	5.7%	3.6%	4.0%	6.1%	4.8%
比较满意	63.0%	63.8%	70.4%	72.4%	74.3%	68.7%
不太满意	29.4%	28.6%	23.4%	22.2%	18.2%	24.5%
非常不满意	2.5%	1.9%	2.5%	1.5%	1.4%	2.0%
总计	100.0%	100.0%	100.0%	100.0%	100.0%	100.0%
列总计	866	825	917	956	692	4256

Chi-square test：df = 12，卡方值为 53.199，sig = 0.000 < 0.05，所以不同年龄的居民对于“您对当前我国社会道德状况的总体满意度是”的回答存在显著差异。

B10 by A1

您对当前我国社会人与人之间的关系的总体满意度是 ＊ 年龄 Crosstabulation

	18—29 岁	30—39 岁	40—49 岁	50—59 岁	60—65 岁	总计
非常满意	5.3%	5.1%	3.8%	4.3%	6.3%	4.9%
比较满意	64.3%	64.7%	70.7%	72.9%	74.2%	69.3%
不太满意	28.5%	28.4%	23.4%	21.6%	17.7%	24.1%
非常不满意	2.0%	1.8%	2.1%	1.1%	1.7%	1.7%
总计	100.0%	100.0%	100.0%	100.0%	100.0%	100.0%
列总计	868	827	923	957	699	4274

Chi-square test：df = 12，卡方值为 46.782，sig = 0.000 < 0.05，所以不同年龄的居民对于“您对当前我国社会人与人之间的关系的总体满意度是”的回答存在显著差异。

B11 by A1

您对自己的道德状况的满意度是 ＊ 年龄 Crosstabulation

	18—29 岁	30—39 岁	40—49 岁	50—59 岁	60—65 岁	总计
非常满意	16.2%	13.3%	13.3%	18.8%	19.7%	16.2%
比较满意	78.5%	80.3%	80.3%	75.7%	75.1%	78.0%
不太满意	5.1%	5.8%	5.7%	5.1%	5.1%	5.4%
非常不满意	0.2%	0.6%	0.6%	0.4%	0.1%	0.4%
总计	100.0%	100.0%	100.0%	100.0%	100.0%	100.0%
列总计	869	827	924	966	711	4297

Chi-square test：df = 12，卡方值为 46.782，sig = 0.000 < 0.05，所以不同年龄的居民对于“您对自己的道德状况的满意度是”的回答存在显著差异。

B12 by A1

您觉得今后中国社会的道德状况会变成什么样 ＊ 年龄 Crosstabulation

	18—29 岁	30—39 岁	40—49 岁	50—59 岁	60—65 岁	总计
越来越差	5.7%	4.7%	5.7%	5.8%	6.0%	5.6%
不变	9.8%	11.9%	9.5%	8.7%	8.7%	9.7%
越来越好	75.2%	74.1%	76.6%	74.4%	74.4%	75.0%
不知道	9.3%	9.4%	8.1%	11.1%	10.9%	9.7%
总计	100.0%	100.0%	100.0%	100.0%	100.0%	100.0%
列总计	874	834	933	976	735	4352

Chi-square test：df = 12，卡方值为 13.447，sig = 0.337 > 0.05，所以不同年龄的居民对于“您觉得今后中国社会的道德状况会变成什么样”的回答不存在显著差异。

B13 by A1

您认为我国目前人与人之间的关系受什么影响 ＊ 年龄 Crosstabulation

	18—29 岁	30—39 岁	40—49 岁	50—59 岁	60—65 岁	总计
利益	70.2%	66.0%	66.8%	64.1%	62.4%	66.0%
情感	46.2%	42.3%	48.8%	51.2%	49.6%	47.6%
国家倡导的主流价值观	23.3%	34.5%	27.8%	23.6%	23.8%	26.6%
中国传统价值观	23.8%	29.4%	26.9%	27.5%	31.2%	27.6%
西方价值观	5.8%	3.4%	3.9%	2.5%	1.9%	3.6%
列总计	861	821	904	922	673	4181

据上表所示，不同年龄的居民对于“您认为我国目前人与人之间的关系受什么影响”的回答存在显著差异。

B14 by A1

对中国社会，您最担忧的问题是 ＊ 年龄 Crosstabulation

	18—29 岁	30—39 岁	40—49 岁	50—59 岁	60—65 岁	总计
腐败不能根治	38.3%	44.4%	44.4%	42.0%	39.5%	41.8%
生态环境恶化	46.3%	42.5%	42.2%	34.3%	31.2%	39.5%
分配不公，两极分化	30.7%	33.8%	30.0%	30.6%	31.9%	31.3%
老无所养，未来没有把握	15.2%	22.0%	26.2%	29.3%	33.6%	25.0%
生活水平下降	14.3%	12.1%	15.3%	18.2%	14.9%	15.1%
道德滑坡，社会风气恶化	24.6%	23.9%	15.9%	17.2%	19.0%	20.1%
人际关系紧张	13.3%	9.6%	11.2%	10.1%	9.8%	10.8%

续表

	18—29 岁	30—39 岁	40—49 岁	50—59 岁	60—65 岁	总计
列总计	867	832	903	934	696	4232

据上表所示，不同年龄的居民对于“对中国社会，您最担忧的问题是”的回答存在显著差异。

B15 by A1

对伦理关系和道德生活，您最向往的是 ＊ 年龄 Crosstabulation

	18—29 岁	30—39 岁	40—49 岁	50—59 岁	60—65 岁	总计
传统社会的伦理和道德（如仁、义、礼、智、信）	54.7%	59.1%	58.9%	58.1%	55.7%	57.4%
战争年代为理想而献身的革命精神（如革命烈士无私献身精神）	15.9%	17.7%	21.5%	21.4%	22.3%	19.8%
新中国成立后到“文化大革命”前的大公无私的集体主义精神	6.5%	9.3%	7.4%	10.3%	10.7%	8.8%
追求个人利益的市场经济下的道德	10.9%	7.8%	7.9%	8.0%	9.1%	8.7%
西方道德（如个人主义、实用主义、功利主义）	9.2%	4.0%	3.1%	1.1%	0.7%	3.7%
其他	2.8%	2.1%	1.2%	1.0%	1.5%	1.7%
总计	100.0%	100.0%	100.0%	100.0%	100.0%	100.0%
列总计	868	829	927	971	722	4317

Chi-square test：df = 20，卡方值为 154.788，sig = 0.000 < 0.05，所以不同年龄的居民对于“对伦理关系和道德生活，您最向往的是”的回答存在显著差异。

B16a by A1

您认为当前我国社会道德生活中最重要的内容是什么？第一重要 ＊ 年龄 Crosstabulation

	18—29 岁	30—39 岁	40—49 岁	50—59 岁	60—65 岁	总计
意识形态中所提倡的社会主义道德	32.0%	32.3%	32.5%	32.9%	32.2%	32.4%
中国传统道德	48.8%	47.2%	49.1%	53.5%	54.4%	50.6%
西方文化影响而形成的道德	6.6%	8.1%	4.9%	3.9%	3.6%	5.4%
市场经济中形成的道德	12.6%	12.4%	13.4%	9.6%	9.5%	11.6%
其他					0.3%	
总计	100.0%	100.0%	100.0%	100.0%	100.0%	100.0%

续表

	18—29 岁	30—39 岁	40—49 岁	50—59 岁	60—65 岁	总计
列总计	873	832	930	966	726	4327

Chi-square test：df = 16，卡方值为 48.372，sig = 0.000 < 0.05，所以不同年龄的居民对于“您认为当前我国社会道德生活中最重要的内容是什么？第二重要”的回答存在显著差异。

B16b by A1

您认为当前我国社会道德生活中最重要的内容是什么？第二重要 * 年龄 Crosstabulation

	18—29 岁	30—39 岁	40—49 岁	50—59 岁	60—65 岁	总计
意识形态中所提倡的社会主义道德	39.4%	38.5%	41.3%	42.3%	43.8%	41.0%
中国传统道德	29.8%	29.9%	26.8%	28.2%	27.8%	28.5%
西方文化影响而形成的道德	10.8%	11.1%	11.5%	8.4%	8.1%	10.0%
市场经济中形成的道德	20.0%	20.5%	20.4%	21.1%	20.3%	20.5%
总计	100.0%	100.0%	100.0%	100.0%	100.0%	100.0%
列总计	867	819	915	946	701	4248

Chi-square test：df = 12，卡方值为 14.633，sig = 0.262 > 0.05，所以不同年龄的居民对于“您认为当前我国社会道德生活中最重要的内容是什么？第二重要”的回答不存在显著差异。

B16c by A1

您认为当前我国社会道德生活中最重要的内容是什么？第三重要 * 年龄 Crosstabulation

	18—29 岁	30—39 岁	40—49 岁	50—59 岁	60—65 岁	总计
意识形态中所提倡的社会主义道德	23.3%	23.6%	21.0%	20.8%	19.6%	21.7%
中国传统道德	12.4%	15.7%	15.4%	12.4%	13.5%	13.9%
西方文化影响而形成的道德	22.0%	16.5%	18.3%	14.3%	13.7%	17.1%
市场经济中形成的道德	42.3%	44.2%	45.3%	52.5%	53.2%	47.3%
总计	100.0%	100.0%	100.0%	100.0%	100.0%	100.0%
列总计	849	810	901	918	679	4157

Chi-square test：df = 12，卡方值为 49.622，sig = 0.000 < 0.05，所以不同年龄的居民对于“您认为当前我国社会道德生活中最重要的内容是什么？第三重要”的回答存在显著差异。

B17 by A1

您认为目前我国社会中伦理道德对人际关系的调节能力如何 * 年龄 Crosstabulation

	18—29 岁	30—39 岁	40—49 岁	50—59 岁	60—65 岁	总计
良好	19.3%	17.0%	17.6%	18.2%	22.5%	18.8%
一般	66.1%	63.2%	64.6%	65.9%	61.3%	64.4%
很差	8.0%	10.3%	9.9%	7.4%	7.6%	8.6%
几乎没有，一切都听从利益支配	6.5%	9.5%	8.0%	8.5%	8.5%	8.2%
总计	100.0%	100.0%	100.0%	100.0%	100.0%	100.0%
列总计	859	818	893	925	670	4165

Chi-square test：df = 12，卡方值为 21.363，sig = 0.045 < 0.05，所以不同年龄的居民对于“您认为目前我国社会中伦理道德对人际关系的调节能力如何”的回答存在显著差异。

B18 by A1

您认为目前我国社会中伦理道德对个人行为的约束能力如何 * 年龄 Crosstabulation

	18—29 岁	30—39 岁	40—49 岁	50—59 岁	60—65 岁	总计
良好	19.8%	16.9%	15.8%	19.1%	22.5%	18.7%
一般	63.6%	61.9%	66.5%	63.1%	61.0%	63.4%
很差	10.3%	11.9%	11.2%	10.0%	7.5%	10.3%
几乎没有，一切都听从利益支配	6.3%	9.3%	6.6%	7.7%	9.1%	7.7%
总计	100.0%	100.0%	100.0%	100.0%	100.0%	100.0%
列总计	858	817	895	930	671	4171

Chi-square test：df = 12，卡方值为 29.770，sig = 0.003 < 0.05，所以不同年龄的居民对于“您认为目前我国社会中伦理道德对个人行为的约束能力如何”的回答存在显著差异。

B19 by A1

您认为当今中国社会最基本的伦理冲突是 * 年龄 Crosstabulation

	18—29 岁	30—39 岁	40—49 岁	50—59 岁	60—65 岁	总计
人与自然的冲突	17.6%	19.8%	17.2%	15.4%	15.3%	17.1%
人与自身的冲突	23.8%	25.5%	24.2%	23.0%	24.0%	24.1%
人与人之间的冲突	63.8%	62.6%	61.7%	62.3%	62.3%	62.5%
个人与社会的冲突	45.8%	47.0%	49.9%	42.5%	42.3%	45.6%
个人与政府的冲突	8.7%	11.4%	10.6%	13.0%	13.0%	11.3%

续表

	18—29 岁	30—39 岁	40—49 岁	50—59 岁	60—65 岁	总计
列总计	862	823	912	936	700	4233

不同年龄的居民对于“您认为当今中国社会最基本的伦理冲突是”的回答不存在显著差异。

B20a by A1

在下列关系中，您认为哪些关系对您来说最重要？第一位 * 年龄 Crosstabulation

	18—29 岁	30—39 岁	40—49 岁	50—59 岁	60—65 岁	总计
父母与子女	74. 7%	65. 2%	66. 9%	65. 2%	59. 9%	66. 6%
夫妇	11. 6%	22. 6%	22. 2%	19. 9%	22. 3%	19. 7%
兄弟姐妹	0. 7%	0. 5%	0. 5%	0. 4%	0. 1%	0. 5%
同事或同学	0. 6%	1. 0%	0. 5%	0. 6%	0. 1%	0. 6%
上级或下级	0. 8%	0. 2%	0. 2%	0. 3%	0. 1%	0. 3%
师生			0. 1%			
人与自然的关系	0. 5%	0. 6%	0. 5%	0. 2%	0. 5%	0. 5%
个人与社会	2. 1%	2. 4%	2. 6%	2. 1%	2. 0%	2. 2%
个人与国家	5. 9%	5. 9%	4. 8%	9. 1%	13. 2%	7. 6%
个人与工作单位	0. 7%	0. 5%	0. 6%	0. 7%	0. 4%	0. 6%
通过网络建立的各种“群”的关系	0. 3%		0. 2%	0. 2%		0. 2%
朋友	0. 8%	0. 2%	0. 3%	0. 6%	0. 7%	0. 5%
个人与自身的关系（身心和谐）	1. 4%	1. 0%	0. 4%	0. 5%	0. 5%	0. 8%
总计	100. 0%	100. 0%	100. 0%	100. 0%	100. 0%	100. 0%
列总计	876	836	936	978	735	4361

Chi-square test：df = 48，卡方值为 139. 041，sig = 0. 000 < 0. 05，所以不同年龄的居民对于“您认为哪些关系对您来说最重要？第一位”的回答存在显著差异。

B20b by A1

在下列关系中，您认为哪些关系对您来说最重要？第二位 * 年龄 Crosstabulation

	18—29 岁	30—39 岁	40—49 岁	50—59 岁	60—65 岁	总计
父母与子女	15. 8%	24. 3%	22. 5%	24. 2%	28. 8%	23. 0%
夫妇	46. 0%	52. 3%	54. 5%	53. 2%	49. 1%	51. 2%
兄弟姐妹	19. 8%	10. 0%	9. 9%	10. 7%	8. 8%	11. 9%

续表

	18—29岁	30—39岁	40—49岁	50—59岁	60—65岁	总计
同事或同学	3.9%	2.8%	2.2%	1.1%	1.4%	2.3%
上级或下级	1.0%	1.0%	1.7%	1.8%	0.8%	1.3%
师生	0.5%	0.1%	0.1%		0.3%	0.2%
人与自然的关系	1.3%	1.0%	1.3%	1.1%	1.1%	1.1%
个人与社会	3.4%	3.6%	2.6%	2.1%	3.5%	3.0%
个人与国家	2.4%	2.6%	2.7%	2.6%	2.7%	2.6%
个人与工作单位	1.0%	1.2%	1.0%	1.1%	1.5%	1.1%
通过网络建立的各种“群”的关系	0.1%			0.1%	0.1%	0.1%
朋友	3.8%	0.8%	0.9%	1.5%	1.1%	1.6%
个人与自身的关系（身心和谐）	0.9%	0.4%	0.7%	0.3%	0.7%	0.6%
总计	100.0%	100.0%	100.0%	100.0%	100.0%	100.0%
列总计	873	836	934	978	735	4356

Chi-square test：df = 48，卡方值为176.065，sig = 0.000 < 0.05，所以不同年龄的居民对于“您认为哪些关系对您来说最重要？第二位”的回答存在显著差异。

B20c by A1

在下列关系中，您认为哪些关系对您来说最重要？第三位 * 年龄 Crosstabulation

	18—29岁	30—39岁	40—49岁	50—59岁	60—65岁	总计
父母与子女	4.4%	4.7%	3.6%	4.3%	4.4%	4.3%
夫妇	11.4%	10.8%	11.2%	15.6%	13.8%	12.6%
兄弟姐妹	42.9%	52.6%	52.8%	54.9%	59.0%	52.3%
同事或同学	10.7%	9.1%	5.5%	4.1%	3.4%	6.6%
上级或下级	1.8%	3.1%	2.4%	1.4%	0.8%	1.9%
师生	2.2%	0.8%	0.7%	0.5%	0.3%	0.9%
人与自然的关系	2.5%	1.8%	2.0%	1.9%	2.1%	2.1%
个人与社会	3.9%	4.6%	4.0%	3.8%	3.3%	3.9%
个人与国家	6.1%	4.8%	7.6%	6.2%	6.2%	6.2%
个人与工作单位	3.0%	2.8%	2.6%	1.5%	0.8%	2.2%
通过网络建立的各种“群”的关系	0.2%	0.4%	0.2%	0.1%		0.2%
朋友	10.1%	3.2%	6.3%	5.0%	4.5%	5.9%
个人与自身的关系（身心和谐）	0.8%	1.4%	1.0%	0.5%	1.1%	0.9%
其他			0.1%	0.1%	0.4%	0.1%

续表

	18—29岁	30—39岁	40—49岁	50—59岁	60—65岁	总计
总计	100.0%	100.0%	100.0%	100.0%	100.0%	100.0%
列总计	871	835	934	975	731	4346

Chi-square test：df = 52，卡方值为 198.018，sig = 0.000 < 0.05，所以不同年龄的居民对于“您认为哪些关系对您来说最重要？第三位”的回答存在显著差异。

B20d by A1

在下列关系中，您认为哪些关系对您来说最重要？第四位 * 年龄 Crosstabulation

	18—29岁	30—39岁	40—49岁	50—59岁	60—65岁	总计
父母与子女	2.3%	2.2%	2.3%	2.2%	1.9%	2.2%
夫妇	3.6%	3.7%	3.3%	3.2%	4.7%	3.7%
兄弟姐妹	10.7%	12.7%	13.3%	14.8%	16.0%	13.5%
同事或同学	24.9%	21.2%	20.8%	19.0%	16.5%	20.6%
上级或下级	4.4%	5.0%	3.8%	2.4%	3.3%	3.8%
师生	4.1%	3.1%	2.9%	2.4%	2.6%	3.0%
人与自然的关系	3.5%	3.0%	3.3%	3.8%	2.5%	3.3%
个人与社会	10.9%	8.9%	10.2%	11.7%	12.9%	10.9%
个人与国家	8.4%	8.3%	10.3%	10.9%	10.7%	9.7%
个人与工作单位	7.3%	8.4%	6.2%	4.2%	2.5%	5.8%
通过网络建立的各种“群”的关系	1.0%	0.6%	0.9%	0.5%	0.1%	0.6%
朋友	17.4%	20.6%	21.1%	23.5%	23.1%	21.1%
个人与自身的关系（身心和谐）	1.5%	2.2%	1.4%	1.0%	2.6%	1.7%
其他		0.1%	0.1%	0.3%	0.6%	0.2%
总计	100.0%	100.0%	100.0%	100.0%	100.0%	100.0%
列总计	868	832	929	963	723	4315

Chi-square test：df = 52，卡方值为 120.713，sig = 0.000 < 0.05，所以不同年龄的居民对于“您认为哪些关系对您来说最重要？第四位”的回答存在显著差异。

B20e by A1

在下列关系中，您认为哪些关系对您来说最重要？第五位 * 年龄 Crosstabulation

	18—29岁	30—39岁	40—49岁	50—59岁	60—65岁	总计
父母与子女	1.3%	1.0%	0.9%	0.3%	1.0%	0.9%

续表

	18—29 岁	30—39 岁	40—49 岁	50—59 岁	60—65 岁	总计
夫妇	2.1%	1.8%	1.4%	1.9%	3.0%	2.0%
兄弟姐妹	5.2%	4.8%	5.5%	4.8%	4.8%	5.1%
同事或同学	15.3%	13.9%	15.1%	14.1%	12.6%	14.3%
上级或下级	7.4%	9.1%	6.6%	5.8%	5.6%	6.9%
师生	5.7%	4.5%	4.2%	4.5%	3.2%	4.5%
人与自然的关系	3.9%	4.1%	3.9%	3.7%	3.4%	3.8%
个人与社会	14.0%	13.2%	14.2%	18.9%	18.9%	15.8%
个人与国家	12.6%	11.0%	14.4%	15.9%	18.9%	14.5%
个人与工作单位	7.9%	8.5%	7.6%	6.2%	5.8%	7.2%
通过网络建立的各种“群”的关系	3.7%	1.7%	1.5%	0.5%	0.3%	1.6%
朋友	16.3%	22.0%	21.3%	18.3%	17.9%	19.2%
个人与自身的关系（身心和谐）	4.5%	4.2%	3.1%	4.4%	4.1%	4.1%
其他	0.1%	0.1%	0.2%	0.5%	0.4%	0.3%
总计	100.0%	100.0%	100.0%	100.0%	100.0%	100.0%
列总计	864	826	923	950	708	4271

Chi-square test：df = 52，卡方值为 128.402，sig = 0.000 < 0.05，所以不同年龄的居民对于“您认为哪些关系对您来说最重要？第五位”的回答存在显著差异。

B21 by A1

您认为哪一种关系对社会秩序最具根本性意义 * 年龄 Crosstabulation

	18—29 岁	30—39 岁	40—49 岁	50—59 岁	60—65 岁	总计
家庭关系或血缘关系	29.3%	23.3%	27.3%	29.5%	28.1%	27.6%
个人与社会的关系	43.9%	46.6%	42.7%	37.9%	38.0%	41.8%
职业关系	3.3%	4.2%	4.4%	2.5%	2.2%	3.4%
个人与国家民族的关系	18.0%	20.2%	19.7%	24.0%	26.5%	21.5%
人与自然的关系	1.5%	1.8%	1.5%	1.9%	1.7%	1.7%
个人与自身的关系	4.0%	3.8%	4.4%	4.2%	3.5%	4.0%
总计	100.0%	100.0%	100.0%	100.0%	100.0%	100.0%
列总计	873	832	928	955	716	4304

Chi-square test：df = 20，卡方值为 48.951，sig = 0.000 < 0.05，所以不同年龄的居民对于“对社会秩序最具根本性意义的关系”的回答存在显著差异。

B22 by A1

您认为哪一种关系对个人生活最具根本性意义 * 年龄 Crosstabulation

	18—29 岁	30—39 岁	40—49 岁	50—59 岁	60—65 岁	总计
家庭关系或血缘关系	59. 2%	57. 4%	60. 3%	62. 0%	60. 9%	60. 0%
个人与社会的关系	17. 4%	18. 9%	15. 7%	13. 6%	14. 8%	16. 1%
职业关系	5. 2%	5. 0%	5. 5%	4. 6%	3. 2%	4. 7%
个人与国家民族的关系	9. 4%	11. 0%	10. 3%	12. 2%	13. 4%	11. 2%
人与自然的关系	1. 7%	1. 8%	1. 6%	1. 0%	1. 8%	1. 6%
个人与自身的关系	7. 1%	5. 8%	6. 6%	6. 5%	5. 9%	6. 4%
总计	100. 0%	100. 0%	100. 0%	100. 0%	100. 0%	100. 0%
列总计	872	834	934	964	724	4328

Chi-square test：df = 20，卡方值为 28. 147，sig = 0. 106 > 0. 05，所以不同年龄的居民对于“对个人生活最具根本性意义的关系”的回答不存在显著差异。

B23a by A1

对于个人而言，您认为家庭、社会和国家三者的重要性程度如何？第一位 * 年龄 Crosstabulation

	18—29 岁	30—39 岁	40—49 岁	50—59 岁	60—65 岁	总计
国家	42. 2%	46. 7%	53. 8%	58. 2%	61. 2%	52. 4%
社会	3. 1%	4. 8%	2. 1%	2. 8%	2. 6%	3. 1%
家庭	54. 7%	48. 5%	44. 1%	39. 0%	36. 2%	44. 6%
总计	100. 0%	100. 0%	100. 0%	100. 0%	100. 0%	100. 0%
列总计	874	835	933	977	734	4353

Chi-square test：df = 8，卡方值为 92. 795，sig = 0. 000 < 0. 05，所以不同年龄的居民对于“家庭、社会和国家三者何者处于最重要的位置”的回答存在显著差异。

B23b by A1

对于个人而言，您认为家庭、社会和国家三者的重要性程度如何？第二位 * 年龄 Crosstabulation

	18—29 岁	30—39 岁	40—49 岁	50—59 岁	60—65 岁	总计
国家	41. 6%	37. 7%	35. 9%	32. 4%	30. 5%	35. 7%
社会	24. 7%	26. 0%	19. 5%	17. 5%	18. 9%	21. 2%
家庭	33. 7%	36. 3%	44. 6%	50. 1%	50. 6%	43. 1%
总计	100. 0%	100. 0%	100. 0%	100. 0%	100. 0%	100. 0%

续表

	18—29 岁	30—39 岁	40—49 岁	50—59 岁	60—65 岁	总计
列总计	863	832	931	972	729	4327

Chi-square test：df = 8，卡方值为 88. 702，sig = 0. 000 < 0. 05，所以不同年龄的居民对于“家庭、社会和国家三者何者处于第二重要的位置”的回答存在显著差异。

B24a by A1

信息技术、网络技术的发展对伦理道德的影响 ＊ 年龄 Crosstabulation

	18—29 岁	30—39 岁	40—49 岁	50—59 岁	60—65 岁	总计
消极影响	16. 0%	15. 2%	10. 5%	15. 2%	18. 4%	14. 8%
没有影响	17. 9%	17. 9%	23. 6%	26. 7%	28. 9%	22. 5%
积极影响	66. 1%	67. 0%	65. 9%	58. 1%	52. 7%	62. 8%
总计	100. 0%	100. 0%	100. 0%	100. 0%	100. 0%	100. 0%
列总计	702	672	694	637	429	3134

Chi-square test：df = 8，卡方值为 52. 659，sig = 0. 000 < 0. 05，所以不同年龄的居民对于“信息技术、网络技术的发展对伦理道德的影响”的回答存在显著差异。

B24b by A1

市场经济对我国伦理道德的影响 ＊ 年龄 Crosstabulation

	18—29 岁	30—39 岁	40—49 岁	50—59 岁	60—65 岁	总计
消极影响	16. 7%	17. 6%	16. 2%	17. 0%	16. 6%	16. 8%
没有影响	20. 9%	20. 2%	19. 4%	23. 5%	25. 2%	21. 6%
积极影响	62. 4%	62. 3%	64. 5%	59. 5%	58. 3%	61. 6%
总计	100. 0%	100. 0%	100. 0%	100. 0%	100. 0%	100. 0%
列总计	670	665	712	659	477	3183

Chi-square test：df = 8，卡方值为 9. 203，sig = 0. 325 > 0. 05，所以不同年龄的居民对于“市场经济对我国伦理道德的影响”的回答不存在显著差异。

B24c by A1

西方文化对我国伦理道德的影响 ＊ 年龄 Crosstabulation

	18—29 岁	30—39 岁	40—49 岁	50—59 岁	60—65 岁	总计
消极影响	21. 2%	21. 2%	19. 2%	22. 3%	23. 1%	21. 2%
没有影响	24. 4%	26. 4%	27. 2%	33. 2%	35. 5%	28. 8%
积极影响	54. 4%	52. 4%	53. 6%	44. 6%	41. 4%	50. 0%

续表

	18—29岁	30—39岁	40—49岁	50—59岁	60—65岁	总计
总计	100.0%	100.0%	100.0%	100.0%	100.0%	100.0%
列总计	619	614	610	561	394	2798

Chi-square test：df=8，卡方值为31.957，sig=0.000<0.05，所以不同年龄的居民对于“西方文化对我国伦理道德的影响”的回答存在显著差异。

B25 by A1

如果国外报道与国家主流媒体的宣传内容不一致，您倾向于相信 * 年龄 Crosstabulation

	18—29岁	30—39岁	40—49岁	50—59岁	60—65岁	总计
主流媒体	58.1%	67.9%	70.6%	77.3%	77.7%	70.2%
国外报道	5.6%	4.0%	2.4%	1.4%	0.5%	2.8%
谁都不相信，自己判断	36.3%	28.2%	27.0%	21.3%	21.9%	27.0%
总计	100.0%	100.0%	100.0%	100.0%	100.0%	100.0%
列总计	821	784	879	903	663	4050

Chi-square test：df=8，卡方值为119.774，sig=0.000<0.05，所以不同年龄的居民对于“如果国外报道与国家主流媒体的宣传内容不一致时更倾向于相信何者”的回答存在显著差异。

B26 by A1

如果朋友圈的消息与国家主流媒体的报道不一致，您会相信哪一个 * 年龄 Crosstabulation

	18—29岁	30—39岁	40—49岁	50—59岁	60—65岁	总计
主流媒体	54.6%	58.7%	61.6%	68.9%	67.7%	62.3%
朋友圈/亲朋圈子	9.8%	11.4%	11.9%	10.8%	10.3%	10.9%
都不相信，自己比较判断	35.4%	29.6%	26.3%	19.9%	20.5%	26.4%
其他	0.2%	0.2%	0.2%	0.4%	1.5%	0.5%
总计	100.0%	100.0%	100.0%	100.0%	100.0%	100.0%
列总计	874	830	934	974	730	4342

Chi-square test：df=12，卡方值为96.991，sig=0.000<0.05，所以不同年龄的居民对于“如果朋友圈的消息与国家主流媒体的报道不一致时更倾向于相信何者”的回答存在显著差异。

C1 by A1

您认为当前中国社会个人道德素质的主要问题是 * 年龄 Crosstabulation

	18—29 岁	30—39 岁	40—49 岁	50—59 岁	60—65 岁	总计
道德上无知	8.6%	8.9%	9.1%	10.7%	10.6%	9.6%
有道德知识，但不见诸行动	81.2%	79.6%	81.0%	78.8%	77.5%	79.7%
道德上既无知，也不见道德行动	9.7%	11.5%	9.4%	10.5%	11.4%	10.5%
其他	0.5%		0.4%		0.4%	0.3%
总计	100.0%	100.0%	100.0%	100.0%	100.0%	100.0%
列总计	873	832	932	971	725	4333

Chi-square test：df = 12，卡方值为 15.440，sig = 0.218 > 0.05，所以不同年龄的居民对于“当前中国社会个人道德素质的主要问题”的回答不存在显著差异。

C2 by A1

您根据什么来判断某种行为是否符合伦理或道德 * 年龄 Crosstabulation

	18—29 岁	30—39 岁	40—49 岁	50—59 岁	60—65 岁	总计
传统道德观念	57.4%	64.7%	57.3%	57.8%	58.5%	59.1%
风俗习惯	30.4%	36.1%	36.0%	33.4%	32.3%	33.7%
大多数人认同的道德规范	45.1%	52.2%	48.3%	45.2%	43.8%	46.9%
当事人共同利益和意志	22.4%	20.1%	18.8%	16.1%	16.0%	18.7%
自己的良心	65.1%	55.8%	61.9%	64.4%	67.9%	62.9%
意识形态的要求	15.5%	14.2%	12.9%	8.5%	10.3%	12.2%
列总计	863	830	922	965	731	4311

据上表所示，不同年龄的居民对于“根据什么来判断某种行为是否符合伦理或道德”的回答不存在显著差异。

C3a by A1

我会经常关心比我不幸的人 * 年龄 Crosstabulation

	18—29 岁	30—39 岁	40—49 岁	50—59 岁	60—65 岁	总计
完全不符合	4.2%	2.8%	3.2%	2.9%	3.4%	3.3%
有点符合	23.5%	22.2%	18.6%	20.2%	20.7%	21.0%
一般	36.3%	34.3%	33.7%	33.3%	31.5%	33.9%
比较符合	27.1%	30.5%	35.4%	34.4%	36.0%	32.7%
完全符合	8.9%	10.2%	9.1%	9.3%	8.4%	9.2%
总计	100.0%	100.0%	100.0%	100.0%	100.0%	100.0%

续表

	18—29 岁	30—39 岁	40—49 岁	50—59 岁	60—65 岁	总计
列总计	874	836	935	977	730	4352

Chi-square test：df = 16，卡方值为 29.100，sig = 0.023 < 0.05，所以不同年龄的居民对于“是否会经常关心比他不幸的人”的回答存在显著差异。

C3b by A1

我时常会同情他人的难处 * 年龄 Crosstabulation

	18—29 岁	30—39 岁	40—49 岁	50—59 岁	60—65 岁	总计
完全不符合	2.8%	1.4%	1.7%	2.4%	2.5%	2.1%
有点符合	20.6%	21.7%	18.7%	20.1%	21.4%	20.4%
一般	33.3%	32.2%	33.9%	30.5%	31.5%	32.3%
比较符合	34.6%	36.4%	37.2%	38.8%	36.9%	36.8%
完全符合	8.7%	8.3%	8.5%	8.2%	7.8%	8.3%
总计	100.0%	100.0%	100.0%	100.0%	100.0%	100.0%
列总计	872	833	934	976	734	4349

Chi-square test：df = 16，卡方值为 12.068，sig = 0.739 > 0.05，所以不同年龄的居民对于“是否时常会同情他人的难处”的回答不存在显著差异。

C3c by A1

在做决定前，我会试着从每个人的立场去考虑问题 * 年龄 Crosstabulation

	18—29 岁	30—39 岁	40—49 岁	50—59 岁	60—65 岁	总计
完全不符合	3.9%	4.7%	2.8%	3.1%	2.1%	3.3%
有点符合	22.2%	17.2%	18.6%	20.2%	20.2%	19.7%
一般	32.5%	37.1%	38.6%	36.6%	36.8%	36.3%
比较符合	31.0%	32.3%	31.4%	31.5%	34.8%	32.1%
完全符合	10.5%	8.8%	8.6%	8.6%	6.2%	8.6%
总计	100.0%	100.0%	100.0%	100.0%	100.0%	100.0%
列总计	875	833	933	974	729	4344

Chi-square test：df = 16，卡方值为 32.303，sig = 0.009 < 0.05，所以不同年龄的居民对于“做决定前是否试着从每个人的立场去考虑问题”的回答存在显著差异。

C3d by A1

当我看到有人被利用时，时常想要保护他们 ＊ 年龄 Crosstabulation

	18—29 岁	30—39 岁	40—49 岁	50—59 岁	60—65 岁	总计
完全不符合	6.3%	4.0%	3.4%	4.1%	4.3%	4.4%
有点符合	22.7%	20.8%	21.2%	22.9%	21.5%	21.8%
一般	34.6%	39.5%	39.6%	35.3%	38.8%	37.5%
比较符合	29.3%	29.1%	30.3%	32.0%	30.1%	30.2%
完全符合	7.1%	6.7%	5.5%	5.8%	5.4%	6.1%
总计	100.0%	100.0%	100.0%	100.0%	100.0%	100.0%
列总计	871	833	931	973	727	4335

Chi-square test：df = 16，卡方值为 22.022，sig = 0.142 > 0.05，所以不同年龄的居民对于“当看到有人被利用时，时常想要保护他们”的回答不存在显著差异。

C3e by A1

我有时会试图站在他人的角度，以更好地理解我的朋友 ＊ 年龄 Crosstabulation

	18—29 岁	30—39 岁	40—49 岁	50—59 岁	60—65 岁	总计
完全不符合	2.5%	2.5%	2.8%	2.8%	2.9%	2.7%
有点符合	19.9%	19.3%	19.0%	18.5%	20.6%	19.4%
一般	28.3%	33.2%	33.9%	32.9%	32.8%	32.2%
比较符合	37.0%	33.8%	34.5%	36.5%	38.3%	36.0%
完全符合	12.3%	11.3%	9.8%	9.3%	5.4%	9.7%
总计	100.0%	100.0%	100.0%	100.0%	100.0%	100.0%
列总计	876	835	931	972	728	4342

Chi-square test：df = 16，卡方值为 32.741，sig = 0.008 < 0.05，所以不同年龄的居民对于“有时会试图站在他人的角度，以更好地理解朋友”的回答存在显著差异。

C3f by A1

他人的不幸通常不会给我带来很大的不安 ＊ 年龄 Crosstabulation

	18—29 岁	30—39 岁	40—49 岁	50—59 岁	60—65 岁	总计
完全不符合	13.1%	10.8%	12.7%	12.3%	12.2%	12.2%
有点符合	21.2%	21.2%	20.3%	22.1%	21.6%	21.3%
一般	36.4%	37.4%	35.3%	35.5%	33.9%	35.7%
比较符合	22.9%	25.9%	26.5%	24.5%	27.1%	25.3%
完全符合	6.4%	4.8%	5.2%	5.7%	5.2%	5.5%

续表

	18—29 岁	30—39 岁	40—49 岁	50—59 岁	60—65 岁	总计
总计	100.0%	100.0%	100.0%	100.0%	100.0%	100.0%
列总计	872	835	929	970	728	4334

Chi-square test：df = 16，卡方值为 10.375，sig = 0.846 > 0.05，所以不同年龄的居民对于“他人的不幸通常不会给我带来很大的不安”的回答不存在显著差异。

C3g by A1

在观看电视剧或电影之后，我会感觉到自己仿佛成了其中的一个角色 * 年龄 Crosstabulation

	18—29 岁	30—39 岁	40—49 岁	50—59 岁	60—65 岁	总计
完全不符合	18.6%	15.6%	17.6%	21.3%	21.2%	18.8%
有点符合	20.5%	20.1%	21.5%	20.0%	20.5%	20.5%
一般	28.9%	33.0%	33.5%	31.2%	30.5%	31.5%
比较符合	24.1%	23.9%	21.5%	22.3%	22.0%	22.7%
完全符合	8.0%	7.4%	5.8%	5.2%	5.8%	6.4%
总计	100.0%	100.0%	100.0%	100.0%	100.0%	100.0%
列总计	873	834	930	970	718	4325

Chi-square test：df = 16，卡方值为 25.478，sig = 0.062 > 0.05，所以不同年龄的居民对于“在观看电视剧或电影之后，我会感觉到自己仿佛成了其中的一个角色”的回答不存在显著差异。

C3h by A1

当我对某人很不耐烦的时候，我通常会暂时站在他/她的位置上 * 年龄 Crosstabulation

	18—29 岁	30—39 岁	40—49 岁	50—59 岁	60—65 岁	总计
完全不符合	9.4%	7.9%	9.2%	7.9%	7.6%	8.5%
有点符合	26.2%	24.6%	22.4%	23.1%	22.3%	23.7%
一般	36.6%	33.8%	38.0%	35.8%	36.2%	36.1%
比较符合	20.9%	27.9%	24.4%	28.1%	28.4%	25.9%
完全符合	6.9%	5.8%	5.9%	5.1%	5.5%	5.8%
总计	100.0%	100.0%	100.0%	100.0%	100.0%	100.0%
列总计	870	832	931	975	723	4331

Chi-square test：df = 16，卡方值为 25.763，sig = 0.057 > 0.05，所以不同年龄的居民对于“当我对某人很不耐烦的时候，我通常会暂时站在他/她的位置上”的回答不存在显著差异。

C3i by A1

读故事会想象如果这些事情发生在自己身上，我会是怎样的感受 ＊ 年龄 Crosstabulation

	18—29 岁	30—39 岁	40—49 岁	50—59 岁	60—65 岁	总计
完全不符合	10.7%	10.5%	14.7%	17.3%	16.1%	13.9%
有点符合	20.5%	19.8%	19.9%	19.4%	20.8%	20.0%
一般	32.0%	31.7%	37.5%	31.5%	33.2%	33.2%
比较符合	28.5%	28.6%	22.5%	25.9%	24.3%	26.0%
完全符合	8.3%	9.4%	5.4%	5.9%	5.6%	6.9%
总计	100.0%	100.0%	100.0%	100.0%	100.0%	100.0%
列总计	869	832	925	957	713	4296

Chi-square test：df = 16，卡方值为 57.730，sig = 0.000 < 0.05，所以不同年龄的居民对于“读故事会想象如果这些事情发生在自己身上，我会是怎样的感受”的回答存在显著差异。

C3j by A1

在批评他人之前，我会尝试想象一下如果我处于那个位置会是什么感受 ＊ 年龄 Crosstabulation

	18—29 岁	30—39 岁	40—49 岁	50—59 岁	60—65 岁	总计
完全不符合	4.8%	3.0%	2.9%	4.0%	3.6%	3.7%
有点符合	21.2%	19.3%	18.8%	17.4%	19.2%	19.1%
一般	33.4%	36.8%	37.5%	38.1%	36.9%	36.6%
比较符合	33.1%	33.3%	33.2%	33.1%	33.6%	33.3%
完全符合	7.4%	7.6%	7.7%	7.3%	6.6%	7.4%
总计	100.0%	100.0%	100.0%	100.0%	100.0%	100.0%
列总计	873	831	928	969	723	4324

Chi-square test：df = 16，卡方值为 13.260，sig = 0.654 > 0.05，所以不同年龄的居民对于“在批评他人之前，我会尝试想象一下如果我处于那个位置会是什么感受 ”的回答不存在显著差异。

C4a by A1

您认为当今中国社会最重要和最需要的德性是？第一位 ＊ 年龄 Crosstabulation

	18—29 岁	30—39 岁	40—49 岁	50—59 岁	60—65 岁	总计
爱（仁爱、博爱、友爱）	30.1%	27.3%	23.2%	23.4%	20.5%	25.0%
义（道义、义务）	3.5%	3.5%	4.2%	3.1%	4.1%	3.7%
宽容	3.7%	2.8%	4.2%	3.9%	4.8%	3.8%

续表

	18—29 岁	30—39 岁	40—49 岁	50—59 岁	60—65 岁	总计
责任	6.3%	6.7%	6.5%	3.8%	4.1%	5.5%
公正	13.9%	13.7%	13.9%	15.8%	16.3%	14.7%
诚信	16.0%	16.6%	17.3%	17.3%	18.6%	17.1%
忠恕（将心比心）	1.8%	1.6%	1.7%	2.0%	1.6%	1.8%
理智	0.9%	0.5%	0.2%	0.4%	0.3%	0.5%
节制	0.6%	0.8%	1.0%	1.1%	1.1%	0.9%
谦让	2.3%	3.4%	2.8%	3.3%	2.7%	2.9%
勇敢	2.2%	1.2%	1.4%	1.4%	1.1%	1.5%
正直	2.9%	3.0%	4.3%	2.0%	3.3%	3.1%
善良	5.8%	6.0%	6.1%	7.1%	8.4%	6.6%
孝敬	9.7%	12.2%	12.8%	14.4%	12.9%	12.5%
敬业	0.3%	0.8%	0.3%	0.6%	0.1%	0.5%
其他				0.3%		0.1%
总计	100.0%	100.0%	100.0%	100.0%	100.0%	100.0%
列总计	876	833	934	976	730	4349

Chi-square test：df = 60，卡方值为 96.344，sig = 0.002 < 0.05，所以不同年龄的居民对于“您认为当今中国社会最重要和最需要的德性是？第一位”的回答存在显著差异。

C4b by A1

您认为当今中国社会最重要和最需要的德性是？第二位 ＊ 年龄 Crosstabulation

	18—29 岁	30—39 岁	40—49 岁	50—59 岁	60—65 岁	总计
爱（仁爱、博爱、友爱）	11.4%	12.4%	12.3%	9.1%	9.6%	11.0%
义（道义、义务）	15.6%	12.7%	13.4%	9.9%	12.5%	12.8%
宽容	6.1%	7.8%	5.8%	5.6%	6.7%	6.3%
责任	9.7%	7.4%	8.1%	7.3%	8.4%	8.2%
公正	10.7%	11.6%	13.5%	15.5%	13.0%	13.0%
诚信	17.9%	15.0%	13.6%	19.3%	17.5%	16.7%
忠恕（将心比心）	2.3%	2.5%	2.8%	2.7%	1.8%	2.4%
理智	1.4%	1.9%	1.3%	1.0%	0.7%	1.3%
节制	2.6%	2.6%	2.6%	2.4%	3.4%	2.7%
谦让	2.1%	3.8%	3.9%	2.2%	2.9%	2.9%
勇敢	2.1%	2.4%	1.4%	2.2%	2.3%	2.0%
正直	2.6%	3.4%	3.2%	2.6%	2.1%	2.8%

续表

	18—29 岁	30—39 岁	40—49 岁	50—59 岁	60—65 岁	总计
善良	7.4%	7.4%	8.5%	10.3%	8.4%	8.4%
孝敬	7.2%	7.8%	8.6%	8.4%	10.0%	8.4%
敬业	0.9%	1.1%	1.2%	1.5%	0.8%	1.1%
其他				0.1%		
总计	100.0%	100.0%	100.0%	100.0%	100.0%	100.0%
列总计	876	833	934	974	730	4347

Chi-square test：df = 60，卡方值为 90.243，sig = 0.007 < 0.05，所以不同年龄的居民对于“您认为当今中国社会最重要和最需要的德性是？第二位”的回答存在显著差异。

C4c by A1

您认为当今中国社会最重要和最需要的德性是？第三位 ＊ 年龄 Crosstabulation

	18—29 岁	30—39 岁	40—49 岁	50—59 岁	60—65 岁	总计
爱（仁爱、博爱、友爱）	8.1%	7.5%	6.1%	8.3%	6.8%	7.4%
义（道义、义务）	7.2%	7.7%	7.6%	5.4%	5.9%	6.8%
宽容	17.6%	18.5%	16.8%	18.7%	17.4%	17.8%
责任	15.0%	15.0%	12.2%	10.8%	15.6%	13.6%
公正	7.8%	6.9%	8.1%	8.5%	7.2%	7.7%
诚信	12.2%	9.1%	11.0%	11.7%	11.2%	11.1%
忠恕（将心比心）	3.0%	3.0%	4.5%	2.8%	2.9%	3.3%
理智	4.6%	4.7%	3.7%	2.6%	3.3%	3.8%
节制	1.7%	2.3%	2.4%	1.8%	1.5%	1.9%
谦让	1.7%	2.2%	2.2%	2.2%	3.3%	2.3%
勇敢	3.3%	3.0%	2.6%	3.3%	2.9%	3.0%
正直	5.5%	5.3%	5.9%	6.0%	5.9%	5.7%
善良	5.7%	6.7%	7.1%	7.9%	7.7%	7.0%
孝敬	4.9%	6.1%	6.9%	7.7%	7.7%	6.7%
敬业	1.8%	2.0%	2.9%	2.5%	0.7%	2.1%
总计	100.0%	100.0%	100.0%	100.0%	100.0%	100.0%
列总计	876	832	934	969	725	4336

Chi-square test：df = 56，卡方值为 72.818，sig = 0.065 > 0.05，所以不同年龄的居民对于“您认为当今中国社会最重要和最需要的德性是？第三位”的回答不存在显著差异。

C4d by A1

您认为当今中国社会最重要和最需要的德性是？第四位 ＊ 年龄 Crosstabulation

	18—29 岁	30—39 岁	40—49 岁	50—59 岁	60—65 岁	总计
爱（仁爱、博爱、友爱）	5. 8%	5. 7%	5. 7%	5. 7%	5. 5%	5. 7%
义（道义、义务）	3. 5%	5. 3%	5. 7%	6. 5%	5. 3%	5. 3%
宽容	8. 7%	8. 3%	8. 6%	7. 9%	8. 0%	8. 3%
责任	20. 5%	19. 3%	17. 4%	20. 7%	18. 3%	19. 3%
公正	8. 5%	8. 3%	9. 2%	8. 3%	8. 0%	8. 5%
诚信	10. 3%	11. 8%	11. 5%	8. 4%	9. 8%	10. 3%
忠恕（将心比心）	3. 5%	2. 4%	1. 8%	2. 1%	1. 9%	2. 4%
理智	4. 5%	3. 1%	2. 8%	2. 4%	2. 6%	3. 1%
节制	2. 6%	2. 8%	3. 2%	3. 0%	1. 8%	2. 7%
谦让	4. 3%	4. 0%	4. 2%	4. 6%	5. 1%	4. 4%
勇敢	2. 3%	2. 2%	1. 0%	2. 2%	2. 5%	2. 0%
正直	4. 3%	5. 2%	4. 5%	5. 0%	5. 0%	4. 8%
善良	11. 5%	11. 2%	12. 9%	13. 0%	14. 4%	12. 6%
孝敬	8. 6%	7. 6%	9. 0%	8. 6%	10. 1%	8. 7%
敬业	1. 0%	2. 9%	2. 4%	1. 8%	1. 4%	1. 9%
总计	100. 0%	100. 0%	100. 0%	100. 0%	100. 0%	100. 0%
列总计	875	830	930	966	721	4322

Chi-square test：df = 56，卡方值为 64. 049，sig = 0. 215 > 0. 05，所以不同年龄的居民对于“您认为当今中国社会最重要和最需要的德性是？第四位”的回答不存在显著差异。

C4e by A1

您认为当今中国社会最重要和最需要的德性是？第五位 ＊ 年龄 Crosstabulation

	18—29 岁	30—39 岁	40—49 岁	50—59 岁	60—65 岁	总计
爱（仁爱、博爱、友爱）	7. 8%	7. 4%	8. 5%	7. 9%	6. 0%	7. 6%
义（道义、义务）	8. 0%	7. 0%	7. 3%	7. 7%	8. 5%	7. 7%
宽容	4. 7%	4. 5%	3. 5%	4. 6%	3. 9%	4. 2%
责任	7. 9%	6. 5%	8. 1%	8. 9%	6. 7%	7. 7%
公正	10. 6%	8. 9%	9. 8%	8. 8%	12. 4%	10. 0%
诚信	6. 9%	9. 3%	9. 8%	9. 7%	9. 9%	9. 1%
忠恕（将心比心）	4. 5%	4. 8%	3. 7%	3. 5%	3. 8%	4. 0%
理智	4. 9%	2. 9%	3. 3%	3. 6%	2. 4%	3. 5%

续表

	18—29 岁	30—39 岁	40—49 岁	50—59 岁	60—65 岁	总计
节制	2.9%	3.3%	2.1%	2.3%	1.8%	2.5%
谦让	4.7%	6.6%	4.8%	4.6%	5.1%	5.1%
勇敢	3.9%	2.9%	3.8%	3.6%	3.1%	3.5%
正直	6.2%	5.4%	5.7%	6.9%	6.3%	6.1%
善良	12.2%	13.8%	14.1%	12.6%	16.8%	13.8%
孝敬	10.1%	11.0%	11.2%	11.4%	10.6%	10.9%
敬业	4.8%	5.8%	4.2%	4.0%	2.9%	4.4%
总计	100.0%	100.0%	100.0%	100.0%	100.0%	100.0%
列总计	874	829	926	960	719	4308

Chi-square test：df = 56，卡方值为 66.012，sig = 0.169 >0.05，所以不同年龄的居民对于“您认为当今中国社会最重要和最需要的德性是？第五位”的回答不存在显著差异。

C5 by A1

一个制药厂做药品销售时，出资五十万元请您向公众介绍自己服药后的良好效果，您过去服用这药时并没有效果，但也没有发现有很大的副作用，您将如何决定 ＊ 年龄 Crosstabulation

	18—29 岁	30—39 岁	40—49 岁	50—59 岁	60—65 岁	总计
接受邀请，心安理得	9.5%	12.2%	12.0%	12.5%	14.4%	12.1%
接受邀请，心里不安，但这笔巨款很有吸引力	18.0%	16.0%	13.9%	11.2%	11.0%	14.0%
拒绝，这是虚假广告欺骗大众	72.2%	71.7%	73.9%	76.0%	74.0%	73.6%
其他	0.3%	0.1%	0.2%	0.3%	0.5%	0.3%
总计	100.0%	100.0%	100.0%	100.0%	100.0%	100.0%
列总计	874	833	934	975	735	4351

Chi-square test：df = 12，卡方值为 34.733，sig = 0.001 <0.05，所以不同年龄的居民对于“一个制药厂做药品销售时，出资五十万元请您向公众介绍自己服药后的良好效果，您过去服用这药时并没有效果，但也没有发现很大的副作用，您将如何决定”的回答存在显著差异。

C6 by A1

您正在申请一个重要的职位，如果具有两次以上在敬老院做义工的经历（不需要出具证据），将可能优先获得这个职位，您将如何决定 ＊ 年龄 Crosstabulation

	18—29 岁	30—39 岁	40—49 岁	50—59 岁	60—65 岁	总计
如实填报，没做过义工，今后多参加这类活动	71.1%	73.2%	79.7%	78.7%	78.2%	76.2%

续表

	18—29 岁	30—39 岁	40—49 岁	50—59 岁	60—65 岁	总计
填报参加过两次义工，这机会太重要了，反正不需要出具证据	15.4%	17.2%	13.2%	12.9%	14.3%	14.6%
先填报，交表之后去做两次义工	13.4%	9.6%	6.8%	8.0%	6.9%	8.9%
其他	0.1%		0.3%	0.4%	0.6%	0.3%
总计	100.0%	100.0%	100.0%	100.0%	100.0%	100.0%
列总计	874	835	931	971	725	4336

Chi-square test：df = 12，卡方值为 49.118，sig = 0.000 < 0.05，所以不同年龄的居民对于“您正在申请一个重要的职位，如果具有两次以上在敬老院做义工的经历（不需要出具证据），将可能优先获得这个职位，您将如何决定”的回答存在显著差异。

C7 by A1

如果您全权代表本单位与另一单位进行项目谈判，对方要求您给予一千万元的优惠，事成之后将您正在寻找工作的女儿安排到这一单位并且获得较好职位，您将如何决定 ＊ 年龄 Crosstabulation

	18—29 岁	30—39 岁	40—49 岁	50—59 岁	60—65 岁	总计
拒绝，不能以公谋	76.5%	76.9%	75.3%	76.6%	79.0%	76.8%
接受，女儿前途重要，并且我有权决定	22.0%	22.5%	24.3%	23.0%	20.7%	22.6%
其他	1.5%	0.6%	0.3%	0.4%	0.3%	0.6%
总计	100.0%	100.0%	100.0%	100.0%	100.0%	100.0%
列总计	860	831	929	971	728	4319

Chi-square test：df = 8，卡方值为 17.580，sig = 0.025 < 0.05，所以不同年龄的居民对于“如果您全权代表本单位与另一单位进行项目谈判，对方要求您给予一千万元的优惠，事成之后将您正在寻找工作的女儿安排到这一单位并且获得较好职位，您将如何决定”的回答存在显著差异。

C8 by A1

现在社会上有些人不守道德反而占了便宜，您会不会效仿 ＊ 年龄 Crosstabulation

	18—29 岁	30—39 岁	40—49 岁	50—59 岁	60—65 岁	总计
从来不这么做	49.9%	48.4%	52.7%	58.7%	58.9%	53.7%
通常不这么做，关键时刻会这么做	28.9%	30.5%	28.3%	23.4%	22.6%	26.8%
经常这么做	0.7%	1.2%	0.8%	0.8%	1.1%	0.9%

续表

	18—29 岁	30—39 岁	40—49 岁	50—59 岁	60—65 岁	总计
相信善有善报，恶有恶报，终将会善恶报应	20.0%	19.9%	18.2%	17.0%	17.3%	18.5%
其他	0.5%			0.1%	0.1%	0.1%
总计	100.0%	100.0%	100.0%	100.0%	100.0%	100.0%
列总计	875	835	933	978	735	4356

Chi-square test：df = 16，卡方值为 45.430，sig = 0.000 < 0.05，所以不同年龄的居民对于“现在社会上有些人不守道德反而占了便宜，您会不会效仿”的回答存在显著差异。

C9a by A1

下列说法您是否认同：目前大多数人将职业当作谋生的手段，缺乏责任感和奉献精神 ＊ 年龄 Crosstabulation

	18—29 岁	30—39 岁	40—49 岁	50—59 岁	60—65 岁	总计
完全不同意	4.3%	3.9%	1.5%	3.6%	3.9%	3.4%
不太同意	25.7%	30.5%	33.7%	31.3%	30.4%	30.4%
比较同意	55.3%	51.6%	54.1%	55.3%	58.6%	54.9%
完全同意	14.8%	14.0%	10.7%	9.7%	7.1%	11.4%
总计	100.0%	100.0%	100.0%	100.0%	100.0%	100.0%
列总计	865	829	918	936	691	4239

Chi-square test：df = 12，卡方值为 53.710，sig = 0.000 < 0.05，所以不同年龄的居民对于“下列说法您是否认同：目前大多数人将职业当作谋生的手段，缺乏责任感和奉献精神”的回答存在显著差异。

C9b by A1

下列说法您是否认同：企业老板剥削员工，利益关系不公正 ＊ 年龄 Crosstabulation

	18—29 岁	30—39 岁	40—49 岁	50—59 岁	60—65 岁	总计
完全不同意	4.1%	5.4%	4.7%	5.3%	7.3%	5.3%
不太同意	31.8%	33.1%	33.9%	32.8%	33.4%	33.0%
比较同意	50.1%	51.2%	51.0%	53.5%	51.0%	51.4%
完全同意	14.0%	10.3%	10.4%	8.4%	8.3%	10.4%
总计	100.0%	100.0%	100.0%	100.0%	100.0%	100.0%
列总计	855	816	908	912	661	4152

Chi-square test：df = 12，卡方值为 26.602，sig = 0.009 < 0.05，所以不同年龄的居民对于“下列说法您是否认同：企业老板剥削员工，利益关系不公正”的回答存在显著差异。

C9c by A1

下列说法您是否认同：老板和员工、上级和下级相互勾结，共同对社会不负责任 ＊ 年龄 Crosstabulation

	18—29 岁	30—39 岁	40—49 岁	50—59 岁	60—65 岁	总计
完全不同意	7.3%	7.5%	6.1%	6.5%	7.1%	6.9%
不太同意	39.7%	40.7%	44.7%	40.6%	40.7%	41.3%
比较同意	42.3%	40.6%	39.3%	44.6%	44.1%	42.1%
完全同意	10.7%	11.2%	9.9%	8.3%	8.0%	9.7%
总计	100.0%	100.0%	100.0%	100.0%	100.0%	100.0%
列总计	822	801	882	891	648	4044

Chi-square test：df = 12，卡方值为 15.247，sig = 0.228 > 0.05，所以不同年龄的居民对于“下列说法您是否认同：老板和员工、上级和下级相互勾结，共同对社会不负责任”的回答不存在显著差异。

C9d by A1

下列说法您是否认同：是否离婚主要考虑自己的感受和利益 ＊ 年龄 Crosstabulation

	18—29 岁	30—39 岁	40—49 岁	50—59 岁	60—65 岁	总计
完全不同意	22.7%	27.4%	24.6%	23.2%	26.1%	24.7%
不太同意	51.3%	53.8%	52.6%	53.7%	49.6%	52.3%
比较同意	20.6%	15.9%	19.8%	20.8%	22.8%	19.9%
完全同意	5.4%	2.9%	3.0%	2.3%	1.5%	3.1%
总计	100.0%	100.0%	100.0%	100.0%	100.0%	100.0%
列总计	838	824	906	945	712	4225

Chi-square test：df = 12，卡方值为 39.129，sig = 0.000 < 0.05，所以不同年龄的居民对于“下列说法您是否认同：是否离婚主要考虑自己的感受和利益”的回答存在显著差异。

C9e by A1

下列说法您是否认同：是否离婚应该从家庭整体（包括子女）考虑 ＊ 年龄 Crosstabulation

	18—29 岁	30—39 岁	40—49 岁	50—59 岁	60—65 岁	总计
完全不同意	1.4%	1.2%	0.9%	0.9%	0.6%	1.0%
不太同意	5.8%	4.8%	7.5%	5.1%	5.7%	5.8%
比较同意	55.8%	55.9%	56.0%	58.9%	56.9%	56.7%
完全同意	36.9%	38.0%	35.6%	35.1%	36.9%	36.4%
总计	100.0%	100.0%	100.0%	100.0%	100.0%	100.0%
列总计	839	828	926	961	721	4275

Chi-square test：df = 12，卡方值为 12.502，sig = 0.406 > 0.05，所以不同年龄的居民对于“下列说法您是否认同：是否离婚应该从家庭整体（包括子女）考虑”的回答不存在显著差异。

C9f by A1

下列说法您是否认同：婚姻是社会的事，应当兼顾社会评价和社会后果 ＊ 年龄 Crosstabulation

	18—29 岁	30—39 岁	40—49 岁	50—59 岁	60—65 岁	总计
完全不同意	9.1%	4.8%	4.6%	3.8%	2.8%	5.0%
不太同意	25.9%	21.1%	23.5%	19.2%	16.6%	21.4%
比较同意	45.0%	51.5%	53.1%	56.3%	58.2%	52.7%
完全同意	20.0%	22.7%	18.8%	20.8%	22.3%	20.8%
总计	100.0%	100.0%	100.0%	100.0%	100.0%	100.0%
列总计	838	820	914	949	704	4225

Chi-square test：df = 12，卡方值为 76.944，sig = 0.000 < 0.05，所以不同年龄的居民对于“下列说法您是否认同：婚姻是社会的事，应当兼顾社会评价和社会后果”的回答存在显著差异。

C9g by A1

下列说法您是否认同：婚姻应当是自由的，如果有更满意或更合适的人就与现在的配偶离婚 ＊ 年龄 Crosstabulation

	18—29 岁	30—39 岁	40—49 岁	50—59 岁	60—65 岁	总计
完全不同意	40.2%	47.0%	49.5%	45.3%	47.0%	45.8%
不太同意	47.9%	44.6%	42.9%	47.3%	44.8%	45.5%
比较同意	9.8%	6.9%	6.8%	6.3%	7.2%	7.4%
完全同意	2.0%	1.4%	0.8%	1.1%	1.1%	1.3%
总计	100.0%	100.0%	100.0%	100.0%	100.0%	100.0%
列总计	843	829	929	965	726	4292

Chi-square test：df = 12，卡方值为 27.683，sig = 0.006 < 0.05，所以不同年龄的居民对于“下列说法您是否认同：婚姻应当是自由的，如果有更满意或更合适的人就与现在的配偶离婚”的回答存在显著差异。

C9h by A1

下列说法您是否认同：婚姻意味着责任，要考虑给对方造成什么后果，不能轻率地选择离婚 ＊ 年龄 Crosstabulation

	18—29 岁	30—39 岁	40—49 岁	50—59 岁	60—65 岁	总计
完全不同意	1.8%	1.0%	0.6%	0.9%	1.4%	1.1%
不太同意	3.8%	3.2%	2.9%	3.5%	2.7%	3.2%
比较同意	49.6%	46.5%	49.9%	51.7%	52.2%	50.0%
完全同意	44.8%	49.3%	46.5%	43.9%	43.7%	45.7%

续表

	18—29 岁	30—39 岁	40—49 岁	50—59 岁	60—65 岁	总计
总计	100.0%	100.0%	100.0%	100.0%	100.0%	100.0%
列总计	852	833	931	966	732	4314

Chi-square test：df = 12，卡方值为 15.125，sig = 0.235 > 0.05，所以不同年龄的居民对于“下列说法您是否认同：婚姻意味着责任，要考虑给对方造成什么后果，不能轻率地选择离婚”的回答不存在显著差异。

C9i by A1

下列说法您是否认同：遇到困难的时候，兄弟姐妹通常都会给予力所能及的帮助 * 年龄 Crosstabulation

	18—29 岁	30—39 岁	40—49 岁	50—59 岁	60—65 岁	总计
完全不同意	0.7%	0.6%	0.5%	0.7%	0.5%	0.6%
不太同意	4.4%	5.3%	5.3%	4.4%	4.1%	4.7%
比较同意	52.1%	49.5%	54.9%	54.8%	57.7%	53.8%
完全同意	42.8%	44.6%	39.3%	40.0%	37.7%	40.9%
总计	100.0%	100.0%	100.0%	100.0%	100.0%	100.0%
列总计	862	828	929	967	730	4316

Chi-square test：df = 12，卡方值为 14.375，sig = 0.277 > 0.05，所以不同年龄的居民对于“下列说法您是否认同：遇到困难的时候，兄弟姐妹通常都会给予力所能及的帮助”的回答不存在显著差异。

C9j by A1

下列说法您是否认同：无论父母对自己如何，都应当尽赡养义务 * 年龄 Crosstabulation

	18—29 岁	30—39 岁	40—49 岁	50—59 岁	60—65 岁	总计
完全不同意	1.2%	0.7%	0.5%	0.5%	0.3%	0.6%
不太同意	4.1%	3.8%	4.5%	2.4%	2.7%	3.5%
比较同意	40.1%	39.0%	40.4%	45.5%	43.1%	41.7%
完全同意	54.6%	56.5%	54.5%	51.6%	54.0%	54.2%
总计	100.0%	100.0%	100.0%	100.0%	100.0%	100.0%
列总计	868	834	928	973	734	4337

Chi-square test：df = 12，卡方值为 22.614，sig = 0.031 < 0.05，所以不同年龄的居民对于“下列说法您是否认同：无论父母对自己如何，都应当尽赡养义务”的回答存在显著差。

C9k by A1

下列说法您是否认同：为了家庭利益可以一定程度上牺牲国家利益 * 年龄 Crosstabulation

	18—29岁	30—39岁	40—49岁	50—59岁	60—65岁	总计
完全不同意	17.9%	17.9%	16.0%	16.5%	18.9%	17.3%
不太同意	49.1%	48.1%	53.1%	51.5%	50.0%	50.4%
比较同意	25.6%	28.1%	24.6%	26.0%	25.1%	25.9%
完全同意	7.5%	6.0%	6.3%	5.9%	6.0%	6.3%
总计	100.0%	100.0%	100.0%	100.0%	100.0%	100.0%
列总计	829	795	893	914	682	4113

Chi-square test：df = 12，卡方值为9.551，sig = 0.665 > 0.05，所以不同年龄的居民对于“下列说法您是否认同：为了家庭利益可以一定程度上牺牲国家利益”的回答不存在显著差异。

C9l by A1

下列说法您是否认同：为了国家利益可以一定程度上牺牲家庭利益 * 年龄 Crosstabulation

	18—29岁	30—39岁	40—49岁	50—59岁	60—65岁	总计
完全不同意	7.0%	6.1%	5.4%	4.3%	3.4%	5.3%
不太同意	29.4%	26.2%	26.6%	22.1%	22.6%	25.4%
比较同意	47.8%	48.6%	49.5%	54.2%	52.8%	50.6%
完全同意	15.8%	19.0%	18.4%	19.5%	21.2%	18.7%
总计	100.0%	100.0%	100.0%	100.0%	100.0%	100.0%
列总计	824	798	886	910	680	4098

Chi-square test：df = 12，卡方值为35.456，sig = 0.000 < 0.05，所以不同年龄的居民对于“下列说法您是否认同：为了国家利益可以一定程度上牺牲家庭利益”的回答存在显著差异。

C10 by A1

假设您的上司或老板是外国人，他侮辱了中国，您会选择 * 年龄 Crosstabulation

	18—29岁	30—39岁	40—49岁	50—59岁	60—65岁	总计
当面抗议	59.2%	65.4%	69.0%	68.6%	69.5%	66.3%
保持沉默	22.3%	20.8%	18.3%	16.0%	15.8%	18.7%
暗地里报复	3.7%	3.1%	1.9%	2.3%	1.5%	2.5%
以屈求伸，背后骂几句就行了	11.7%	7.5%	7.8%	8.9%	8.1%	8.8%
无所谓	3.1%	3.2%	2.9%	4.2%	5.1%	3.7%

续表

	18—29 岁	30—39 岁	40—49 岁	50—59 岁	60—65 岁	总计
总计	100.0%	100.0%	100.0%	100.0%	100.0%	100.0%
列总计	873	832	930	967	728	4330

Chi-square test：df = 16，卡方值为 53.832，sig = 0.000 < 0.05，所以不同年龄的居民对于“假设您的上司或老板是外国人，他侮辱了中国，您会选择”的回答存在显著差异。

C11 by A1

如果条件允许的话，您希望您的孩子生活在国内，还是到国外定居 * 年龄 Crosstabulation

	18—29 岁	30—39 岁	40—49 岁	50—59 岁	60—65 岁	总计
还是在国内生活好	47.1%	55.5%	61.7%	64.7%	64.8%	58.8%
到国外定居	13.8%	12.9%	7.4%	7.4%	6.3%	9.5%
走一步看一步	19.7%	13.2%	10.1%	7.3%	5.7%	11.2%
没考虑过	19.3%	18.4%	20.9%	20.7%	23.3%	20.4%
总计	100.0%	100.0%	100.0%	100.0%	100.0%	100.0%
列总计	876	836	935	977	735	4359

Chi-square test：df = 12，卡方值为 177.007，sig = 0.000 < 0.05，所以不同年龄的居民对于“如果条件允许的话，您希望您的孩子生活在国内，还是到国外定居”的回答存在显著差异。

C12a by A1

您常常体验到自己身上一种“伦理感”的存在吗？人与人之间 * 年龄 Crosstabulation

	18—29 岁	30—39 岁	40—49 岁	50—59 岁	60—65 岁	总计
没有，只感受到自己实实在在的生活	19.2%	21.1%	18.4%	19.6%	22.5%	20.1%
偶尔有，但主要是因为那种情况下我的利益与它高度一致	32.3%	31.3%	31.9%	31.1%	28.0%	31.0%
偶尔有，是在受某种作品或生活情境的影响之后	25.4%	22.4%	21.8%	17.1%	19.2%	21.2%
时常有，它是一种内在的信念	23.1%	25.3%	27.9%	32.1%	30.2%	27.8%
总计	100.0%	100.0%	100.0%	100.0%	100.0%	100.0%
列总计	874	835	933	974	728	4344

Chi-square test：df = 12，卡方值为 40.954，sig = 0.000 < 0.05，所以不同年龄的居民对于“您常常体验到自己身上一种‘伦理感’的存在吗？人与人之间”的回答存在显著差异。

C12b by A1

您常常体验到自己身上一种“伦理感”的存在吗？家庭 * 年龄 Crosstabulation

	18—29 岁	30—39 岁	40—49 岁	50—59 岁	60—65 岁	总计
没有，只感受到自己实实在在的生活	15.4%	19.9%	17.1%	17.5%	17.4%	17.4%
偶尔有，但主要是因为那种情况下我的利益与它高度一致	17.1%	16.1%	17.3%	15.3%	17.7%	16.6%
偶尔有，是在受某种作品或生活情境的影响之后	22.2%	14.6%	16.0%	14.7%	12.6%	16.1%
时常有，它是一种内在的信念	45.3%	49.3%	49.6%	52.6%	52.3%	49.8%
总计	100.0%	100.0%	100.0%	100.0%	100.0%	100.0%
列总计	875	833	933	974	730	4345

Chi-square test：df = 12，卡方值为 41.034，sig = 0.000 < 0.05，所以不同年龄的居民对于“您常常体验到自己身上一种‘伦理感’的存在吗？家庭”的回答存在显著差异。

C12c by A1

您常常体验到自己身上一种“伦理感”的存在吗？单位 * 年龄 Crosstabulation

	18—29 岁	30—39 岁	40—49 岁	50—59 岁	60—65 岁	总计
没有，只感受到自己实实在在的生活	21.1%	19.5%	19.6%	22.0%	25.0%	21.3%
偶尔有，但主要是因为那种情况下我的利益与它高度一致	34.7%	34.7%	33.0%	30.0%	29.3%	32.4%
偶尔有，是在受某种作品或生活情境的影响之后	29.9%	27.4%	28.1%	26.7%	26.8%	27.8%
时常有，它是一种内在的信念	14.3%	18.4%	19.4%	21.3%	18.8%	18.5%
总计	100.0%	100.0%	100.0%	100.0%	100.0%	100.0%
列总计	873	832	930	970	723	4328

Chi-square test：df = 12，卡方值为 29.349，sig = 0.003 < 0.05，所以不同年龄的居民对于“您常常体验到自己身上一种‘伦理感’的存在吗？单位”的回答存在显著差异。

C12d by A1

您常常体验到自己身上一种“伦理感”的存在吗？社区、城市 * 年龄 Crosstabulation

	18—29 岁	30—39 岁	40—49 岁	50—59 岁	60—65 岁	总计
没有，只感受到自己实实在在的生活	21.8%	20.0%	21.8%	23.7%	24.9%	22.4%

续表

	18—29 岁	30—39 岁	40—49 岁	50—59 岁	60—65 岁	总计
偶尔有，但主要是因为那种情况下我的利益与它高度一致	30.8%	31.1%	29.6%	25.8%	24.3%	28.4%
偶尔有，是在受某种作品或生活情境的影响之后	29.6%	29.1%	27.1%	28.5%	29.3%	28.7%
时常有，它是一种内在的信念	17.8%	19.8%	21.5%	22.0%	21.6%	20.5%
总计	100.0%	100.0%	100.0%	100.0%	100.0%	100.0%
列总计	872	833	932	972	728	4337

Chi-square test：df = 12，卡方值为 22.430，sig = 0.033 < 0.05，所以不同年龄的居民对于“您常常体验到自己身上一种‘伦理感’的存在吗？社区、城市”的回答存在显著差异。

C13 by A1

您常常体验到自己身上有一种“道德感”的存在和满足吗 ＊ 年龄 Crosstabulation

	18—29 岁	30—39 岁	40—49 岁	50—59 岁	60—65 岁	总计
没有，只是凭自己的感觉和利益办事	13.0%	16.2%	14.7%	12.9%	13.1%	14.0%
在有监督的环境中或有别人在场时有，其他环境中没有	13.3%	18.2%	12.4%	12.4%	10.5%	13.4%
经常有，问心无愧、不做亏心事最重要	48.8%	45.0%	51.2%	54.7%	56.0%	51.1%
没有特别的感觉，但从来不做不道德的事	24.9%	20.5%	21.5%	20.0%	20.2%	21.4%
其他		0.1%	0.2%		0.1%	0.1%
总计	100.0%	100.0%	100.0%	100.0%	100.0%	100.0%
列总计	875	835	935	976	731	4352

Chi-square test：df = 16，卡方值为 48.211，sig = 0.000 < 0.05，所以不同年龄的居民对于“您常常体验到自己身上有一种‘道德感’的存在和满足吗”的回答存在显著差异。

C14 by A1

您认为国家对于个人存在的意义是 ＊ 年龄 Crosstabulation

	18—29 岁	30—39 岁	40—49 岁	50—59 岁	60—65 岁	总计
国家离我们很遥远，个人最重要	21.5%	23.7%	21.3%	17.8%	19.3%	20.7%
国家最重要，是我们的安身之地，国家富强个人才能过得好	77.6%	76.2%	78.6%	82.0%	80.7%	79.1%
其他	0.9%	0.1%	0.1%	0.2%		0.3%

续表

	18—29 岁	30—39 岁	40—49 岁	50—59 岁	60—65 岁	总计
总计	100.0%	100.0%	100.0%	100.0%	100.0%	100.0%
列总计	871	836	934	978	735	4354

Chi-square test：df = 8，卡方值为 28.104，sig = 0.000 < 0.05，所以不同年龄的居民对于“您认为国家对于个人存在的意义是”的回答存在显著差异。

C15 by A1

您认为对社会生活而言，个体德性和社会公正哪个更重要 * 年龄 Crosstabulation

	18—29 岁	30—39 岁	40—49 岁	50—59 岁	60—65 岁	总计
个体德性最重要	13.8%	15.2%	15.4%	14.7%	14.9%	14.8%
社会公正最重要	24.2%	35.0%	34.4%	32.4%	35.3%	32.2%
二者应当统一，但二者矛盾时应先追求个体德性	30.3%	22.8%	23.6%	27.6%	26.7%	26.2%
二者应当统一，但二者矛盾时应先追求社会公正	31.7%	26.9%	26.7%	25.2%	23.2%	26.8%
总计	100.0%	100.0%	100.0%	100.0%	100.0%	100.0%
列总计	876	836	934	977	734	4357

Chi-square test：df = 12，卡方值为 48.946，sig = 0.000 < 0.05，所以不同年龄的居民对于“您认为对社会生活而言，个体德性和社会公正哪个更重要”的回答存在显著差异。

C16 by A1

在公共生活中，个人之所以要遵守道德，是因为 * 年龄 Crosstabulation

	18—29 岁	30—39 岁	40—49 岁	50—59 岁	60—65 岁	总计
遵守道德有利于自身利益的实现	20.6%	22.9%	19.6%	19.2%	21.9%	20.7%
个人是社会的一分子，应当遵守道德	37.9%	37.7%	40.9%	39.9%	39.2%	39.2%
遵守道德社会才能有序和美好	36.7%	35.2%	34.9%	35.9%	35.1%	35.6%
不遵守道德会被别人议论或谴责	4.7%	4.1%	4.5%	5.0%	3.5%	4.4%
其他	0.1%	0.1%	0.1%	0.1%	0.3%	0.1%
总计	100.0%	100.0%	100.0%	100.0%	100.0%	100.0%
列总计	873	833	934	976	735	4351

Chi-square test：df = 16，卡方值为 9.977，sig = 0.868 > 0.05，所以不同年龄的居民对于“在公共生活中，个人之所以要遵守道德，是因为”的回答不存在显著差异。

C17 by A1

关于职业劳动的说法，您最认同的是 ＊ 年龄 Crosstabulation

	18—29 岁	30—39 岁	40—49 岁	50—59 岁	60—65 岁	总计
职业劳动是个人和家庭谋生的手段	43.0%	50.1%	56.4%	60.5%	60.1%	54.0%
职业劳动是为社会创造财富	26.6%	24.8%	24.2%	22.8%	24.4%	24.5%
职业劳动是个人兴趣和价值实现的方式	30.0%	24.8%	19.3%	16.4%	15.4%	21.2%
其他	0.5%	0.2%	0.1%	0.3%	0.1%	0.3%
总计	100.0%	100.0%	100.0%	100.0%	100.0%	100.0%
列总计	873	833	929	967	726	4328

Chi-square test：df = 12，卡方值为 101.623，sig = 0.000 < 0.05，所以不同年龄的居民对于“关于职业劳动的说法，最认同的说法”的回答存在显著差异。

C18a by A1

您认为造成有些人忧郁、自杀的原因是？欲望过多过大，不能知足常乐 ＊ 年龄 Crosstabulation

	18—29 岁	30—39 岁	40—49 岁	50—59 岁	60—65 岁	总计
未选中	64.0%	70.0%	69.8%	70.0%	71.9%	69.1%
选中	36.0%	30.0%	30.2%	30.0%	28.1%	30.9%
总计	100.0%	100.0%	100.0%	100.0%	100.0%	100.0%
列总计	873	833	930	967	720	4323

Chi-square test：df = 4，卡方值为 14.108，sig = 0.007 < 0.05，所以不同年龄的居民对于“您认为造成有些人忧郁、自杀的原因是？欲望过多过大，不能知足常乐”的回答存在显著差异。

C18b by A1

您认为造成有些人忧郁、自杀的原因是？对自己和未来没有把握 ＊ 年龄 Crosstabulation

	18—29 岁	30—39 岁	40—49 岁	50—59 岁	60—65 岁	总计
未选中	69.9%	67.5%	67.4%	73.9%	75.8%	70.8%
选中	30.1%	32.5%	32.6%	26.1%	24.2%	29.2%
总计	100.0%	100.0%	100.0%	100.0%	100.0%	100.0%
列总计	873	833	930	967	720	4323

Chi-square test：df = 4，卡方值为 23.407，sig = 0.000 < 0.05，所以不同年龄的居民对于“您认为造成有些人忧郁、自杀的原因是？对自己和未来没有把握”的回答存在显著差异。

C18c by A1

您认为造成有些人忧郁、自杀的原因是？竞争激烈，工作压力过大，身心疲惫 ＊ 年龄 Crosstabulation

	18—29 岁	30—39 岁	40—49 岁	50—59 岁	60—65 岁	总计
未选中	45.5%	46.8%	48.6%	52.1%	55.3%	49.5%
选中	54.5%	53.2%	51.4%	47.9%	44.7%	50.5%
总计	100.0%	100.0%	100.0%	100.0%	100.0%	100.0%
列总计	873	833	930	967	720	4323

Chi-square test：df = 4，卡方值为 20.622，sig = 0.000 < 0.05，所以不同年龄的居民对于“您认为造成有些人忧郁、自杀的原因是？竞争激烈，工作压力过大，身心疲惫”的回答存在显著差异。

C18d by A1

您认为造成有些人忧郁、自杀的原因是？人与人之间缺乏信任感，人际关系紧张 ＊ 年龄 Crosstabulation

	18—29 岁	30—39 岁	40—49 岁	50—59 岁	60—65 岁	总计
未选中	60.8%	58.0%	64.0%	63.7%	63.6%	62.1%
选中	39.2%	42.0%	36.0%	36.3%	36.4%	37.9%
总计	100.0%	100.0%	100.0%	100.0%	100.0%	100.0%
列总计	873	833	930	967	720	4323

Chi-square test：df = 4，卡方值为 9.743，sig = 0.045 < 0.05，所以不同年龄的居民对于“您认为造成有些人忧郁、自杀的原因是？人与人之间缺乏信任感，人际关系紧张”的回答存在显著差异。

C18e by A1

您认为造成有些人忧郁、自杀的原因是？有烦恼很难找到人倾诉和排解 ＊ 年龄 Crosstabulation

	18—29 岁	30—39 岁	40—49 岁	50—59 岁	60—65 岁	总计
未选中	74.0%	73.1%	77.0%	76.5%	77.5%	75.6%
选中	26.0%	26.9%	23.0%	23.5%	22.5%	24.4%
总计	100.0%	100.0%	100.0%	100.0%	100.0%	100.0%
列总计	873	833	930	967	720	4323

Chi-square test：df = 4，卡方值为 6.850，sig = 0.144 > 0.05，所以不同年龄的居民对于“您认为造成有些人忧郁、自杀的原因是？有烦恼很难找到人倾诉和排解”的回答不存在显著差异。

C18f by A1

您认为造成有些人忧郁、自杀的原因是？缺乏自我理解和自我调节能力 ＊ 年龄 Crosstabulation

	18—29 岁	30—39 岁	40—49 岁	50—59 岁	60—65 岁	总计
未选中	74.1%	75.6%	75.2%	78.9%	75.6%	75.9%
选中	25.9%	24.4%	24.8%	21.1%	24.4%	24.1%
总计	100.0%	100.0%	100.0%	100.0%	100.0%	100.0%
列总计	873	833	930	967	720	4323

Chi-square test：df = 4，卡方值为 6.656，sig = 0.155 > 0.05，所以不同年龄的居民对于“您认为造成有些人忧郁、自杀的原因是？缺乏自我理解和自我调节能力”的回答不存在显著差异。

C18g by A1

您认为造成有些人忧郁、自杀的原因是？现代人缺乏安顿自己、化解内心矛盾的能力 ＊ 年龄 Crosstabulation

	18—29 岁	30—39 岁	40—49 岁	50—59 岁	60—65 岁	总计
未选中	70.1%	71.7%	75.7%	75.5%	78.2%	74.2%
选中	29.9%	28.3%	24.3%	24.5%	21.8%	25.8%
总计	100.0%	100.0%	100.0%	100.0%	100.0%	100.0%
列总计	873	833	930	967	720	4323

Chi-square test：df = 4，卡方值为 18.356，sig = 0.001 < 0.05，所以不同年龄的居民对于“您认为造成有些人忧郁、自杀的原因是？现代人缺乏安顿自己、化解内心矛盾的能力”的回答存在显著差异。

C18h by A1

您认为造成有些人忧郁、自杀的原因是？缺乏道德公正，没有道德的人总是讨便宜 ＊ 年龄 Crosstabulation

	18—29 岁	30—39 岁	40—49 岁	50—59 岁	60—65 岁	总计
未选中	78.4%	76.0%	74.5%	77.5%	76.3%	76.5%
选中	21.6%	24.0%	25.5%	22.5%	23.8%	23.5%
总计	100.0%	100.0%	100.0%	100.0%	100.0%	100.0%
列总计	873	833	930	967	720	4323

Chi-square test：df = 4，卡方值为 4.338，sig = 0.362 > 0.05，所以不同年龄的居民对于“您认为造成有些人忧郁、自杀的原因是？缺乏道德公正，没有道德的人总是讨便宜”的回答不存在显著差异。

C18i by A1

您认为造成有些人忧郁、自杀的原因是？缺乏理想和信念支持，精神没有寄托和归宿 ＊ 年龄 Crosstabulation

	18—29 岁	30—39 岁	40—49 岁	50—59 岁	60—65 岁	总计
未选中	73.3%	75.2%	79.0%	79.6%	80.6%	77.5%
选中	26.7%	24.8%	21.0%	20.4%	19.4%	22.5%
总计	100.0%	100.0%	100.0%	100.0%	100.0%	100.0%
列总计	873	833	930	967	720	4323

Chi-square test：df = 4，卡方值为 19.052，sig = 0.001 < 0.05，所以不同年龄的居民对于“您认为造成有些人忧郁、自杀的原因是？缺乏理想和信念支持，精神没有寄托和归宿”的回答存在显著差异。

C18j by A1

您认为造成有些人忧郁、自杀的原因是？生活压力大 ＊ 年龄 Crosstabulation

	18—29 岁	30—39 岁	40—49 岁	50—59 岁	60—65 岁	总计
未选中	44.2%	47.9%	41.8%	42.5%	44.3%	44.0%
选中	55.8%	52.1%	58.2%	57.5%	55.7%	56.0%
总计	100.0%	100.0%	100.0%	100.0%	100.0%	100.0%
列总计	873	833	930	967	720	4323

Chi-square test：df = 4，卡方值为 7.839，sig = 0.098 > 0.05，所以不同年龄的居民对于“您认为造成有些人忧郁、自杀的原因是？生活压力大”的回答不存在显著差异。

C18k by A1

您认为造成有些人忧郁、自杀的原因是？生活孤独无聊 ＊ 年龄 Crosstabulation

	18—29 岁	30—39 岁	40—49 岁	50—59 岁	60—65 岁	总计
未选中	87.5%	91.1%	92.2%	90.5%	89.7%	90.2%
选中	12.5%	8.9%	7.8%	9.5%	10.3%	9.8%
总计	100.0%	100.0%	100.0%	100.0%	100.0%	100.0%
列总计	873	833	930	967	720	4323

Chi-square test：df = 4，卡方值为 12.229，sig = 0.016 < 0.05，所以不同年龄的居民对于“您认为造成有些人忧郁、自杀的原因是？生活孤独无聊”的回答存在显著差异。

C19a by A1

如果您与家庭成员之间发生重大利益冲突，您会首先选择哪种途径来解决 * 年龄 Crosstabulation

	18—29 岁	30—39 岁	40—49 岁	50—59 岁	60—65 岁	总计
诉诸法律，打官司	1.9%	0.6%	0.4%	1.1%	0.7%	1.0%
直接找对方沟通但得理让人，适可而止	56.3%	49.9%	50.6%	55.2%	55.9%	53.5%
通过第三方（如社会机构、朋友等）从中调解，尽量不伤和气	10.4%	9.0%	11.3%	9.8%	8.7%	9.9%
能忍则忍	31.4%	40.4%	37.6%	33.8%	34.7%	35.6%
总计	100.0%	100.0%	100.0%	100.0%	100.0%	100.0%
列总计	863	831	919	965	712	4290

Chi-square test：df = 12，卡方值为 33.434，sig = 0.001 < 0.05，所以不同年龄的居民对于“如果您与家庭成员之间发生重大利益冲突，您会首先选择哪种途径来解决”的回答存在显著差异。

C19b by A1

如果您与朋友之间发生重大利益冲突，您会首先选择哪种途径来解决 * 年龄 Crosstabulation

	18—29 岁	30—39 岁	40—49 岁	50—59 岁	60—65 岁	总计
诉诸法律，打官司	2.6%	2.0%	2.3%	2.2%	2.3%	2.3%
直接找对方沟通但得理让人，适可而止	55.9%	51.1%	50.8%	55.7%	55.7%	53.8%
通过第三方（如社会机构、朋友等）从中调解，尽量不伤和气	21.6%	22.7%	24.9%	20.7%	19.3%	22.0%
能忍则忍	19.8%	24.2%	22.0%	21.4%	22.7%	22.0%
总计	100.0%	100.0%	100.0%	100.0%	100.0%	100.0%
列总计	873	832	926	962	699	4292

Chi-square test：df = 12，卡方值为 16.219，sig = 0.181 > 0.05，所以不同年龄的居民对于“如果您与朋友之间发生重大利益冲突，您会首先选择哪种途径来解决”的回答不存在显著差异。

C19c by A1

如果您与同事之间发生重大利益冲突，您会首先选择哪种途径来解决 * 年龄 Crosstabulation

	18—29 岁	30—39 岁	40—49 岁	50—59 岁	60—65 岁	总计
诉诸法律，打官司	5.1%	3.8%	4.5%	3.5%	3.4%	4.1%

续表

	18—29 岁	30—39 岁	40—49 岁	50—59 岁	60—65 岁	总计
直接找对方沟通但得理让人，适可而止	54.4%	51.3%	51.5%	53.8%	58.1%	53.6%
通过第三方（如社会机构、朋友等）从中调解，尽量不伤和气	29.7%	30.0%	31.4%	28.4%	26.1%	29.3%
能忍则忍	10.9%	15.0%	12.6%	14.3%	12.4%	13.1%
总计	100.0%	100.0%	100.0%	100.0%	100.0%	100.0%
列总计	829	821	905	892	620	4067

Chi-square test：df = 12，卡方值为 18.899，sig = 0.091 > 0.05，所以不同年龄的居民对于“如果您与同事之间发生重大利益冲突，您会首先选择哪种途径来解决”的回答不存在显著差异。

C19d by A1

如果您与商业伙伴之间发生重大利益冲突，您会首先选择哪种途径来解决 * 年龄 Crosstabulation

	18—29 岁	30—39 岁	40—49 岁	50—59 岁	60—65 岁	总计
诉诸法律，打官司	39.8%	44.4%	41.8%	39.1%	36.2%	40.5%
直接找对方沟通但得理让人，适可而止	28.5%	21.7%	23.8%	28.7%	33.1%	26.7%
通过第三方（如社会机构、朋友等）从中调解，尽量不伤和气	27.2%	28.4%	29.3%	25.4%	26.5%	27.4%
能忍则忍	4.5%	5.5%	5.1%	6.8%	4.2%	5.3%
总计	100.0%	100.0%	100.0%	100.0%	100.0%	100.0%
列总计	773	757	823	778	528	3659

Chi-square test：df = 12，卡方值为 34.270，sig = 0.001 < 0.05，所以不同年龄的居民对于“如果您与商业伙伴之间发生重大利益冲突，您会首先选择哪种途径来解决”的回答存在显著差异。

C20 by A1

您认为在自己的成长中得到道德训练的最重要场所或机构是 * 年龄 Crosstabulation

	18—29 岁	30—39 岁	40—49 岁	50—59 岁	60—65 岁	总计
家庭	32.5%	32.1%	34.1%	34.7%	38.3%	34.2%
学校	33.1%	22.8%	20.9%	21.1%	19.4%	23.5%
社会（如工作单位、社区等）	25.1%	33.3%	34.8%	32.4%	29.1%	31.1%
国家或政府	4.3%	6.0%	6.0%	7.5%	10.4%	6.7%

续表

	18—29 岁	30—39 岁	40—49 岁	50—59 岁	60—65 岁	总计
媒体	1.6%	2.5%	1.5%	1.8%	0.7%	1.7%
其他	3.3%	3.2%	2.7%	2.4%	2.1%	2.7%
总计	100.0%	100.0%	100.0%	100.0%	100.0%	100.0%
列总计	875	832	932	974	731	4344

Chi-square test：df = 20，卡方值为 103.162，sig = 0.000 < 0.05，所以不同年龄的居民对于“在自己的成长中得到道德训练的最重要场所或机构”的回答存在显著差异。

C21 by A1

您的思想行为受什么人影响最大 ＊ 年龄 Crosstabulation

	18—29 岁	30—39 岁	40—49 岁	50—59 岁	60—65 岁	总计
政府官员	17.5%	24.9%	26.2%	27.3%	28.9%	24.9%
企业家	17.9%	25.0%	22.1%	19.6%	18.6%	20.6%
演艺明星	8.1%	8.8%	6.4%	6.8%	7.3%	7.5%
教师	51.9%	43.7%	45.1%	43.8%	42.1%	45.4%
知识精英	16.8%	19.4%	18.1%	12.5%	13.4%	16.1%
公众人物	24.3%	33.3%	27.9%	23.3%	24.6%	26.6%
农民	4.7%	6.1%	6.2%	9.1%	11.7%	7.4%
工人	2.6%	3.5%	2.8%	3.6%	3.6%	3.2%
先哲先贤	15.2%	16.6%	15.0%	12.3%	11.7%	14.2%
父母	72.0%	65.0%	68.5%	70.6%	69.6%	69.2%
网络大 V	5.1%	5.1%	2.9%	2.6%	1.1%	3.4%
宗教人士	0.5%	1.1%	1.0%	0.6%	0.7%	0.8%
列总计	851	808	902	938	700	4199

据上表所示，不同年龄的居民对于“您的思想行为受什么人影响最大”的回答存在显著差异。

C22 by A1

影响您道德判断和道德选择的最主要的因素是 ＊ 年龄 Crosstabulation

	18—29 岁	30—39 岁	40—49 岁	50—59 岁	60—65 岁	总计
自己的良心	72.8%	66.9%	72.2%	75.5%	76.1%	72.7%
大多数人持有的观点	32.9%	41.0%	40.4%	39.7%	39.5%	38.7%
公众人士和权威人物的观点	8.6%	8.6%	6.7%	6.6%	4.8%	7.1%
国外媒体的观点	3.9%	8.0%	4.6%	4.9%	3.6%	5.0%

续表

	18—29 岁	30—39 岁	40—49 岁	50—59 岁	60—65 岁	总计
自己的利益	13. 9%	17. 4%	14. 3%	12. 7%	14. 4%	14. 5%
他人的评价	6. 1%	7. 1%	6. 8%	6. 0%	7. 0%	6. 6%
社会后果	16. 8%	14. 8%	14. 3%	12. 4%	11. 5%	14. 0%
大多数人认可的道德规范	18. 9%	17. 3%	17. 7%	19. 0%	20. 4%	18. 6%
先贤教导	6. 9%	5. 4%	5. 9%	3. 9%	5. 0%	5. 4%
“朋友圈” 的观点	1. 7%	2. 2%	3. 6%	2. 4%	1. 8%	2. 4%
列总计	869	826	921	956	714	4286

据上表所示，不同年龄的居民对于“影响您道德判断和道德选择的最主要的因素”的回答存在显著差异。

C23 by A1

现在经常有一些网民在网络上曝光别人的隐私，您怎么看待这种行为 ＊ 年龄 Crosstabulation

	18—29 岁	30—39 岁	40—49 岁	50—59 岁	60—65 岁	总计
这是违法行为，应该制止	43. 1%	44. 9%	43. 5%	41. 3%	45. 8%	43. 6%
这是不道德行为，应该进行谴责	39. 4%	41. 3%	45. 0%	50. 2%	44. 4%	44. 2%
这是社会监督的重要途径，不必完全禁止，但需要规范和引导	16. 0%	12. 6%	9. 6%	6. 9%	8. 1%	10. 7%
这是网民的自由，别人不应该干涉	1. 5%	1. 2%	1. 9%	1. 6%	1. 7%	1. 6%
总计	100. 0%	100. 0%	100. 0%	100. 0%	100. 0%	100. 0%
列总计	857	818	913	918	666	4172

Chi-square test：df = 12，卡方值为 60. 024，sig = 0. 000 < 0. 05，所以不同年龄的居民对于“现在经常有一些网民在网络上曝光别人的隐私，您怎么看待这种行为”的回答存在显著差异。

C24a by A1

您最近两年是否参加过以下活动？志愿者活动 ＊ 年龄 Crosstabulation

	18—29 岁	30—39 岁	40—49 岁	50—59 岁	60—65 岁	总计
是	30. 4%	19. 7%	16. 5%	12. 3%	10. 2%	17. 9%
否	69. 6%	80. 3%	83. 5%	87. 7%	89. 8%	82. 1%
总计	100. 0%	100. 0%	100. 0%	100. 0%	100. 0%	100. 0%
列总计	874	834	935	978	736	4357

Chi-square test：df = 4，卡方值为 147. 506，sig = 0. 000 < 0. 05，所以不同年龄的居民对于“最近两年是否参加过志愿者活动”的回答存在显著差异。

C24b by A1

您参加的频率：志愿者活动 ＊ 年龄 Crosstabulation

	18—29 岁	30—39 岁	40—49 岁	50—59 岁	60—65 岁	总计
从来没有	69.6%	80.3%	83.5%	87.7%	89.8%	82.1%
参加过一两次	17.0%	9.2%	8.3%	4.2%	4.6%	8.7%
偶尔参加一次	10.1%	8.0%	6.1%	5.5%	4.2%	6.8%
经常参加	3.3%	2.4%	2.0%	2.6%	1.4%	2.4%
总计	100.0%	100.0%	100.0%	100.0%	100.0%	100.0%
列总计	874	834	935	978	736	4357

Chi-square test：df = 12，卡方值为 166.657，sig = 0.000 < 0.05，所以不同年龄的居民对于“参加志愿者活动的频率”的回答存在显著差异。

C24c by A1

您最近两年是否参加过以下活动？无偿献血 ＊ 年龄 Crosstabulation

	18—29 岁	30—39 岁	40—49 岁	50—59 岁	60—65 岁	总计
是	20.0%	16.5%	11.7%	7.1%	3.9%	11.9%
否	80.0%	83.5%	88.3%	92.9%	96.1%	88.1%
总计	100.0%	100.0%	100.0%	100.0%	100.0%	100.0%
列总计	875	834	935	978	736	4358

Chi-square test：df = 4，卡方值为 138.037，sig = 0.000 < 0.05，所以不同年龄的居民对于“最近两年是否参加过无偿献血活动”的回答存在显著差异。

C24d by A1

您参加的频率：无偿献血 ＊ 年龄 Crosstabulation

	18—29 岁	30—39 岁	40—49 岁	50—59 岁	60—65 岁	总计
从来没有	80.0%	83.5%	88.3%	92.9%	96.1%	88.1%
参加过一两次	11.0%	8.2%	5.5%	2.8%	1.4%	5.8%
偶尔参加一次	8.7%	6.6%	4.8%	3.2%	2.3%	5.1%
经常参加	0.3%	1.8%	1.4%	1.1%	0.3%	1.0%
总计	100.0%	100.0%	100.0%	100.0%	100.0%	100.0%
列总计	875	834	935	978	736	4358

Chi-square test：df = 12，卡方值为 164.169，sig = 0.000 < 0.05，所以不同年龄的居民对于“参加无偿献血的频率”的回答存在显著差异。

C24e by A1

您最近两年是否参加过以下活动？捐款、捐物 ＊ 年龄 Crosstabulation

	18—29 岁	30—39 岁	40—49 岁	50—59 岁	60—65 岁	总计
是	51.3%	45.7%	42.2%	38.5%	36.3%	42.9%
否	48.7%	54.3%	57.8%	61.5%	63.7%	57.1%
总计	100.0%	100.0%	100.0%	100.0%	100.0%	100.0%
列总计	875	834	935	978	736	4358

Chi-square test：df = 4，卡方值为 48.835，sig = 0.000 < 0.05，所以不同年龄的居民对于“最近两年是否参加过捐款、捐物”的回答存在显著差异。

C24f by A1

您参加的频率：捐款、捐物 ＊ 年龄 Crosstabulation

	18—29 岁	30—39 岁	40—49 岁	50—59 岁	60—65 岁	总计
从来没有	48.7%	54.3%	57.8%	61.5%	63.7%	57.1%
参加过一两次	23.2%	20.0%	18.7%	17.6%	17.4%	19.4%
偶尔参加一次	20.9%	17.4%	15.9%	13.4%	11.8%	15.9%
经常参加	7.2%	8.3%	7.6%	7.6%	7.1%	7.5%
总计	100.0%	100.0%	100.0%	100.0%	100.0%	100.0%
列总计	875	834	935	978	736	4358

Chi-square test：df = 12，卡方值为 58.468，sig = 0.000 < 0.05，所以不同年龄的居民对于“参加捐款、捐物的频率”的回答存在显著差异。

C25 by A1

目前中国社会的两性关系日益开放，它对社会风尚的影响 ＊ 年龄 Crosstabulation

	18—29 岁	30—39 岁	40—49 岁	50—59 岁	60—65 岁	总计
是社会进步的表现	12.3%	11.9%	11.6%	8.8%	11.1%	11.1%
两性关系混乱必然导致道德沦丧、污染社会风气	47.7%	60.3%	63.3%	67.0%	66.0%	60.9%
个人选择，无所谓好坏	39.5%	27.7%	25.0%	24.0%	22.8%	27.8%
其他	0.6%	0.1%	0.1%	0.1%	0.1%	0.2%
总计	100.0%	100.0%	100.0%	100.0%	100.0%	100.0%
列总计	873	831	932	974	729	4339

Chi-square test：df = 12，卡方值为 105.877，sig = 0.000 < 0.05，所以不同年龄的居民对于“目前中国社会的两性关系日益开放，它对社会风尚的影响”的回答存在显著差异。

C26 by A1

您对一些重要事情所持的观点和回答与其他人一致的时候有多少 * 年龄 Crosstabulation

	18—29 岁	30—39 岁	40—49 岁	50—59 岁	60—65 岁	总计
非常少	1.7%	2.7%	1.9%	1.8%	3.1%	2.1%
比较少	11.4%	12.8%	8.0%	10.7%	8.1%	10.3%
一般	49.0%	49.1%	51.2%	48.5%	45.0%	48.7%
比较多	34.3%	32.2%	34.8%	33.6%	37.8%	34.4%
非常多	3.6%	3.3%	4.2%	5.5%	6.1%	4.5%
总计	100.0%	100.0%	100.0%	100.0%	100.0%	100.0%
列总计	834	790	860	912	654	4050

Chi-square test：df = 16，卡方值为 35.210，sig = 0.004 < 0.05，所以不同年龄的居民对于“您对一些重要事情所持的观点和回答与其他人一致的时候有多少”的回答存在显著差异。

C27 by A1

您对待目前社会上一部分人的奢侈消费行为的态度是 * 年龄 Crosstabulation

	18—29 岁	30—39 岁	40—49 岁	50—59 岁	60—65 岁	总计
钞票是他们自己的，他们愿意怎么花就怎么花	38.5%	32.9%	27.4%	30.8%	26.9%	31.3%
他们应该遵守勤俭的传统美德，适度消费	42.6%	52.2%	60.3%	60.6%	65.1%	56.1%
过度消费行为只要对别人无害，就不应干涉	18.8%	15.0%	11.9%	8.5%	7.9%	12.4%
其他	0.1%		0.4%	0.1%	0.1%	0.2%
总计	100.0%	100.0%	100.0%	100.0%	100.0%	100.0%
列总计	876	834	935	978	736	4359

Chi-square test：df = 12，卡方值为 136.105，sig = 0.000 < 0.05，所以不同年龄的居民对于“您对待目前社会上一部分人的奢侈消费行为”的态度存在显著差异。

C28 by A1

孝敬、礼让、仁爱、节俭等优良传统，您认为现在还需要这些吗 * 年龄 Crosstabulation

	18—29 岁	30—39 岁	40—49 岁	50—59 岁	60—65 岁	总计
这些好传统什么时候都不能丢	80.8%	81.1%	82.7%	86.8%	88.8%	84.0%

续表

	18—29 岁	30—39 岁	40—49 岁	50—59 岁	60—65 岁	总计
可有可无	6. 1%	7. 8%	6. 2%	5. 4%	5. 9%	6. 2%
已经过时，没必要讲这些	2. 7%	3. 7%	2. 8%	2. 0%	1. 8%	2. 6%
有些要，有些不要	10. 4%	7. 4%	8. 3%	5. 7%	3. 5%	7. 2%
总计	100. 0%	100. 0%	100. 0%	100. 0%	100. 0%	100. 0%
列总计	876	836	935	978	734	4359

Chi-square test：df = 12，卡方值为 47. 451，sig = 0. 000 < 0. 05，所以不同年龄的居民对于“孝敬、礼让、仁爱、节俭等优良传统是否还需要”的回答存在显著差异。

C29 by A1

民族英雄和新时期的先进人物，您觉得他们的精神还值得在全社会大力倡导吗 * 年龄 Crosstabulation

	18—29 岁	30—39 岁	40—49 岁	50—59 岁	60—65 岁	总计
我很佩服他们，现在社会就缺这种精神，要加大宣传	69. 8%	66. 6%	70. 6%	72. 9%	77. 4%	71. 3%
以前知道一些，现在不太关注了	19. 2%	26. 0%	21. 7%	21. 8%	17. 6%	21. 4%
时过境迁，这些典型的影响力越来越小了，没太多人关心了	9. 4%	6. 6%	6. 1%	3. 2%	2. 0%	5. 5%
不知道，也不关心	1. 6%	0. 8%	1. 6%	2. 1%	3. 0%	1. 8%
总计	100. 0%	100. 0%	100. 0%	100. 0%	100. 0%	100. 0%
列总计	875	836	934	977	733	4355

Chi-square test：df = 12，卡方值为 84. 980，sig = 0. 000 < 0. 05，所以不同年龄的居民对于“民族英雄和新时期的先进人物的精神是否还值得在全社会大力倡导”的回答存在显著差异。

C30 by A1

当在公交车上遇到小偷正在偷乘客钱包时，您会选择以下哪种做法 * 年龄 Crosstabulation

	18—29 岁	30—39 岁	40—49 岁	50—59 岁	60—65 岁	总计
马上冲上去制止	23. 5%	18. 9%	21. 7%	22. 0%	27. 4%	22. 5%
出于害怕，装作什么都没有看到	4. 6%	6. 8%	6. 4%	7. 1%	7. 0%	6. 4%
不敢直接与小偷对抗，但以适当方式悄悄提醒当事人或报警	67. 0%	68. 5%	66. 0%	64. 7%	58. 4%	65. 1%
只要偷的不是我，不用多管闲事，免得惹麻烦	4. 2%	5. 4%	5. 6%	5. 4%	6. 0%	5. 3%

续表

	18—29 岁	30—39 岁	40—49 岁	50—59 岁	60—65 岁	总计
其他	0.7%	0.4%	0.3%	0.8%	1.2%	0.7%
总计	100.0%	100.0%	100.0%	100.0%	100.0%	100.0%
列总计	874	836	935	974	731	4350

Chi-square test：df = 16，卡方值为 35.742，sig = 0.003 < 0.05，所以不同年龄的居民对于“当在公交车上遇到小偷正在偷乘客钱包时的应对”的回答存在显著差异。

C31 by A1

小王知道做某件事是道德的但没去行动，哪种因素是他采取行动最大障碍 * 年龄 Crosstabulation

	18—29 岁	30—39 岁	40—49 岁	50—59 岁	60—65 岁	总计
采取行动会损害自己利益	21.1%	18.9%	16.7%	17.9%	21.6%	19.1%
采取行动也难以取得预期效果	17.1%	17.7%	17.8%	14.6%	14.1%	16.3%
大家都不做，我何必管闲事	16.2%	20.1%	16.4%	17.9%	16.9%	17.5%
自身能力有限，心有余而力不足	35.7%	31.1%	36.5%	36.0%	34.4%	34.8%
即使我不做，相信还会有别人去做	5.7%	9.4%	8.8%	9.9%	8.5%	8.5%
明白就行，让别人去做吧	3.1%	2.2%	3.4%	3.5%	4.1%	3.2%
其他	1.1%	0.5%	0.4%	0.1%	0.4%	0.5%
总计	100.0%	100.0%	100.0%	100.0%	100.0%	100.0%
列总计	872	829	934	971	716	4322

Chi-square test：df = 24，卡方值为 49.999，sig = 0.001 < 0.05，所以不同年龄的居民对于“小王知道做某件事是道德的但没去行动，哪种因素是他采取行动最大障碍”的回答存在显著差异。

C32 by A1

当与他人发生分歧时，能否体谅宽容他人 * 年龄 Crosstabulation

	18—29 岁	30—39 岁	40—49 岁	50—59 岁	60—65 岁	总计
不宽容，必须弄清是非曲直	6.5%	8.5%	7.4%	7.7%	6.3%	7.3%
偶尔	29.8%	27.4%	26.2%	25.3%	24.3%	26.6%
有时	42.5%	44.5%	44.6%	44.2%	42.6%	43.8%
经常	21.1%	19.6%	21.8%	22.8%	26.8%	22.3%
总计	100.0%	100.0%	100.0%	100.0%	100.0%	100.0%
列总计	872	833	932	977	734	4348

Chi-square test：df = 12，卡方值为 20.660，sig = 0.056 > 0.05，所以不同年龄的居民对于“当与他人发生分歧时，能否体谅宽容他人”的回答不存在显著差异。

C33 by A1

您认为解决当前我国的公民道德和社会风尚问题，最关键的途径是 ＊ 年龄 Crosstabulation

	18—29 岁	30—39 岁	40—49 岁	50—59 岁	60—65 岁	总计
加强法制	44.3%	42.0%	42.6%	47.8%	49.5%	45.1%
弘扬优秀传统道德	47.2%	51.6%	52.0%	51.7%	51.9%	50.9%
建设伦理道德的核心价值	20.0%	19.4%	18.1%	12.4%	14.4%	16.9%
惩治官员腐败	23.2%	24.6%	24.5%	23.5%	22.5%	23.7%
解决分配不公问题	10.6%	16.1%	13.9%	12.5%	13.5%	13.3%
提高个人道德素质	36.8%	30.2%	32.6%	36.0%	34.5%	34.1%
列总计	875	834	933	973	728	4343

据上表所示，不同年龄的居民对于“您认为解决当前我国的公民道德和社会风尚问题，最关键的途径”的回答存在显著差异。

C34 by A1

您知道社会主义核心价值观吗？请您把它们选出来 ＊ 年龄 Crosstabulation

	18—29 岁	30—39 岁	40—49 岁	50—59 岁	60—65 岁	总计
文明	81.2%	85.3%	83.3%	81.5%	82.2%	82.7%
诚信	89.9%	90.7%	91.0%	88.4%	87.1%	89.5%
勇敢	26.2%	32.8%	35.8%	36.7%	41.8%	34.4%
爱国	81.7%	78.1%	79.6%	77.9%	81.5%	79.7%
创新	27.1%	32.2%	29.8%	30.3%	30.1%	29.9%
友善	62.6%	55.9%	50.8%	50.1%	45.5%	53.3%
勤劳	19.0%	17.1%	21.1%	22.6%	22.7%	20.4%
列总计	868	825	893	909	674	4169

据上表所示，不同年龄的居民对于“您知道的社会主义核心价值观”的回答存在显著差异。

C35 by A1

您认为社会主义核心价值观与您的工作、生活有关系吗 ＊ 年龄 Crosstabulation

	18—29 岁	30—39 岁	40—49 岁	50—59 岁	60—65 岁	总计
对改变社会风气有好处，每个人都应该这样做人做事	86.0%	84.6%	84.9%	87.4%	85.2%	85.7%
与个人工作、生活没关系	14.0%	15.4%	15.1%	12.6%	14.8%	14.3%

续表

	18—29 岁	30—39 岁	40—49 岁	50—59 岁	60—65 岁	总计
总计	100. 0%	100. 0%	100. 0%	100. 0%	100. 0%	100. 0%
列总计	812	772	874	876	656	3990

Chi-square test：df = 4，卡方值为 3. 574，sig = 0. 467 > 0. 05，所以不同年龄的居民对于“认为社会主义核心价值观与自己的工作、生活的关系”的回答不存在显著差异。

C36 by A1

在全社会特别是青少年中开展革命传统教育，您认为有没有这个必要 * 年龄 Crosstabulation

	18—29 岁	30—39 岁	40—49 岁	50—59 岁	60—65 岁	总计
很有必要，什么时候都不能忘本	86. 9%	88. 6%	91. 3%	91. 5%	93. 2%	90. 3%
可有可无	8. 0%	6. 9%	4. 5%	5. 8%	4. 4%	5. 9%
没有必要，已经过时了	5. 1%	4. 4%	4. 2%	2. 7%	2. 5%	3. 8%
总计	100. 0%	100. 0%	100. 0%	100. 0%	100. 0%	100. 0%
列总计	875	835	935	978	734	4357

Chi-square test：df = 8，卡方值为 28. 697，sig = 0. 000 < 0. 05，所以不同年龄的居民对于“在全社会特别是青少年中开展革命传统教育有没有这个必要”的回答存在显著差异。

C37 by A1

当您途经一场所，正遇到升国旗仪式，看到国旗在国歌声中升起的时候，您会怎么做 * 年龄 Crosstabulation

	18—29 岁	30—39 岁	40—49 岁	50—59 岁	60—65 岁	总计
原地站立，面向国旗行注目礼	32. 2%	27. 2%	23. 6%	19. 1%	20. 3%	24. 4%
停下来看一看	59. 1%	60. 7%	66. 7%	68. 8%	66. 5%	64. 5%
只当没看见，该干吗干吗	8. 7%	12. 1%	9. 8%	12. 1%	13. 2%	11. 1%
总计	100. 0%	100. 0%	100. 0%	100. 0%	100. 0%	100. 0%
列总计	873	835	933	978	735	4354

Chi-square test：df = 8，卡方值为 61. 134，sig = 0. 000 < 0. 05，所以不同年龄的居民对于“当您途经一场所，正遇到升国旗仪式，看到国旗在国歌声中升起的时候，您会怎么做”的回答存在显著差异。

C38 byA1

今年您参加过纪念中国共产党成立 96 周年等主题教育活动吗 ＊ 年龄 Crosstabulation

	18—29 岁	30—39 岁	40—49 岁	50—59 岁	60—65 岁	总计
参加过，很受教育	13.2%	9.4%	7.7%	7.2%	6.3%	8.7%
听说过，但是没有参加过	64.8%	64.9%	62.9%	63.1%	62.0%	63.5%
这种活动基本都是形式大于内容	11.7%	10.6%	11.6%	8.6%	8.7%	10.2%
不关心这些	10.4%	15.2%	17.9%	21.2%	23.0%	17.5%
总计	100.0%	100.0%	100.0%	100.0%	100.0%	100.0%
列总计	874	834	935	978	735	4356

Chi-square test：df = 12，卡方值为 85.350，sig = 0.000 < 0.05，所以不同年龄的居民对于“今年是否参加过纪念中国共产党成立 96 周年等主题教育活动”的回答存在显著差异。

D1 by A1

您认为现代家庭关系中最令人担忧的问题是 ＊ 年龄 Crosstabulation

	18—29 岁	30—39 岁	40—49 岁	50—59 岁	60—65 岁	总计
只有一个孩子，对家庭的未来没把握	21.1%	25.1%	24.2%	29.6%	24.9%	25.0%
独生子女难以承担养老责任，老无所养	27.3%	31.9%	34.9%	40.5%	37.0%	34.3%
年轻人不愿结婚，或不愿生孩子，家族传承危机	15.8%	16.9%	16.6%	15.4%	17.2%	16.3%
婚姻不稳定，年轻人缺乏守护婚姻的意识和能力	30.7%	26.8%	24.6%	21.7%	25.6%	25.8%
子女尤其是独生子女缺乏责任感，孝道意识薄弱	14.8%	20.7%	18.2%	16.4%	16.3%	17.3%
代沟严重，父母与子女之间难以沟通	26.2%	22.9%	22.6%	23.1%	20.4%	23.1%
婆媳关系紧张	6.1%	5.1%	5.8%	7.1%	7.7%	6.3%
父母不民主，不能容忍差异	10.1%	6.2%	7.6%	6.6%	5.7%	7.3%
“啃老”现象严重	11.4%	10.8%	12.3%	11.1%	11.8%	11.5%
父母只培养孩子的知识和技能，忽视良好品德的养成	14.3%	15.0%	13.3%	8.7%	11.6%	12.5%
两性关系过度开放	5.8%	4.9%	3.6%	2.6%	4.4%	4.2%
列总计	863	822	913	921	687	4206

据上表所示，不同年龄的居民对于“您认为现代家庭关系中最令人担忧的问题”的回答存在显著差异。

D2 by A1

您对家庭的感觉是 ＊ 年龄 Crosstabulation

	18—29 岁	30—39 岁	40—49 岁	50—59 岁	60—65 岁	总计
温馨幸福	22.8%	20.4%	16.6%	18.1%	18.7%	19.3%
比较幸福	66.6%	72.0%	75.2%	71.4%	70.3%	71.2%
不太幸福	3.1%	1.9%	2.6%	3.4%	3.3%	2.8%
一般，没感觉	7.0%	5.6%	5.2%	6.9%	7.2%	6.4%
很不幸福，希望逃离	0.6%		0.3%	0.2%	0.1%	0.3%
其他		0.1%	0.1%		0.4%	0.1%
总计	100.0%	100.0%	100.0%	100.0%	100.0%	100.0%
列总计	873	835	934	977	734	4353

Chi-square test：df = 20，卡方值为 37.960，sig = 0.009 <0.05，所以不同年龄的居民对于"您对家庭的感觉"的回答存在显著差异。

D3a by A1

您对以下现象的态度是？不婚 ＊ 年龄 Crosstabulation

	18—29 岁	30—39 岁	40—49 岁	50—59 岁	60—65 岁	总计
完全赞同	2.1%	0.8%	0.5%	0.1%	0.1%	0.7%
比较赞同	6.1%	3.3%	1.9%	1.8%	1.6%	3.0%
中立	62.1%	52.8%	37.7%	28.7%	28.3%	41.9%
比较反对	19.1%	27.8%	42.6%	47.7%	46.8%	36.9%
强烈反对	10.7%	15.3%	17.2%	21.6%	23.1%	17.5%
总计	100.0%	100.0%	100.0%	100.0%	100.0%	100.0%
列总计	870	830	928	975	728	4331

Chi-square test：df = 16，卡方值为 455.019，sig = 0.000 <0.05，所以不同年龄的居民对于"对不婚的态度"的回答存在显著差异。

D3b by A1

您对以下现象的态度是？试婚 ＊ 年龄 Crosstabulation

	18—29 岁	30—39 岁	40—49 岁	50—59 岁	60—65 岁	总计
完全赞同	1.3%	0.4%	0.1%	0.2%	0.1%	0.4%
比较赞同	9.3%	4.9%	3.0%	2.1%	1.3%	4.2%
中立	51.7%	45.4%	36.4%	27.0%	26.8%	37.5%
比较反对	26.3%	33.6%	42.3%	49.7%	46.9%	39.8%

续表

	18—29 岁	30—39 岁	40—49 岁	50—59 岁	60—65 岁	总计
强烈反对	11.4%	15.7%	18.2%	21.0%	25.0%	18.1%
总计	100.0%	100.0%	100.0%	100.0%	100.0%	100.0%
列总计	867	830	924	966	717	4304

Chi-square test：df = 16，卡方值为 344.353，sig = 0.000 < 0.05，所以不同年龄的居民对于“对试婚的态度”的回答存在显著差异。

D3c by A1

您对以下现象的态度是？同居 ＊ 年龄 Crosstabulation

	18—29 岁	30—39 岁	40—49 岁	50—59 岁	60—65 岁	总计
完全赞同	2.2%	1.6%	0.2%	0.1%		0.8%
比较赞同	11.4%	5.3%	4.8%	2.7%	2.2%	5.3%
中立	61.2%	51.3%	49.2%	37.7%	35.3%	47.1%
比较反对	18.5%	29.5%	32.5%	42.5%	43.5%	33.2%
强烈反对	6.7%	12.4%	13.1%	17.0%	19.0%	13.5%
总计	100.0%	100.0%	100.0%	100.0%	100.0%	100.0%
列总计	868	833	928	971	720	4320

Chi-square test：df = 16，卡方值为 372.174，sig = 0.000 < 0.05，所以不同年龄的居民对于“对同居的态度”的回答存在显著差异。

D3d by A1

您对以下现象的态度是？同性恋 ＊ 年龄 Crosstabulation

	18—29 岁	30—39 岁	40—49 岁	50—59 岁	60—65 岁	总计
完全赞同	2.1%	0.4%	0.3%	0.1%	0.1%	0.6%
比较赞同	2.8%	1.7%	0.5%	0.3%	0.3%	1.1%
中立	38.0%	21.4%	14.9%	10.3%	9.9%	19.0%
比较反对	31.8%	42.9%	37.7%	40.2%	38.6%	38.2%
强烈反对	25.3%	33.6%	46.5%	49.1%	51.0%	41.1%
总计	100.0%	100.0%	100.0%	100.0%	100.0%	100.0%
列总计	868	830	925	965	715	4303

Chi-square test：df = 16，卡方值为 439.996，sig = 0.000 < 0.05，所以不同年龄的居民对于“对同性恋的态度”的回答存在显著差异。

D3e by A1

您对以下现象的态度是？婚外恋 ＊ 年龄 Crosstabulation

	18—29 岁	30—39 岁	40—49 岁	50—59 岁	60—65 岁	总计
完全赞同	0.3%	0.1%				0.1%
比较赞同	0.9%	0.8%	0.5%	0.3%	0.1%	0.6%
中立	13.3%	7.9%	6.0%	3.7%	3.8%	7.0%
比较反对	36.6%	40.8%	36.3%	34.9%	36.5%	36.9%
强烈反对	48.8%	50.4%	57.1%	61.1%	59.5%	55.4%
总计	100.0%	100.0%	100.0%	100.0%	100.0%	100.0%
列总计	871	834	926	972	728	4331

Chi-square test：df = 16，卡方值为 116.397，sig = 0.000 < 0.05，所以不同年龄的居民对于“对婚外恋的态度”的回答存在显著差异。

D3f by A1

您对以下现象的态度是？丁克家庭 ＊ 年龄 Crosstabulation

	18—29 岁	30—39 岁	40—49 岁	50—59 岁	60—65 岁	总计
完全赞同	2.0%	0.4%	0.2%	0.1%		0.6%
比较赞同	3.8%	1.7%	0.8%	0.9%	0.1%	1.5%
中立	53.1%	39.7%	27.7%	19.6%	21.7%	32.5%
比较反对	24.2%	31.8%	39.2%	43.7%	41.6%	36.1%
强烈反对	16.8%	26.4%	32.0%	35.7%	36.6%	29.4%
总计	100.0%	100.0%	100.0%	100.0%	100.0%	100.0%
列总计	843	814	887	922	678	4144

Chi-square test：df = 16，卡方值为 420.894，sig = 0.000 < 0.05，所以不同年龄的居民对于“对丁克家庭的态度”的回答存在显著差异。

D3g by A1

您对以下现象的态度是？代孕 ＊ 年龄 Crosstabulation

	18—29 岁	30—39 岁	40—49 岁	50—59 岁	60—65 岁	总计
完全赞同	0.5%	0.2%	0.2%			0.2%
比较赞同	3.2%	1.2%	0.7%	0.8%	0.7%	1.3%
中立	38.6%	31.5%	25.6%	17.9%	20.4%	26.8%
比较反对	32.0%	37.7%	38.2%	42.6%	40.9%	38.3%
强烈反对	25.7%	29.3%	35.3%	38.7%	38.0%	33.4%

续表

	18—29 岁	30—39 岁	40—49 岁	50—59 岁	60—65 岁	总计
总计	100.0%	100.0%	100.0%	100.0%	100.0%	100.0%
列总计	852	809	892	932	690	4175

Chi-square test：df = 16，卡方值为 172.161，sig = 0.000 < 0.05，所以不同年龄的居民对于“对代孕的态度”的回答存在显著差异。

D4 by A1

您如何看待为了应对拆迁、征地、买房等而出现的“假离婚”现象 * 年龄 Crosstabulation

	18—29 岁	30—39 岁	40—49 岁	50—59 岁	60—65 岁	总计
完全赞同	1.4%	1.0%	1.1%	0.7%	1.3%	1.1%
比较赞同	9.5%	13.0%	9.9%	7.9%	6.3%	9.4%
不太赞同	56.5%	46.2%	43.3%	42.9%	39.2%	45.7%
坚决反对	32.6%	39.8%	45.6%	48.4%	53.3%	43.8%
总计	100.0%	100.0%	100.0%	100.0%	100.0%	100.0%
列总计	852	805	905	946	715	4223

Chi-square test：df = 12，卡方值为 101.625，sig = 0.000 < 0.05，所以不同年龄的居民对于“如何看待为了应对拆迁、征地、买房等而出现的‘假离婚’现象”的回答存在显著差异。

D5 by A1

如果夫妻中需要一方为对方或家庭做出牺牲，您的态度是 * 年龄 Crosstabulation

	18—29 岁	30—39 岁	40—49 岁	50—59 岁	60—65 岁	总计
非常不愿意	2.8%	1.1%	2.3%	1.1%	1.6%	1.8%
不太愿意	23.1%	16.6%	13.6%	10.7%	11.3%	15.0%
比较愿意	55.2%	58.6%	58.8%	57.7%	57.8%	57.6%
愿意，时常这么做	18.9%	23.6%	25.4%	30.5%	29.4%	25.6%
总计	100.0%	100.0%	100.0%	100.0%	100.0%	100.0%
列总计	815	817	914	944	701	4191

Chi-square test：df = 12，卡方值为 97.321，sig = 0.000 < 0.05，所以不同年龄的居民对于“如果夫妻中需要一方为对方或家庭做出牺牲，您的态度”的回答存在显著差异。

D6 by A1

在恋爱或婚姻中，您有为对方而改变自己的意识吗 * 年龄 Crosstabulation

	18—29 岁	30—39 岁	40—49 岁	50—59 岁	60—65 岁	总计
有，经常这样做	34.5%	44.6%	47.8%	47.7%	50.4%	45.0%
有，但做起来有些困难	36.7%	40.3%	36.8%	30.1%	26.7%	34.2%
没想过这个问题	23.0%	11.9%	12.1%	17.7%	19.6%	16.8%
无须改变，只有找到愿为我改变的人才是真爱	4.8%	3.1%	3.2%	3.8%	2.3%	3.5%
其他	0.9%	0.1%	0.1%	0.7%	1.0%	0.6%
总计	100.0%	100.0%	100.0%	100.0%	100.0%	100.0%
列总计	866	834	933	975	730	4338

Chi-square test：df = 16，卡方值为 125.516，sig = 0.000 < 0.05，所以不同年龄的居民对于“在恋爱或婚姻中，您是否有为对方而改变自己的意识”的回答存在显著差异。

D7 by A1

在恋爱或婚姻中，你与对方相处的原则是 * 年龄 Crosstabulation

	18—29 岁	30—39 岁	40—49 岁	50—59 岁	60—65 岁	总计
我首先对他/她好，然后希望他/她对我好	67.6%	67.1%	68.9%	68.7%	73.0%	68.9%
他/她对我好，我才对他/她好	17.7%	19.2%	18.6%	15.5%	14.2%	17.1%
他/她对我好就行了	6.8%	9.0%	7.1%	6.9%	5.0%	7.0%
总是我对他/她好，他/她对我不那么好	2.0%	1.6%	2.5%	2.3%	1.9%	2.1%
他/她对我不好，我没必要对他/她好	2.4%	1.2%	0.8%	0.7%	0.8%	1.2%
其他	3.5%	1.9%	2.3%	5.9%	5.1%	3.7%
总计	100.0%	100.0%	100.0%	100.0%	100.0%	100.0%
列总计	864	832	932	972	725	4325

Chi-square test：df = 20，卡方值为 65.967，sig = 0.000 < 0.05，所以不同年龄的居民对于“在恋爱或婚姻中，你与对方相处的原则”的回答存在显著差异。

D8 by A1

您认为生育孩子是否是一种人生义务 * 年龄 Crosstabulation

	18—29 岁	30—39 岁	40—49 岁	50—59 岁	60—65 岁	总计
是，如果大家都不生育，人种会灭绝	23.3%	27.4%	27.6%	28.6%	29.0%	27.2%

续表

	18—29 岁	30—39 岁	40—49 岁	50—59 岁	60—65 岁	总计
是，不生孩子家族延续会中断	27.7%	38.3%	43.8%	46.8%	49.3%	41.1%
不是，但没有孩子将老无所养也过于孤独	29.5%	25.5%	22.7%	20.1%	16.9%	23.0%
不是，自己觉得快乐就行，有孩子负担过重	17.1%	7.9%	5.4%	4.1%	4.8%	7.8%
其他	2.4%	1.0%	0.5%	0.4%	0.1%	0.9%
总计	100.0%	100.0%	100.0%	100.0%	100.0%	100.0%
列总计	867	833	930	976	735	4341

Chi-square test：df = 16，卡方值为 260.536，sig = 0.000 < 0.05，所以不同年龄的居民对于“生育孩子是否是一种人生义务”的回答存在显著差异。

D9 by A1

如果孩子面临重大问题（婚姻、升学、就业等）时，您的态度是 * 年龄 Crosstabulation

	18—29 岁	30—39 岁	40—49 岁	50—59 岁	60—65 岁	总计
全部包办，替他们做决定或搞定	3.2%	5.3%	3.3%	3.2%	4.4%	3.8%
积极建议，努力说服他们采纳	11.6%	30.9%	36.2%	29.3%	23.8%	26.6%
只提建议，让他们自己选择	26.3%	41.6%	49.5%	53.3%	49.8%	44.2%
不表态，免得子女将来埋怨	1.3%	1.9%	5.8%	9.7%	16.2%	6.8%
经常提出建议，但大多不起作用	1.5%	2.5%	2.8%	3.2%	4.4%	2.8%
没孩子/孩子太小	55.9%	17.8%	2.2%	0.7%	1.2%	15.5%
其他	0.2%		0.2%	0.6%	0.3%	0.3%
总计	100.0%	100.0%	100.0%	100.0%	100.0%	100.0%
列总计	873	836	934	976	735	4354

Chi-square test：df = 24，卡方值为 1679.247，sig = 0.000 < 0.05，所以不同年龄的居民对于“孩子面临重大问题（婚姻、升学、就业等）时”的回答存在显著差异。

D10 by A1

您对子女所提出的有关人生发展方面的建议，是否经常被采纳 * 年龄 Crosstabulation

	18—29 岁	30—39 岁	40—49 岁	50—59 岁	60—65 岁	总计
经常被采纳	26.6%	18.9%	13.1%	12.7%	11.7%	14.9%

续表

	18—29 岁	30—39 岁	40—49 岁	50—59 岁	60—65 岁	总计
较多被采纳	62.9%	74.0%	66.1%	58.9%	53.0%	62.8%
基本不采纳	9.0%	6.5%	20.1%	27.9%	33.3%	21.3%
从不被采纳并遭到嘲讽	1.4%	0.6%	0.7%	0.5%	2.0%	0.9%
总计	100.0%	100.0%	100.0%	100.0%	100.0%	100.0%
列总计	278	672	900	947	694	3491

Chi-square test：df = 12，卡方值为 237.779，sig = 0.000 < 0.05，所以不同年龄的居民对于“对子女所提出的有关人生发展方面的建议，是否经常被采纳”的回答存在显著差异。

D11 by A1

您认为现在孩子价值观的形成受何种因素影响最大 ＊ 年龄 Crosstabulation

	18—29 岁	30—39 岁	40—49 岁	50—59 岁	60—65 岁	总计
父母	64.7%	62.0%	60.2%	63.0%	58.9%	61.9%
老师	50.7%	52.9%	50.3%	53.7%	54.0%	52.3%
同伴	22.8%	28.1%	29.6%	27.4%	28.8%	27.3%
网络，朋友圈	26.3%	20.0%	23.0%	20.9%	17.5%	21.7%
明星	3.9%	3.2%	3.2%	1.9%	1.8%	2.8%
道德模范	6.8%	11.8%	11.1%	9.9%	14.6%	10.7%
伟大人物	5.8%	8.7%	7.2%	7.4%	9.2%	7.6%
列总计	839	816	927	955	718	4255

据上表所示，不同年龄的居民对于“现在孩子价值观的形成受何种因素影响最大”的回答存在显著差异。

D12 by A1

您认为老人是否有义务帮子女带孩子 ＊ 年龄 Crosstabulation

	18—29 岁	30—39 岁	40—49 岁	50—59 岁	60—65 岁	总计
有，天经地义的	8.1%	10.4%	18.8%	29.7%	36.5%	20.5%
没有，老人帮助带孙辈，子女应感恩	53.4%	49.9%	46.1%	35.2%	28.3%	42.8%
没有义务，不过带孙辈也是天伦之乐，应该帮助带	32.1%	37.1%	32.9%	33.4%	33.3%	33.7%
没想过	6.4%	2.6%	2.1%	1.7%	1.9%	3.0%
总计	100.0%	100.0%	100.0%	100.0%	100.0%	100.0%
列总计	875	836	935	977	735	4358

Chi-square test：df = 12，卡方值为 373.208，sig = 0.000 < 0.05，所以不同年龄的居民对于“老人是否有义务帮子女带孩子”的回答存在显著差异。

D13 by A1

您认为最理想的养老方式是哪种 * 年龄 Crosstabulation

	18—29 岁	30—39 岁	40—49 岁	50—59 岁	60—65 岁	总计
敬老院、护理院等专业养老机构	16.2%	15.6%	14.1%	14.1%	13.3%	14.7%
与子女同住	43.8%	51.4%	56.4%	59.5%	57.9%	53.9%
自己单住，生活难以自理时找护工	14.4%	11.7%	14.5%	15.5%	17.7%	14.7%
与兄弟姐妹抱团养老	5.6%	8.0%	5.8%	3.4%	3.4%	5.2%
与志趣相投的人一起养老	18.8%	12.7%	8.5%	7.2%	6.1%	10.7%
其他	1.3%	0.6%	0.7%	0.4%	1.6%	0.9%
总计	100.0%	100.0%	100.0%	100.0%	100.0%	100.0%
列总计	873	836	934	977	736	4356

Chi-square test：df = 20，卡方值为 160.175，sig = 0.000 < 0.05，所以不同年龄的居民对于“最理想的养老方式”的回答存在显著差异。

D14 by A1

当父母一方长期生活不能自理时，主要承担照顾工作的人应该是 * 年龄 Crosstabulation

	18—29 岁	30—39 岁	40—49 岁	50—59 岁	60—65 岁	总计
子女照顾	54.2%	57.4%	58.0%	57.3%	56.6%	56.7%
父母中还有能力的另一方（老伴儿）	26.5%	25.0%	28.3%	30.5%	30.2%	28.1%
雇保姆，老伴儿协助	5.5%	4.7%	4.2%	3.5%	4.4%	4.4%
雇保姆，子女协助	7.3%	6.3%	4.9%	4.1%	3.7%	5.3%
送护理机构，家人经常探望	5.9%	6.5%	4.5%	4.4%	4.9%	5.2%
其他	0.5%	0.1%	0.1%	0.2%	0.3%	0.2%
总计	100.0%	100.0%	100.0%	100.0%	100.0%	100.0%
列总计	874	836	933	975	735	4353

Chi-square test：df = 20，卡方值为 36.312，sig = 0.014 < 0.05，所以不同年龄的居民对于“当父母一方长期生活不能自理时，主要承担照顾工作的人应该是”的回答存在显著差异。

D15 by A1

在过去的十天里，您为父母做过以下哪些事情 * 年龄 Crosstabulation

	18—29 岁	30—39 岁	40—49 岁	50—59 岁	60—65 岁	总计
看望	20.3%	28.6%	29.6%	22.7%	9.1%	22.5%

续表

	18—29岁	30—39岁	40—49岁	50—59岁	60—65岁	总计
打电话	49.9%	49.0%	42.5%	19.9%	5.8%	34.0%
买东西	39.2%	39.8%	34.0%	23.2%	8.6%	29.5%
陪看病	3.8%	5.1%	5.1%	4.4%	1.8%	4.1%
生活照料	28.9%	35.5%	32.1%	25.8%	13.0%	27.5%
做家务	47.6%	41.3%	35.9%	24.1%	10.1%	32.3%
谈心聊天	43.6%	39.5%	31.7%	20.5%	9.6%	29.3%
给钱	6.1%	8.5%	9.0%	5.1%	2.2%	6.3%
外出游玩	3.3%	2.0%	1.5%	0.5%		1.5%
无	5.1%	5.4%	8.4%	8.8%	4.8%	6.6%
父母已去世		0.7%	6.3%	36.4%	72.4%	21.9%
列总计	876	836	934	977	736	4359

据上表所示，不同年龄的居民对于“在过去的十天里为父母做过哪些事情”的回答存在显著差异。

D16 by A1

您是否觉得孤独 ＊ 年龄 Crosstabulation

	18—29岁	30—39岁	40—49岁	50—59岁	60—65岁	总计
经常	3.8%	2.3%	3.0%	3.2%	4.9%	3.4%
有时	29.4%	19.7%	17.7%	19.8%	21.2%	21.5%
不太觉得	30.7%	34.4%	37.2%	33.6%	29.4%	33.2%
不觉得	36.2%	43.5%	42.1%	43.4%	44.5%	41.9%
总计	100.0%	100.0%	100.0%	100.0%	100.0%	100.0%
列总计	874	836	933	978	735	4356

Chi-square test：df = 12，卡方值为 62.113，sig = 0.000 < 0.05，所以不同年龄的居民对于“是否觉得孤独”的回答存在显著差异。

D17 by A1

现在开展的弘扬好家风好家训活动，您认为有意义吗 ＊ 年龄 Crosstabulation

	18—29岁	30—39岁	40—49岁	50—59岁	60—65岁	总计
很有意义	81.0%	82.0%	84.6%	83.6%	86.7%	83.5%
可有可无	12.2%	9.9%	8.5%	10.8%	7.3%	9.9%
没有必要	6.8%	8.1%	6.9%	5.6%	6.0%	6.7%
总计	100.0%	100.0%	100.0%	100.0%	100.0%	100.0%

续表

	18—29 岁	30—39 岁	40—49 岁	50—59 岁	60—65 岁	总计
列总计	854	806	903	950	697	4210

Chi-square test：df = 8，卡方值为 18.152，sig = 0.020 < 0.05，所以不同年龄的居民对于“开展的弘扬好家风好家训活动是否有意义”的回答存在显著差异。

D18 by A1

您所在的地方发生过虐待儿童的事件吗 ＊ 年龄 Crosstabulation

	18—29 岁	30—39 岁	40—49 岁	50—59 岁	60—65 岁	总计
经常会发生	1.4%	0.8%	1.1%	0.6%	0.7%	0.9%
偶尔发生	10.3%	8.9%	6.8%	5.6%	4.5%	7.2%
没听说过	88.3%	90.3%	92.2%	93.8%	94.8%	91.8%
总计	100.0%	100.0%	100.0%	100.0%	100.0%	100.0%
列总计	874	836	932	976	736	4354

Chi-square test：df = 8，卡方值为 32.004，sig = 0.000 < 0.05，所以不同年龄的居民对于“所在的地方是否发生过虐待儿童的事件”的回答存在显著差异。

D19 by A1

在大街或社区里，看到行走或生活困难的老人，您经常的反应是 ＊ 年龄 Crosstabulation

	18—29 岁	30—39 岁	40—49 岁	50—59 岁	60—65 岁	总计
想到自己的（祖）父母或自己的未来，情不自禁地想帮助他	45.2%	42.0%	39.6%	40.0%	40.2%	41.4%
出于义务责任感，想帮助他	27.5%	27.0%	28.3%	28.8%	27.8%	27.9%
有同情感，但没有想帮助的冲动	23.2%	27.9%	29.0%	27.6%	26.6%	26.9%
没有感觉，习以为常	3.9%	2.8%	3.1%	3.4%	5.0%	3.6%
其他	0.2%	0.4%		0.2%	0.3%	0.2%
总计	100.0%	100.0%	100.0%	100.0%	100.0%	100.0%
列总计	874	836	934	977	733	4354

Chi-square test：df = 16，卡方值为 21.539，sig = 0.159 > 0.05，所以不同年龄的居民对于“在大街或社区里，看到行走或生活困难的老人，经常的反应”的回答不存在显著差异。

D20 by A1

如果您的父母或兄妹偷了别人的东西，您的行为反应可能是 ＊ 年龄 Crosstabulation

	18—29 岁	30—39 岁	40—49 岁	50—59 岁	60—65 岁	总计
批评他，但不会告发	22.6%	19.4%	18.0%	20.4%	15.4%	19.3%
批评他，陪他送回原处或去承认错误	61.5%	61.8%	62.2%	62.0%	64.6%	62.4%
默认，因为他得到的东西正是家庭所急需	4.2%	6.2%	4.8%	3.3%	4.5%	4.6%
告发，因为出于正义感	7.2%	7.2%	8.2%	8.8%	9.4%	8.2%
告发，因为可能会连累自己	1.0%	1.9%	1.5%	1.1%	1.5%	1.4%
不管不问，由他自己决定	3.0%	2.9%	5.1%	4.2%	4.2%	3.9%
其他	0.5%	0.5%	0.1%	0.2%	0.4%	0.3%
总计	100.0%	100.0%	100.0%	100.0%	100.0%	100.0%
列总计	872	833	935	977	734	4351

Chi-square test：df = 24，卡方值为 39.995，sig = 0.021 < 0.05，所以不同年龄的居民对于“父母或兄妹偷了别人的东西后的可能的行为反应”的回答存在显著差异。

D21 by A1

当独生子女单独组成家庭后，父母和子女哪一种居住方式更好 ＊ 年龄 Crosstabulation

	18—29 岁	30—39 岁	40—49 岁	50—59 岁	60—65 岁	总计
单独居住	32.4%	30.5%	28.6%	29.0%	31.2%	30.3%
和父母同住	23.1%	31.7%	30.1%	31.8%	32.6%	29.8%
和父母及祖辈共同居住	5.3%	6.8%	6.3%	7.2%	8.1%	6.7%
和父母靠近居住	38.9%	30.5%	34.6%	31.1%	27.7%	32.7%
其他	0.3%	0.5%	0.4%	0.9%	0.4%	0.5%
总计	100.0%	100.0%	100.0%	100.0%	100.0%	100.0%
列总计	874	833	934	975	730	4346

Chi-square test：df = 16，卡方值为 48.404，sig = 0.000 < 0.05，所以不同年龄的居民对于“当独生子女单独组成家庭后，父母和子女哪一种居住方式更好”的回答存在显著差异。

D22 by A1

您是否认为把老人送到养老院是不孝行为 ＊ 年龄 Crosstabulation

	18—29 岁	30—39 岁	40—49 岁	50—59 岁	60—65 岁	总计
是	11.8%	10.7%	19.0%	21.3%	18.6%	16.4%

续表

	18—29 岁	30—39 岁	40—49 岁	50—59 岁	60—65 岁	总计
相对而言，部分是	51.0%	47.7%	42.8%	41.8%	43.4%	45.3%
不是	36.9%	41.7%	37.9%	36.7%	37.4%	38.1%
其他	0.3%		0.3%	0.2%	0.5%	0.3%
总计	100.0%	100.0%	100.0%	100.0%	100.0%	100.0%
列总计	875	835	934	978	732	4354

Chi-square test：df = 12，卡方值为 68.287，sig = 0.000 < 0.05，所以不同年龄的居民对于“认为把老人送到养老院是否是不孝行为”的回答存在显著差异。

E1 byA1

您认为企业最重要的社会责任是什么 ＊ 年龄 Crosstabulation

	18—29 岁	30—39 岁	40—49 岁	50—59 岁	60—65 岁	总计
为企业和企业股东自身赚钱	15.4%	15.5%	18.7%	23.3%	21.7%	18.9%
通过依法纳税为国家积累财富	20.4%	21.3%	22.6%	20.2%	20.1%	21.0%
通过诚信经营提供质量可靠的产品，满足社会大众生活需求	59.3%	57.2%	52.7%	50.2%	52.1%	54.3%
为员工谋福利	4.7%	5.8%	5.9%	6.4%	6.0%	5.7%
其他	0.2%	0.2%	0.1%		0.1%	0.1%
总计	100.0%	100.0%	100.0%	100.0%	100.0%	100.0%
列总计	852	815	899	929	687	4182

Chi-square test：df = 16，卡方值为 38.535，sig = 0.001 < 0.05，所以不同年龄的居民对于“企业最重要的社会责任”的回答存在显著差异。

E2a by A1

下列关于企业的说法，您的同意程度是：只要能为员工谋福利就是一个好单位 ＊ 年龄 Crosstabulation

	18—29 岁	30—39 岁	40—49 岁	50—59 岁	60—65 岁	总计
完全同意	7.8%	9.2%	8.6%	7.0%	6.8%	7.9%
比较同意	46.4%	42.9%	48.1%	51.7%	53.3%	48.4%
不太同意	37.3%	34.8%	35.3%	34.3%	31.9%	34.8%
完全不同意	8.5%	13.1%	8.0%	7.1%	8.0%	8.9%
总计	100.0%	100.0%	100.0%	100.0%	100.0%	100.0%
列总计	872	830	927	948	711	4288

Chi-square test：df = 12，卡方值为 41.437，sig = 0.000 < 0.05，所以不同年龄的居民对于“只要能为员工谋福利就是一个好单位”的同意程度存在显著差异。

E2b by A1

下列关于企业的说法，您的同意程度是：经济效益好坏是衡量企业成败的唯一标准 * 年龄 Crosstabulation

	18—29 岁	30—39 岁	40—49 岁	50—59 岁	60—65 岁	总计
完全同意	3.7%	3.8%	4.7%	4.0%	3.0%	3.9%
比较同意	28.2%	31.5%	29.5%	32.8%	33.2%	31.0%
不太同意	54.0%	51.5%	55.3%	54.4%	54.1%	53.9%
完全不同意	14.1%	13.3%	10.5%	8.8%	9.7%	11.3%
总计	100.0%	100.0%	100.0%	100.0%	100.0%	100.0%
列总计	863	826	921	929	693	4232

Chi-square test：df = 12，卡方值为 25.476，sig = 0.013 < 0.05，所以不同年龄的居民对于“经济效益好坏是衡量企业成败的唯一标准”的同意程度存在显著差异。

E2c by A1

下列关于企业的说法，您的同意程度是：企业做慈善都是做做样子，其实还是为自己做广告 * 年龄 Crosstabulation

	18—29 岁	30—39 岁	40—49 岁	50—59 岁	60—65 岁	总计
完全同意	5.3%	4.9%	4.2%	2.9%	2.8%	4.1%
比较同意	40.5%	34.2%	38.4%	39.5%	41.7%	38.8%
不太同意	46.5%	47.2%	47.3%	47.1%	46.5%	47.0%
完全不同意	7.7%	13.6%	10.1%	10.5%	9.0%	10.2%
总计	100.0%	100.0%	100.0%	100.0%	100.0%	100.0%
列总计	855	809	885	870	643	4062

Chi-square test：df = 12，卡方值为 32.029，sig = 0.001 < 0.05，所以不同年龄的居民对于“企业做慈善都是做做样子，其实还是为自己做广告”的同意程度存在显著差异。

E2d by A1

下列关于企业的说法，您的同意程度是：企业和员工之间只是合同关系，效益好就好好干，效益不好就跳槽 * 年龄 Crosstabulation

	18—29 岁	30—39 岁	40—49 岁	50—59 岁	60—65 岁	总计
完全同意	2.8%	2.3%	3.5%	3.1%	3.0%	2.9%
比较同意	24.1%	28.5%	25.3%	31.8%	34.9%	28.7%
不太同意	54.9%	48.4%	53.1%	50.6%	47.4%	51.1%
完全不同意	18.2%	20.8%	18.1%	14.5%	14.7%	17.3%
总计	100.0%	100.0%	100.0%	100.0%	100.0%	100.0%

续表

	18—29岁	30—39岁	40—49岁	50—59岁	60—65岁	总计
列总计	867	825	922	939	696	4249

Chi-square test：df = 12，卡方值为45.185，sig = 0.000 < 0.05，所以不同年龄的居民对于“企业和员工之间只是合同关系，效益好就好好干，效益不好就跳槽”的同意程度存在显著差异。

E2e by A1

下列关于企业的说法，您的同意程度是：企业不需要对员工讲什么伦理关怀，员工表现好就发奖金，不好就辞退 * 年龄 Crosstabulation

	18—29岁	30—39岁	40—49岁	50—59岁	60—65岁	总计
完全同意	2.4%	2.3%	2.1%	2.1%	2.4%	2.2%
比较同意	16.9%	16.5%	17.7%	20.5%	21.6%	18.6%
不太同意	55.3%	55.4%	57.4%	59.0%	55.5%	56.6%
完全不同意	25.4%	25.7%	22.9%	18.4%	20.6%	22.6%
总计	100.0%	100.0%	100.0%	100.0%	100.0%	100.0%
列总计	871	828	923	941	705	4268

Chi-square test：df = 12，卡方值为26.229，sig = 0.010 < 0.05，所以不同年龄的居民对于“企业不需要对员工讲什么伦理关怀，员工表现好就发奖金，不好就辞退”的同意程度存在显著差异。

E2f by A1

下列关于企业的说法，您的同意程度是：企业为了履行社会责任，应当放弃一些自身利益 * 年龄 Crosstabulation

	18—29岁	30—39岁	40—49岁	50—59岁	60—65岁	总计
完全同意	20.6%	27.3%	20.7%	22.9%	21.9%	22.6%
比较同意	57.3%	49.5%	56.0%	58.1%	56.1%	55.5%
不太同意	18.2%	18.3%	18.2%	15.0%	18.5%	17.6%
完全不同意	3.8%	5.0%	5.1%	4.0%	3.6%	4.3%
总计	100.0%	100.0%	100.0%	100.0%	100.0%	100.0%
列总计	867	825	922	945	704	4263

Chi-square test：df = 12，卡方值为26.229，sig = 0.010 < 0.05，所以不同年龄的居民对于“企业为了履行社会责任，应当放弃一些自身利益”的同意程度存在显著差异。

E2g by A1

下列关于企业的说法，您的同意程度是：讲信用、遵循道德规范的企业能够获得更好的利益 * 年龄 Crosstabulation

	18—29岁	30—39岁	40—49岁	50—59岁	60—65岁	总计
完全同意	28.7%	27.4%	25.6%	28.4%	26.2%	27.3%

续表

	18—29 岁	30—39 岁	40—49 岁	50—59 岁	60—65 岁	总计
比较同意	56.2%	53.5%	60.3%	56.5%	59.1%	57.1%
不太同意	11.3%	15.3%	11.1%	11.9%	11.3%	12.2%
完全不同意	3.8%	3.8%	3.0%	3.2%	3.4%	3.4%
总计	100.0%	100.0%	100.0%	100.0%	100.0%	100.0%
列总计	865	822	926	947	714	4274

Chi-square test：df = 12，卡方值为 16.278，sig = 0.179 > 0.05，所以不同年龄的居民对于“讲信用、遵循道德规范的企业能够获得更好的利益”的同意程度不存在显著差异。

E2h by A1

下列关于企业的说法，您的同意程度是：企业只是一台赚钱的机器，能赚钱就行，无所谓社会责任，声誉也不重要 ＊ 年龄 Crosstabulation

	18—29 岁	30—39 岁	40—49 岁	50—59 岁	60—65 岁	总计
完全同意	1.7%	0.9%	1.2%	0.9%	1.3%	1.2%
比较同意	10.1%	11.7%	11.5%	9.5%	10.7%	10.7%
不太同意	60.5%	61.8%	65.0%	64.6%	69.9%	64.2%
完全不同意	27.7%	25.6%	22.3%	25.1%	18.1%	24.0%
总计	100.0%	100.0%	100.0%	100.0%	100.0%	100.0%
列总计	871	823	923	941	700	4258

Chi-square test：df = 12，卡方值为 30.319，sig = 0.002 < 0.05，所以不同年龄的居民对于“企业只是一台赚钱的机器，能赚钱就行，无所谓社会责任，声誉也不重要”的同意程度存在显著差异。

E2i by A1

下列关于企业的说法，您的同意程度是：同样的产品，国企生产的比私企的更有保障 ＊ 年龄 Crosstabulation

	18—29 岁	30—39 岁	40—49 岁	50—59 岁	60—65 岁	总计
完全同意	7.7%	5.6%	6.6%	6.4%	7.9%	6.8%
比较同意	36.2%	35.8%	37.7%	43.7%	46.3%	39.8%
不太同意	47.4%	45.9%	44.6%	41.6%	37.5%	43.6%
完全不同意	8.7%	12.6%	11.1%	8.4%	8.2%	9.8%
总计	100.0%	100.0%	100.0%	100.0%	100.0%	100.0%
列总计	836	801	899	909	680	4125

Chi-square test：df = 12，卡方值为 44.867，sig = 0.000 < 0.05，所以不同年龄的居民对于“同样的产品，国企生产的比私企的更有保障”的同意程度存在显著差异。

E3 by A1

下面哪种说法更符合或接近您的个人想法 * 年龄 Crosstabulation

	18—29 岁	30—39 岁	40—49 岁	50—59 岁	60—65 岁	总计
个人和工作单位之间是聘用或雇用关系，通过工资和付出劳动满足彼此需求	42.6%	40.6%	40.3%	43.6%	49.0%	43.0%
不只是利益关系，应当还有很多情感的联系，应当共命运	37.3%	40.8%	38.8%	36.1%	34.5%	37.6%
个人是单位的一分子，单位如同个人的另一个家	20.0%	18.5%	20.9%	20.0%	16.4%	19.3%
其他		0.1%		0.3%	0.1%	0.1%
总计	100.0%	100.0%	100.0%	100.0%	100.0%	100.0%
列总计	873	833	930	970	721	4327

Chi-square test：df = 12，卡方值为 24.268，sig = 0.019 < 0.05，所以不同年龄的居民对于“下面哪种说法更符合或接近您的个人想法”的回答存在显著差异。

E4a by A1

您对自己所在企业履行下列责任的满意情况如何？劳动安全保障 * 年龄 Crosstabulation

	18—29 岁	30—39 岁	40—49 岁	50—59 岁	60—65 岁	总计
非常不满意	4.3%	3.2%	1.9%	2.6%	3.2%	3.0%
不太满意	24.9%	25.6%	27.1%	25.6%	24.0%	25.5%
比较满意	63.8%	63.5%	64.4%	66.1%	66.3%	64.8%
非常满意	7.0%	7.8%	6.6%	5.7%	6.5%	6.7%
总计	100.0%	100.0%	100.0%	100.0%	100.0%	100.0%
列总计	788	786	860	818	570	3822

Chi-square test：df = 12，卡方值为 13.734，sig = 0.318 > 0.05，所以不同年龄的居民对于“对自己所在企业履行劳动安全保障责任的满意情况”的回答不存在显著差异。

E4b by A1

您对自己所在企业履行下列责任的满意情况如何？员工薪酬合理 * 年龄 Crosstabulation

	18—29 岁	30—39 岁	40—49 岁	50—59 岁	60—65 岁	总计
非常不满意	5.4%	3.3%	3.3%	3.8%	4.6%	4.0%
不太满意	30.7%	35.4%	33.6%	31.1%	29.6%	32.2%

续表

	18—29 岁	30—39 岁	40—49 岁	50—59 岁	60—65 岁	总计
比较满意	57.7%	53.1%	57.4%	59.5%	59.2%	57.3%
非常满意	6.2%	8.3%	5.7%	5.6%	6.7%	6.5%
总计	100.0%	100.0%	100.0%	100.0%	100.0%	100.0%
列总计	794	786	860	817	568	3825

Chi-square test：df = 12，卡方值为 20.950，sig = 0.051 > 0.05，所以不同年龄的居民对于“对自己所在企业履行员工薪酬合理责任的满意情况”的回答不存在显著差异。

E4c by A1

您对自己所在企业履行下列责任的满意情况如何？关心员工生活 * 年龄 Crosstabulation

	18—29 岁	30—39 岁	40—49 岁	50—59 岁	60—65 岁	总计
非常不满意	6.0%	2.9%	3.3%	3.3%	3.2%	3.8%
不太满意	32.1%	32.4%	31.7%	28.3%	27.1%	30.5%
比较满意	53.9%	53.6%	56.8%	61.1%	60.7%	57.0%
非常满意	8.0%	11.1%	8.3%	7.2%	8.9%	8.7%
总计	100.0%	100.0%	100.0%	100.0%	100.0%	100.0%
列总计	786	784	858	815	560	3803

Chi-square test：df = 12，卡方值为 32.930，sig = 0.001 < 0.05，所以不同年龄的居民对于“对自己所在企业履行关心员工生活责任的满意情况”的回答存在显著差异。

E4d by A1

您对自己所在企业履行下列责任的满意情况如何？诚实守法经营 * 年龄 Crosstabulation

	18—29 岁	30—39 岁	40—49 岁	50—59 岁	60—65 岁	总计
非常不满意	3.6%	1.8%	1.3%	1.1%	1.5%	1.8%
不太满意	15.2%	16.8%	18.5%	17.6%	16.1%	16.9%
比较满意	71.9%	71.7%	70.5%	72.3%	72.6%	71.7%
非常满意	9.3%	9.7%	9.7%	9.0%	9.8%	9.5%
总计	100.0%	100.0%	100.0%	100.0%	100.0%	100.0%
列总计	796	784	858	851	610	3899

Chi-square test：df = 12，卡方值为 22.587，sig = 0.031 < 0.05，所以不同年龄的居民对于“对自己所在企业履行诚实守法经营责任的满意情况”的回答存在显著差异。

E4e by A1

您对自己所在企业履行下列责任的满意情况如何？产品质量可靠 ＊ 年龄 Crosstabulation

	18—29 岁	30—39 岁	40—49 岁	50—59 岁	60—65 岁	总计
非常不满意	3.0%	1.9%	1.7%	0.9%	1.3%	1.8%
不太满意	17.0%	16.4%	15.2%	17.2%	16.0%	16.4%
比较满意	71.4%	70.4%	72.4%	72.5%	73.5%	72.0%
非常满意	8.5%	11.3%	10.7%	9.3%	9.2%	9.9%
总计	100.0%	100.0%	100.0%	100.0%	100.0%	100.0%
列总计	798	786	858	847	608	3897

Chi-square test：df = 12，卡方值为 17.122，sig = 0.145 > 0.05，所以不同年龄的居民对于“对自己所在企业履行产品质量可靠责任的满意情况”的回答不存在显著差异。

E4f by A1

您对自己所在企业履行下列责任的满意情况如何？环境保护措施 ＊ 年龄 Crosstabulation

	18—29 岁	30—39 岁	40—49 岁	50—59 岁	60—65 岁	总计
非常不满意	3.8%	2.4%	3.1%	2.0%	3.7%	2.9%
不太满意	28.0%	25.0%	27.2%	25.7%	26.9%	26.6%
比较满意	57.5%	61.0%	59.7%	62.3%	59.8%	60.1%
非常满意	10.7%	11.6%	10.0%	10.0%	9.7%	10.4%
总计	100.0%	100.0%	100.0%	100.0%	100.0%	100.0%
列总计	760	759	819	812	569	3719

Chi-square test：df = 12，卡方值为 11.502，sig = 0.486 > 0.05，所以不同年龄的居民对于“对自己所在企业履行环境保护措施责任的满意情况”的回答不存在显著差异。

E4g by A1

您对自己所在企业履行下列责任的满意情况如何？慈善公益事业 ＊ 年龄 Crosstabulation

	18—29 岁	30—39 岁	40—49 岁	50—59 岁	60—65 岁	总计
非常不满意	4.7%	2.6%	3.3%	3.1%	4.0%	3.5%
不太满意	27.0%	25.3%	24.7%	23.6%	24.2%	25.0%
比较满意	57.8%	59.9%	61.1%	62.3%	60.7%	60.3%
非常满意	10.5%	12.3%	11.0%	11.0%	11.1%	11.2%

续表

	18—29 岁	30—39 岁	40—49 岁	50—59 岁	60—65 岁	总计
总计	100.0%	100.0%	100.0%	100.0%	100.0%	100.0%
列总计	696	700	738	702	496	3332

Chi-square test：df = 12，卡方值为 9.822，sig = 0.632 > 0.05，所以不同年龄的居民对于“对自己所在企业履行慈善公益事业责任的满意情况”的回答不存在显著差异。

E5 by A1

您对本地的或自己熟悉的企业家的道德状况怎么评价 ＊ 年龄 Crosstabulation

	18—29 岁	30—39 岁	40—49 岁	50—59 岁	60—65 岁	总计
总体还不错	54.0%	53.9%	53.8%	55.6%	53.6%	54.2%
普遍比较差	18.1%	15.2%	15.4%	14.6%	15.8%	15.8%
和普通群众没有太大差别	27.8%	30.9%	30.8%	29.8%	30.6%	30.0%
总计	100.0%	100.0%	100.0%	100.0%	100.0%	100.0%
列总计	755	768	840	842	614	3819

Chi-square test：df = 8，卡方值为 5.701，sig = 0.681 > 0.05，所以不同年龄的居民对于“对本地的或自己熟悉的企业家的道德状况评价”的回答不存在显著差异。

E6a by A1

对公务员道德状况的满意度 ＊ 年龄 Crosstabulation

	18—29 岁	30—39 岁	40—49 岁	50—59 岁	60—65 岁	总计
非常满意	5.0%	4.6%	2.6%	2.9%	4.3%	3.8%
比较满意	61.3%	58.9%	61.9%	62.8%	62.8%	61.5%
不太满意	29.3%	32.2%	30.7%	29.9%	27.1%	30.0%
非常不满意	4.4%	4.2%	4.7%	4.4%	5.9%	4.7%
总计	100.0%	100.0%	100.0%	100.0%	100.0%	100.0%
列总计	796	801	875	905	682	4059

Chi-square test：df = 12，卡方值为 17.506，sig = 0.132 > 0.05，所以不同年龄的居民对于“对公务员道德状况的满意度”的回答不存在显著差异。

E6b by A1

对医生道德状况的满意度 ＊ 年龄 Crosstabulation

	18—29 岁	30—39 岁	40—49 岁	50—59 岁	60—65 岁	总计
非常满意	4.3%	3.0%	2.3%	3.0%	4.3%	3.3%

续表

	18—29岁	30—39岁	40—49岁	50—59岁	60—65岁	总计
比较满意	58.9%	59.3%	61.8%	65.4%	68.7%	62.7%
不太满意	31.4%	33.3%	31.4%	27.4%	23.8%	29.6%
非常不满意	5.4%	4.4%	4.6%	4.2%	3.2%	4.4%
总计	100.0%	100.0%	100.0%	100.0%	100.0%	100.0%
列总计	846	821	918	949	718	4252

Chi-square test：df = 12，卡方值为36.598，sig = 0.000 < 0.05，所以不同年龄的居民对于“对医生道德状况的满意度”的回答存在显著差异。

E6c by A1

对教师道德状况的满意度 * 年龄 Crosstabulation

	18—29岁	30—39岁	40—49岁	50—59岁	60—65岁	总计
非常满意	7.0%	5.0%	4.5%	4.2%	6.2%	5.3%
比较满意	65.8%	62.5%	65.7%	69.9%	70.1%	66.8%
不太满意	22.5%	28.4%	24.7%	22.1%	19.1%	23.5%
非常不满意	4.7%	4.1%	5.2%	3.7%	4.6%	4.5%
总计	100.0%	100.0%	100.0%	100.0%	100.0%	100.0%
列总计	845	821	912	935	713	4226

Chi-square test：df = 12，卡方值为32.551，sig = 0.001 < 0.05，所以不同年龄的居民对于“对教师道德状况的满意度”的回答存在显著差异。

E6d by A1

对个体工商户道德状况的满意度 * 年龄 Crosstabulation

	18—29岁	30—39岁	40—49岁	50—59岁	60—65岁	总计
非常满意	4.8%	2.9%	2.4%	2.1%	2.3%	2.9%
比较满意	55.9%	54.8%	58.3%	61.6%	63.4%	58.8%
不太满意	31.9%	32.3%	30.7%	30.3%	28.7%	30.8%
非常不满意	7.3%	9.9%	8.6%	6.0%	5.5%	7.5%
总计	100.0%	100.0%	100.0%	100.0%	100.0%	100.0%
列总计	846	817	907	953	703	4226

Chi-square test：df = 12，卡方值为38.369，sig = 0.000 < 0.05，所以不同年龄的居民对于“对个体工商户道德状况的满意度”的回答存在显著差异。

E7a by A1

怎么称呼周围那些经营企业或做生意发了财的人？企业家 * 年龄 Crosstabulation

	18—29 岁	30—39 岁	40—49 岁	50—59 岁	60—65 岁	总计
未选中	83.0%	76.3%	79.6%	82.1%	82.6%	80.7%
选中	17.0%	23.7%	20.4%	17.9%	17.4%	19.3%
总计	100.0%	100.0%	100.0%	100.0%	100.0%	100.0%
列总计	875	836	935	977	735	4358

Chi-square test：df=4，卡方值为16.866，sig=0.002<0.05，所以不同年龄的居民对于“周围那些经营企业或做生意发了财的人是否被称为企业家”的回答存在显著差异。

E7b by A1

怎么称呼周围那些经营企业或做生意发了财的人？老板 * 年龄 Crosstabulation

	18—29 岁	30—39 岁	40—49 岁	50—59 岁	60—65 岁	总计
未选中	10.1%	6.1%	4.0%	5.2%	3.7%	5.8%
选中	89.9%	93.9%	96.0%	94.8%	96.3%	94.2%
总计	100.0%	100.0%	100.0%	100.0%	100.0%	100.0%
列总计	875	836	935	977	735	4358

Chi-square test：df=4，卡方值为41.462，sig=0.000<0.05，所以不同年龄的居民对于“周围那些经营企业或做生意发了财的人是否被称为老板”的回答存在显著差异。

E7c by A1

怎么称呼周围那些经营企业或做生意发了财的人？商人 * 年龄 Crosstabulation

	18—29 岁	30—39 岁	40—49 岁	50—59 岁	60—65 岁	总计
未选中	72.2%	64.4%	69.8%	73.0%	72.5%	70.4%
选中	27.8%	35.6%	30.2%	27.0%	27.5%	29.6%
总计	100.0%	100.0%	100.0%	100.0%	100.0%	100.0%
列总计	875	836	935	977	735	4358

Chi-square test：df=4，卡方值为20.916，sig=0.000<0.05，所以不同年龄的居民对于“周围那些经营企业或做生意发了财的人是否被称为商人”的回答存在显著差异。

E7d by A1

怎么称呼周围那些经营企业或做生意发了财的人？生意人 ＊ 年龄 Crosstabulation

	18—29 岁	30—39 岁	40—49 岁	50—59 岁	60—65 岁	总计
未选中	62.9%	52.9%	58.4%	63.1%	62.7%	60.0%
选中	37.1%	47.1%	41.6%	36.9%	37.3%	40.0%
总计	100.0%	100.0%	100.0%	100.0%	100.0%	100.0%
列总计	875	836	935	977	735	4358

Chi-square test：df = 4，卡方值为 27.739，sig = 0.000 < 0.05，所以不同年龄的居民对于“周围那些经营企业或做生意发了财的人是否被称为生意人”的回答存在显著差异。

E7e by A1

怎么称呼周围那些经营企业或做生意发了财的人？土豪 ＊ 年龄 Crosstabulation

	18—29 岁	30—39 岁	40—49 岁	50—59 岁	60—65 岁	总计
未选中	83.1%	88.0%	89.3%	94.6%	95.8%	90.1%
选中	16.9%	12.0%	10.7%	5.4%	4.2%	9.9%
总计	100.0%	100.0%	100.0%	100.0%	100.0%	100.0%
列总计	875	836	935	977	735	4358

Chi-square test：df = 4，卡方值为 101.335，sig = 0.000 < 0.05，所以不同年龄的居民对于“周围那些经营企业或做生意发了财的人是否被称为土豪”的回答存在显著差异。

E7f by A1

怎么称呼周围那些经营企业或做生意发了财的人？暴发户 ＊ 年龄 Crosstabulation

	18—29 岁	30—39 岁	40—49 岁	50—59 岁	60—65 岁	总计
未选中	89.3%	88.0%	89.5%	92.1%	92.2%	90.2%
选中	10.7%	12.0%	10.5%	7.9%	7.8%	9.8%
总计	100.0%	100.0%	100.0%	100.0%	100.0%	100.0%
列总计	875	836	935	977	735	4358

Chi-square test：df = 4，卡方值为 13.364，sig = 0.010 < 0.05，所以不同年龄的居民对于“周围那些经营企业或做生意发了财的人是否被称为暴发户”的回答存在显著差异。

E7g by A1

怎么称呼周围那些经营企业或做生意发了财的人？其他 ＊ 年龄 Crosstabulation

	18—29 岁	30—39 岁	40—49 岁	50—59 岁	60—65 岁	总计
未选中	99.8%	99.9%	99.8%	99.4%	99.3%	99.6%
选中	0.2%	0.1%	0.2%	0.6%	0.7%	0.4%
总计	100.0%	100.0%	100.0%	100.0%	100.0%	100.0%
列总计	874	836	935	977	735	4357

Chi-square test：df = 4，卡方值为 6.056，sig = 0.195 > 0.05，所以不同年龄的居民对于“周围那些经营企业或做生意发了财的人是否有其他称谓”的回答不存在显著差异。

E8 by A1

如果您有一个不错的家庭企业，儿子或女儿缺乏经营能力或经营兴趣，难以交班，您可能选择 ＊ 年龄 Crosstabulation

	18—29 岁	30—39 岁	40—49 岁	50—59 岁	60—65 岁	总计
培养儿媳或女婿，交给她/他经营	37.7%	39.5%	41.2%	48.2%	51.9%	43.5%
交给儿媳和女婿有风险，离婚了怎么办，还是自己撑到有第三代接管	8.1%	11.8%	16.4%	12.6%	11.2%	12.1%
找一个懂经营的职业经理人，我们家庭成员做董事长	46.3%	41.5%	34.8%	29.2%	26.7%	35.9%
做一天是一天，最后将钞票留给子孙，但外人不可靠，不能交给外人	7.2%	6.8%	7.2%	9.5%	9.9%	8.1%
其他	0.7%	0.4%	0.4%	0.5%	0.3%	0.5%
总计	100.0%	100.0%	100.0%	100.0%	100.0%	100.0%
列总计	873	833	928	961	707	4302

Chi-square test：df = 16，卡方值为 125.996，sig = 0.000 < 0.05，所以不同年龄的居民对于“儿子或女儿缺乏经营能力或经营兴趣，难以交班时”的选择上存在显著差异。

E9 by A1

在市场上购买食品、衣物、家用电器等商品时，您觉得有安全感吗 ＊ 年龄 Crosstabulation

	18—29 岁	30—39 岁	40—49 岁	50—59 岁	60—65 岁	总计
有安全感，相信产品质量	28.9%	25.7%	25.5%	27.0%	26.0%	26.6%
没安全感，不相信他们的标签，常担心质量问题影响自己的健康	18.7%	21.4%	19.3%	17.8%	18.6%	19.1%

续表

	18—29 岁	30—39 岁	40—49 岁	50—59 岁	60—65 岁	总计
没安全感，担心在价格上被欺骗，要货比三家	12.6%	17.9%	18.2%	17.7%	20.1%	17.2%
一般还可以，相信大商店的产品，不相信小商店和地摊货	39.5%	34.8%	37.0%	37.5%	35.2%	36.9%
其他	0.2%	0.1%			0.1%	0.1%
总计	100.0%	100.0%	100.0%	100.0%	100.0%	100.0%
列总计	875	836	934	978	736	4359

Chi-square test：df = 16，卡方值为 28.528，sig = 0.027 < 0.05，所以不同年龄的居民对于“在市场上购买食品、衣物、家用电器等商品时有无安全感”的回答存在显著差异。

E10 by A1

您怎么看待电视、报纸和其他主流媒体上的广告 ＊ 年龄 Crosstabulation

	18—29 岁	30—39 岁	40—49 岁	50—59 岁	60—65 岁	总计
相信，因为是明星们推荐	8.2%	8.6%	9.6%	7.2%	8.3%	8.4%
将信将疑，眼见为真	58.3%	50.0%	51.6%	51.5%	47.4%	51.9%
不相信，是企业和那些明星联合起来忽悠大众	23.4%	29.0%	28.2%	30.4%	32.8%	28.7%
讨厌，既欺骗大众，又占用公共媒体资源	9.6%	12.4%	10.4%	10.7%	11.0%	10.8%
其他	0.5%		0.2%	0.2%	0.4%	0.3%
总计	100.0%	100.0%	100.0%	100.0%	100.0%	100.0%
列总计	873	834	933	974	734	4348

Chi-square test：df = 16，卡方值为 35.595，sig = 0.003 < 0.05，所以不同年龄的居民对于“如何看待电视、报纸和其他主流媒体上的广告”的回答存在显著差异。

E11 by A1

您怎么看待现在一些企业做公益和慈善 ＊ 年龄 Crosstabulation

	18—29 岁	30—39 岁	40—49 岁	50—59 岁	60—65 岁	总计
是做善事，把赚的公众的钱还给社会	21.9%	23.0%	21.7%	22.4%	23.5%	22.4%
是在作秀，为自己树牌坊	16.4%	15.9%	17.2%	18.1%	17.3%	17.0%
是做广告，把弱势群体当作宣传自己的工具	26.3%	28.4%	24.2%	22.9%	25.6%	25.4%
做总比不做好，随他去吧	35.0%	32.7%	36.7%	36.1%	33.2%	34.9%

续表

	18—29岁	30—39岁	40—49岁	50—59岁	60—65岁	总计
其他	0.3%	0.1%	0.2%	0.5%	0.3%	0.3%
总计	100.0%	100.0%	100.0%	100.0%	100.0%	100.0%
列总计	871	832	931	966	722	4322

Chi-square test：df = 16，卡方值为14.307，sig = 0.576 > 0.05，所以不同年龄的居民对于“如何看待现在一些企业做公益和慈善”的回答不存在显著差异。

E12 by A1

一些政府机关、企事业单位利用权力为本单位的职工子女在入学、招工中提供特殊政策，您认为这种行为道德吗 * 年龄 Crosstabulation

	18—29岁	30—39岁	40—49岁	50—59岁	60—65岁	总计
为本单位人员谋福利，符合道德	14.2%	14.7%	14.0%	11.0%	10.6%	12.9%
以权谋私，不道德	41.0%	41.7%	46.3%	49.1%	52.2%	46.0%
是对社会公众的不公平，严重不道德	26.2%	30.0%	26.0%	26.2%	26.5%	27.0%
符合本单位员工利益，但严重侵蚀社会道德	11.9%	7.2%	7.2%	7.0%	3.3%	7.4%
无所谓道德不道德	6.6%	6.3%	6.5%	6.8%	7.3%	6.7%
总计	100.0%	100.0%	100.0%	100.0%	100.0%	100.0%
列总计	873	836	934	977	735	4355

Chi-square test：df = 16，卡方值为71.982，sig = 0.000 < 0.05，所以不同年龄的居民对于“一些政府机关、企事业单位提供特殊政策的行为道德与否”的回答存在显著差异。

E13 by A1

如果您所在的单位有一项举措可以提高集体福利并使您个人得到利益，但会造成环境污染或社会公害，您会举报吗 * 年龄 Crosstabulation

	18—29岁	30—39岁	40—49岁	50—59岁	60—65岁	总计
会	71.0%	72.0%	75.9%	80.2%	80.2%	75.9%
不会	29.0%	28.0%	24.1%	19.8%	19.8%	24.1%
总计	100.0%	100.0%	100.0%	100.0%	100.0%	100.0%
列总计	873	832	933	972	732	4342

Chi-square test：df = 4，卡方值为35.674，sig = 0.000 < 0.05，所以不同年龄的居民对于“单位有一项举措可以提高集体福利，会造成环境污染，会举报与否”的回答存在显著差异。

E14 by A1

您认为您所工作的单位同事之间是何种关系 * 年龄 Crosstabulation

	18—29岁	30—39岁	40—49岁	50—59岁	60—65岁	总计
平等合作关系	70.9%	74.2%	73.5%	76.0%	72.6%	73.5%
利益竞争关系	19.2%	17.9%	16.4%	12.0%	11.8%	15.5%
彼此没有关系	7.2%	6.5%	8.6%	8.1%	9.2%	7.9%
其他	2.8%	1.4%	1.5%	3.9%	6.3%	3.1%
总计	100.0%	100.0%	100.0%	100.0%	100.0%	100.0%
列总计	866	833	928	965	726	4318

Chi-square test：df=12，卡方值为73.515，sig=0.000<0.05，所以不同年龄的居民对于“所工作的单位同事之间的关系”的回答存在显著差异。

E15 by A1

为了单位组织的利益，你的单位是否会默认员工做违背道德的事情 * 年龄 Crosstabulation

	18—29岁	30—39岁	40—49岁	50—59岁	60—65岁	总计
常常	2.9%	3.0%	2.9%	2.4%	4.1%	3.0%
较多	9.2%	8.1%	7.6%	7.6%	6.9%	7.9%
一般	27.6%	26.9%	26.1%	22.7%	23.8%	25.5%
较少	28.9%	24.4%	25.2%	22.5%	22.8%	24.8%
从来没有	31.4%	37.6%	38.1%	44.8%	42.4%	38.7%
总计	100.0%	100.0%	100.0%	100.0%	100.0%	100.0%
列总计	653	689	746	708	491	3287

Chi-square test：df=16，卡方值为33.928，sig=0.006<0.05，所以不同年龄的居民对于“为了单位组织的利益，你的单位是否会默认员工做违背道德的事情”的回答存在显著差异。

E16a by A1

您所工作的单位是否存在如下现象：给领导干部送礼讨好 * 年龄 Crosstabulation

	18—29岁	30—39岁	40—49岁	50—59岁	60—65岁	总计
未选中	60.5%	61.8%	60.9%	60.3%	63.5%	61.3%
选中	39.5%	38.2%	39.1%	39.7%	36.5%	38.7%
总计	100.0%	100.0%	100.0%	100.0%	100.0%	100.0%
列总计	854	823	918	949	712	4256

Chi-square test：df=4，卡方值为2.228，sig=0.694>0.05，所以不同年龄的居民对于“您所工作的单位是否存在如下现象：给领导干部送礼讨好”的回答不存在显著差异。

E16b by A1

您所工作的单位是否存在如下现象：背后互相告恶状 ＊ 年龄 Crosstabulation

	18—29 岁	30—39 岁	40—49 岁	50—59 岁	60—65 岁	总计
未选中	73.2%	66.3%	73.2%	76.4%	76.1%	73.1%
选中	26.8%	33.7%	26.8%	23.6%	23.9%	26.9%
总计	100.0%	100.0%	100.0%	100.0%	100.0%	100.0%
列总计	854	823	918	949	712	4256

Chi-square test：df = 4，卡方值为 27.654，sig = 0.000 < 0.05，所以不同年龄的居民对于“您所工作的单位是否存在如下现象：背后互相告恶状”的回答存在显著差异。

E16c by A1

您所工作的单位是否存在如下现象：拉帮结派 ＊ 年龄 Crosstabulation

	18—29 岁	30—39 岁	40—49 岁	50—59 岁	60—65 岁	总计
未选中	78.5%	77.0%	81.0%	79.7%	82.6%	79.7%
选中	21.5%	23.0%	19.0%	20.3%	17.4%	20.3%
总计	100.0%	100.0%	100.0%	100.0%	100.0%	100.0%
列总计	854	823	918	949	712	4256

Chi-square test：df = 4，卡方值为 9.120，sig = 0.058 > 0.05，所以不同年龄的居民对于“您所工作的单位是否存在如下现象：拉帮结派”的回答不存在显著差异。

E16d by A1

您所工作的单位是否存在如下现象：为谋私利找关系走后门 ＊ 年龄 Crosstabulation

	18—29 岁	30—39 岁	40—49 岁	50—59 岁	60—65 岁	总计
未选中	60.9%	60.6%	60.3%	58.6%	57.3%	59.6%
选中	39.1%	39.4%	39.7%	41.4%	42.7%	40.4%
总计	100.0%	100.0%	100.0%	100.0%	100.0%	100.0%
列总计	854	823	918	949	712	4256

Chi-square test：df = 4，卡方值为 3.131，sig = 0.536 > 0.05，所以不同年龄的居民对于“您所工作的单位是否存在如下现象：为谋私利找关系走后门”的回答不存在显著差异。

E16e by A1

您所工作的单位是否存在如下现象：奖惩制度不公平 ＊ 年龄 Crosstabulation

	18—29 岁	30—39 岁	40—49 岁	50—59 岁	60—65 岁	总计
未选中	82.2%	77.9%	80.7%	80.0%	85.1%	81.0%

续表

	18—29 岁	30—39 岁	40—49 岁	50—59 岁	60—65 岁	总计
选中	17.8%	22.1%	19.3%	20.0%	14.9%	19.0%
总计	100.0%	100.0%	100.0%	100.0%	100.0%	100.0%
列总计	854	823	918	949	712	4256

Chi-square test：df = 4，卡方值为 14.520，sig = 0.006 < 0.05，所以不同年龄的居民对于“您所工作的单位是否存在如下现象：奖惩制度不公平”的回答存在显著差异。

E16f by A1

您所工作的单位是否存在如下现象：领导干部滥用职权 ＊ 年龄 Crosstabulation

	18—29 岁	30—39 岁	40—49 岁	50—59 岁	60—65 岁	总计
未选中	75.6%	77.5%	73.1%	69.8%	73.0%	73.7%
选中	24.4%	22.5%	26.9%	30.2%	27.0%	26.3%
总计	100.0%	100.0%	100.0%	100.0%	100.0%	100.0%
列总计	854	823	918	949	712	4256

Chi-square test：df = 4，卡方值为 15.815，sig = 0.003 < 0.05，所以不同年龄的居民对于“您所工作的单位是否存在如下现象：领导干部滥用职权”的回答存在显著差异。

E16g by A1

您所工作的单位是否存在如下现象：都不存在 ＊ 年龄 Crosstabulation

	18—29 岁	30—39 岁	40—49 岁	50—59 岁	60—65 岁	总计
未选中	66.7%	66.5%	63.7%	62.7%	59.6%	63.9%
选中	33.3%	33.5%	36.3%	37.3%	40.4%	36.1%
总计	100.0%	100.0%	100.0%	100.0%	100.0%	100.0%
列总计	854	823	918	949	712	4256

Chi-square test：df = 4，卡方值为 11.790，sig = 0.019 < 0.05，所以不同年龄的居民对于“您所工作的单位是否存在如下现象：都不存在”的回答存在显著差异。

E17a by A1

下列关于企业履行社会责任的说法，您的同意程度是：只有国企才应该履行社会责任 ＊ 年龄 Crosstabulation

	18—29 岁	30—39 岁	40—49 岁	50—59 岁	60—65 岁	总计
完全同意	2.8%	1.8%	1.9%	2.8%	2.2%	2.3%
比较同意	13.6%	12.4%	16.1%	15.9%	18.0%	15.1%
不太同意	61.4%	60.1%	61.5%	62.9%	61.5%	61.5%
完全不同意	22.2%	25.6%	20.6%	18.3%	18.4%	21.1%

续表

	18—29 岁	30—39 岁	40—49 岁	50—59 岁	60—65 岁	总计
总计	100.0%	100.0%	100.0%	100.0%	100.0%	100.0%
列总计	863	823	908	916	696	4206

Chi-square test：df = 12，卡方值为 28.683，sig = 0.004 < 0.05，所以不同年龄的居民对于“只有国企才应该履行社会责任”的同意程度存在显著差异。

E17b by A1

下列关于企业履行社会责任的说法，您的同意程度是：只有大企业才应该履行社会责任 ＊ 年龄 Crosstabulation

	18—29 岁	30—39 岁	40—49 岁	50—59 岁	60—65 岁	总计
完全同意	2.0%	1.2%	2.7%	2.4%	2.4%	2.2%
比较同意	12.4%	13.1%	15.5%	16.2%	16.3%	14.7%
不太同意	61.4%	59.6%	60.8%	60.7%	62.2%	60.9%
完全不同意	24.3%	26.1%	20.9%	20.7%	19.1%	22.3%
总计	100.0%	100.0%	100.0%	100.0%	100.0%	100.0%
列总计	865	825	914	926	695	4225

Chi-square test：df = 12，卡方值为 25.262，sig = 0.014 < 0.05，所以不同年龄的居民对于“只有大企业才应该履行社会责任”的同意程度存在显著差异。

E17c by A1

下列关于企业履行社会责任的说法，您的同意程度是：只有盈利多的企业才需要履行社会责任 ＊ 年龄 Crosstabulation

	18—29 岁	30—39 岁	40—49 岁	50—59 岁	60—65 岁	总计
完全同意	2.4%	1.6%	2.6%	1.9%	3.1%	2.3%
比较同意	12.4%	12.7%	16.4%	18.1%	17.4%	15.4%
不太同意	57.3%	57.8%	56.9%	58.7%	59.3%	57.9%
完全不同意	27.9%	28.0%	24.0%	21.3%	20.2%	24.4%
总计	100.0%	100.0%	100.0%	100.0%	100.0%	100.0%
列总计	864	822	912	929	702	4229

Chi-square test：df = 12，卡方值为 38.764，sig = 0.000 < 0.05，所以不同年龄的居民对于“只有盈利多的企业才需要履行社会责任”的同意程度存在显著差异。

E17d by A1

下列关于企业履行社会责任的说法，您的同意程度是：污染类企业要履行更多的社会责任 ＊ 年龄 Crosstabulation

	18—29 岁	30—39 岁	40—49 岁	50—59 岁	60—65 岁	总计
完全同意	28.1%	27.0%	26.0%	24.3%	23.8%	25.9%
比较同意	44.5%	42.4%	44.7%	48.5%	50.4%	46.0%
不太同意	19.4%	21.1%	21.5%	19.3%	19.3%	20.1%
完全不同意	8.1%	9.5%	7.9%	8.0%	6.5%	8.0%
总计	100.0%	100.0%	100.0%	100.0%	100.0%	100.0%
列总计	866	825	913	939	710	4253

Chi-square test：df = 12，卡方值为 17.714，sig = 0.125 > 0.05，所以不同年龄的居民对于“污染类企业要履行更多的社会责任”的同意程度不存在显著差异。

E17e by A1

下列关于企业履行社会责任的说法，您的同意程度是：小企业只要管好自己就行了，不要履行社会责任 ＊ 年龄 Crosstabulation

	18—29 岁	30—39 岁	40—49 岁	50—59 岁	60—65 岁	总计
完全同意	2.0%	1.1%	1.0%	1.4%	1.0%	1.3%
比较同意	10.6%	10.7%	11.8%	10.5%	8.8%	10.6%
不太同意	56.6%	60.3%	61.2%	60.7%	64.5%	60.5%
完全不同意	30.8%	27.9%	26.0%	27.5%	25.8%	27.6%
总计	100.0%	100.0%	100.0%	100.0%	100.0%	100.0%
列总计	865	823	907	928	695	4218

Chi-square test：df = 12，卡方值为 16.659，sig = 0.163 > 0.05，所以不同年龄的居民对于“小企业只要管好自己就行了，不要履行社会责任”的同意程度不存在显著差异。

E18a by A1

您觉得下列哪类单位最讲道德 ＊ 年龄 Crosstabulation

	18—29 岁	30—39 岁	40—49 岁	50—59 岁	60—65 岁	总计
国有（控股）企业	22.8%	21.6%	18.9%	22.0%	25.4%	22.0%
民营企业	2.0%	2.4%	2.8%	1.5%	2.5%	2.2%
私营企业	1.8%	2.4%	2.3%	2.4%	0.8%	2.0%
外资企业	8.9%	11.5%	9.1%	8.7%	7.8%	9.2%
学校	40.4%	38.5%	35.9%	39.2%	37.6%	38.3%
医院	4.1%	2.1%	2.8%	2.7%	3.6%	3.0%

续表

	18—29 岁	30—39 岁	40—49 岁	50—59 岁	60—65 岁	总计
政府机关	17.8%	19.1%	24.6%	20.6%	20.8%	20.7%
民间组织	2.2%	2.5%	3.8%	2.9%	1.5%	2.6%
总计	100.0%	100.0%	100.0%	100.0%	100.0%	100.0%
列总计	732	719	800	804	606	3661

Chi-square test：df = 28，卡方值为 47.930，sig = 0.011 < 0.05，所以不同年龄的居民对于“觉得哪类单位最讲道德”的回答存在显著差异。

E18b by A1

您觉得下列哪类单位道德水平最差 * 年龄 Crosstabulation

	18—29 岁	30—39 岁	40—49 岁	50—59 岁	60—65 岁	总计
国有（控股）企业	3.3%	4.4%	3.5%	3.4%	2.5%	3.4%
民营企业	10.9%	12.7%	13.8%	12.9%	15.2%	13.0%
私营企业	38.4%	37.7%	34.9%	34.7%	39.6%	36.8%
外资企业	3.9%	3.9%	2.5%	3.0%	3.1%	3.3%
学校	2.2%	2.7%	2.9%	3.1%	2.9%	2.8%
医院	20.3%	22.4%	24.3%	22.3%	17.3%	21.6%
政府机关	8.4%	7.1%	8.8%	10.5%	8.8%	8.8%
民间组织	12.7%	9.1%	9.3%	10.1%	10.5%	10.3%
总计	100.0%	100.0%	100.0%	100.0%	100.0%	100.0%
列总计	644	637	724	704	513	3222

Chi-square test：df = 28，卡方值为 32.798，sig = 0.243 > 0.05，所以不同年龄的居民对于“觉得哪类单位道德水平最差”的回答不存在显著差异。

E19a by A1

关于学校的说法，您的同意程度是：学校越来越以营利为目的 * 年龄 Crosstabulation

	18—29 岁	30—39 岁	40—49 岁	50—59 岁	60—65 岁	总计
完全同意	13.9%	12.8%	12.1%	10.0%	10.1%	11.8%
比较同意	44.1%	45.2%	47.6%	45.0%	46.0%	45.6%
不太同意	35.0%	34.2%	33.9%	35.8%	38.4%	35.3%
完全不同意	7.0%	7.8%	6.4%	9.2%	5.5%	7.3%
总计	100.0%	100.0%	100.0%	100.0%	100.0%	100.0%
列总计	855	819	909	938	691	4212

Chi-square test：df = 12，卡方值为 21.314，sig = 0.046 < 0.05，所以不同年龄的居民对于“学校越来越以营利为目的”的同意程度存在显著差异。

E19b by A1

关于学校的说法，您的同意程度是：学校主要传授知识和技能，培养道德不重要 ＊ 年龄 Crosstabulation

	18—29 岁	30—39 岁	40—49 岁	50—59 岁	60—65 岁	总计
完全同意	1.2%	1.4%	0.8%	0.7%	0.6%	0.9%
比较同意	7.2%	7.4%	9.3%	8.2%	8.3%	8.1%
不太同意	53.0%	52.7%	55.6%	57.9%	58.5%	55.5%
完全不同意	38.6%	38.5%	34.3%	33.2%	32.7%	35.5%
总计	100.0%	100.0%	100.0%	100.0%	100.0%	100.0%
列总计	869	828	922	955	713	4287

Chi-square test：df = 12，卡方值为 19.776，sig = 0.071 > 0.05，所以不同年龄的居民对于“学校主要传授知识和技能，培养道德不重要”的同意程度不存在显著差异。

E19c by A1

关于学校的说法，您的同意程度是：学校升学率高比素质教育更重要 ＊ 年龄 Crosstabulation

	18—29 岁	30—39 岁	40—49 岁	50—59 岁	60—65 岁	总计
完全同意	2.4%	2.3%	1.1%	0.9%	2.0%	1.7%
比较同意	10.2%	9.3%	9.2%	9.6%	8.4%	9.4%
不太同意	52.2%	52.1%	54.2%	54.7%	55.5%	53.7%
完全不同意	35.1%	36.3%	35.5%	34.8%	34.1%	35.2%
总计	100.0%	100.0%	100.0%	100.0%	100.0%	100.0%
列总计	869	827	923	955	704	4278

Chi-square test：df = 12，卡方值为 13.464，sig = 0.336 > 0.05，所以不同年龄的居民对于“学校升学率高比素质教育更重要”的同意程度不存在显著差异。

E19d by A1

关于学校的说法，您的同意程度是：青少年儿童行为不端，主要是学校没教好 ＊ 年龄 Crosstabulation

	18—29 岁	30—39 岁	40—49 岁	50—59 岁	60—65 岁	总计
完全同意	1.6%	1.6%	1.1%	0.5%	1.7%	1.3%
比较同意	8.8%	10.1%	11.2%	10.1%	9.6%	10.0%
不太同意	60.7%	56.8%	56.2%	56.7%	60.5%	58.0%
完全不同意	28.9%	31.6%	31.6%	32.7%	28.3%	30.7%
总计	100.0%	100.0%	100.0%	100.0%	100.0%	100.0%
列总计	868	824	922	961	711	4286

Chi-square test：df = 12，卡方值为 16.468，sig = 0.171 > 0.05，所以不同年龄的居民对于“青少年儿童行为不端，主要是学校没教好”的同意程度不存在显著差异。

E19e by A1

关于学校的说法，您的同意程度是：要想孩子培养得好，就要多给老师送礼 ＊ 年龄 Crosstabulation

	18—29 岁	30—39 岁	40—49 岁	50—59 岁	60—65 岁	总计
完全同意	1.8%	2.2%	1.3%	0.5%	1.0%	1.4%
比较同意	6.7%	6.2%	5.3%	5.0%	4.6%	5.6%
不太同意	43.3%	40.8%	43.6%	46.2%	49.9%	44.6%
完全不同意	48.2%	50.8%	49.8%	48.3%	44.6%	48.4%
总计	100.0%	100.0%	100.0%	100.0%	100.0%	100.0%
列总计	867	823	920	959	718	4287

Chi-square test：df = 12，卡方值为 27.567，sig = 0.006 < 0.05，所以不同年龄的居民对于“要想孩子培养得好，就要多给老师送礼”的同意程度存在显著差异。

E20 by A1

您所在单位当员工或村民受到不应该的对待时，员工或村民有没有申诉的机会 ＊ 年龄 Crosstabulation

	18—29 岁	30—39 岁	40—49 岁	50—59 岁	60—65 岁	总计
有	77.3%	74.2%	78.4%	76.1%	78.2%	76.8%
没有	22.7%	25.8%	21.6%	23.9%	21.8%	23.2%
总计	100.0%	100.0%	100.0%	100.0%	100.0%	100.0%
列总计	490	423	464	552	385	2314

Chi-square test：df = 4，卡方值为 2.927，sig = 0.570 > 0.05，所以不同年龄的居民对于“当员工或村民受到不应该的对待时，员工或村民有没有申诉的机会”的回答不存在显著差异。

E21 by A1

您所在单位当员工或村民受到不应该的对待时，员工或村民有没有申诉的地方或渠道 ＊ 年龄 Crosstabulation

	18—29 岁	30—39 岁	40—49 岁	50—59 岁	60—65 岁	总计
有	78.2%	75.4%	79.1%	78.9%	78.6%	78.1%
没有	21.8%	24.6%	20.9%	21.1%	21.4%	21.9%
总计	100.0%	100.0%	100.0%	100.0%	100.0%	100.0%
列总计	482	402	444	531	374	2233

Chi-square test：df = 4，卡方值为 2.247，sig = 0.690 > 0.05，所以不同年龄的居民对于“当员工或村民受到不应该的对待时，员工或村民有没有申诉的地方或渠道”的回答不存在显著差异。

E22 by A1

您所在单位当员工或村民受到不应该的对待时，有没有人进行过申诉 ＊ 年龄 Crosstabulation

	18—29 岁	30—39 岁	40—49 岁	50—59 岁	60—65 岁	总计
全部会申诉	4.2%	2.2%	3.1%	1.7%	0.7%	2.5%
大部分会申诉	25.9%	25.9%	19.8%	16.9%	17.4%	21.2%
小部分会申诉	51.9%	49.5%	56.5%	59.7%	61.9%	55.8%
无人申诉	18.0%	22.4%	20.6%	21.8%	20.1%	20.5%
总计	100.0%	100.0%	100.0%	100.0%	100.0%	100.0%
列总计	401	317	354	409	299	1780

Chi-square test：df = 12，卡方值为 32.745，sig = 0.001 < 0.05，所以不同年龄的居民对于“当员工或村民受到不应该的对待时，有没有人进行过申诉”的回答存在显著差异。

E23 by A1

您所的单位在多大程度上认真对待员工或村民的申诉 ＊ 年龄 Crosstabulation

	18—29 岁	30—39 岁	40—49 岁	50—59 岁	60—65 岁	总计
完全不认真	4.8%	4.9%	5.9%	5.9%	10.6%	6.3%
不太认真	21.5%	19.1%	19.0%	21.6%	16.8%	19.8%
一般	40.4%	38.8%	38.0%	34.1%	39.3%	38.0%
比较认真	29.5%	31.4%	31.8%	33.4%	27.4%	30.9%
非常认真	3.8%	5.8%	5.3%	4.9%	5.9%	5.1%
总计	100.0%	100.0%	100.0%	100.0%	100.0%	100.0%
列总计	396	309	358	425	303	1791

Chi-square test：df = 16，卡方值为 21.352，sig = 0.165 > 0.05，所以不同年龄的居民对于“您所的单位在多大程度上认真对待员工或村民的申诉”的回答不存在显著差异。

E24 by A1

您所在单位是否有道德方面的教育或活动 ＊ 年龄 Crosstabulation

	18—29 岁	30—39 岁	40—49 岁	50—59 岁	60—65 岁	总计
有	10.0%	9.6%	9.7%	13.2%	11.2%	10.8%
没有	35.0%	34.7%	35.5%	36.6%	36.0%	35.6%
不知道	54.9%	55.8%	54.8%	50.2%	52.7%	53.6%
总计	100.0%	100.0%	100.0%	100.0%	100.0%	100.0%
列总计	856	816	924	968	730	4294

Chi-square test：df = 8，卡方值为 11.918，sig = 0.155 > 0.05，所以不同年龄的居民对于“您所在单位是否有道德方面的教育或活动”的回答不存在显著差异。

E25a by A1

对当地企业道德状况的满意度是 ＊ 年龄 Crosstabulation

	18—29 岁	30—39 岁	40—49 岁	50—59 岁	60—65 岁	总计
非常不满意	2.9%	2.3%	2.3%	2.6%	1.7%	2.4%
不太满意	26.6%	26.4%	27.5%	24.9%	22.5%	25.7%
比较满意	67.6%	68.2%	68.4%	70.0%	73.4%	69.4%
非常满意	2.9%	3.1%	1.9%	2.5%	2.4%	2.5%
总计	100.0%	100.0%	100.0%	100.0%	100.0%	100.0%
列总计	783	781	863	848	631	3906

Chi-square test：df = 12，卡方值为 11.592，sig = 0.479 > 0.05，所以不同年龄的居民对于“对当地企业道德状况的满意度是”的回答不存在显著差异。

E25b by A1

对当地医院道德状况的满意度是 ＊ 年龄 Crosstabulation

	18—29 岁	30—39 岁	40—49 岁	50—59 岁	60—65 岁	总计
非常不满意	3.3%	4.6%	4.0%	5.6%	4.0%	4.3%
不太满意	28.5%	29.6%	32.8%	25.4%	25.4%	28.4%
比较满意	63.8%	61.5%	59.1%	65.5%	66.6%	63.2%
非常满意	4.4%	4.3%	4.1%	3.5%	3.9%	4.0%
总计	100.0%	100.0%	100.0%	100.0%	100.0%	100.0%
列总计	827	813	916	949	692	4197

Chi-square test：df = 12，卡方值为 23.860，sig = 0.021 < 0.05，所以不同年龄的居民对于“对当地医院道德状况的满意度是”的回答存在显著差异。

E25c by A1

对当地政府道德状况的满意度是 ＊ 年龄 Crosstabulation

	18—29 岁	30—39 岁	40—49 岁	50—59 岁	60—65 岁	总计
非常不满意	3.3%	3.6%	4.2%	4.8%	4.6%	4.1%
不太满意	22.8%	27.1%	28.7%	24.3%	23.8%	25.4%
比较满意	68.7%	62.2%	61.7%	64.8%	66.3%	64.6%
非常满意	5.3%	7.1%	5.4%	6.1%	5.3%	5.9%
总计	100.0%	100.0%	100.0%	100.0%	100.0%	100.0%
列总计	795	785	891	937	694	4102

Chi-square test：df = 12，卡方值为 19.174，sig = 0.084 > 0.05，所以不同年龄的居民对于“对当地政府道德状况的满意度”的回答不存在显著差异。

E25d by A1

对当地学校的道德状况的满意度是 ＊ 年龄 Crosstabulation

	18—29 岁	30—39 岁	40—49 岁	50—59 岁	60—65 岁	总计
非常不满意	2.5%	2.9%	3.3%	2.6%	2.5%	2.8%
不太满意	18.5%	19.6%	22.4%	17.8%	17.4%	19.2%
比较满意	69.4%	67.0%	67.4%	71.0%	72.6%	69.4%
非常满意	9.7%	10.5%	6.9%	8.6%	7.5%	8.6%
总计	100.0%	100.0%	100.0%	100.0%	100.0%	100.0%
列总计	806	800	907	929	682	4124

Chi-square test：df = 12，卡方值为 19.534，sig = 0.076 > 0.05，所以不同年龄的居民对于“对当地学校的道德状况的满意度”的回答不存在显著差异。

E25e by A1

对当地的 NGO 组织（如红十字会等）道德状况的满意度是 ＊ 年龄 Crosstabulation

	18—29 岁	30—39 岁	40—49 岁	50—59 岁	60—65 岁	总计
非常不满意	2.1%	3.1%	1.3%	2.2%	1.9%	2.1%
不太满意	18.3%	18.7%	20.0%	18.0%	15.5%	18.3%
比较满意	69.8%	66.7%	67.5%	69.6%	73.5%	69.2%
非常满意	9.8%	11.5%	11.2%	10.3%	9.2%	10.5%
总计	100.0%	100.0%	100.0%	100.0%	100.0%	100.0%
列总计	580	573	615	556	426	2750

Chi-square test：df = 12，卡方值为 11.656，sig = 0.474 > 0.05，所以不同年龄的居民对于“对当地的 NGO 组织（如红十字会等）道德状况的满意度”的回答不存在显著差异。

F1a by A1

您认为以下行为是否关乎道德？随地吐痰 ＊ 年龄 Crosstabulation

	18—29 岁	30—39 岁	40—49 岁	50—59 岁	60—65 岁	总计
有关	96.0%	95.5%	91.1%	94.1%	91.4%	93.6%
无关	4.0%	4.5%	8.9%	5.9%	8.6%	6.4%
总计	100.0%	100.0%	100.0%	100.0%	100.0%	100.0%
列总计	871	836	932	975	734	4348

Chi-square test：df = 4，卡方值为 29.103，sig = 0.000 < 0.05，所以不同年龄的居民对于“随地吐痰是否关乎道德”的回答存在显著差异。

F1b by A1

您认为以下行为是否关乎道德？插队 ＊ 年龄 Crosstabulation

	18—29 岁	30—39 岁	40—49 岁	50—59 岁	60—65 岁	总计
有关	95.8%	95.0%	91.2%	94.9%	94.0%	94.1%
无关	4.2%	5.0%	8.8%	5.1%	6.0%	5.9%
总计	100.0%	100.0%	100.0%	100.0%	100.0%	100.0%
列总计	872	834	932	976	734	4348

Chi-square test：df = 4，卡方值为 22.714，sig = 0.000 < 0.05，所以不同年龄的居民对于“插队是否关乎道德”的回答存在显著差异。

F1c by A1

您认为以下行为是否关乎道德？公交或地铁上大声打电话 ＊ 年龄 Crosstabulation

	18—29 岁	30—39 岁	40—49 岁	50—59 岁	60—65 岁	总计
有关	93.8%	91.9%	87.4%	91.7%	89.2%	90.8%
无关	6.2%	8.1%	12.6%	8.3%	10.8%	9.2%
总计	100.0%	100.0%	100.0%	100.0%	100.0%	100.0%
列总计	872	835	930	973	734	4344

Chi-square test：df = 4，卡方值为 26.355，sig = 0.000 < 0.05，所以不同年龄的居民对于“公交或地铁上大声打电话是否关乎道德”的回答存在显著差异。

F1d by A1

您认为以下行为是否关乎道德？餐馆里说话声音很大 ＊ 年龄 Crosstabulation

	18—29 岁	30—39 岁	40—49 岁	50—59 岁	60—65 岁	总计
有关	93.9%	90.9%	86.1%	90.3%	88.9%	90.0%
无关	6.1%	9.1%	13.9%	9.7%	11.1%	10.0%
总计	100.0%	100.0%	100.0%	100.0%	100.0%	100.0%
列总计	873	836	932	973	733	4347

Chi-square test：df = 4，卡方值为 32.955，sig = 0.000 < 0.05，所以不同年龄的居民对于“餐馆里说话声音很大是否关乎道德”的回答存在显著差异。

F1e by A1

您认为以下行为是否关乎道德？在公共场所的椅子或沙发上躺着睡觉　*　年龄 Crosstabulation

	18—29 岁	30—39 岁	40—49 岁	50—59 岁	60—65 岁	总计
有关	92.2%	91.0%	88.0%	92.0%	92.6%	91.1%
无关	7.8%	9.0%	12.0%	8.0%	7.4%	8.9%
总计	100.0%	100.0%	100.0%	100.0%	100.0%	100.0%
列总计	872	836	933	973	734	4348

Chi-square test：df = 4，卡方值为 15.491，sig = 0.004 < 0.05，所以不同年龄的居民对于“在公共场所的椅子或沙发上躺着睡觉是否关乎道德”的回答存在显著差异。

F1f by A1

您本人是否做出过这些行为？随地吐痰　*　年龄 Crosstabulation

	18—29 岁	30—39 岁	40—49 岁	50—59 岁	60—65 岁	总计
经常做	1.3%	2.2%	3.4%	4.2%	5.6%	3.3%
偶尔做	29.4%	31.4%	34.3%	36.0%	36.5%	33.5%
从来不做	69.4%	66.5%	62.3%	59.8%	57.9%	63.2%
总计	100.0%	100.0%	100.0%	100.0%	100.0%	100.0%
列总计	862	829	924	973	729	4317

Chi-square test：df = 8，卡方值为 49.575，sig = 0.000 < 0.05，所以不同年龄的居民对于“是否有过随地吐痰的行为”的回答存在显著差异。

F1g by A1

您本人是否做出过这些行为？插队　*　年龄 Crosstabulation

	18—29 岁	30—39 岁	40—49 岁	50—59 岁	60—65 岁	总计
经常做	0.6%	1.2%	0.9%	0.8%	0.7%	0.8%
偶尔做	17.3%	18.4%	15.6%	13.3%	15.0%	15.8%
从来不做	82.2%	80.4%	83.5%	85.9%	84.4%	83.3%
总计	100.0%	100.0%	100.0%	100.0%	100.0%	100.0%
列总计	863	828	923	970	729	4313

Chi-square test：df = 8，卡方值为 12.861，sig = 0.117 > 0.05，所以不同年龄的居民对于“是否有过插队的行为”的回答不存在显著差异。

F1h by A1

您本人是否做出过这些行为？公交或地铁上大声打电话 ＊ 年龄 Crosstabulation

	18—29 岁	30—39 岁	40—49 岁	50—59 岁	60—65 岁	总计
经常做	1.0%	1.3%	0.9%	0.8%	1.7%	1.1%
偶尔做	18.2%	21.9%	21.7%	18.0%	15.6%	19.2%
从来不做	80.8%	76.8%	77.4%	81.1%	82.8%	79.7%
总计	100.0%	100.0%	100.0%	100.0%	100.0%	100.0%
列总计	864	826	925	970	725	4310

Chi-square test：df = 8，卡方值为 18.625，sig = 0.017 < 0.05，所以不同年龄的居民对于“是否有过公交或地铁上大声打电话的行为”的回答存在显著差异。

F1i by A1

您本人是否做出过这些行为？餐馆里说话声音很大 ＊ 年龄 Crosstabulation

	18—29 岁	30—39 岁	40—49 岁	50—59 岁	60—65 岁	总计
经常做	1.2%	1.5%	1.3%	1.1%	1.5%	1.3%
偶尔做	20.0%	20.7%	20.9%	20.1%	16.4%	19.8%
从来不做	78.8%	77.8%	77.8%	78.7%	82.1%	78.9%
总计	100.0%	100.0%	100.0%	100.0%	100.0%	100.0%
列总计	863	826	923	969	726	4307

Chi-square test：df = 8，卡方值为 7.203，sig = 0.515 > 0.05，所以不同年龄的居民对于“是否有过餐馆里说话声音很大的行为”的回答不存在显著差异。

F1j by A1

您本人是否做出过这些行为？在公共场所的椅子或沙发上躺着睡觉 ＊ 年龄 Crosstabulation

	18—29 岁	30—39 岁	40—49 岁	50—59 岁	60—65 岁	总计
经常做	1.2%	1.2%	0.8%	1.1%	0.7%	1.0%
偶尔做	10.4%	8.8%	9.5%	6.9%	5.9%	8.4%
从来不做	88.4%	90.0%	89.7%	92.0%	93.4%	90.6%
总计	100.0%	100.0%	100.0%	100.0%	100.0%	100.0%
列总计	863	828	924	972	731	4318

Chi-square test：df = 8，卡方值为 17.434，sig = 0.026 < 0.05，所以不同年龄的居民对于“是否有过在公共场所的椅子或沙发上躺着睡觉的行为”的回答存在显著差异。

F2 by A1

入夜后，很多中老年朋友在广场上伴着录音机的音乐跳舞，产生噪声。有人向政府或物管投诉，要求阻止。对这件事您怎么看 ＊ 年龄 Crosstabulation

	18—29 岁	30—39 岁	40—49 岁	50—59 岁	60—65 岁	总计
在广场上跳舞是居民的自由，不应干预	8.6%	8.2%	8.3%	8.8%	5.2%	7.9%
跳舞如果破坏了别人的清静，就应该停止	21.1%	26.1%	21.4%	16.9%	16.6%	20.4%
中老年人没地方活动，即便跳舞构成干扰，也应尽量容忍和理解	20.1%	20.4%	22.0%	20.0%	23.8%	21.2%
请跳舞者降低音量，大家相互妥协	49.5%	44.5%	47.9%	54.1%	54.0%	50.0%
其他（请说明）	0.7%	0.8%	0.3%	0.2%	0.4%	0.5%
总计	100.0%	100.0%	100.0%	100.0%	100.0%	100.0%
列总计	874	834	935	972	728	4343

Chi-square test：df = 16，卡方值为 54.171，sig = 0.000 < 0.05，所以不同年龄的居民对于“入夜后，很多中老年朋友在广场上伴着录音机的音乐跳舞，产生噪声。有人向政府或物管投诉，要求阻止。对这件事您怎么看”的回答存在显著差异。

F3a by A1

因个人认为自身受到不公正待遇而导致的社会泄愤事件，你对于下列回答的评价是：这是暴徒行为，无论何种情况下，都不应该采取暴力手段 ＊ 年龄 Crosstabulation

	18—29 岁	30—39 岁	40—49 岁	50—59 岁	60—65 岁	总计
完全同意	40.4%	39.5%	37.4%	35.1%	35.2%	37.5%
比较同意	48.3%	48.4%	52.8%	56.0%	56.0%	52.3%
不太同意	6.5%	6.3%	6.1%	5.2%	4.8%	5.8%
完全不同意	4.8%	5.8%	3.6%	3.7%	4.0%	4.4%
总计	100.0%	100.0%	100.0%	100.0%	100.0%	100.0%
列总计	867	830	932	963	722	4314

Chi-square test：df = 12，卡方值为 23.958，sig = 0.021 < 0.05，所以不同年龄的居民对于“社会泄愤行为是暴徒行为，无论何种情况下，都不应该采取暴力手段”的评价存在显著差异。

F3b by A1

因个人认为自身受到不公正待遇而导致的社会泄愤事件，你对于下列回答的评价是：其他社会成员在需要的时候没有及时给予帮助，因此我们每个人都有责任 * 年龄 Crosstabulation

	18—29 岁	30—39 岁	40—49 岁	50—59 岁	60—65 岁	总计
完全同意	16.3%	19.1%	16.3%	15.2%	14.8%	16.3%
比较同意	58.6%	53.1%	57.0%	57.9%	58.2%	57.0%
不太同意	22.3%	23.6%	23.5%	23.8%	23.2%	23.3%
完全不同意	2.9%	4.2%	3.2%	3.1%	3.8%	3.4%
总计	100.0%	100.0%	100.0%	100.0%	100.0%	100.0%
列总计	867	832	932	967	716	4314

Chi-square test：df = 12，卡方值为 12.064，sig = 0.441 > 0.05，所以不同年龄的居民对于“社会泄愤事件发生时其他社会成员在需要的时候没有及时给予帮助，因此我们每个人都有责任”的评价不存在显著差异。

F3c by A1

因个人认为自身受到不公正待遇而导致的社会泄愤事件，你对于下列回答的评价是：应该去报复那些给予他们不公待遇的人，而不是伤及无辜 * 年龄 Crosstabulation

	18—29 岁	30—39 岁	40—49 岁	50—59 岁	60—65 岁	总计
完全同意	11.4%	10.8%	8.9%	8.9%	9.4%	9.9%
比较同意	34.6%	28.4%	30.8%	38.2%	33.9%	33.3%
不太同意	38.9%	40.9%	44.6%	37.7%	42.1%	40.8%
完全不同意	15.1%	19.9%	15.7%	15.2%	14.6%	16.1%
总计	100.0%	100.0%	100.0%	100.0%	100.0%	100.0%
列总计	867	831	929	966	713	4306

Chi-square test：df = 12，卡方值为 36.033，sig = 0.000 < 0.05，所以不同年龄的居民对于“社会泄愤事件发生时泄愤者应该去报复那些给予他们不公待遇的人，而不是伤及无辜”的评价存在显著差异。

F3d by A1

因个人认为自身受到不公正待遇而导致的社会泄愤事件，你对于下列回答的评价是：受到不公平待遇，应该充分相信政府，积极寻求相关部门的帮助 * 年龄 Crosstabulation

	18—29 岁	30—39 岁	40—49 岁	50—59 岁	60—65 岁	总计
完全同意	22.8%	24.8%	24.3%	26.0%	25.0%	24.6%

续表

	18—29 岁	30—39 岁	40—49 岁	50—59 岁	60—65 岁	总计
比较同意	66.2%	61.8%	63.4%	62.5%	63.8%	63.5%
不太同意	9.2%	11.6%	10.4%	10.0%	9.9%	10.2%
完全不同意	1.7%	1.8%	1.8%	1.6%	1.3%	1.7%
总计	100.0%	100.0%	100.0%	100.0%	100.0%	100.0%
列总计	858	830	929	963	719	4299

Chi-square test：df = 12，卡方值为 7.039，sig = 0.855 > 0.05，所以不同年龄的居民对于“社会泄愤事件发生时泄愤者受到不公平待遇，应该充分相信政府，积极寻求相关部门的帮助”的评价不存在显著差异。

F4 by A1

总的来说，您认为当今的社会公不公平 * 年龄 Crosstabulation

	18—29 岁	30—39 岁	40—49 岁	50—59 岁	60—65 岁	总计
完全不公平	6.2%	5.0%	4.2%	5.2%	4.0%	4.9%
比较不公平	30.6%	28.8%	28.5%	29.5%	30.5%	29.5%
说不上公平但也不能说不公平	35.0%	36.9%	40.2%	36.0%	32.0%	36.2%
比较公平	26.9%	27.8%	25.8%	28.1%	32.6%	28.1%
非常公平	1.3%	1.5%	1.2%	1.2%	0.8%	1.2%
总计	100.0%	100.0%	100.0%	100.0%	100.0%	100.0%
列总计	859	823	925	964	718	4289

Chi-square test：df = 16，卡方值为 22.558，sig = 0.126 > 0.05，所以不同年龄的居民对于“当今的社会公不公平”的回答不存在显著差异。

F5 by A1

和前几年相比，您认为目前我国社会的分配不公、两极分化现象 * 年龄 Crosstabulation

	18—29 岁	30—39 岁	40—49 岁	50—59 岁	60—65 岁	总计
有较大改善	30.6%	31.6%	28.3%	30.7%	32.8%	30.7%
没什么变化	44.0%	44.8%	47.1%	42.4%	41.5%	44.1%
更加恶化	25.4%	23.6%	24.7%	26.9%	25.7%	25.3%
总计	100.0%	100.0%	100.0%	100.0%	100.0%	100.0%
列总计	804	792	888	927	682	4093

Chi-square test：df = 8，卡方值为 8.434，sig = 0.392 > 0.05，所以不同年龄的居民对于“和前几年相比，目前我国社会的分配不公、两极分化现象的状况”的回答不存在显著差异。

F6 by A1

您认为目前我国社会成员之间的收入差距 ＊ 年龄 Crosstabulation

	18—29 岁	30—39 岁	40—49 岁	50—59 岁	60—65 岁	总计
合理，可以接受	14.5%	14.1%	12.0%	13.0%	14.5%	13.5%
不合理，但可以接受	60.1%	57.0%	56.7%	53.4%	53.2%	56.1%
不合理，不能接受	25.5%	28.9%	31.2%	33.5%	32.4%	30.3%
总计	100.0%	100.0%	100.0%	100.0%	100.0%	100.0%
列总计	829	802	897	928	692	4148

Chi-square test：df = 8，卡方值为 18.826，sig = 0.016 < 0.05，所以不同年龄的居民对于“目前我国社会成员之间的收入差距”的回答存在显著差异。

F7a by A1

请问您是否同意当前的社会是人人为自己 ＊ 年龄 Crosstabulation

	18—29 岁	30—39 岁	40—49 岁	50—59 岁	60—65 岁	总计
完全同意	15.9%	16.1%	13.0%	15.8%	14.1%	15.0%
比较同意	59.7%	56.9%	59.5%	56.1%	58.4%	58.1%
不太同意	22.2%	23.3%	25.8%	26.4%	25.3%	24.6%
完全不同意	2.3%	3.7%	1.7%	1.8%	2.2%	2.3%
总计	100.0%	100.0%	100.0%	100.0%	100.0%	100.0%
列总计	870	828	928	970	731	4327

Chi-square test：df = 12，卡方值为 20.430，sig = 0.059 > 0.05，所以不同年龄的居民对于“是否同意当前的社会是人人为自己”的回答不存在显著差异。

F7b by A1

请问您是否同意现在社会的大多数人是见利忘义的 ＊ 年龄 Crosstabulation

	18—29 岁	30—39 岁	40—49 岁	50—59 岁	60—65 岁	总计
完全同意	11.7%	13.1%	9.7%	12.5%	9.1%	11.3%
比较同意	48.0%	47.3%	46.4%	47.8%	48.3%	47.5%
不太同意	37.2%	35.2%	40.4%	36.8%	38.4%	37.6%
完全不同意	3.1%	4.4%	3.6%	2.9%	4.1%	3.6%
总计	100.0%	100.0%	100.0%	100.0%	100.0%	100.0%
列总计	866	826	929	967	726	4314

Chi-square test：df = 12，卡方值为 16.641，sig = 0.164 > 0.05，所以不同年龄的居民对于“是否同意现在社会的大多数人是见利忘义的”的回答不存在显著差异。

F7c by A1

请问您是否同意现在社会是一个物欲横流的社会 * 年龄 Crosstabulation

	18—29 岁	30—39 岁	40—49 岁	50—59 岁	60—65 岁	总计
完全同意	16. 1%	16. 9%	11. 9%	13. 2%	14. 0%	14. 4%
比较同意	50. 9%	46. 7%	48. 9%	49. 9%	47. 3%	48. 8%
不太同意	29. 2%	33. 1%	34. 9%	33. 3%	34. 9%	33. 0%
完全不同意	3. 8%	3. 3%	4. 4%	3. 6%	3. 9%	3. 8%
总计	100. 0%	100. 0%	100. 0%	100. 0%	100. 0%	100. 0%
列总计	864	821	918	947	700	4250

Chi-square test：df = 12，卡方值为 19. 639，sig = 0. 074 > 0. 05，所以不同年龄的居民对于“是否同意现在社会是一个物欲横流的社会”的回答不存在显著差异。

F7d by A1

请问您是否同意当前大多数人都是以集体利益为重 * 年龄 Crosstabulation

	18—29 岁	30—39 岁	40—49 岁	50—59 岁	60—65 岁	总计
完全同意	4. 7%	5. 5%	6. 1%	5. 4%	4. 6%	5. 3%
比较同意	33. 3%	39. 1%	36. 2%	37. 6%	37. 2%	36. 6%
不太同意	56. 5%	50. 2%	51. 6%	50. 8%	54. 6%	52. 6%
完全不同意	5. 6%	5. 3%	6. 1%	6. 2%	3. 6%	5. 4%
总计	100. 0%	100. 0%	100. 0%	100. 0%	100. 0%	100. 0%
列总计	860	819	919	956	718	4272

Chi-square test：df = 12，卡方值为 17. 692，sig = 0. 125 > 0. 05，所以不同年龄的居民对于“是否同意当前大多数人都是以集体利益为重”的回答不存在显著差异。

F7e by A1

请问您是否同意当前大多数人都是家庭利益至上 * 年龄 Crosstabulation

	18—29 岁	30—39 岁	40—49 岁	50—59 岁	60—65 岁	总计
完全同意	16. 1%	16. 8%	16. 5%	19. 7%	16. 7%	17. 2%
比较同意	63. 5%	62. 4%	65. 0%	59. 8%	64. 8%	63. 0%
不太同意	19. 2%	17. 5%	16. 4%	18. 5%	15. 8%	17. 5%
完全不同意	1. 3%	3. 3%	2. 2%	2. 0%	2. 7%	2. 3%
总计	100. 0%	100. 0%	100. 0%	100. 0%	100. 0%	100. 0%
列总计	866	821	929	965	730	4311

Chi-square test：df = 12，卡方值为 19. 958，sig = 0. 068 > 0. 05，所以不同年龄的居民对于“是否同意当前大多数人都是家庭利益至上”的回答不存在显著差异。

F7f by A1

请问您是否同意当前的社会是个金钱至上的社会 * 年龄 Crosstabulation

	18—29 岁	30—39 岁	40—49 岁	50—59 岁	60—65 岁	总计
完全同意	19.0%	19.6%	20.1%	20.9%	19.2%	19.8%
比较同意	52.2%	50.4%	50.2%	51.2%	52.1%	51.2%
不太同意	26.4%	27.4%	26.5%	24.6%	25.3%	26.0%
完全不同意	2.4%	2.5%	3.1%	3.2%	3.4%	2.9%
总计	100.0%	100.0%	100.0%	100.0%	100.0%	100.0%
列总计	868	827	924	966	728	4313

Chi-square test：df = 12，卡方值为 5.463，sig = 0.941 >0.05，所以不同年龄的居民对于“是否同意当前的社会是个金钱至上的社会”的回答不存在显著差异。

F7g by A1

请问您是否同意现在社会守道德的人大都吃亏，不守道德的人占便宜 * 年龄 Crosstabulation

	18—29 岁	30—39 岁	40—49 岁	50—59 岁	60—65 岁	总计
完全同意	9.9%	9.8%	8.7%	8.8%	7.5%	9.0%
比较同意	38.6%	43.6%	44.1%	45.7%	45.0%	43.4%
不太同意	46.6%	40.9%	41.7%	41.1%	43.1%	42.6%
完全不同意	4.9%	5.8%	5.4%	4.5%	4.4%	5.0%
总计	100.0%	100.0%	100.0%	100.0%	100.0%	100.0%
列总计	850	815	918	957	720	4260

Chi-square test：df = 12，卡方值为 16.218，sig = 0.181 >0.05，所以不同年龄的居民对于“是否同意现在社会守道德的人大都吃亏，不守道德的人占便宜”的回答不存在显著差异。

F7h by A1

请问您是否同意现在社会中好人有好报，恶人终归会受到惩罚 * 年龄 Crosstabulation

	18—29 岁	30—39 岁	40—49 岁	50—59 岁	60—65 岁	总计
完全同意	16.2%	17.3%	18.2%	18.0%	18.5%	17.6%
比较同意	51.5%	48.1%	54.6%	58.1%	59.4%	54.3%
不太同意	27.9%	30.7%	23.8%	20.8%	19.3%	24.5%
完全不同意	4.4%	4.0%	3.4%	3.1%	2.7%	3.5%

续表

	18—29 岁	30—39 岁	40—49 岁	50—59 岁	60—65 岁	总计
总计	100.0%	100.0%	100.0%	100.0%	100.0%	100.0%
列总计	857	822	923	966	729	4297

Chi-square test：df = 12，卡方值为 49.372，sig = 0.000 < 0.05，所以不同年龄的居民对于“是否同意现在社会中好人有好报，恶人终归会受到惩罚”的回答存在显著差异。

F7i by A1

请问您是否同意人们的生活水平越高，就越幸福 * 年龄 Crosstabulation

	18—29 岁	30—39 岁	40—49 岁	50—59 岁	60—65 岁	总计
完全同意	15.2%	18.0%	18.9%	20.5%	22.0%	18.9%
比较同意	47.6%	50.2%	51.3%	53.4%	52.7%	51.1%
不太同意	33.5%	28.3%	26.9%	23.7%	24.0%	27.3%
完全不同意	3.7%	3.5%	2.9%	2.4%	1.2%	2.8%
总计	100.0%	100.0%	100.0%	100.0%	100.0%	100.0%
列总计	868	830	931	974	732	4335

Chi-square test：df = 12，卡方值为 46.634，sig = 0.000 < 0.05，所以不同年龄的居民对于“是否同意人们的生活水平越高，就越幸福”的回答存在显著差异。

F7j by A1

请问您是否同意我们的社会中道德能够很好地约束人们的行为 * 年龄 Crosstabulation

	18—29 岁	30—39 岁	40—49 岁	50—59 岁	60—65 岁	总计
完全同意	10.4%	13.5%	10.0%	11.6%	10.4%	11.2%
比较同意	49.6%	53.5%	55.7%	54.0%	56.9%	53.9%
不太同意	35.7%	30.4%	31.1%	32.2%	30.5%	32.1%
完全不同意	4.3%	2.6%	3.1%	2.2%	2.2%	2.9%
总计	100.0%	100.0%	100.0%	100.0%	100.0%	100.0%
列总计	865	822	922	947	712	4268

Chi-square test：df = 12，卡方值为 24.807，sig = 0.016 < 0.05，所以不同年龄的居民对于“是否同意我们的社会中道德能够很好地约束人们的行为”的回答存在显著差异。

F7k by A1

请问您是否同意现有的规范和习俗能够很好地调节人与人的关系 * 年龄 Crosstabulation

	18—29 岁	30—39 岁	40—49 岁	50—59 岁	60—65 岁	总计
完全同意	8.4%	11.3%	8.1%	8.6%	9.0%	9.0%
比较同意	54.7%	54.4%	56.9%	53.8%	59.8%	55.8%
不太同意	33.7%	30.7%	29.9%	35.0%	28.7%	31.7%
完全不同意	3.1%	3.5%	5.1%	2.6%	2.5%	3.4%
总计	100.0%	100.0%	100.0%	100.0%	100.0%	100.0%
列总计	864	821	916	944	712	4257

Chi-square test：df = 12，卡方值为 28.467，sig = 0.005 < 0.05，所以不同年龄的居民对于“是否同意现有的规范和习俗能够很好地调节人与人的关系”的回答存在显著差异。

F7l by A1

请问您是否同意现在社会大多数人都有荣辱感 * 年龄 Crosstabulation

	18—29 岁	30—39 岁	40—49 岁	50—59 岁	60—65 岁	总计
完全同意	7.3%	7.2%	7.1%	5.9%	5.6%	6.6%
比较同意	56.7%	52.9%	55.7%	56.9%	60.3%	56.4%
不太同意	31.7%	36.1%	31.9%	33.8%	30.1%	32.8%
完全不同意	4.2%	3.8%	5.3%	3.4%	4.0%	4.2%
总计	100.0%	100.0%	100.0%	100.0%	100.0%	100.0%
列总计	848	819	911	935	700	4213

Chi-square test：df = 12，卡方值为 16.479，sig = 0.170 > 0.05，所以不同年龄的居民对于“是否同意现在社会大多数人都有荣辱感”的回答不存在显著差异。

F8 by A1

您听说过或参加过道德讲堂吗 * 年龄 Crosstabulation

	18—29 岁	30—39 岁	40—49 岁	50—59 岁	60—65 岁	总计
参加过	9.3%	6.8%	7.4%	7.4%	5.6%	7.3%
听说过，但没参加过	48.9%	49.3%	42.9%	40.4%	36.4%	43.7%
没听说过	41.8%	43.9%	49.7%	52.2%	58.0%	49.0%
总计	100.0%	100.0%	100.0%	100.0%	100.0%	100.0%
列总计	875	836	935	978	736	4360

Chi-square test：df = 8，卡方值为 58.841，sig = 0.000 < 0.05，所以不同年龄的居民对于“是否听说过或参加过道德讲堂”的回答存在显著差异。

F9 by A1

如果您参加过道德讲堂，您觉得开展这样的活动有意义吗 ＊ 年龄 Crosstabulation

	18—29 岁	30—39 岁	40—49 岁	50—59 岁	60—65 岁	总计
很有意义	86.4%	100.0%	92.6%	98.6%	97.4%	94.3%
可有可无	12.3%		5.9%	1.4%	2.6%	5.1%
没有必要	1.2%		1.5%			0.6%
总计	100.0%	100.0%	100.0%	100.0%	100.0%	100.0%
列总计	81	56	68	71	38	314

Chi-square test：df = 8，卡方值为 16.809，sig = 0.032 < 0.05，所以不同年龄的居民对于“道德讲堂这样的活动是否有意义”的回答存在显著差异。

F10 by A1

您对您生活的地方（您所在的社区）社会公德状况满意吗 ＊ 年龄 Crosstabulation

	18—29 岁	30—39 岁	40—49 岁	50—59 岁	60—65 岁	总计
非常满意	7.1%	5.8%	6.1%	7.1%	7.6%	6.7%
比较满意	69.4%	72.0%	76.0%	76.8%	76.1%	74.1%
不太满意	21.6%	19.9%	16.7%	14.9%	15.1%	17.7%
非常不满意	1.9%	2.4%	1.2%	1.2%	1.2%	1.6%
总计	100.0%	100.0%	100.0%	100.0%	100.0%	100.0%
列总计	843	800	867	918	681	4109

Chi-square test：df = 12，卡方值为 30.257，sig = 0.003 < 0.05，所以不同年龄的居民对于“生活的地方（您所在的社区）社会公德状况满意的程度”的回答存在显著差异。

F11a by A1

当前社会坑蒙拐骗现象的严重程度如何 ＊ 年龄 Crosstabulation

	18—29 岁	30—39 岁	40—49 岁	50—59 岁	60—65 岁	总计
非常不严重	7.1%	5.7%	6.8%	6.7%	7.8%	6.8%
比较不严重	39.8%	40.9%	40.0%	40.1%	42.4%	40.6%
比较严重	38.1%	39.1%	42.2%	40.4%	38.9%	39.8%
非常严重	15.0%	14.4%	11.1%	12.8%	10.9%	12.8%
总计	100.0%	100.0%	100.0%	100.0%	100.0%	100.0%

续表

	18—29 岁	30—39 岁	40—49 岁	50—59 岁	60—65 岁	总计
列总计	854	829	930	966	728	4307

Chi-square test：df = 12，卡方值为 15.092，sig = 0.236 > 0.05，所以不同年龄的居民对于“当前社会坑蒙拐骗现象的严重程度”的回答不存在显著差异。

F11b by A1

当前社会人际关系冷漠，见危不救的严重程度如何 * 年龄 Crosstabulation

	18—29 岁	30—39 岁	40—49 岁	50—59 岁	60—65 岁	总计
非常不严重	4.3%	3.9%	5.2%	5.3%	4.8%	4.7%
比较不严重	38.0%	40.4%	43.2%	47.2%	50.8%	43.8%
比较严重	47.3%	46.3%	41.8%	40.4%	36.9%	42.6%
非常严重	10.4%	9.4%	9.8%	7.2%	7.5%	8.9%
总计	100.0%	100.0%	100.0%	100.0%	100.0%	100.0%
列总计	865	829	928	969	724	4315

Chi-square test：df = 12，卡方值为 44.228，sig = 0.000 < 0.05，所以不同年龄的居民对于“当前社会人际关系冷漠，见危不救的严重程度”的回答存在显著差异。

F11c by A1

当前社会诚信缺乏，不讲信用的严重程度如何 * 年龄 Crosstabulation

	18—29 岁	30—39 岁	40—49 岁	50—59 岁	60—65 岁	总计
非常不严重	4.7%	5.5%	4.4%	4.8%	4.5%	4.8%
比较不严重	37.1%	39.2%	44.0%	45.0%	46.2%	42.3%
比较严重	47.2%	43.9%	40.8%	41.6%	41.7%	43.0%
非常严重	11.0%	11.4%	10.7%	8.5%	7.7%	9.9%
总计	100.0%	100.0%	100.0%	100.0%	100.0%	100.0%
列总计	865	830	931	973	732	4331

Chi-square test：df = 12，卡方值为 28.475，sig = 0.005 < 0.05，所以不同年龄的居民对于“当前社会诚信缺乏，不讲信用的严重程度”的回答存在显著差异。

F11d by A1

当前社会人与人之间缺乏信任，社会安全度低的严重程度如何 * 年龄 Crosstabulation

	18—29 岁	30—39 岁	40—49 岁	50—59 岁	60—65 岁	总计
非常不严重	5.1%	4.0%	4.2%	4.8%	4.7%	4.5%

续表

	18—29 岁	30—39 岁	40—49 岁	50—59 岁	60—65 岁	总计
比较不严重	31.3%	31.0%	35.1%	38.1%	38.0%	34.7%
比较严重	49.5%	51.1%	47.8%	45.9%	45.5%	48.0%
非常严重	14.1%	13.9%	12.8%	11.3%	11.8%	12.8%
总计	100.0%	100.0%	100.0%	100.0%	100.0%	100.0%
列总计	864	829	928	967	729	4317

Chi-square test：df = 12，卡方值为 21.413，sig = 0.045 < 0.05，所以不同年龄的居民对于“当前社会人与人之间缺乏信任，社会安全度低的严重程度”的回答存在显著差异。

F11e by A1

当前社会缺乏公德，如公共场所大声喧哗、随地吐痰等的严重程度如何 * 年龄 Crosstabulation

	18—29 岁	30—39 岁	40—49 岁	50—59 岁	60—65 岁	总计
非常不严重	4.5%	5.8%	3.6%	6.0%	4.8%	4.9%
比较不严重	46.4%	49.0%	53.5%	53.0%	57.3%	51.8%
比较严重	39.3%	35.3%	36.3%	33.7%	32.9%	35.6%
非常严重	9.8%	9.9%	6.5%	7.2%	4.9%	7.7%
总计	100.0%	100.0%	100.0%	100.0%	100.0%	100.0%
列总计	865	829	932	969	729	4324

Chi-square test：df = 12，卡方值为 43.414，sig = 0.000 < 0.05，所以不同年龄的居民对于“当前社会缺乏公德，如公共场所大声喧哗、随地吐痰等的严重程度”的回答存在显著差异。

F11f by A1

当前社会自私自利，损人利已的严重程度如何 * 年龄 Crosstabulation

	18—29 岁	30—39 岁	40—49 岁	50—59 岁	60—65 岁	总计
非常不严重	5.5%	4.7%	6.0%	5.4%	5.5%	5.4%
比较不严重	40.3%	46.0%	44.7%	48.1%	46.8%	45.2%
比较严重	44.6%	40.4%	42.7%	38.4%	40.3%	41.3%
非常严重	9.6%	8.9%	6.6%	8.1%	7.4%	8.1%
总计	100.0%	100.0%	100.0%	100.0%	100.0%	100.0%
列总计	854	831	924	968	730	4307

Chi-square test：df = 12，卡方值为 19.395，sig = 0.079 > 0.05，所以不同年龄的居民对于“当前社会自私自利，损人利己的严重程度”的回答不存在显著差异。

F11g by A1

当前社会缺乏公正心和正义感的严重程度如何 ＊ 年龄 Crosstabulation

	18—29 岁	30—39 岁	40—49 岁	50—59 岁	60—65 岁	总计
非常不严重	5.0%	4.7%	5.0%	6.1%	5.0%	5.2%
比较不严重	40.1%	41.0%	44.0%	46.0%	47.6%	43.7%
比较严重	45.1%	42.6%	41.0%	39.0%	37.2%	41.0%
非常严重	9.8%	11.7%	10.0%	8.9%	10.1%	10.1%
总计	100.0%	100.0%	100.0%	100.0%	100.0%	100.0%
列总计	863	831	924	967	720	4305

Chi-square test：df = 12，卡方值为 20.812，sig = 0.053 > 0.05，所以不同年龄的居民对于“当前社会缺乏公正心和正义感的严重程度”的回答不存在显著差异。

F11h by A1

当前社会私欲膨胀，物欲横流的严重程度如何 ＊ 年龄 Crosstabulation

	18—29 岁	30—39 岁	40—49 岁	50—59 岁	60—65 岁	总计
非常不严重	4.7%	3.8%	3.4%	4.7%	4.7%	4.2%
比较不严重	34.7%	37.8%	37.4%	42.1%	42.8%	38.9%
比较严重	46.3%	44.9%	45.2%	43.2%	40.5%	44.2%
非常严重	14.3%	13.5%	14.0%	9.9%	12.0%	12.7%
总计	100.0%	100.0%	100.0%	100.0%	100.0%	100.0%
列总计	855	821	912	955	701	4244

Chi-square test：df = 12，卡方值为 25.904，sig = 0.011 < 0.05，所以不同年龄的居民对于“当前社会私欲膨胀，物欲横流的严重程度”的回答存在显著差异。

F11i by A1

当前社会缺乏羞耻感的严重程度如何 ＊ 年龄 Crosstabulation

	18—29 岁	30—39 岁	40—49 岁	50—59 岁	60—65 岁	总计
非常不严重	5.6%	6.3%	6.2%	4.9%	5.2%	5.6%
比较不严重	46.8%	45.7%	50.4%	52.5%	55.6%	50.1%
比较严重	39.1%	39.1%	34.6%	34.3%	34.4%	36.3%
非常严重	8.5%	8.9%	8.8%	8.3%	4.9%	8.0%
总计	100.0%	100.0%	100.0%	100.0%	100.0%	100.0%
列总计	852	821	922	956	716	4267

Chi-square test：df = 12，卡方值为 29.445，sig = 0.003 < 0.05，所以不同年龄的居民对于“当前社会缺乏羞耻感的严重程度”的回答存在显著差异。

F11j by A1

当前社会干部贪污受贿，以权谋利的严重程度如何 ＊ 年龄 Crosstabulation

	18—29 岁	30—39 岁	40—49 岁	50—59 岁	60—65 岁	总计
非常不严重	2.3%	2.9%	1.9%	2.9%	3.5%	2.7%
比较不严重	32.1%	31.8%	33.4%	33.5%	33.0%	32.8%
比较严重	46.9%	46.8%	46.9%	43.0%	47.6%	46.1%
非常严重	18.7%	18.5%	17.8%	20.6%	15.9%	18.4%
总计	100.0%	100.0%	100.0%	100.0%	100.0%	100.0%
列总计	817	801	901	919	687	4125

Chi-square test：df = 12，卡方值为 12.769，sig = 0.386 > 0.05，所以不同年龄的居民对于“当前社会干部贪污受贿，以权谋利的严重程度”的回答不存在显著差异。

F11k by A1

当前社会生活奢侈，铺张浪费的严重程度如何 ＊ 年龄 Crosstabulation

	18—29 岁	30—39 岁	40—49 岁	50—59 岁	60—65 岁	总计
非常不严重	3.3%	4.1%	3.6%	3.6%	4.2%	3.8%
比较不严重	41.1%	40.5%	41.8%	42.1%	42.8%	41.6%
比较严重	41.1%	41.5%	40.7%	39.6%	39.4%	40.5%
非常严重	14.5%	13.9%	13.8%	14.7%	13.6%	14.1%
总计	100.0%	100.0%	100.0%	100.0%	100.0%	100.0%
列总计	842	820	906	946	706	4220

Chi-square test：df = 12，卡方值为 3.086，sig = 0.995 > 0.05，所以不同年龄的居民对于“当前社会生活奢侈，铺张浪费的严重程度”的回答不存在显著差异。

F11l by A1

当前社会干部不作为，扯皮推诿的严重程度如何 ＊ 年龄 Crosstabulation

	18—29 岁	30—39 岁	40—49 岁	50—59 岁	60—65 岁	总计
非常不严重	3.0%	3.1%	2.6%	3.5%	2.9%	3.0%
比较不严重	29.8%	28.5%	31.2%	32.2%	31.0%	30.6%
比较严重	45.9%	48.4%	47.4%	43.8%	47.5%	46.5%
非常严重	21.3%	20.0%	18.9%	20.5%	18.7%	19.9%
总计	100.0%	100.0%	100.0%	100.0%	100.0%	100.0%
列总计	811	800	895	925	691	4122

Chi-square test：df = 12，卡方值为 7.942，sig = 0.790 > 0.05，所以不同年龄的居民对于“当前社会干部不作为，扯皮推诿的严重程度”的回答不存在显著差异。

F12a by A1

您怎么看待周围那些经营企业或做生意发了财的人：他们自己有本事，应该发财 * 年龄 Crosstabulation

	18—29 岁	30—39 岁	40—49 岁	50—59 岁	60—65 岁	总计
未选中	23.7%	22.8%	23.7%	23.1%	22.2%	23.1%
选中	76.3%	77.2%	76.3%	76.9%	77.8%	76.9%
总计	100.0%	100.0%	100.0%	100.0%	100.0%	100.0%
列总计	873	835	933	975	733	4349

Chi-square test：df = 4，卡方值为 0.725，sig = 0.948 > 0.05，所以不同年龄的居民对于“您怎么看待周围那些经营企业或做生意发了财的人：他们自己有本事，应该发财”的回答不存在显著差异。

F12b by A1

您怎么看待周围那些经营企业或做生意发了财的人：尊重他们，他们为社会做了贡献 * 年龄 Crosstabulation

	18—29 岁	30—39 岁	40—49 岁	50—59 岁	60—65 岁	总计
未选中	46.8%	41.7%	45.3%	50.9%	51.3%	47.2%
选中	53.2%	58.3%	54.7%	49.1%	48.7%	52.8%
总计	100.0%	100.0%	100.0%	100.0%	100.0%	100.0%
列总计	873	835	933	975	733	4349

Chi-square test：df = 4，卡方值为 21.773，sig = 0.000 < 0.05，所以不同年龄的居民对于“您怎么看待周围那些经营企业或做生意发了财的人：尊重他们，他们为社会做了贡献”的回答存在显著差异。

F12c by A1

您怎么看待周围那些经营企业或做生意发了财的人：没什么了不起，他们常用不正当手段发财 * 年龄 Crosstabulation

	18—29 岁	30—39 岁	40—49 岁	50—59 岁	60—65 岁	总计
未选中	95.3%	92.8%	93.7%	94.4%	93.7%	94.0%
选中	4.7%	7.2%	6.3%	5.6%	6.3%	6.0%
总计	100.0%	100.0%	100.0%	100.0%	100.0%	100.0%
列总计	873	835	933	975	733	4349

Chi-square test：df = 4，卡方值为 5.205，sig = 0.267 > 0.05，所以不同年龄的居民对于“您怎么看待周围那些经营企业或做生意发了财的人：没什么了不起，他们常用不正当手段发财”的回答不存在显著差异。

F12d by A1

您怎么看待周围那些经营企业或做生意发了财的人：是土豪，没文化，没教养 ＊ 年龄 Crosstabulation

	18—29 岁	30—39 岁	40—49 岁	50—59 岁	60—65 岁	总计
未选中	90.8%	93.9%	93.0%	93.3%	92.1%	92.7%
选中	9.2%	6.1%	7.0%	6.7%	7.9%	7.3%
总计	100.0%	100.0%	100.0%	100.0%	100.0%	100.0%
列总计	873	835	933	975	733	4349

Chi-square test：df = 4，卡方值为 7.333，sig = 0.119 > 0.05，所以不同年龄的居民对于“您怎么看待周围那些经营企业或做生意发了财的人：是土豪，没文化，没教养”的回答不存在显著差异。

F12e by A1

您怎么看待周围那些经营企业或做生意发了财的人：是他们运气好 ＊ 年龄 Crosstabulation

	18—29 岁	30—39 岁	40—49 岁	50—59 岁	60—65 岁	总计
未选中	82.5%	78.9%	82.2%	81.1%	82.7%	81.5%
选中	17.5%	21.1%	17.8%	18.9%	17.3%	18.5%
总计	100.0%	100.0%	100.0%	100.0%	100.0%	100.0%
列总计	873	835	933	975	733	4349

Chi-square test：df = 4，卡方值为 5.289，sig = 0.259 > 0.05，所以不同年龄的居民对于“您怎么看待周围那些经营企业或做生意发了财的人：是他们运气好”的回答不存在显著差异。

F12f by A1

您怎么看待周围那些经营企业或做生意发了财的人：有钱没钱，这都是命 ＊ 年龄 Crosstabulation

	18—29 岁	30—39 岁	40—49 岁	50—59 岁	60—65 岁	总计
未选中	85.0%	83.1%	82.5%	81.4%	83.8%	83.1%
选中	15.0%	16.9%	17.5%	18.6%	16.2%	16.9%
总计	100.0%	100.0%	100.0%	100.0%	100.0%	100.0%
列总计	873	835	933	975	733	4349

Chi-square test：df = 4，卡方值为 4.600，sig = 0.331 > 0.05，所以不同年龄的居民对于“您怎么看待周围那些经营企业或做生意发了财的人：有钱没钱，这都是命”的回答不存在显著差异。

F12g by A1

您怎么看待周围那些经营企业或做生意发了财的人：天道不公，希望他们明天就破产 ＊ 年龄 Crosstabulation

	18—29岁	30—39岁	40—49岁	50—59岁	60—65岁	总计
未选中	99.5%	98.7%	99.6%	98.4%	99.0%	99.0%
选中	0.5%	1.3%	0.4%	1.6%	1.0%	1.0%
总计	100.0%	100.0%	100.0%	100.0%	100.0%	100.0%
列总计	873	835	933	975	733	4349

Chi-square test：df = 4，卡方值为 10.894，sig = 0.028 < 0.05，所以不同年龄的居民对于“您怎么看待周围那些经营企业或做生意发了财的人：天道不公，希望他们明天就破产”的回答存在显著差异。

F13a by A1

企业损害社会利益，如污染环境、以虚假广告误导公众等严重程度如何 ＊ 年龄 Crosstabulation

	18—29岁	30—39岁	40—49岁	50—59岁	60—65岁	总计
非常不严重	3.4%	2.7%	2.0%	2.1%	2.9%	2.6%
比较不严重	37.2%	36.4%	37.6%	38.0%	41.8%	38.0%
比较严重	42.4%	43.9%	44.6%	46.1%	42.5%	44.0%
非常严重	16.9%	17.1%	15.8%	13.9%	12.8%	15.3%
总计	100.0%	100.0%	100.0%	100.0%	100.0%	100.0%
列总计	827	814	894	909	680	4124

Chi-square test：df = 12，卡方值为 16.698，sig = 0.161 > 0.05，所以不同年龄的居民对于“企业损害社会利益，如污染环境、以虚假广告误导公众等严重程度”的回答不存在显著差异。

F13b by A1

娱乐界以丑闻、绯闻炒作，污染社会风气严重程度如何 ＊ 年龄 Crosstabulation

	18—29岁	30—39岁	40—49岁	50—59岁	60—65岁	总计
非常不严重	1.7%	1.6%	1.4%	1.3%	1.4%	1.5%
比较不严重	22.1%	20.5%	22.3%	22.9%	24.9%	22.4%
比较严重	56.5%	59.5%	57.6%	58.8%	54.3%	57.5%
非常严重	19.7%	18.4%	18.8%	17.0%	19.4%	18.6%
总计	100.0%	100.0%	100.0%	100.0%	100.0%	100.0%
列总计	841	797	853	799	562	3852

Chi-square test：df = 12，卡方值为 7.520，sig = 0.821 > 0.05，所以不同年龄的居民对于“娱乐界以丑闻、绯闻炒作，污染社会风气严重程度”的回答不存在显著差异。

F13c by A1

媒体缺乏社会责任，炒作新闻严重程度如何 ＊ 年龄 Crosstabulation

	18—29 岁	30—39 岁	40—49 岁	50—59 岁	60—65 岁	总计
非常不严重	1.3%	1.5%	1.2%	2.5%	1.8%	1.6%
比较不严重	21.1%	21.2%	23.9%	26.7%	28.7%	24.0%
比较严重	55.4%	55.8%	49.4%	50.9%	46.8%	52.0%
非常严重	22.3%	21.6%	25.5%	19.9%	22.7%	22.4%
总计	100.0%	100.0%	100.0%	100.0%	100.0%	100.0%
列总计	840	798	854	805	568	3865

Chi-square test：df = 12，卡方值为 33.203，sig = 0.001 < 0.05，所以不同年龄的居民对于“媒体缺乏社会责任，炒作新闻严重程度”的回答存在显著差异。

F13d by A1

社会财富分配不公，贫富悬殊过大严重程度如何 ＊ 年龄 Crosstabulation

	18—29 岁	30—39 岁	40—49 岁	50—59 岁	60—65 岁	总计
非常不严重	1.6%	1.6%	0.8%	0.7%	1.4%	1.2%
比较不严重	19.1%	21.3%	17.3%	18.4%	19.5%	19.1%
比较严重	48.2%	44.2%	45.9%	47.3%	46.2%	46.4%
非常严重	31.1%	32.9%	36.0%	33.6%	32.9%	33.4%
总计	100.0%	100.0%	100.0%	100.0%	100.0%	100.0%
列总计	853	826	923	952	706	4260

Chi-square test：df = 12，卡方值为 14.803，sig = 0.252 > 0.05，所以不同年龄的居民对于“社会财富分配不公，贫富悬殊过大严重程度”的回答不存在显著差异。

F13e by A1

教师不尽职严重程度如何 ＊ 年龄 Crosstabulation

	18—29 岁	30—39 岁	40—49 岁	50—59 岁	60—65 岁	总计
非常不严重	7.6%	8.6%	8.3%	8.2%	9.4%	8.4%
比较不严重	58.1%	52.8%	53.2%	57.1%	57.4%	55.7%
比较严重	24.8%	29.3%	29.2%	25.8%	27.0%	27.2%
非常严重	9.5%	9.2%	9.3%	9.0%	6.2%	8.7%
总计	100.0%	100.0%	100.0%	100.0%	100.0%	100.0%
列总计	855	825	926	957	714	4277

Chi-square test：df = 12，卡方值为 17.151，sig = 0.144 > 0.05，所以不同年龄的居民对于“教师不尽职严重程度”的回答不存在显著差异。

F13f by A1

医生不守职业道德严重程度如何 * 年龄 Crosstabulation

	18—29 岁	30—39 岁	40—49 岁	50—59 岁	60—65 岁	总计
非常不严重	6.4%	7.8%	6.9%	8.2%	10.4%	7.8%
比较不严重	54.0%	48.1%	49.2%	52.9%	51.7%	51.2%
比较严重	29.4%	34.8%	33.2%	29.7%	30.4%	31.5%
非常严重	10.2%	9.3%	10.7%	9.2%	7.5%	9.5%
总计	100.0%	100.0%	100.0%	100.0%	100.0%	100.0%
列总计	854	825	927	964	723	4293

Chi-square test：df = 12，卡方值为 24.612，sig = 0.017 < 0.05，所以不同年龄的居民对于“医生不守职业道德严重程度”的回答存在显著差异。

F13g by A1

公众人物用知名度攫取财富严重程度如何 * 年龄 Crosstabulation

	18—29 岁	30—39 岁	40—49 岁	50—59 岁	60—65 岁	总计
非常不严重	3.2%	2.4%	3.0%	3.0%	3.8%	3.0%
比较不严重	31.7%	32.7%	34.2%	37.9%	37.7%	34.7%
比较严重	45.8%	44.4%	41.3%	41.9%	40.3%	42.8%
非常严重	19.4%	20.5%	21.6%	17.1%	18.3%	19.4%
总计	100.0%	100.0%	100.0%	100.0%	100.0%	100.0%
列总计	821	791	846	828	586	3872

Chi-square test：df = 12，卡方值为 18.109，sig = 0.112 > 0.05，所以不同年龄的居民对于“公众人物用知名度攫取财富严重程度”的回答不存在显著差异。

F13h by A1

两性关系过度开放导致婚姻不稳定严重程度如何 * 年龄 Crosstabulation

	18—29 岁	30—39 岁	40—49 岁	50—59 岁	60—65 岁	总计
非常不严重	2.8%	2.2%	2.2%	2.1%	3.0%	2.5%
比较不严重	37.9%	38.9%	40.2%	36.5%	42.9%	39.1%
比较严重	44.5%	44.2%	40.1%	47.1%	40.0%	43.3%
非常严重	14.8%	14.8%	17.4%	14.2%	14.1%	15.1%
总计	100.0%	100.0%	100.0%	100.0%	100.0%	100.0%
列总计	831	813	890	887	658	4079

Chi-square test：df = 12，卡方值为 17.764，sig = 0.123 > 0.05，所以不同年龄的居民对于“两性关系过度开放导致婚姻不稳定严重程度”的回答不存在显著差异。

F13i by A1

年轻人缺乏责任感，不孝敬父母严重程度如何 * 年龄 Crosstabulation

	18—29岁	30—39岁	40—49岁	50—59岁	60—65岁	总计
非常不严重	5.4%	8.4%	5.9%	4.9%	5.8%	6.0%
比较不严重	48.1%	48.7%	54.2%	54.3%	57.2%	52.4%
比较严重	36.2%	31.9%	29.5%	32.1%	28.1%	31.6%
非常严重	10.4%	11.0%	10.4%	8.8%	9.0%	9.9%
总计	100.0%	100.0%	100.0%	100.0%	100.0%	100.0%
列总计	849	825	913	947	712	4246

Chi-square test：df=12，卡方值为32.793，sig=0.001<0.05，所以不同年龄的居民对于“年轻人缺乏责任感，不孝敬父母严重程度”的回答存在显著差异。

F14 by A1

您是否知道您生活的社区（村）有社区公约、村规民约 * 年龄 Crosstabulation

	18—29岁	30—39岁	40—49岁	50—59岁	60—65岁	总计
知道有	41.9%	47.6%	48.9%	55.3%	58.2%	50.3%
知道没有	8.9%	9.6%	9.2%	7.7%	9.1%	8.9%
不知道有没有	49.1%	42.8%	41.8%	36.9%	32.7%	40.8%
总计	100.0%	100.0%	100.0%	100.0%	100.0%	100.0%
列总计	873	832	932	972	734	4343

Chi-square test：df=8，卡方值为61.170，sig=0.000<0.05，所以不同年龄的居民对于“是否知道其生活的社区（村）有社区公约、村规民约”的回答存在显著差异。

F15a by A1

您周围的人在日常生活中遵守步行、骑车不闯红灯的规则吗 * 年龄 Crosstabulation

	18—29岁	30—39岁	40—49岁	50—59岁	60—65岁	总计
不遵守	9.4%	6.8%	8.7%	7.4%	6.0%	7.7%
基本遵守	65.5%	66.7%	67.3%	69.6%	70.5%	67.9%
自觉遵守	25.1%	26.4%	24.0%	23.0%	23.5%	24.4%
总计	100.0%	100.0%	100.0%	100.0%	100.0%	100.0%
列总计	875	836	936	977	736	4360

Chi-square test：df=8，卡方值为12.872，sig=0.116>0.05，所以不同年龄的居民对于“周围的人在日常生活中是否遵守步行、骑车不闯红灯的规则”的回答不存在显著差异。

F15b by A1

您周围的人在日常生活中遵守乘车、购物自觉排队的规则吗 ＊ 年龄 Crosstabulation

	18—29 岁	30—39 岁	40—49 岁	50—59 岁	60—65 岁	总计
不遵守	4.1%	3.8%	4.1%	3.7%	2.9%	3.7%
基本遵守	69.7%	69.3%	73.5%	72.0%	73.9%	71.7%
自觉遵守	26.2%	26.9%	22.4%	24.4%	23.2%	24.6%
总计	100.0%	100.0%	100.0%	100.0%	100.0%	100.0%
列总计	875	836	936	977	736	4360

Chi-square test：df = 8，卡方值为 9.329，sig = 0.315 > 0.05，所以不同年龄的居民对于“周围的人在日常生活中是否遵守乘车、购物自觉排队的规则”的回答不存在显著差异。

F15c by A1

您周围的人在日常生活中遵守文明游览的规则吗 ＊ 年龄 Crosstabulation

	18—29 岁	30—39 岁	40—49 岁	50—59 岁	60—65 岁	总计
不遵守	5.5%	3.5%	2.8%	3.6%	3.7%	3.8%
基本遵守	71.3%	71.5%	78.0%	75.4%	75.2%	74.4%
自觉遵守	23.2%	25.0%	19.2%	21.0%	21.1%	21.8%
总计	100.0%	100.0%	100.0%	100.0%	100.0%	100.0%
列总计	876	836	936	977	731	4356

Chi-square test：df = 8，卡方值为 21.330，sig = 0.006 < 0.05，所以不同年龄的居民对于“周围的人在日常生活中是否遵守文明游览的规则”的回答存在显著差异。

F15d by A1

您周围的人在日常生活中遵守社区公约、村规民约的规则吗 ＊ 年龄 Crosstabulation

	18—29 岁	30—39 岁	40—49 岁	50—59 岁	60—65 岁	总计
不遵守	4.7%	4.0%	2.6%	3.4%	2.7%	3.5%
基本遵守	73.8%	73.8%	78.4%	76.1%	77.3%	75.9%
自觉遵守	21.5%	22.2%	19.0%	20.5%	20.0%	20.6%
总计	100.0%	100.0%	100.0%	100.0%	100.0%	100.0%
列总计	873	829	931	972	731	4336

Chi-square test：df = 8，卡方值为 12.303，sig = 0.138 > 0.05，所以不同年龄的居民对于“周围的人在日常生活中是否遵守社区公约、村规民约的规则”的回答不存在显著差异。

F16a by A1

您对下列关于网络的说法是否赞同：网络是个虚拟空间，不受现实生活中的道德规范约束 ＊ 年龄 Crosstabulation

	18—29 岁	30—39 岁	40—49 岁	50—59 岁	60—65 岁	总计
非常不赞同	39.8%	36.5%	32.8%	30.8%	31.6%	34.3%
不太赞同	48.4%	49.1%	50.9%	53.1%	53.2%	50.9%
比较赞同	9.2%	12.4%	13.1%	13.4%	11.9%	12.0%
非常赞同	2.5%	2.0%	3.2%	2.7%	3.3%	2.8%
总计	100.0%	100.0%	100.0%	100.0%	100.0%	100.0%
列总计	876	833	924	949	705	4287

Chi-square test：df = 12，卡方值为 29.012，sig = 0.004 < 0.05，所以不同年龄的居民对于“网络是个虚拟空间，不受现实生活中的道德规范约束”的回答存在显著差异。

F16b by A1

您对下列关于网络的说法是否赞同：人肉搜索侵犯个人隐私，应该杜绝 ＊ 年龄 Crosstabulation

	18—29 岁	30—39 岁	40—49 岁	50—59 岁	60—65 岁	总计
非常不赞同	4.0%	3.7%	3.1%	3.0%	2.7%	3.3%
不太赞同	13.1%	11.8%	10.9%	9.6%	7.5%	10.7%
比较赞同	56.8%	58.1%	63.0%	66.1%	67.1%	62.1%
非常赞同	26.1%	26.4%	22.9%	21.3%	22.6%	23.8%
总计	100.0%	100.0%	100.0%	100.0%	100.0%	100.0%
列总计	875	832	925	948	702	4282

Chi-square test：df = 12，卡方值为 35.368，sig = 0.000 < 0.05，所以不同年龄的居民对于“人肉搜索侵犯个人隐私，应该杜绝”的回答存在显著差异。

F16c by A1

您对下列关于网络的说法是否赞同：明知网络谣言仍转发的，应该受到惩罚 ＊ 年龄 Crosstabulation

	18—29 岁	30—39 岁	40—49 岁	50—59 岁	60—65 岁	总计
非常不赞同	2.5%	2.4%	2.8%	1.4%	2.3%	2.3%
不太赞同	9.5%	8.2%	6.3%	8.9%	5.3%	7.7%
比较赞同	54.9%	58.9%	61.3%	63.2%	67.5%	61.0%
非常赞同	33.1%	30.6%	29.6%	26.6%	24.9%	29.1%
总计	100.0%	100.0%	100.0%	100.0%	100.0%	100.0%
列总计	876	834	930	958	711	4309

Chi-square test：df = 12，卡方值为 41.303，sig = 0.000 < 0.05，所以不同年龄的居民对于“明知网络谣言仍转发的，应该受到惩罚”的回答存在显著差异。

F17 by A1

假如您走在街上被陌生人不小心踩到并发出“哎哟”一声后，您认为对方会做何种反应 ＊ 年龄 Crosstabulation

	18—29 岁	30—39 岁	40—49 岁	50—59 岁	60—65 岁	总计
用言语或手势表达歉意	83.5%	82.4%	80.9%	84.5%	87.0%	83.5%
不会有任何表示	11.5%	12.9%	14.3%	11.5%	10.2%	12.2%
反而说你大惊小怪	5.0%	4.7%	4.8%	4.0%	2.7%	4.3%
总计	100.0%	100.0%	100.0%	100.0%	100.0%	100.0%
列总计	841	806	896	932	694	4169

Chi-square test：df = 8，卡方值为 14.407，sig = 0.072 > 0.05，所以不同年龄的居民对于“假如您走在街上被陌生人不小心踩到并发出‘哎哟’一声后，您认为对方会做何种反应”的回答不存在显著差异。

F18 by A1

您觉得您周围大多数人工作生活的精神状态怎么样 ＊ 年龄 Crosstabulation

	18—29 岁	30—39 岁	40—49 岁	50—59 岁	60—65 岁	总计
精神饱满、积极向上	42.4%	47.7%	47.1%	47.2%	52.0%	47.1%
安于现状、按部就班	55.5%	49.7%	51.1%	50.9%	46.6%	50.9%
精神萎靡、无所事事	2.1%	2.6%	1.8%	1.8%	1.4%	2.0%
总计	100.0%	100.0%	100.0%	100.0%	100.0%	100.0%
列总计	875	835	934	976	736	4356

Chi-square test：df = 8，卡方值为 18.095，sig = 0.021 < 0.05，所以不同年龄的居民对于“周围大多数人工作生活的精神状态”的回答存在显著差异。

F19a by A1

这些现象在您身边常见吗？占卜算命 ＊ 年龄 Crosstabulation

	18—29 岁	30—39 岁	40—49 岁	50—59 岁	60—65 岁	总计
经常见到	10.6%	9.4%	8.2%	9.3%	7.3%	9.0%
偶尔见到	50.1%	50.2%	50.3%	50.1%	50.5%	50.2%
没见到	39.3%	40.4%	41.5%	40.6%	42.2%	40.7%
总计	100.0%	100.0%	100.0%	100.0%	100.0%	100.0%
列总计	876	834	936	978	735	4359

Chi-square test：df = 8，卡方值为 6.600，sig = 0.580 > 0.05，所以不同年龄的居民对于“占卜算命现象在身边是否常见”的回答不存在显著差异。

F19b by A1

这些现象在您身边常见吗？操办喜事比富斗阔 ＊ 年龄 Crosstabulation

	18—29 岁	30—39 岁	40—49 岁	50—59 岁	60—65 岁	总计
经常见到	13.1%	13.0%	15.2%	13.6%	12.1%	13.5%
偶尔见到	41.8%	42.9%	39.7%	44.3%	45.0%	42.7%
没见到	45.0%	44.0%	45.1%	42.1%	42.9%	43.8%
总计	100.0%	100.0%	100.0%	100.0%	100.0%	100.0%
列总计	875	836	934	977	736	4358

Chi-square test：df = 8，卡方值为 8.363，sig = 0.339 > 0.05，所以不同年龄的居民对于“操办喜事比富斗阔现象在身边是否常见”的回答不存在显著差异。

F19c by A1

这些现象在您身边常见吗？在父母生前不尽孝却对父母的丧事大操大办 ＊ 年龄 Crosstabulation

	18—29 岁	30—39 岁	40—49 岁	50—59 岁	60—65 岁	总计
经常见到	10.0%	9.5%	10.3%	9.9%	6.5%	9.4%
偶尔见到	38.4%	41.8%	40.5%	43.6%	45.2%	41.8%
没见到	51.6%	48.7%	49.3%	46.5%	48.3%	48.9%
总计	100.0%	100.0%	100.0%	100.0%	100.0%	100.0%
列总计	876	835	934	978	735	4358

Chi-square test：df = 8，卡方值为 16.019，sig = 0.042 < 0.05，所以不同年龄的居民对于“在父母生前不尽孝却对父母的丧事大操大办现象在身边是否常见”的回答存在显著差异。

F19d by A1

这些现象在您身边常见吗？赌博或变相赌博 ＊ 年龄 Crosstabulation

	18—29 岁	30—39 岁	40—49 岁	50—59 岁	60—65 岁	总计
经常见到	14.0%	13.7%	16.0%	16.5%	17.4%	15.5%
偶尔见到	49.9%	45.4%	47.9%	49.7%	46.9%	48.0%
没见到	36.1%	41.0%	36.2%	33.8%	35.7%	36.5%
总计	100.0%	100.0%	100.0%	100.0%	100.0%	100.0%
列总计	876	835	934	976	736	4357

Chi-square test：df = 8，卡方值为 14.773，sig = 0.064 > 0.05，所以不同年龄的居民对于“赌博或变相赌博现象在身边是否常见”的回答不存在显著差异。

F19e by A1

这些现象在您身边常见吗？封建迷信活动 * 年龄 Crosstabulation

	18—29 岁	30—39 岁	40—49 岁	50—59 岁	60—65 岁	总计
经常见到	6.5%	5.5%	6.0%	5.8%	6.3%	6.0%
偶尔见到	31.8%	31.2%	32.5%	34.7%	33.2%	32.7%
没见到	61.6%	63.3%	61.5%	59.5%	60.6%	61.3%
总计	100.0%	100.0%	100.0%	100.0%	100.0%	100.0%
列总计	876	833	935	977	736	4357

Chi-square test：df = 8，卡方值为 3.955，sig = 0.861 > 0.05，所以不同年龄的居民对于“封建迷信活动现象在身边是否常见”的回答不存在显著差异。

F19f by A1

这些现象在您身边常见吗？非法宗教活动 * 年龄 Crosstabulation

	18—29 岁	30—39 岁	40—49 岁	50—59 岁	60—65 岁	总计
经常见到	1.9%	1.3%	1.6%	0.8%	1.2%	1.4%
偶尔见到	11.9%	14.8%	11.3%	8.8%	10.1%	11.3%
没见到	86.2%	83.9%	87.1%	90.4%	88.7%	87.3%
总计	100.0%	100.0%	100.0%	100.0%	100.0%	100.0%
列总计	876	833	935	976	735	4355

Chi-square test：df = 8，卡方值为 22.575，sig = 0.004 < 0.05，所以不同年龄的居民对于“非法宗教活动现象在身边是否常见”的回答存在显著差异。

F20 by A1

您认为目前我国社会中道德和幸福的现实关系是 * 年龄 Crosstabulation

	18—29 岁	30—39 岁	40—49 岁	50—59 岁	60—65 岁	总计
总体上道德和幸福能够一致，能惩恶扬善	74.9%	68.6%	69.3%	73.2%	77.3%	72.5%
有道德讲伦理的人大都吃亏，不守道德的人更能讨便宜	19.7%	25.1%	26.2%	20.1%	18.0%	22.0%
道德与幸福没有关系，能挣钱有发展无论怎样行动都行	5.4%	6.3%	4.5%	6.7%	4.7%	5.5%
总计	100.0%	100.0%	100.0%	100.0%	100.0%	100.0%
列总计	837	796	871	914	677	4095

Chi-square test：df = 8，卡方值为 30.033，sig = 0.000 < 0.05，所以不同年龄的居民对于“目前我国社会中道德和幸福的现实关系”的回答存在显著差异。

F21a by A1

您在所在单位，有没有一种亲切和踏实的感觉 ＊ 年龄 Crosstabulation

	18—29 岁	30—39 岁	40—49 岁	50—59 岁	60—65 岁	总计
有	28. 5%	35. 2%	27. 8%	30. 1%	27. 2%	29. 8%
还可以	60. 4%	55. 8%	63. 2%	61. 3%	60. 9%	60. 4%
没有	11. 1%	9. 0%	9. 0%	8. 6%	11. 9%	9. 8%
总计	100. 0%	100. 0%	100. 0%	100. 0%	100. 0%	100. 0%
列总计	873	832	934	974	723	4336

Chi-square test：df = 8，卡方值为 23. 045，sig = 0. 003 < 0. 05，所以不同年龄的居民对于“在所在单位，有没有一种亲切和踏实的感觉”的回答存在显著差异。

F21b by A1

您在所在社区/村，有没有一种亲切和踏实的感觉 ＊ 年龄 Crosstabulation

	18—29 岁	30—39 岁	40—49 岁	50—59 岁	60—65 岁	总计
有	29. 4%	30. 7%	30. 1%	32. 1%	32. 1%	30. 8%
还可以	62. 3%	63. 3%	63. 5%	62. 9%	62. 6%	62. 9%
没有	8. 3%	6. 0%	6. 4%	5. 0%	5. 3%	6. 2%
总计	100. 0%	100. 0%	100. 0%	100. 0%	100. 0%	100. 0%
列总计	875	834	934	976	735	4354

Chi-square test：df = 8，卡方值为 11. 497，sig = 0. 175 > 0. 05，所以不同年龄的居民对于“在所在社区/村，有没有一种亲切和踏实的感觉”的回答不存在显著差异。

F21c by A1

您在所在城市，有没有一种亲切和踏实的感觉 ＊ 年龄 Crosstabulation

	18—29 岁	30—39 岁	40—49 岁	50—59 岁	60—65 岁	总计
有	27. 9%	30. 1%	28. 6%	30. 1%	28. 6%	29. 1%
还可以	62. 9%	62. 8%	64. 5%	63. 3%	63. 4%	63. 4%
没有	9. 2%	7. 1%	7. 0%	6. 6%	8. 0%	7. 5%
总计	100. 0%	100. 0%	100. 0%	100. 0%	100. 0%	100. 0%
列总计	873	833	934	974	734	4348

Chi-square test：df = 8，卡方值为 6. 588，sig = 0. 582 > 0. 05，所以不同年龄的居民对于“在所在城市，有没有一种亲切和踏实的感觉”的回答不存在显著差异。

F22 by A1

您认为您目前的状况是 * 年龄 Crosstabulation

	18—29 岁	30—39 岁	40—49 岁	50—59 岁	60—65 岁	总计
生活富裕，但不感到幸福和快乐	3.2%	2.5%	2.2%	1.3%	1.4%	2.1%
生活富裕，幸福也快乐	9.3%	11.6%	10.5%	9.0%	9.7%	10.0%
生活小康，幸福且快乐	60.3%	59.6%	54.5%	56.2%	55.4%	57.2%
生活小康，但不感到幸福和快乐	8.8%	8.3%	6.0%	5.3%	4.4%	6.6%
生活清贫，幸福且快乐	15.4%	15.3%	22.9%	23.3%	26.0%	20.6%
生活贫困，既不幸福也不快乐	3.0%	2.8%	4.0%	4.8%	3.1%	3.6%
总计	100.0%	100.0%	100.0%	100.0%	100.0%	100.0%
列总计	875	836	936	977	734	4358

Chi-square test：df = 20，卡方值为 83.330，sig = 0.000 < 0.05，所以不同年龄的居民对于“自己目前状况”的回答存在显著差异。

F23 by A1

最近这些年，您的生活水平对幸福感的影响是怎样的 * 年龄 Crosstabulation

	18—29 岁	30—39 岁	40—49 岁	50—59 岁	60—65 岁	总计
生活水平提高了，但幸福感和快乐感降低了	12.1%	9.0%	7.6%	5.9%	4.9%	7.9%
生活水平提高了，幸福感和快乐感提高了	61.3%	62.3%	59.4%	63.9%	64.2%	62.1%
生活水平没变，幸福感和快乐感提高了	18.4%	21.6%	26.5%	22.2%	23.7%	22.5%
生活水平没变，幸福感和快乐感降低了	6.4%	5.5%	4.1%	4.6%	4.5%	5.0%
生活水平下降，但幸福感和快乐感提高了	0.5%	0.6%	0.9%	1.2%	0.5%	0.8%
生活水平下降，幸福感和快乐感也降低了	1.3%	1.1%	1.6%	2.1%	2.2%	1.7%
总计	100.0%	100.0%	100.0%	100.0%	100.0%	100.0%
列总计	874	835	936	977	734	4356

Chi-square test：df = 20，卡方值为 83.330，sig = 0.000 < 0.05，所以不同年龄的居民对于“自己的生活水平对幸福感的影响是怎样”的回答存在显著差异。

F24a by A1

近十年来，您认为下列哪一类人获得的利益最多 ＊ 年龄 Crosstabulation

	18—29 岁	30—39 岁	40—49 岁	50—59 岁	60—65 岁	总计
工人	0.2%	0.8%	0.1%	1.0%	0.6%	0.5%
农民	1.9%	2.1%	1.8%	1.4%	1.2%	1.7%
公务员	10.0%	12.7%	13.1%	12.0%	11.7%	11.9%
国有企业的经营管理者	10.8%	11.2%	10.3%	8.8%	10.5%	10.3%
集体企业的经营管理者	2.3%	2.4%	2.0%	2.2%	1.5%	2.1%
私营企业家	21.4%	17.1%	20.9%	24.8%	24.7%	21.7%
外商、境外来大陆的投资者	12.2%	11.8%	10.0%	7.6%	8.3%	10.0%
个体户	3.7%	3.8%	5.0%	6.8%	6.7%	5.2%
私营、外资企业中的管理人员	7.2%	8.3%	5.8%	7.2%	5.8%	6.9%
专家学者、专业技术人员	6.2%	6.5%	6.6%	5.4%	5.0%	6.0%
政府官员	23.8%	23.0%	24.2%	22.3%	23.9%	23.4%
其他	0.4%	0.5%	0.1%	0.4%	0.1%	0.3%
总计	100.0%	100.0%	100.0%	100.0%	100.0%	100.0%
列总计	843	797	893	907	675	4115

Chi-square test：df = 44，卡方值为 66.313，sig = 0.000 < 0.05，所以不同年龄的居民对于“近十年来，您认为下列哪一类人获得的利益最多”的回答存在显著差异。

F24b by A1

近十年来，您认为下列哪一类人获得的利益最少 ＊ 年龄 Crosstabulation

	18—29 岁	30—39 岁	40—49 岁	50—59 岁	60—65 岁	总计
工人	24.5%	28.3%	25.8%	20.4%	23.0%	24.3%
农民	70.4%	64.8%	69.6%	74.6%	72.9%	70.5%
公务员	0.6%	0.9%	0.8%	0.7%	0.6%	0.7%
国有企业的经营管理者	0.2%	0.5%	0.3%	0.5%	0.3%	0.4%
集体企业的经营管理者	0.1%	0.7%	0.2%	0.2%	0.1%	0.3%
私营企业家	0.6%	1.1%	0.2%	0.3%	0.6%	0.5%
外商、境外来大陆的投资者		0.4%	0.4%	0.3%	0.3%	0.3%
个体户	1.5%	1.3%	1.5%	1.1%	0.7%	1.3%
私营、外资企业中的管理人员	0.2%	0.2%	0.3%	0.4%	0.4%	0.3%
专家学者、专业技术人员	0.7%	1.0%	0.3%	0.6%	0.7%	0.7%
政府官员	0.9%	0.7%	0.4%	0.5%	0.4%	0.6%

续表

	18—29 岁	30—39 岁	40—49 岁	50—59 岁	60—65 岁	总计
其他	0.2%	0.1%		0.2%		0.1%
总计	100.0%	100.0%	100.0%	100.0%	100.0%	100.0%
列总计	854	820	915	946	704	4239

Chi-square test：df = 44，卡方值为 52.779，sig = 0.171 > 0.05，所以不同年龄的居民对于“近十年来，您认为下列哪一类人获得的利益最少”的回答不存在显著差异。

F25 by A1

您认为弱势群体产生的最主要原因是 ＊ 年龄 Crosstabulation

	18—29 岁	30—39 岁	40—49 岁	50—59 岁	60—65 岁	总计
制度不合理，社会关怀不够	40.8%	41.3%	39.7%	38.7%	38.2%	39.8%
收入分配不公	44.3%	47.9%	51.0%	45.9%	49.1%	47.6%
机会不平等	35.3%	35.4%	33.6%	32.2%	31.4%	33.6%
弱势群体自己不努力	20.6%	20.5%	20.4%	19.6%	21.1%	20.4%
缺乏生存技能	30.1%	35.6%	33.9%	38.5%	36.8%	35.0%
列总计	867	825	923	943	707	4265

据上表所示，不同年龄的居民对于弱势群体产生的最主要原因的回答存在显著差异。

F26 by A1

我们经常看到一些老人或流浪者在垃圾桶中找东西，弄得满身污物，您认为我们是否应该改造城市的垃圾桶，如调整垃圾桶的角度、集中放矿泉水瓶等，以为他们提供方便 ＊ 年龄 Crosstabulation

	18—29 岁	30—39 岁	40—49 岁	50—59 岁	60—65 岁	总计
应该，社会有义务为他们提供一种有尊严的生活	85.1%	83.1%	85.1%	85.2%	84.9%	84.7%
不应该，这些人本来就与城市不和谐	9.9%	11.7%	9.0%	8.8%	10.3%	9.9%
做这样的事不值得，应该将钱花到更重要的地方	4.6%	4.5%	5.6%	5.9%	4.7%	5.1%
其他	0.5%	0.6%	0.3%	0.1%	0.1%	0.3%
总计	100.0%	100.0%	100.0%	100.0%	100.0%	100.0%
列总计	871	836	931	974	727	4339

Chi-square test：df = 12，卡方值为 12.509，sig = 0.406 > 0.05，所以不同年龄的居民对于“我们是否应该改造城市的垃圾桶，以为老人或流浪者提供方便”的回答不存在显著差异。

F27 by A1

对当今中国社会，您更担忧哪种问题 ＊ 年龄 Crosstabulation

	18—29 岁	30—39 岁	40—49 岁	50—59 岁	60—65 岁	总计
坑蒙拐骗，不守信用	31.4%	31.7%	27.7%	33.7%	33.7%	31.6%
人与人之间互不信任，相互提防，没有安全感	49.2%	49.1%	48.1%	43.3%	40.8%	46.2%
可信任的人很少，遇到问题难以找到人倾诉和帮助	18.3%	17.7%	20.7%	17.0%	17.4%	18.3%
其他	1.0%	1.4%	3.5%	6.0%	8.1%	3.9%
总计	100.0%	100.0%	100.0%	100.0%	100.0%	100.0%
列总计	872	835	934	974	730	4345

Chi-square test：df = 12，卡方值为 95.489，sig = 0.000 < 0.05，所以不同年龄的居民对于“当今中国社会，您更担忧哪种问题”的回答存在显著差异。

F28 by A1

您觉得大多数人都是可以相信的吗？如果 1 分代表“大多数人都可以相信”，5 分代表“对其他人都应该小心防备”，您会选几分 ＊ 年龄 Crosstabulation

	18—29 岁	30—39 岁	40—49 岁	50—59 岁	60—65 岁	总计
大多数人都可以相信	7.4%	7.9%	10.1%	10.1%	12.2%	9.5%
2	32.8%	33.6%	32.4%	34.6%	37.9%	34.1%
3	45.7%	42.3%	44.5%	38.4%	37.9%	41.8%
4	11.7%	14.6%	11.4%	14.4%	10.9%	12.7%
对其他人都应小心防备	2.4%	1.6%	1.6%	2.5%	1.1%	1.9%
总计	100.0%	100.0%	100.0%	100.0%	100.0%	100.0%
列总计	873	833	935	977	736	4354

Chi-square test：df = 16，卡方值为 42.239，sig = 0.000 < 0.05，所以不同年龄的居民对于“大多数人是否可以相信”的回答存在显著差异。

F29a by A1

您对下面这些人的信任程度如何？您的家人 ＊ 年龄 Crosstabulation

	18—29 岁	30—39 岁	40—49 岁	50—59 岁	60—65 岁	总计
完全信任	78.8%	81.3%	81.1%	81.8%	82.9%	81.1%
比较信任	20.7%	18.4%	18.5%	17.9%	16.7%	18.5%

续表

	18—29 岁	30—39 岁	40—49 岁	50—59 岁	60—65 岁	总计
不太信任	0.3%	0.2%	0.3%	0.1%	0.4%	0.3%
根本不信任	0.1%		0.1%	0.2%		0.1%
总计	100.0%	100.0%	100.0%	100.0%	100.0%	100.0%
列总计	874	835	936	977	735	4357

Chi-square test：df = 12，卡方值为 9.279，sig = 0.679 > 0.05，所以不同年龄的居民对于“家人信任程度”不存在显著差异。

F29b by A1

您对下面这些人的信任程度如何？您的邻居 * 年龄 Crosstabulation

	18—29 岁	30—39 岁	40—49 岁	50—59 岁	60—65 岁	总计
完全信任	10.6%	12.1%	11.1%	14.5%	12.1%	12.1%
比较信任	75.7%	78.5%	81.2%	78.5%	82.3%	79.2%
不太信任	12.7%	8.8%	7.1%	6.6%	5.4%	8.1%
根本不信任	1.0%	0.6%	0.5%	0.4%	0.1%	0.6%
总计	100.0%	100.0%	100.0%	100.0%	100.0%	100.0%
列总计	869	832	933	973	735	4342

Chi-square test：df = 12，卡方值为 49.155，sig = 0.000 < 0.05，所以不同年龄的居民对于“邻居信任程度”存在显著差异。

F29c by A1

您对下面这些人的信任程度如何？外地人 * 年龄 Crosstabulation

	18—29 岁	30—39 岁	40—49 岁	50—59 岁	60—65 岁	总计
完全信任	1.1%	1.4%	1.2%	0.8%	0.6%	1.0%
比较信任	18.5%	20.6%	19.9%	17.9%	20.6%	19.4%
不太信任	63.7%	54.5%	55.1%	60.4%	58.5%	58.5%
根本不信任	16.7%	23.5%	23.7%	20.9%	20.4%	21.1%
总计	100.0%	100.0%	100.0%	100.0%	100.0%	100.0%
列总计	855	807	914	956	720	4252

Chi-square test：df = 12，卡方值为 27.557，sig = 0.006 < 0.05，所以不同年龄的居民对于“外地人信任程度”存在显著差异。

F29d by A1

您对下面这些人的信任程度如何？陌生人 ＊ 年龄 Crosstabulation

	18—29岁	30—39岁	40—49岁	50—59岁	60—65岁	总计
完全信任	0.8%	0.9%	0.7%	0.8%	0.1%	0.7%
比较信任	8.8%	8.3%	7.5%	6.5%	8.5%	7.9%
不太信任	59.6%	52.9%	55.6%	58.5%	55.6%	56.5%
根本不信任	30.8%	38.0%	36.2%	34.1%	35.8%	34.9%
总计	100.0%	100.0%	100.0%	100.0%	100.0%	100.0%
列总计	853	800	906	952	716	4227

Chi-square test：df = 12，卡方值为19.099，sig = 0.086 > 0.05，所以不同年龄的居民对于“陌生人信任程度”不存在显著差异。

F29e by A1

您对下面这些人的信任程度如何？外国人 ＊ 年龄 Crosstabulation

	18—29岁	30—39岁	40—49岁	50—59岁	60—65岁	总计
完全信任	1.2%	0.9%	0.8%	0.3%	0.5%	0.8%
比较信任	12.1%	11.3%	11.6%	9.7%	10.3%	11.0%
不太信任	60.1%	53.9%	52.7%	59.7%	55.0%	56.4%
根本不信任	26.6%	33.9%	34.8%	30.2%	34.2%	31.8%
总计	100.0%	100.0%	100.0%	100.0%	100.0%	100.0%
列总计	809	746	827	864	638	3884

Chi-square test：df = 12，卡方值为26.963，sig = 0.008 < 0.05，所以不同年龄的居民对于“外国人信任程度”存在显著差异。

F29f by A1

您对下面这些人的信任程度如何？同事或同学 ＊ 年龄 Crosstabulation

	18—29岁	30—39岁	40—49岁	50—59岁	60—65岁	总计
完全信任	8.3%	7.2%	6.9%	5.5%	6.8%	6.9%
比较信任	79.3%	78.7%	78.5%	81.6%	81.1%	79.8%
不太信任	11.6%	12.8%	13.2%	12.0%	10.9%	12.1%
根本不信任	0.8%	1.3%	1.4%	0.9%	1.1%	1.1%
总计	100.0%	100.0%	100.0%	100.0%	100.0%	100.0%
列总计	865	830	929	951	716	4291

Chi-square test：df = 12，卡方值为10.727，sig = 0.552 > 0.05，所以不同年龄的居民对于“同事或同学信任程度”不存在显著差异。

F29g by A1

您对下面这些人的信任程度如何？您的上司或领导 ＊ 年龄 Crosstabulation

	18—29 岁	30—39 岁	40—49 岁	50—59 岁	60—65 岁	总计
完全信任	6.9%	8.1%	7.3%	6.1%	6.7%	7.0%
比较信任	72.1%	74.4%	73.6%	76.8%	81.1%	75.4%
不太信任	18.9%	16.3%	17.2%	16.6%	11.2%	16.3%
根本不信任	2.1%	1.2%	1.8%	0.4%	0.9%	1.3%
总计	100.0%	100.0%	100.0%	100.0%	100.0%	100.0%
列总计	842	812	899	928	668	4149

Chi-square test：df = 12，卡方值为 34.463，sig = 0.001 < 0.05，所以不同年龄的居民对于“上司或领导信任程度”存在显著差异。

F29h by A1

您对下面这些人的信任程度如何？您的朋友 ＊ 年龄 Crosstabulation

	18—29 岁	30—39 岁	40—49 岁	50—59 岁	60—65 岁	总计
完全信任	17.0%	16.0%	14.7%	14.5%	12.6%	15.0%
比较信任	78.8%	79.6%	80.4%	81.8%	84.6%	80.9%
不太信任	3.2%	3.8%	4.5%	3.2%	2.0%	3.4%
根本不信任	1.0%	0.6%	0.3%	0.5%	0.8%	0.6%
总计	100.0%	100.0%	100.0%	100.0%	100.0%	100.0%
列总计	872	832	929	976	732	4341

Chi-square test：df = 12，卡方值为 20.064，sig = 0.066 > 0.05，所以不同年龄的居民对于“朋友的信任程度”不存在显著差异。

F30 by A1

您是否同意“在这个社会上，您一不小心别人就会想办法占您的便宜” ＊ 年龄 Crosstabulation

	18—29 岁	30—39 岁	40—49 岁	50—59 岁	60—65 岁	总计
非常不同意	4.0%	4.6%	3.3%	4.8%	4.9%	4.3%
比较不同意	27.1%	28.4%	28.6%	27.4%	26.6%	27.6%
说不上同意不同意	34.5%	30.5%	29.5%	30.1%	29.1%	30.8%
比较同意	30.8%	32.6%	36.0%	34.5%	37.1%	34.2%
非常同意	3.6%	3.9%	2.6%	3.2%	2.2%	3.1%

续表

	18—29 岁	30—39 岁	40—49 岁	50—59 岁	60—65 岁	总计
总计	100.0%	100.0%	100.0%	100.0%	100.0%	100.0%
列总计	859	825	914	961	717	4276

Chi-square test：df = 16，卡方值为 20.362，sig = 0.204 > 0.05，所以不同年龄的居民对于“在这个社会上，您一不小心别人就会想办法占您的便宜”的回答不存在显著差异。

F31 by A1

您对所生活的地方道德建设满意吗 ＊ 年龄 Crosstabulation

	18—29 岁	30—39 岁	40—49 岁	50—59 岁	60—65 岁	总计
满意	8.3%	11.6%	10.9%	10.9%	15.9%	11.4%
基本满意	81.0%	76.9%	80.2%	80.4%	76.5%	79.1%
不满意	10.7%	11.5%	8.9%	8.8%	7.6%	9.5%
总计	100.0%	100.0%	100.0%	100.0%	100.0%	100.0%
列总计	831	819	909	947	712	4218

Chi-square test：df = 8，卡方值为 30.053，sig = 0.000 < 0.05，所以不同年龄的居民对于“所生活的地方道德建设满意与否”的回答存在显著差异。

F32a by A1

您对下面群体的信任程度如何？商人 ＊ 年龄 Crosstabulation

	18—29 岁	30—39 岁	40—49 岁	50—59 岁	60—65 岁	总计
完全信任	1.8%	2.0%	0.7%	1.4%	1.0%	1.3%
比较信任	42.7%	42.3%	43.9%	46.7%	48.0%	44.7%
不太信任	50.9%	51.1%	51.0%	46.3%	44.3%	48.8%
根本不信任	4.6%	4.6%	4.4%	5.7%	6.8%	5.2%
总计	100.0%	100.0%	100.0%	100.0%	100.0%	100.0%
列总计	854	820	904	953	709	4240

Chi-square test：df = 12，卡方值为 24.324，sig = 0.018 < 0.05，所以不同年龄的居民对于“商人的信任程度”存在显著差异。

F32b by A1

您对下面群体的信任程度如何？单位领导/社区（村）干部 ＊ 年龄 Crosstabulation

	18—29 岁	30—39 岁	40—49 岁	50—59 岁	60—65 岁	总计
完全信任	4.7%	6.0%	3.1%	4.4%	5.5%	4.7%

续表

	18—29 岁	30—39 岁	40—49 岁	50—59 岁	60—65 岁	总计
比较信任	64. 8%	59. 3%	64. 8%	65. 5%	66. 5%	64. 2%
不太信任	27. 8%	31. 7%	27. 9%	26. 8%	24. 9%	27. 9%
根本不信任	2. 7%	3. 0%	4. 3%	3. 3%	3. 0%	3. 3%
总计	100. 0%	100. 0%	100. 0%	100. 0%	100. 0%	100. 0%
列总计	846	821	912	961	722	4262

Chi-square test：df = 12，卡方值为 23. 941，sig = 0. 021 < 0. 05，所以不同年龄的居民对于“单位领导/社区（村）干部的信任程度”存在显著差异。

F32c by A1

您对下面群体的信任程度如何？公务员 ＊ 年龄 Crosstabulation

	18—29 岁	30—39 岁	40—49 岁	50—59 岁	60—65 岁	总计
完全信任	8. 0%	7. 5%	5. 4%	6. 3%	8. 1%	7. 0%
比较信任	59. 7%	56. 8%	62. 4%	64. 6%	64. 6%	61. 6%
不太信任	28. 8%	31. 9%	27. 5%	26. 4%	24. 0%	27. 8%
根本不信任	3. 6%	3. 8%	4. 7%	2. 6%	3. 2%	3. 6%
总计	100. 0%	100. 0%	100. 0%	100. 0%	100. 0%	100. 0%
列总计	841	817	909	947	712	4226

Chi-square test：df = 12，卡方值为 28. 511，sig = 0. 005 < 0. 05，所以不同年龄的居民对于“公务员的信任程度”存在显著差异。

F32d by A1

您对下面群体的信任程度如何？教师 ＊ 年龄 Crosstabulation

	18—29 岁	30—39 岁	40—49 岁	50—59 岁	60—65 岁	总计
完全信任	12. 1%	11. 4%	9. 8%	12. 3%	13. 6%	11. 8%
比较信任	72. 9%	68. 5%	71. 0%	70. 2%	70. 7%	70. 7%
不太信任	13. 4%	17. 1%	16. 7%	15. 1%	13. 9%	15. 3%
根本不信任	1. 6%	3. 0%	2. 6%	2. 4%	1. 8%	2. 3%
总计	100. 0%	100. 0%	100. 0%	100. 0%	100. 0%	100. 0%
列总计	867	832	933	967	727	4326

Chi-square test：df = 12，卡方值为 17. 674，sig = 0. 126 > 0. 05，所以不同年龄的居民对于“教师的信任程度”不存在显著差异。

F32e by A1

您对下面群体的信任程度如何？警察 ＊ 年龄 Crosstabulation

	18—29 岁	30—39 岁	40—49 岁	50—59 岁	60—65 岁	总计
完全信任	21.6%	19.5%	19.2%	20.1%	20.9%	20.2%
比较信任	65.3%	63.7%	67.3%	66.2%	68.1%	66.1%
不太信任	11.1%	13.8%	10.6%	11.8%	9.6%	11.4%
根本不信任	2.0%	3.0%	2.8%	2.0%	1.4%	2.2%
总计	100.0%	100.0%	100.0%	100.0%	100.0%	100.0%
列总计	864	831	930	972	728	4325

Chi-square test：df = 12，卡方值为 16.748，sig = 0.159 > 0.05，所以不同年龄的居民对于“警察的信任程度”不存在显著差异。

F32f by A1

您对下面群体的信任程度如何？医生 ＊ 年龄 Crosstabulation

	18—29 岁	30—39 岁	40—49 岁	50—59 岁	60—65 岁	总计
完全信任	12.5%	9.3%	8.8%	11.3%	10.2%	10.4%
比较信任	65.4%	65.6%	66.5%	66.4%	70.6%	66.8%
不太信任	19.7%	21.7%	21.7%	19.3%	16.1%	19.8%
根本不信任	2.4%	3.4%	3.0%	3.0%	3.2%	3.0%
总计	100.0%	100.0%	100.0%	100.0%	100.0%	100.0%
列总计	864	835	934	972	728	4333

Chi-square test：df = 12，卡方值为 19.572，sig = 0.076 > 0.05，所以不同年龄的居民对于“医生的信任程度”不存在显著差异。

F32g by A1

您对下面群体的信任程度如何？法官 ＊ 年龄 Crosstabulation

	18—29 岁	30—39 岁	40—49 岁	50—59 岁	60—65 岁	总计
完全信任	19.8%	17.7%	15.7%	16.8%	14.3%	16.9%
比较信任	68.0%	70.3%	70.3%	71.4%	75.7%	71.0%
不太信任	11.1%	11.0%	11.5%	10.3%	8.6%	10.6%
根本不信任	1.2%	1.0%	2.5%	1.5%	1.4%	1.5%
总计	100.0%	100.0%	100.0%	100.0%	100.0%	100.0%
列总计	855	824	919	956	721	4275

Chi-square test：df = 12，卡方值为 23.985，sig = 0.020 < 0.05，所以不同年龄的居民对于“法官的信任程度”存在显著差异。

F32h by A1

您对下面群体的信任程度如何？农民 ＊ 年龄 Crosstabulation

	18—29 岁	30—39 岁	40—49 岁	50—59 岁	60—65 岁	总计
完全信任	12.1%	12.0%	10.4%	11.3%	11.1%	11.3%
比较信任	74.8%	74.8%	78.1%	76.6%	79.5%	76.7%
不太信任	11.6%	11.6%	10.5%	10.8%	8.5%	10.6%
根本不信任	1.5%	1.6%	1.1%	1.3%	1.0%	1.3%
总计	100.0%	100.0%	100.0%	100.0%	100.0%	100.0%
列总计	862	826	926	974	733	4321

Chi-square test：df = 12，卡方值为 9.915，sig = 0.623 > 0.05，所以不同年龄的居民对于“农民的信任程度”不存在显著差异。

F32i by A1

您对下面群体的信任程度如何？工人 ＊ 年龄 Crosstabulation

	18—29 岁	30—39 岁	40—49 岁	50—59 岁	60—65 岁	总计
完全信任	11.5%	12.0%	9.4%	9.2%	10.0%	10.4%
比较信任	73.5%	72.5%	77.2%	78.9%	79.9%	76.4%
不太信任	14.0%	13.8%	12.2%	10.7%	9.4%	12.1%
根本不信任	0.9%	1.7%	1.2%	1.2%	0.7%	1.2%
总计	100.0%	100.0%	100.0%	100.0%	100.0%	100.0%
列总计	862	826	925	970	727	4310

Chi-square test：df = 12，卡方值为 24.555，sig = 0.017 < 0.05，所以不同年龄的居民对于“工人的信任程度”存在显著差异。

F32j by A1

您对下面群体的信任程度如何？专家学者 ＊ 年龄 Crosstabulation

	18—29 岁	30—39 岁	40—49 岁	50—59 岁	60—65 岁	总计
完全信任	8.6%	12.2%	8.3%	11.4%	11.9%	10.4%
比较信任	64.0%	56.5%	65.7%	65.2%	67.6%	63.8%
不太信任	23.4%	28.1%	22.9%	20.8%	18.7%	22.8%
根本不信任	4.0%	3.2%	3.2%	2.7%	1.9%	3.0%
总计	100.0%	100.0%	100.0%	100.0%	100.0%	100.0%
列总计	841	789	883	896	675	4084

Chi-square test：df = 12，卡方值为 42.690，sig = 0.000 < 0.05，所以不同年龄的居民对于“专家学者的信任程度”存在显著差异。

F32k by A1

您对下面群体的信任程度如何？演艺娱乐圈 ＊ 年龄 Crosstabulation

	18—29 岁	30—39 岁	40—49 岁	50—59 岁	60—65 岁	总计
完全信任	2.2%	1.7%	1.0%	1.6%	1.5%	1.6%
比较信任	30.7%	30.8%	33.5%	35.1%	42.2%	34.1%
不太信任	50.1%	47.8%	49.7%	47.1%	42.7%	47.7%
根本不信任	17.0%	19.7%	15.8%	16.1%	13.7%	16.6%
总计	100.0%	100.0%	100.0%	100.0%	100.0%	100.0%
列总计	807	756	815	789	586	3753

Chi-square test：df = 12，卡方值为 33.267，sig = 0.001 < 0.05，所以不同年龄的居民对于“演艺娱乐圈的信任程度”存在显著差异。

F32l by A1

您对下面群体的信任程度如何？公众人物 ＊ 年龄 Crosstabulation

	18—29 岁	30—39 岁	40—49 岁	50—59 岁	60—65 岁	总计
完全信任	3.7%	4.4%	2.2%	2.8%	2.6%	3.2%
比较信任	43.1%	45.5%	48.4%	47.5%	56.6%	47.8%
不太信任	43.8%	40.1%	41.5%	40.2%	33.8%	40.2%
根本不信任	9.4%	10.0%	7.9%	9.4%	7.0%	8.8%
总计	100.0%	100.0%	100.0%	100.0%	100.0%	100.0%
列总计	817	769	820	808	604	3818

Chi-square test：df = 12，卡方值为 36.457，sig = 0.000 < 0.05，所以不同年龄的居民对于“公众人物的信任程度”存在显著差异。

F33 by A1

您在生活中经常买到假冒伪劣商品吗 ＊ 年龄 Crosstabulation

	18—29 岁	30—39 岁	40—49 岁	50—59 岁	60—65 岁	总计
经常	4.8%	4.7%	5.5%	5.8%	4.6%	5.1%
偶尔	67.7%	72.0%	72.4%	66.0%	66.3%	68.9%
没有	27.5%	23.3%	22.1%	28.1%	29.2%	25.9%
总计	100.0%	100.0%	100.0%	100.0%	100.0%	100.0%
列总计	832	785	873	889	658	4037

Chi-square test：df = 8，卡方值为 18.644，sig = 0.017 < 0.05，所以不同年龄的居民对于“是否在生活中经常买到假冒伪劣商品”的回答存在显著差异。

F34 by A1

您在购物、就医、理财等方面经常遇到虚假广告吗 ＊ 年龄 Crosstabulation

	18—29 岁	30—39 岁	40—49 岁	50—59 岁	60—65 岁	总计
经常	16.0%	15.4%	14.8%	15.0%	12.4%	14.8%
偶尔	58.3%	59.1%	59.4%	55.5%	57.4%	57.9%
没有	25.7%	25.5%	25.9%	29.5%	30.2%	27.3%
总计	100.0%	100.0%	100.0%	100.0%	100.0%	100.0%
列总计	798	765	854	868	653	3938

Chi-square test：df = 8，卡方值为 10.781，sig = 0.214 > 0.05，所以不同年龄的居民对于“是否在购物、就医、理财等方面经常遇到虚假广告”的回答不存在显著差异。

F35 by A1

如果在路边看到一个老人摔倒，您的反应是 ＊ 年龄 Crosstabulation

	18—29 岁	30—39 岁	40—49 岁	50—59 岁	60—65 岁	总计
立即扶起	34.9%	31.6%	36.8%	38.8%	47.5%	37.7%
等有证人时再扶	27.2%	28.5%	27.5%	27.5%	24.8%	27.2%
先拍照，再扶起	16.5%	17.8%	11.8%	7.9%	5.2%	11.9%
不扶，避免惹是生非	9.0%	9.5%	7.8%	10.3%	9.7%	9.2%
报警	12.1%	11.9%	15.6%	14.5%	11.7%	13.3%
其他	0.3%	0.7%	0.6%	0.9%	1.1%	0.7%
总计	100.0%	100.0%	100.0%	100.0%	100.0%	100.0%
列总计	871	835	936	977	734	4353

Chi-square test：df = 20，卡方值为 129.085，sig = 0.000 < 0.05，所以不同年龄的居民对于“如果在路边看到一个老人摔倒的反应”的回答存在显著差异。

F36 by A1

我们都听说过或见证过好心人救助老人却反被诬陷。假如您是这位好心人，您会 ＊ 年龄 Crosstabulation

	18—29 岁	30—39 岁	40—49 岁	50—59 岁	60—65 岁	总计
我是多管闲事，下次再也不会帮助别人了	20.3%	23.7%	22.7%	25.2%	24.2%	23.2%
我正直善良真心待人，对得起良知和良心	40.0%	43.9%	43.4%	41.4%	47.4%	43.0%

续表

	18—29 岁	30—39 岁	40—49 岁	50—59 岁	60—65 岁	总计
下次还是会伸出援手，但是会提高警惕，注意保护自己	39.5%	32.4%	33.9%	33.2%	27.9%	33.6%
其他	0.2%			0.2%	0.5%	0.2%
总计	100.0%	100.0%	100.0%	100.0%	100.0%	100.0%
列总计	869	834	934	978	732	4347

Chi-square test：df = 12，卡方值为 36.312，sig = 0.000 < 0.05，所以不同年龄的居民对于“好心人救助老人却反被诬陷。假如您是这位好心人，您会”的回答存在显著差异。

F37a by A1

您对下列群体的伦理道德整体状况的满意度？政府官员 ＊ 年龄 Crosstabulation

	18—29 岁	30—39 岁	40—49 岁	50—59 岁	60—65 岁	总计
非常不满意	5.9%	4.6%	5.8%	4.5%	6.1%	5.3%
比较不满意	35.0%	40.5%	37.5%	34.1%	32.8%	36.0%
比较满意	55.1%	50.5%	54.5%	59.4%	58.5%	55.6%
非常满意	4.0%	4.4%	2.2%	2.0%	2.7%	3.0%
总计	100.0%	100.0%	100.0%	100.0%	100.0%	100.0%
列总计	815	802	903	940	710	4170

Chi-square test：df = 12，卡方值为 32.247，sig = 0.001 < 0.05，所以不同年龄的居民对于“政府官员的伦理道德整体状况的满意度”存在显著差异。

F37b by A1

您对下列群体的伦理道德整体状况的满意度？一般公务员 ＊ 年龄 Crosstabulation

	18—29 岁	30—39 岁	40—49 岁	50—59 岁	60—65 岁	总计
非常不满意	4.0%	4.6%	4.3%	3.5%	4.0%	4.1%
比较不满意	29.3%	34.3%	34.1%	30.0%	29.1%	31.4%
比较满意	62.9%	56.0%	59.0%	63.6%	62.2%	60.8%
非常满意	3.8%	5.1%	2.6%	2.9%	4.7%	3.7%
总计	100.0%	100.0%	100.0%	100.0%	100.0%	100.0%
列总计	816	802	899	938	707	4162

Chi-square test：df = 12，卡方值为 25.239，sig = 0.014 < 0.05，所以不同年龄的居民对于“一般公务员的伦理道德整体状况的满意度”存在显著差异。

F37c by A1

您对下列群体的伦理道德整体状况的满意度？企业家 ＊ 年龄 Crosstabulation

	18—29 岁	30—39 岁	40—49 岁	50—59 岁	60—65 岁	总计
非常不满意	2.2%	2.7%	3.3%	1.9%	3.1%	2.6%
比较不满意	29.6%	31.5%	30.0%	27.0%	24.9%	28.7%
比较满意	63.6%	59.5%	62.4%	65.1%	66.6%	63.4%
非常满意	4.5%	6.4%	4.3%	6.0%	5.4%	5.3%
总计	100.0%	100.0%	100.0%	100.0%	100.0%	100.0%
列总计	814	787	892	893	680	4066

Chi-square test：df = 12，卡方值为 20.451，sig = 0.059 > 0.05，所以不同年龄的居民对于“企业家的伦理道德整体状况的满意度”不存在显著差异。

F37d by A1

您对下列群体的伦理道德整体状况的满意度？演艺娱乐界 ＊ 年龄 Crosstabulation

	18—29 岁	30—39 岁	40—49 岁	50—59 岁	60—65 岁	总计
非常不满意	11.1%	14.1%	11.9%	7.8%	8.3%	10.8%
比较不满意	41.8%	43.6%	47.4%	42.2%	39.6%	43.1%
比较满意	42.7%	38.5%	38.0%	45.7%	48.5%	42.3%
非常满意	4.5%	3.8%	2.7%	4.3%	3.6%	3.8%
总计	100.0%	100.0%	100.0%	100.0%	100.0%	100.0%
列总计	783	737	801	752	551	3624

Chi-square test：df = 12，卡方值为 40.011，sig = 0.000 < 0.05，所以不同年龄的居民对于“演艺娱乐界的伦理道德整体状况的满意度”存在显著差异。

F37e by A1

您对下列群体的伦理道德整体状况的满意度？教师 ＊ 年龄 Crosstabulation

	18—29 岁	30—39 岁	40—49 岁	50—59 岁	60—65 岁	总计
非常不满意	2.3%	1.9%	2.6%	2.0%	2.8%	2.3%
比较不满意	18.2%	20.0%	19.1%	18.8%	17.0%	18.7%
比较满意	69.9%	66.1%	69.8%	69.4%	72.4%	69.5%
非常满意	9.5%	12.0%	8.5%	9.8%	7.9%	9.6%
总计	100.0%	100.0%	100.0%	100.0%	100.0%	100.0%

续表

	18—29 岁	30—39 岁	40—49 岁	50—59 岁	60—65 岁	总计
列总计	855	827	928	965	724	4299

Chi-square test：df = 12，卡方值为 14.517，sig = 0.269 > 0.05，所以不同年龄的居民对于“教师的伦理道德整体状况的满意度”不存在显著差异。

F37f by A1

您对下列群体的伦理道德整体状况的满意度？青少年 ＊ 年龄 Crosstabulation

	18—29 岁	30—39 岁	40—49 岁	50—59 岁	60—65 岁	总计
非常不满意	2.1%	2.3%	2.1%	1.7%	1.7%	2.0%
比较不满意	18.1%	18.6%	16.1%	15.5%	13.5%	16.4%
比较满意	71.3%	66.0%	70.6%	71.9%	74.1%	70.7%
非常满意	8.6%	13.1%	11.3%	11.0%	10.7%	10.9%
总计	100.0%	100.0%	100.0%	100.0%	100.0%	100.0%
列总计	842	824	922	956	718	4262

Chi-square test：df = 12，卡方值为 21.377，sig = 0.045 < 0.05，所以不同年龄的居民对于“青少年的伦理道德整体状况的满意度”存在显著差异。

F37g by A1

您对下列群体的伦理道德整体状况的满意度？弱势群体 ＊ 年龄 Crosstabulation

	18—29 岁	30—39 岁	40—49 岁	50—59 岁	60—65 岁	总计
非常不满意	2.9%	3.5%	3.2%	1.1%	0.8%	2.3%
比较不满意	21.6%	26.8%	21.3%	18.0%	20.1%	21.5%
比较满意	73.5%	67.4%	74.1%	79.1%	77.5%	74.4%
非常满意	2.0%	2.2%	1.4%	1.8%	1.7%	1.8%
总计	100.0%	100.0%	100.0%	100.0%	100.0%	100.0%
列总计	797	771	882	893	663	4006

Chi-square test：df = 12，卡方值为 47.474，sig = 0.000 < 0.05，所以不同年龄的居民对于“弱势群体的伦理道德整体状况的满意度”存在显著差异。

F37h by A1

您对下列群体的伦理道德整体状况的满意度？自由职业者 ＊ 年龄 Crosstabulation

	18—29 岁	30—39 岁	40—49 岁	50—59 岁	60—65 岁	总计
非常不满意	1.8%	2.3%	2.2%	1.1%	0.3%	1.6%
比较不满意	18.9%	21.3%	17.8%	17.8%	16.2%	18.4%
比较满意	76.5%	72.1%	76.3%	78.0%	79.8%	76.5%
非常满意	2.8%	4.3%	3.7%	3.2%	3.7%	3.5%
总计	100.0%	100.0%	100.0%	100.0%	100.0%	100.0%
列总计	788	767	861	849	629	3894

Chi-square test：df = 12，卡方值为 24.371，sig = 0.018 < 0.05，所以不同年龄的居民对于“自由职业者的伦理道德整体状况的满意度”存在显著差异。

F37i by A1

您对下列群体的伦理道德整体状况的满意度？农民 ＊ 年龄 Crosstabulation

	18—29 岁	30—39 岁	40—49 岁	50—59 岁	60—65 岁	总计
非常不满意	1.4%	2.2%	2.5%	1.0%	1.0%	1.6%
比较不满意	12.5%	13.1%	10.5%	8.8%	8.8%	10.7%
比较满意	77.9%	74.1%	77.7%	79.6%	77.9%	77.5%
非常满意	8.2%	10.7%	9.3%	10.6%	12.4%	10.2%
总计	100.0%	100.0%	100.0%	100.0%	100.0%	100.0%
列总计	845	826	923	964	727	4285

Chi-square test：df = 12，卡方值为 32.315，sig = 0.001 < 0.05，所以不同年龄的居民对于“农民的伦理道德整体状况的满意度”存在显著差异。

F37j by A1

您对下列群体的伦理道德整体状况的满意度？商人 ＊ 年龄 Crosstabulation

	18—29 岁	30—39 岁	40—49 岁	50—59 岁	60—65 岁	总计
非常不满意	3.0%	3.7%	2.6%	1.9%	1.3%	2.5%
比较不满意	33.1%	34.1%	31.2%	28.9%	27.6%	31.0%
比较满意	60.5%	58.5%	62.9%	65.5%	65.7%	62.6%
非常满意	3.5%	3.8%	3.3%	3.7%	5.5%	3.9%
总计	100.0%	100.0%	100.0%	100.0%	100.0%	100.0%
列总计	838	821	911	957	715	4242

Chi-square test：df = 12，卡方值为 30.036，sig = 0.003 < 0.05，所以不同年龄的居民对于“商人的伦理道德整体状况的满意度”存在显著差异。

F37k by A1

您对下列群体的伦理道德整体状况的满意度？工人 ＊ 年龄 Crosstabulation

	18—29 岁	30—39 岁	40—49 岁	50—59 岁	60—65 岁	总计
非常不满意	0. 8%	1. 5%	1. 3%	0. 6%	0. 8%	1. 0%
比较不满意	13. 2%	15. 4%	11. 2%	9. 1%	9. 7%	11. 7%
比较满意	80. 3%	75. 2%	82. 3%	84. 3%	83. 6%	81. 2%
非常满意	5. 7%	7. 9%	5. 2%	6. 0%	5. 9%	6. 1%
总计	100. 0%	100. 0%	100. 0%	100. 0%	100. 0%	100. 0%
列总计	844	824	922	966	725	4281

Chi-square test：df = 12，卡方值为 35. 264，sig = 0. 000 < 0. 05，所以不同年龄的居民对于“工人的伦理道德整体状况的满意度”存在显著差异。

F37l by A1

您对下列群体的伦理道德整体状况的满意度？专家学者 ＊ 年龄 Crosstabulation

	18—29 岁	30—39 岁	40—49 岁	50—59 岁	60—65 岁	总计
非常不满意	1. 7%	2. 3%	1. 9%	0. 7%	1. 3%	1. 6%
比较不满意	18. 0%	21. 0%	16. 0%	16. 0%	14. 1%	17. 1%
比较满意	73. 1%	67. 9%	74. 2%	75. 6%	76. 2%	73. 4%
非常满意	7. 2%	8. 8%	7. 9%	7. 7%	8. 4%	8. 0%
总计	100. 0%	100. 0%	100. 0%	100. 0%	100. 0%	100. 0%
列总计	817	795	886	906	689	4093

Chi-square test：df = 12，卡方值为 26. 916，sig = 0. 008 < 0. 05，所以不同年龄的居民对于“专家学者的伦理道德整体状况的满意度”存在显著差异。

F37m by A1

您对下列群体的伦理道德整体状况的满意度？医生 ＊ 年龄 Crosstabulation

	18—29 岁	30—39 岁	40—49 岁	50—59 岁	60—65 岁	总计
非常不满意	3. 6%	3. 4%	3. 8%	3. 7%	2. 5%	3. 4%
比较不满意	24. 0%	25. 5%	22. 6%	19. 8%	19. 2%	22. 2%
比较满意	66. 3%	64. 6%	67. 8%	70. 2%	71. 8%	68. 1%
非常满意	6. 1%	6. 5%	5. 9%	6. 3%	6. 5%	6. 2%
总计	100. 0%	100. 0%	100. 0%	100. 0%	100. 0%	100. 0%

续表

	18—29 岁	30—39 岁	40—49 岁	50—59 岁	60—65 岁	总计
列总计	855	828	922	965	728	4298

Chi-square test：df = 12，卡方值为 17.745，sig = 0.124 > 0.05，所以不同年龄的居民对于“医生的伦理道德整体状况的满意度”不存在显著差异。

F38 by A1

下列哪些因素可能影响人际关系紧张 ＊ 年龄 Crosstabulation

	18—29 岁	30—39 岁	40—49 岁	50—59 岁	60—65 岁	总计
社会资源缺乏，引发恶性竞争	29.2%	23.5%	23.8%	19.6%	21.2%	23.5%
过度宣扬竞争意识	23.0%	25.5%	25.2%	19.1%	20.4%	22.7%
社会财富分配不公，贫富差距过大	33.9%	35.7%	32.7%	34.2%	33.3%	34.0%
个人主义盛行	23.2%	25.3%	21.0%	20.8%	20.3%	22.1%
缺乏爱心	22.7%	24.0%	26.3%	25.4%	24.9%	24.7%
缺乏相互理解和沟通的意识和能力	18.9%	19.9%	16.2%	15.3%	15.6%	17.2%
制度安排不公正，机会不平等	23.4%	25.9%	25.4%	24.5%	21.1%	24.2%
以权谋私，官员腐败	23.8%	22.8%	25.2%	24.3%	26.1%	24.4%
缺乏道德信用	23.0%	24.5%	27.8%	26.2%	30.0%	26.2%
人与人、人与社会之间缺乏信任	37.3%	34.4%	34.7%	36.9%	38.0%	36.2%
传统伦理瓦解，社会缺乏统一的价值观	8.9%	8.4%	7.1%	8.4%	7.6%	8.1%
一切诉诸利益或法律，人际关系缺乏伦理调节的机制和能力	4.8%	5.1%	4.0%	5.4%	4.1%	4.7%
列总计	869	829	921	942	706	4267

据上表所示，不同年龄的居民对于“哪些因素可能影响人际关系紧张”的回答不存在显著差异。

F39 by A1

您认为在现代中国社会实际奉行的道德价值是 ＊ 年龄 Crosstabulation

	18—29 岁	30—39 岁	40—49 岁	50—59 岁	60—65 岁	总计
义利合一，用符合道德的方式谋利	61.7%	55.6%	57.0%	60.1%	62.0%	59.2%
见利忘义，唯利是图	30.0%	33.9%	32.8%	30.4%	27.5%	31.0%
不计较利害得失，道德至上	8.3%	10.3%	9.7%	9.2%	10.4%	9.5%
其他		0.2%	0.4%	0.2%	0.1%	0.2%
总计	100.0%	100.0%	100.0%	100.0%	100.0%	100.0%

续表

	18—29 岁	30—39 岁	40—49 岁	50—59 岁	60—65 岁	总计
列总计	857	815	914	941	695	4222

Chi-square test：df = 12，卡方值为 17. 556，sig = 0. 130 > 0. 05，所以不同年龄的居民对于“现代中国社会实际奉行的道德价值”的回答不存在显著差异。

F40 by A1

对形成我国当前各种新型伦理关系和道德观念，哪些因素影响最大 * 年龄 Crosstabulation

	18—29 岁	30—39 岁	40—49 岁	50—59 岁	60—65 岁	总计
网络和媒体	73. 1%	61. 0%	56. 4%	51. 2%	43. 9%	57. 7%
政府	54. 2%	61. 6%	62. 7%	63. 6%	67. 9%	61. 7%
大学及其文化	25. 1%	24. 0%	20. 8%	17. 9%	20. 4%	21. 7%
市场	32. 4%	40. 2%	40. 7%	38. 9%	43. 7%	38. 9%
企业	17. 2%	24. 6%	26. 6%	26. 2%	24. 6%	23. 8%
社会团体	21. 5%	20. 3%	22. 9%	20. 6%	21. 4%	21. 4%
列总计	836	789	879	854	627	3985

据上表所示，不同年龄的居民对于“对形成我国当前各种新型伦理关系和道德观念，哪些因素影响最大?”的回答存在显著差异。

F41 by A1

对当前我国伦理关系和道德风尚造成最大负面影响的因素是 * 年龄 Crosstabulation

	18—29 岁	30—39 岁	40—49 岁	50—59 岁	60—65 岁	总计
传统文化的崩坏	38. 2%	38. 9%	32. 8%	39. 4%	40. 5%	37. 8%
外来文化的冲击	34. 3%	41. 0%	38. 2%	33. 1%	31. 5%	35. 7%
市场经济导致的个人主义	28. 7%	28. 8%	26. 9%	24. 9%	24. 4%	26. 8%
网络技术的发展	27. 9%	23. 5%	22. 1%	19. 8%	16. 6%	22. 2%
分配不公，两极分化	34. 8%	36. 0%	39. 0%	39. 5%	37. 4%	37. 4%
以权谋私，官员腐败	23. 3%	21. 2%	27. 6%	29. 5%	33. 6%	26. 8%
其他		0. 2%	0. 3%	0. 3%	0. 2%	0. 2%
列总计	848	813	895	901	661	4118

据上表所示，不同年龄的居民对于“对当前我国伦理关系和道德风尚造成最大负面影响的因素”的回答存在显著差异。

F42 by A1

造成当今不良道德风尚的最主要原因是 ＊ 年龄 Crosstabulation

	18—29 岁	30—39 岁	40—49 岁	50—59 岁	60—65 岁	总计
以权谋私，官员腐败	58.4%	60.7%	62.0%	60.0%	58.0%	59.9%
企业不讲诚信和损害社会利益	34.7%	44.3%	38.9%	37.0%	34.3%	37.9%
学校道德教育功能弱化	28.1%	27.4%	24.0%	21.8%	23.4%	24.9%
家庭伦理功能弱化	16.7%	21.5%	17.6%	16.5%	13.9%	17.3%
个人缺乏道德自觉	49.9%	43.8%	45.3%	46.3%	52.3%	47.3%
分配不公，两极分化	31.8%	32.4%	36.3%	36.0%	36.4%	34.6%
社会的不良影响	40.6%	39.9%	41.1%	40.4%	41.8%	40.7%
列总计	844	815	907	925	685	4176

据上表所示，不同年龄的居民对于“造成当今不良道德风尚的最主要原因”的回答存在显著差异。

F43a by A1

导致当前医患关系紧张的主要原因是 ＊ 年龄 Crosstabulation

	18—29 岁	30—39 岁	40—49 岁	50—59 岁	60—65 岁	总计
医生缺乏职业道德，对病人不负责任	35.7%	37.0%	39.6%	37.0%	36.9%	37.3%
医疗制度不合理，看病难看病贵	46.3%	48.0%	46.3%	45.6%	50.4%	47.1%
医生腐败，不送红包不认真看病	12.0%	11.6%	9.9%	13.7%	9.8%	11.5%
“医闹”，病人蓄意闹事	5.9%	3.3%	3.7%	3.1%	2.5%	3.7%
其他	0.1%	0.1%	0.4%	0.5%	0.4%	0.3%
总计	100.0%	100.0%	100.0%	100.0%	100.0%	100.0%
列总计	849	813	908	934	691	4195

Chi-square test：df = 16，卡方值为 30.992，sig = 0.013 < 0.05，所以不同年龄的居民对于“导致当前医患关系紧张的主要原因”的回答存在显著差异。

F43b by A1

导致当前医患关系紧张的次要原因是 ＊ 年龄 Crosstabulation

	18—29 岁	30—39 岁	40—49 岁	50—59 岁	60—65 岁	总计
医生缺乏职业道德，对病人不负责任	37.7%	39.3%	38.1%	39.5%	38.7%	38.7%
医疗制度不合理，看病难看病贵	32.6%	30.8%	34.0%	32.1%	30.4%	32.1%
医生腐败，不送红包不认真看病	17.3%	20.1%	19.1%	19.6%	20.7%	19.3%

续表

	18—29 岁	30—39 岁	40—49 岁	50—59 岁	60—65 岁	总计
“医闹”，病人蓄意闹事	11. 6%	9. 6%	8. 7%	8. 5%	10. 0%	9. 6%
其他	0. 7%	0. 1%	0. 1%	0. 2%	0. 1%	0. 3%
总计	100. 0%	100. 0%	100. 0%	100. 0%	100. 0%	100. 0%
列总计	825	788	887	906	670	4076

Chi-square test：df = 16，卡方值为 19. 116，sig = 0. 263 > 0. 05，所以不同年龄的居民对于“导致当前医患关系紧张的次要原因”的回答不存在显著差异。

F44 by A1

您是否曾经与医生（医院）发生过矛盾或纠纷 ＊ 年龄 Crosstabulation

	18—29 岁	30—39 岁	40—49 岁	50—59 岁	60—65 岁	总计
是	4. 9%	3. 5%	3. 5%	2. 8%	3. 0%	3. 5%
否	95. 1%	96. 5%	96. 5%	97. 2%	97. 0%	96. 5%
总计	100. 0%	100. 0%	100. 0%	100. 0%	100. 0%	100. 0%
列总计	874	836	935	977	735	4357

Chi-square test：df = 4，卡方值为 7. 265，sig = 0. 123 > 0. 05，所以不同年龄的居民对于“是否曾经与医生（医院）发生过矛盾或纠纷”的回答不存在显著差异。

F45a by A1

您采取了哪些方式来解决医患纠纷？与医院协商 ＊ 年龄 Crosstabulation

	18—29 岁	30—39 岁	40—49 岁	50—59 岁	60—65 岁	总计
未选中	42. 9%	66. 7%	51. 5%	48. 0%	45. 5%	50. 3%
选中	57. 1%	33. 3%	48. 5%	52. 0%	54. 5%	49. 7%
总计	100. 0%	100. 0%	100. 0%	100. 0%	100. 0%	100. 0%
列总计	42	27	33	25	22	149

Chi-square test：df = 4，卡方值为 4. 103，sig = 0. 392 > 0. 05，所以不同年龄的居民对于“选择与医院协商来解决医患纠纷”的回答不存在显著差异。

F45b by A1

您采取了哪些方式来解决医患纠纷？寻求卫生局的调解或介入 ＊ 年龄 Crosstabulation

	18—29 岁	30—39 岁	40—49 岁	50—59 岁	60—65 岁	总计
未选中	78. 6%	74. 1%	78. 8%	76. 0%	86. 4%	78. 5%

续表

	18—29岁	30—39岁	40—49岁	50—59岁	60—65岁	总计
选中	21.4%	25.9%	21.2%	24.0%	13.6%	21.5%
总计	100.0%	100.0%	100.0%	100.0%	100.0%	100.0%
列总计	42	27	33	25	22	149

Chi-square test：df = 4，卡方值为1.215，sig = 0.876 > 0.05，所以不同年龄的居民对于“选择寻求卫生局的调解或介入来解决医患纠纷”的回答不存在显著差异。

F45c by A1

您采取了哪些方式来解决医患纠纷？医学鉴定 ＊ 年龄 Crosstabulation

	18—29岁	30—39岁	40—49岁	50—59岁	60—65岁	总计
未选中	85.7%	85.2%	90.9%	88.0%	100.0%	89.3%
选中	14.3%	14.8%	9.1%	12.0%		10.7%
总计	100.0%	100.0%	100.0%	100.0%	100.0%	100.0%
列总计	42	27	33	25	22	149

Chi-square test：df = 4，卡方值为3.801，sig = 0.434 > 0.05，所以不同年龄的居民对于“选择医学鉴定来解决医患纠纷”的回答不存在显著差异。

F45d by A1

您采取了哪些方式来解决医患纠纷？司法诉讼 ＊ 年龄 Crosstabulation

	18—29岁	30—39岁	40—49岁	50—59岁	60—65岁	总计
未选中	76.2%	74.1%	97.0%	84.0%	86.4%	83.2%
选中	23.8%	25.9%	3.0%	16.0%	13.6%	16.8%
总计	100.0%	100.0%	100.0%	100.0%	100.0%	100.0%
列总计	42	27	33	25	22	149

Chi-square test：df = 4，卡方值为7.738，sig = 0.102 > 0.05，所以不同年龄的居民对于“选择司法诉讼来解决医患纠纷”的回答不存在显著差异。

F45e by A1

您采取了哪些方式来解决医患纠纷？寻求媒体曝光 ＊ 年龄 Crosstabulation

	18—29岁	30—39岁	40—49岁	50—59岁	60—65岁	总计
未选中	92.9%	77.8%	97.0%	92.0%	90.9%	90.6%
选中	7.1%	22.2%	3.0%	8.0%	9.1%	9.4%
总计	100.0%	100.0%	100.0%	100.0%	100.0%	100.0%

续表

	18—29 岁	30—39 岁	40—49 岁	50—59 岁	60—65 岁	总计
列总计	42	27	33	25	22	149

Chi-square test：df = 4，卡方值为 7.098，sig = 0.131 > 0.05，所以不同年龄的居民对于“选择寻求媒体曝光来解决医患纠纷”的回答不存在显著差异。

F45f by A1

您采取了哪些方式来解决医患纠纷？信访 ＊ 年龄 Crosstabulation

	18—29 岁	30—39 岁	40—49 岁	50—59 岁	60—65 岁	总计
未选中	97.6%	92.6%	93.9%	92.0%	95.5%	94.6%
选中	2.4%	7.4%	6.1%	8.0%	4.5%	5.4%
总计	100.0%	100.0%	100.0%	100.0%	100.0%	100.0%
列总计	42	27	33	25	22	149

Chi-square test：df = 4，卡方值为 1.360，sig = 0.851 > 0.05，所以不同年龄的居民对于“选择信访来解决医患纠纷”的回答不存在显著差异。

F45g by A1

您采取了哪些方式来解决医患纠纷？寻求第三方医疗纠纷调解委员会调解 ＊ 年龄 Crosstabulation

	18—29 岁	30—39 岁	40—49 岁	50—59 岁	60—65 岁	总计
未选中	83.3%	85.2%	97.0%	88.0%	86.4%	87.9%
选中	16.7%	14.8%	3.0%	12.0%	13.6%	12.1%
总计	100.0%	100.0%	100.0%	100.0%	100.0%	100.0%
列总计	42	27	33	25	22	149

Chi-square test：df = 4，卡方值为 3.617，sig = 0.460 > 0.05，所以不同年龄的居民对于“选择寻求第三方医疗纠纷调解委员会调解来解决医患纠纷”的回答不存在显著差异。

F45h by A1

您采取了哪些方式来解决医患纠纷？直接找医生或医院算账 ＊ 年龄 Crosstabulation

	18—29 岁	30—39 岁	40—49 岁	50—59 岁	60—65 岁	总计
未选中	83.3%	88.9%	69.7%	80.0%	77.3%	79.9%
选中	16.7%	11.1%	30.3%	20.0%	22.7%	20.1%

续表

	18—29 岁	30—39 岁	40—49 岁	50—59 岁	60—65 岁	总计
总计	100.0%	100.0%	100.0%	100.0%	100.0%	100.0%
列总计	42	27	33	25	22	149

Chi-square test：df=4，卡方值为 3.895，sig=0.420>0.05，所以不同年龄的居民对于“选择直接找医生或医院算账来解决医患纠纷”的回答不存在显著差异。

F46 by A1

某些患者会在手术前给医生红包，您认为送红包的主要理由是 * 年龄 Crosstabulation

	18—29 岁	30—39 岁	40—49 岁	50—59 岁	60—65 岁	总计
不相信医生能平等地对待每个病人，送红包能提高关注度，必须送	29.3%	26.1%	26.7%	27.5%	25.3%	27.0%
医生很辛苦，送红包是表示尊敬和感谢	9.7%	10.8%	10.1%	7.8%	8.4%	9.4%
大家都送，我不送会吃亏，不送心里不踏实	20.3%	21.7%	19.7%	21.6%	19.9%	20.7%
送红包能让医生对我更用心，但我不会这么做	25.1%	21.7%	20.6%	18.2%	19.3%	21.0%
大家都送红包，事实上无助于提高治疗效果，我不会这么做	12.1%	15.6%	15.5%	15.9%	17.5%	15.2%
想送，但我没有能力送	3.4%	4.0%	7.5%	9.0%	9.7%	6.7%
总计	100.0%	100.0%	100.0%	100.0%	100.0%	100.0%
列总计	812	769	870	888	669	4008

Chi-square test：df=20，卡方值为 66.350，sig=0.000<0.05，所以不同年龄的居民对于“某些患者会在手术前给医生红包的行为理由”的回答存在显著差异。

G1 by A1

和前几年相比，您认为目前我国官员腐败现象有什么变化 * 年龄 Crosstabulation

	18—29 岁	30—39 岁	40—49 岁	50—59 岁	60—65 岁	总计
有很大改善	12.3%	11.8%	11.6%	12.8%	12.3%	12.2%
有较大改善	64.6%	66.8%	60.7%	60.4%	66.3%	63.5%
没什么变化	20.0%	19.0%	23.0%	21.8%	18.5%	20.6%
更加恶化	2.2%	2.0%	4.0%	4.3%	2.5%	3.1%

续表

	18—29 岁	30—39 岁	40—49 岁	50—59 岁	60—65 岁	总计
其他	1.0%	0.4%	0.8%	0.7%	0.4%	0.7%
总计	100.0%	100.0%	100.0%	100.0%	100.0%	100.0%
列总计	821	798	880	912	677	4088

Chi-square test：df = 16，卡方值为 26.477，sig = 0.048 < 0.05，所以不同年龄的居民对于“和前几年相比，认为目前我国官员腐败现象有什么变化”的回答存在显著差异。

G2a by A1

您认为干部当官的目的是？为国家与社会做贡献 ＊ 年龄 Crosstabulation

	18—29 岁	30—39 岁	40—49 岁	50—59 岁	60—65 岁	总计
未选中	68.0%	65.1%	68.3%	70.1%	69.1%	68.1%
选中	32.0%	34.9%	31.7%	29.9%	30.9%	31.9%
总计	100.0%	100.0%	100.0%	100.0%	100.0%	100.0%
列总计	845	807	904	932	693	4181

Chi-square test：df = 4，卡方值为 5.441，sig = 0.245 > 0.05，所以不同年龄的居民对于“干部当官的目的是为国家与社会做贡献”的回答不存在显著差异。

G2b by A1

您认为干部当官的目的是？为人民服务，为百姓做好事做实事 ＊ 年龄 Crosstabulation

	18—29 岁	30—39 岁	40—49 岁	50—59 岁	60—65 岁	总计
未选中	46.7%	49.1%	54.5%	55.4%	52.2%	51.7%
选中	53.3%	50.9%	45.5%	44.6%	47.8%	48.3%
总计	100.0%	100.0%	100.0%	100.0%	100.0%	100.0%
列总计	845	807	904	932	693	4181

Chi-square test：df = 4，卡方值为 18.544，sig = 0.001 < 0.05，所以不同年龄的居民对于“干部当官的目的是为人民服务，为百姓做好事做实事”的回答存在显著差异。

G2c by A1

您认为干部当官的目的是？为家庭增光，光宗耀祖 ＊ 年龄 Crosstabulation

	18—29 岁	30—39 岁	40—49 岁	50—59 岁	60—65 岁	总计
未选中	69.6%	67.3%	65.5%	67.7%	67.4%	67.5%

续表

	18—29 岁	30—39 岁	40—49 岁	50—59 岁	60—65 岁	总计
选中	30. 4%	32. 7%	34. 5%	32. 3%	32. 6%	32. 5%
总计	100. 0%	100. 0%	100. 0%	100. 0%	100. 0%	100. 0%
列总计	845	807	904	932	693	4181

Chi-square test：df = 4，卡方值为 3. 381，sig = 0. 496 > 0. 05，所以不同年龄的居民对于“干部当官的目的是为家庭增光，光宗耀祖”的回答不存在显著差异。

G2d by A1

您认为干部当官的目的是？为自己升官发财 ＊ 年龄 Crosstabulation

	18—29 岁	30—39 岁	40—49 岁	50—59 岁	60—65 岁	总计
未选中	54. 4%	53. 9%	48. 3%	47. 1%	45. 2%	49. 8%
选中	45. 6%	46. 1%	51. 7%	52. 9%	54. 8%	50. 2%
总计	100. 0%	100. 0%	100. 0%	100. 0%	100. 0%	100. 0%
列总计	845	807	904	932	693	4181

Chi-square test：df = 4，卡方值为 22. 137，sig = 0. 000 < 0. 05，所以不同年龄的居民对于“干部当官的目的是为自己升官发财”的回答存在显著差异。

G2e by A1

您认为干部当官的目的是？没特殊目的，一个稳定而待遇高的职业而已 ＊ 年龄 Crosstabulation

	18—29 岁	30—39 岁	40—49 岁	50—59 岁	60—65 岁	总计
未选中	78. 3%	77. 1%	80. 1%	79. 8%	82. 0%	79. 4%
选中	21. 7%	22. 9%	19. 9%	20. 2%	18. 0%	20. 6%
总计	100. 0%	100. 0%	100. 0%	100. 0%	100. 0%	100. 0%
列总计	845	807	904	932	693	4181

Chi-square test：df = 4，卡方值为 6. 393，sig = 0. 172 > 0. 05，所以不同年龄的居民对于“干部当官的目的是没特殊目的，一个稳定而待遇高的职业而已”的回答不存在显著差异。

G2f by A1

您认为干部当官的目的是？其他 ＊ 年龄 Crosstabulation

	18—29 岁	30—39 岁	40—49 岁	50—59 岁	60—65 岁	总计
未选中	99. 6%	99. 8%	99. 8%	99. 8%	99. 7%	99. 7%

续表

	18—29 岁	30—39 岁	40—49 岁	50—59 岁	60—65 岁	总计
选中	0.4%	0.2%	0.2%	0.2%	0.3%	0.3%
总计	100.0%	100.0%	100.0%	100.0%	100.0%	100.0%
列总计	845	807	904	932	693	4181

Chi-square test：df = 4，卡方值为 0.440，sig = 0.979 > 0.05，所以不同年龄的居民对于“干部当官的目的是‘其他’”的回答不存在显著差异。

G3 by A1

与前几年相比，您对政府官员的信任度有什么变化 * 年龄 Crosstabulation

	18—29 岁	30—39 岁	40—49 岁	50—59 岁	60—65 岁	总计
信任度提高了	37.7%	43.7%	39.4%	43.3%	45.2%	41.7%
更加不信任	9.6%	7.2%	9.1%	8.9%	8.4%	8.7%
没什么变化	52.5%	48.9%	51.4%	47.6%	46.2%	49.4%
其他	0.2%	0.2%	0.1%	0.2%	0.1%	0.2%
总计	100.0%	100.0%	100.0%	100.0%	100.0%	100.0%
列总计	876	833	935	975	736	4355

Chi-square test：df = 12，卡方值为 16.852，sig = 0.155 > 0.05，所以不同年龄的居民对于“与前几年相比，对政府官员的信任度有什么变化”的回答不存在显著差异。

G4 by A1

在生活中或媒体上看到政府官员时，您首先想到的是 * 年龄 Crosstabulation

	18—29 岁	30—39 岁	40—49 岁	50—59 岁	60—65 岁	总计
公仆，为老百姓谋福利	16.5%	16.1%	16.9%	21.3%	19.0%	18.0%
官僚，根本不了解我们的情况	21.3%	22.0%	21.4%	16.6%	17.6%	19.8%
有权有势的人	26.8%	25.2%	28.8%	27.2%	28.7%	27.3%
有本事的人	11.1%	9.7%	8.6%	8.3%	8.7%	9.3%
领导，决定我们命运的人	8.5%	11.4%	8.4%	8.8%	9.4%	9.2%
贪官	8.4%	8.8%	8.6%	9.4%	7.0%	8.5%
惹不起，但躲得起的人	1.9%	2.2%	2.7%	3.5%	2.9%	2.6%
遇到大事可以信任的人	2.7%	3.1%	3.0%	4.0%	4.5%	3.5%
其他	2.7%	1.6%	1.6%	0.9%	2.2%	1.8%
总计	100.0%	100.0%	100.0%	100.0%	100.0%	100.0%
列总计	873	833	933	971	732	4342

Chi-square test：df = 32，卡方值为 57.494，sig = 0.004 < 0.05，所以不同年龄的居民对于“在生活中或媒体上看到政府官员时，其首先想到的形象”的回答存在显著差异。

G5 by A1

您觉得当前我国政府官员道德问题最严重的是 ＊ 年龄 Crosstabulation

	18—29 岁	30—39 岁	40—49 岁	50—59 岁	60—65 岁	总计
贪污受贿	55. 7%	52. 8%	58. 1%	59. 3%	57. 7%	56. 8%
以权谋私	65. 1%	66. 5%	65. 7%	68. 8%	67. 2%	66. 6%
生活作风腐败	35. 0%	34. 9%	35. 2%	33. 7%	35. 2%	34. 8%
官僚主义	17. 5%	20. 8%	19. 4%	19. 7%	20. 1%	19. 5%
平庸，不作为，只保护自己不解决实际问题	37. 9%	39. 0%	35. 0%	35. 5%	36. 4%	36. 7%
乱作为，搞政绩工程折腾百姓	23. 6%	26. 9%	25. 8%	21. 6%	21. 8%	24. 0%
铺张浪费	12. 0%	15. 1%	11. 5%	10. 1%	11. 1%	11. 9%
拉帮结派	10. 1%	10. 1%	9. 8%	8. 3%	7. 7%	9. 3%
骄横跋扈，欺压百姓	6. 8%	7. 0%	4. 8%	6. 0%	4. 8%	5. 9%
列总计	840	799	888	913	673	4113

据上表所示，不同年龄的居民对于“当前我国政府官员道德问题最严重的表现”的回答存在显著差异。

G6 by A1

政府在制定政策和决策时充分考虑到伦理道德方面的要求了吗 ＊ 年龄 Crosstabulation

	18—29 岁	30—39 岁	40—49 岁	50—59 岁	60—65 岁	总计
有考虑，能够从日常生活中感受到	33. 5%	32. 6%	30. 6%	32. 4%	35. 6%	32. 8%
有考虑，能够从政策文件中体会到	30. 0%	29. 7%	30. 8%	28. 6%	30. 9%	30. 0%
只是口头上说说，没有实质性行动	28. 8%	29. 5%	28. 0%	29. 3%	26. 0%	28. 4%
没有考虑，政策制度都是从自己的政绩和富人的利益着想	7. 4%	8. 2%	10. 0%	9. 6%	6. 8%	8. 5%
其他	0. 3%		0. 5%	0. 1%	0. 7%	0. 3%
总计	100. 0%	100. 0%	100. 0%	100. 0%	100. 0%	100. 0%
列总计	866	826	924	962	711	4289

Chi-square test：df = 16，卡方值为 22. 491，sig = 0. 128 > 0. 05，所以不同年龄的居民对于“政府在制定政策和决策时是否充分考虑到伦理道德方面的要求”的回答不存在显著差异。

G7a by A1

残疾人、留守儿童、孤寡老人等弱势群体需要来自全社会的关爱与帮助，您认为本地区做得怎么样？社区提供的服务 ＊ 年龄 Crosstabulation

	18—29 岁	30—39 岁	40—49 岁	50—59 岁	60—65 岁	总计
很好	8. 7%	7. 8%	6. 0%	7. 9%	7. 1%	7. 5%

续表

	18—29 岁	30—39 岁	40—49 岁	50—59 岁	60—65 岁	总计
比较好	70.3%	70.0%	72.0%	72.4%	74.9%	71.9%
不太好	19.7%	20.9%	20.7%	18.9%	16.7%	19.5%
很差	1.2%	1.2%	1.3%	0.7%	1.3%	1.1%
总计	100.0%	100.0%	100.0%	100.0%	100.0%	100.0%
列总计	816	807	895	946	717	4181

Chi-square test：df = 12，卡方值为 12.530，sig = 0.404 > 0.05，所以不同年龄的居民对于“残疾人、留守儿童、孤寡老人等弱势群体需要来自全社会的关爱与帮助，您认为本地区做得怎么样？社区提供的服务”的回答不存在显著差异。

G7b by A1

残疾人、留守儿童、孤寡老人等弱势群体需要来自全社会的关爱与帮助，您认为本地区做得怎么样？周围人的尊重和关爱 ＊ 年龄 Crosstabulation

	18—29 岁	30—39 岁	40—49 岁	50—59 岁	60—65 岁	总计
很好	10.9%	10.2%	8.9%	11.2%	10.4%	10.3%
比较好	72.3%	72.3%	73.8%	74.1%	75.2%	73.5%
不太好	15.9%	15.8%	16.1%	14.0%	13.4%	15.1%
很差	1.0%	1.7%	1.3%	0.7%	1.0%	1.1%
总计	100.0%	100.0%	100.0%	100.0%	100.0%	100.0%
列总计	838	817	922	964	722	4263

Chi-square test：df = 12，卡方值为 11.195，sig = 0.512 > 0.05，所以不同年龄的居民对于“残疾人、留守儿童、孤寡老人等弱势群体需要来自全社会的关爱与帮助，您认为本地区做得怎么样？周围人的尊重和关爱”的回答不存在显著差异。

G7c by A1

残疾人、留守儿童、孤寡老人等弱势群体需要来自全社会的关爱与帮助，您认为本地区做得怎么样？社会服务机构提供专业化服务 ＊ 年龄 Crosstabulation

	18—29 岁	30—39 岁	40—49 岁	50—59 岁	60—65 岁	总计
很好	10.6%	9.8%	6.9%	9.9%	10.8%	9.5%
比较好	55.8%	52.7%	58.3%	54.6%	57.7%	55.8%
不太好	29.3%	32.0%	30.0%	29.9%	25.8%	29.5%
很差	4.3%	5.5%	4.8%	5.7%	5.8%	5.2%
总计	100.0%	100.0%	100.0%	100.0%	100.0%	100.0%
列总计	774	776	851	883	660	3944

Chi-square test：df = 12，卡方值为 18.417，sig = 0.104 > 0.05，所以不同年龄的居民对于“残疾人、留守儿童、孤寡老人等弱势群体需要来自全社会的关爱与帮助，您认为本地区做得怎么样？社会服务机构提供专业化服务”的回答不存在显著差异。

G7d by A1

残疾人、留守儿童、孤寡老人等弱势群体需要来自全社会的关爱与帮助，您认为本地区做得怎么样？政府实施的社会援助 ＊ 年龄 Crosstabulation

	18—29 岁	30—39 岁	40—49 岁	50—59 岁	60—65 岁	总计
很好	9.9%	10.9%	8.3%	10.5%	10.7%	10.0%
比较好	59.6%	57.1%	62.7%	61.9%	63.9%	61.0%
不太好	27.2%	27.5%	26.3%	24.2%	22.2%	25.6%
很差	3.3%	4.4%	2.7%	3.5%	3.1%	3.4%
总计	100.0%	100.0%	100.0%	100.0%	100.0%	100.0%
列总计	765	770	858	889	670	3952

Chi-square test：df = 12，卡方值为 16.864，sig = 0.155 > 0.05，所以不同年龄的居民对于“残疾人、留守儿童、孤寡老人等弱势群体需要来自全社会的关爱与帮助，您认为本地区做得怎么样？政府实施的社会援助”的回答不存在显著差异。

G7e by A1

残疾人、留守儿童、孤寡老人等弱势群体需要来自全社会的关爱与帮助，您认为本地区做得怎么样？公益与慈善事业 ＊ 年龄 Crosstabulation

	18—29 岁	30—39 岁	40—49 岁	50—59 岁	60—65 岁	总计
很好	10.6%	9.2%	7.3%	8.7%	9.7%	9.0%
比较好	56.7%	61.1%	63.9%	60.7%	63.8%	61.2%
不太好	29.0%	24.9%	25.3%	26.6%	22.7%	25.8%
很差	3.7%	4.8%	3.6%	4.1%	3.9%	4.0%
总计	100.0%	100.0%	100.0%	100.0%	100.0%	100.0%
列总计	737	736	811	832	621	3737

Chi-square test：df = 12，卡方值为 16.747，sig = 0.159 > 0.05，所以不同年龄的居民对于“残疾人、留守儿童、孤寡老人等弱势群体需要来自全社会的关爱与帮助，您认为本地区做得怎么样？公益与慈善事业”的回答不存在显著差异。

G7f by A1

残疾人、留守儿童、孤寡老人等弱势群体需要来自全社会的关爱与帮助，您认为本地区做得怎么样？志愿者帮助 ＊ 年龄 Crosstabulation

	18—29 岁	30—39 岁	40—49 岁	50—59 岁	60—65 岁	总计
很好	12.2%	12.2%	11.2%	8.2%	7.3%	10.3%
比较好	57.8%	60.0%	64.5%	59.7%	66.7%	61.6%
不太好	25.8%	24.9%	21.6%	28.4%	22.3%	24.7%
很差	4.1%	2.8%	2.6%	3.8%	3.8%	3.4%

续表

	18—29 岁	30—39 岁	40—49 岁	50—59 岁	60—65 岁	总计
总计	100.0%	100.0%	100.0%	100.0%	100.0%	100.0%
列总计	747	738	801	821	606	3713

Chi-square test：df = 12，卡方值为 34.467，sig = 0.001 < 0.05，所以不同年龄的居民对于“残疾人、留守儿童、孤寡老人等弱势群体需要来自全社会的关爱与帮助，您认为本地区做得怎么样？志愿者帮助”的回答存在显著差异。

G8 by A1

现在有的地方建了“好人馆”“好人广场”“好人公园”，您认为有必要为好人树碑立传吗 ＊ 年龄 Crosstabulation

	18—29 岁	30—39 岁	40—49 岁	50—59 岁	60—65 岁	总计
很有必要，可以让更多的人知道他们、学习他们	76.9%	79.8%	82.1%	83.2%	87.6%	81.8%
可有可无	14.2%	9.9%	11.1%	9.1%	7.3%	10.5%
没有必要	8.9%	10.3%	6.7%	7.6%	5.0%	7.8%
总计	100.0%	100.0%	100.0%	100.0%	100.0%	100.0%
列总计	843	807	906	930	694	4180

Chi-square test：df = 8，卡方值为 41.968，sig = 0.000 < 0.05，所以不同年龄的居民对于“是否有必要为好人树碑立传”的回答存在显著差异。

G9 by A1

党中央出台了一系列治国理政的新举措，给社会生活带来了什么变化 ＊ 年龄 Crosstabulation

	18—29 岁	30—39 岁	40—49 岁	50—59 岁	60—65 岁	总计
社会在向好的方面发展，对未来生活更有信心	55.5%	57.8%	57.1%	60.4%	62.9%	58.6%
目前没看出有什么影响	21.9%	19.4%	22.0%	19.1%	15.4%	19.7%
虽然出台了一些政策，但是感觉解决不了什么问题	17.3%	17.7%	14.5%	13.0%	12.8%	15.1%
不关心这些，说不清楚	5.3%	5.0%	6.3%	7.3%	8.7%	6.5%
其他			0.1%	0.2%	0.1%	0.1%
总计	100.0%	100.0%	100.0%	100.0%	100.0%	100.0%
列总计	875	835	936	977	733	4356

Chi-square test：df = 16，卡方值为 43.118，sig = 0.000 < 0.05，所以不同年龄的居民对于“党中央出台了一系列治国理政的新举措，给社会生活带来了什么变化”的回答存在显著差异。

G10a by A1

以下政策措施对促进社会公平有效果吗？就业政策 ＊ 年龄 Crosstabulation

	18—29 岁	30—39 岁	40—49 岁	50—59 岁	60—65 岁	总计
有较大效果	8.7%	10.5%	6.7%	7.5%	6.7%	8.0%
有点效果	65.1%	63.6%	68.1%	66.6%	70.1%	66.6%
没有效果	23.7%	23.9%	23.3%	24.3%	21.9%	23.5%
更不公平	2.3%	1.6%	1.7%	1.4%	0.9%	1.6%
大大加剧了不公平	0.2%	0.4%	0.2%	0.3%	0.3%	0.3%
总计	100.0%	100.0%	100.0%	100.0%	100.0%	100.0%
列总计	816	792	880	882	639	4009

Chi-square test：df = 16，卡方值为 18.961，sig = 0.271 > 0.05，所以不同年龄的居民对于“就业政策对促进社会公平有效果吗”的回答不存在显著差异。

G10b by A1

以下政策措施对促进社会公平有效果吗？教育政策 ＊ 年龄 Crosstabulation

	18—29 岁	30—39 岁	40—49 岁	50—59 岁	60—65 岁	总计
有较大效果	11.6%	12.8%	10.6%	10.3%	9.7%	11.0%
有点效果	68.1%	65.1%	66.5%	71.0%	71.1%	68.3%
没有效果	13.5%	15.8%	17.5%	14.7%	14.9%	15.3%
更不公平	4.2%	4.5%	3.5%	2.4%	2.1%	3.4%
大大加剧了不公平	2.5%	1.7%	2.0%	1.6%	2.2%	2.0%
总计	100.0%	100.0%	100.0%	100.0%	100.0%	100.0%
列总计	834	814	898	903	671	4120

Chi-square test：df = 16，卡方值为 25.669，sig = 0.059 > 0.05，所以不同年龄的居民对于“教育政策对促进社会公平有效果吗”的回答不存在显著差异。

G10c by A1

以下政策措施对促进社会公平有效果吗？医疗卫生政策 ＊ 年龄 Crosstabulation

	18—29 岁	30—39 岁	40—49 岁	50—59 岁	60—65 岁	总计
有较大效果	11.2%	12.1%	12.3%	12.3%	14.9%	12.5%
有点效果	62.2%	58.0%	57.9%	63.7%	62.0%	60.8%
没有效果	19.7%	22.7%	22.6%	17.9%	17.8%	20.2%
更不公平	3.5%	4.3%	5.0%	3.9%	2.7%	3.9%
大大加剧了不公平	3.3%	2.9%	2.2%	2.2%	2.5%	2.6%
总计	100.0%	100.0%	100.0%	100.0%	100.0%	100.0%
列总计	837	816	914	934	706	4207

Chi-square test：df = 16，卡方值为 27.717，sig = 0.034 < 0.05，所以不同年龄的居民对于“医疗卫生政策对促进社会公平有效果吗”的回答存在显著差异。

G10d by A1

以下政策措施对促进社会公平有效果吗？低保政策 ＊ 年龄 Crosstabulation

	18—29 岁	30—39 岁	40—49 岁	50—59 岁	60—65 岁	总计
有较大效果	13. 0%	15. 1%	12. 6%	14. 2%	14. 4%	13. 8%
有点效果	64. 8%	57. 3%	58. 7%	60. 3%	63. 2%	60. 7%
没有效果	18. 0%	19. 8%	21. 8%	18. 2%	16. 5%	19. 0%
更不公平	3. 0%	5. 0%	4. 3%	5. 8%	3. 5%	4. 4%
大大加剧了不公平	1. 2%	2. 8%	2. 6%	1. 6%	2. 4%	2. 1%
总计	100. 0%	100. 0%	100. 0%	100. 0%	100. 0%	100. 0%
列总计	776	756	847	881	661	3921

Chi-square test：df = 16，卡方值为 30. 959，sig = 0. 014 < 0. 05，所以不同年龄的居民对于“低保政策对促进社会公平有效果吗”的回答存在显著差异。

G10e by A1

以下政策措施对促进社会公平有效果吗？房地产政策 ＊ 年龄 Crosstabulation

	18—29 岁	30—39 岁	40—49 岁	50—59 岁	60—65 岁	总计
有较大效果	5. 9%	5. 5%	3. 8%	5. 9%	4. 9%	5. 2%
有点效果	43. 1%	41. 0%	43. 4%	41. 4%	50. 4%	43. 5%
没有效果	30. 0%	32. 4%	31. 2%	33. 8%	28. 0%	31. 3%
更不公平	13. 0%	14. 8%	12. 3%	11. 6%	10. 3%	12. 5%
大大加剧了不公平	8. 0%	6. 2%	9. 3%	7. 4%	6. 5%	7. 6%
总计	100. 0%	100. 0%	100. 0%	100. 0%	100. 0%	100. 0%
列总计	763	741	782	769	554	3609

Chi-square test：df = 16，卡方值为 28. 692，sig = 0. 026 < 0. 05，所以不同年龄的居民对于“房地产政策对促进社会公平有效果吗”的回答存在显著差异。

G10f by A1

以下政策措施对促进社会公平有效果吗？拆迁安置政策 ＊ 年龄 Crosstabulation

	18—29 岁	30—39 岁	40—49 岁	50—59 岁	60—65 岁	总计
有较大效果	6. 0%	6. 4%	5. 9%	6. 6%	6. 1%	6. 2%
有点效果	48. 0%	44. 2%	43. 3%	48. 2%	49. 7%	46. 5%
没有效果	25. 4%	25. 4%	28. 0%	25. 9%	26. 0%	26. 2%
更不公平	11. 8%	14. 6%	13. 3%	11. 4%	11. 2%	12. 5%
大大加剧了不公平	8. 8%	9. 4%	9. 5%	7. 9%	7. 0%	8. 6%

续表

	18—29 岁	30—39 岁	40—49 岁	50—59 岁	60—65 岁	总计
总计	100.0%	100.0%	100.0%	100.0%	100.0%	100.0%
列总计	731	704	744	737	527	3443

Chi-square test：df = 16，卡方值为 14.063，sig = 0.594 > 0.05，所以不同年龄的居民对于“拆迁安置政策对促进社会公平有效果吗”的回答不存在显著差异。

G11 by A1

如果遭遇重大公共事件，您相信政府公布的信息和采取的措施吗 * 年龄 Crosstabulation

	18—29 岁	30—39 岁	40—49 岁	50—59 岁	60—65 岁	总计
相信，大都是可靠的，比网络流传的可靠	69.1%	70.7%	71.9%	74.9%	76.8%	72.6%
不相信，都是安抚百姓的策略措施	13.5%	16.5%	14.9%	13.6%	12.5%	14.2%
将信将疑，走一步看一步	17.2%	12.7%	13.3%	11.5%	10.6%	13.1%
其他	0.2%					
总计	100.0%	100.0%	100.0%	100.0%	100.0%	100.0%
列总计	874	834	935	975	734	4352

Chi-square test：df = 12，卡方值为 34.346，sig = 0.001 < 0.05，所以不同年龄的居民对于“如果遭遇重大公共事件，是否相信政府公布的信息和采取的措施”的回答存在显著差异。

G12a by A1

政府推动或倡导的下列活动效果如何？文明城市创建 * 年龄 Crosstabulation

	18—29 岁	30—39 岁	40—49 岁	50—59 岁	60—65 岁	总计
完全没效果	1.9%	3.2%	2.0%	0.9%	1.6%	1.9%
效果较差	13.6%	14.2%	11.7%	14.8%	13.0%	13.5%
效果较好	66.6%	61.5%	68.7%	67.7%	71.0%	67.0%
效果很好	17.9%	21.1%	17.6%	16.6%	14.4%	17.6%
总计	100.0%	100.0%	100.0%	100.0%	100.0%	100.0%
列总计	850	818	905	904	699	4176

Chi-square test：df = 12，卡方值为 32.340，sig = 0.001 < 0.05，所以不同年龄的居民对于“文明城市创建活动效果如何”的回答存在显著差异。

G12b by A1

政府推动或倡导的下列活动效果如何？学雷锋活动 ＊ 年龄 Crosstabulation

	18—29 岁	30—39 岁	40—49 岁	50—59 岁	60—65 岁	总计
完全没效果	3.6%	1.7%	3.4%	2.4%	1.2%	2.5%
效果较差	20.0%	20.8%	17.8%	18.0%	17.1%	18.8%
效果较好	64.3%	63.1%	63.8%	65.7%	68.2%	64.9%
效果很好	12.2%	14.5%	15.0%	13.9%	13.5%	13.8%
总计	100.0%	100.0%	100.0%	100.0%	100.0%	100.0%
列总计	812	780	860	849	654	3955

Chi-square test：df = 12，卡方值为 21.250，sig = 0.047 < 0.05，所以不同年龄的居民对于“学雷锋活动效果如何”的回答存在显著差异。

G12c by A1

政府推动或倡导的下列活动效果如何？典型人物的宣传 ＊ 年龄 Crosstabulation

	18—29 岁	30—39 岁	40—49 岁	50—59 岁	60—65 岁	总计
完全没效果	2.4%	2.6%	2.7%	1.6%	1.0%	2.1%
效果较差	19.0%	19.5%	17.6%	19.8%	18.1%	18.8%
效果较好	62.1%	55.3%	62.1%	62.3%	63.1%	61.0%
效果很好	16.6%	22.5%	17.6%	16.3%	17.8%	18.1%
总计	100.0%	100.0%	100.0%	100.0%	100.0%	100.0%
列总计	807	759	828	820	618	3832

Chi-square test：df = 12，卡方值为 24.410，sig = 0.018 < 0.05，所以不同年龄的居民对于“典型人物的宣传效果如何”的回答存在显著差异。

G12d by A1

政府推动或倡导的下列活动效果如何？志愿服务的倡导和推广 ＊ 年龄 Crosstabulation

	18—29 岁	30—39 岁	40—49 岁	50—59 岁	60—65 岁	总计
完全没效果	2.4%	2.6%	2.7%	1.6%	1.0%	2.1%
效果较差	19.0%	19.5%	17.6%	19.8%	18.1%	18.8%
效果较好	62.1%	55.3%	62.1%	62.3%	63.1%	61.0%
效果很好	16.6%	22.5%	17.6%	16.3%	17.8%	18.1%
总计	100.0%	100.0%	100.0%	100.0%	100.0%	100.0%
列总计	807	759	828	820	618	3832

Chi-square test：df = 12，卡方值为 15.087，sig = 0.237 > 0.05，所以不同年龄的居民对于“志愿服务的倡导和推广的效果如何”的回答不存在显著差异。

G12e by A1

政府推动或倡导的下列活动效果如何？反腐倡廉的举措 ＊ 年龄 Crosstabulation

	18—29 岁	30—39 岁	40—49 岁	50—59 岁	60—65 岁	总计
完全没效果	2.9%	4.8%	5.2%	4.4%	3.5%	4.2%
效果较差	19.8%	17.0%	20.2%	19.0%	18.3%	18.9%
效果较好	60.8%	54.4%	56.3%	57.2%	61.7%	57.9%
效果很好	16.5%	23.8%	18.3%	19.5%	16.5%	19.0%
总计	100.0%	100.0%	100.0%	100.0%	100.0%	100.0%
列总计	784	790	867	894	665	4000

Chi-square test：df = 12，卡方值为 28.968，sig = 0.004 < 0.05，所以不同年龄的居民对于“反腐倡廉的举措效果如何”的回答存在显著差异。

G12f by A1

政府推动或倡导的下列活动效果如何？《公民道德建设实施纲要》的推进 ＊ 年龄 Crosstabulation

	18—29 岁	30—39 岁	40—49 岁	50—59 岁	60—65 岁	总计
完全没效果	3.5%	1.7%	2.8%	2.2%	1.2%	2.3%
效果较差	19.6%	19.1%	19.3%	17.7%	18.7%	18.9%
效果较好	60.6%	60.1%	62.7%	64.6%	67.1%	62.9%
效果很好	16.4%	19.1%	15.2%	15.5%	12.9%	15.9%
总计	100.0%	100.0%	100.0%	100.0%	100.0%	100.0%
列总计	685	691	719	690	566	3351

Chi-square test：df = 12，卡方值为 20.993，sig = 0.050 = 0.05，所以不同年龄的居民对于“《公民道德建设实施纲要》的推进效果如何”的回答存在显著差异。

G13 by A1

您对我们正在走的中国特色社会主义道路怎么看 ＊ 年龄 Crosstabulation

	18—29 岁	30—39 岁	40—49 岁	50—59 岁	60—65 岁	总计
充满信心，因为它可以给中国带来繁荣富强	50.7%	53.4%	52.8%	53.4%	57.9%	53.5%
不太了解，但相信这条路能够让老百姓都过上好日子	35.4%	34.1%	35.1%	35.0%	30.3%	34.2%
表示怀疑，走这条路究竟怎么样，现在还说不清楚	9.8%	9.8%	7.8%	7.0%	6.4%	8.2%
走什么样的路，跟我没关系	3.7%	2.6%	4.3%	4.4%	5.2%	4.0%
其他	0.3%			0.1%	0.1%	0.1%

续表

	18—29 岁	30—39 岁	40—49 岁	50—59 岁	60—65 岁	总计
总计	100. 0%	100. 0%	100. 0%	100. 0%	100. 0%	100. 0%
列总计	875	833	934	973	732	4347

Chi-square test：df = 16，卡方值为 31. 652，sig = 0. 011 < 0. 05，所以不同年龄的居民对于“我们正在走的中国特色社会主义道路怎么看”的回答存在显著差异。

G14 by A1

每个人都希望我们的国家越来越好，我们的生活越来越好。党的十八大提出，到 2020 年全面建成小康社会，到 21 世纪中叶建成社会主义现代化国家，您认为这样的目标能实现吗？ * 年龄 Crosstabulation

	18—29 岁	30—39 岁	40—49 岁	50—59 岁	60—65 岁	总计
相信一定能实现	37. 1%	39. 6%	40. 7%	39. 8%	43. 7%	40. 1%
有困难，但只要努力还是能实现的	52. 7%	51. 7%	50. 2%	48. 0%	46. 2%	49. 8%
不可能实现	5. 1%	3. 4%	2. 0%	2. 5%	2. 6%	3. 1%
说不清楚，跟我没关系	4. 9%	5. 3%	7. 0%	9. 6%	7. 2%	6. 9%
其他	0. 2%		0. 1%	0. 1%	0. 1%	0. 1%
总计	100. 0%	100. 0%	100. 0%	100. 0%	100. 0%	100. 0%
列总计	865	824	923	968	718	4298

Chi square test：df = 16，卡方值为 46. 499，sig = 0. 000 < 0. 05，所以不同年龄的居民对于“到 21 世纪中叶建成社会主义现代化国家的目标能否实现”的回答存在显著差异。

G15 by A1

您对您周围的党员干部道德状况怎么评价 * 年龄 Crosstabulation

	18—29 岁	30—39 岁	40—49 岁	50—59 岁	60—65 岁	总计
总体还不错	51. 4%	52. 0%	52. 3%	48. 8%	52. 7%	51. 4%
普遍比较差	20. 6%	19. 7%	18. 4%	18. 7%	18. 0%	19. 1%
和普通群众没有太大差别	28. 0%	28. 3%	29. 3%	32. 5%	29. 3%	29. 6%
总计	100. 0%	100. 0%	100. 0%	100. 0%	100. 0%	100. 0%
列总计	786	773	864	911	687	4021

Chi-square test：df = 8，卡方值为 7. 093，sig = 0. 527 > 0. 05，所以不同年龄的居民对于“周围的党员干部道德状况”的回答不存在显著差异。

G16 by A1

您认为当前官员的勤政作为是怎样的 ＊ 年龄 Crosstabulation

	18—29 岁	30—39 岁	40—49 岁	50—59 岁	60—65 岁	总计
努力作为，成绩显著	26.7%	26.5%	23.4%	22.7%	25.2%	24.8%
努力作为，成绩一般	51.3%	52.7%	54.3%	54.4%	54.3%	53.4%
行政不作为	17.2%	16.2%	17.0%	18.9%	17.2%	17.3%
行政乱作为	4.8%	4.6%	5.4%	4.0%	3.3%	4.5%
总计	100.0%	100.0%	100.0%	100.0%	100.0%	100.0%
列总计	754	742	800	824	606	3726

Chi-square test：df = 12，卡方值为 10.922，sig = 0.536 > 0.05，所以不同年龄的居民对于“当前官员的勤政作为”的回答不存在显著差异。

G17 by A1

您到政府部门办事，首先选择的方法是 ＊ 年龄 Crosstabulation

	18—29 岁	30—39 岁	40—49 岁	50—59 岁	60—65 岁	总计
找亲朋好友帮忙办理	15.4%	13.8%	11.5%	12.6%	9.6%	12.7%
找政府中的熟人办理	27.1%	25.9%	26.9%	22.2%	19.9%	24.5%
送红包	1.0%	0.9%	1.5%	1.0%	0.4%	1.0%
直接找相关职能部门办理	56.2%	59.4%	59.8%	63.8%	70.0%	61.6%
其他	0.2%		0.2%	0.4%	0.1%	0.2%
总计	100.0%	100.0%	100.0%	100.0%	100.0%	100.0%
列总计	818	789	884	920	690	4101

Chi-square test：df = 16，卡方值为 46.649，sig = 0.000 < 0.05，所以不同年龄的居民对于“到政府部门办事，首先选择的方法”的回答存在显著差异。

H1 by A1

您认为近五年来，您所在地区政府的环境保护工作做得怎么样 ＊ 年龄 Crosstabulation

	18—29 岁	30—39 岁	40—49 岁	50—59 岁	60—65 岁	总计
片面注重经济发展，忽视了环境保护工作	20.7%	18.9%	18.0%	15.8%	14.3%	17.6%
重视不够，环保投入不足	27.6%	27.7%	26.3%	24.3%	23.1%	25.9%
虽尽了努力，但效果不佳	12.4%	16.0%	15.4%	13.9%	12.8%	14.2%
尽了很大努力，有一定成效	31.9%	30.8%	32.7%	36.8%	40.0%	34.3%

续表

	18—29 岁	30—39 岁	40—49 岁	50—59 岁	60—65 岁	总计
取得了很大的成绩	7.4%	6.6%	7.6%	9.2%	9.8%	8.1%
总计	100.0%	100.0%	100.0%	100.0%	100.0%	100.0%
列总计	822	805	882	925	685	4119

Chi-square test：df = 16，卡方值为 41.728，sig = 0.000 < 0.05，所以不同年龄的居民对于“近五年来所在地区政府的环境保护工作做得怎么样”的回答存在显著差异。

H2a by A1

在最近的一年里，您是否从事过？垃圾分类投放 ＊ 年龄 Crosstabulation

	18—29 岁	30—39 岁	40—49 岁	50—59 岁	60—65 岁	总计
从不	34.4%	40.8%	44.2%	50.7%	54.2%	44.7%
偶尔	43.9%	42.6%	40.1%	34.6%	30.7%	38.5%
经常	21.6%	16.7%	15.7%	14.7%	15.1%	16.8%
总计	100.0%	100.0%	100.0%	100.0%	100.0%	100.0%
列总计	874	834	936	978	736	4358

Chi-square test：df = 8，卡方值为 89.350，sig = 0.000 < 0.05，所以不同年龄的居民对于“在最近的一年里是否从事过垃圾分类投放”的回答存在显著差异。

H2b by A1

在最近的一年里，您是否从事过？与自己的亲戚朋友讨论环保问题 ＊ 年龄 Crosstabulation

	18—29 岁	30—39 岁	40—49 岁	50—59 岁	60—65 岁	总计
从不	37.4%	41.9%	46.5%	51.1%	50.9%	45.6%
偶尔	52.8%	45.6%	42.7%	37.8%	37.1%	43.3%
经常	9.8%	12.5%	10.8%	11.0%	12.0%	11.2%
总计	100.0%	100.0%	100.0%	100.0%	100.0%	100.0%
列总计	875	835	935	978	735	4358

Chi-square test：df = 8，卡方值为 62.498，sig = 0.000 < 0.05，所以不同年龄的居民对于“在最近的一年里是否从事过与自己的亲戚朋友讨论环保问题”的回答存在显著差异。

H2c by A1

在最近的一年里，您是否从事过？采购日常用品时自己带购物篮或购物袋 ＊ 年龄 Crosstabulation

	18—29 岁	30—39 岁	40—49 岁	50—59 岁	60—65 岁	总计
从不	22.3%	17.8%	23.2%	24.6%	26.8%	22.9%
偶尔	48.5%	48.7%	46.8%	44.9%	39.5%	45.9%
经常	29.2%	33.5%	29.9%	30.5%	33.7%	31.2%
总计	100.0%	100.0%	100.0%	100.0%	100.0%	100.0%
列总计	874	833	935	978	736	4356

Chi-square test：df = 8，卡方值为 30.161，sig = 0.000 < 0.05，所以不同年龄的居民对于“在最近的一年里是否从事过采购日常用品时自己带购物篮或购物袋”的回答存在显著差异。

H2d by A1

在最近的一年里，您是否从事过？优先选择公交、步行等绿色出行方式 ＊ 年龄 Crosstabulation

	18—29 岁	30—39 岁	40—49 岁	50—59 岁	60—65 岁	总计
从不	16.2%	14.3%	18.5%	22.9%	21.6%	18.8%
偶尔	42.1%	45.6%	41.5%	36.0%	32.8%	39.7%
经常	41.6%	40.1%	40.0%	41.1%	45.6%	41.5%
总计	100.0%	100.0%	100.0%	100.0%	100.0%	100.0%
列总计	874	831	935	978	735	4353

Chi-square test：df = 8，卡方值为 49.350，sig = 0.000 < 0.05，所以不同年龄的居民对于“在最近的一年里是否从事过优先选择公交、步行等绿色出行方式”的回答存在显著差异。

H2e by A1

在最近的一年里，您是否从事过？为环境保护捐款 ＊ 年龄 Crosstabulation

	18—29 岁	30—39 岁	40—49 岁	50—59 岁	60—65 岁	总计
从不	62.5%	69.5%	75.8%	80.7%	81.2%	73.9%
偶尔	32.3%	25.7%	20.9%	16.1%	14.9%	22.0%
经常	5.3%	4.8%	3.3%	3.3%	4.0%	4.1%
总计	100.0%	100.0%	100.0%	100.0%	100.0%	100.0%
列总计	874	834	933	977	733	4351

Chi-square test：df = 8，卡方值为 116.251，sig = 0.000 < 0.05，所以不同年龄的居民对于“在最近的一年里是否从事过为环境保护捐款”的回答存在显著差异。

H2f by A1

在最近的一年里，您是否从事过？主动关注环境方面的信息报道和宣传教育 ＊ 年龄 Crosstabulation

	18—29 岁	30—39 岁	40—49 岁	50—59 岁	60—65 岁	总计
从不	58.9%	67.1%	72.5%	71.8%	75.1%	69.0%
偶尔	33.7%	25.1%	22.2%	22.5%	19.3%	24.7%
经常	7.4%	7.8%	5.2%	5.7%	5.6%	6.3%
总计	100.0%	100.0%	100.0%	100.0%	100.0%	100.0%
列总计	875	833	936	978	734	4356

Chi-square test：df = 8，卡方值为 69.364，sig = 0.000 < 0.05，所以不同年龄的居民对于“在最近的一年里是否从事过主动关注环境方面的信息报道和宣传教育”的回答存在显著差异。

H2g by A1

在最近的一年里，您是否从事过？积极参加民间环保团体举办的环保活动 ＊ 年龄 Crosstabulation

	18—29 岁	30—39 岁	40—49 岁	50—59 岁	60—65 岁	总计
从不	70.6%	75.7%	80.4%	80.6%	83.9%	78.2%
偶尔	24.1%	20.3%	16.2%	15.3%	13.3%	17.9%
经常	5.3%	4.1%	3.3%	4.2%	2.7%	3.9%
总计	100.0%	100.0%	100.0%	100.0%	100.0%	100.0%
列总计	875	834	936	977	735	4357

Chi-square test：df = 8，卡方值为 54.611，sig = 0.000 < 0.05，所以不同年龄的居民对于“在最近的一年里是否从事过积极参加民间环保团体举办的环保活动”的回答存在显著差异。

H2h by A1

在最近的一年里，您是否从事过？积极参加要求解决环境问题的投诉、上诉 ＊ 年龄 Crosstabulation

	18—29 岁	30—39 岁	40—49 岁	50—59 岁	60—65 岁	总计
从不	73.9%	80.9%	85.6%	83.0%	86.2%	81.9%
偶尔	22.4%	15.0%	12.2%	14.0%	11.2%	15.0%
经常	3.7%	4.1%	2.2%	3.0%	2.6%	3.1%
总计	100.0%	100.0%	100.0%	100.0%	100.0%	100.0%
列总计	874	834	936	977	732	4353

Chi-square test：df = 8，卡方值为 61.253，sig = 0.000 < 0.05，所以不同年龄的居民对于“在最近的一年里是否从事过积极参加要求解决环境问题的投诉、上诉”的回答存在显著差异。

H3 by A1

如果您的周围有一片森林，政府将成材的树林砍伐下来办木材厂，将极大提高您的收入，但将破坏环境，您会支持这一决定吗 * 年龄 Crosstabulation

	18—29岁	30—39岁	40—49岁	50—59岁	60—65岁	总计
支持，对大家有好处	8.2%	8.3%	9.6%	7.5%	10.2%	8.7%
反对，这是发子孙财，破坏生态	67.8%	72.1%	71.3%	71.0%	68.3%	70.2%
不支持也不反对，政府决定	23.9%	19.5%	18.9%	21.4%	21.3%	21.0%
其他		0.1%	0.1%	0.1%	0.1%	0.1%
总计	100.0%	100.0%	100.0%	100.0%	100.0%	100.0%
列总计	873	836	935	977	733	4354

Chi-square test：df = 12，卡方值为 14.331，sig = 0.280 > 0.05，所以不同年龄的居民对于“如果您的周围有一片森林，政府将成材的树林砍伐下来办木材厂，将极大提高您的收入，但将破坏环境，您会支持这一决定吗”的回答不存在显著差异。

H4 by A1

如果要办一个化工厂，您是这个厂的持股职工，化工厂的排污管将未经处理的污水排向下游地区，给下游地区造成污染，您会支持这个决定吗 * 年龄 Crosstabulation

	18—29岁	30—39岁	40—49岁	50—59岁	60—65岁	总计
支持，我们不会受污染	6.4%	6.7%	7.2%	6.4%	7.1%	6.8%
反对，这是嫁祸于人	78.2%	76.1%	75.4%	75.9%	76.2%	76.4%
不支持也不反对，成了可分红，不成是领导的责任	15.4%	17.1%	17.3%	17.3%	16.7%	16.8%
其他			0.1%	0.3%		0.1%
总计	100.0%	100.0%	100.0%	100.0%	100.0%	100.0%
列总计	872	834	934	977	732	4349

Chi-square test：df = 12，卡方值为 9.816，sig = 0.632 > 0.05，所以不同年龄的居民对于“如果要办一个化工厂，您是这个厂的持股职工，化工厂的排污管将未经处理的污水排向下游地区，给下游地区造成污染，您会支持这个决定吗”的回答不存在显著差异。

H5 by A1

您认为造成生态环境问题的最主要原因是 * 年龄 Crosstabulation

	18—29岁	30—39岁	40—49岁	50—59岁	60—65岁	总计
企业唯利是图，造成环境污染	31.9%	32.7%	30.7%	33.1%	34.2%	32.4%

续表

	18—29 岁	30—39 岁	40—49 岁	50—59 岁	60—65 岁	总计
政府缺乏生态意识，政策失当	30.7%	32.5%	34.6%	31.9%	30.5%	32.1%
个人缺乏环保意识	17.2%	17.7%	18.5%	18.0%	18.4%	18.0%
当代人自私自利，不顾未来和子孙利益	19.6%	16.6%	15.6%	16.3%	16.0%	16.8%
其他	0.6%	0.5%	0.6%	0.7%	0.8%	0.6%
总计	100.0%	100.0%	100.0%	100.0%	100.0%	100.0%
列总计	872	835	936	976	730	4349

Chi-square test：df = 16，卡方值为 11.509，sig = 0.777 > 0.05，所以不同年龄的居民对于“造成生态环境问题的最主要原因”的回答不存在显著差异。

H6 by A1

如果环境保护主管部门邀请您参加座谈会或听证会，听取对环境保护相关事项或者活动的意见和建议，您是否会出席 * 年龄 Crosstabulation

	18—29 岁	30—39 岁	40—49 岁	50—59 岁	60—65 岁	总计
会	68.1%	65.3%	65.7%	71.7%	68.8%	68.0%
不会	31.9%	34.7%	34.3%	28.3%	31.2%	32.0%
总计	100.0%	100.0%	100.0%	100.0%	100.0%	100.0%
列总计	767	746	833	884	669	3899

Chi-square test：df = 4，卡方值为 10.409，sig = 0.034 < 0.05，所以不同年龄的居民对于“如果环境保护主管部门邀请您参加座谈会或听证会，是否会出席”的回答存在显著差异。

H7 by A1

若您所在社区参加“绿色社区”创建活动，您是否会积极参与 * 年龄 Crosstabulation

	18—29 岁	30—39 岁	40—49 岁	50—59 岁	60—65 岁	总计
会	75.4%	72.6%	71.7%	74.4%	73.7%	73.5%
不会	24.6%	27.4%	28.3%	25.6%	26.3%	26.5%
总计	100.0%	100.0%	100.0%	100.0%	100.0%	100.0%
列总计	759	737	834	889	669	3888

Chi-square test：df = 4，卡方值为 3.392，sig = 0.494 > 0.05，所以不同年龄的居民对于“所在社区参加‘绿色社区’创建活动，是否会积极参与”的回答不存在显著差异。

I1 by A1

如果您周围有很多外国人，您愿意和他们建立什么样的关系 ＊ 年龄 Crosstabulation

	18—29 岁	30—39 岁	40—49 岁	50—59 岁	60—65 岁	总计
愿意做朋友	57.5%	46.8%	37.4%	32.5%	27.8%	40.6%
愿意做兄弟姐妹	5.4%	6.5%	3.6%	3.0%	4.2%	4.5%
不愿意来往，得提防他们	2.4%	3.8%	2.0%	3.4%	3.4%	3.0%
偶尔交往，仅限于礼节性的	19.2%	17.6%	18.1%	11.1%	8.2%	15.0%
无法和他们来往，存在语言、文化、习俗等障碍	15.2%	25.0%	38.7%	49.8%	55.8%	36.7%
其他	0.3%	0.2%	0.2%	0.2%	0.5%	0.3%
总计	100.0%	100.0%	100.0%	100.0%	100.0%	100.0%
列总计	876	835	936	975	733	4355

Chi-square test：df = 20，卡方值为 455.682，sig = 0.000 < 0.05，所以不同年龄的居民对于“如果您周围有很多外国人，愿意和他们建立什么样的关系”的回答存在显著差异。

I2 by A1

您更愿意过春节还是圣诞节 ＊ 年龄 Crosstabulation

	18—29 岁	30—39 岁	40—49 岁	50—59 岁	60—65 岁	总计
圣诞节	1.4%	0.4%	0.1%	0.5%	0.1%	0.5%
春节	62.7%	77.2%	87.6%	91.4%	93.1%	82.4%
两个都愿意过	33.6%	21.0%	10.8%	7.3%	6.3%	15.8%
两个都不想过	2.4%	1.4%	1.5%	0.8%	0.5%	1.4%
总计	100.0%	100.0%	100.0%	100.0%	100.0%	100.0%
列总计	876	834	936	977	735	4358

Chi-square test：df = 12，卡方值为 390.034，sig = 0.000 < 0.05，所以不同年龄的居民对于“更愿意过春节还是圣诞节”的回答存在显著差异。

I3 by A1

您同意中国人与外国人通婚吗 ＊ 年龄 Crosstabulation

	18—29 岁	30—39 岁	40—49 岁	50—59 岁	60—65 岁	总计
非常同意	8.1%	3.4%	2.4%	1.7%	2.1%	3.6%
比较同意	72.8%	69.7%	64.6%	66.8%	68.3%	68.4%
不太同意	16.4%	23.7%	27.7%	25.8%	22.3%	23.3%
强烈反对	2.7%	3.3%	5.2%	5.7%	7.3%	4.8%
总计	100.0%	100.0%	100.0%	100.0%	100.0%	100.0%
列总计	817	769	820	879	627	3912

Chi-square test：df = 12，卡方值为 114.400，sig = 0.000 < 0.05，所以不同年龄的居民对于“是否同意中国人与外国人通婚”的回答存在显著差异。

I4 by A1

对外来的城市农民工如建筑工人、家庭保姆等，您的态度是 * 年龄 Crosstabulation

	18—29 岁	30—39 岁	40—49 岁	50—59 岁	60—65 岁	总计
看不起和排斥	0.9%	0.7%	0.5%	0.5%	0.7%	0.7%
无视和冷漠以对	4.1%	4.9%	2.9%	3.7%	3.3%	3.8%
尊重和体谅	79.4%	76.0%	76.6%	77.8%	75.1%	77.1%
同情和友爱	15.3%	18.3%	19.9%	17.9%	20.9%	18.4%
其他	0.2%		0.1%	0.1%		0.1%
总计	100.0%	100.0%	100.0%	100.0%	100.0%	100.0%
列总计	875	834	935	974	731	4349

Chi-square test：df = 16，卡方值为 19.842，sig = 0.227 > 0.05，所以不同年龄的居民对于“外来的城市农民工如建筑工人、家庭保姆等的态度”的回答不存在显著差异。

I5 by A1

您在日常生活中与同乡人和外乡人的关系是 * 年龄 Crosstabulation

	18—29 岁	30—39 岁	40—49 岁	50—59 岁	60—65 岁	总计
与同乡人交往多	33.8%	33.5%	42.1%	51.1%	53.4%	42.7%
与外乡人交往多	13.3%	12.6%	8.7%	5.9%	5.0%	9.1%
一样多	28.9%	29.3%	24.7%	18.0%	15.4%	23.4%
偶尔与外乡人有交往，主要与同乡人交往	23.9%	24.3%	24.4%	24.9%	26.0%	24.7%
其他	0.1%	0.2%	0.2%		0.1%	0.1%
总计	100.0%	100.0%	100.0%	100.0%	100.0%	100.0%
列总计	872	835	932	978	734	4351

Chi-square test：df = 16，卡方值为 180.859，sig = 0.000 < 0.05，所以不同年龄的居民对于“在日常生活中与同乡人和外乡人的关系处理”的回答存在显著差异。

I6 by A1

您所在地区的政府对待外来人员的政策取向是 * 年龄 Crosstabulation

	18—29 岁	30—39 岁	40—49 岁	50—59 岁	60—65 岁	总计
不冷不热，顺其自然	48.9%	42.5%	42.9%	47.8%	46.0%	45.6%
提高门槛，严加限制	11.3%	12.4%	10.7%	7.0%	10.8%	10.4%
降低门槛，广泛吸收	28.7%	33.4%	35.7%	34.7%	32.9%	33.2%
对有钱人、高级专家采取特殊政策吸引，对一般人严加限制	11.0%	11.7%	10.6%	10.2%	10.2%	10.7%

续表

	18—29 岁	30—39 岁	40—49 岁	50—59 岁	60—65 岁	总计
其他	0.1%			0.2%	0.1%	0.1%
总计	100.0%	100.0%	100.0%	100.0%	100.0%	100.0%
列总计	839	812	913	922	678	4164

Chi-square test：df = 16，卡方值为 32.185，sig = 0.009 < 0.05，所以不同年龄的居民对于“所在地区的政府对待外来人员的政策取向”的回答存在显著差异。

I7 by A1

您认为在当前的中国，读书还能不能改变命运 ＊ 年龄 Crosstabulation

	18—29 岁	30—39 岁	40—49 岁	50—59 岁	60—65 岁	总计
读书只是改变命运的一个路径	44.2%	37.6%	37.3%	37.0%	37.0%	38.6%
读书是改变命运的主要路径	36.2%	40.0%	43.6%	41.7%	40.3%	40.4%
读书是改变命运的唯一路径	9.6%	12.5%	10.8%	14.4%	15.3%	12.5%
不再是改变命运的路径，没权势的人读了书照样穷	9.7%	9.8%	8.3%	6.8%	7.4%	8.4%
其他	0.2%	0.1%		0.1%		0.1%
总计	100.0%	100.0%	100.0%	100.0%	100.0%	100.0%
列总计	873	835	936	976	732	4352

Chi-square test：df = 16，卡方值为 42.382，sig = 0.000 < 0.05，所以不同年龄的居民对于“在当前的中国，读书还能不能改变命运”的回答存在显著差异。

I8 by A1

您如何认识名牌大学里农村学生比例急剧减少的现象 ＊ 年龄 Crosstabulation

	18—29 岁	30—39 岁	40—49 岁	50—59 岁	60—65 岁	总计
是一种社会倒退	8.3%	12.3%	9.8%	8.1%	9.6%	9.6%
农村教育的落后	38.5%	33.4%	36.9%	38.6%	38.6%	37.2%
教育不公平	30.0%	31.5%	34.3%	35.0%	35.0%	33.2%
有钱人和有权人特权的表现	14.0%	16.0%	13.0%	11.8%	12.4%	13.4%
代际不公、社会不公的延续和加剧	8.5%	6.3%	5.0%	4.6%	3.7%	5.7%
其他	0.7%	0.6%	1.0%	1.8%	0.7%	1.0%
总计	100.0%	100.0%	100.0%	100.0%	100.0%	100.0%
列总计	867	832	931	971	726	4327

Chi-square test：df = 20，卡方值为 55.530，sig = 0.000 < 0.05，所以不同年龄的居民对于“如何认识名牌大学里农村学生比例急剧减少的现象”的回答存在显著差异。

I9 by A1

您同学指出你们家乡的某一风俗习惯很落后保守，您会作出什么反应 * 年龄 Crosstabulation

	18—29 岁	30—39 岁	40—49 岁	50—59 岁	60—65 岁	总计
坦然面对，承认这一风俗习惯确实落后	53.9%	52.2%	51.0%	51.1%	53.0%	52.2%
虽然认为说得对，但是感觉他或她在批评自己的家乡，因此不自在	31.1%	28.6%	31.0%	31.4%	29.3%	30.4%
虽然认为说得对，但是感到受到羞辱	7.7%	10.2%	9.3%	8.7%	8.7%	8.9%
批评家乡就是批评自己，要为家乡的风俗习惯做辩护	7.1%	8.9%	8.5%	8.5%	8.7%	8.3%
其他	0.2%		0.2%	0.2%	0.3%	0.2%
总计	100.0%	100.0%	100.0%	100.0%	100.0%	100.0%
列总计	874	831	932	973	721	4331

Chi-square test：df = 16，卡方值为 10.386，sig = 0.846 > 0.05，所以不同年龄的居民对于“同学指出你们家乡的某一风俗习惯很落后保守，您会作出什么反应”的回答不存在显著差异。

I10 by A1

如果您有机会出国，初到国外时，您交朋友会有意识地交中国朋友吗 * 年龄 Crosstabulation

	18—29 岁	30—39 岁	40—49 岁	50—59 岁	60—65 岁	总计
会，认为在异国他乡找自己本国人有一种归属感	65.3%	62.9%	61.6%	65.2%	63.4%	63.7%
不会，看缘分交朋友，不强调国籍	17.0%	15.5%	14.1%	9.0%	10.2%	13.2%
不会，会有意识地多交外国朋友	4.5%	5.0%	4.0%	4.4%	4.6%	4.5%
视情况而定	13.2%	16.5%	20.3%	21.4%	21.8%	18.7%
总计	100.0%	100.0%	100.0%	100.0%	100.0%	100.0%
列总计	876	834	934	974	725	4343

Chi-square test：df = 12，卡方值为 58.692，sig = 0.000 < 0.05，所以不同年龄的居民对于“如果您有机会出国，初到国外时，交朋友是否会有意识地交中国朋友”的回答存在显著差异。

I11 by A1

您是否愿意与不同民族的人交往 * 年龄 Crosstabulation

	18—29 岁	30—39 岁	40—49 岁	50—59 岁	60—65 岁	总计
非常不愿意	2.5%	2.1%	1.6%	2.8%	2.4%	2.3%

续表

	18—29岁	30—39岁	40—49岁	50—59岁	60—65岁	总计
不太愿意	15.9%	18.4%	17.0%	20.1%	18.7%	18.0%
比较愿意	73.7%	71.9%	76.1%	73.3%	75.0%	74.0%
非常愿意	7.9%	7.6%	5.3%	3.8%	3.9%	5.7%
总计	100.0%	100.0%	100.0%	100.0%	100.0%	100.0%
列总计	848	815	914	944	700	4221

Chi-square test：df = 12，卡方值为 32.216，sig = 0.001 < 0.05，所以不同年龄的居民对于“是否愿意与不同民族的人交往”的回答存在显著差异。

I12 by A1

您是否愿意与不同宗教信仰的人相处 ＊ 年龄 Crosstabulation

	18—29岁	30—39岁	40—49岁	50—59岁	60—65岁	总计
非常不愿意	3.4%	3.1%	1.9%	3.4%	2.3%	2.8%
不太愿意	21.1%	22.4%	22.9%	25.3%	23.3%	23.1%
比较愿意	70.3%	69.3%	71.3%	68.4%	71.2%	70.0%
非常愿意	5.2%	5.2%	3.9%	2.9%	3.2%	4.0%
总计	100.0%	100.0%	100.0%	100.0%	100.0%	100.0%
列总计	814	804	898	944	690	4150

Chi-square test：df = 12，卡方值为 19.881，sig = 0.069 > 0.05，所以不同年龄的居民对于“是否愿意与不同宗教信仰的人交往”的回答不存在显著差异。

I13 by A1

您与您的邻居平时来往多吗 ＊ 年龄 Crosstabulation

	18—29岁	30—39岁	40—49岁	50—59岁	60—65岁	总计
非常多	11.5%	12.5%	17.0%	22.6%	20.9%	17.0%
比较多	47.0%	57.7%	57.1%	58.7%	59.0%	55.9%
偶尔	34.5%	25.3%	23.3%	16.4%	18.5%	23.6%
几乎不来往	7.0%	4.6%	2.6%	2.3%	1.6%	3.6%
总计	100.0%	100.0%	100.0%	100.0%	100.0%	100.0%
列总计	872	834	934	976	731	4347

Chi-square test：df = 12，卡方值为 186.584，sig = 0.000 < 0.05，所以不同年龄的居民对于“与邻居平时的来往程度”的回答存在显著差异。

I14a by A1

您在多大程度上愿意和下列群体成为邻居？农民工、进城务工人员 ＊ 年龄 Crosstabulation

	18—29 岁	30—39 岁	40—49 岁	50—59 岁	60—65 岁	总计
非常愿意	9. 2%	9. 8%	10. 0%	12. 6%	12. 3%	10. 8%
比较愿意	74. 3%	75. 5%	78. 3%	79. 8%	81. 3%	77. 8%
不太愿意	15. 4%	14. 1%	10. 9%	7. 2%	6. 1%	10. 8%
很不愿意	1. 0%	0. 6%	0. 8%	0. 4%	0. 3%	0. 6%
总计	100. 0%	100. 0%	100. 0%	100. 0%	100. 0%	100. 0%
列总计	861	825	927	976	734	4323

Chi-square test：df = 12，卡方值为 68. 485，sig = 0. 000 < 0. 05，所以不同年龄的居民对于“在多大程度上愿意和下列群体成为邻居？农民工、进城务工人员”的回答存在显著差异。

I14b by A1

您在多大程度上愿意和下列群体成为邻居？商人 ＊ 年龄 Crosstabulation

	18—29 岁	30—39 岁	40—49 岁	50—59 岁	60—65 岁	总计
非常愿意	7. 7%	7. 7%	7. 6%	7. 5%	8. 0%	7. 7%
比较愿意	69. 4%	69. 5%	69. 5%	70. 6%	71. 4%	70. 0%
不太愿意	22. 2%	21. 8%	21. 8%	20. 7%	20. 2%	21. 4%
很不愿意	0. 8%	1. 0%	1. 1%	1. 1%	0. 4%	0. 9%
总计	100. 0%	100. 0%	100. 0%	100. 0%	100. 0%	100. 0%
列总计	862	826	925	969	724	4306

Chi-square test：df = 12，卡方值为 4. 523，sig = 0. 972 > 0. 05，所以不同年龄的居民对于“在多大程度上愿意和下列群体成为邻居？商人”的回答不存在显著差异。

I14c by A1

您在多大程度上愿意和下列群体成为邻居？企业家或高级管理人员 ＊ 年龄 Crosstabulation

	18—29 岁	30—39 岁	40—49 岁	50—59 岁	60—65 岁	总计
非常愿意	15. 0%	16. 7%	13. 8%	13. 7%	14. 7%	14. 7%
比较愿意	72. 4%	68. 4%	72. 3%	72. 9%	70. 7%	71. 4%
不太愿意	12. 1%	13. 7%	11. 6%	12. 0%	14. 2%	12. 6%
很不愿意	0. 5%	1. 2%	2. 3%	1. 5%	0. 4%	1. 2%
总计	100. 0%	100. 0%	100. 0%	100. 0%	100. 0%	100. 0%

续表

	18—29 岁	30—39 岁	40—49 岁	50—59 岁	60—65 岁	总计
列总计	860	825	921	962	716	4284

Chi-square test：df = 12，卡方值为 25.446，sig = 0.013 < 0.05，所以不同年龄的居民对于“在多大程度上愿意和下列群体成为邻居？企业家或高级管理人员”的回答存在显著差异。

I14d by A1

您在多大程度上愿意和下列群体成为邻居？技术工人 ＊ 年龄 Crosstabulation

	18—29 岁	30—39 岁	40—49 岁	50—59 岁	60—65 岁	总计
非常愿意	17.0%	21.0%	17.9%	18.7%	19.1%	18.7%
比较愿意	74.9%	72.6%	76.1%	74.3%	75.5%	74.7%
不太愿意	7.3%	5.8%	5.5%	6.7%	4.7%	6.0%
很不愿意	0.8%	0.6%	0.4%	0.3%	0.7%	0.6%
总计	100.0%	100.0%	100.0%	100.0%	100.0%	100.0%
列总计	866	828	926	967	728	4315

Chi-square test：df = 12，卡方值为 13.215，sig = 0.354 > 0.05，所以不同年龄的居民对于“在多大程度上愿意和下列群体成为邻居？技术工人”的回答不存在显著差异。

I14e by A1

您在多大程度上愿意和下列群体成为邻居？教师 ＊ 年龄 Crosstabulation

	18—29 岁	30—39 岁	40—49 岁	50—59 岁	60—65 岁	总计
非常愿意	24.9%	26.9%	25.8%	25.5%	25.8%	25.8%
比较愿意	70.5%	67.1%	68.2%	68.4%	69.7%	68.8%
不太愿意	4.1%	5.4%	5.0%	5.3%	4.4%	4.9%
很不愿意	0.5%	0.6%	1.0%	0.7%	0.1%	0.6%
总计	100.0%	100.0%	100.0%	100.0%	100.0%	100.0%
列总计	870	832	929	976	733	4340

Chi-square test：df = 12，卡方值为 9.066，sig = 0.697 > 0.05，所以不同年龄的居民对于“在多大程度上愿意和下列群体成为邻居？教师”的回答不存在显著差异。

I14f by A1

您在多大程度上愿意和下列群体成为邻居？医生 ＊ 年龄 Crosstabulation

	18—29 岁	30—39 岁	40—49 岁	50—59 岁	60—65 岁	总计
非常愿意	22.0%	24.6%	20.3%	21.1%	23.4%	22.2%

续表

	18—29 岁	30—39 岁	40—49 岁	50—59 岁	60—65 岁	总计
比较愿意	70.4%	66.1%	70.7%	69.6%	69.6%	69.4%
不太愿意	6.5%	7.6%	8.0%	8.3%	6.5%	7.4%
很不愿意	1.0%	1.7%	1.0%	0.9%	0.4%	1.0%
总计	100.0%	100.0%	100.0%	100.0%	100.0%	100.0%
列总计	872	830	929	975	734	4340

Chi-square test：df = 12，卡方值为 15.792，sig = 0.201 > 0.05，所以不同年龄的居民对于“在多大程度上愿意和下列群体成为邻居？医生”的回答不存在显著差异。

I14g by A1

您在多大程度上愿意和下列群体成为邻居？富人 ＊ 年龄 Crosstabulation

	18—29 岁	30—39 岁	40—49 岁	50—59 岁	60—65 岁	总计
非常愿意	10.6%	8.4%	7.7%	6.4%	7.9%	8.1%
比较愿意	55.2%	52.1%	50.9%	53.4%	51.8%	52.7%
不太愿意	28.4%	33.3%	34.3%	32.7%	34.5%	32.6%
很不愿意	5.8%	6.2%	7.1%	7.5%	5.8%	6.5%
总计	100.0%	100.0%	100.0%	100.0%	100.0%	100.0%
列总计	862	821	921	960	722	4286

Chi-square test：df – 12，卡方值为 21.635，sig = 0.042 < 0.05，所以不同年龄的居民对于“在多大程度上愿意和下列群体成为邻居？富人”的回答存在显著差异。

I14h by A1

您在多大程度上愿意和下列群体成为邻居？土豪 ＊ 年龄 Crosstabulation

	18—29 岁	30—39 岁	40—49 岁	50—59 岁	60—65 岁	总计
非常愿意	9.7%	6.9%	4.8%	4.2%	5.4%	6.2%
比较愿意	47.3%	44.1%	46.2%	48.8%	48.1%	46.9%
不太愿意	33.7%	38.1%	38.4%	36.4%	37.1%	36.8%
很不愿意	9.3%	10.8%	10.6%	10.6%	9.3%	10.2%
总计	100.0%	100.0%	100.0%	100.0%	100.0%	100.0%
列总计	858	821	916	955	719	4269

Chi-square test：df = 12，卡方值为 35.043，sig = 0.000 < 0.05，所以不同年龄的居民对于“在多大程度上愿意和下列群体成为邻居？土豪”的回答存在显著差异。

I14i by A1

您在多大程度上愿意和下列群体成为邻居？专家学者 ＊ 年龄 Crosstabulation

	18—29 岁	30—39 岁	40—49 岁	50—59 岁	60—65 岁	总计
非常愿意	13.3%	14.4%	12.9%	13.4%	11.3%	13.1%
比较愿意	67.6%	63.7%	66.5%	64.5%	71.4%	66.5%
不太愿意	16.2%	17.9%	17.1%	18.1%	14.4%	16.8%
很不愿意	2.9%	4.0%	3.5%	4.0%	2.9%	3.5%
总计	100.0%	100.0%	100.0%	100.0%	100.0%	100.0%
列总计	857	822	914	948	716	4257

Chi-square test：df = 12，卡方值为 14.160，sig = 0.291 > 0.05，所以不同年龄的居民对于“在多大程度上愿意和下列群体成为邻居？专家学者”的回答不存在显著差异。

I14j by A1

您在多大程度上愿意和下列群体成为邻居？政府官员 ＊ 年龄 Crosstabulation

	18—29 岁	30—39 岁	40—49 岁	50—59 岁	60—65 岁	总计
非常愿意	11.8%	11.1%	9.7%	9.9%	7.8%	10.1%
比较愿意	58.4%	56.4%	55.8%	56.3%	61.3%	57.5%
不太愿意	26.3%	27.8%	27.8%	27.6%	25.2%	27.0%
很不愿意	3.5%	4.8%	6.7%	6.3%	5.7%	5.4%
总计	100.0%	100.0%	100.0%	100.0%	100.0%	100.0%
列总计	862	821	915	958	718	4274

Chi-square test：df = 12，卡方值为 22.168，sig = 0.036 < 0.05，所以不同年龄的居民对于“在多大程度上愿意和下列群体成为邻居？政府官员”的回答存在显著差异。

I14k by A1

您在多大程度上愿意和下列群体成为邻居？公众人物、演艺人士 ＊ 年龄 Crosstabulation

	18—29 岁	30—39 岁	40—49 岁	50—59 岁	60—65 岁	总计
非常愿意	9.6%	7.1%	4.6%	4.2%	4.5%	6.0%
比较愿意	50.9%	48.6%	48.9%	48.2%	53.4%	49.9%
不太愿意	28.3%	32.8%	32.5%	38.5%	32.3%	33.0%
很不愿意	11.2%	11.5%	14.0%	9.1%	9.8%	11.2%
总计	100.0%	100.0%	100.0%	100.0%	100.0%	100.0%
列总计	852	802	893	912	674	4133

Chi-square test：df = 12，卡方值为 59.177，sig = 0.000 < 0.05，所以不同年龄的居民对于“在多大程度上愿意和下列群体成为邻居？公众人物、演艺人士”的回答存在显著差异。

I15 by A1

您如何看待中国对其他落后国家的广泛援助计划 ＊ 年龄 Crosstabulation

	18—29 岁	30—39 岁	40—49 岁	50—59 岁	60—65 岁	总计
完全支持，认为这有助于提升国家形象和国际地位	35.5%	35.8%	31.1%	38.0%	36.7%	35.4%
支持，认为我们应该帮助比我们落后的国家	32.5%	33.4%	34.7%	29.8%	33.0%	32.6%
支持，但国家应该征求纳税人的意见	14.4%	10.9%	13.2%	9.0%	7.9%	11.2%
不支持，因为我们国家尚存在很多贫困人口	17.5%	19.9%	20.9%	23.2%	22.4%	20.8%
总计	100.0%	100.0%	100.0%	100.0%	100.0%	100.0%
列总计	839	790	893	926	673	4121

Chi-square test：df = 12，卡方值为 40.410，sig = 0.000 < 0.05，所以不同年龄的居民对于“如何看待中国对其他落后国家的广泛援助计划”的回答存在显著差异。

I16 by A1

您听说过一些道德模范的故事吗？您愿意像他们那样做人做事吗 ＊ 年龄 Crosstabulation

	18—29 岁	30—39 岁	40—49 岁	50—59 岁	60—65 岁	总计
知道一些，他们很了不起，应努力向他们学习	58.6%	54.2%	52.9%	53.6%	57.0%	55.2%
知道一些，很敬佩他们，但自己学不来	28.0%	28.2%	29.0%	26.3%	20.4%	26.6%
知道一些，我感到他们那样做有点不值得	6.4%	7.7%	6.2%	5.7%	5.0%	6.2%
没听说过谁是道德模范和身边好人	7.0%	10.0%	11.9%	14.3%	17.3%	12.0%
其他				0.1%	0.3%	0.1%
总计	100.0%	100.0%	100.0%	100.0%	100.0%	100.0%
列总计	875	834	935	975	735	4354

Chi-square test：df = 16，卡方值为 71.787，sig = 0.000 < 0.05，所以不同年龄的居民对于“是否听说过一些道德模范的故事，是否愿意像他们那样做人做事”的回答存在显著差异。

I17 by A1

当有陌生人走进您的单位或社区，或在车厢中与陌生人在一起时，您经常的反应是 ＊ 年龄 Crosstabulation

	18—29 岁	30—39 岁	40—49 岁	50—59 岁	60—65 岁	总计
对他/她微笑	32.7%	31.5%	25.3%	22.0%	24.8%	27.2%

续表

	18—29 岁	30—39 岁	40—49 岁	50—59 岁	60—65 岁	总计
主动打招呼	11.4%	11.2%	11.5%	11.3%	9.5%	11.0%
没有任何反应	30.2%	26.7%	27.1%	27.6%	23.2%	27.1%
保持警惕，防止上当	25.6%	30.5%	35.9%	38.8%	42.3%	34.5%
其他	0.1%	0.1%	0.2%	0.3%	0.3%	0.2%
总计	100.0%	100.0%	100.0%	100.0%	100.0%	100.0%
列总计	863	816	922	958	717	4276

Chi-square test：df = 16，卡方值为 79.610，sig = 0.000 < 0.05，所以不同年龄的居民对于“当有陌生人走进您的单位或社区，经常的反应是”的回答存在显著差异。

I18 by A1

假设您双手抱着东西走进电梯，您觉得电梯里的陌生人可能会怎样 * 年龄 Crosstabulation

	18—29 岁	30—39 岁	40—49 岁	50—59 岁	60—65 岁	总计
主动问您去几楼并帮您按楼层	37.0%	32.8%	29.4%	33.6%	30.6%	32.7%
当作没看见	16.8%	16.2%	14.9%	15.2%	10.9%	15.0%
会在您的请求下给予帮助	46.2%	51.0%	55.7%	51.2%	58.5%	52.3%
总计	100.0%	100.0%	100.0%	100.0%	100.0%	100.0%
列总计	794	757	853	846	617	3867

Chi-square test：df = 8，卡方值为 30.335，sig = 0.000 < 0.05，所以不同年龄的居民对于“假设您双手抱着东西走进电梯，您觉得电梯里的陌生人可能会怎样”的回答存在显著差异。

J1 by A1

现在我们省正按照习近平总书记的要求，努力建设经济强、百姓富、环境美、社会文明程度高的新江苏。您对江苏实现这样的目标有信心吗 * 年龄 Crosstabulation

	18—29 岁	30—39 岁	40—49 岁	50—59 岁	60—65 岁	总计
很有信心	92.6%	93.1%	95.2%	95.4%	95.0%	94.3%
没有信心	7.4%	6.9%	4.8%	4.6%	5.0%	5.7%
总计	100.0%	100.0%	100.0%	100.0%	100.0%	100.0%
列总计	647	623	686	722	545	3223

Chi-square test：df = 4，卡方值为 8.505，sig = 0.075 > 0.05，所以不同年龄的居民对于“现在我们省正按照习近平总书记的要求，努力建设经济强、百姓富、环境美、社会文明程度高的新江苏，对江苏实现这样的目标是否有信心”的回答不存在显著差异。